北京市自然科学基金重点项目（4041005）
清华大学985基础研究基金
联合资助

城市地下空间资源评估与开发利用规划

THE EVALUATION AND DEVELOP PLANNING OF URBAN UNDERGROUND SPACE RESOURCES

童林旭　祝文君　著

中国建筑工业出版社

图书在版编目（CIP）数据

城市地下空间资源评估与开发利用规划/童林旭，祝文君著．
北京：中国建筑工业出版社，2008
ISBN 978-7-112-10523-6

Ⅰ．城⋯ Ⅱ．①童⋯②祝⋯ Ⅲ．①城市规划－地下建筑物－
资源评估 ②城市规划－地下建筑物－资源开发 ③城市规划－
地下建筑物－资源利用 Ⅳ．TU984.11

中国版本图书馆 CIP 数据核字（2008）第 182463 号

本书是对城市地下空间规划在理论与方法上的较全面概括与阐述。全书有两部分内容，第一部分为城市地下空间资源的评估，为中国城市地下空间的资源化利用、保护和控制提供了理论支撑，提出了资源条件分析的基本思路和框架；第二部分为城市地下空间开发利用规划，提出了地下空间规划的指导思想、规划内容和规划方法等。

本书可供城市规划与城市设计，地下空间规划与设计，以及建筑设计等专业人员和高等院校相关专业师生借鉴参考。

* * *

责任编辑：吴宇江　许顺法
责任设计：董建平
责任校对：李志立　陈晶晶

城市地下空间资源评估与
开发利用规划
THE EVALUATION AND DEVELOP
PLANNING OF URBAN UNDER-
GROUND SPACE RESOURCES
童林旭　祝文君　著
*
中国建筑工业出版社出版、发行（北京西郊百万庄）
各地新华书店、建筑书店经销
北京嘉泰利德公司制版
北京圣夫亚美印刷有限公司印刷
*
开本：880×1230 毫米　1/16　印张：25½　字数：807 千字
2009 年 5 月第一版　2019 年 2 月第四次印刷
定价：**68.00** 元
ISBN 978-7-112-10523-6
　　　（17448）

版权所有　翻印必究
如有印装质量问题，可寄本社退换
（邮政编码　100037）

序

  传统的城市规划，主要关注的都是地表以上的城市空间在水平方向上的拓展，其结果必然导致城市用地呈同心圆式向四周延伸，城市规模不断扩大。城市地下空间的开发利用，体现了城市空间的三维特征，城市空间出现了地面空间、上部空间和下部空间（即地下空间）统筹规划、协调发展的新格局，这也是20世纪后半叶以来旧城市改造和新城市建设所取得的重要成果。这一经验应及时纳入城市总体规划中，以促进城市形态和空间结构的合理发展，但是需要一个转变的过程和一定的时间累积。在实现地上、地下空间一体化规划之前，先制订一部城市地下空间开发利用规划，作为现行城市总体规划的完善和补充，是很有必要的。近几年，我国一些大城市已经认识到这个问题的重要性和紧迫性，开始编制或准备编制城市地下空间规划，这也是落实科学发展观的一种实际行动，是值得提倡和支持的。对地下空间资源条件进行全面、深入的分析，则是在大规模地下空间开发利用条件下落实科学发展观的具体体现和提高规划编制科学性的基础。中国城市地下空间开发利用的预计规模和前景远超过世界上发达国家大城市现有的发展程度，但是国内外可资借鉴的书籍和资料很少，国内城市地下空间规划工作只能边探索边实践，逐步积累自己的经验。

  本书两位著者从20世纪90年代初，就开始对城市地下空间资源的评估及其开发利用规划进行研究，近年又参加了几个大城市地下空间规划编制的实践，在此基础上，撰写了这部专著，对地下空间资源评估的原理及方法做了较全面的阐述和构思。本书首先分析了城市地下空间的自然资源基本属性，为中国城市地下空间的资源化利用、保护和控制提供了理论支撑，提出了资源条件分析的基本思路和框架，这在国内尚属首次，对地下空间资源开发利用与规划编制的整体性和科学性有重要意义；同时，在书中第二部分，对地下空间规划的指导思想、规划内容、规划方法等，做了较详尽的说明，其中相当一部分章节的内容有一定的创新意义，总结了两位著者对我国城市地下空间规划内涵和方法的独特思考。无疑，本书的出版对提高我国城市地下空间规划编制工作将起到积极的推动作用，对逐步建立我国完整的地下空间规划体系和科学的编制方法，保持我国这一领域在国际上的领先优势，也是有益的。

钱七虎
中国工程院院士
2008 年 12 月

前 言

在城市现代化发展中，地下空间成为城市空间拓展的重要后备资源，这一点在社会上已基本形成共识。地下空间资源的开发利用，应当科学、合理、有序地进行，这就要求在城市总体规划中，包括一项地下空间开发利用规划，使城市上部空间、地面空间和下部空间得到协调发展。长期以来在我国的城市总体规划中，并没有这部分内容，到近几年，这个问题才开始受到重视。迄今，我国已有十余座特大和大型城市已经或正在准备制订城市地下空间规划。同时，对地下空间本质的探讨、对地下空间资源的适建性评估原理与方法等研究工作，也正在开展。这些情况在国际上也是少见的。

在对地下空间资源进行科学评估的基础上，制订地下空间的合理开发与综合利用规划（以下简称地下空间规划），对于节省城市用地，节约能源，改善城市交通，减轻环境污染，城市防灾减灾，扩大城市空间容量，提高城市生活质量，建设循环经济和节约型社会，都可以起到重要的作用，同时为城市的高度现代化，以至未来城市的建设，都可以指明发展方向。

本书两位著者从20世纪90年代初就开始对这些问题进行探索和研究，从本世纪初至今，已参加了北京、青岛、厦门等三个特大城市的地下空间规划工作和相关的专题研究工作，受到较高评价，取得一定经验。因此，及时从理论上和方法上总结我国自己的成就，对进一步规范和指导我国城市地下空间规划的实践，无疑是非常需要的。同时，也有助于巩固我国这一领域在国际上的领先地位。

本书第一部分的理论研究得到了北京市自然科学基金重点项目（4041005）的资助，同时全书的研究成果还得到清华大学985一期基础研究基金的支持。

衷心感谢中国工程院钱七虎院士为本书作序，这是对著者的鼓励和对本书的推荐，也是对我国地下空间开发利用事业的宝贵支持。

在著者从事地下空间与地下建筑多年的研究与实践中，得到过国内外许多单位和专家的支持与帮助，谨致以诚挚的谢意，并欢迎读者对本书提出批评指正。

童林旭　祝文君
2008 年 9 月

目 录

序
前言

第一部分　城市地下空间资源评估原理与应用

第1章　地下空间资源评估概论 ··· 3
1.1　地下空间资源 ··· 3
1.2　地下空间的自然资源属性及特性 ··· 3
1.3　自然资源调查评价的基本内容和过程 ··· 8
1.4　地下空间资源评估的理念、目标、内容与方法 ··· 9
1.5　地下空间资源评估基本要素的分类 ·· 13
1.6　地下空间资源分布、质量、数量和潜力的基本概念 ·· 16

第2章　自然条件评估要素 ·· 20
2.1　自然条件概述 ··· 20
2.2　地形地貌条件 ··· 20
2.3　岩土类型与基本工程地质条件 ·· 22
2.4　地下水文地质条件 ··· 28
2.5　不良地质与地质灾害 ·· 30
2.6　地层深度对地下空间利用的影响 ··· 34
2.7　生态敏感性要素 ·· 34

第3章　社会经济条件评估要素 ··· 43
3.1　概述 ··· 43
3.2　人口状况 ··· 43
3.3　土地资源状况 ··· 44
3.4　城市空间区位与地下空间潜在开发价值 ·· 47
3.5　城市交通状况 ··· 49
3.6　市政公用设施状况 ··· 51
3.7　城市防灾设施状况 ··· 51
3.8　城市用地类型 ··· 51
3.9　城市历史文化保护状况 ··· 54
3.10　建筑空间容量限制 ··· 54

第4章　已有建（构）筑物条件评估要素 ··· 55
4.1　概述 ··· 55
4.2　地基基础附加应力传递模型 ··· 56
4.3　地基基础影响的宏观分类 ·· 59
4.4　地下建（构）筑物 ··· 59

4.5　地下埋藏物 ·· 61

第5章　地下空间资源评估指标体系 ·· 62
　　5.1　概述 ·· 62
　　5.2　评估指标体系构建的原则与方法 ··· 62
　　5.3　评估要素的集成 ·· 63
　　5.4　评估指标体系内容与目标 ·· 65

第6章　地下空间资源评估数学模型 ·· 70
　　6.1　评估方法与分析模型的选择 ··· 70
　　6.2　地下空间资源潜力调查 ·· 70
　　6.3　地下空间资源质量评估分析模型 ·· 72

第7章　评估指标体系参数和评估标准 ·· 74
　　7.1　评估指标体系的权重参数 ·· 74
　　7.2　评估指标评价标准 ··· 86
　　7.3　评估指标变量及标准化 ·· 88

第8章　评估技术模型与作业平台系统 ·· 94
　　8.1　评估技术模型的基本构思 ·· 94
　　8.2　平面分层法模型的基本原理及特点 ··· 96
　　8.3　基于平面地块分层法的矢量单元 ·· 97
　　8.4　栅格单元的运用 ·· 100
　　8.5　单元划分的赋值与数据处理 ··· 100
　　8.6　基于GIS的评估作业系统原理 ·· 101
　　8.7　基于GIS的评估系统实现 ·· 108

第9章　城市地下空间资源评估原理在实践中的应用 ·· 112
　　9.1　概述 ·· 112
　　9.2　资源评估作业的步骤与流程 ··· 112
　　9.3　资源评估的体系与目标 ·· 115
　　9.4　资源评估指标体系与分析模型的应用 ·· 117
　　9.5　基础资料与数据处理 ··· 121
　　9.6　地下空间资源评估的实际影响要素分析 ·· 127
　　9.7　地下空间资源评估结果的表达与统计估算 ··· 138
　　9.8　地下空间资源评估结果的综合评价与应用 ··· 143

第一部分参考文献 ··· 148

第二部分　城市地下空间资源开发利用规划

第10章　城市地下空间规划导论 ·· 153
　　10.1　开发利用城市地下空间的战略意义 ·· 153
　　10.2　中国城市地下空间利用的发展道路 ·· 156

10.3　国内外城市地下空间规划概况 ·· 162
　　10.4　城市地下空间规划的指导思想、任务与主要内容 ·· 163

第11章　城市地下空间利用现状调查与地下空间资源规划适用性分析 ················ 166
　　11.1　地下空间利用现状调查 ·· 166
　　11.2　地下空间资源规划适用性分析与评价 ·· 171

第12章　城市地下空间利用的发展目标与发展规模 ··· 179
　　12.1　城市地下空间开发的需求与条件 ··· 179
　　12.2　城市地下空间的发展目标 ·· 182
　　12.3　城市地下空间规划指标体系 ·· 185
　　12.4　城市地下空间需求量预测 ·· 189

第13章　城市空间结构与地下空间总体布局 ··· 196
　　13.1　城市空间的三维特征 ··· 196
　　13.2　地下空间总体布局 ··· 198
　　13.3　地下空间布局与城市生态环境保护 ·· 200

第14章　城市中心地区地下空间规划 ··· 203
　　14.1　城市中心地区地下空间规划概论 ··· 203
　　14.2　发达国家大城市中心地区的立体化再开发规划 ·· 206
　　14.3　国内外城市中心地区地下空间规划和建设实例评介 ····································· 212

第15章　城市广场、绿地地下空间规划 ·· 226
　　15.1　广场、绿地存在的问题与发展趋向 ·· 226
　　15.2　开发利用城市广场、绿地地下空间的目的与作用 ··· 228
　　15.3　城市广场、绿地地下空间利用规划 ·· 232

第16章　城市历史文化保护区地下空间规划 ··· 242
　　16.1　历史文化名城的保护与发展 ·· 242
　　16.2　国内外城市历史文化保护区地下空间规划示例 ·· 244
　　16.3　北京旧城沿中轴线地下空间规划探讨 ·· 252
　　16.4　利用地下空间对北京传统中轴线实行保护与改造的设想与建议 ··················· 255

第17章　城市居住区地下空间规划 ··· 262
　　17.1　居住区建设的发展过程与发展趋向 ·· 262
　　17.2　居住区地下空间开发利用的目的与作用 ··· 265
　　17.3　居住区地下空间规划 ··· 267

第18章　城市新区、新开发区、特殊功能区地下空间规划 ··································· 277
　　18.1　城市新区 ·· 277
　　18.2　城市新开发区 ·· 291
　　18.3　城市特殊功能区 ·· 296

第 19 章 城市地下交通系统规划 ………………………………………………… 300
19.1 城市交通与城市发展 ………………………………………………… 300
19.2 城市交通的立体化与地下化 ………………………………………… 301
19.3 地下铁道系统 ………………………………………………………… 302
19.4 地下道路系统 ………………………………………………………… 311
19.5 地下静态交通系统 …………………………………………………… 317

第 20 章 城市地下市政设施系统规划 …………………………………………… 323
20.1 城市市政公用设施概况与存在的问题 ……………………………… 323
20.2 市政设施系统的大型化 ……………………………………………… 329
20.3 市政设施系统的地下化 ……………………………………………… 336
20.4 市政设施系统的综合化 ……………………………………………… 338

第 21 章 城市地下物流系统 ……………………………………………………… 347
21.1 物流与现代物流系统 ………………………………………………… 347
21.2 地下物流系统 ………………………………………………………… 347
21.3 地下物流系统的规划问题 …………………………………………… 352

第 22 章 城市地下防空防灾系统规划 …………………………………………… 354
22.1 城市灾害与城市防灾态势 …………………………………………… 354
22.2 地下空间在城市综合防灾中的重要作用 …………………………… 358
22.3 地下防空防灾系统规划 ……………………………………………… 360
22.4 城市生命线系统的防护 ……………………………………………… 364

第 23 章 城市地下能源及物资储备系统规划 …………………………………… 369
23.1 在地下空间贮存能源及物资的特殊优势 …………………………… 369
23.2 民用液体燃料的地下贮存 …………………………………………… 373
23.3 粮食、食品和饮用水的地下贮存 …………………………………… 376
23.4 地下能源、物资储备系统规划问题 ………………………………… 380

第 24 章 城市地下空间发展远景规划 …………………………………………… 383
24.1 城市发展远景与未来城市展望 ……………………………………… 383
24.2 地下空间利用与未来城市建设 ……………………………………… 388
24.3 城市地下空间发展远景规划示例 …………………………………… 391

第 25 章 城市地下空间规划的实施 ……………………………………………… 393
25.1 地下空间规划的深化与细化 ………………………………………… 393
25.2 地下空间开发投融资体制的确立 …………………………………… 394
25.3 地下空间规划实施的法律保障 ……………………………………… 395

第二部分参考文献 ……………………………………………………………… 399

第一部分 城市地下空间资源评估原理与应用

祝文君 执笔

第1章 地下空间资源评估概论

1.1 地下空间资源

地下空间概念有两个基本含义：从开发和利用的角度看，地下空间是指地球表面以下的土层或岩层中天然形成或人工开发的空间场所；从广义的角度看，地表以下一定范围内的岩土体，包括岩土体的密实部分和无岩土体的空间部分，不论其中是否形成可容纳人或物的空间场所，都占据了一定的空间体积。因此地表下一定平面和竖向深度范围内，岩土体占用和包围的空间体量范围是广义的地下空间。

由于地下岩土体具有为人类开掘和提供可用空间的巨大潜力，因此地下空间被人类视为迄今为止尚未被充分开发利用的宝贵自然资源之一。自然资源在被人类开发利用后，到社会发展的一定阶段才成为人类生存所需要的特定原料和场所，地下空间开发利用的历程与自然资源的这一特点非常相似，即人类地下空间利用也经历了从原始社会的穴居到以后的长期的简单利用，和从自然的被动利用到近现代作为自然资源主动开发的过程。经世界许多国家和国际组织的申请，1981年5月，联合国自然资源委员会正式把地下空间确定为重要的自然资源；1991年的《东京宣言》明确提出：地下空间资源是城市建设的新型国土资源。因此，目前所称的地下空间资源，实际上是指在广义上可利用的已开发和未开发的地层空间范围内，实在的和潜在的空间场所的总称。

地下空间资源具有自然资源学的基本属性，对这一点的准确把握，是从自然资源整体的高度分析、掌握和控制地下空间资源，指导地下空间整体、有序开发和综合化、资源化利用的理论依托。地下空间资源的与地面空间不同的物理特性，是确定地下空间的城市功能、利用内容以及开发时序的基本依据。

1.2 地下空间的自然资源属性及特性

1.2.1 地下空间的自然资源基本属性

与自然资源的一般属性（即共性）对照研究可以发现，地下空间具备自然资源的基本属性[1,2]：

（1）自然资源的稀缺性和有限性：是自然资源的固有特性。任何"资源"都是相对于"需要"而言。一般来说，人类的需要实质上是无限的，而地球上很多目前可用的自然资源却是有限的。这就产生了自然资源的"稀缺"这个固有特性，即自然资源相对于人类的需要在数量上相对不足。

城市地下空间作为一种受地质环境和经济实力及技术水平制约的自然空间，虽然会随着城市发展的需要而逐渐被开发利用，利用的范围和深度也会随着经济实力和技术水平的提高而发展扩大，但其天然总储量是有限的，可开发利用的部分会逐渐减少，不可能无限制使用。所以调查和评估地下空间资源状况，合理规划、有序开发和保护城市地下空间资源，才能使之得到充分有效利用。

（2）自然资源的整体性：自然资源的开发利用通常是针对某种单项资源，甚至是单项资源的某一部分。但实际上各种自然资源之间的关系是相互联系、相互制约的，甚至是交叉/共生的关系，从而构成了一个整体系统。人类不可能在改变一种自然资源或生态系统中某种成分的同时，又使其周围的环境保持不变。

地下空间不仅能为人类和城市提供空间活动场所，而且为城市发展提供了一种规模巨大的、潜在的自然空间来源。地下空间相关的地质条件、水文条件、城市建设现状、社会经济和生态环境因素相互联系、相互制约，交叉共生，构成人—地空间整体系统。

对城市地下空间资源进行开发利用的同时，势必会对其周围的环境系统产生一定的作用和影响。这种影响在某些方面是有利的，例如地下空间的开发节约了土地资源，提高了空间聚集效应，为地面生态环境的改善创造了有利条件；同时，影响也有可能对某些方面不利，例如大型地下空间的建设和运营，存在着改变地下水的原有水位和流向以及造成地下水质污染的可能性。因此，地下空间资源分析不仅要研究地下空间建造的工程条件适宜程度，还必须关注开发利用方式和规模等因素对自然系统的影响，研究地下空间利用与自然生态及人文环境保护的整体关系。

（3）自然资源的地域性：自然资源受到生成和存在条件的地质、气候、地理环境的制约和围护，因此任何自然资源的空间分布都是不均衡的。例如，自然资源总是相对集中于某些区域之中，在这类区域内，自然资源的密度大、数量多、质量好，具有良好的可开发性；相反，必然存在某些区域，自然资源的密度小、数量少、质量差，不适宜开发；同时，自然资源开发利用的社会经济条件和技术工艺条件也具有地域差异。自然资源的地域性就是所有这些条件综合作用的结果。

在不同城市，或同一城市的不同地区，或同一地区的不同位置，地下空间资源的工程地质和水文地质条件、上部建筑物基础和地上空间用地性质等自然和人工条件不同，因此地下空间资源的分布、资源蕴藏量和开发潜力分布并不均匀；工程技术工艺条件、经济发达程度、人文社会发展特征的不同，对地下空间的潜在经济价值、地下空间的需求量、地下空间的管理方式和水平影响造成较大差异。例如，在经济较为发达的城市或地区，城市集聚程度较高，地下空间需求量大，开发的力度和深度较大，产生的效益也较高；在经济不发达的城市或地区，地面空间并不紧张，且因地下空间开发的造价较高和照明通风等的维护、运营费用也要高于地上，因此地下空间资源总体可开发程度较低。中国一些沿海城市在改革开放后，经济实力增长很快，城市发展十分迅速，大规模地下空间开发也随之逐步兴起；而日本一些发达城市的浅层地下空间已基本开发完毕，现在已开始利用 50~100 米的深层地下空间。

（4）自然资源的多用性：大部分自然资源都具有多种功能和用途，在经济学上具有互补性和替代性。然而，并非所有自然资源的潜在用途都能充分显现出来，并被人认识和放在相同重要的地位。因此，人类在开发利用自然资源时，需要全面权衡，突出主要需求和利用方向，特别是当研究的对象是综合的自然资源系统，而人类对资源的要求又是多种多样的时候，这个问题就更加复杂。由于自然资源的日益枯竭和短缺，对自然资源的综合、节约和循环再利用已成为资源开发利用的重要方式和方向。

地下空间资源同样也具有各种开发方式、利用功能和空间形式，与地面空间形成互补、替换和整体关系，解决多种城市矛盾，满足城市和人的不同需求。因此地下空间资源分析，应包括不同类型地下空间自然与人文条件对开发形式、使用功能的优化利用等的适宜性和多宜性的内容，对地下空间资源进行综合评估，明确合理利用的形式和内容。

（5）自然资源的变动性：随着人类社会经济实力的增长、技术水平的提高和对自然资源需求的日益增大，资源概念、资源利用的广度和深度都在历史进程中不断演化，资源的生成条件和存在背景也呈动态变化趋势。这种变动表现在两个方面：一方面为人与资源之间的良性循环关系，例如人类利用先进的技术手段对自然资源进行改良增值，改良后的自然资源的利用可以为人类社会创造更多的财富；另一方面是人与资源之间的恶性循环关系，例如由于人类对自然资源的超常利用造成自然条件和人为的环境恶化，以及资源的退化与枯竭，而资源的枯竭反过来又将影响人类社会的持续发展。

地下空间资源同样具有变动性。在古代，人类就已经开始利用浅层地下空间来建设居住、仓储空间。在现代，随着大城市经济的发展，施工技术水平的提高，施工工艺的革新，人类开始大规模利用地下空间，用途也更加多样。随着人类经济实力不断增长，技术水平的不断提高，地下空间可利用的深度和广度还将不断扩展；另一方面，随着地下空间不断开发使用的累积，潜在的地下空间资源可开发利用总量在不断减少。因此对地下空间资源的分析评估也必须保持动态的、可更新的原则。

(6) 自然资源的价值属性：自然资源首先必须具有使用价值，其利用价值是在资源的自身属性与人类社会的相互作用中得到实现，并在人类社会的发展过程中逐渐完善，最终成为社会发展的稳定的物质基础。自然资源本身的价值，可称之为"自然价值"；人类劳动作用于其上所产生的价值称之为"附加劳动价值"。通过人类的劳动和开发，自然资源潜在的"自然价值"和"附加劳动价值"才能够实际实现和获得，所以经过一定人类劳动凝结的自然资源的价值是其"自然价值"与"附加劳动价值"的总和。显然，资源的总价值量大于资源的"自然价值"量。随着经济的发展和社会的进步，自然资源开发的内涵、潜能和质量越来越高，资源体中凝结的人类劳动的价值会不断增加，资源的利用效率和价值潜力不断被开发和增值。人类的对自然资源不断增多的科学认识，不断丰富的开发利用技术，使自然资源的使用价值不断增长，自然资源的附加价值占有资源总价值的比例也不断扩大。资源是人类劳动创造财富的原料和场所，所以资源必然是创造价值的源泉和物质基础[3]。

城市地下空间资源是城市土地资源的自然延伸，因此具有与城市土地资源相似的价值属性这一自然资源的基本属性。在计划经济体制下，中国城市土地资源的价值属性被抹煞，使土地资源的附加价值没能得到发挥。随着土地有偿使用和土地使用权出让转让、房屋商品化以及住房制度改革等各项措施的深入进行，土地资源的价值属性得到了体现。地下空间不仅能为城市发展创造和提供"自然价值"——即空间场所的一般和特殊的使用价值，而且也同样能够创造附加劳动价值，在城市土地和城市空间所创造的巨大财富和社会效益中，不能排除地下空间在其中有机的贡献、综合作用和价值。

因此，对地下空间资源的评价，除资源潜力、适宜的利用功能和形式、适宜的场地和环境选择、合理的利用规模与层次外，最终还必须进行资源的经济评价，才能真正体现和实现其对城市集聚效应的作用和目标。应当根据地下空间资源开发的需要，进一步制定相关的法规政策，明确界定地下空间资源的权属关系，对地下空间资源开发效益进行分析，制定有偿使用的标准，促进地下空间资源的开发和保护。

(7) 自然资源的社会性：当代地球上的自然资源或多或少都留下了人类劳动的印记，人类"不仅变更了植物和动物的位置，而且也改变了它们所居住的地方的面貌和气候，人类甚至还改变了植物和动物本身。人类活动的结果只能和地球的普遍死亡一起消逝"（马克思）。自然资源的社会性表现为人类群体行为对自然生态系统提供物资和场所条件的需求和索取利用方式的一致性和统一性，例如人们会根据个体需要与群体共同利益的一致性和矛盾的协调需要，提出共同认识和协调处理机制，提出改进和协调人的需求与自然资源供给，更有效利用、节约和循环使用资源等的具有社会性行为特征的统一认识和执行措施。

人类对地下空间的开发利用，以及为开发地下空间而进行的各种分析评估、规划、技术发明与革新等活动，体现了地下空间资源的社会利益和群体效应的需求和驱动，反过来，社会发展又促进地下空间资源的利用和保护。总之，追求地下空间开发利用的社会、经济和环境综合效益，是地下空间开发利用的本质和目标；制定地下空间资源开发的利益分配、权属与转让、优惠和引导的机制，是实现地下空间开发综合目标的社会性保障措施。

(8) 自然资源的再生性与非再生性：自然资源的再生性是指自然资源本身在被利用的过程中连续或往复供应的能力，如果资源再生的能力可以满足资源消耗的需求，则为再生性资源，否则为非再生性资源。有些资源属于完全的非再生性资源，例如煤炭、石油等矿产资源，势必会随着人类的利用而逐渐枯竭；有些资源具有一定的再生性，例如动物、植物资源等，但是其再生能力受到其他因素和条件的制约，如果开发利用过度，将使这类资源失去再生能力，也会逐渐枯竭消失；有些资源具有较强的再生性，例如水、风能、太阳能。

地下空间资源的可逆性（即在被利用的过程中连续或往复供应的能力）较差，地下空间的存在环境一旦破坏就很难恢复原状。在浅层土中，需要较大的代价才能除旧建新，浅层地下空间资源需要经过很长的城市更新改造和建筑周期才能再生；而在岩石或深层土层中则拆除后无法重建，深层地下空间的潜在开发容量只会随着人类的开发利用逐渐减少。虽然随着人类开发技术水平的发展，开发地下空间资源的能力会不断提高，地下空间资源可开发的容量也会相对有所增加，但是地下空间的天然总容量是有限的，所以应该将浅层地下空间资源作为可再生性较差的资源来保护并有节制地开发利用，将深层地下空间资源作为不可再生的自然资源进行保护性利用。

1.2.2 地下空间资源的特性及其与地面空间的主要区别

地下空间被岩土、水等地下环境介质完全包围并相互作用，与地面空间及已有地下空间组成多层次的立体交叉与重叠关系，决定了地下空间资源环境物质要素明显的三维属性，即空间的多层次立体交叉、资源与环境之间的三维空间效应及随时间变化的四维过程，决定了地下空间与地面空间在自然属性及利用方式上的本质区别。分析地下空间资源的环境介质型要素及需求引力型要素的特点及其作用的基本对象和影响效果，并与其他自然资源及地面空间的利用性能进行比较，得出地下空间具备的如下特性：

（1）地下空间被岩石、土壤和地下水等介质包围，在温度、湿度及热工的稳定方面，空间和环境的封闭、隐蔽和防护安全等方面，具有较强的物理特性；同时难于利用太阳光及天然景观，方向性和方位感较差。

地下空间内部环境与地上空间有很大的差异。建成后的地下空间处于岩石或土层的包围之中，与自然界的空气流通受到阻碍，自然阳光难以进入，与自然景观隔绝。对外空气流通不畅，地下空间中二氧化碳浓度和放射性物质如氡气的浓度偏高，空气湿度大和异臭难以排除等环境特点，对处于地下空间中的人的生理和心理健康有很大的影响。为了使地下空间保持不低于地面建筑的内部环境标准，运营所消耗的能源比地面要多出大约3倍。但是另一方面，由于岩石或土层覆盖使得地下空间与外部环境的能量交换缓慢，将一些需要恒定温度或湿度条件保存的物品储存在地下空间中，可以节省能源消耗[4]。

良好的防御外部灾害的能力。岩石和土层增加了地下建筑的防护层厚度，减少了外部因素作用对地下建筑的损害，所以其对外部灾害的抵抗能力要高于地上建筑。根据联合国的有关规定，一切核防空洞必须建设在地下。日本的研究表明，岩石洞穴在地震条件下是高度安全的，地下30米以上处地震加速度约为地表处的40%，因此日本政府把地下空间指定为地震时的避难场所[5]。

岩石和土层的覆盖使地下空间与地面直接连接受到限制，空间内部方向感差，对人员疏散不利，这对地面救援人员掌握地下情况，展开救援工作有一定的限制，所以一般地下建筑内部灾害的危害程度要大于地面建筑。但是，由于岩石圈的保护，地下空间内部灾害对外部环境的影响很小，所以一些危险品可以考虑放置在有一定深度的地下空间中。

（2）空间的多层性利用特征。可多层一次开发，或多次分层开发，实现空间立体化和土地多功能复合利用的重叠和穿插，具有可分层利用及分期实施的特点和优势。

（3）地下工程物相对地面建筑的建设成本较高，工期较长。地上空间的原状介质是大气，可以建筑的手段直接围合而利用；地下空间资源的原始介质是岩石或岩石风化后的土层以及渗透性较强的地下水，必须克服岩土和水的影响，将内部介质排除，才能创造出可以利用的空间，因此地下工程施工难度和成本往往高于地上空间设施。例如地上建筑的空间高度已经超过500米，吉隆坡双子星大厦高度达到452米，台北国际金融中心高度达到508米，迪拜塔则达到629米；而城市地下空间的大深度利用常见为地下20～50米之间，目前还限制在地下100米之内（采矿空间不计）。在不计入土地费用的条件下，地下工程的直接造价高于地面工程。以日本对1976～1980年建成的地下街的统计为例，其单方工程造价是同类地面建筑的3～4倍[4]。

（4）较强的不可逆性。地质体经历漫长的地质年代才能形成稳定结构；而地下空间资源开发必须先将岩石或土层介质排除，改变地下原有的物质环境。岩石圈的地下空间结构代替了被排除的介质，与周围的岩石或土层形成了一个新的受力平衡体系，一旦拆除地下建筑，将造成岩石圈中受力场的重新分布，可能造成局部较大的变形，造成严重后果。因此地下空间开发项目尤其是深度较大的空间，一旦建成将很难进行改造或拆除，或根本无法恢复原状，具有很强的不可逆性；因此大深度地下空间资源再次开发的可能性很小，只能够循环利用。而浅埋的地下建筑在理论上是可以拆除的，并可对地下空间资源进行一定程度的再开发，但是改动和恢复的成本很高。

(5) 不利影响的持久性。与地面空间开发相比，地下空间开发在总体上对生态环境的不利影响相对较小。但是由于地下空间具有较强的不可逆性且埋于地下，不合理的地下空间形态或功能设施一旦建成，其对环境的不利影响将持续更长时间；低质量的地下空间建设，则缩短了项目设施使用的生命周期，相应增大了单位时间的环境负荷。因此对地下空间开发利用的规划和建设方案，尤其是大型地下空间开发利用的规划和论证，应提出比一般项目更为严格的论证标准和要求。

(6) 不可移动性。地下空间附属于土地资源，只能在固定空间位置使用，开发利用的空间场所、层次和时序必须进行合理分析和规划，以适应地面和自身的时间效应和功能变化。否则不仅造成资源本身的不可再生和浪费，还会影响资源开发所在区域的发展。

(7) 地下空间资源的开发利用具有迟于地面发展的后发性和滞后性特点。在城市空间自由发展的规律和效应下，只有当地面空间发展到一定程度时，才会出现地下空间大规模开发利用的需求。所以对于新城规划，必须根据城市发展和建设的目标，先行规划建设或预留地下空间，以避免造成新一轮城市改造建设成本的提高和资源浪费；对于老城，则应根据城市的发展阶段、水平和保护与改造对象的特点，密切结合旧城保护、更新改造，交通与市政基础设施升级，对地下空间利用的价值、潜力、需求和适宜性进行充分的论证和预测分析，并在旧城改造过程中逐步实施。

(8) 开发次序的竖向分层特征。地下空间开发一般从接近地表的浅层开始，随着施工与材料技术水平提高、经济水平和社会需求的发展，逐步向更深层次拓展。

(9) 地下空间资源的地域广泛性。因地表下岩土体分布的广泛性，故理论上只要是人类足迹可达之处，如果具备开发需求和工程可能性，都可以开发利用。

(10) 地下空间开发技术的复杂性。地下空间环境物质的隐蔽性和复杂性均远大于地面。未知的不良地质现象较多，为解决这些问题，常需要高质量的勘察设计、先进的技术设备及有针对性的施工工艺。

1.2.3 资源属性与特性的启示

地下空间自然资源属性的对照分析表明，地下空间具备自然资源的共性和基本特征，同时还具有自身的独特性和与其他自然资源联系和交叉的整体相关性，表现为自然、社会及经济与环境目标的综合性，是城市复杂巨系统的复杂子系统空间范畴，因而在大规模的实际开发利用过程中，应该作为资源系统的组成部分进行整体分析和综合规划，发挥资源环境整体优势和效益，避免单一系统及功能的孤立开发与使用造成的城市地质支撑体的碎块式开发和整体效益的浪费。同时，与地面空间完全不同的物理特性造成了作为新型国土资源组成部分的地下空间资源，与传统意义的城市土地资源在使用方式和方法上差异较大，必须在整体上进行深入分析和定位。

为了实现各竖向层次地下空间资源开发利用时序的科学规划和布局，有必要借鉴自然资源开发利用的一般过程和方法，从整体上审视地下空间资源的开发利用过程和资源约束条件、驱动条件的分析，通过资源调查评价和评估，对地下空间资源的实际自然条件特征和环境承载力特征进行科学分类和定性、定位，对合理开发的时序和空间布局等给出统一的战略性安排和筹划，实现分期、分层、分次建设，减少开发的冲突、矛盾和资源浪费，以利于更新改造和持续再利用，实现资源利用的可持续发展。

1.3 自然资源调查评价的基本内容和过程

地下空间是国土资源利用形式的拓展和延伸，是自然资源的组成部分，具有自然资源的一般属性和自身的独特性。借鉴自然资源学对自然资源开发利用过程一般规律的研究成果，有利于从理论高度，快速准确地认识和把握地下空间作为城市重要自然资源的开发利用和保护的原则和方法，对探索城市地下空间资源赋存和演变规律及评价方法的研究具有启发和参照作用。

1.3.1 自然资源开发利用的过程和研究方法

自然资源是对具有社会有效性和相对稀缺性的自然物质与自然环境的总称。科学的自然资源开发利用过程包括：勘察、开发、利用、改造和保护五个部分。其中对自然资源开发和利用的研究包括：调查、评价、规划、管理和立法等五个基础性内容。其中资源的调查、评价是自然资源开发利用科学规划、管理和保护的前提和基础依据，是自然资源开发利用最根本的基础性工作。

1.3.2 自然资源调查的目的与方法

资源调查的目的在于获取自然资源的基本信息，包括资源本身的信息、资源的环境信息和资源的影响因素信息，这是资源开发利用五个过程中最基础的研究工作，它包括对资源利用现状、资源潜力因素的调查和分析，主要调查手段和方式包括：

(1) 实地调查：研究人员亲自到资源所在地进行勘查，包括踏勘、目测观察记录、物探、钻探等手段。此种方法可以获得详细准确的数据，但是调查所需的人力、物力和时间较多，故不适用于大范围的资源调查。

(2) 资料分析和统计调查：根据有关部门掌握和收集的现有基础资料和统计资料进行分析，对于需要长期观察的研究信息，采用统计调查方法可以获得研究所需资料。

(3) 航空遥感调查：是获得资源地面信息最有效的现代化调查手段与方式。通过遥感图片解译，可以直接或间接获得资源的数量、质量、类型与分布信息并且通过不同时期遥感图的分析对比，了解资源或影响要素的动态变化。

(4) 模拟调查：模拟调查是采用抽象、概括、模型的方法对实际问题进行典型研究，适合对特别复杂的资源系统进行分析。

1.3.3 自然资源评价和方法

自然资源评价是对一个国家或一个地区所拥有的自然资源在数量、质量、种类、组合特征、资源优势、资源开发的有利条件和制约因素等方面进行科学的评估，是制订资源开发利用规划，采取合理开发利用方式与措施的科学依据。

(1) 评价的原则：

- 整体性原则：资源评估必须将资源作为整个资源系统中的一个子部分，考虑系统中所有因素对资源的影响，把研究对象置于整体系统中评估，结果才真正客观和全面。单就资源本身的性质进行评价，将会产生误差。例如，某处贫铁矿本身性质决定了它的开发价值很低，但是实际上它已经被开发利用，原因是此铁矿位于武汉附近，原材料运输交通便利，因此外界条件提升了它的开发价值；又如某地块地质条件不佳，但是由于区位优势而发展形成商业中心，于是该地区地下空间开发的商业价值也随之上升，开发者有可能利用商业利润较高的优势，投入较多的资金去开发地质条件相对较差的地下空间资源，这也是从资源要素的整体方面权衡思考的结果。
- 实践性原则：坚持资源评价为资源开发规划服务的原则，评估内容和结果要素与项目规划需要相符。在地下空间资源的评估中，要遵循城市总体规划的目标和原则，以及其他专项规划的目标和要求，进行整体协调和配合，使各项规划的目标综合为整体，使规划质量得到优化和提升。
- 经济、生态、社会效益相统一原则：坚持经济、生态和社会效益相统一，充分考虑资源的开发利用所产生的综合效益，才能得到资源的准确评价。

（2）资源数量评价的方法：
- 直接勘测调查法取得资源的数量和分布，适用于矿产资源的调查。
- 通过调查不宜开发利用的资源区域，从而间接获得可开发利用资源的数量和分布，适用于空间资源的调查评价。

（3）资源质量评价的方法：
- 主导因素评判法：如果在影响资源价值的多个因素中，存在一个或两个起决定性作用的主导因素时，可以采取主导因素评判法。将主导因素作为评判资源价值或划分等级的依据，忽略其他因素的影响。例如较严重的地质灾害现象中的大型活动型地质断裂、低洼地段等，常常直接导致地下空间开发利用面临施工、结构或使用安全方面的威胁和难度。
- 最低限制因素评判法：对资源价值的限制因素进行分析，根据限制因素数量的多少进行资源价值的等级划分。
- 综合指标评判法：这种评价方法是选取公认的能反映资源价值的综合性指标，并对综合性指标进行分级，用以评定资源的等级。
- 多因素综合评判法：选取对资源价值有影响的多个限制因素作为评价要素，对每个评价要素进行指标分级，再将各限制因素评定的级别采用一定的数学方法综合评判，根据综合评判结果对资源价值进行等级划分。其中，常用层次分析法对若干不能独立判断的评价要素进行权重分析和打分计算。
- 地域对比评判法：根据资源所处的地域单元中可以反映资源价值特征的各有关指标的系统对比，来评定资源的相对价值，得出相对优劣的评价结论。在城市空间区位分析中，常采用优势区位排序，按级别优先顺序排队的原则和方法评价。
- 标准值对照评判法：按照国家规定或国际规定或公认的标准对资源价值进行等级评定。

1.4 地下空间资源评估的理念、目标、内容与方法

1.4.1 地下空间资源评估的理念和目标

地下空间资源评估，就是对地下空间资源潜力、质量和价值的综合评价。资源的综合质量是衡量地下空间资源可合理开发利用的工程条件、有效理论容量、适用功能及开发方式、合理规模和价值等方面潜力的统称，结合各类具体的评价目标，制订相应的地下空间质量评估标准，目前尚无统一的规定。地下空间既是城市发展的征服对象和可用资源，又是城市和地下空间自身依存的基础载体及环境，我国土地资源的国有制及城市地下空间资源的复杂性、整体性和有限性，决定了城市地下空间开发利用必须而且有可能采取资源化、规模化、系统化、整体有序化的原则和战略。

为了科学编制城市地下空间开发利用规划，实现对地下空间这一新型国土资源的统一规划、系统开发和整体保护，必须采用对地下空间资源进行调查、分析和评估的手段，对地下空间赖以存在的城市地层环境与构造特征以及城市建设用地更大深度内岩土体的相关工程因素和社会经济因素展开调查，根据各规划阶段需要，对城市总体范围和局部地段的地下空间资源类型、特点及可开发潜力和适宜性进行定性和定量的分析评价，为资源的高效而节约的利用规划提供基本的客观分析依据，为城市地质和生态系统合理承载以及地下空间资源可持续利用的目标服务。

资源调查分析和评估的结果，用以指导各阶段和层次的城市地下空间开发利用总体战略研究和开发实施过程的资源监控，为地下空间开发利用的政策法规体制等的研究制订提供科学依据，实现地下空间的科学规划、有序开发和资源保护。

1.4.2 地下空间资源评估的内容与体系

1.4.2.1 基本准则

根据地下空间特性及其自然资源基本属性的分析，地下空间既是人类征服和利用自然资源的对象，也是城市赖以生存的地质载体和环境。因此开发利用地下空间资源，既要借鉴一般自然资源开发利用的基本过程和方法，也必须满足地质环境载体安全的基本要求，实现地下空间资源合理开发和保护的可持续目标。

地下空间资源评估和分析的内容、目标、指标体系和方法模型的建立，都必须基于以下三项原则：

（1）资源化开发利用原则

遵守自然资源开发利用的一般规律，做到：充分、节约、效率、多样化、功能合理、适宜。开发的目标是实现高效利用和创造综合价值。

（2）环境载体保护原则

地层空间是人类在地球生活所依赖的地质载体和环境，地下空间资源开发利用活动必须研究和考虑地层空间结构的安全稳定、地下空间的合理承载力和空间合理容纳量以及地下空间开发利用的不可逆性问题。

（3）生态保护原则

在环境载体保护基础上，减少和避免对生态环境的负面影响，发挥有利于保护生态环境系统正面效应的能力。

1.4.2.2 评估内容与体系

地下空间资源组成要素的多源性和复杂性、地下空间资源的特性和自然资源属性、地下空间规划内容与各类要素的关系，决定了地下空间资源分析和评估的内容应包括：调查和分析影响城市地下空间资源开发程度的自然条件、建设和规划条件、社会经济条件要素及其作用机理和影响程度，了解地下空间开发利用的工程条件，查明可供开发利用的资源分布和变化规律，评价资源质量、资源潜力和可合理有效开发利用的范围，开发利用的适宜形态、功能及生态适宜性以及合理密度和深度，估算有效利用容量等；在条件具备和有需要的情况下，提出开发利用的功能、规模和空间组织方式，并对综合效益进行定量评估。具体概括为：地下空间资源分布评价、地下空间资源质量和地下空间资源潜力评估、地下空间资源开发利用适宜性以及地下空间资源效益评价等内容。

评估内容的结构体系见表1-1。

城市地下空间资源评估内容体系与结构 表1-1

评估总目标	评估目标组合	评估内容	研究内容
地下空间资源潜力（基本潜力）（综合潜力）	①可用地下空间资源分布	可用资源分布	潜在可用资源 V_e
		可用资源容量估算	可用资源容量
			地下空间资源容积率
	②地下空间资源综合质量	基本质量	工程因素下的资源质量
		潜在价值等级	社会经济因素下资源潜在开发价值及需求强度

续表

评估总目标	评估目标组合	评估内容	研究内容
适宜特定利用方式的地下空间资源潜力	①可用地下空间资源分布	可用资源分布	潜在可用资源 V_0
		可用资源容量估算	可用资源容量
			地下空间资源容积率
	③地下空间资源开发利用适宜性	适宜特定开发利用方式程度	开发利用形态
			开发利用功能
			工程技术条件选择
			生态及环境适宜性
地下空间资源价值	①可用地下空间资源分布	可用资源分布	潜在可用资源 V_0
		可用资源容量估算	可用资源容量
			地下空间资源容积率
	④地下空间资源价格	资源价值生成	经济评价/效益费用比

注：
①②③④分别为单项评估目标的代号，其中：
①地下空间资源分布，是各类地下空间资源属性评估的基础，故分别与各目标组合。
②地下空间资源质量，是衡量地下空间资源适宜挖掘形成可用空间基本潜力的指标，适合总体规划和控规使用。
③地下空间资源开发利用适宜性，是针对特定利用方向和目标的地下空间资源可用潜力指标，适合专项规划及详细规划使用。
④地下空间资源价值，是针对地下空间资源潜在经济价值或综合效益进行货币化评价的定量指标，是评价地下空间资源质量和规划方案合理性的最高形式。
①和②综合考虑了地质条件和地质环境敏感性影响、生态系统敏感性和保护影响、地面及地下空间利用状态的制约影响等作用。

1.4.2.3 评估的动态时效性

地下空间资源的数量和质量分布均具有动态性。

天然蕴藏量因城市规划用地面积扩大或缩小而变化；可供开发的资源蕴藏量因技术的发展、各制约因素的改变而变化；可供有效利用的资源容量因限制因素和有利条件的改变而变化。资源的可开发程度和价值潜力也会随城市的变迁和规划引导而变化。

因此在地下空间资源调查和评估中，必须关注可开发容量和可利用程度的指数是相对和动态的特点，注重原始要素和评估结果数据信息的动态及时间均衡、协调和更新问题。

1.4.2.4 评估的竖向层次

地下空间所在的岩石圈总厚度达 33 千米，从当前科学技术所能提供的开发能力看，地下空间的合理开发深度以不超过 2 千米为宜。以日本为例，目前城市地下空间开发基本在地下 50 米之内，在软弱土层中地下空间开发深度一般不超过地下 30 米区域，近年来正在研究进一步开发到地下 100 米的各种问题。本世纪内的 100 年内，我国城市地下空间资源开发将控制在地下 100 米范围内。所以根据不同城市的需要，当前地下空间资源的评估深度一般选择从地表至地下 100 米以内，其中 0~30 米的浅层范围是重点开发对象。

根据资源开发的竖向分层控制原则，评估应为不同竖向层次有针对性地服务。例如目前在总体规划中常对地下空间分为如下四层：

（1）浅层地下空间（地表~地下 10 米）：与城市空间直接连接，一般直接为地面空间的扩展服务，开发利用的内容、形式和规模与地面关系密切。可供合理开发的影响要素主要是地面空间现状、地面建筑物地基基础和已利用的地下空间的影响，地质条件的影响一般不起决定作用。

(2) 次浅层地下空间（地下10~30米）：与城市空间关系较为直接，可供合理开发的影响要素包括工程地质条件和水文地质条件，已开发的地下空间，地面建筑物地基基础。

(3) 次深层地下空间（地下30~50米）：与地面空间联系不很直接，主要是大型城市基础设施和地铁隧道的空间。可供合理开发的影响要素包括工程地质条件和水文地质条件，地面建筑物地基基础稳定性以及已开发的地下空间资源的影响逐渐变小。

(4) 深层地下空间（地下50~100米）：与地面空间联系不直接，主要是大型城市基础设施和物流通道等的空间。可供合理开发的影响要素主要是工程地质条件和水文地质条件，少量高层建筑的基础和地基的稳定要求。

评估时既可以按照竖向层次进行评估，也可以在满足层次分类要求下，建立立体单元进行评估。

1.4.3 地下空间资源评估的基本方法

当自然系统要素过多，系统结构层次超过工程分析方法所能掌控的程度时，一般采用系统工程方法进行分析，利用人工建模模拟真实系统模型运行效果，预测多源异质复杂系统的综合作用效应，取得相对可靠的系统效应判断值，用以决策系统的级别、程度或分类。

在具体的地下工程勘察设计和施工中，常采用材料与力学分析计算和实验等工程手段对目标系统的运行效果进行分析，取得较为精确的工程效果预测结果，作为设计施工的依据。在城市规划阶段和场地分析阶段，不需对目标进行高精确的分析，重要的是判断场地条件和工程条件的适用性，而在这一阶段，工程勘察信息和约束条件还不足以采用计算和实验方法进行分析，例如：满足工程分析精确计算所需的具体数据不太可能提前获得，大范围精确计算的巨大工作量无法在短期实现，或是因缺乏具体空间形态而无计算对象等问题，均是在城市规划阶段所无法解决而且一般不需要解决的问题。根据城市建设各子系统已取得的被验证或公认的知识，如规范、标准、专家经验、专业技术文献成果等，建立系统分析模型，直接分析测算研究区实测数据综合作用的效应和程度关系，模拟预测城市大范围地下空间资源系统要素综合作用下的系统效应与资源开发利用潜力的关系，在内容及精度上提供和满足城市规划分析所需的科学依据，是较为可行的办法。

因此，根据已掌握资源质量与地下空间开发利用潜力及价值的相关知识和规律，建立定性和定量的系统分析模型，对大范围地下空间资源的类型及潜能进行总体判断，可以提高地下空间规划和开发利用活动的科学性。

研究表明，根据要素的作用方式、影响程度和组合效应，对地下空间资源进行类型划分和评估，应采用以下两类方法：

(1) 对制约性影响要素：一般采用极限条件法，通过逐项排除不宜开发利用地下空间的影响要素分布，间接获得可开发的潜在地下空间资源分布，对类型要素组合下的地下空间资源可开发程度进行方向性的判断和分类。

(2) 对程度性影响要素：采用对比分析法研究地下空间多种复杂要素联合作用的效果，过程较为复杂，在定性分析归类的基础上，进一步采用数量分析的方法，可取得更为直观准确的结果。一般可采用自然资源分析评价中常用的系统分析法有层次分析法（AHP）、不确定性要素分析法、模糊综合分析法、灰色聚类度分析等系统工程学理论。

1.4.4 地下空间资源评估的基本过程

参照自然资源勘察评价的过程以及城市规划阶段的地质勘察规范，地下空间资源评估步骤可分为两个主要阶段：

(1) 地下空间资源调查

通过对地下空间资源的地质、水文、地形等自然条件，城市空间现状，城市空间布局等人文条件进行数据收集分析和研究，对可开发利用的地下空间资源特征与分布进行定位和描述。

（2）地下空间资源评价

在资源调查的基础上，对资源条件类型和质量等级分异的要素和条件进行分析，取得资源类型及其质量等级评价基础数据；采用各种定性定量分析的方法，对地下空间的工程条件、限制性因素和利导性因素进行分析比较和计算，取得资源分布、资源质量、潜在开发价值等资源潜力和适宜性评价结果，对地下空间开发利用的优势条件和不足，资源分布等进行总体判断，指导地下空间布局和开发规划。

1.4.5 地下空间资源评估的应用尺度

地下空间资源评估针对宏观整体和微观局部两个尺度。

（1）宏观调查评估

针对城市总体规划、区域规划或分区规划，侧重于研究范围的整体基本背景和基础条件研究，通过资料搜集整理和分析，为城市总体地下空间战略目标研究和全局性规划服务。因空间尺度和评估单元面积较大，一般与基本规划地块相当，例如对建设空间的分析应以同类连续建筑片区和规划用地为单元。

基础资料数据类型和精度、评估单元划分、评估要素选取和指标体系、评估模型等应针对宏观评价尺度确定，比例尺与城市总体规划级别相当，可在1:10000到1:25000之间。评估结果应包括城市地下空间资源总体类型、分布，以及资源总体工程开发难度、以及资源基本质量、潜在价值和需求强度、综合质量，以及资源可供有效利用容量估算。

（2）微观调查评估

针对详细规划和小范围局部地区的城市地下空间开发利用规划，通过对区域地质条件、场地地质条件、岩土体及水文地质条件、空间利用状态、各类建筑和设施状态、详细规划需求等的调查分析，给出适合城市详细规划尺度的评价结果。评价单元可达到基本建筑地块尺度，一般规模可以1平方公里为上限，用于指导地下空间开发利用的详细规划和工程场地规划。对技术资料要求较详细具体，工作深度较大，但不必达到工程设计阶段对资料要求的深度和精度，比例尺一般在1:1000到1:2000即可。评价分析结果应包括地下空间资源总体类型、可用范围和层次分布，以及资源适用性基本质量分区评价、地下水及地质环境利用的适宜性分区评价、可供有效利用的资源容量估算和控制指标等。

1.5 地下空间资源评估基本要素的分类

1.5.1 地下空间资源的组成要素

地下空间在未开发前，是由地表下的岩土体、岩土地质体的空间构造与形态、地质活动及地下水、地热、地下矿物等要素构成的实体，这些要素是地下空间赖以存在的环境物质和环境载体，是地下空间开发利用的基本自然条件。

地面及地下空间利用的类型及形态与潜在的地下空间资源开发，构成相互作用、相互影响、相互制约的岩土力学关系。地上建筑空间与地下空间资源开发必须保持合理、有限度的岩土体应力和变形关系；地表的绿地和水面等生态系统要素，构成了地下空间在开发过程、开发容量和密度、开发深度等方面的生态敏感性制约条件。

城市的社会经济条件，如地理条件、交通条件、经济社会发展程度与城市区位、地价、城市规划条件等构成地下空间资源需求与潜在价值的驱动要素。

地层地质构造、水文条件、地形地貌、生态系统、地下地上空间利用状态、城市空间规划条件等因素约束和影响资源的可用程度，城市区位、交通、地价等社会经济条件作用使地下空间资源的潜在价值和需求具有较强的空间分异，这些要素决定了地下空间资源的利用类型、开发条件、地质稳定性和生态环境敏感度，从而影响地下空间资源开发利用潜力和适宜性。

1.5.2 地下空间资源评估要素的分类及基本作用方式

地层地质构造、水文条件、地形地貌、生态系统、地上地下空间利用状态、城市空间规划条件等约束和影响资源开发的工程适宜性程度，城市区位、交通、土地利用状况等社会经济条件的作用使资源的潜在开发价值和需求具有较强的空间分异，这些因素决定了地下空间资源利用的类型、开发条件、地质稳定性和生态环境的敏感性，从而影响地下空间资源开发利用的工程适宜性和潜力。

本节提出地下空间资源评估要素的基本组成和基本影响作用，为了建立科学的系统评估模型，在后续章节将详细分析各类要素对地下空间资源开发、利用、维护条件，社会、经济决策等方面影响的具体规律和作用机理，并给出具体的影响参数和评估标准，既为资源评估模型与指标体系的建立奠定基础，又可供有关人员分析参考。

1.5.2.1 工程地质条件要素

包括地形地貌、工程地质、水文地质、不良地质构造与地质灾害、环境地质和环境水文等因素。对地下空间具有决定作用的主要因素如下：

因素（1）——地形地貌：地形坡度影响地下空间垂直开挖、水平靠坡式、隧道式方式的选择和组合。地貌常常是促使地质灾害发生的自然条件。低洼地势和地形，容易造成雨水滞留，对地下空间地面防水不利。

因素（2）——岩土体条件：基岩的岩性、完整性、硬度、强度、结构层状对岩石区地下空间的开挖难度、结构稳定性、空间大小有决定性影响；土层的变形模量、承载力、土壤成分、与地下水的组合性能等对地下空间的开挖、支护、负载和稳定性有重要影响。

因素（3）——水文地质条件：地下水位、涌水量、承压水头、水质、渗流等，对地下工程的施工、防水、防腐、维护的难度和成本有密切关系。

因素（4）——不良地质构造与地质灾害：地质构造的活动断裂带、较宽断裂带对地下工程施工和维护不利；地面下沉、地裂缝均可造成地下空间不均匀沉降或水平错位；岩溶、震陷、砂土液化等对地下空间整体稳定性造成威胁；山体崩塌滑坡直接威胁地下空间依附的岩土体安全。

1.5.2.2 自然生态系统要素

包括水体、绿地、林地、山体等对城市的生态环境起到重要作用的空间，地下水饮用水源的保护，与地下水重要的补给、径流、排泄区域的保护。

绿地、水体、山体等自然地貌空间，大部分属于城市的生态系统，仍然具有开敞性，可进行地下空间开发利用，但必须根据生态系统保护的级别和要求，对地下空间开发的类型、位置、深度和规模提出控制要求，使地下空间开发利用与生态空间保护的目标相协调。

1.5.2.3 建设条件现状要素

包括地面与地下建筑物和构筑物、地下矿藏及地下文物、道路广场以及广场型绿地等。

因素（1）——地下埋藏物（矿藏和地下文物）：有价值的地下矿藏、地下文物埋藏区，要求地下空间布局必须避开或在保护挖掘完成后再开发利用。

因素（2）——已开发利用的地下空间：应进行评估鉴定，确定保护和继续使用范围，以及废弃范围。

因素（3）——文物保护建筑及一般建（构）筑物空间：保护和保留的建筑空间所占用的空间位置和原有建筑地基基础的稳定和安全必须保护，新建地下空间与建筑物临近或在建筑物基础之下开发时，要有足够的宽度和深度距离以及保证措施。

因素（4）——道路、广场、空地等开敞空间：是地下空间资源最为丰富和可大量开发的用地，除保护已开发利用的地下空间部分外，基本不受外界物理因素影响。

因素（5）——城市建（构）筑物拆除改造空间地：可根据自然条件和实际需求，按照城市规划控制要求充分开发利用地下空间。

1.5.2.4 社会经济条件要素

社会经济条件要素是促使地下空间资源开发利用的重要条件，其影响因素众多，包括城市地理区位，交通，人口状况，地价，用地功能，城市防灾需求等等。

因素（1）——城市内的空间及交通区位：如城市行政及商业中心、地下轨道交通枢纽站点、城市交通枢纽交通条件、大型吸引点等位置，对地下空间开发利用的需求有较强的引力作用，地下空间开发利用的潜在价值较高。

因素（2）——城市土地地价分布：地价越高地区，开发利用地下空间越可以充分发挥地下空间的优惠政策，通过地下空间扩大单位土地使用效率。

因素（3）——城市土地利用规划的土地功能类型对地下空间的需求和价值有不同的影响。

1.5.2.5 规划利用条件要素

因素（1）——城市规划条件：包括城市总体规划、各项专业规划、各项详细规划等，对地下空间资源利用具有导向作用。

因素（2）——地下空间竖向层次：对地下空间开发利用施工和使用难度有影响，适合不同深度要求的地下空间功能。

1.5.2.6 宏观背景条件要素

城市的总体社会经济发展水平、城市现代化程度、政策法规、气候条件、城市人口总体状况、总体生态与环境状况、技术水平等因素，是影响地下空间资源开发的技术条件和社会需求水平的宏观背景条件和影响要素。

1.5.3 要素分类与应用

上述要素对地下空间资源的类型、合理开发范围分布、开发利用难度、潜在开发价值等有不同程度的决定性和相关性，各要素之间具有独立性，可作为调查地下空间资源类型与分布、评估地下空间资源可开发程度及潜在价值的调查评估指标要素。

其中，工程地质条件、自然生态系统、建设条件现状、城市规划控制要求等因素是决定地下空间资源可开发程度的重要工程条件。城市区位、地价、用地功能等社会经济条件因素是决定地下空间资源潜在开发价值和需求强度的主导因素。

当把不同城市作为比较对象进行研究时，当对一个城市内部进行宏观评估时，该城市的社会经济发展水平、城市现代化程度、政策法规、气候条件、城市人口总体状况、总体生态与环境、地下空间施工和维护技术水平等因素，视为均质的宏观背景，可不作为内部差异性评估分析的要素和指标。

1.6 地下空间资源分布、质量、数量和潜力的基本概念

根据地下空间资源评估理念和评估目标的需要,应对分析和表述地下空间资源分异特征和开发利用条件的基本概念进行约定和定义,作为本章讨论的基本术语。

参照已有定义和解释,本章提出适于城市地下空间资源描述和评估的术语系统。

1.6.1 地下空间资源的分布与数量

地下空间资源分布:指地下空间资源可供开发利用的空间储备范围。

地下空间资源数量:指地下空间资源可供开发利用的规模潜力,简称资源量或资源容量,采用地下空间资源所占用的空间体积或折算成相应的建筑面积进行度量。

根据自然与人文条件的制约程度和层次,地下空间资源量由几个不同层次的基本概念和内容组成,按资源量内涵的属性和级别从大到小依次为:天然蕴藏量与范围、可合理开发利用的资源量与范围、可供有效利用的资源量与范围、实际开发利用的资源量与范围。图1-1给出了资源量几个基本概念组成结构的层次关系示意图。

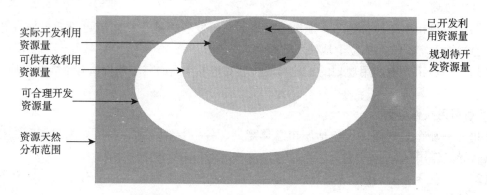

图1-1 地下空间资源数量的几个基本概念的层次关系示意图

(1) 地下空间资源的天然蕴藏总量(C_t)

地下空间资源的可用范围都在地球表面的岩石圈内。

岩石圈表面风化为土壤,形成不同厚度的土层,基岩层或被土层覆盖或裸露,岩层和土层在自然状态下都是实体,在外部作用下可形成可用的空间,如天然溶洞等。因此,城市地下空间资源的天然蕴藏总量就是城市规划区地表以下一定深度范围内的全部自然空间总体积,其中包含已经开发利用和尚未开发利用的资源,又可分为可开发利用的部分和不可开发利用的部分。

(2) 可供合理开发的地下空间资源量(C_a)及可供有效利用的地下空间资源量(C_e)

《地下建筑学》提出:"地下空间资源包括三个含义:一是天然存在的资源蕴藏量;二是在一定技术条件下可供合理开发的资源量;三是在一定历史时期内可供有效利用的资源量。……这三个概念针对的约束条件不同,在统计方法上有所区别。"其中,第二个概念强调技术条件与自然条件综合作用的效果,第三个概念强调了地下空间资源允许开发的可能范围,这一组概念体系为描述和度量地下空间资源潜力提供了认识的基础。但是在地下空间资源调查评估实践的过程中进一步发现[6~12],在对地下空间资源的可开发利范围进行调查分析时,往往需要首先确定资源的可用范围,然后在可用范围内进一步分析和评价资源的质量以及开发利用适宜性等问题,以提高工作效率。因此对上述概念体系的内涵作了局部调整,即:

可供合理开发的地下空间资源量(C_a):在地下空间资源的天然蕴藏区域内,排除不良地质条

件分布范围和地质灾害危险区、生态及自然资源保护禁建区、文物与建筑保护范围和规划特殊用地等空间区域后，剩余的潜在可开发利用地下空间的范围和体积，也可简称可用地下空间资源。

可供有效利用的地下空间资源量（C_e）：在可供合理开发的地下空间资源范围（C_a）内，在一定技术条件下，满足地质稳定性和生态系统保护要求，保持地下空间的合理距离、形态和密度，能够实际开发利用的资源。可供有效利用的资源量实际就是规划范围内城市地下空间资源可供开发利用的最大理论容量，该容量并无确定的空间形状和大小，具体数值和形态取决于技术条件、工程条件与利用方式三者的组合效应。在绝对数值上，$C_e \leq C_a$。

（3）地下空间的实际开发量（C_r）

根据城市发展需求、生态与环境保护要求以及城市总体规划，实际确定或已开发利用的地下空间资源容量。在数值上，实际开发量的最大值不应超过可供有效利用的资源量，即理论容量。

根据上述定义，地下空间资源分布与资源数量的系统组成与结构见表1-2。

城市地下空间资源系统的组成结构　　　　　　　表1-2

资源总量	利用状态	可用性	有效利用程度及组成
地下空间资源天然蕴藏总量 $V_n = V_a + V_b$	已利用资源 V_a	已利用资源 V_a	已有效利用资源（V_{a1}）
			已利用资源的保护范围（V_{a2}）
	未利用资源 V_b	潜在的可用资源 V_c（V_{b1}）	潜在的可供有效利用资源 V_d（V_{c1}）
			可用资源的保护范围（V_{c2}）
		不可用资源（V_{b2}）	不良地质危险区 生态保护禁建区 文物与建筑保护区 特殊用地范围

注：V为资源的矢量空间。

1.6.2　地下空间资源质量（Q）

地下空间资源质量是度量地下空间资源在可开发利用的工程能力以及适宜开发利用功能与形式、需求强度与潜在价值等方面能力的通用指标。不论在城市规划的地下空间总体规划阶段还是详细规划阶段，当无具体利用方向或具体条件等目标时，资源质量评估就是对地下空间资源条件所具备的基本工程适用性能和潜在价值水平的评价；当针对特定利用方向或具体条件时，资源质量是地下空间资源适宜具体利用方向的工程能力和开发价值，例如开发利用特定功能的适宜性、特定开发技术的适宜性、特定空间形式适宜性、综合价值与效益等。

基于工程地质条件、生态适宜性条件和建设空间类型条件等工程性因素的地下空间资源质量，是地下空间资源基本质量（Q_1），它是衡量地下空间资源评估单元岩土体及环境适宜工程开发的能力特征指标；基于社会经济条件因素的地下空间资源基本需求强度和潜在开发价值水平，是地下空间资源附加质量（Q_2），它是衡量所在区位地下空间资源的需求强度与潜在价值水平特征的指标。二者的空间分布和参数对指导城市地下空间开发利用规划的布局和选址有重要参考价值。基本质量与附加质量按照一定比例进行组合或叠加，即可得到地下空间资源的综合质量（Q），可作为规划决策判断的依据（见图1-2）。

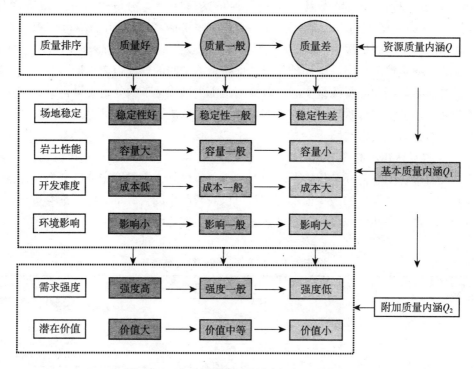

图 1-2 地下空间资源质量内涵解释示意图

1.6.3 地下空间资源潜力

地下空间资源潜力是度量地下空间资源的潜在可开发容量和资源质量的总体评价指标。地下空间开发利用容量是地下空间资源潜力的组成部分，可开发利用范围和可有效利用程度决定地下空间资源的可用容量，地质条件和空间利用类型决定资源的工程适用能力，二者综合即为地下空间资源潜力。

1.6.4 地下空间资源开发利用适宜性

地下空间资源开发利用适宜性，是针对地下空间资源适宜某种利用方式或功能程度的评价指标，可有单纯适宜性和多重适宜性，例如地下空间资源地质条件的工程适宜性。与土地资源评价相似[13]，地下空间资源开发利用的适宜性和潜力两个概念既相互交叉，又有区别。

1.6.5 术语系统的内部结构和关系

如上所述，地下空间资源潜力由潜在可开发容量和资源质量综合组成。其中：

(1) 地下空间资源量由 C_a 和 C_e 两个参量构成。C_a 代表规划区地下空间资源的可利用范围总体积，C_e 代表该范围内可实际利用的最大容量，即理论容量。C_e 一般小于 C_a，当具备一定条件时，C_e 的极限为 C_a，即理论容量 C_e 是基于工程条件、一定技术条件和空间形态（例如明挖或暗挖方式、地下隧道或大型基坑、地质环境及生态保护制约等）的变量。根据在城市中的具体位置、具体自然生态和人文条件、社会需求等要素，可测算地下空间资源可有效利用的合理指标，作为地下空间控制性详细规划编制的基本依据之一。

各容量指标和概念在空间域上按绝对值大小排序为：$C_r \leqslant C_e \leqslant C_a < C_t$。

(2) 地下空间资源质量是对资源在质的分异方面进行评价分类，可包括资源体在利用上的结构稳定性、可用性、开发难度及成本因素、潜在价值和需求因素、生态敏感度及地质安全程度等多方面属性。

(3) 当不考虑外在因素影响时,地下空间资源可挖掘形成地下空间的天然能力与地下空间资源基本质量有重要相关性(《工程岩体分级标准》,GB 50218-94),好的资源质量有利于开挖大型及稳定性好的地下空间,即可有效利用容量与基本质量呈正相关性,可表示为:

$$C_e \propto f(Q_1) \tag{1-1}$$

或:

$$C_e = \alpha V \cdot f(Q_1, S, T, F) \tag{1-2}$$

式中 α 为最优质量岩土体的地下空间可有效利用基本常数,V 为可供开发资源量,S 为开发形态,T 为技术经济条件,F 为地下空间开发的功能需要。可见,基于工程性因素的地下空间资源可开发利用有效容量估算的基础是资源基本质量和开发形态、技术经济条件以及地下空间开发的功能需要。

(4) 地下空间资源的实际开发量和需求规模(C_r),是基于 C_e 和城市经济社会发展需要及规划控制的结果,即:

$$C_e \propto g(P, D) \tag{1-3}$$

$$C_r = C_e \cdot g(P, D)$$
$$= \alpha V \cdot f(Q_1, S, T, F) \cdot g(P, D) \tag{1-4}$$

式中 P 为某区位地下空间资源基本价值指数,D 为某区位地下空间资源开发的需求强度。可见,在地下空间资源可开发利用的有效理论容量基础上,实际规划开发量和规模预测的基础是地下空间资源的需求强度和资源基本价值指数。

基本概念和术语体系表达和构成了城市地下空间资源在空间分布上的分异特征和内涵及属性的层次关系,概括了地下空间资源分析的基本内容要点,可作为地下空间规划的科学依据。地下空间资源的这些数量和质量特征的获取必须通过资源调查和评价来完成,这就是地下空间资源调查和评估。

第 2 章 自然条件评估要素

2.1 自然条件概述

影响地下空间资源开发利用的自然条件，不仅包括大自然中对地下空间开发的工程技术难度有影响的因素，还必须考虑地下空间开发对自然界环境和生态系统中敏感性因素的反作用。因此自然条件因素包括：(1) 地质载体与环境条件对地下空间开发利用的技术影响和制约，即工程地质及水文地质条件；(2) 根据地下空间开发的环境影响和自然、生态环境保护需求提出的地下空间开发限制，即生态环境敏感性要素。

地质条件是地下空间资源存在的物质环境，是影响资源最终价值实现难易程度和可能性的决定性因素。工程地质条件对地下空间资源开发水平的影响评估，是系统性地开展地下空间资源开发规划的前提，而地质条件诸要素的分析则是地下空间资源条件分析和评价的基础，目的在于为评估模型指标体系的地质条件要素提供影响机理、标准和参数。

地质环境与生态系统是城市和社会正常发展所必需的最重要的物质基础和依存环境，从经济社会可持续发展和科学发展观的角度看，地下空间的开发必须能够有利于保护和维持正常的地质和生态环境。从生态环境安全的角度，地下空间的开发要避免对生态环境要素产生影响和破坏。从地质环境安全的角度，地下空间的工程选址要避开严重的不良地质现象，一方面使地下工程可以更加经济安全而且经久耐用，另一方面也避免由于地下工程的扰动进一步恶化地质环境，诱发地质灾害。从总体上看，地下空间开发利用与地面的大规模开发利用相比，是对地面环境和生态系统影响较小的生态型建设方式，但实际上，不合理的地下空间开发对生态系统和地质环境的负面影响仍然很大。因此，在地下空间资源质量的评价中，必须考虑与生态系统要素之间的和谐，使生态系统的安全目标成为地下空间资源工程制约性条件的组成部分，把生态系统与地下空间资源之间的合理空间和比例关系作为制约地下空间资源的重要条件明确进行分析和评估。

本章对城市地下空间资源评估的地质条件与自然生态环境敏感性诸因素的作用机理进行分析，归纳总结地质因素对地下空间资源可开发潜力的影响方式和基本规律，生态敏感性要素对地下空间资源可开发潜力的限制和资源保护的基本要求，给出地质条件要素对地下空间资源开发利用的工程适宜性分类、分级标准。主要研究内容包括：地形地貌、基本工程地质条件、水文地质状况、不良地质和地质灾害等工程地质条件，以及与地下空间资源开发相关的城市自然生态敏感性要素条件。在不良地质条件类型中，比较常见且对城市地下空间开发影响较大的因素包括活断层、地裂缝、岩溶、地面沉降、海水入侵、砂土液化及崩塌滑坡和泥石流等。自然生态敏感性要素条件主要包括地形地貌、水体、绿地、自然保护区等地表生态环境的保护要求，地下水脉、地下水源等地下生态系统的保护要求，以及地下空间开发可能诱发地质灾害的地形地貌条件、不良地质与地下工程不利组合要素等。

2.2 地形地貌条件

城市地形是指地面起伏程度和形状，衡量标准是地形坡度和高程。地形对城市建设用地布局、工程难易程度和建筑美观有重要影响。复杂地形对施工场地和施工机械的布置有不利影响；在地形坡度过大的地区进行城市建设，必须因地制宜充分利用自然地形，否则会增加开发土石方等工程量，增大较多的附加劳动和建设投资。但地形对城市地下空间开发的负面影响比较小，甚至成为有利条件，例如地形的天然坡度为埋藏水平穿越的市政设施及建设交通隧道提供了方便条件；同时坡地地形有利于建造靠坡式的覆土建筑，形成与岩土体相结合的半地下建筑，与坡地形成错落有致的布局，保护地面空间自然风貌（见图2-1）。当城市地形为丘陵山体地形时，评估任务还应对坡度和地貌与地下空间利用的适宜性进行分类和评价。

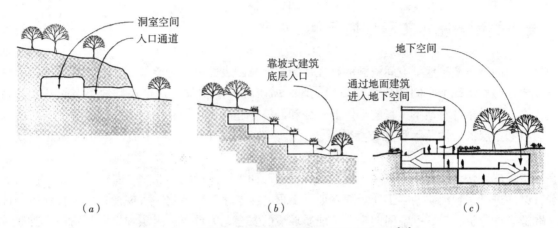

图2-1 平地、坡地、山地地下空间形式示意图[14]
(a) 陡坡——山洞式；(b) 缓坡——掩土式；(c) 平地——开挖暗埋式
资料来源：Carmody J.、Sterling R.，Underground Space Design，UNB，New York，1993

地势是规划用地地面高度与相邻地块的高低关系，特别是与相邻道路的相对高差。当规划用地的地面海拔高度低于相邻道路或地块时，其地表排水能力降低、防汛抗洪难度增大，地下空间入口和开放部位容易被倒灌，在山地、低洼并且雨洪危险较大的城市尤其明显，例如厦门市的前埔地区低洼地段在2005年台风"珍珠"中曾发生地面排水不畅，积水灌入地下车库事件，造成较大损失。因此地势条件是城市排水、防洪能力主要影响因素，在地下空间规划中应结合城市地势影响程度，结合城市的防洪规划，对城市规划和地下空间利用地区的地势条件进行划分，作为地下空间资源质量评价和地下空间规划布局考虑的重要因素（见图2-2）。

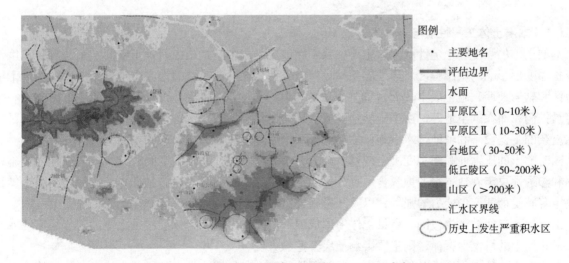

图2-2 厦门本岛及海沧区低洼地势分析图[11]
图片来源：厦门市地下空间资源调查评估报告，2006

由于城市地表的形态特征、成因、分布与发育规律不同，因此城市的地貌类型也各不相同。已有研究表明：区域地质构造与空间分布关系在宏观尺度上控制着地质灾害的发生与分布，具体的地质灾害点与地形地貌有一定关系。地下空间虽然埋藏于地面以下，但仍要尽量避开可能发生地质灾害的地貌，如果不能避开这些区域，采用一定的工程预防措施将增加工程投资和难度。对可能发生地质灾害的地貌，在资源质量和适宜性评估中，应根据评估区的实际环境及地质灾害可能发生的规模和概率，划分出不适宜开发地下空间的区域与禁止开发地下空间的区域。

2.3 岩土类型与基本工程地质条件

地球表面的岩石圈是地下空间资源的存在范围，岩石圈表面风化为土壤，形成不同厚度的土层。因此土体或岩体是城市地下空间的环境物质和载体，城市工程地质条件直接控制地下空间开发的难易程度；换言之，地质条件对地下工程的整体安全性和经济性起决定作用，是地下空间资源评估的基础核心要素。岩石和土层的岩性及工程性质参数差异较大，使地下空间开发利用的技术条件和开发方式完全不同。

在城市发展和建设过程中，城市工程地质条件对地面工程的影响已受到了普遍的重视，任何工程在建设前都必须进行工程地质勘察工作。随着地下工程的深层化、巨型化、大规模化，进行地质条件的整体勘察和适宜性分析，对地下空间的安全，地质环境的安全尤为重要。土层和岩层是两种主要地质构造物质，对地下空间的影响方式和程度各不相同。

2.3.1 土层工程地质条件

土层是基岩上部地表层的松软的地质组成物质，城市建设区一般选在土层上。土层的工程地质条件主要是土层的承载力、压缩模量，土体的稳定性。当土层的承载力高、压缩模量小，边坡稳定性好时，适合于基础工程及地下暗挖工程建设；当土体的稳定性较高时，适合暗挖及隧道工程建设。

评价某一土层对地下空间开发的适宜程度或土体质量，还必须考虑用作地下建筑围岩层——即承载地下空间的环境介质的强度和稳定程度、场地和基地的稳定性以及地面和地下设施对地下空间开发的影响。因此在工程地质条件的评价中，主要应选用两类指标：（1）本层土体的强度和稳定性指标；（2）下层土体的地基稳定性指标和整体场地的稳定性指标。

2.3.1.1 本层土体工程性能与条件

本层土体的强度和稳定性条件，主要关系到在该层土体中暗挖施工时地下空间成型的难易程度及对地表扰动变形影响的敏感程度。当地层条件较好时，例如在可塑或硬塑性黏土地区、中等密实以上的砂土地区和软岩地区，施工成本较低（如矿山法、新奥法），且开发导致的地表移动和变形的大小和分布也容易控制；而在软土地区，由于土层强度低，压缩模量小，地下水位高，开挖面自承能力差，常需要采取复杂的工艺设备和辅助技术措施，才能保证开挖后隧道断面的变形得到控制[15]。

同时，土的压缩性和密实度决定地基承载力大小，以及在开发地下空间时是否需采取加强措施；孔隙率和渗透性决定着地下水的饱和含水百分比和流动状况，影响防水措施的选择；抗剪强度和土体稳定性决定着其受荷载变形能力的强弱，以及开发施工是否需采取特殊处理措施以确保工程安全可靠。

由于地下空间被土体包围，衡量土体中形成地下空间能力的综合标准应是土体的工程稳定性或土体的质量；而土的可挖性指标，则主要影响土层开挖的难度。

在普通土体的工程地质条件指标中，对工程性能起决定作用的是土的承载力标准值、压缩模量、黏聚力和内摩擦角；对于特殊土体，则应当考察其特殊的工程性质对工程的影响程度。土的这种分类方法大体可以反映出土体的基本工程性质。以土的基本类型作为评估土体的工程性能的基本指标，适用于城市大范围进行地下空间资源的岩土性能评价，即在城市地下空间总体规划阶段，土体的工程性质指标如果太具体反而不具有可操作性，虽然每种土层由于所处条件的不同，其工程指标参数有较大差别，但总体来看同类土的工程性质基本类似。因此可以根据土体的工程性质并依据土体的名称进行大类的划分，确定地下空间资源的土体基本质量。当在城市局部地区进行工程勘察，或进行城市详细规划时，如具备数据条件，可采用土的基本力学指标进行综合评价。

综合以上分析，地下空间资源土体质量和稳定性影响程度分类见表2-1。根据岩土工程勘察设计规范（GB 50021-2001）[①]，各类土体与地下空间开发的影响分析见表2-2。

土体工程性质的分类标准 表2-1

	优等	优良	良好	不良
土体类型	密实碎石土	中密碎石土；密实或中等密实的砾砂、粗砂、中砂；密实硬塑的黏性土	稍密碎石土；密实的粉砂、细砂；密实的粉土；经过科学设计施工压实的人工填土	饱和疏松状粉砂、细砂；饱和稍密的粉土；疏松流塑状的黏性土（软弱地基）；人工填土；淤泥、淤泥质土；其他工程上的不良特殊土体（如膨胀土、盐渍土等）

资料来源[16]：陈希哲．土力学地基基础．北京：清华大学出版社．2004。

土层类型及其对地下空间开发适宜性的影响 表2-2

土层类别	土层详细类别	结构特征及工程性质	对地下空间开发的影响
普通土层	碎石类土	具有空隙大、透水性强、压缩性低、抗剪强度大的特点。砂石类土一般构成良好地基，但由于透水性强，常使基坑涌水较大、坝基、渠道渗漏	地基承载力大，但开挖和运营后的防水要求高
	砂类土	具有透水性强、压缩性低、压缩速度快、内摩擦角大、抗剪强度较高等特点。一般构成良好地基，但可能产生涌水或渗漏	开发地下空间的理想场所，工程性能好，需要防水处理
	粉土	粉土是介于砂类土和黏性土之间的土层类型	其对地下空间的影响介于砂类土和黏性土之间
	黏性土	黏性土中黏粒含量较多，常含亲水性较强的黏土矿物，具有水胶连接和团聚结构，常因含水量的不同呈固态、塑态和流态等不同稠度状态，压缩速度小，压缩量大，抗剪强度主要取决于黏聚力，内摩擦角较小	地基承载力低，变形量大，对地下空间影响较大
特殊土层	软土	高含水量和高孔隙性，渗透性低，压缩性高。在荷载作用下变形大而不均匀，变形稳定历时长，抗剪强度低，较显著的触变性和蠕变性	属不良地基，需要特殊的工程处理措施，增加开发成本，影响较大
	湿陷性黄土	呈黄色或淡黄色，以粉土粒为主，粒度均匀，含水量小，孔隙比大；在水浸润和压力作用下具有湿陷性	属不良地基，尤其在雨水丰富的区域，其防治费用更高，对地下空间开发影响较大
	红黏土	天然含水量和孔隙比大，强度高，压缩性低，具有较强的失水收缩性	与水的季节性变化有关，变化越大其影响越明显
	膨胀土	强度高，压缩性低，吸水膨胀和失水收缩	与红黏土类似
	填土	（素填土、杂填土、冲填土）工程性质与密实度有关	一般属于不良地基，需要特殊处理措施
	盐渍土	干燥状态下的盐渍土具有较高的强度和较小的变形，浸湿时压缩性增大强度降低，稳定性很差，对地下建筑具有腐蚀性	属不良地基，地下水变化对其影响较大，且具有腐蚀性

资料来源：岩土工程勘察设计规范（GB 50021-2001）。

---

① 本书对地下空间资源开发利用影响因素的研究，采用了国家和地方标准、规范中的部分参数及规定，目的是为了说明影响因素的作用机理、影响程度的概念以及评估标准和参数的使用方法和原理。故相关规范和标准的时效性仅做参考，但是在实际评估应用中，则应使用标注和规范的有效版本作为评估的依据。

2.3.1.2 下层土体工程性能与条件

下层土体作为上部地下空间的地基和场地载体,其稳定程度影响上层地下空间资源的工程适宜性质量。下层土体稳定性和环境工程地质条件受到内外动力地质作用的影响。根据《城市规划工程地质勘察规范》,场地稳定性和地基稳定性主要依据动力地质作用的影响程度和环境地质条件的复杂程度分为:稳定、稳定性较差、稳定性差、不稳定四类区域(表2-3)。同时地基稳定性与建筑物荷载的大小,岩土体类型及其分布、地下水状况、地质灾害、土体在地震作用下的动力特性等因素有关,常用容许承载力、抗滑稳定性系数等参数来表征其特性。地基稳定一般由地质部门根据规范进行归类评价,可作为评价地下空间资源土体稳定性的参考标准。

地下空间场地稳定性分析   表2-3

场地类别	动力地质作用影响程度	地下空间开发的影响
稳定	无动力地质作用的破坏影响;环境工程地质条件简单	场地稳定性好,无不良地质作用,非常适宜开发地下空间
稳定性较差	动力地质作用影响较弱;环境工程地质条件较简单,易于整治	场地稳定性较好,适宜开发地下空间,但需要简单的处理措施
稳定性差	动力地质作用较强;环境工程地质条件较复杂,较难整治	场地稳定性差,一般情况下地下空间开发的适宜性较差,工程需要的处理措施较复杂
不稳定	动力地质作用强烈;环境工程地质条件严重恶化,不易整治	场地稳定性很差,不良地质作用强烈,在一些工程技术难以处理的地区,一般不适宜开发地下空间

参考《城市规划工程地质勘察规范》(CJJ 57-94)自行整理。

2.3.1.3 土层地下空间资源工程地质条件等级简单分类

根据城市土层的具体情况,比较不同区域土层的承载力、压缩模量和稳定性,对一般土层中地下空间资源的工程地质适宜性进行分类见表2-4。

很多特殊土体具有特殊的工程性质,如黄土的湿陷性、膨胀土的胀缩性、软土的触变性等,应根据特殊土体分布和特殊的工程性质特点进行评价。

一般土层中地下空间资源的工程地质条件等级   表2-4

地下空间土层类别	工程地质特征	工程地质条件等级	地下空间工程适宜性评价
卵砾石、砂层	整体较稳定,易满足变形要求,密度较大	工程地质条件好	优
粉土、部分饱和或松散黏性土	整体稳定,但是需要部分处理保持整体稳定,有一定的变形	工程地质条件较好	良
饱和土	整体较不稳定,变形较难满足,但可保证稳定性及变形在容许范围内	工程地质条件较差	中
饱和软土	整体不稳定、变形大	工程地质条件差	差

2.3.2 岩层工程地质条件

岩层是岩石圈中尚未风化或未完全风化的组成物质,是优良的地下空间资源环境物质和地质载体,其中基岩露出地面或覆盖于土层下,随地形起伏露出者一般形成山体或丘陵。岩层的地质分布和构造复杂多变,对地下空间开发的影响不易制定简单、统一的分类标准,本节仅论述地下空间资源开发潜力与岩层地质的一般关系,实际评估必须结合具体城市和具体地质情况进行。

地质构造和岩石（岩体）的工程性质对岩层中洞室开发的难度、洞室围岩的稳定性有决定性的影响，岩体和岩石的工程地质特征主要包括岩体的结构状态以及岩石的强度。

2.3.2.1 地质构造

对地下工程建设有影响的地质构造主要有褶皱和断裂。褶皱和断裂使岩体发生了不同程度的变形或移位，破坏了原有岩体的整体性和完整性。褶皱轴部岩层弯曲，节理发育，地下水常常由此深入地下，容易诱发塌方（图2-3）。断裂带岩层破碎，常夹有许多断层泥，易导致塌方，并且在断裂处形成与完整基岩完全不同的软弱和易变形带。故选择地下空间开发的位置时，应尽量避开不良地质构造区域。例如，印度的森法纳格尔至萨特卢日隧洞，在施工过程中遇到断裂带，导致严重的塌方、涌水和泥石流灾害，有300米长隧道被坍塌物堵塞，沿原隧道方向无法继续施工，造成重大损失[17,18]。

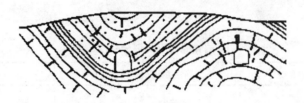

图2-3 褶皱轴部示意图

2.3.2.2 岩石强度

岩石是组成岩体的最小单位，它的强度根据单轴饱和极限抗压强度 R_c 进行分类，见表2-5。当岩石的强度较高，承载力较大，变形模量小时，有利于工程稳定性和建设；但强度过高，也会使岩石的挖掘难度增大，使工程开挖费用提高。

岩石强度划分标准　　　　　　　　　　　　　　　　表2-5

类型	强度标准（MPa）	代表性岩石
硬岩	>60	未风化~微风化的花岗岩、闪长岩、辉绿岩、玄武岩、片麻岩等
较硬岩	30~60	微风化的坚硬岩；未风化~微风化的大理岩、板岩、石灰岩等
较软岩	15~30	中风化的坚硬岩和较硬岩；未风化~微风化的凝灰岩、千枚岩等
软岩	5~15	强风化的坚硬岩和较硬岩；中风化的较软岩；未风化~微风化的泥质岩、泥岩等

资料来源：《建筑地基基础设计规范》GB 50007-2002。

2.3.2.3 岩体结构

岩体是与工程结构有关的一定范围内岩层的总称，由岩石、岩面、节理、断裂等多种因素构成。岩层的工程地质条件与岩体的结构类型有密切的联系，根据岩体的完整形态与完整程度，岩体的结构可分为四类：

（1）完整块状结构：完整块状结构岩体不存在贯通性的软弱夹层，构造本身有利于地下洞室的围岩稳定和地下工程的施工，工程地质条件的优劣主要决定于岩石的强度。完整块状结构岩体工程地质特征见表2-6。

（2）层状结构：层状结构岩体是由一层层岩石叠置而成，具有各向异性和不连续性，工程地质条件根据两层之间结合情况，以及是否有软弱夹层进行分级。两层之间结合情况好，且无软弱夹层的硬岩和较硬岩的层状岩体，力学性能类似于完整块状结构，工程地质条件好；两层之间局部结合情况较好，无软弱夹层的层状岩体,受力时可能会沿层面产生挠曲或张裂破坏,施工过程中需要一定的支护,工程地质条件较好;两层之间结合情况差,有软弱夹层的层状岩体,受力时沿层面挠曲或张裂破坏明显,施工过程中需要加强支护,防止塌方或落块,工程地质条件较差;以软弱夹层为主的层状岩体,整体强度低,施工过程中容易发生塌方事故,工程地质条件差[19]。

(3) 碎裂结构：碎裂结构岩体是被多组节理切割成形状各异、大小不等的岩块,岩体内部节理很发育,整体强度低下。当岩块强度较高,岩块之间咬合力较强,内部不含其他杂质时,这种碎裂结构称为"镶嵌结构",作为围岩具有一定的稳定性,工程地质条件较好。而碎裂结构常含有泥砂等杂质,岩块之间咬合力弱,整体强度低,工程地质条件较差,不利于地下空间的暗挖施工。

(4) 散体结构：散体结构呈岩块夹泥或泥包岩块的松软状态,在严格意义上已经无法形成岩体结构,在地下空间形成中不易于暗挖结构形成,但对地面明挖比较有利,做基础工程时需要清除,进行地基处理。

岩体完整程度划分标准 表2-6

类型	结构面组数	控制性结构面平均间距（m）	代表性结构类型
完整	1~2	>1.0	整状结构
较完整	2~3	0.4~1.0	块状结构
较破碎	>3	0.2~0.4	镶嵌状结构
破碎	>3	<0.2	碎裂状结构

资料来源：《建筑地基基础设计规范》GB 50007-2002；《工程岩体分级标准》GB 50218-94。

2.3.2.4 岩层地下空间资源的工程条件组合与开发利用的工程适宜性

根据地质构造、岩石强度和岩体结构的综合分析,在地下空间资源规划的地质选择中,对若干类型岩体的结构及地质构造的工程性质大致进行分类,见表2-7。如前所述,一个城市的地质评价和分类应结合具体地质状况和需要特点进行分析。

在岩层地下空间出入口,一般参考地质勘察部门归纳的工程建设适宜性作为评价依据。岩体用作地下空间地基时,其工程适宜程度主要由岩层或地壳的稳定程度所决定。在地下工程选址时,如果避开活动断层及大规模断裂破碎带,则岩体地基的稳定程度一般都很高。

当岩体成为地下空间的围岩介质时,其对地下工程的适宜程度取决于作为被开挖对象的地下洞室围岩介质的稳定程度。围岩的稳定性越高,工程建设就越容易,发生塌方涌水的可能性越小,所采取的工程支护措施可以更简单,一些甚至不需要支护；围岩稳定性越差,地下空间开发的适宜程度越差,如表2-8所示。

作为地下空间围岩的岩体,其工程建设适宜性评价参考相关规范中的分类评价方法。地下空间围岩分类在国内外普遍受到重视,取得了丰硕的成果。目前,类别明确、特征突出、符合实际且简单易行的围岩分类标准,大约可以分为三类：按围岩的强度或岩体的主要力学特性分类；以围岩稳定性为基础的综合分类；按岩体质量等级的分类。

我国地下工程中常用的围岩分类标准主要有两类,一类是以围岩稳定性为基础的综合分类,例如水利部发布的《水工隧洞设计规范》按照岩体特性、结构面及其组合状态、地下水状态等地质因素评价围岩稳定性,把围岩分为稳定、基本稳定、稳定性差、不稳定和极不稳定五个围岩类别,利用这个分类能够粗略判断围岩的稳定状况和可能产生的破坏形式,即采用岩体结构、岩性和地下水等工程地质性质为分类的依据。另一类是按照岩体质量等级进行分类,例如国家标准《水利水电工程勘察规范》提出的围岩工程地质分类法,采用累计评分的综合评价法,考虑岩石强度、岩体完整程度、结构面状态、地下水、主要结构面产状和围岩强度应力比等六项要素，综合评定围岩的类别。岩体基本质量是岩体固有的影响工程岩体稳定性最基本的属性。完整程度高，则开挖时岩层的稳定性好，支护等施工手段简单；岩石的强度较高，承载力较大，变形模量小时，有利于工程稳定性和建设；但强度过高，也会使岩石的挖掘难度增大，使工程开挖费用提高。

  岩层地下空间资源的工程适宜性分类可采用岩体质量指标，或采用岩石完整程度和岩石强度指标综合评价，适用于城市地下空间总体规划阶段和详细规划阶段的资源等级初步判断（《工程岩体分级标准》GB 50218-94），见表2-7、表2-8。

岩层中地下空间资源的工程地质条件分类   表2-7

岩体结构类型	岩石强度、岩层结合情况	工程地质特征	地下空间工程适宜性评价
完整块状结构	硬岩	开挖较困难，但基岩稳定性高，工程地质条件好	优
	较硬岩	开挖有一定难度，但基岩稳定性高，工程地质条件好	
	较软岩	开挖较容易，基岩稳定性较高，工程地质条件好	
	软岩	开挖容易，基岩稳定性较高，工程地质条件好	
层状结构	无软弱夹层且岩层间局部	类似于完整块状结构，工程地质条件好	优
	无软弱夹层且岩层间局部结合较好	基岩具有一定的稳定性，施工过程中需要一定的支护，工程地质条件较好	良
	有软弱夹层且层间结合差	基岩稳定性较差，施工过程中需要加强支护，工程地质条件较差	中
	以软弱夹层为主	整体强度低，基岩稳定性差，工程地质条件差	差
碎裂状结构	镶嵌结构	基岩具有一定的稳定性，工程地质条件较好	良
	其他	整体强度低，工程地质条件差	差
散体状结构	泥、岩粉、碎屑、碎块、碎片等	不适合暗挖施工；明挖地基应处理	差
褶皱轴部、活动断裂带		不适合沿构造带施工；与地下空间形状及走向有关	差

资料来源[9]：北京地下空间资源评估专题研究报告. 2004年9月。

围岩工程地质分类与地下空间开发适宜性的关系表   表2-8

围岩类别	围岩稳定性	地下空间开发的影响
Ⅰ	围岩可长期稳定，一般无不稳定块体	地下空间开发的围岩条件非常好，非常适宜开发地下空间，可以不支护或仅需简单支护
Ⅱ	围岩整体基本稳定，不会产生塑性变形，局部可能产生掉块	围岩条件较好，适宜开发地下空间，开发时一般仅需简单支护
Ⅲ	围岩局部稳定性差，强度不足，局部会产生塑性变形，不支护可能产生塌方或变形破坏。完整的软岩，可能暂时稳定	围岩条件中等，基本适宜开发地下空间。支护一般不太复杂
Ⅳ	围岩不稳定，自稳时间很短，可能发生规模较大的各种变形和破坏	围岩条件较差，地下空间开发的适宜程度较差，需要的支护条件比较复杂
Ⅴ	围岩极不稳定，不能自稳，变形破坏严重	围岩条件较差，地下空间开发适宜程度很差，需要支护条件比较复杂

资料来源：《锚杆喷射混凝土支护技术规范》GBJ 86-85；《水利水电工程勘察规范》GB 50287-99。

2.4 地下水文地质条件

地下水是地层空间的重要环境影响物质和生态系统物质。地下水类型、埋深、分布、流向、富水性、水位变化和腐蚀性对地下空间的规划布局和开发利用有重要影响。同时地下空间的开发利用对地下水环境和地下水系运动形成影响，大型的地下空间开发可以改变地下水渗流等的一系列特性，破坏水的自然循环和流动，进而影响到生态的可持续发展，并且有可能对地下水造成污染。

2.4.1 地下水类型与相对水位

地下水分为三种类型：上层滞水、潜水和承压水，分别具有特殊的赋存状态和运动特性。上层滞水作为一种无压重力水，其对地下空间的开发无论施工还是维护的危害较小。承压水承受一定的静水压力，在施工过程中无论是降水、排水措施、防水措施都比较复杂，且建筑物底板还要承受较大的静水压力，同时地下空间对地下水的运动产生一定阻碍作用，甚至可能污染承压水脉，因此在承压水中开发地下空间适宜性差。而潜水是工程中最常遇到也是无法避免的地下水，由于潜水无静水压头，与承压水相比，对地下工程影响的复杂程度相对较低。

在土层和岩层两种截然不同的地质环境中，地下水环境赋存方式有较大差别，地下水与地下空间开发的相互作用和影响方式也不同。

2.4.1.1 土层地下水

土层中的地下水位、水动力特性、渗透性、水质、补给情况等都从不同的方面对地下工程开发和维护产生影响。

地下潜水对地下开挖和施工维护都有不利影响，但由于潜水处在自由水状态，不受周围和水压头的补给作用，其作用在工程建设上能够进行有效控制，因此潜水区域基本适宜地下空间工程开发建设。当水位较高，采用明挖法施工时，边坡稳定性差，必须加强支护，并辅以降水或隔水等措施。地下水位浮动超过建筑物基础底面则产生浮力，对建筑物基础底板造成很大压力，甚至会导致建筑物整体失稳。在地下水位较高的地区开发独立地下建筑时，要增设一定的抗浮处理措施。

根据地下水位的高低确定土层中地下水对地下空间开发影响程度的等级分类见表2-9。

土层中地下空间的水文地质条件等级　　　　表2-9

地下水位	水文地质条件	水文地质条件等级	地下空间的工程适宜性评价
不含地下水的土层	无需排水，防水要求不高	水文地质条件好	优
含地下水土层，地下水位低于含水层1/2层厚	需部分采取排水、防水措施，建筑防水要求较高	水文地质条件较差	中
含地下水土层，地下水位高于含水层1/2层厚	容易产生流砂、塌方事故，需全面排水，建筑防水要求高，需要注意抗浮问题	水文地质条件差	差

资料来源：参照文献[17]自行整理。

2.4.1.2 岩层地下水

岩层中地下水的流动、补给、排泄绝大部分都是通过岩层裂隙进行的。整体岩体的透水性很差，几乎不用考虑地下水的影响，是最理想的地下空间资源，我国的青岛市就具有这种典型的优良地质条件；在岩层比较破碎且地下水丰富的地区，岩体内水流动性强，水环境复杂，必须采取技术措施，如排水或封堵的施工方法，才能确保地下空间的顺利开发，在这类岩体条件与地下水组合环境下，地下空间的建造和维护以及防止灾害发生等方面的成本增加，厦门市的地质条件较为典型，其城市建设以及地下空间利用多避开风化明显的丘陵山地。

岩层中地下水对开发地下空间影响程度的衡量，可采用地下水类型及相对水位、单井涌水量和腐蚀性等指标。岩层中的地下水根据埋藏条件的不同，多为潜水和承压水，且深度较大时多为承压水，其静水压力和渗流压力对洞室围岩稳定性造成影响，如果岩石破碎，则承压水位越大，洞室的稳定性越差；同时较高的水压头对地下结构产生附加静水压，对地下空间的结构强度和防水提出了更高的要求。

参照水利水电勘察设计规范，地下水类型及水位对地下空间资源质量的影响，可以综合表达为以压力水头为衡量标准的地下水影响程度指标，其分类见表2-10。

地下水相对水位对地下空间资源开发影响程度分析 表2-10

压力水头（H/m）	影响分析	地下空间影响程度
$H \leq 10$	对坚硬完整的岩石基本无不良影响，对碎裂结构和散体结构的不良影响较大	工程影响较大，较不利于地下空间开发
$10 < H \leq 100$	对坚硬完整的岩石有一定不良影响，对碎裂结构和散体结构的岩体不良影响大	工程影响很大，不利于地下空间开发
$H > 100$	对坚硬完整的岩石有一定不良影响，对碎裂结构和散体结构的岩体不良影响很大	工程影响极大，极不利于地下空间开发

资料来源：《水利水电工程勘察规范》，GB 50287-99。

2.4.2 地下水补给与变化

当地下水补给能力强时，会增加施工期间地下水控制难度。维护期水位变动幅度和频率偏高，会对土层地基稳定性造成影响，水浮力的波动对地下空间结构不利。

单井涌水量是按国家行业标准规定的井径井深等条件下测得的一段时期内的平均涌水量。在土层中，单井涌水量代表了土层的富水程度。在岩层中，单井涌水量的大小与岩层的结构、渗透性、风化破碎程度、裂隙的发育情况、地下水的存在形式、水体的性质及补给水源的形式等状况相关，是这些因素的集中综合反映。因此可用单井涌水量作为岩体层地下水补给能力或富水程度的度量指标，详见表2-11。同时，土层的渗透系数也是衡量土壤接受补给能力的潜在指标。

单井涌水量对地下空间开发的影响分析 表2-11

单井涌水量（m^3/d）	涌水量特征及工程措施	工程影响程度
$Q < 100$	涌水少，只需简单处理	影响小，施工维护简单，费用低
$100 < Q < 400$	需要进行较复杂的处理	影响不大，需要做防水处理措施
$400 < Q < 700$	涌水量中，需要注意防水排水处理	给施工和维护造成困难，增加成本
$700 < Q < 1000$	要进行地下水调查，是否处在地下径流上，要进行复杂的防水处理	较不适宜进行地下空间开发
$1000 < Q$	很可能附近有泉眼或者地下河，如果是水源地需要进行保护	不宜进行地下空间开发

资料来源[20]：郭建民．城市地下空间资源评估模型与指标体系研究：硕士学位论文．北京：清华大学土木工程系．2005。

地下水的季节性变化幅度较大时，其对地下空间影响产生周期性变化，负面影响较大。地下水位突然上升或下降而造成的建筑物浅基础产生不均匀沉降的实例屡见不鲜。当地下水位在建筑物基础底面以上变化时，除稍增加基础自重外对结构物影响较小；当地下水位在基础底面以下变化时，影响非常严重,例如:水位上升浸湿和软化地基土,造成地基承载力降低,压缩性增大;水位下降时,地基土的有效应力增加,产生固结沉降,基础产生均匀沉降。如果地基土质不均匀或地下水不是在整个建筑物下面均匀而又缓慢地下降,则地基将产生不均匀沉降。因此在有地下结构物的地基层内,地下水周期性升降对结构物防潮、防湿、稳定均可产生不利影响。表2-12为潜水季节性变化对地下空间开发利用维护的影响分析。

潜水季节性变化对地下空间开发的影响分析　　　　表2-12

补给状况	对地下空间的影响
季节变化大	造成潜水位的变化,对地下空间开发维护不利
季节变化较大	潜水位有变化,但是不大,影响一般
季节变化小	潜水位比较恒定,影响小

2.4.3 地下水腐蚀性

地下水腐蚀性对地下空间的影响主要通过其对地下建筑的腐蚀作用表现。具有较强腐蚀性的地下水(例如含有较多HSO_2^-,HCO_3^-),对钢筋混凝土产生比较强的腐蚀,降低建筑构件的强度,进而影响结构的安全性和耐久性。地下水腐蚀类型分为三种类型,结晶性腐蚀、分解类腐蚀和结晶分解复合类腐蚀。虽然腐蚀类型不同,但可按照影响程度划分为腐蚀等级:无腐蚀性、弱腐蚀性、中腐蚀性、强腐蚀性等,见表2-13[21]。

海水入侵引起城市地下水水质恶化,加快地下空间钢筋混凝土结构的腐蚀破坏;使地下水量增大,地下空间开发施工难度和造价提高;加快地下管线的锈蚀破坏,缩短使用寿命。

总体上看,地下水质差地区(包括海水入侵的地带)虽然给地下空间开发带来不利影响,但是只要采取合理的措施,是可以保证地下结构及其建筑物的正常使用的。因此,一般性水质较差地区,也属于基本适宜地下空间开发利用的类型。

地下水对地下建筑腐蚀影响分析　　　　表2-13

腐蚀等级	对地下空间影响分析
无腐蚀性	水质状况良好,对地下建筑没有腐蚀性
弱腐蚀性	水质比较好,对地下建筑有轻微的腐蚀性
中腐蚀性	具有腐蚀性,地下建筑需要经过防腐处理措施,工程量增加
强腐蚀性	极具腐蚀性,地下建筑需要经过特殊处理

资料来源:见注[21]。

2.5 不良地质与地质灾害

地质运动形成褶皱、断层、节理等地质构造,岩土体在各种内外动力及地下水的作用下,产生动力地质现象,造成对工程建设条件的不良影响。各种不良地质条件对城市地面空间及地下空间安全均构成不利影响,同时地面及地下空间建设也是一种地质活动,对地层环境具有诱导作用。对地下空间开发影响比较大的不良地质现象主要有断裂带、活断层、地裂缝、岩溶、地面沉降、砂土液化、崩塌、滑坡、泥石流、海水入侵等。

2.5.1 断层与地裂缝

根据断裂构造在第四纪内的活动情况，分为活动断裂和非活动断裂。

断裂构造对地下工程的影响主要表现在以下几个方面：(1) 工程环境的影响：断裂构造为地层内地下水和有害气体的运动提供了通道，可造成多种环境灾害，如水土流失、环境应力场改变、基础的腐蚀、工程施工的安全和工程使用的健康等问题。较常见的工程灾害有地下水运移带来的地面变形、地表水渗流带来的水土流失，深埋隧道的涌水和毒气以及水工构筑物内的析出物等。(2) 使场地整体强度弱化，从而导致场地岩土体滑移或地基强度的不足。(3) 在一定程度上控制地貌的差异和地下水系，在断裂带区域，通常岩石的完整性差，地下水发育，水文地质条件比较复杂，地下空间开发容易遇到塌方、涌水等问题。

非活动断裂构造区域稳定性较好，对地下空间开发的影响相对较小。

活断层是新构造运动的一种表现形式，反映了自地壳形成以来仍在不断地运动和发展。除具备非活动断裂的特性外，因其区域稳定性较差，存在一定突发性地震的可能，对地下空间开发的影响较大，主要体现在三个方面：(1) 活断层地面错动和附近岩土体变形，会直接损害跨断层修建或建于其附近的建筑物与地下工程，不因地下空间埋深而变化；(2) 地震时，活断层发震会直接破坏其上的建筑物和开发的地下空间；(3) 活断层是产生不良地质现象的重要影响因素，活断层发育地带往往产生较大的地形高差，地下水容易入渗，加大风化强度，容易产生滑坡、崩塌、泥石流等现象。

在活断层的错动灾害研究方面，现代地震科学尚不能对实际工程提供科学有效的指导，因此一般对活断层应取回避策略。

断裂带地区及大量开采地下水常造成地裂缝的形成，地裂缝对地下空间资源可用程度的影响与断层很类似，易造成地下建（构）筑物开裂、错位及地下管道破裂。因此在地下空间资源的工程条件中应考虑地裂缝对资源质量的影响，并应严禁在地裂缝严重地区进行城市地下空间开发。

2.5.2 岩溶

岩溶旧称喀斯特地质，主要是碳酸盐类岩石地质构造地区受含有二氧化碳的流水溶蚀，在地下或地表形成的空洞、塌陷、地下河、沉积等的地质现象，对地下空间开发和地面建设会造成较大危害。按其发育演化，岩溶可分为6种形态：

- 地表水沿灰岩内的节理面或裂隙面等发生溶蚀，形成溶沟（或溶槽），原先成层分布的石灰岩被溶沟分开成石柱或石笋；
- 地表水沿灰岩裂缝向下渗流和溶蚀，超过100米深后形成落水洞；
- 从落水洞下落的地下水到含水层后发生横向流动，形成溶洞；
- 随地下洞穴的形成地表发生塌陷，形成塌陷漏斗或陷塘；
- 地下水的溶蚀与塌陷作用长期相结合地作用，形成坡立谷和天生桥；
- 地面上升，原溶洞和地下河等被抬出地表成干谷和石林。

岩溶可产生一系列对工程很不利的地质问题，如岩体中空洞的形成，岩石结构的破坏，地表突然塌陷等，严重影响建筑场地的使用和安全。岩溶大到一定程度可称为溶洞，可作为天然形成的地下室加以利用[21]。

岩溶的危害影响主要与岩溶条件（岩溶地层、岩溶发育程度）、覆盖层条件（厚度，岩性，结构）、构造条件（距断层距离，距褶皱轴距离，断层性质，构造组合，构造规模）、水条件（地下水位面与基岩面距离，地下水位波动频率，地下水位变幅，地下水径流强度，距地表水体距离）、地形地貌条件（地形变化、地貌条件）、人类工程活动条件（距抽水井距离、抽排水强度）等有关，通过一定的评估模型，最终把影响等级分为：稳定级、基本稳定级、次易塌级、易塌级、极易塌级等五个等级[22]。

2.5.3 地面沉降

在自然和人为因素作用下，地壳表层土体压缩而导致区域性地面标高降低的一种环境地质现象。地下水的超量开采、高层建筑物的高密度建设、地下空间的高强度开发、地下矿产资源的开采等诱发地面沉降，一般而言，主要是不合理开采地下矿体（地下水、天然气和石油、煤等）所致，是大城市比较普遍的不良地质现象。它具有生成缓慢、持续时间长、影响范围广、成因机制复杂和防治难度大的特点，是一种对城市规划建设、经济发展和人民生活构成威胁的地质灾害[23]。

地面沉降对地下空间的影响主要包括：引起地下建筑物沉降、变形；引起地下流体管道的损坏、变形，造成泄漏和倒流；给地下空间的开发造成困难，出现标高变异和混乱，分段施工的对接错位等。目前在我国的许多大城市都不同程度地存在地面沉降现象，应作为地下空间资源评估的一个要素加以分析。选取沉降速率作为评估指标较为准确，其等级划分为轻微级、一般级、较严重级、严重级。

2.5.4 海水入侵

海水入侵是由于陆地淡水水位下降而引起海水直接侵染地下淡水层的一种环境地质恶化现象，是人类在沿海地区的社会活动导致的一种人为自然灾害。是由自然和社会环境中诸多因素长期共同作用的结果，其中最直接的原因是地下水位的持续下降和降水的严重不足。近年来，我国沿海城市由于过量开采地下水，大多不同程度地出现海水入侵问题，海水入侵严重的有天津、大连、秦皇岛、青岛、烟台、福州、广州等城市，多为经济高速发展、人口高速增长的开放城市和经济特区。海水入侵已给这些城市的经济建设与社会发展带来一定程度的危害[24]。

海水入侵对城市地下空间的开发危害主要表现在：引起水质恶化，造成地下建（构）筑物的腐蚀破坏；海水倒灌，流入地下建（构）筑物中，引起淹毁；海水的倒灌给地下空间的开发造成困难，施工难度增大，造价提高；造成地下水位的上升，对地下建筑产生浮力，引起地下建筑的上浮和变形。海水入侵的等级大体可以分为无或轻度影响、轻度侵染、较严重侵染、严重侵染四级[25]。

2.5.5 砂土液化与地震

美国岩土工程学会土动力学委员会于1978年2月对砂土液化概念做了广泛的讨论，认为"液化是任何物质转变为液体的作用和过程，在无粘性土中，这种转变是由固体状态转变为液态，它是孔压增大，有效应力减小的结果"。我国通常认为：砂土液化是物质从固体状态转变为液体状态的条件和过程。

砂土液化灾害直接影响城镇建设，是进行地震安全性评估、抗震设防、震害预测的重要环节。对地下空间的影响主要表现在：引起地面开裂、边坡滑移、喷水冒砂和地基不均匀沉降导致地基失效，造成地下建（构）筑物变形、错位和上部结构破坏；在施工过程造成破坏，增加开发成本等。

砂土液化的影响程度与砂土液化指数及场地地震烈度有关，液化的发生需同时满足3个条件：

(1) 土质为疏松或稍密的粉砂、细砂或粉土；
(2) 土层处于地下水位以下，呈饱和状态；
(3) 遭遇大中地震。

在地震的作用下，饱和松散的砂土尤其是粉细砂，其颗粒趋于密实并重新排列，土中孔隙水无法排除，瞬间处于悬浮状态失去地基承载力，造成砂土液化。因此液化指数和地震烈度是评估砂土液化程度的重要指标。根据液化指数砂土液化可以划分为以下等级：轻微、中等、严重[26]。

以上分法过于粗糙，根据砂土液化的液化指数 I_{LE}，进行详细划分，如表 2-14 所示。

砂土液化指数等级划分　　　　　表 2-14

液化指数 I_{LE}	0~4	4~8	8~12	12~16	>16
地下空间影响分析	几乎没影响	有一定影响	影响比较大	影响很大	影响非常大

地震对建筑物和各类设施的破坏和影响机理，在于造成地表的水平和竖直方向的不匀速移动，使建筑物及其他设施遭到超过结构抵抗能力的水平或竖直加速度，从而造成建筑物等的毁坏或倒塌；或当地震造成地表开裂、错动时，可直接破坏建筑设施的地基，使建筑设施失去地基的稳定性，产生拉裂、倾斜、倒塌等破坏。由于地下空间埋藏于地表以下岩土中，所受地震产生的鞭梢效应比地面建筑较小，而且受到周围岩土体的围护作用，因此在水平地震作用下，结构受动力作用的变形阻尼较大，其抗震能力则高于地面建筑与设施且地震反应比地面建筑要小。因此，一般认为在同等条件下，地下空间抗震能力要高于地面空间设施。但地震对线形地下设施如地铁隧道、市政管廊等的影响仍然特别敏感。虽然总体上地下空间比地上空间更有利于抵抗地震的破坏，但对地下空间资源内部之间的评价比较而言，地震仍然是有足够的破坏力，尤其当其他不良地质现象与地震组合发生时，其破坏力很大，因此地震设防烈度必须作为资源评估考虑的敏感要素。

根据建筑抗震设计规范，地震烈度小于 6 度时可以不进行抗震设计，也可以不考虑对液化土的影响。在地震对地下空间资源开发的工程影响指标中，重点考虑与其他不良地质如断裂、砂土液化、溶岩、软弱土等的联合作用；同时，把地震作用作为不同设防烈度区的地下空间资源场地稳定性指标来考虑。可认为在通常情况下，可考虑地下空间比地上空间对地震烈度的敏感性降低一个等级进行评估，因此给出地震烈度对地下空间资源工程场地稳定性的基本评估标准，见表 2-15。

抗震设防烈度对地下空间的影响　　　　　表 2-15

抗震设防烈度	6	7	8	9	10
对地面空间影响	有影响	影响比较大	影响大	影响非常大	影响巨大
对地下空间影响	几乎没影响	有影响	影响比较大	影响大	影响非常大

2.5.6 崩塌、落石及泥石流

崩塌和落石对地下空间开发的影响主要是易造成施工事故，例如施工振动引发崩塌滑坡体进一步松动，促发地质灾害。建成后的地下空间对这些危害具有一定的防护能力，但对地下空间出入口的安全存在隐患，例如地震或强降雨时，滑坡崩塌危险点及崩塌滑坡区发生崩塌或滑坡，掉落的岩石及土体可能堵塞地下空间的出入口，或威胁地下空间出入口的人流车流安全。泥石流是一种破坏强度大的自然灾害，是一种液体夹杂固体的混合物，一般在泥石流发生的危险区不宜开发地下空间。这一类因素对地下空间资源质量的影响，主要体现在工程成本和风险上，一般用灾害发生的危险性等级进行评价。

现状调查确定的地质灾害危险点，多数曾经发生过滑坡或崩塌，而且仍然存在滑坡崩塌的危险，其危险性更大。因此一般情况下在已查明的地质灾害点附近，不宜开发地下空间。如果无法避免，应加大地下工程的埋设深度并充分考虑到可能的滑坡崩塌带来的危害，并进行合理的施工设计和地下工程出入口的设计。在地下空间项目的规划选址时，应当尽可能避开该类地点。

2.6 地层深度对地下空间利用的影响

（1）对开发利用难度影响

随着深度的增加，土压力和水压力增大，工程地质和水文地质条件更为复杂，勘察难度增大，土石方、机械设备的运输难度加大，使得地下空间资源开发成本大幅度提高，经济效益降低。将浅层地下空间与更深层次地下空间的开发利用相比，可以看出浅层开发的优势是：

- 距离地面较近，采用明挖法施工，比暗挖法施工的成本低，进度快；
- 工程地质条件和水文地质条件勘察方便，数据准确，地质条件简单；
- 土石方、机械的运输方便；
- 有利于引入地面的自然光线和自然景观，使内部环境更接近自然；
- 地面人流进入方便，地下空间的经济效益较高。

（2）对功能适宜性影响

不同的深度层次，除了对施工难度和使用方便程度影响不同外，一般情况下适宜功能也不同。在浅层空间一般适合于安排一些商业、餐饮、文化娱乐、停车等功能，在次浅层一般适合安排地铁隧道、物流隧道、防空防灾专业设施和仓储设施。次深度一般适合安排一些大深度的地铁隧道、大型城市基础设施等功能。深层地下空间在目前一般是作为后备资源来对待。

总体上看，地下空间资源的竖向深度增加，必然会提高地下空间资源开发利用的复杂性和难度。因此，竖向层次对地下空间开发的影响程度划分见表2-16。

地下空间资源的竖向深度层次影响分析　　　　表2-16

地下空间资源竖向层次分类	对地下空间资源质量的影响
浅层区域（0～-10米）	影响较小
次浅层区域（-10～-30米）	影响较大
次深层区域（-30～-50米）	影响大
深层区域（-50～-100米）	影响很大

2.7 生态敏感性要素

2.7.1 地表水体保护与地下空间资源利用

地表水域主要包括河流、人工湖、湖泊、引水渠道、运河和水库，在提高城市景观质量、改善城市空间环境、调节城市温度湿度、维持正常的水循环等方面起着重要作用，同时也是引起城市水灾和易被污染的环境因子。

地下空间的开发建设对邻近水域的生态环境有很大影响，其影响表现在水域与周边地下水水脉的补给关系可能受到扰动甚至被切断；在丰水年，地下空间也面临一定的遭受水灾风险；不良的地下空间建设和运营过程，会对水域造成一定程度的污染。原则上，开发用地应尽可能远离水域，以免造成对水域生态系统的破坏和水体的污染[27]。

根据水体在城市中的利用性质，可以分为饮用水源性水域（重点保护性水域）和一般性的水域。北京市饮用水的水域主要是郊区的几个大中型饮用水水库和市区内的京密饮水渠道。《北京市密云水库怀柔水库和京密引水渠水源保护管理条例》，为保护水源对周围的影响区域划分为一、二、三级保护区，并规定一级保护区为非建设区和非旅游区，禁止新建、改建、扩建除水利或者供水工程以外的工程项目，故在一级保护区内应当禁止开发非水利利用的地下空间。管理条例明确在二级保护区内不得建设直接或者间接向水体排放污水的建设项目，虽然未禁止开发地下空间，但为了防止因地下空间利用切断水脉与地下水的联系，一般也不宜开发地下空间。在三级保护区内不得建设对水源有严重污染的工程项目，因此从地下空间的工程建设和运营来看，只要施工中避免采用化学注浆并对施工过程中产生的废弃物进行合理管理和科学处理，地下空间的开发仍然基本适宜。

一般性的城市水域对维护城市景观，改善局部气候，保护局部的生态环境有重要意义，其下部及其周边临近区域大规模的地下空间开发，可能导致地下水的主要通道被切断而改变周边地质环境，而且地表水干涸的可能性也增大。为防止切断地表水域与周边主要地下水通道的补给关系，在主要补给通道内不宜开发地下空间。例如，济南市为了保护泉城地下水脉，对大型地下空间的开发利用进行了限制。总体上看，一般性水域下部的地下空间资源也只适宜进行必要的局部性开发利用，例如：

- 利用地下水域下部空间埋设城市基础设施管线。属于微型隧道工程，处理得当对上部水域影响很小。
- 修建穿越水体下部的交通隧道。
- 水体地下休闲娱乐设施，对发展旅游和组织交通发挥作用。例如上海的地下观光隧道、青岛海底世界等。

虽然水体下地下空间资源十分宝贵，但除了满足城市发展的整体利益需要之外，总体上应以保护为主，不宜盲目大规模利用水体地下空间。

在地下空间资源评估中，本着优先保护，适度开发利用的原则，对资源可用程度的质量和容量进行评价，以给出符合保护和开发双赢目标的评估结果。对一般性的城市水体允许开发利用地下空间，可供利用的资源范围估算可从水底至第一道隔水层为止，由于隔水层的厚度一般不会太大，在宏观评估中，可暂定水体对地下空间资源的平均影响深度为水体底面以下10米内，在此范围内的资源不计入可开发容量。当然，在水底 -10 米以下的地下空间资源开发施工难度也较大，依然存在生态风险，采用适度限制开发比例的办法进行估算。根据上述分析，表 2-17 总结提出地下水保护的敏感性与地下空间开发适宜程度的匹配原则。

地下空间资源开发对地表水体生态影响敏感性关系表　　　　表 2-17

水域及其影响范围	一般水域及其影响范围	地表水源三级保护区	地表水源二级保护区	地表水源一级保护区
敏感程度	一般敏感	敏感	很敏感	极度敏感
浅层	一般不宜开发	不宜开发	不宜开发	禁止开发
次浅层	可开发	可开发	可开发	不宜开发

2.7.2　绿地保护与地下空间资源利用

城市绿地是城市生态空间的重要组成部分，在城市新建和更新改造过程中，扩大绿地面积，增加绿地范围是城市现代化和生态化的发展趋势，也是城市改造更新过程中，地下空间资源能够发挥一定作用的领域。开发绿地下部的地下空间是增加城市空间容量的一种可行方法。但绿地地下空间的开发，对植被有一定不利影响，具体表现为：阻碍植物根系的正常生长，使植物获取的水分和养料减少；切断了上下土层之间的水力联系，增加了旱季时植物获取水分和养料的难度。

为了维持绿地植物的正常生长并且不损坏其生态效益，必须对绿地地表下方的地下空间开发进行一定限制，保证足够的覆土厚度及其与植株的距离，如图 2-4 所示为单个树木对地下空间覆土厚度影响模型，H 为地下空间覆土厚度，B 为根系保护圆柱体直径。绿地对地下空间资源影响区域与三个因素相关：植物的种类及其正常生长对土层厚度的要求，绿地的质量等级，人工对植物的维护程度。

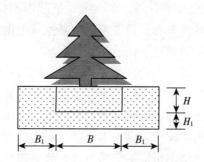

图 2-4　植株根系对地下空间开发影响模型

（1）覆土厚度。不同的植物类型其正常生长对土层厚度的要求是有差别的。每种植物在生长过程中根系都占用一定的范围，这个范围要求土层有一定的厚度，不同的植物类型其根系的扩展范围不同，一般直根系的植物深入土层的厚度要大于须根系，大多数木本植物的主根深达 10～12 米，干旱地区的植物可深入土层达 20 米左右，而草本植物的须根系入土较浅，仅 20～30 厘米。木本植物的根系在土壤中的延伸范围，可达 10～18 米，是树冠的几倍，草本植物的根系扩展范围，根据其不同的植物类型，其扩展范围可以由几十厘米到几米，覆土越厚，植物生长的状态越接近自然状态。

地下空间开发如果不阻碍根系的正常生长，就必须保证地表有足够的覆土厚度，对于木本植物，在地下 15 米以下开发地下空间则基本不会阻碍植物的正常生长，对一般的草本植物和灌木，只要有 3 米的覆土厚度，则基本不会阻碍植物的生长（中国大百科全书，2004）。在生态效益较好的绿地、林地，其植被正常生长所需空间范围及对地下空间资源的制约程度一般应大于生态效益较差的灌木和草坪。图 2-5 显示了上海静安寺公园绿地下开发利用地下空间的覆土做法，树木生长效果良好。

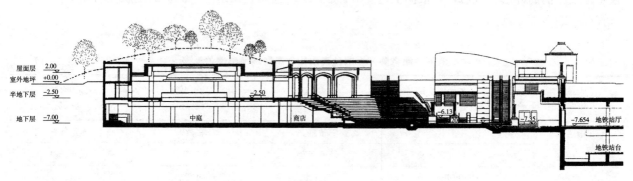

图 2-5　上海静安寺下沉广场剖面①

（2）绿地质量等级。为了提高园林绿化建设和养护管理工作的水平，北京市制定的《城市绿地建设和管理等级质量标准》[28]②把绿地分为特级绿地、一级绿地、二级绿地、三级绿地。根据该标准，对于特级绿地，其地下设施的覆土绿化应以实现永久性绿化为建设标准，以植物造景为主，形成以乔木为主的合理种植结构。其覆土厚度应不低于 3 米，以符合常绿和落叶乔木、灌木、草坪等不同植物生长对栽植土层厚度的要求，为大乔木的充分生长奠定基础。在一级绿地中，地下设施覆土绿化以实现永久性绿化为建设标准，其覆土厚度应不低于 2 米，以符合植物的生长对栽植土层厚度的要求，为一般乔木的充分生长奠定基

---

① 资料来源：卢济威．城市设计机制与创作实践．南京：东南大学出版，2005
② http：//law. intopet. com/78531. shtml

础。在二级绿地中，覆土厚度应不低于1米或满足该项目的设计要求，以符合常绿和落叶乔木、灌木、草坪等不同植物生长对栽植土层厚度的基本要求。在三级绿地中，未对覆土厚度提出明确要求。该标准对地下空间工程项目的覆土厚度提出了最低的要求，在实际开发中的厚度，应当依据具体情况而加以确定，并符合相关规范和标准的要求。总体上应当明确的是：地下空间资源的可开发利用程度与绿地的生态保护等级密切相关。建设生态城市是地下空间资源开发利用的根本目标，在对资源可用性划分上，应主动保护城市的绿地生态系统，根据绿地等级合理限定地下空间资源的利用容量与规模比例。

（3）人工的维护程度。一般来说，人工维护程度高的以灌木或草坪为主的观赏性的绿地，对地下空间资源的限制作用较小；如果是以发挥较大生态效益的以乔木为主的绿地，则对地下空间开发的限制深度较大。从地下空间资源的开发利用角度来看，地表植被的生态效益越好，人工维护程度越小，则需要的土层厚度越大，导致适宜开发的地下空间资源减少。因此，从地下空间开发的角度来考虑，覆土厚度不宜太厚。覆土厚度的确定必须兼顾地面绿化与地下空间开发的需要，建立一个能使绿地与地下空间开发相互促进的合理标准。我国目前的人工覆土种植对于覆土和排水层的厚度要求见图2-6。

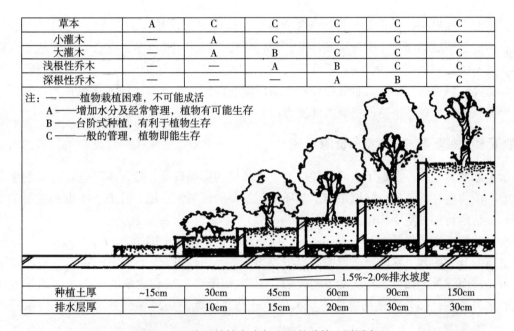

图2-6　我国植株大小与必要的种植土层厚度

资料来源：建筑设计资料集，1994

应当注意的是，上述标准和规定都是为了满足绿地植物自然生长的正常需要，如果采用科技手段和养护手段加以处理，植物根系所需的覆土厚度要求也可以减少，从而改善与地下空间利用的关系。北京市环境科学研究院的研究结果表明，北京市的自然条件要求地下空间上部种植大型树木的覆土厚度不宜小于3米，且对于一些生态效益高绿地，不宜在其地下开发地下空间。

因此，根据对地下空间开发的允许程度，把绿地分为保护性绿地和一般性绿地，用作划分地下空间资源可用范围的约束条件。

1）保护性绿地，指绿地植被本身属于文物保护范围，或是生态效益高的特级绿地，以及自然保护区内的绿地，此类绿地的地表不宜进行工程建设。

2）一般性绿地，指城市其他级别的绿地、新建绿地以及生态效益较差，有改造可能性的普通绿地。在此类绿地下部开发地下空间，可以采用明挖法施工，原有的价值较高的树木，可以通过移植进行保护，待地下空间建设完成后，再在建筑顶部进行覆土种植。一般性绿地下部地下空间开发的规模也应该合理控制。北京市规定在新建各种大型绿地时，乔木树种不得低于70%，非林下型草坪不能超过30%。高大乔木的种植要求更大的土层深度，地下空间上的覆土种植问题提出了更高的要求。如果在绿地建设中考虑地下空间的开发，应该将草坪集中种植，有利于局部地下空间的开发利用。

综上所述，在地下空间资源评估标准制定中，应根据绿地的生态保护等级确定地下空间资源的可利用程度、深度和规模。但同时也应看到，对地下空间覆土厚度提出要求的目的，只是为了满足植物自然生长的要求，若采用相应的技术手段加以处理，在保障植物正常生长条件下适当减少覆土厚度和植物与建筑物距离，也应当是可行的。

2.7.3 风景区和自然保护区与地下空间资源利用

城市内的风景区或自然保护区是城市的重要生态保护区，主要包括自然保护区、风景区、森林公园、湿地公园等。这些区域是城市规划的特殊地段。

保护区一般是以保护自然资源和生态环境为主，并提供一定的科研、教学、旅游、休闲、生产功能。为了便于经营管理，一般把保护区分为核心区（绝对保护区）、缓冲区（相对保护区）和试验区（一般保护区）。

核心区需要严加保护，禁止人为的干扰和破坏，所以应当禁止开发地下空间。缓冲区是半开发区，可结合实际需要在不破坏原有生态环境条件下，进行一些合理利用与改造的试验。由于地下空间开发的不可逆性及其不利影响的持久性，一般不宜开发地下空间。在一般保护区内，可以合理利用本地资源，以满足实际需要，但也应当注意其自然条件和生态环境的保护，在此类区域基本适宜开发地下空间，参照绿地保护等级合理控制地下空间资源的开发力度。

2.7.4 地下水生态要素与地下空间资源

地下水生态要素主要涉及地下空间开发对地下水环境的影响程度。地下水环境是重要的生态环境要素，是地面动植物生存的基础，对城市的生态环境起重要的控制性作用，且地下水也是重要的水源，对维持城市的正常运行起到重要作用。

地下水生态要素主要包括地下水敏感程度、地下水丰富程度两个因子。

地下空间的开发给地下水环境造成的影响主要表现在：（1）阻碍地下水的径流，造成地下水资源的重新分布，进而导致地面生态环境的不利改变；（2）切断含水层和主要的地下水通道，改变地表水与地下水的水力联系；（3）促使局部地下水水位的升高或降低，从而导致引入新的污染源进入地下水系统[29]。

2.7.4.1 地下水敏感性与影响

地下水敏感性，又称为地下水的脆弱性，国际上比较公认的定义是美国环保署和国际水文地质学家协会的定义：地下水脆弱性是地下水系统对人类和自然的敏感性。将脆弱性分为固有脆弱性（Intrinsic Vulnerability）和特殊脆弱性（Specific Vulnerability）两类。前者指在天然状态下地下水系统对污染和人类开发利用所表现的内部固有的敏感属性，后者指地下水对某一特定污染源或人类活动的脆弱性。从地下空间的开发角度，主要是指对地下水环境及其对城市生活的影响程度，一般从地下水源保护的角度来衡量，并结合其实际的水文地质条件分析其影响[30]。

根据国家标准《地下水水质标准》（GB/T 14848－93）[31]①，把地下水按质量等级分为五类。为了保护地下水水源地，参考我国环境保护行业标准[32]②（HJ/TXX－2006），把地下水的敏感程度分为三个

---

① http://220.178.32.4/include/web_view.php?ty=266&id=2388
② http://www.zhb.gov.cn/info/bgw/bbgth/200808/W020080818469754433661.pdf

大类，即敏感区、较敏感区和不敏感区。敏感区，主要是指处于城镇生活集中供水水源地补给区和水源保护区，天然矿泉水带，优于三类地下水水质的地区；较敏感区，处于三类地下水或四类地下水水质区，使用功能主要生产和零星生活供水规模区；不敏感区，处于五类地下水水质的地区。依据此标准，在敏感区内地下空间对地下水环境的影响程度很大，故不宜开发；在较敏感区内，地下空间开发对地下水环境影响较大，开发的适宜较差；在不敏感区内，只要技术措施合理科学，位置选择恰当，一般不会给地下水环境带来不利影响，因此适宜开发地下空间。

《北京市城市自来水厂地下水源保护管理办法》[33]① 规定，根据水厂所处的地理位置、地貌以及环境水文地质条件，划定地下水源保护区，把水源保护区分为核心区、防护区和主要补给区。根据规定，在核心区内禁止建设取水构筑物外的一切建筑，禁止一切可能污染地下水源的行为，在此类区域禁止开发地下空间。在防护区内，禁止建设除居住和公共设施外其他建设项目，禁止用垃圾回填矿石坑；为保护地下水水质和防止对重要含水层的切断，防护区尽量不开发地下空间。在主要补给区内，应严格控制建设规模，并禁止可能污染地下水的工程项目，该类区域一般基本适宜开发地下空间，但地下空间不能设置在阻碍主要地下水径流通道位置。

对北京市的地下水脆弱性，目前尚未有较完善的评估成果，北京市环境科学研究院完成的北京地下空间资源的环境影响研究报告中根据地下水水文地质条件和水源保护区，划定了地下空间开发的适宜程度，基本体现了地下水对地下空间开发的敏感程度。因此在地下空间资源可开发利用范围的分类上，可采用地下水脆弱性的保护等级作为适宜性分类、地层影响深度及开发利用规模控制等的标准。

2.7.4.2 地下富水区的敏感性

地下水富水性是地下水资源的丰富程度。一般情况下，城市内地下水富水地区，可以开采的地下水资源比较丰富，地下水的开采模数比较大。在地下水丰富的地区开发地下空间，不仅施工排水复杂，且地下空间建成后对地下水资源的阻碍作用较大，由于局部地下水位升高或降低而引入新的污染源的可能性也更大，在局部水位升高的地方，可能导致部分洼地沼泽化，而地下水降低的地方，可能导致地面沉降。因此地下富水区域，地下空间资源开发尤其是地铁隧道等大型的线状地下工程，对地质和水资源的生态影响要大于地下水贫水区域。如果在富水区及其主要的含水层内开发将会对地下水环境造成比较大的扰动，例如，南京市秦淮河古河道其含水层厚度大，富水性强，是城市内重要的水源地，而地铁和玄武湖交通隧道在平面上6次与秦淮河古河道相截，犹如6条围堰截住了地下水的径流，古河道向长江的排泄量将减少一半，且由于地下水位的抬升将可能导致部分洼地沼泽化，而市区地下水位的逐年下降，必将影响到城市供水及附近树木的生长，给城市的绿化带来困难[34]。为了避免这种扰动，大型线状地下工程更适宜建设在富水性较差的含水层或岩层。因此在地下空间资源分布调查归类中，必须考虑地下水资源区和富水区对地下空间资源质量的影响。

2.7.5 地质环境敏感性

地质环境是人类自然环境的一部分，是与人类活动有相互影响的地质体及地质作用的总和。它是一个动态系统，与水环境、大气环境、生态环境等系统共同构成影响人类生存和发展的自然环境体系。地质环境的好坏直接影响城市生活和生产活动的质量以及城市生命和财富的安全。地质环境中的不良地质条件和地质灾害现象与地下空间开发活动是自然界中两类相互依存、相互制约、相互触发的整体关系。根据本章2.5节地质灾害对地下空间开发影响的分析，从工程建设条件上来看，不良

---

① http://info.upla.cn/html/2008/01-05/85518.shtml

地质现象和地质灾害环境造成地下工程安全性成本提高，对地下空间开发价值有一定限制作用；反过来，工程建设也可以诱发地质灾害，造成自然环境破坏。不合理的人类工程活动，例如对地形地貌条件的不合理利用、不良地质与地下工程的不利组合等，是蕴育和触发不良地质现象和地质灾害发生的重要因素之一。

因此从保护自然生态环境的角度看，地下空间资源的工程适宜性评价还必须从相反的角度考虑地下空间开发可能对地质和生态造成的影响。在资源分类和评价上，对有可能诱发和破坏地质环境的因素进行分析归纳，限制其相应的资源质量和可开发程度的适宜性等级，避免利用不良地质条件分布区，避免人为诱发地质灾害等造成地质环境损伤的隐患，在地下空间资源规划的条件分析阶段发挥预防作用。

2.7.5.1 不良地质现象及地质灾害敏感性

我国是遭受地质灾害比较严重的国家，人的活动已经成为导致地质灾害的重要原因，在2001年全国地质灾害造成的死亡人数有50%以上是人类工程、经济活动诱发的地质灾害造成的。在城市化的进程中，由于对自然地质和环境地质问题没有足够重视，人为的地质灾害已经给城市和经济社会发展带来了严重影响。在我国的东、中部地区，由于大量抽取地下水和大规模开采矿产资源，导致地下水资源平衡条件破坏和岩土构造应力状态发生变化，诱发并加剧了地面沉降、地面塌陷、地裂缝、土地盐渍、沼泽化、崩塌、滑坡、泥石流、矿石灾害等地质灾害的发育和危害，上海等40多个城市相继出现了严重的地面沉降。在西部地区，由于超量开发土地、草原、森林和水资源，加速了水土流失、土地沙化等灾害发展，崩塌、滑坡、泥石流等灾害也随之增多。表2-18列举了我国常见的地质灾害类别。

我国地质灾害的主要类别 表2-18

地质灾害类别	地质灾害名称
地壳活动灾害	地震、火山喷发、断层错动
斜坡岩土体运动灾害	崩塌滑坡泥石流
地面变形灾害	地面塌陷、地面沉降、地面开裂（地裂缝）
矿山与地下工程灾害	煤层自燃、洞顶塌方、冒顶、偏帮、鼓底、岩爆、高温、突水、瓦斯爆炸
城市地质灾害	建筑地基及基坑变形，垃圾堆积
河湖水库灾害	塌岸、淤积、渗漏、浸没、溃决
海岸带灾害	海平面升降、海水入侵、海岸侵蚀、海港淤积、风暴潮
海洋地质灾害	水下滑坡、潮流沙坝、浅层气害
特殊岩土灾害	黄土湿陷、膨胀土胀缩、冻土冻融、砂土液化、淤泥触变
土地退化灾害	水土流失、土地沙漠化、盐碱化、浅育化、沼泽化
水土污染与地球化学异常灾害	地下水质污染、农田土地污染、地方病
水源枯竭灾害	河水漏失、泉水干涸、地下含水层疏干（地下水位超常下降）

存在不良地质现象和地质灾害的地域，往往由于工程的开发扰动了开发区域的地层环境，从而进一步增加地质灾害发生的可能性。虽然地下空间利用比地表空间利用对地质环境和地形地貌扰动较小，但不合理的布局仍然潜在一定危险。根据地质灾害威胁人数或造成的经济损失，对危害程度进行分级见表2-19。

地质灾害灾情与危害程度分级标准表　　　　表2-19

灾情和危害程度分级	死亡人数（人）	受威胁人数（人）	直接经济损失（万元）
一般级（轻）	<3	<10	<100
较大级（中）	3~10	10~100	100~300
重大级（重）	10~30	100~1000	300~1000
特大级（特重）	>30	>1000	>1000

资料来源：中国矿业大学（北京）、清华大学．北京市自然科学基金重点项目技术报告，2007年4月。

注：①灾情分级，即已发生的地质灾害危害程度分级，采用"死亡人数"或"直接经济损失"栏指标评价。分级名称采用一般级、较大级、重大级和特大级；②危害程度，即对可能发生的地质灾害危害程度的预测分级，采用"受威胁人数"或预评估的"直接经济损失"栏指标评价。分级名称采用轻级、中级、重级和特重级。

崩塌、滑坡、泥石流属于不稳定斜坡变形造成的地质灾害，对地下空间的开发和局部生态环境都有重要影响，在此类区域开发地下空间时，由于施工过程中对坡脚的切割作用，常常进一步加剧了崩塌、滑坡、泥石流等灾害的发展程度和规模，从而对生态环境造成更不利的影响，因此地下空间的出入口不宜设置在此类区域。如果中心城区主要是冲洪积平原，就不存在崩塌、滑坡及其泥石流发生的可能。

2.7.5.2　地形地貌的敏感性

地形地貌是重要的地质环境因素，在自然状态下地形地貌决定地表水面河流的形成和运动方向，从而对动植物的地域分布起到重要的影响作用。

地下空间开发可能对地形地貌造成的不良影响表现在：地下空间的开发中，对山体坡脚的切割作用导致局部地形发生变化，对于一些稳定性较差的斜坡，增加了其发生崩塌、滑坡、泥石流的可能性。地下空间开发所产生的施工弃土，无论是暂时存放还是最终消纳，都不可避免要占用土地，必然导致填土区地形地貌条件发生改变，造成一定的生态环境问题。地下空间开发过程中清除破坏施工区内的植被和土壤结构，造成地表裸露及土壤抗蚀性下降，在缺乏相应保护措施的条件下，可能会引起水土流失，在山坡地形比较明显。一般情况下，在平原、台地、盆地等地势较平坦的地区开发地下空间时，由于坡度较小，地表即使在施工中遭受一定破坏，其所引起的水土流失作用也较小，因此开发地下空间的环境不良影响相对较小。在丘陵和山地开发地下空间时，由于隧道入口对山体坡脚的切割作用，可能会诱发地质灾害，加剧水土流失，因此在此类区域开发地下空间时其环境影响要较大一些。但在总体上看，地下空间的深度利用，与完全在地表空间开发建设相比，对地形地貌环境的影响较小，总体上比地面建设对环境的保护更有利，尽量实现地下化，可降低对自然山体地貌和景观的影响程度。故在地下空间资源的分析中，对山坡丘陵地区的地下空间开发利用形式与功能的适宜性，应进行专门的分析论证；在山地城市，相比之下应特别注重利用坡度地形建设地下空间，保护地表形态和地貌，同时对坡度、坡向的适宜程度进行分类[35,36]。

2.7.5.3　工程活动强度的影响

科技的发展使人类活动日益成为一种重要的地质营力。据统计目前人类每年人均移动的地球物质达20吨，这相当于地质作用过程——沉积和侵蚀等地质作用——所移动的总量。在城市中人类工程活动主要体现为城市建设工程。衡量城市建设对地质环境的影响，可以采用容积率作为其评价指标。

同样大小的地层变形和移动在不同的容积率情况下，其所引起的环境影响及其引发生命财产损失的危险性是不同的。一般情况下，容积率较高的区域，人口和财富的密集程度和地下管线设施密集程度一般较高，对地质环境的稳定性要求高，新增地下工程的环境影响及其引发生命财产损失的危险性也越大。反之，在容积率较低或者尚未进行开发建设的地区，新增地下工程的环境影响和潜在的风险都较低。

2.7.6 生态要素小结

由以上分析可知,地表水体和绿地、地下水及地质环境等不仅是城市土地类型和地层空间的组成要素,也是生态系统保护的要重要对象。生态因素的敏感性分析表明,在地下空间资源质量特征属性的研究中,生态及地质环境系统对工程适宜性程度有较强的制约和影响,必须在地下空间资源分析的指标中有所体现。

第 3 章　社会经济条件评估要素

3.1　概述

在城市的不同地理位置，地下空间资源开发所能产生的价值和综合效益（社会、经济、环境效益）是不同的，即地下空间资源开发的潜在价值和价值取向存在显著的空间分异性。这与城市不同地区的空间资源紧缺程度、交通条件、环境改善需要以及经济发展水平等因素密切相关，这些因素可称为影响地下空间资源开发价值与需求的社会经济条件要素。

社会经济条件要素对地下空间资源的作用和影响，是随着城市社会经济的发展呈动态变化的，它决定着城市地下空间资源的开发需求内容和强度、潜在开发价值和综合效益。社会经济条件要素的空间分布与特征，是地下空间资源潜在价值和需求强度等级与分布评估的重要内容，也是地下空间开发利用规划布局、管理、控制以及制定政策引导措施的主要客观依据。影响地下空间资源需求和价值的社会经济条件要素包括：城市的发展阶段和经济水平、城市人口状况、土地资源条件和地价水平、城市空间区位等级、交通条件与状态、市政基础设施状态与条件、城市防灾条件与措施、城市用地功能类型、历史文化和自然生态及环境保护、建筑空间容量限制等多个方面。

本章主要阐述影响城市内部地下空间资源需求强度和潜在开发价值相关方面的具体要素与地下空间开发利用相关的基本特征、相互作用的机理和影响方式、影响程度等内容。关于城市发展阶段和经济水平等宏观总体条件对地下空间资源影响作用的内容详见本书第二部分的有关论述。

3.2　人口状况

城市人口的组成结构、人口分布密度、人口总体规模等状况对城市空间资源及其他条件的需求、城市空间利用的方式和效果有根本性的影响。其中人口密度是综合表征城市空间及其他资源紧张程度的一个重要指标，大致可分为生理密度、农业密度和经济人口密度等具体指标。通常的人口密度是指单位面积土地上居住的人口数，又称为人口的数学密度，其计算公式为：人口数学密度 = 区域内人口总数（人）/区域总土地面积（km^2）[37]。

人口密度的大小决定了城市单位土地面积上人类生存资源条件的需求强度，以及人均占有空间资源的数量、人均占有交通资源的数量和人均市政设施拥有量。城市地下空间资源的开发利用可以提高城市空间容量，改善交通条件，优化生活居住环境，这表明地下空间的开发利用对提高城市土地的单位面积资源容量具有重要作用。需求的旺盛是资源开发利用的根本动力，对资源需求的强弱也决定了单位资源开发价值的大小，而人口密度则正是表征城市单位土地面积上人类生存对资源需求强度和反映资源短缺水平的一个重要指标。另一方面，人口密度越大，越能充分体现地下空间利用的价值和效率。因此无论从人对空间资源需求的角度还是资源利用效率的角度，在紧凑型的城市发展情境下，人口密度越大，其地下空间资源可能产生的潜在价值就越高，地下空间需求量也越大。

从静态的人口指标与空间需求来看：城市人口规模决定了对城市空间总需求量和平均需求强度。例如我国的城市人防工程规划设计标准，就要求按城市居住人口数量，配置符合一定面积标准的人防空间。

在城市居住区、交通设施用地、公共建筑与空间的用地指标上[38]，动态人流分布、人流密度和演化过程等则对城市空间形态和空间资源供给提出动态的、不确定的、可变的需求。以人流密度的最大峰值或城市功能设施总体效率的最佳值进行空间设置，是城市和建筑空间规划设计中常用的方法。

因此根据人口状况分析地下空间资源需求和价值关系时，应注意区分和使用与具体研究对象相关的人口密度指标，比如在公共空间和交通枢纽地区，尤其应关注动态人口密度，例如地区动态的人流密度与分布、人流聚集方向等客流强度指标，与地区地下空间的总体需求有更直接的相关性。通过对日本东京7条地铁线车站周边500米半径范围的公共用地地下空间开发强度的相关性静态指标进行实证调查结果发现：经过几十年的轨道交通建设与土地利用演化，东京市中心地区地铁站域的轨道交通客流量、土地开发强度、地价与地下空间开发规模指标之间，具有明显的一致性相关现象。图3-1反映了相关指标的调查统计结果，可以看出，站域客流量与地下空间开发强度之间存在一定正相关性。

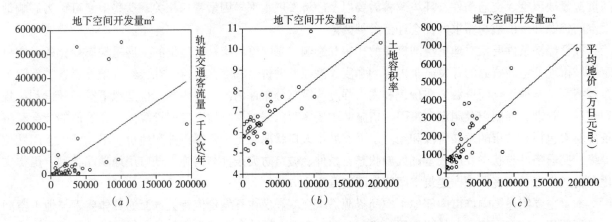

图3-1 东京地铁商业用地类型站域的地下空间开发强度与交通—土地特征指标关系

根据上述理念，参考城市规划用地标准和城市常见的人口密度指标情况，并以城市的常住人口密度和年旅游人口密度为例，把城市人口密度与城市空间扩展的内在需求程度分为5个等级进行描述，据此可大致表达城市人口密度这一基本概念对城市地下空间资源潜在开发价值或需求强度的影响（表3-1）。

城市人口密度等级划分与空间扩展需求强度　　　表3-1

人口密度等级	极度稠密	非常稠密	稠密	不稠密	稀疏
常住人口密度（万人/km²）	>2	2~1.5	1.5~1	1~0.5	<0.5
年旅游人口密度（万人/km²）	>100	100~80	80~60	60~40	<40
空间扩展需求	强烈	较强烈	不强烈	扩展需要较小	无扩展需要

说明：人口的组成结构和密度、规模，流动方向等指标，对城市空间的功能需求、空间形态、整体组织与衔接相关。

3.3 土地资源状况

城市土地资源的紧缺是导致大规模开发城市地下空间的一个重要动因。土地是不可再生资源，是城市依存的最基本资源。土地资源的有限性和不可移动性是制约城市发展的重要因素。尤其在中国这样一个人口大国，随着城市化进程的加快，对城市土地资源的开发需求达到了前所未有的程度。开发城市地下空间资源可以扩大城市空间容量，在一定程度上缓解城市空间资源紧张的压力，间接达到节约土地或使土地增值的目的，因此而节约或增值的土地资源价值就是地下空间开发利用所创造的价值。可见，城市土地资源状况与地下空间开发利用之间存在着吸引和促进的关系。

土地资源利用水平对地下空间的需求和价值的潜在影响，通过土地利用效率和土地紧张程度指标就可以有效地体现出来,而反映土地资源的紧张程度的主要指标就是城市土地人均用地面积指标、人口密度和土地价格。人均用地面积是衡量城市效率和土地利用水平的重要参数,可以直接反映城市空间紧缺程度,与地下空间开发需求有较强的相关性;同时,土地价格间接反映了单位土地资源的市场紧缺程度,对地下空间开发产生引力。本节通过分析城市土地资源利用水平和土地价格两项因素,来评价土地资源状况对地下空间资源需求和潜在开发价值的作用与关系,为地下空间资源评估提供土地要素的分析结果。

3.3.1 土地资源利用水平与地下空间需求

土地资源的利用水平是人的主体对社会和自然资源需求的具体要素和间接反映,主要包括现状和规划人均用地指标水平、土地储备水平和土地利用开发强度等指标。

在土地资源紧缺,空间紧凑型发展的城市或地区和高密度的土地利用情境下,利用地下空间容纳对自然采光通风要求不高的公共建筑及交通市政基础设施,从而释放部分地面空间,可以有效缓解绿地指标和居住用地空间的高密度形态,提高土地利用效率,改善城市环境。在城市内部的土地高密度开发地区,地下空间资源的需求和利用强度也一般较高。图 3-1 关于东京地铁站域的土地利用与地下空间开发规模的指标拟合表明,站域容积率与公共用地的地下空间开发强度指标之间有较为显著的正相关性。

可开发土地资源的储备量对城市地下空间资源的开发有非常明显的影响。可开发土地储备不足,则其城市空间的扩充受到制约,而开发地下空间资源则是缓解这种矛盾的一条有效途径。因此,虽然地下工程一般造价要高于地面开发很多,在无土地储备的情况下,开发地下空间是较好的选择方向。

因此可以认为:地下空间资源的需求强度与城市的人均规划用地标准和现状人均用地水平、土地开发强度、可开发土地储备的空缺量呈正相关性。由于人均用地指标实际上与人口密度是两个互为倒数的指标,因此,衡量土地资源利用水平的评价指标与人口密度指标对地下空间资源价值的影响作用评价效果基本相同,不再单独列出评价参数。

3.3.2 基准地价与地下空间开发价值

(1) 土地价格与地下空间资源潜在开发价值

土地交换的价格与土地资源的质量和紧缺程度密切相关,综合反映了土地资源使用价值和附加价值的水平和潜力。在土地价格不变的前提下,地下空间资源的开发利用可以显著提高单位面积土地利用容量和土地的使用价值,进而增加土地的附加价值,即地价越高,地下空间开发的潜在价值越高。因此地价水平对地下空间开发需求和开发的可能性有直接的正相关性,是地下空间资源潜在开发价值的重要影响和促进要素。

地下空间资源开发所能创造的土地价值增量与节省的土地资源当量和地价正相关,如式(3-1)所示:

$$V = C \cdot P \tag{3-1}$$

其中:V——地下空间资源开发产生的潜在土地价值增量;

C——地下空间开发产生的土地资源当量值;

P——土地价格。

可见,地下空间资源扩大土地资源容量的贡献与资源开发的土地当量及地价,在理论上成正比关系。即:当保持一定的地下空间开发土地当量时,则地价越高,地下空间创造附加价值的可能性就越大。因此,土地价格这一要素指标可以在一定程度上反映地下空间资源的潜在开发价值和需求程度。

(2) 土地等级与基准地价的作用

作为城市地下空间资源质量评估的基本要素参数必须在一定时期内相对稳定。土地的市场交易价格随市场行情而变化,不具备稳定性的要求。为了客观评价和管理城镇土地资源的质量评定,估计土地价值和价格,国家制定了城镇土地等级和基准地价制度,其参数和评价结果在一定时间内是相对固定不变的,同时也代表了国家对城市土地质量和基本价值标准的统一性,因此适合用来衡量土地等级和地价对地下空间资源潜在价值的影响。

基准地价是城镇规划区范围内，对现状利用条件下各等级或均质地域的土地，按照商业、居住、工业、办公、旅馆等用途，分别评估确定的某一日期法定最高年限土地使用权的区域平均价格。基准地价在土地市场中主要有以下作用：

- 显示城镇土地在已利用过程中所能产生的各类经济收益，同时也按价格标准显示城市土地质量的优劣程度；
- 为各级政府在土地使用权有偿出让时提供依据，同时也可为土地使用权在土地使用者之间转让时提供参考依据；
- 各地价区段及不同用途的基准地价水平，也对国家加强土地市场的管理，实现土地资源的合理配置，使有限的城市土地发挥最大的经济和社会效用创造了条件；
- 为政府征收土地税费提供客观依据，基准地价既可为土地使用税的征收提供主要依据，也可为土地增值税的征收提供计算增值量的重要方法；
- 国家和各级政府可以依据基准地价制定出灵活的地价政策，通过地价的差别和调整引导或控制各类经济社会活动，落实城市规则、经济发展战略和产业政策；
- 基准地价的确立可进一步促进我国地价体系的建立和完善。

为了科学评价和管理城镇土地，促进我国城镇土地的集约化利用评价，《城镇土地分等定级规程》（GB/T 18507-2001）给出城镇土地综合质量的分等定级方法与标准，并给出土地定级级别数目表（表3-2）。为了进一步规范土地估价行为，《城镇土地估计规程》（GB/T 18508-2001）给出了地价评估和基准地价评估的方法与规则。一般情况下，基准地价以土地定级为基础，用市场交易价格等级进行评估，所以基准地价的类别与土地定级类似。以北京市为例，2002年颁布的北京市基准地价把市区土地分为十个级别（表3-3）。

土地定级级别数目表　　　　　　　　　　　　　　　　　　表3-2

定级类型	城市规模		
	大城市	中等城市	小城市以下
综合定级	5~10级	4~7级	3~5级
商业用地定级	6~12级	5~9级	4~7级
住宅用地定级	5~10级	4~7级	3~5级
工业用地定级	4~8级	3~5级	2~4级

资料来源：《城镇土地分等定级规程》（GB/T 18507-2001）

北京市基准地价[①]（单位：元/m²；2002年）　　　　表3-3

土地用途	价格类型	土地级别									
		一级	二级	三级	四级	五级	六级	七级	八级	九级	十级
商业	基准地价	7210~9750	5680~7680	4530~6130	3720~5090	2720~4000	1970~2900	1150~1980	530~1180	250~540	140~260
	楼面毛地价	2660~4900	1680~3120	1500~2420	1240~1860	970~1450	720~1090	500~740	360~540	180~380	90~190
综合	基准地价	5540~8250	4440~6000	3620~4940	2650~3900	1960~2790	1290~2080	880~1320	430~900	200~450	140~260
	楼面毛地价	1640~4500	1460~2200	1130~1690	880~1320	660~990	500~740	400~600	250~470	140~260	90~150

① http：//www.tpbjc.gov.cn/Article_Show.asp？ArticleID=764
http：//www.utax.com.cn/law/local/beijing/2007-8-14/BeiJingFuRenMinZhengFuGuanXuDiaoZhengBenFuChuRangGuoWeiChaDeShiYongQuan-JiZhunDeJiaDeTongZhi-JingZhengFa-200232-Hao.html

续表

土地用途	价格类型	土地级别									
		一级	二级	三级	四级	五级	六级	七级	八级	九级	十级
居住	基准地价	4740～7000	3800～5760	2730～4590	2090～3600	1500～2790	1060～1820	630～1080	330～650	180～370	140～260
	楼面毛地价	1710～3000	900～2100	550～1300	400～930	300～680	190～430	150～350	120～280	100～220	90～50
工业	基准地价	1200～1800	1000～1200	850～1050	600～900	420～680	310～510	220～330	150～240	100～170	
	楼面毛地价	420～850	430～530	340～440	270～360	195～300	135～225	100～160	60～100	20～60	

（3）地下空间对土地资源价值的拓展作用

基准地价反映土地利用所能产生的经济价值和使用成本。地下空间资源的价值之一就是对城市土地资源的延伸和拓展，地下空间对土地空间的增容作用和集聚效应，使土地资源的单位成本投入相对降低，单位产出相对提高，例如有统计表明，在商业区，地下一、二层的经济效益一般与地面一、二层相当，比地面三层以上的经济效益要好。因而可以根据地价的水平，预期地下空间可创造的土地资源附加价值。把基准地价定为衡量城市内部不同地段地下空间资源对土地资源附加价值水平提高的参考要素。

（4）基准地价要素指标与地下空间开发价值等级的相关性

由于各个城市的基准地价有很大差异，而且就是在同一城市的不同地区，随着经济的发展，基准地价也不断调整，因此在实际的地下空间资源的经济价值评估中，可参考整个评估区域基准地价的最大值和最小值，把此基准地价等分为评估模型确定的若干区间，每个区间对应相应的地下空间资源潜在价值等级排序。

例如，假定评估区商业基准地价的最大值为 Y_{max}，最小值为 Y_{min}，则对应的等级划分为 5 个，可以采用表 3-4 的标准[40]。

商业基准地价对地下空间资源经济价值影响　　　　　表 3-4

商业基准地价的 5 等分区间数值范围	对地下空间资源经济价值的影响
$[(4Y_{max}+Y_{min})/5, Y_{max}]$	高
$[(3Y_{max}x+2Y_{min})/5, (4Y_{max}+Y_{min}n)/5]$	较高
$[(Y_{max}+3Y_{min})/5, (3Y_{max}+2Y_{min})/5]$	中
$[(Y_{max}x+4Y_{min})/5, (2Y_{max}x+3Y_{min}n)/5]$	较低
$[Y_{min}, (Y_{max}+4Y_{min})/5]$	最低

3.4　城市空间区位与地下空间潜在开发价值

在城市土地的区位评价中，有绝对区位和相对区位两个不同的概念[39]。绝对区位是在评价体系中起决定和控制作用的空间区位，相对区位是以绝对区位为参照而形成的空间区位。

城市中的商业中心、行政中心、交通枢纽等都可以看作是绝对区位，其周围的土地价值随着它们与这些绝对区位相对应的联络时间和距离的增长而递减。不仅土地价值的高低对地下空间资源开发的经济价值有直接影响，而且商业中心等绝对区位，对空间量和空间层次需求的无限增长性，更决定了绝对区位对地下空间资源的强大需求。绝对区位等级与地下空间开发的经济效益直接相关，距离这些绝对区位越近的地点，地下空间开发的经济效益越高。

（1）商业中心区位

由地租理论解释的伯吉斯的同心圆模式中可以看到，城市商业中心是地租最高的区位，这是其作为绝对区位的基础。在土地条件均质的假设下，以商业中心为圆心的土地地租波动范围呈同心圆形，从圆心向外逐渐衰减，并且在离开商业中心较近的区域，地租下降很快，远离商业中心后，地租平稳在较低水平。这说明商业中心影响的敏感范围是有限的。城市包含了多级商业中心，市级商业中心的影响范围最大，区级次之，更低级别的商业中心影响范围很小，在地下空间资源开发潜在的经济价值评价中可以不予考虑。多级商业中心影响下的地租曲线如图 3-2 所示，图 3-3、图 3-4 显示了伯吉斯同心圆模式和地价概念图。

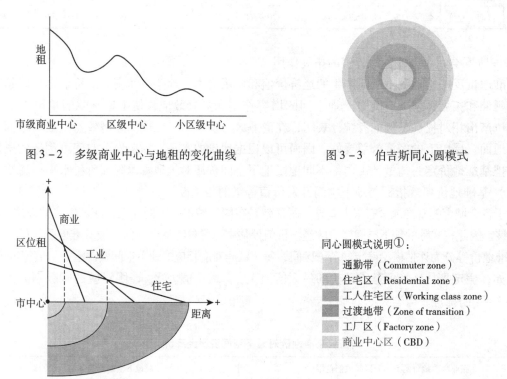

图 3-2　多级商业中心与地租的变化曲线

图 3-3　伯吉斯同心圆模式

图 3-4　伯吉斯出价地租曲线

由于商业中心是城市地价的峰值区和交通高可达性地带，在商业中心开发地下空间，不仅可以扩大城市空间容量，提高土地利用效率，而且经济效益较高。同时，结合地下交通、地下综合体的建设，进行人流、车流分离，改善地面环境，能取得很高的社会和环境效益。

（2）其他中心区

商业中心区位只是影响地租和集聚效应的一个最基本类型，除此之外，城市行政中心、交通枢纽区位也是空间集聚效应和地租效应的重要影响因素。

城市行政中心往往占据城市中地理位置较佳、地租较高的区域，环境质量、城市风貌、公共空间质量较高，对地下空间的需求以解决社会效益和环境效益为主，经济效益潜力较大，因此开发地下空间的潜在价值较高。城市中其他一些大型吸引点，如文体中心、旅游中心、会展中心等，也是人流集中、交通便捷的场所，地租普遍较高，开发地下空间的经济价值和空间与环境的有效利用需求也较高。

单从经济价值角度看，交通枢纽及重要的交通线对附近地区的地租、人流、空间复杂性和规模需要有明显的提升作用，因此这些地区开发地下空间的经济效益也相对提高。其中地铁对城市地下空间开发的推动力最大。

---

① http://zh.wikipedia.org/w/index.php?title=%E5%90%8C%E5%BF%83%E5%9C%93%E6%A8%A1%E5%BC%8F&variant=zh-cn

（3）地铁线路对经济价值的影响

地铁是城市地下空间的骨干线，是地下公共空间的发展轴，地铁线网不仅串联地铁沿线众多车站，而且易于与站点周边地区形成相互连通的大型地下综合空间，形成巨大的地下空间聚集效应和网络效应，大幅度直接提升地下空间的综合价值，有巨大的经济效益和社会效益带动作用。地铁站周围地区地下空间的开发把地铁的聚集效应向四周扩大，提升周边地区作为交通枢纽集散和缓冲人流的作用，一般情况下商业中心、行政中心等城市中心区都设有地铁站，将二者结合进行开发，具有更高的经济和社会效益。

地铁的建设可以提高周围的土地价值。根据有关测算，在地铁车站附近 1 公里范围内，其土地价值可以上升 50%～200%。根据国内学者对日本埼玉新交通线和上海地铁 1 号线的研究发现，地铁对于周围 2 公里范围内的地价有明显提升作用，如果沿线综合开发效果更好，甚至会形成新的城市副中心，从而拉动附近社区的经济和社会发展，同时也可以增加市政府垄断的一级土地市场的收益[①]。从东京、伦敦等国外发达城市以及国内广州、北京的地铁经验来看，地铁与居民生活密切相关，轨道交通站点周围将成为银行、餐饮、药店、干洗店、商场、超市等商业及公共活动空间最集中的场所。

3.5 城市交通状况

交通是城市功能中最活跃的因素，顺畅和便捷的交通系统给城市发展注入活力，而一旦交通阻滞和环境恶化就会使城市生活受到巨大影响和制约。交通的方便快捷是衡量一个城市运转效率高低的重要指标。目前我国许多大城市已经或正在陷入交通拥堵的尴尬境况。交通矛盾的核心是行车密度过大和行车速度过低，以及人流与车流的混杂，这些问题单靠拓宽道路和设置立体交叉是不能完全解决的，采取分流措施才是有效的途径。解决城市交通矛盾是地下空间开发利用的主要动因，地下交通空间的开发利用，是城市交通立体化分流控制的重要手段和发展方向。地下铁道、地下高速道路、地下步行道和地下停车场等与地面上的轨道交通建设和各种停车设施的建设相配合，可使地面上的车辆得以分流，车辆和行人得以分流，使城市的动态交通和静态交通得到明显的改善。

3.5.1 动态交通

（1）地下交通系统（地下快速路、地下铁路）可以提高行车速度，行车速度的增加可以创造时间价值（节约时间创造的价值），节约交通管理成本，减少大气和噪声污染从而创造环境价值。当一个城市的地面行车速度越慢，开发地下空间对其改善的作用越明显，地下空间产生的效益就越高。城市机动车设计速度可以作为衡量动态交通水平的参考标准，城市规划中对各等级道路的机动车设计行车速度如表 3-5 所示。

城市机动车设计速度　　　　表 3-5

项目	城市规模与人口（万人）		快速路	主干路	次干路	支路
机动车设计速度（km/h）	大城市	>200	80	60	40	30
		≤200	60～80	40～60	40	30
	中等城市		—	40	40	30

资料来源：《城市规划设计手册》2000 中国建筑工业出版社。

---

① 叶霞飞，张小松. 城市轨道交通对沿线区域经济发展影响的调查研究及启示. http：//www. ptkj. gov. cn/WebFront/view_ 0. aspx? cid = 32&id = 16 ［2007.4］

(2) 开发地下空间（地下通道、地下步行街、地下停车场等）可以改善地面交通混乱的状况，实现人车分流。人车混杂的改善可以使人们的出行更方便快捷，其创造的价值包括时间价值、减少交通事故提高出行安全的社会经济价值以及改善环境保持景观的环境与景观价值。地面交通混乱越严重的区域，其地下空间开发改善交通和环境的效果越明显，地下空间产生的效益就越高。

(3) 开发地下空间可以改善公共交通出行，主要指地下轨道交通。开发地下空间可以提高公共交通所承担的客运量比例，创造更大的环境、经济和社会效益。

3.5.2 静态交通

地下空间的巨大容量和环境为城市静态停车创造了得天独厚的条件。随着城市经济迅速发展，小汽车拥有量的不断上升，不仅造成道路拥堵，而且停车成为另一个重大的社会问题。机动车的停放，需要占用大量城市土地，是城市土地资源利用状况的评价指标中重要组成部分。城市静态交通的问题越严重，地下空间开发对其的改善作用越大，地下空间资源开发产生的价值越高。静态交通状况对地下空间资源开发需求强度的影响，可以用现有停车位数量与机动车拥有量的比值，以及地下停车比例进行衡量和评价，比值越低，说明静态交通空间越紧缺，对地下空间资源开发的需求越高。

3.5.3 交通区位

发达国家城市地下空间开发多数是以地铁为主要发展轴，以地铁车站为发展源的点、线结合方式发展，并最终形成网络。地下轨道交通的发展为地下空间的开发利用提供了前所未有的机遇，与轨道交通建设相结合，大量的地下通道、地下商业街、地下人行道、地下娱乐城、地下车库、地铁车站商场等迅速出现。

大量实例都证明，规划地铁沿线和地铁车站周围是地下空间开发最具潜力和最有价值的区域。城市交通节点对开发地下空间的吸引主要表现在：

(1) 促进空间地下化。尤其是地铁车站附近的地下空间开发，很容易与地铁车站及周边建筑形成连通，提高地下空间的可达性和使用价值。

(2) 迅速汇聚与分散人流作用。在交通节点周边开发地下空间，相当于扩大了节点对交通和人流组织的辐射半径和辐射轴，具有巨大的社会和环境价值。

因此，交通区位是扩大地下空间需求并提高地下空间资源开发效益和价值的重要因素。根据一般地铁车站的吸引客流统计，其乘客吸引半径为500米左右，因此在进行城市交通节点影响评估时取500米半径作为影响评估界限。交通区位等级对地下空间资源的影响分析见表3-6。

城市交通节点等级影响分析　　　表3-6

区位级别	节点类型	特征	影响分析
一级	三条线地铁换乘站	此区域是人口稠密交通繁忙、建筑密度高的区域，一般坐落在商业中心、娱乐中心及体育中心	立体化开发要求最强烈，是形成城市地下综合体和地下城的主要潜力区域
二级	两条线地铁换乘站	人口稠密交通繁忙，一般坐落在商业中心、娱乐中心及体育中心	立体化开发强烈，容易形成地下综合体和地下街等
三级	交通枢纽及地铁与地面交通换乘站	交通枢纽是人流、车流集散中心，土地资源紧张	通过地下空间的开发可以缓解交通压力，促进人车分流
四级	普通地铁站	一般坐落在人口多，商业繁荣的区域	具有快速汇聚和疏散人流的作用
五级	非交通节点	属于一般性区域	不具有开发地下空间的优势

注：表中交通枢纽指地面交通换乘枢纽。

3.6 市政公用设施状况

城市市政公用设施绝大部分埋设于地下，占用地下空间资源的一部分，包括输配管线和场站。除人民防空工程、军事指挥工程等战备保障系统有专用设施外，一般来说，地下空间应与地上空间共用城市的给水、雨水、污水、电力、通信、热力和燃气等市政基础设施系统。城市地下空间开发利用点的水、电、热、气供应，自成系统并与城市市政管线相接；雨水、污水、消防排水和其他排水一般需用水泵提升，分别排入市政污水和雨水系统[23]。

与城市地下空间关系密切的市政设施主要有水资源、给排水系统及能源系统：包括水资源的开发、利用和管理设施；自来水的生产和供应设施；雨水排放设施；污水处理、排放和下水道等设施；电的生产、输变电设施以及煤气、天然气等燃料的供应管道等。可以看出绝大多数市政设施都适合放入地下，因此城市地下空间应是市政设施的主要容纳空间。

城市市政公用设施的更新改造是促使城市地下空间开发利用的重要动因之一，其价值在于提高市政公用设施的安全性和可靠性，在于对人们生活方便程度以及地面空间环境的改善。因此对于大城市，市政公用设施完善程度及现代化水平越差的区域，改善的需求越强烈，地下空间资源可产生的价值越高。市政管线密度可作为市政公用设施对地下空间资源需求的评估指标之一。

3.7 城市防灾设施状况

人类历史上遭受的大规模灾害主要有两类：一是自然灾害（地震、洪水、大火、台风等）；二是战争浩劫（高科技常规战争和核大战）。第一种灾害具有突发性和不确定性，对城市的危害比较大，第二种灾害在一定条件下也是可能发生的。城市的灾害防御是城市现代化建设不可忽视的重要任务，开发利用地下空间资源是防御和减轻各类灾害的有效途径之一。

城市地下防灾空间可以起到三方面的作用：一是弥补地面防灾空间的不足；二是对地面上难以抗御的外部灾害如战争空袭、地震、飓风、火灾等提供较强的防御能力；三是在地面上受到严重破坏后保存部分城市功能，对于城市安全构成威胁的危险品，如核废料、剧毒品、放射性物质、易燃易爆品等应放到深层地下空间去，同时采取严格有效的内部防灾措施[4]。

以人民防空工程为主体的城市防空防灾地下空间，对灾害的防御所产生的价值主要包括生命财产安全及环境保护。防灾能力主要通过防灾设施和普通地下空间的完善程度来表现，在防灾设施缺乏的区域对地下空间资源开发的需求高，其产生的防护效益好。因此以人均防护面积作为评估防灾能力的标准，则人均防护面积的现状水平与标准人均防护面积的差距就是对地下空间资源需求强度的衡量和评估指标。同时，不同城市防护等级的差别也是影响地下空间开发利用的重要内容。

3.8 城市用地类型

城市规划中对城市土地开发类型的规定是指导城市健康发展的保障。在制定城市发展战略及城市总体规划时，根据城市发展的需要对城市的土地开发利用类型做出具体的规定，不同的土地开发利用形式对地下空间资源的开发具有不同的推动作用，地下空间资源的开发价值也有所不同。

3.8.1 居住用地

居住是城市的一个主要功能，居民越来越重视对居住条件的改善与追求。目前我国城市中很大一部分居住小区存在脏、乱、差，绿化不足，文娱设施缺乏，区内随意停车，交通混乱等问题，严重影响了小区生活品质的提高和安全。随着城市立体化开发的不断深入，人们越来越重视对小区地下空间的开发利用。居住区内地下空间的开发利用可以把一些对空气和阳光要求不高的设施放入地下，如车库、变电站、高压水泵站、垃圾回收站等，从而节省更多的地面空间用于绿化，提高居住区的环境水平。在居住区开发地下空间能够创造很好的环境价值。

3.8.2 商业金融用地

商业金融中心人流密度较大、地价较高、交通流量大是其重要特征，是吸引地下空间资源开发利用的主要动力之一。因此，商业金融用地综合了地下空间资源开发的各种需求，如城市容量扩大、交通立体化分流、土地价值的最大化等。其对地下空间开发的吸引力主要表现在：（1）经济价值较高，地下一、二层的商业经济效益一般与地面一、二层相当，节约的土地和产生的商业价值是其他任何区位都无法相比的。（2）环境效益好，地下设施的建设可以改善地面交通环境，加强商业设施的连通性，还可以避免恶劣天气的影响。（3）社会效益明显，井然有序的交通购物环境给人以舒畅愉快的感觉，避免交通事故的发生。

3.8.3 仓储用地

城市功能的逐步完善，仓储空间的需求不断扩展，如粮库、冷库、油库、水库、气库等。仓储空间放置在地上，占用大量的地面空间，对于城市宝贵的土地资源是巨大浪费，且存在严重安全隐患。因此开发利用地下空间进行地下仓储不但能节约能源、节约土地而且具有很好的防灾减灾效果。

3.8.4 城市广场、绿地用地

城市中的广场绿地是为市民提供休闲娱乐、聚会、公共活动交往的开敞空间，也是城市中土地相对开发强度低的区域，且受地面环境的影响较小。城市对空间资源的需求强度大与开发的相对容易决定了广场、绿地开发地下空间的巨大潜力。城市广场、绿地的开发可以扩大城市空间容量，创造良好的社会效益和环境效益；完善广场、绿地的功能，塑造良好的空间环境；改善交通环境；其经济收入可以用于广场、绿地的建设管理。

3.8.5 工业用地

城市工业是城市重要的物质基础，工业用地是现代城市形成和发展的重要内容。在城市工业区地下空间开发利用的好处是可以节约土地、减轻工业污染，保护环境，有利于节约能源及满足一些特殊工艺对生产环境恒温、恒湿、无振动等的要求。因此城市工业区对地下空间资源具有一定的需求。

3.8.6 城市道路用地

城市道路下部浅层空间是市政管线的主要容纳空间，也是其他地下空间优先开发的重要用地。城市中的各种市政管线是城市的"生命线系统"，在城市的发展过程中起着重要的作用，对于城市地下空间的开发利用，有着很大的影响，是地下空间利用的一种重要形式。道路下地下空间的开发可以完善道路功能、确保生命线的稳定安全、保护城市环境、增强城市的防灾抗灾能力。

3.8.7 水域

城市中的水域是城市景观的重要组成部分，在调节城市生态和传承历史文化等方面具有重要的作用。在水域下开发地下空间不但开发困难，尤其在城市中的水域下部地下空间资源的开发利用，很可能导致地质环境改变，地表水干涸及工程事故。水面下开发地下空间的形式主要是隧道、地下公共设施、观光娱乐设施等，开发需求量不大。

3.8.8 其他用地类型

城市内的其他主要用地类型,例如教育、科研、行政、办公、外事等,对地下空间一般无特别的要求。教育科研用地具有多重功能,一般对地下空间的开发需求不大,主要是一些地下车库、地下娱乐设施、地下图书馆等及特殊公共设施。行政办公和外事用地等地下空间的开发主要是地下车库、地下通道等。由于这些用地使用具有内部性和相对独立性,无论是内部交通环境还是空间环境一般情况下问题并不突出,因此地下空间开发的动力普遍不足,虽然开发价值较高,但需求有限。

3.8.9 用地类型影响评价小结

将上述各用地类型分析的结果汇总,并对各类型用地对地下空间资源开发的需求强度及价值影响程度进行了分类,见表3-7和表3-8。

城市用地功能对地下空间资源需求与价值的影响 表3-7

用地功能	区位因素	地下空间开发动力	开发价值	适合的开发类型
商业用地	租金、交通、人口	扩大城市容量、交通立体化、土地价值最大化	经济效益很高,交通立体化的环境和社会效益高	结合商业、文娱、交通枢纽等功能的地下综合体
政府机关用地	交通、接近服务对象	缺乏开发动力	经济价值较高	地下车库
居住用地	租金、交通、生活适宜性	停车地下化、设施地下化、改善地面环境	经济效益较低,社会、环境效益高	地下车库、地下基础设施
工业用地	租金、交通、土地适应性、劳动力、市场、环境保护	节约土地资源、减少工业污染	经济效益较高、环境效益高	地下仓库、需要地下环境的特殊工业车间
仓储用地	租金、用地要求	节约土地资源	经济效益较高	地下仓库、地下物流系统
休憩用地绿化地带	市民需求、政府规划	为市民创造良好城市空间环境	经济效益较低,社会效益、环境效益高	提供文体娱乐、公共交往等功能的半地下开敞空间
交通用地	政府规划、城市需求	节约地面空间、改善环境	经济效益较低,社会效益、环境效益高	地铁、市政设施综合管廊
市政设施用地	城市需求、用地要求、政府决策	市政设施更新改造	经济效益较低,社会效益、环境效益高	地下市政设施、市政设施综合管廊
农业用地水面	租金	缺乏开发动力	开发价值低	不适合开发

城市用地功能与地下空间资源潜在开发价值的分类分级 表3-8

用地等级	用地性质类型	地下空间潜在开发价值
一级	行政办公用地、商业金融业用地、文化娱乐休闲中心用地	总体为优
二级	对外交通用地、道路广场用地、公共绿地	商业价值一般较高,社会效益,环境效益也较高;总体为良
三级	高密度居住用地;市政公用设施用地;文教体卫用地	商业价值一般,社会和环境效益高;总体为良
四级	低密度居住用地	需求量较低;总体为一般
	特殊用地、工业用地、仓储用地	以自用为主,满足功能或生产特殊需要;总体为一般
	生产防护绿地、林地/山体、陆域水面	商业价值较低,环境效益较高,或有特殊的社会效益,单体价值较高,总体为一般
五级	生态绿地、独立工矿用地、中心镇用地	各类价值很难实现,总体开发价值较差

3.9 城市历史文化保护状况

历史文化保护的目标是维持现状使其不受破坏，而现代化则要求城市必须更新发展，因此保护与发展是并存的一对矛盾，城市地下空间的开发利用是缓解这种矛盾的一个重要措施，在历史文化保护区开发地下空间可以在不破坏地面空间格局和环境的情况下达到改善交通、改善基础设施、增加服务设施及改善环境等目的。因此可认为历史文化保护区是对地下空间开发有较大需求的区域。

历史文化保护分为三个层次：历史文化名城的保护、历史文化保护区的保护及文物古迹单体的保护。

历史文化名城保护具体体现在对历史河湖水系、传统轴线、旧城轮廓、道路及街巷胡同、建筑高度、城市景观线、街道对景、建筑色彩、古树名木等层面的内容。历史文化保护区保护是对具有某一历史时期的传统风貌、民族地方特色的街区、建筑群、小镇、村寨等的保护。文物古迹单体主要指那些代表历史某一时期的建筑、景观。因此，名城保护和保护区保护从总体上是对空间的保护，对地下空间的开发利用有需求，而文物古迹单体的具体保护与地下空间的开发过程存在矛盾和冲突，故在历史文化名城和历史文化保护区的空间环境保护上对地下空间利用提出一定要求。

3.10 建筑空间容量限制

城市容积率是衡量城市用地建筑开发量规模，反映土地利用率高低的一个关键指标。容积率控制越来越强化。由于目前在计算容积率时不包括地下建筑面积，为了提高土地开发强度，因此开发者把那些原本放在地上的设施如车库、水泵房、锅炉房等尽可能多地放入地下，这样在相同的容积率下可以得到更多的建筑面积，同时得到更多的利润回报。容积率的限制促进了地下空间的开发，限制越严格则地下空间开发需求越强，地下空间资源价值越高。

但是容积率限制并非反映空间需求的单向指标，在一些风景及历史文化保护控制地区，容积率往往较低，单纯采用容积率来衡量地下空间需求，并不呈明显的正相关性，而建筑限高才能真正体现对用地空间容量的限制水平，是能真实反映土地空间容量限制水平的主要因素。在建筑限高的地区，通过开发地下空间来扩展空间的途径是合理的，因此建筑高度限值是地下空间需求和潜在价值的相关指标。

第4章 已有建（构）筑物条件评估要素

4.1 概述

城市建筑可分为保护、保留以及改造等类型。

保护类的建筑包括文物建筑、历史风貌保护区内有一定历史文化价值的建筑或院落，重要建筑和对城市文化、环境和景观有明显作用的建筑等；保留类的建筑是指未列入保护类建筑范围，又未列入拆除改造计划的现有建筑物，是城市建筑规模中占有比例最大的一类；改造类建筑是被列入城市改造规划范围的现有建筑物，这类建筑所在地块的地下空间资源开发可与地面上的改造同步进行，因此在资源类型中，改造类建筑空间是地下空间资源潜力最大的地区。图4-1显示了在北京旧城保护中，对皇城建筑的分类和保护、保留、更新等级；图4-2显示了利用遥感分析法调查厦门市地面建筑高度与建筑类型分布的方法，是地下空间资源分析中的重要调查分析内容与手段。

建筑物荷载由基础传递到地基，并扩散衰减于周边更深、更远的岩土中。在保护、保留类建筑空间范围内，为了保证上部和侧面建筑的安全与地基稳定，在暗挖法穿越建筑物或在现有建筑侧面采用明挖法施工时，隧道洞顶上部及基坑侧面的一定空间范围内，必须根据地表和保护保留建筑物基础的变形敏感性，使二者保持一定的安全距离。

按照建筑物基础的埋深可以把基础分为浅基础、深基础。浅基础结构类型分为独立基础、条形基础、十字交叉基础、筏板基础、箱型基础等。深基础包括桩基础、大直径桩墩基础、沉井基础、地下连续墙、箱桩基础等。深基础埋深大，加上基础本身的长度和地下室，埋深往往超过30米。在深基础影响的范围内，地下空间的开发受到比较大的影响，目前虽然在技术上可以通过截桩托换的办法开发利用桩基础空间，但代价比较大，因此在宏观的地下空间资源的评估中一般不考虑这类特殊资源的潜力。

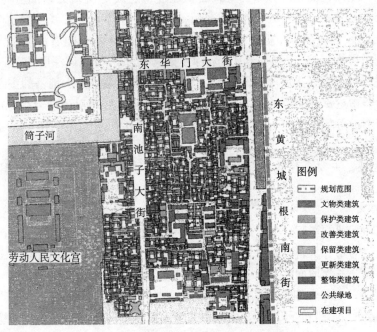

图4-1 北京皇城保护规划-建筑分类

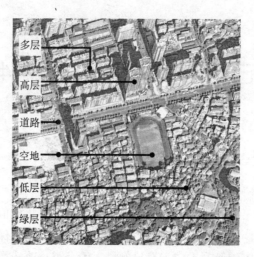

图 4-2 厦门市地下空间资源调查的遥感分析图

4.2 地基基础附加应力传递模型

4.2.1 地基基础附加应力扩散模型

地基附加应力是指建筑物荷载在土体中引起的附加于原有土应力之上的应力,其计算方法一般假定地基土是各向同性、均质的线性变形体,而且在深度和水平方向上都是无限延伸的,即把地基看成是均质的线性半空间。同时在计算地基附加应力时,把基底压力看成是柔性荷载,不考虑基础刚度的影响。由于大部分城市为多为多层和中高层建筑,高层和超高层建筑占相对较少比例,因此基础形式大部分以浅基础为主,主要是条形基础(筏板基础)、柱下独立基础(箱型基础),因此分析这两种基础的应力扩散形式对分析地下空间资源具有典型性。

在这些假定的前提下,地基中的竖向附加应力 σ 具有如下的分布规律:(1) σ 的分布范围相当大,它不仅分布在荷载面积之内,而且还分布到荷载面积之外,这就是所谓的附加应力扩散现象。(2) 在离基础底面(地基表面)不同深度 z 处各个水平面上,以基底中心点下轴线处的 σ 为最大,离开中心轴线愈远的点 σ 愈小。(3) 在荷载分布范围内任意点竖直线上的 σ 值,随着深度增大逐渐减小。根据地基规范,地基主要受力层是基础底面至 $\sigma=0.2p_0$ 深度处(对条形荷载该深度约为 $3b$,对方形荷载约为 $1.5b$)的这部分土层,且这部分土层厚度不小于 5 米。建筑物荷载主要由地基的主要受力层承担,而且地基沉降的绝大部分是由这部分土层的压缩所形成。竖向附加应力 σ 等值线分布规律可见图 4-3。

对上图的附加应力的等值线,进行简化可以得到如图 4-4 所示的影响模型,建筑物基础下部的地下空间可分为三个区域:

(1) 第一部分区域,主要受建筑物荷载所产生的地基附加应力的影响,根据前文分析其影响深度 H:

$$H = 1.5 \times b \sim 3 \times b \tag{4-1}$$

上式中 b 为建筑物基础的宽度。为了保证建筑物的安全使用,应该在严格控制沉降量,增强扰动土体的强度以保证承载力的条件下,对此区域的地下空间资源进行合理利用,这对施工技术提出了很高的要求。此区域地下空间开发受地面建筑地基稳定性的制约。

(2) 第二部分区域,主要受建筑物基础侧向稳定性的影响,局部受建筑物荷载所产生的地基附加应力的影响。对于此类地下空间的开发需要采取一些施工措施,防止建筑物侧向失稳。

在上述(1)和(2)两部分区域内开发地下空间资源,施工技术要求高,对建筑物干扰大,施工

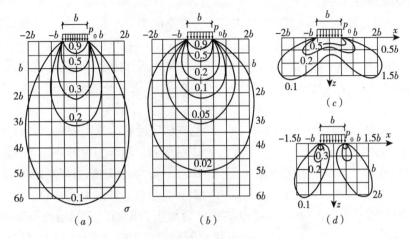

图 4-3 地基基础竖向附加应力 σ 等值线图
(a) 条形荷载下等 σ_z 线；(b) 方形荷载下等 σ_z 线；
(c) 条形荷载下等 σ_x 线；(d) 条形荷载下等 τ_{zx} 线

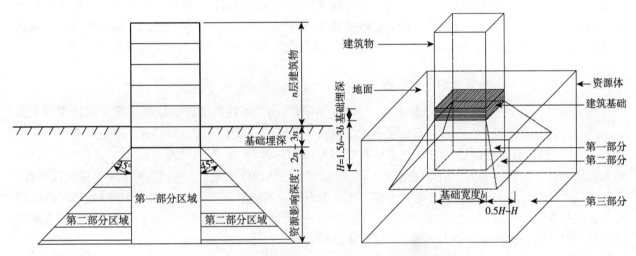

图 4-4 建筑物基础对地下空间资源制约影响区域分布

事故发生的几率较大，所以资源的可开发程度受到严格的制约。第一部分区域的地下空间只能采用暗挖技术，进行小容量的掘进开发，在资源评估中，其资源可开发容量可忽略不计。第二部分区域在支护措施下可进行开挖，在资源评估中可以计入可开发容量。

（3）第三部分区域，受建筑物地基稳定性的影响可以不计，是地下空间资源合理开发的蕴藏区。需要注意的是，第三区域不能采用明挖施工，且应限制开发比例。

对单个基础进行影响分析，方法较简单，但在实际地下空间资源分析中，无法全部给出基础的准确宽度，因此，必须对上面的分析模型进行进一步简化。

4.2.2 地基应力扩散影响的简化模型与参数

根据上述分析，可以总结出基本结论：主要持力层一般为基础底面以下到 $-2B \sim -3B$ 的深度范围，其中 B 为基础的累计宽度。在具体的建筑类型中表现如下：

（1）低、多层建筑物

以条形基础或方形独立基础为典型，大部分条形基础或方形基础累计宽度约为建筑物宽度的 $1/3 \sim 1/2$，根据扩散 $2B \sim 3B$ 宽度的扩散深度假设，且假定建筑物宽度为 $10 \sim 15$ 米，则建筑物基础的主要持力层为基础

底面以下 -7 ~ -22.5 米厚度。根据《建筑地基基础设计规范》(GB 50007-2002)，对于大部分浅基础低层与多中层的普通工业与民用建筑，认为建筑物基础主要持力层不应小于5米。如果同时考虑基础的埋深和多层建筑可能含有一层的地下室，因此影响深度从地面算起应为 -10 ~ -25 米。在宏观分析中，认为低层建筑对影响以3层为基本估算标准，从4层到10层为插值估算段，则可近似假定平均每层建筑荷载对地下空间的影响深度为2~3米，即 $2 \sim 3n$（n 为建筑层数；单位：m），对硬土区取下限，对软土区取上限。

(2) 高层建筑

上部荷载集中且很大，对地基稳定性要求高，对地基稳定性影响深度较大。同时为了保证高层建筑侧向稳定性，在抗震设防区，除岩石地基外的其他天然地基上，箱形和筏形基础埋置深度不宜小于建筑物高度的1/15，桩箱或桩筏基础的埋置深度（不计桩长）不宜小于建筑物高度的1/18~1/20（《建筑地基基础设计规范》，GB 50007-2002）。以北京市为例，高层建筑和超高层建筑一般都附建有多层地下室，可假定基础平均埋深平均为10米。按照地基基础附加应力模型以及高层建筑基础整体性估算，常规高层建筑宽度一般在20~40米，则其地基变形压缩层的敏感影响深度约为30~60米。

超高层建筑数量较少，可以单独分析给出评估分类及影响程度和范围。锚杆等支护构件打入周围的土层中的方式，对建筑周围后续地下空间开发形成的障碍应在分析中具体分析考虑。

当一个城市的总体工程地质条件较好，土层具有较好的承载力时，深桩基并不普遍。在地下空间资源宏观评估中，主要以建筑基础附加应力扩散模型判别高层建筑对地下空间资源的影响敏感深度，地面以下平均 -50 米深度范围以内是高层建筑地基附加应力及持力层土体压缩变形敏感区。

4.2.3 暗挖工法与建筑基础的安全距离

地下建（构）筑物或隧道开挖前土层处于静止平衡状态，开挖后破坏了这种平衡，洞口周围土体各点的应力状态发生变化，土体各点的位移重新调整，最终达到新的平衡。根据普氏理论（普罗托吉压科诺夫，1907），洞室开挖后，当上覆土层厚度 $H > (2.0 \sim 2.5) h_1$ 时，可在土层中形成自然平衡拱，称卸荷压力拱。卸荷拱高 h_1 与毛洞跨度 l_0，高 h_0 及岩土层的内摩擦角 φ，坚固系数 f_i（又称普氏系数）有关（图4-5）。当洞室埋置较浅时，上覆土体整体塌落，不能形成卸荷拱，所以如果暗挖施工的隧道如果太浅会影响会给地面设施带来严重的不利影响。当洞室埋置较深时，土体局部塌落，能形成卸荷拱，且如果该卸荷拱能够承担上部基础传递过来的压力时，可以保证安全施工。

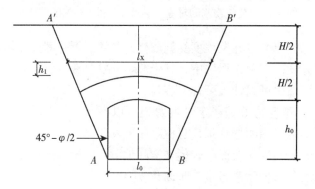

图4-5 卸荷压力拱示意图

当地下空间暗挖为圆形隧道时，由于圆形隧道有利于自然形成拱形，以中小型盾构直径为3.5~4米估算（欧国浩，2005），在硬土中 $H = 8$ 米时即可形成压力拱；在软土中 H 不小于20米才可形成压力拱。虽然是以中型盾构尺寸为依据估算，对于大型盾构也具有一定参考意义。例如南京长江过江隧道直径为15米，距离江底为11~22米，与按照软土估计的数值基本相当。

大部分建筑物每层楼面重约为11~13kN/m^2，以此荷载对硬土进行估计结果为：1~10层建筑的地基稳定土层厚度依次为 $H = 8.2, 8.6, 9, 9.5, 10, 10.6, 11.3, 12.1, 13.3, 16$（米）。在 4 到 10 层建筑荷载作用下，对于硬土层，加上基础埋深，地基的安全土层厚度为 10~20 米，与地基附加应力分析结果近似。因此，在用于城市总体规划和控制性规划的地下空间资源基本质量分析中，建筑空间对地下空间资源的影响程度可基本采用如下参数：在硬土地质中，多层建筑物对地层影响深度约为层数的 2 倍（单位：米），高层建筑物可取为层数的 3 倍（单位：米）。表 4-1 列举了若干暗挖施工实例中工法、结构类型及相邻建筑或地表变形的影响关系。

隧道开挖与建筑物基础影响程度的估计与实例比较　　　　　表 4-1

工程	工程直径（m）	地面类型	隧道拱顶与基础间距或隧道埋深（m）	相互影响效果	影响深度估计（m）	估计深度与实际施工的比较关系
某热力管线	不详	两层城铁车站	1.817	二者都安全	6	实际施工深度偏离估计深度较大，需要采取一定的工程措施，才能保证安全
广州地铁赤岗 - 鹭江区段工程	6.28	7 层钢筋混凝土框架	7.7	二者都安全	21	实际施工深度偏离估计深度较大，需要采取一定的工程措施，才能保证安全
某热力管线隧道	4.7×3.9	低层建筑	8.166	对建筑物影响几乎可忽略	9	接近估计深度，对建筑物的影响几乎可以忽略
深圳地铁一号线 3C 标段百货广场截桩托换工程	估计为 6 米（具体数据不详）	主楼 22 层，裙房 9 层，托换工程在地下三层	隧道埋深 12~16	需要桩基托换处理	66	实际施工深度偏离估计深度很大故需要的工程措施很复杂
人防坑道上部建设 4 层框架结构	1.5×2.5	4 层框架结构	埋深 8	土体可承担基底压力，防空洞无须加固	12	接近估计的影响深度对防空洞的影响几乎可以忽略

资料来源：王辉. 基于 GIS 的城市地下空间资源调查评估系统研究. 清华大学硕士学位论文，2007。

4.3　地基基础影响的宏观分类

根据上述分析，在地下空间资源的宏观评估中，一般情况下可以建筑物层数的 2.5 倍作为建筑物对地下空间资源影响的深度，用于分析估算建筑密集区地下空间资源潜力；对特殊敏感建筑应进行敏感度调整，通过建筑保护等级、建筑结构类型敏感性及安全等级等分类指标进行分析评估。例如：在极敏感的古建筑区可将影响深度加大一个影响等级，超高层建筑区可将影响深度直接取为 100 米。（表 4-2）

建筑物基础对地下空间资源影响深度分级　　　　　表 4-2

建筑类别	建筑层数/高度（m）	影响深度（m）
低层建筑	1~3/高度≤9	6~10
多层建筑	4~9/高度=9~30	10~30
高层建筑	10~29/100≥高度≥30	30~50（或到基岩）
超高层建筑	30 以上/高度>100	大于 50（或到基岩）

4.4　地下建（构）筑物

地下埋设的构筑物包括交通隧道、地铁车站、全地下的商业娱乐设施、市政综合廊道、竖井、管线等埋设物。交通隧道、管线沟等线形空间，由管线空间及周围一定尺度的保护空间组成以开发利用的空间容量。

地铁工程建设中常常遇到各种各样地下管线,这些地下管线往往直接阻碍或影响地铁施工,所以必须解决好地铁施工与管线保护之间的矛盾。目前,我国还没有关于管线与地下工程开挖的控制标准,邻近施工要求避免对已有重要管线造成不利影响,采用定量容许值表示影响程度,一般用小于容许值的指标作为施工管理标准值。目前,国内在工程实践中常用的是:管线沉降控制标准、管节受弯应力控制标准、管接缝张开值控制标准[41]。

如图4-6所示,在资源评估中,对现有管线给出保护范围,设管线对左右两侧资源的影响宽度为B,对下部资源的影响深度为H,管线埋深为H_0,则在管线影响的范围内不作为可供合理开发的地下空间资源。

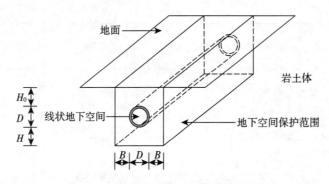

图4-6 地下线形空间与资源保护范围

在管线的影响范围内开发地下空间,必须采取特殊的技术措施,例如:广州地铁一号线工程由于地铁埋深较小,与众多的地下管线冲突,在施工中采用三种处理方案:(1)地下管线采用永迁方案,将位于地铁结构施工范围内的地下管线一次性迁至地铁结构外规划位置,不再回迁。(2)地下管线采用临迁方案,将位于地铁结构施工范围内的地下管线临时性迁至不影响施工的结构外位置,待地铁结构回填时再迁回原位。(3)地下管线采用悬吊方案,将地下管线作必要的处理后在施工期间原地悬吊,施工回填时恢复原状[42]。

在实际工程中管线的影响范围和具体的实际数值,应当根据具体的新开发的地下空间的走向、位置、岩土体的类型确定。在一般情况,无论是全地下的建筑物、地铁隧道及车站、地下综合廊道、地下管线,都可以认为在其周围存在一个矩形的影响范围,可以把其影响范围分为5类区域,见图4-7。

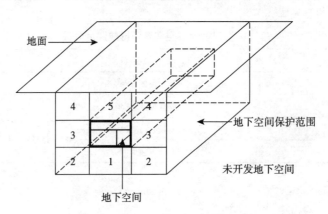

图4-7 地下空间及其周围土体保护范围影响分区

在地下建(构)筑物的影响范围内,在新建地下空间的施工过程中和使用过程中,都会因挖掉一部分地层而引起岩土体内的应力的重分布和土体的位移,这会给地下结构或管线造成一定的影响,其影响主要表现在地下结构发生沉降和周围的应力场发生变化。如果沉降过大且不均匀，必然会对地下结构或管线造成损害。如果周围的应力场发生变化，尤其当应力场增大到超过结构的承受能力时，就会引起地下结构或管线的破坏。

在图 4-7 所示 1 区和 2 区开发地下空间或建设地下隧道，无论是和原有的结构或隧道平行还是垂直，都会引起原有的地下结构发生竖向沉降，如果沉降过大则会对地下结构或管线造成损害。在 3 区开发地下空间，如果与原有的结构或隧道平行，则只要两条隧道之间留有一定的安全距离，则可认为新结构或隧道与原有者之间影响较小。4 区和 5 区是开发地下空间应当注意的区域，如果新建工程对原有地下结构增加的压力小于临界值，则可以建，反之则不宜建，或对原地下结构进行改造和加固。

已开发利用的地下空间是已经发挥资源价值、正在发挥使用功能的地下空间资源，应列入地下空间资源开发利用现状的调查分析中，不计入未开发资源量。

已有地下建筑对周围岩土体的稳定性有很高的要求，为了保证已有建筑的安全使用，其周围一定范围内地下空间不宜开发。"在实体岩层中开挖地下空间，需要一定的支撑条件，即在两个相邻岩洞之间应保留相当于岩洞尺寸 1~1.5 倍的岩体"[4]。在宏观评估中，当工程地质条件较好时，地下工程影响范围可以假定为地下空间所占容量的 1.5 倍；工程地质条件较差时，其影响范围更大，应根据现状和地质条件进行确定影响比例。

4.5 地下埋藏物

包括有价值的地下矿藏或地下文物，在地下空间开发中必须予以保护，其所在区域地下空间资源应该予以保留，为后续地下矿藏的开采利用和地下文物的挖掘保护提供必要的空间条件。

地下文物埋藏区域，应根据文物保护的原则，或现场保护，或挖掘异地保护，在挖掘完成后，才可进行地下空间的开发利用。长时间埋藏于地下的文物，有的知其位置，但更多的是不知其位置或正在调查之中。在城市建设中很可能会遇到这类埋藏物，一旦发现有价值的文物古迹，则必须要停止施工，调整工程方案和施工进度。例如在北京东方广场地基开挖过程中，发现了古代文化遗址，施工因此而暂停数月用于处理古迹，并更改设计，在遗址范围建设了历史遗迹博物馆。图 4-8 显示了希腊首都雅典某地铁站内挖出的古代遗址并加以保留和展示的场景。

地下埋藏物所在区域以及其影响区域可见图 4-9，阴影部分表示地下埋藏物自身所占体积。容量影响区范围应根据实际地下埋藏地点的特点和所占区域面积进行绘图计算测定。

图 4-8 地下古迹埋藏区地下空间开发实例——希腊雅典地铁站

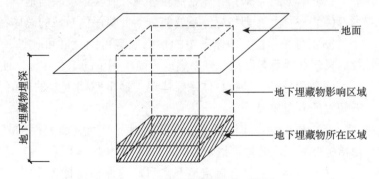

图 4-9 地下埋藏物影响区域图

第 5 章 地下空间资源评估指标体系

5.1 概述

根据地下空间资源调查评估的基本概念，本书提出的城市地下空间资源评估基本体系的目标，是基于城市空间合理发展的需要，寻找城市地表以下空间范围内可用和适用的地下空间资源。地下空间资源分析系统的整体目标包括资源的基本类型与天然性能、工程适宜性、功能适宜性、开发利用方式、开发形态与层次、资源价值、可有效利用容量等多方面内容，其中地下空间资源的开发利用适宜性及分布、开发利用潜在价值及分布、可开发利用容量及分布是资源评估体系的三个基本核心内容。而这一目标的获得需基于评估影响要素的综合作用和评价结果，综合评价的过程就是按照评估体系目标需求的方向，对要素进行有机组合、叠加和运算的过程，也就是通过建立要素与目标的转换传递机制来实现。联系上述评估目标和评估影响要素之间的关系模型与传递的途径，就是建立一套评估指标体系，即从评估影响要素中选取一系列有代表意义的评估因子作为正式的评估指标变量，并由这些因子构造指标体系集合。这个指标体系的集合应该能够代表地下空间资源可用性和适用性评价的性质和方向，并按照一定方式构造实现评估目标的数学模型；将指标体系各要素的参数与评估模型结合，进行综合叠加或评估计算，就可以得到资源的可用性和适用性等评价结果。本章利用层次分析法的概念和专家调查法，构造了地下空间资源评估指标体系。

5.2 评估指标体系构建的原则与方法

5.2.1 指标体系构建原则

为了全面、真实反映城市地下空间资源的内在本质及构成，并使评估指标体系便于操作，建立评估指标体系应遵循如下原则：

（1）客观性：即指标体系能较客观和真实地反映出地下空间资源的特点和本质。

（2）整体性：即指标体系要能全面反映评估对象的总体特征，既要全面又要避免指标之间的重叠。

（3）可操作性：即体系中的指标应有可测性和可比性，指标体系应尽可能简化，计算方法简单，数据易于获得且各种指标容易集成为简单明了的综合指标，便于理解和计算。

（4）引导性：即指标体系要体现与地下空间资源的价值关系，引导地下空间的开发利用向着有利于开发的方向发展。

（5）层次性：即根据评估需要和地下空间资源属性的复杂性，指标体系可分解为若干层次结构，使指标体系层次合理、清晰。

（6）侧重性：即在制定地下空间资源评估指标体系时，指标的选取应有侧重性，选择那些最能反映地下空间资源实际情况和特点的指标。

（7）定性与定量相结合：指标体系要定性与定量相结合，以定量评估指标为主。考虑到评估对象的复杂性，指标体系涉及面广，必然存在无法量化的指标，这时要采用一些主观评价指标进行定性评估。

5.2.2 层次分析法（AHP）原理与步骤

层次分析法（Analytical Hierarchy Process，AHP）是美国运筹学家、匹兹堡大学教授萨蒂（Saaty）于 20 世纪 70 年代初期提出的，80 年代引入我国，已经成为一种常用的多目标多属性决策方法。这种多目标多属性决策方法把一个复杂问题表示为有序的阶梯层次结构，通过人们的判断对决策方案的优劣进行排序。它能够把决策中的定性定量因素进行统一处理，比较简洁、系统，严谨。层次分析法的整个求解过程，与人脑判断思维的基本特征"分解 - 判断 - 综合"的特点十分相似，因此容易被决策者接受。层次分析法特别适宜于具有分层结构的评估指标体系，而且评估指标又难于定量描述的决策问题。

如图 5 - 1 所示，AHP 将分析决策问题的有关元素分解成目标层、准则层及指标层，构建一个层次结构模型，有利于对复杂决策问题的本质、影响因素及其内在关系等进行深入分析，并利用一定的定量信息，使决策的思维过程数学化并最终求解问题[43,44]。城市地下空间是由多种因素、多层因子组成的多层次复杂系统，其系统内部各影响因素、影响因子和系统与外部环境之间有着密不可分的联系和相互作用，应采用定性和定量相结合的方法去认识和评估这一复杂系统，故 AHP 是有效的且符合实际的评估方法。

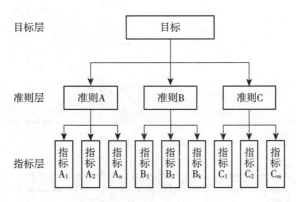

图 5 - 1 AHP 的递阶层次结构

AHP 分析的基本构思是：把复杂问题分解成各个组成元素，按支配关系将这些元素分组，使之形成有序的递阶层次结构，在此基础上通过两两比较的方式判断各层次中诸元素的相对重要性，然后综合这些判断确定诸元素在决策中的权重。

AHP 分析的主要过程是：

（1）首先是分析和确定问题。把所研究问题分解为若干影响因素，再把影响因素按类别分成若干组，以形成不同层次，从而建立如图 5 - 1 的递阶层次结构，明确评估目标、评估主题与准则，评估要素和因子等层次关系，把问题系统化、条理化、层次化。在评估指标体系的树状层次结构中，第一级是目标层，表示评估决策的目标；第二级是准则层，衡量是否达到评估目标的判别准则或主题，也可称为主题层；第三级是指标因子层，由与目标和主题相关的若干影响要素的评估因子组成。这是建立评估指标体系的关键步骤。

（2）在建立递阶层次结构后，就确定了上下层之间元素的隶属关系，邀请地下空间与地下工程专家构造两两比较判断矩阵；进行矩阵的一致性检验，检验通过后，进行指标体系的层次单排序与总排序；选择评估标度。这些环节主要用于测算权重系数，为评估决策模型的计算作准备。

5.3 评估要素的集成

根据对地下空间资源影响要素的分析：地下空间资源是由多种因素、多层次序列和多种作用方式的自然与人文物质和社会经济要素组成的多因子多层次复杂系统，集成为基于工程因素的地下空间资源影响要素系统结构和基于社会经济因素的地下空间资源影响要素系统结构，分别归纳在表 5-1 和表 5-2 中。

基于社会经济条件的地下空间资源影响要素体系结构 表 5-1

要素系统	要素类型	综合评估要素	基本评估要素及参数
社会经济条件系统	人口状况	常住人口	常住人口密度
		流动人口	流动人口密度
	交通状况	动态交通	地铁占客运量的比例
			平均车行速度
		静态交通	停车位与机动车保有量的比值
		交通区位	交通节点类型
	土地状况	土地价格	基准地价
		用地功能	用地功能
	市政设施状况	市政设施	市政管线密度
	城市防灾需求	城市防灾	防灾能力状况
	历史文化保护	历史文化保护	名城保护
			保护区保护
			文物单位保护
	空间容量限制	高度控制	建筑限高

基于工程条件的地下空间资源影响要素体系结构 表 5-2

要素系统	要素类型	综合评估要素	基本评估要素及参数	
地质条件系统	(1) 场地条件-地质构造	断层影响	断层活动水平	
			断层破碎程度及带宽	
		地震危险性	区域地震烈度	
	(2) 场地条件-地形	雨洪倒灌危险性	历年雨洪淹没深度	
			雨洪淹没设防等级	
	(3) 场地条件-不良地质与地质灾害	岩溶	塌陷等级	
		地裂缝	危险性等级	
		地面沉降	沉降速率等级	
		滑坡与崩塌	危险性等级	
		砂土液化软土震陷	震陷液化系数	
	(4) 水文地质条件	地下水环境复杂性	土层	地下水类型
				地下相对水位
				腐蚀性等级
				补给能力/渗透系数
			岩层	单井涌水量
				腐蚀性等级

续表

要素系统	要素类型	综合评估要素	基本评估要素及参数	
地质条件系统	（5）岩土体条件	岩土体类型与质量	土体	承载力
				压缩模量
				内摩擦角
				粘聚力
			岩体	岩石强度
				完整程度
		岩土体开挖难度		岩土体可挖性
空间类型系统	（6）竖向深度	初始应力水平	土层	地层深度应力影响曲线
			岩层	地层深度应力影响曲线
		开发利用难度		地层深度利用难度曲线
	（7）地面及地下空间利用状态	空间保护等级	建筑空间	建筑层数/高度
				地基变形容许值
			生态空间	绿地水体保护等级

5.4 评估指标体系内容与目标

5.4.1 基本内容与目标

根据地下空间资源评估体系的具体要求和目标，确定评估的有关要素和指标体系。

地下空间开发利用容量评估的基础是对地下空间资源可合理开发范围和资源可用程度进行评价分类。基于工程条件的地下空间资源基本质量和基于社会经济条件的地下空间资源潜在价值，是评价资源可有效利用程度的综合质量表征性指标，因此评估指标体系研究的主要目标针对下列内容：

（1）地下空间资源调查分体系；
（2）基于工程因素的地下空间基本质量评估分体系；

在上述基础上，继续给出：

（3）基于社会经济因素的地下空间资源潜在价值评估体系；
（4）地下空间资源综合质量评估体系。

其中：（1）是地下空间资源评估的基础；在（2）和（3）基础上形成综合评价结果（4）。

在（1）~（4）内容体系的基础上，经评估计算和空间叠加后可获得如下目标成果：

- 可用地下空间资源分布图
- 地下空间资源基本质量分布图
- 地下空间资源潜在价值分布图
- 地下空间资源（总体）综合质量分布图
- 地下空间资源可有效利用的理论容量预测

5.4.2 地下空间资源调查体系与目标

地下空间资源分布调查的任务：根据自然与人文条件，确定地下空间资源的类型和特征，根据自然条件、现状条件、城市空间类型及规划条件与地下空间资源可开发程度的关系和机理，划分地下空间资源的开发限制区和工程建设适宜区，取得可供开发的地下空间资源蕴藏范围。

在地下空间资源调查体系中，首先是调查确定地下空间资源的自然条件适宜性，然后是确定城市空间类型和空间布局制约性要素的影响方式和程度。根据北京中心城区、青岛主城区、厦门城市规划区地下空间资源评估实践，参照《城市规划编制办法》对自然条件适宜程度的分类，把地下空间资源的自然条件（地质条件）适宜程度定性总结归纳分为三类：

- 适宜开发地区：自然条件要素对地下空间开发的影响较小，采用一般的工程技术措施就可以开发利用的地下空间资源，是地下空间工程规划选址的良好位置，计入可供合理开发利用的地下空间资源范围。
- 基本适宜开发地区：自然条件要素对地下空间开发的影响较大高，但采用特殊处理和规划办法可以解决的问题。例如地下空间的开发有可能会给原有邻近建筑设施带来损坏，或有可能诱发危害不大的微小型地质灾害，或者位于一般性地质灾害、断裂范围，而这些限制性影响可通过特殊的技术措施解决。该类地下空间资源对地下空间工程基本可用，计入可开发地下空间资源范围。
- 不宜开发地区：自然条件要素对地下空间开发的工程影响很大，开发可能会产生严重后果的地下空间资源位置，不计入可开发地下空间资源范围。

根据城市空间利用状态和生态系统限制性条件，按对地下空间资源可合理开发的制约程度综合分为三类：

- Ⅰ类制约区：即不宜开发地下空间的地区，包括地上、地下空间现状保护保留区，规划特殊用地，人力无法抵抗或无法恢复的严重地质灾害，不良地质构造区域及地形，其他资源保护区、地下矿藏、地下文物区等。
- Ⅱ类制约区：可有限度开发地下空间的地区，包括具有生态意义的山地、水面、绿地，建筑现状空间基础底面以下，且无严重地质风险的空间范围，应合理控制开发规模和空间形式，开发与保护并重。
- 非制约区：可充分开发利用地下空间的地区，不受现状空间保护限制的各类开敞空间和规划新增建设用地、规划拆建用地，且无严重地质风险的空间范围。

根据以上两项分类标准，即可针对任意城市实测数据按照工程专业知识进行地下空间资源可用类型划分，当然还必须结合城市的具体岩土体及地质环境条件进行详细分类。调查体系结构图见图 5-2。

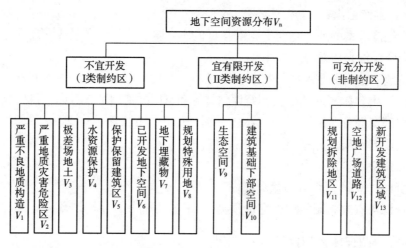

图 5-2 地下空间资源分布调查体系框图

5.4.3 地下空间资源基本质量评估指标体系

地下空间资源基本质量，是描述基于自然和人为的工程条件因素作用，地下空间资源在施工、结构、维护方面的风险和成本、技术复杂程度方面等的度量指标，在一定程度上综合反映地下空间资源特征对工程开发总投入的潜在特性，是对地下空间可用性定性分类基础上进一步的数量化综合评价。

根据表 5-1 系统要素组成结构，选取适合城市特点的典型要素，采用层次分析法，构造了基于工程条件因素的地下空间资源基本质量评估指标体系。在理论分析的基础上采用专家调查法对地下空间资源评估指标体系进行了专家咨询调查，这些专家包括城市规划、地下工程、工程地质、地下空间等专业，具有代表性。经过对影响因素的全面衡量筛选及对专家意见的提取总结，最终确定的地下空间资源评估工程影响因素的指标体系见图 5-3。

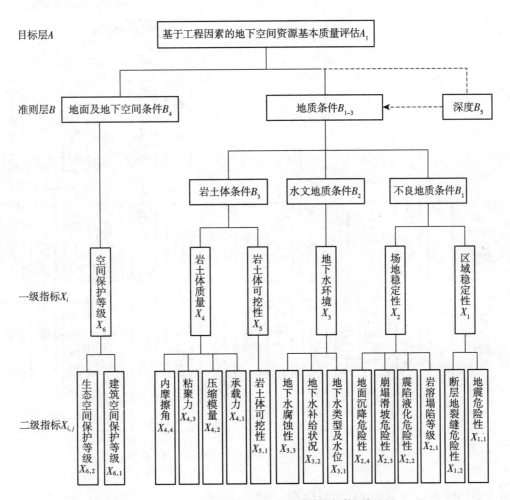

图 5-3　地下空间资源基本质量评估指标体系框图

按照层次分析法的层次结构，指标体系分为四个层次，顶层为目标层，评估目标是基于工程因素的地下空间资源基本质量 A_1。第二个层次是准则层或主题层，把评估总目标分解为四个准则和主题层次 B_{1-4}，由地质背景稳定性、岩土体条件、水文地质条件和地面地下空间利用状态四部分组成，另外还有附加的第五个准则即地下空间资源深度层次 B_5。第三和第四个层次为指标层，即实际评估的具体要素因子参数，当数据收集具备一级指标参数时，可直接采用一级指标；若无一级指标数据，则应采用二级指标数据；在城市总体规划阶段，可优先采用一级指标，在详细规划阶段，应优先采用二级指标。

5.4.4 地下空间资源潜在价值评估指标体系

地下空间资源潜在开发价值评估，是针对地下空间资源所在城市区位可能获取经济、社会和环境效益的期望值水平进行综合分类，在地下空间资源可用性的定性分类基础上进一步对资源需求强度和总体价值潜力进行数量化综合评价。

根据资源系统要素分析结果，采用层次分析法，构造了基于社会经济因素的地下空间资源潜在价值评估指标体系。在理论分析的基础上采用专家调查法对地下空间资源评估指标体系进行咨询，确定地下空间资源评估的社会经济条件评估指标体系见图5-4。

指标体系的层次结构概念同图5-3。准则层由人口状况、交通状况、土地状况、市政设施、城市防灾设施、历史文化保护、城市空间状态七个部分组成；指标用法与工程因素评估组相同。

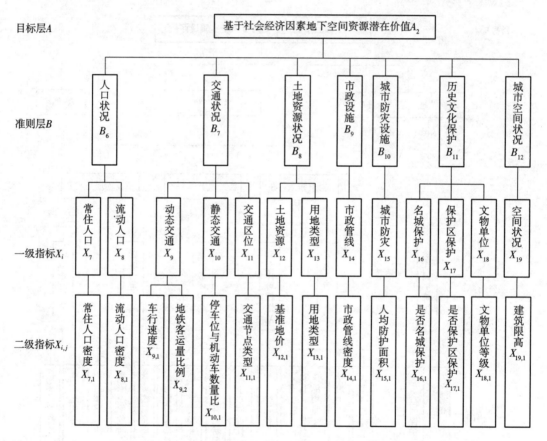

图5-4 地下空间资源潜在价值评估指标体系框图

5.4.5 地下空间资源综合质量评估指标体系

地下空间资源综合质量，是由基本质量评估结果和潜在价值评估结果根据权重参数进行求和的综合叠加指标，用以度量地下空间资源在自然、工程条件和社会经济需求条件下的总体价值或适用性质量等级。综合质量与基本质量和潜在价值的层次结构见图5-5。

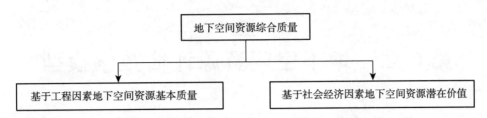

图 5-5 地下空间资源综合质量评估体系组成

5.4.6 地下空间资源量估算体系

地下空间资源量估算体系的任务，是根据可开发利用（可开发和可有限开发）的地下空间资源调查评价结果，对资源量进行估算和统计，包括可开发利用的地下空间资源总量，基本质量评估、潜在开发价值评估和综合质量评估结果的估算和统计。按照单因子评估模型假定的可有效利用系数，估算可有效利用的地下空间资源量，并进行空间分析。图 5-6 表示了地下空间资源量的组成与估算内容。

估算分析体系没有固定的计算资源量的方法，只有估算的目标和准则是通用的。实际应用的算法可参考第 9 章 9.7.3。

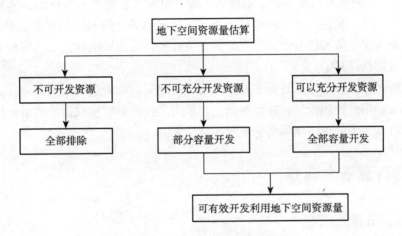

图 5-6 地下空间资源量估算体系

第6章 地下空间资源评估数学模型

6.1 评估方法与分析模型的选择

根据地下空间资源评估要素的作用机理和影响程度，可以把评估要素分为两大类：一类是极限型要素，当该要素出现时，地下空间资源为不宜开发或不可开发，且不可由其他要素替代，例如保护保留建筑空间的地基基础保护范围，以及规划特殊用地、特级绿地和水源保护地的生态敏感区、大型活动断层区域等，且不能通过工程措施改变该要素的存在，也不可能采用补偿的办法抵消该要素的作用；另一类是程度型要素，对地下空间资源的可开发性只有程度性影响，即使该要素的影响达到极限，仍不会对资源的工程适宜程度或资源质量产生决定性影响，可采取其他措施替代该要素，或采用补偿的办法抵消该要素的作用。

根据第1章1.4.3，对第一类要素的影响评估一般采用极限条件法，即找出极限型要素制约的不可开发的地下空间范围，进而确定了开发利用的地下空间资源范围，称为影响要素逐项排除法。对第二类要素，可根据其发展变化规律和已有知识建立评价分类标准，采用层次分析法或模糊综合评价法对其影响效果进行定量打分评估计算。

因此，著者认为：根据评估体系目标的要求，地下空间资源调查应采用极限条件法，即影响要素逐项排除法确定可开发利用的资源范围；在此基础上，采用多目标函数加权指数的求和模型，获得在多源异质复杂性要素综合作用下的地下空间资源质量评估结果。

6.2 地下空间资源潜力调查

6.2.1 影响要素逐项排除法

影响城市地下空间资源可否开发的要素众多而复杂，主要包括地质条件、生态环境等自然条件，城市地上地下空间设施现状以及城市规划条件。因此，地下空间是否具备开发的工程和自然条件，取决于这些要素是否具有限制性和强迫性，即是否属于极限条件判断标准。采用影响要素逐项排除的方法，即可在数学手段和几何意义上简明地对极限型要素进行处理，从而得到地下空间资源分布调查的结果。即：首先确定各类不同程度制约地下空间开发要素的空间范围，然后对该结果进行属性逆向转置，即可取得不同程度可开发利用的地下空间资源分布。具体方法是：在一定的平面和深度范围内，排除因不良地质条件而不宜开发地下空间的部分，排除地面空间已利用而地下不可再利用的部分，排除地下空间已经利用的部分，排除城市规划和生态保护禁止开发的部分以及规划特殊用地等，从而获得可开发的地下空间资源分布。

设 V_n 为规划区地下空间资源天然总蕴藏体积，V_a 为已开发利用地下空间体积，V 为潜在可开发的地下空间资源，V_i（$i=1,2,\cdots,8$）分别为严重不良地质构造、严重地质灾害、极差场地土、水源地保护、地下埋藏物、规划特殊用地、地面保护保留建筑和已开发地下空间等制约空间容积，其中 $V_8 = V_a$。则根据叠加原理，有

$$V = V_n - \sum_{i=1}^{8} V_i \tag{6-1}$$

各制约因素在空间上有可能是相互重叠的，如图 6-1 所示。

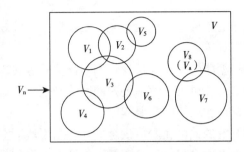

图 6-1 地下空间构成要素的容量组成关系

因此，该模型亦可表达为若干制约影响要素的并集，即：

$$V = V_n - \bigcup_{i=1}^{8} V_i \tag{6-2}$$

图 6-2 表达了制约要素逐项排除法的叠加过程和效果。

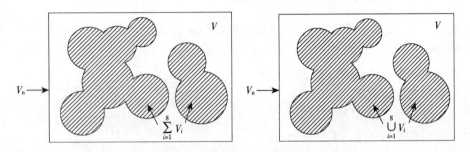

图 6-2 制约要素逐项排除叠加示意图

6.2.2 基于 GIS 的地下空间资源分布评价模型

逐项排除法在实际空间分析中，可以采用软件平台叠加来直接实现。

根据地下空间资源可供开发利用的工程适宜程度，采用计算机平台的空间运算法，确定地下空间资源的空间分布。通过 GIS 二次开发形成地下空间资源评估分析的 CEFUS-2D 平台，基于该平台的制约要素排除法（或叠加法）采用如下表达式实现运算和叠加：

$$S = \min(m_1, m_2, \cdots, m_n) \tag{6-3}$$

S 为评估单元判断结果（即地下空间资源可开发利用的工程适宜程度分类）。m_i，$i = 1, 2, \cdots, n$，分别代表断层与地质灾害因子、岩土体因子、水文地质、地震因子、地面和地上空间类型因子等对地下空间资源可供开发利用程度有影响的要素及其程度和空间分布。根据要素对地下空间资源影响程度，为每个影响因子赋值从而得到资源分布的空间预算叠加结果。运算符规则为：m_i 为 1 代表不适宜开发，2 代表基本适宜开发，3 代表适宜开发。

通过影响要素分析，把城市地下空间资源的单因子影响程度划分为适宜、基本适宜、不适宜三类，经过 GIS 图形的排除法叠加运算，即可得到单因子综合作用下的单元内资源分布情况值，即：

（1）不适宜开发的地区

主要包括：活断层及断裂带影响区；滑坡崩塌危险区；已开发利用的地下空间；地面建筑物基础或其他地面设施影响区；水源地保护区；文物及生态资源保护区；特殊用地等。

（2）基本适宜开发的地区

主要包括：可处理的震陷液化的土层区、地下水富水区、软弱土层、海水入侵区、地面水体地下区，以及建筑物基础底面以下空间和具有较好生态功能的山体绿地及林地等。

（3）适宜开发的地区

排除上述影响要素范围后剩余的条件良好地区，主要是地质条件较好且地面空间为待建设的用地或再开发用地，及一般公共绿地、广场等。

上述计算过程表明，当评估模型能较为准确反映和判断评估的客观事实时，评估结果的准确程度和精度取决于评估单元尺度的合理划分和单因子评估要素的准确判别、取值和数据输入。可见评估系统的灵活性、评估要素选取及其评估标准和取值的重要程度。

基本适宜开发的地区和适宜开发的地区属于可供合理开发利用地下空间资源的分布范围。地下空间开发利用容量的评估测算应在此范围内进行，可见资源可供开发范围的确定不仅需要对每个单因子影响机理和参数的分析确定，同时还必须建立可操作的数字化信息系统载体。

6.3 地下空间资源质量评估分析模型

6.3.1 基于层次分析法的多目标线性加权函数模型

根据第 5 章确定的评估指标体系，程度型影响要素的评价采用对指标体系综合打分的方式进行评估。根据层次分析法的原理，评估模型研究的重点在于界定地下空间资源质量评估客体目标所蕴藏的总评估体系、分评估体系的构成要素，以及表达要素之间及要素与目标之间的准确关系。

当指标体系内部与目标之间不具有直接的、特定的物理机制时，往往采取系统评估模型进行目标评价，通常评估模型包括：德尔菲法、层次分析法（AHP）、模糊综合法、多目标线性加权函数法等。而第 5 章列出的资源质量评估指标体系正具备这样的特点，即指标之间形成明确的层次结构关系，且互相独立发生作用。

为了取得给资源质量有效排序的评估目标，需要选择较为简洁、清晰且易于理解和数据处理的评估模型，采用了层次分析法的指标体系结构，并采用多目标线性加权函数加权求和的模型，对资源质量进行评估计算。即对基于工程条件的地下空间资源基本质量和基于社会经济条件的地下空间资源潜在价值评估，采用层次分析法模型进行评价，并进一步把二者的结果进行叠加，进一步取得综合质量评估结果。

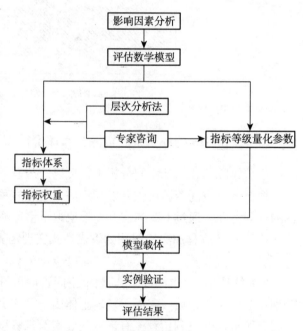

图 6-3 评估模型研究技术路线

根据层次分析法（AHP）构建多目标加权函数指数和模型的基本计算公式为：

$$S = \sum_{h=1}^{p} \left[\sum_{j=1}^{m} \left(\sum_{i=1}^{n} A_i B_i \right) C_j \right] D_h \tag{6-4}$$

式中：S 为目标总得分，可分解为工程条件评估和社会经济评估等若干目标；A_i 为第 i 个单项指标的量化参数；B_i 为第 i 个单项指标的权重；C_j 为第 j 个子主题的权重；D_h 为第 h 个主题的权重。基本评估模型的技术路线见图 6-3。

6.3.2 地下空间资源基本质量评估模型计算公式

根据专家调查法取得工程地质条件要素的评估指标体系（见图 5-3），包括不良地质条件、岩土体条件和水文地质条件三个准则层。

竖向深度增大，地层初始应力水平、施工和使用成本相应提高。随着深度的增加，地质条件的开发利用难度逐渐加大，使用成本逐渐增高，因此随竖向层次的加深，地下空间可开发性的质量水平降低，可采用系数调节法对地质条件下资源质量随深度进行折减。为简单起见，假定在地下 [0, 100] 范围的深度折减系数为直线函数，设地表下 100 米深度为折减函数的原点，即：当 $H=100$ 米时，$\alpha_d = 0$，当 $H=0$ 米时，$\alpha_d = 1$，则 [0, -100] 竖向深度范围内，地质条件准则层竖向折减系数 $\alpha_d = 1 - \dfrac{H}{100}$。

则基于工程条件的地下空间资源基本质量评估模型公式为：

$$S_p = w_4 r_4 + \alpha_d \sum_{i=1}^{3} w_i r_i, \tag{6-5}$$

其中：S_p 为基于工程因素的地下空间资源基本质量总评估值；r_i，$i=(1, 2, 3, 4)$，分别为不良地质条件、水文地质条件、工程地质条件、地面及地下空间条件准则层评估值；w_i 为准则层权重；α_d 为竖向深度折减系数，$\alpha_d = 1 - \dfrac{H}{100}$，$H$ 为距地表埋深。

准则层评估计算公式为：

$$r_i = \sum_{j=1}^{m} \omega_j \sum_{k=1}^{n} \omega_{jk} u_{jk} \tag{6-6}$$

其中：u_{jk} 为第 j 个一级指标下属的第 k 个二级指标；ω_{jk} 为第 j 个一级指标下属的第 k 个二级指标的内部权重；ω_j 为第 i 个准则层的第 j 个一级指标的权重。

6.3.3 地下空间资源潜在价值评估模型

根据专家调查法取得社会经济条件要素的评估指标体系（见图 16.3）。则基于社会经济条件的地下空间资源潜在价值评估模型计算公式为：

$$S_e = \sum_{i=1}^{n} w_i r_i, \tag{6-7}$$

其中：S_e 为基于社会经济因素的地下空间资源潜在价值评估值；r_i，$i=(6, 7, 8, 9, 10, 11, 12)$，为社会经济因素的 7 项准则层评估值；$w_i$ 为社会经济准则层权重；潜在价值评估的准则层评估结果计算公式为：

$$r_i = \sum_{j=1}^{m} \omega_j \sum_{k=1}^{n} \omega_{jk} u_{jk} \tag{6-8}$$

其中：u_{jk} 为第 j 个一级指标下属的第 k 个二级指标，ω_j 为第 i 个准则层编号为 j 的一级指标权重，ω_{jk} 为编号为 j 的一级指标内部第 k 个二级指标其相对于一级指标的权重。

6.3.4 地下空间资源综合质量评估模型

基于工程条件的地下空间资源基本质量评估结果 S_p，是地下空间的自然和人文条件等客观因素对地下空间资源可用性的度量值；基于社会经济条件的地下空间资源潜在价值评估结果 S_e，是地下空间资源的社会经济客观因素对地下空间资源潜在需求和价值的预测评价值。其中 S_p 代表成本投入水平，S_e 代表潜在效益水平，为了综合表达二者对总体决策的影响，建立地下空间资源综合质量评估模型，公式为：

$$S = w_p S_p + w_e S_e \tag{6-9}$$

其中 w_p、w_e 分别为工程因素和社会经济因素评估值的权重。

第7章 评估指标体系参数和评估标准

7.1 评估指标体系的权重参数

7.1.1 指标体系权重系数与求解方法

评估指标权重系数的确定是评估模型研究中的一个重点也是难点,对权重系数的准确、科学、合理的判断是保证评估模型符合各要素之间、要素与评估目标之间关系客观性的关键。目前权重的确定主要有主观赋权法和客观赋权法两大类。主观赋权法是根据决策者主观信息进行赋权的方法,如专家调查法、二项系数法、环比评分法、层次分析法(AHP)等;客观赋权法是不采用决策者主观任何信息,对各指标根据一定的规则进行自动赋权的一类方法,如主成份分析法、熵技术法、均方差法、多目标规划法等[45]。

主观赋权法反映了决策者的意向,决策或评估结果具有很大的主观性。客观赋权法的决策或评估结果虽然具有较强的数学理论依据,但没有考虑决策者的意向,因此,主、客观赋权法各具有一定的局限性。

针对认识经验较完整的工程地质条件和社会经济条件指标体系,适合采用 AHP 法和专家调查法计算权重。而空间类型准则组与地质组要素之间的作用效应与空间作用类型、岩土体类型、地下水条件的组合方式密切相关,情况复杂,变异性较大,直接给出判断矩阵较困难,因此二组之间不适合采用 AHP 法的两两比较矩阵法进行求解。鉴于目前关于地下开挖与城市地面及地下空间现状保护的研究成果和计算实例较多,故此本章根据这些成果和经验,采用线性规划回归的最小方差法求取空间类型准则组与地质组之间的近似权重关系。

7.1.2 基于 AHP 法的地质条件和社会经济条件要素指标权重

城市地下空间资源的评估要素复杂多样,采用 AHP 有利于明确影响要素的分析和指标体系建立。通过两两比较矩阵,确定评估指标权重,可将人的主观判断的定性分析进行定量化,帮助决策者保持思维过程的一致性,将各种评估指标之间的差异数值化,从而为确定这些评估指标的权重提供易于被人接受的决策依据。

7.1.2.1 基本步骤

根据图 7-1 的分析流程:

(1) 分析问题。把所研究问题分解为若干影响因素,再把影响因素按类别分成若干组,以形成不同层次,建立递阶层次结构(见图 7-1)。

(2) 建立递阶层次结构,确定上下层结构之间元素的隶属关系,邀请地下空间与地下工程专家进行问卷调查,构造两两比较判断矩阵。

(3) 假定上一层次元素 A 对下一层次元素 $a_1, a_2, \cdots, a_n$ 有支配关系,可以建立以 A 为判断准则的元素 $a_1, a_2, \cdots, a_n$ 间的两两比较判断矩阵。判断矩阵记做 J,矩阵形式如下:

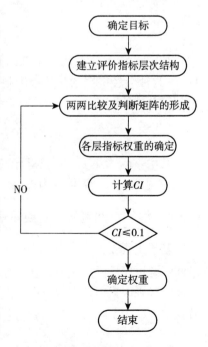

图 7-1 层次分析法(AHP)流程

$$J = \begin{bmatrix} a_{11} & a_{12} & \cdots & a_{1n} \\ a_{21} & a_{22} & \cdots & \vdots \\ \vdots & \vdots & \ddots & \vdots \\ a_{n1} & a_{n2} & \cdots & a_{nn} \end{bmatrix} \quad (7-1)$$

矩阵 J 中的元素 a_{ij} 反映针对准则 A，元素 a_i 相对于 a_j 的重要程度，矩阵 J 是一个互反矩阵，具有如下性质：

$a_{ij} > 0$；$a_{ij} = 1/a_{ji}$；$a_{ii} = 1$ ($i = 1, 2, \cdots, n$; $j = 1, 2, \cdots, n$)

矩阵元素的数值确定通过表 7-2 的 1~9 标度法进行。

（4）用方根法或和积法计算判断矩阵 J 的最大特征根 $\lambda_{\max}$ 所对应的特征向量，即为各评估指标的权重系数，这一步直接影响评估结果，并进行判断矩阵的一致性检验。检验判断矩阵的一致性，按下列公式进行：

$$CR = CI/RI \quad (7-2)$$
$$CI = (\lambda_{\max} - m)/(m-1) \quad (7-3)$$

式 (7-2)、(7-3) 中：

CR——为判断矩阵的随机一致性比率。

CI——判断矩阵的一般一致性指标

RI——判断矩阵的平均随机一致性指标，对于 1~9 阶判断矩阵，RI 值见表 7-1。

平均随机一致性指标 RI 表 7-1

m	1	2	3	4	5	6	7	8	9
RI	0.00	0.00	0.58	0.90	1.12	1.24	1.32	1.41	1.45

通常统计学上认为当 $CR < 0.1$ 时，即认为判断矩阵具有满意的一致性，说明权重系数分配合理。否则就需要调整判断矩阵，直到取得满意的一致性为止[34~36]。

（5）层次单排序与总排序。层次单排序指根据判断矩阵计算针对某一准则下各元素的相对权重，并进行一致性检验的过程。计算同一层次所有因素对于最高层（总目标）相对重要性的排序权值，称为层次总排序。这一过程是由最高层到最低层逐层进行的，若某一层次 B 包含 m 个因素 $B_1, B_2, \cdots, B_m$，其层次总排序的权值分别为 $b_1, b_2, \cdots, b_m$，其中 B_j 下一层次包含 n 个因素 $C_1, C_2, \cdots, C_n$，它们对于因素 B_j 的层次单排序的权值分别为 $c_{1j}, c_{2j}, \cdots, c_{nj}$，此时 C 层次各因素的总排序的权值如式 (7-4) 所示。

$$C_{ij} = b_j \times c_{ij}, \quad i = 1, 2, \cdots, n \quad (7-4)$$

（6）标度的选择。采用萨蒂的 1~9 标度方法（如表 7-2）。

1~9 标度的含义 表 7-2

1	表示两个元素相比，具有同样重要性
3	表示两个元素相比，一个元素比另一个元素比较重要
5	表示两个元素相比，一个元素比另一个元素重要
7	表示两个元素相比，一个元素比另一个元素相当重要
9	表示两个元素相比，一个元素比另一个元素绝对重要
2, 4, 6, 8	表示两个元素相比，在上述两相邻等级之间

7.1.2.2 层次分析法存在的问题

AHP 的关键环节是建立判断矩阵,判断矩阵是否科学、合理直接影响到评估指标权重分配的效果,AHP 存在以下几个问题:

(1) 检验判断矩阵是否具有一致性比较困难

检验判断矩阵是否具有一致性需要求出判断矩阵的最大特征根 λ_{max},看 λ_{max} 是否同判断矩阵的阶数 n 相等。若 $\lambda_{max} = n$,则具有一致性。当评估指标划分较细时,即阶数 n 较大时,精确计算 λ_{max} 的工作量就非常大。

(2) 检验判断矩阵的难以避免性

由于影响地下空间资源因素的复杂性和专家对问题认识的多样性,故专家咨询的结果不可能对每一判断都具有完全的一致性,但又要求判断有一定程度的一致性,因而需要对判断矩阵进行一致性检验。当判断矩阵不具有一致性时必须调整判断矩阵的元素,使其具有一致性,这有可能需要经过若干次调整、检验、再调整、再检验的过程才能使判断矩阵具有一致性。而这种多次循环式的专家调查,对精心填写调查表的专家来讲,无疑是一种时间和精力的浪费;如果专家判断是全面认真考虑的结果,则造成判断矩阵的不一致性的原因必然是在两两比较的过程中,专家判断准则的重心发生转移,而转移是无意识或潜意识的,所以再次循环构造判断矩阵在很大程度上已没有实际意义。

针对以上问题,必须对专家判断矩阵进行优化,从而避免一致性检验通不过的情形发生。

7.1.2.3 改进的层次分析法

对专家判断矩阵的优化处理,目前主要有最优传递矩阵法、一致逼近法、几何平均排序法、数理统计分析法、一致性调整法等。这些方法针对不同情况反映各专家意见的程度不同。最优传递矩阵法针对层次分析法的一些缺陷进行了调整,不存在矩阵一致性检验通不过的情况,真实的传达了各专家对研究问题的各指标的最原始的判断信息,较为常用。通过构造满足一致性要求的最优传递矩阵,作为一种对群体判断矩阵的拟合优化处理方法,从而避免多次进行专家调查[46]。

群体判断矩阵的最优传递矩阵原理是:

设参加咨询的判断决策者共 m 人,他们给出的判断矩阵分别为:$A_1, A_2, \cdots, A_m$;设 $B = (b_{ij})_{n \times n}$ 是反对称矩阵,若满足 $b_{ij} = b_{ik} + b_{kj}, \forall i, j, k \in \{1, 2, \cdots, n\}$,则称 B 是传递矩阵;设 $B_l = (b_{ij}^{(l)})_{n \times n}$ 是反对称矩阵,$l \in \{1, 2, \cdots, m\}$,若存在传递矩阵 $C = (c_{ij})_{n \times n}$,使得 $\sum_{i=1}^{n} \sum_{j=1}^{n} \sum_{l=1}^{m} (c_{ij} - b_{ij}^{(l)})^2$ 最小,则称 C 为 $B_1, B_2, \cdots, B_m$ 的最优传递矩阵。

最优传递矩阵的求法:

通过对 $J = \sum_{i=1}^{n} \sum_{j=1}^{n} \sum_{l=1}^{m} (c_{ij} - b_{ij}^{(l)})^2$ 的求导,计算整理后其最终的表达形式为式(7-5)所示:

$$c_{ij} = \frac{1}{mn} \sum_{k=1}^{n} \sum_{i=1}^{m} (\ln a_{ik}^{(i)} - \ln a_{jk}^{(i)}) \tag{7-5}$$

最终求得最优传递矩阵为式(7-6)所示:

$$A^* = \exp(C) = (e^{c_{ij}})_{n \times n} \tag{7-6}$$

此时 A^* 是一个一致矩阵,故可用列和求逆法得出其权向量的精确解,见式(7-7):

$$W^* = \left(\frac{1}{\sum_{i=1}^{n} a_{i1}^*}, \frac{1}{\sum_{i=1}^{n} a_{i2}^*}, \cdots, \frac{1}{\sum_{i=1}^{n} a_{in}^*} \right)^T \tag{7-7}$$

所求向量就是最优群体判断矩阵的排序权值[37]。简写为:

$$W^* = \left(\frac{1}{A_1^*}, \frac{1}{A_2^*}, \cdots, \frac{1}{A_n^*}\right)^T \tag{7-8}$$

式中：W^* 为最优传递矩阵权向量；A_i^* 为最优传递矩阵第 i 列元素之和（$i=1, 2, \cdots, n$）。

7.1.2.4 基于地质条件评估指标体系权重总序

根据工程条件因素的评估指标体系（见图 5-3），对其中地质条件部分的三个准则层要素指标体系进行层次分析法求解。提取各专家反馈的咨询调查表信息，建立判断矩阵，采用式（7-7）、式（7-8）对各群体判断矩阵进行优化计算，进行 8 次群体矩阵判断计算，最终确定各最优传递矩阵及权向量。主要计算过程如下：

矩阵 1："主题层"最优传递矩阵及权向量

$$\begin{bmatrix} 1.0000 & 1.9993 & 0.8795 \\ 0.5002 & 1.0000 & 0.4399 \\ 1.1370 & 2.2731 & 1.0000 \end{bmatrix}$$

$$w = [0.3792 \quad 0.1897 \quad 0.4311]^T$$

矩阵 2："不良地质条件"最优传递矩阵及权向量

$$\begin{bmatrix} 1.0000 & 1.5000 \\ 0.6667 & 1.0000 \end{bmatrix}$$

$$w = [0.6000 \quad 0.4000]^T$$

矩阵 3："区域稳定性"最优传递矩阵及权向量

$$\begin{bmatrix} 1.0000 & 1.5000 \\ 0.6667 & 1.0000 \end{bmatrix}$$

$$w = [0.6000 \quad 0.4000]^T$$

矩阵 4："场地稳定性（地质灾害）"最优传递矩阵及权向量

$$\begin{bmatrix} 1.0000 & 2.8531 & 1.6506 & 1.2927 \\ 0.3505 & 1.0000 & 0.5785 & 0.4531 \\ 0.6059 & 1.7286 & 1.0000 & 0.7832 \\ 0.7736 & 2.2070 & 1.2768 & 1.0000 \end{bmatrix}$$

$$w = [0.3663 \quad 0.1284 \quad 0.2219 \quad 0.2834]^T$$

矩阵 5："地下水（土层）"最优传递矩阵及权向量

$$\begin{bmatrix} 1.0000 & 1.7796 & 2.0748 \\ 0.5619 & 1.0000 & 1.1658 \\ 0.4820 & 0.8577 & 1.0000 \end{bmatrix}$$

$$w = [0.4893 \quad 0.2749 \quad 0.2358]^T$$

矩阵 6："地下水（岩层）"最优传递矩阵及权向量

$$\begin{bmatrix} 1.0000 & 1.1406 \\ 0.8768 & 1.0000 \end{bmatrix}$$

$$w = [0.5328 \quad 0.4672]^T$$

矩阵 7："岩土体条件"最优传递矩阵及权向量

$$\begin{bmatrix} 1.0000 & 1.5000 \\ 0.6667 & 1.0000 \end{bmatrix}$$

$$w = [0.6000 \quad 0.4000]^T$$

矩阵8:"岩土体稳定性"最优传递矩阵及权向量

$$\begin{bmatrix} 1.0000 & 1.0000 & 1.0000 & 1.0000 \\ 1.0000 & 1.0000 & 1.0000 & 1.0000 \\ 1.0000 & 1.0000 & 1.0000 & 1.0000 \\ 1.0000 & 1.0000 & 1.0000 & 1.0000 \end{bmatrix}$$

$$w = [0.2500 \quad 0.2500 \quad 0.2500 \quad 0.2500]^T$$

取得地质条件三个准则层的指标体系权重序列见表7-3。

根据权重排序显示,对城市地下空间开发最重要的地质要素是土层类型和岩石强度及完整性,岩溶对地下空间危害较明显,其次是地下水为和涌水量,地震、地面沉降和水质问题也需要引起注意,表明良好的岩石和土层是地下空间开发容量的主导因素。城市地价和土地功能对地下空间容量扩大的需求最为敏感,城市交通枢纽和行车速度对地下空间的需求也极为紧迫,这对于城市规划有重要启示。

地质条件评估指标体系权重总序　　　　　　　　　　　　　　　表7-3

目标层 A	准则层 B_i	权重 w_i	一级指标 X_j	内部权重 w_j	二级指标/参数 X_{jk}	内部权重 w_{jk}	权重总序 w_{Aik}
地质条件	不良地质条件 B_1	0.38	区域稳定性 x_1	0.60	地震烈度 $x_{1,1}$	0.40	**0.0912**
					活断层及地裂缝 $x_{1,2}$	0.60	**0.1368**
			场地稳定性 x_2	0.40	岩溶 $x_{2,1}$	0.37	0.0562
					崩塌滑坡 $x_{2,2}$	0.13	0.0198
					地面沉降 $x_{2,3}$	0.22	0.0334
					震陷液化 $x_{2,4}$	0.28	0.0426
	水文地质条件 B_2	0.19	地下水环境 x_3	1	地下水相对水位 $x_{3,1}$	0.49	**0.0931**
					地下水补给 $x_{3,2}$	0.24	0.0456
					地下水腐蚀性 $x_{3,3}$	0.27	0.0513
	岩土体条件 B_3	0.43	岩土体的稳定性 x_4	0.60	承载力 $x_{4,1}$	0.25	**0.0645**
					压缩模量 $x_{4,2}$	0.25	**0.0645**
					粘聚力 $x_{4,3}$	0.25	**0.0645**
					内摩擦角 $x_{4,4}$	0.25	**0.0645**
			岩土体可挖性 x_5	0.40	岩土体可挖性 $x_{4,5}$	1	**0.1720**

7.1.2.5 基于社会经济条件评估指标体系权重总序

根据社会经济条件因素的评估指标体系(见图5-4),采用层次分析法求解。

提取各专家反馈的咨询调查表信息,建立判断矩阵,采用式(7-7)、式(7-8)对各群体判断矩阵进行优化计算,最终确定各最优传递矩阵及权向量。

矩阵9:"主题层"最优传递矩阵及权向量

$$\begin{bmatrix} 1.0000 & 0.3621 & 0.3621 & 3.1514 & 3.3066 & 1.2275 & 2.5041 \\ 2.7616 & 1.0000 & 1.0000 & 8.7030 & 9.1315 & 3.3900 & 6.9154 \\ 2.7616 & 1.0000 & 1.0000 & 8.7030 & 9.1315 & 3.3900 & 6.9154 \\ 0.3173 & 0.1149 & 0.1149 & 1.0000 & 1.0492 & 0.3895 & 0.7946 \\ 0.3024 & 0.1095 & 0.1095 & 0.9531 & 1.0000 & 0.3712 & 0.7573 \\ 0.8146 & 0.2950 & 0.2950 & 2.5673 & 2.6937 & 1.0000 & 2.0399 \\ 0.3993 & 0.1446 & 0.1446 & 1.2585 & 1.3205 & 0.4902 & 1.0000 \end{bmatrix}$$

$$w = [0.1197 \quad 0.3305 \quad 0.3305 \quad 0.0380 \quad 0.0362 \quad 0.0975 \quad 0.0478]^T$$

矩阵10:"人口状况"最优传递矩阵及权向量

$$\begin{bmatrix} 1.0000 & 2.6177 \\ 0.3820 & 1.0000 \end{bmatrix}$$

$$w = [0.7236 \quad 0.2764]^T$$

矩阵11:"交通状况"最优传递矩阵及权向量

$$\begin{bmatrix} 1.0000 & 1.6382 & 1.3342 \\ 0.6104 & 1.0000 & 0.8145 \\ 0.7495 & 1.2278 & 1.0000 \end{bmatrix}$$

$$w = [0.4237 \quad 0.2587 \quad 0.3176]^T$$

矩阵12:"土地状况"最优传递矩阵及权向量

$$\begin{bmatrix} 1.0000 & 1.8660 \\ 0.5359 & 1.0000 \end{bmatrix}$$

$$w = [0.6511 \quad 0.3489]^T$$

矩阵13:"动态交通"最优传递矩阵及权向量

$$\begin{bmatrix} 1.0000 & 0.4072 \\ 2.4558 & 1.0000 \end{bmatrix}$$

$$w = [0.2894 \quad 0.7106]^T$$

矩阵14:"历史文化保护"最优传递矩阵及权向量

$$\begin{bmatrix} 1.0000 & 1.0435 & 1.0215 \\ 0.9583 & 1.0000 & 0.9789 \\ 0.9789 & 1.0215 & 1.0000 \end{bmatrix}$$

$$w = [0.3405 \quad 0.3263 \quad 0.3333]^T$$

取得社会经济条件评估指标体系权重序列见表7-4。

基于社会经济条件地下空间资源潜在价值评估指标体系权重总序　　　　表7-4

目标层 A	主题层 B_i	权重 w_i	一级指标 X_j	权重 w_j	二级指标/参数 X_{jk}	权重 w_{jk}	权重总序 w_{Ajk}
社会经济条件	人口状况 B_6	0.1197	常住人口 x_7	0.7236	常住人口密度 $x_{7,1}$	1	**0.0866**
			流动人口 x_8	0.2764	流动人口密度 $x_{8,1}$	1	0.0331
	交通状况 B_7	0.3305	动态交通 x_9	0.4237	地铁客运量比例 $x_{9,1}$	0.2894	0.0405
					车行速度 $x_{9,2}$	0.7106	**0.0995**
			静态交通 x_{10}	0.2587	停车与机动车比 $x_{10,1}$	1	**0.0855**
			交通区位 x_{11}	0.3176	交通节点类型 $x_{11,1}$	1	**0.1050**
	土地状况 B_8	0.3304	土地资源 x_{12}	0.6511	基准地价等级 $x_{12,1}$	1	**0.2151**
			用地类型 x_{13}	0.3489	用地类型 $x_{13,1}$	1	**0.1153**
	市政设施 B_9	0.0380	市政管线 x_{14}	1	市政管线密度 $x_{14,1}$	1	0.0380
	城市防灾 B_{10}	0.0362	城市防灾 x_{15}	1	人均防护面积 $x_{15,1}$	1	0.0362
	历史文化保护 B_{11}	0.0975	名城 x_{16}	0.3405	名城保护 $x_{16,1}$	1	0.0332
			保护区 x_{17}	0.3263	保护区保护 $x_{17,1}$	1	0.0318
			文物单体 x_{18}	0.3333	文物单体保护 $x_{18,1}$	1	0.0325
	城市空间 B_{12}	0.0477	空间状况 x_{19}	1	建筑限高 $x_{19,1}$	1	0.0477

7.1.3 基于线性规划求解地质条件与空间类型准则层相对权重

7.1.3.1 主客观联合赋权法

客观事物复杂性和人类思维模糊性，使人们很难给出明确的权重信息，往往只能给出权重的可能变化范围。鉴于地面及地下空间利用类型条件与地质条件要素之间的作用关系较为复杂多变，专家调查仍不能较为肯定明确的信息，但是可给出权重变化的较大范围。构建主客观联合赋权法基本思路是：先由专家调查给出地下空间资源评估相关指标之间权重变化最大的可能性范围，然后利用线性回归的客观赋权法计算权重。回归计算采用线性规划的局部权重最优化和整体权重集合方差最小化原理，求权重序列最优解[46][47]。基本过程为：

(1) 通过专家调查确定指标权重可能的变化范围

直接请专家估计每项指标权重变化的最可能范围，也可以采用层次分析法对专家填写的判断矩阵进行分析计算得出最优的权重区间。

(2) 确定评估的样本集合

依据指标标准化方法对所有评估单元的各指标值进行标准化，合并各指标组合类型完全相同的评估单元，形成一个样本，把所有样本形成的集合记为 P。设样本集合：
$P = \{P^{(1)}, P^{(2)}, \cdots, P^{(k)} \cdots, P^{(n)}\}$，$P$ 总共有 n 个样本，评估系统有 m 个指标，其中 $P^{(k)}$ 是第 k 个样本。$P^{(k)}$ 的第 i 个指标的分数值标记为 $r_i^{(k)}$，则 P 对应的分数值矩阵为 $R = (r_i^{(k)})_{n \times m}$。

(3) 评估指标体系局部最优化，求指标局部最优权重向量

设评估指标的真实权重向量 $w = (w_1, w_2, w_3, \cdots, w_m)^T$，其中专家调查结果最权重优区间为 $w_i \in [\alpha_i, \beta_i]$，$\sum_{i=1}^{m} w_i = 1$，$\beta_i$ 和 α_i 分别为 w_i 的上界和下界。其中 $P^{(k)}$ 的评估值 z_k 为：

$$z_k = \sum_{i=1}^{m} w_i r_i^{(k)} \quad k = 1, 2, \cdots, n \tag{7-9}$$

根据系统局部最优化原理，求解当 z_k ($0 \leq z_k \leq 1$) 为最大值时，$P^{(k)}$ 的权重向量组合 $u^{(k)} = (u_1^{(k)}, u_2^{(k)}, \cdots, u_m^{(k)})^T$。建立单目标决策模型：

$$\max \sum_{i=1}^{m} u_i r_i^{(k)}$$
$$\text{s.t.} \quad \alpha_i \leq u_i \leq \beta_i \quad i = 1, 2, \cdots, m \tag{7-10}$$
$$\sum_{i=1}^{m} u_i = 1$$

解此模型得到 $P^{(k)}$ 的最优权重向量 $u^{(k)} = (u_1^{(k)}, u_2^{(k)}, \cdots, u_m^{(k)})^T$。

(4) 最小方差法求解指标体系整体最优权重向量

根据数理统计观点，指标权重的真实权数是一个随机变量，该随机变量可以表示为其均值与一个随机误差之和。当系统整体随机误差最小时，假定权重均值代表真实权重，故按线性规划模型求得的 n 组权重均值可以近似看作真实权重向量 $w = (w_1, w_2, w_3, \cdots, w_m)^T$ 的 n 个样本值。

设 $v_k(w)$ 为 $P^{(k)}$ 的评估值与真实值偏离度，则：

$$v_k(w) = \sum_{i=1}^{m} \left[(w_i - u_i^{(k)}) r_i^{(k)}\right]^2, k = 1, 2, \cdots, n \tag{7-11}$$

令 $v_k(w)$ 趋向最小，建立多目标规划模型，则有：

$$\min\{v_1(w), v_2(w), \cdots, v_n(w)\}$$
$$\text{s.t.} \quad \sum_{i=1}^{m} w_i = 1, \quad w_i \geq 0, \quad i = 1, 2, \cdots, m \tag{7-12}$$

根据设定，每个样本组合的 $P^{(k)}$ 均为有效的非劣方案，不存在任何偏好关系，根据上述多目标规划集成单目标规划问题，即：

$$\min \sum_{k=1}^{n} \sum_{i=1}^{m} \left[(w_i - u_i^{(k)}) r_i^{(k)} \right]^2 \tag{7-13}$$

$$\text{s. t.} \quad \sum_{i=1}^{m} w_i = 1, \quad w_i \geq 0,$$

构造 Lagrange 函数求解此单目标非线性规划问题，可得到相应权重向量，即：

$$w_i = \frac{1 - \sum_{i=1}^{m} \frac{S_i}{t_i} + S_i \sum_{i=1}^{m} \frac{1}{t_i}}{t_i \sum_{i=1}^{m} \frac{1}{t_i}} \tag{7-14}$$

其中，

$$S_i = \sum_{k=1}^{n} u_i^{(k)} (r_i^{(k)})^2, \quad t_i = \sum_{j=1}^{n} (r_i^{(k)})^2 \tag{7-15}$$

7.1.3.2　基于线性规划法求解指标权重

将工程条件的四个准则层组合为地质条件（不良地质条件、水文地质条件、岩土体条件）与空间类型条件（地面及地下空间条件）两个比较对象，即求解 $R = (r_1, r_2, r_3, r_4)$ 中的 r_4 与 (r_1, r_2, r_3) 集合的相对权重 w_4 和 $w_{1\sim3}$。

采用上节主客观联合赋权法求解 w_4 和 $w_{1\sim3}$。

（1）基于影响要素分析及专家调查确定权重区间

客观分析认为：根据要素的作用机理和影响程度，地质条件对城市选址、建设布局等往往起到重要影响作用；地质背景条件是不可替代因素，在很大程度上影响地上地下空间类型及其地下空间的开发利用技术；空间类型的制约作用主要集中在空间利用占用的局部位置，并随距离增加衰减，且通过技术方法能够进行替代和转换。因此在评估单元范围尺度内，地质背景条件的变化比空间类型对地下空间资源基本质量的影响更为敏感，当然在确定了空间利用范围后，后者占有绝对优势。

根据专家调查咨询意见，在专家调查基础上，通过上界和下界分别求算术平均值的方式，确定出各个准确的权重区间。

由专家调查得到的三组初步权重区间为：

- 地质背景条件：[0.5, 0.8]，[0.4, 0.7]，[0.6, 0.9]
- 空间类型条件：[0.2, 0.5]，[0.3, 0.6]，[0.1, 0.4]

对专家评价权重区间值求上界和下界平均值，得到的平均权重区间为：

- 地质背景条件 $w_{1\sim3} \in [0.5, 0.8]$
- 空间类型条件 $w_4 \in [0.2, 0.5]$

（2）根据实际数据确定样本点个数

以北京旧城区评估实例为样本，根据地质条件和空间类型条件的组合，筛选了 135 种不同组合（其中浅层、次浅层、次深层各 45 种），见表 7-5。

北京旧城区地质条件与空间类型组合样本点值及其相应权重求解结果表　　　表7-5

资源层次	样本序号 k	工程因素组合 $P^{(k)}$					样本 $P^{(k)}$ 评估值		样本 $P^{(k)}$ 权重 $u_j^{(k)}$	
		地质条件组合					空间类型	地质要素 r_{1-3}	空间类型 r_4	u_{1-3}	u_4
		工程地质类型	地下水相对埋深	地面沉降影响	活断层影响	其他工程要素	空间类型				
浅层	1	2-4	10-15	轻微	无	—	水域	0.8159	0.000	0.800	0.200
	2	2-4	10-15	轻微	无	—	高层建筑	0.8159	0.000	0.800	0.200
	3	2-4	10-15	轻微	无	—	保护绿地	0.8159	0.000	0.800	0.200
	4	2-4	10-15	轻微	无	—	中层建筑	0.8159	0.150	0.800	0.200
	5	2-4	10-15	轻微	无	—	低层建筑	0.8159	0.225	0.800	0.200
	6	2-4	10-15	轻微	无	—	一般绿地	0.8159	0.800	0.800	0.200
	7	2-4	10-15	轻微	无	—	广场	0.8159	0.950	0.500	0.500
	8	2-4	10-15	轻微	无	—	改造区	0.8159	0.950	0.500	0.500
	9	2-4	15-20	轻微	无	—	中层建筑	0.8159	0.150	0.800	0.200
	10	2-4	15-20	无	无	—	水域	0.8227	0.000	0.800	0.200
	11	2-4	15-20	无	无	—	保护绿地	0.8227	0.000	0.800	0.200
	12	2-4	15-20	无	无	—	中层建筑	0.8227	0.150	0.800	0.200
	13	2-4	15-20	无	无	—	低层建筑	0.8227	0.225	0.800	0.200
	14	3-1	20-30	无	无	—	高层建筑	0.7853	0.000	0.800	0.200
	15	3-1	20-30	无	无	—	水域	0.7853	0.000	0.800	0.200
	16	3-2	05-10	轻微	无	—	中层建筑	0.7076	0.150	0.800	0.200
	17	3-2	05-10	无	无	—	中层建筑	0.7144	0.150	0.800	0.200
	18	3-2	10-15	轻微	较严重	—	高层建筑	0.7479	0.000	0.800	0.200
	19	3-2	10-15	轻微	无	—	高层建筑	0.7785	0.000	0.800	0.200
	20	3-2	10-15	轻微	无	—	保护绿地	0.7785	0.000	0.800	0.200
	21	3-2	10-15	轻微	无	—	中层建筑	0.7785	0.150	0.800	0.200
	22	3-2	10-15	轻微	无	—	低层建筑	0.7785	0.225	0.800	0.200
	23	3-2	10-15	轻微	无	—	改造区	0.7785	0.950	0.500	0.500
	24	3-2	10-15	无	无	—	高层建筑	0.7853	0.000	0.800	0.200
	25	3-2	10-15	无	无	—	中层建筑	0.7853	0.150	0.800	0.200
	26	3-2	10-15	无	无	—	低层建筑	0.7853	0.225	0.800	0.200
	27	3-2	10-15	无	无	—	一般绿地	0.7853	0.500	0.800	0.500
	28	3-2	10-15	无	无	—	改造区	0.7853	0.950	0.500	0.500
	29	3-2	15-20	无	较严重	—	中层建筑	0.7547	0.150	0.800	0.200
	30	3-2	15-20	无	较严重	—	改造区	0.7547	0.950	0.500	0.500
	31	3-2	15-20	无	无	—	水域	0.7853	0.000	0.800	0.200
	32	3-2	15-20	无	无	—	高层建筑	0.7853	0.000	0.800	0.200
	33	3-2	15-20	无	无	—	保护绿地	0.7853	0.000	0.800	0.200
	34	3-2	15-20	无	无	—	中层建筑	0.7853	0.150	0.800	0.200
	35	3-2	15-20	无	无	—	低层建筑	0.7853	0.225	0.800	0.200
	36	3-2	15-20	无	无	—	一般绿地	0.7853	0.800	0.500	0.500
	37	3-2	15-20	无	无	—	广场	0.7853	0.950	0.500	0.500
	38	3-2	15-20	无	无	—	改造区	0.7853	0.950	0.500	0.500
	39	3-2	20-30	无	较严重	—	中层建筑	0.7547	0.150	0.800	0.200
	40	3-2	20-30	无	无	—	高层建筑	0.7853	0.000	0.800	0.200
	41	3-2	20-30	无	无	—	保护绿地	0.7853	0.000	0.800	0.200

续表

资源层次	样本序号 k	工程因素组合 $P^{(k)}$						样本 $P^{(k)}$ 评估值		样本 $P^{(k)}$ 权重 $u_j^{(k)}$	
		地质条件组合					空间类型				
		工程地质类型	地下水相对埋深	地面沉降影响	活断层影响	其他工程要素	空间类型	地质要素 r_{1-3}	空间类型 r_4	u_{1-3}	u_4
浅层	42	3-2	20-30	无	无	—	中层建筑	0.7853	0.150	0.800	0.200
	43	3-2	20-30	无	无	—	低层建筑	0.7853	0.225	0.800	0.200
	44	3-2	20-30	无	无	—	一般绿地	0.7853	0.800	0.500	0.500
	45	3-2	20-30	无	无	—	改造区	0.7853	0.950	0.500	0.500
次浅层	46	2-4	10-15	轻微	无	—	水域	0.5551	0.4126	0.800	0.200
	47	2-4	10-15	轻微	无	—	高层建筑	0.5551	0.4126	0.800	0.200
	48	2-4	10-15	轻微	无	—	保护绿地	0.5551	0.4126	0.800	0.200
	49	2-4	10-15	轻微	无	—	中层建筑	0.5551	0.4126	0.800	0.200
	50	2-4	10-15	轻微	无	—	低层建筑	0.5551	0.4126	0.800	0.200
	51	2-4	10-15	轻微	无	—	一般绿地	0.5551	0.4126	0.800	0.200
	52	2-4	10-15	轻微	无	—	广场	0.5551	0.4126	0.800	0.200
	53	2-4	10-15	轻微	无	—	改造区	0.5551	0.4126	0.800	0.200
	54	2-4	15-20	轻微	无	—	中层建筑	0.5864	0.4126	0.800	0.200
	55	2-4	15-20	无	无	—	水域	0.5922	0.4170	0.800	0.200
	56	2-4	15-20	无	无	—	保护绿地	0.5922	0.4170	0.800	0.200
	57	2-4	15-20	无	无	—	中层建筑	0.5922	0.4170	0.800	0.200
	58	2-4	15-20	无	无	—	低层建筑	0.5922	0.4170	0.800	0.200
	59	3-1	20-30	无	无	—	高层建筑	0.6229	0.3927	0.800	0.200
	60	3-1	20-30	无	无	—	水域	0.5604	0.3927	0.800	0.200
	61	3-2	05-10	轻微	无	—	中层建筑	0.5077	0.3883	0.800	0.200
	62	3-2	05-10	无	无	—	中层建筑	0.5135	0.3927	0.800	0.200
	63	3-2	10-15	轻微	较严重	—	高层建筑	0.4973	0.3683	0.800	0.200
	64	3-2	10-15	轻微	无	—	高层建筑	0.5233	0.3883	0.800	0.200
	65	3-2	10-15	轻微	无	—	保护绿地	0.5233	0.3883	0.800	0.200
	66	3-2	10-15	轻微	无	—	中层建筑	0.5233	0.3883	0.800	0.200
	67	3-2	10-15	轻微	无	—	低层建筑	0.5233	0.3883	0.800	0.200
	68	3-2	10-15	轻微	无	—	改造区	0.5233	0.3883	0.800	0.200
	69	3-2	10-15	无	无	—	高层建筑	0.5291	0.3927	0.800	0.200
	70	3-2	10-15	无	无	—	中层建筑	0.5291	0.3927	0.800	0.200
	71	3-2	10-15	无	无	—	低层建筑	0.5291	0.3927	0.800	0.200
	72	3-2	10-15	无	无	—	一般绿地	0.5291	0.3927	0.800	0.200
	73	3-2	10-15	无	无	—	改造区	0.5291	0.3927	0.800	0.200
	74	3-2	15-20	无	较严重	—	中层建筑	0.5343	0.3728	0.800	0.200
	75	3-2	15-20	无	较严重	—	改造区	0.5343	0.3728	0.800	0.200
	76	3-2	15-20	无	无	—	水域	0.5604	0.3927	0.800	0.200
	77	3-2	15-20	无	无	—	高层建筑	0.5604	0.3927	0.800	0.200
	78	3-2	15-20	无	无	—	保护绿地	0.5604	0.3927	0.800	0.200
	79	3-2	15-20	无	无	—	中层建筑	0.5604	0.3927	0.800	0.200
	80	3-2	15-20	无	无	—	低层建筑	0.5604	0.3927	0.800	0.200
	81	3-2	15-20	无	无	—	一般绿地	0.5604	0.3927	0.800	0.200
	82	3-2	15-20	无	无	—	广场	0.5604	0.3927	0.800	0.200

续表

资源层次	样本序号 k	工程因素组合 $P^{(k)}$						样本 $P^{(k)}$ 评估值		样本 $P^{(k)}$ 权重 $u_j^{(k)}$	
		地质条件组合					空间类型	地质要素	空间类型		
		工程地质类型	地下水相对埋深	地面沉降影响	活断层影响	其他工程要素	空间类型	$r_{1\sim 3}$	r_4	$u_{1\sim 3}$	u_4
次浅层	83	3-2	15-20	无	无	—	改造区	0.5604	0.3927	0.800	0.200
	84	3-2	20-30	无	较严重	—	中层建筑	0.5968	0.3728	0.800	0.200
	85	3-2	20-30	无	无	—	高层建筑	0.6229	0.3927	0.800	0.200
	86	3-2	20-30	无	无	—	保护绿地	0.6229	0.3927	0.800	0.200
	87	3-2	20-30	无	无	—	中层建筑	0.6229	0.3927	0.800	0.200
	88	3-2	20-30	无	无	—	低层建筑	0.6229	0.3927	0.800	0.200
	89	3-2	20-30	无	无	—	一般绿地	0.6229	0.3927	0.800	0.200
	90	3-2	20-30	无	无	—	改造区	0.6229	0.3927	0.800	0.200
次深层	91	2-4	10-15	轻微	无	—	水域	0.4126	0.600	0.500	0.500
	92	2-4	10-15	轻微	无	—	高层建筑	0.4126	0.600	0.500	0.500
	93	2-4	10-15	轻微	无	—	保护绿地	0.4126	0.600	0.500	0.500
	94	2-4	10-15	轻微	无	—	中层建筑	0.4126	0.688	0.500	0.500
	95	2-4	10-15	轻微	无	—	低层建筑	0.4126	0.717	0.500	0.500
	96	2-4	10-15	轻微	无	—	一般绿地	0.4126	0.950	0.500	0.500
	97	2-4	10-15	轻微	无	—	广场	0.4126	0.950	0.500	0.500
	98	2-4	10-15	轻微	无	—	改造区	0.4126	0.950	0.500	0.500
	99	2-4	15-20	轻微	无	—	中层建筑	0.4126	0.688	0.500	0.500
	100	2-4	15-20	无	无	—	水域	0.4170	0.600	0.500	0.500
	101	2-4	15-20	无	无	—	保护绿地	0.4170	0.600	0.500	0.500
	102	2-4	15-20	无	无	—	中层建筑	0.4170	0.688	0.500	0.500
	103	2-4	15-20	无	无	—	低层建筑	0.4170	0.717	0.500	0.500
	104	3-1	20-30	无	无	—	高层建筑	0.3927	0.600	0.500	0.500
	105	3-1	20-30	无	无	—	水域	0.3927	0.600	0.500	0.500
	106	3-2	05-10	轻微	无	—	中层建筑	0.3883	0.688	0.500	0.500
	107	3-2	05-10	无	无	—	中层建筑	0.3927	0.688	0.500	0.500
	108	3-2	10-15	轻微	较严重	—	高层建筑	0.3683	0.600	0.500	0.500
	109	3-2	10-15	轻微	无	—	高层建筑	0.3883	0.600	0.500	0.500
	110	3-2	10-15	轻微	无	—	保护绿地	0.3883	0.600	0.500	0.500
	111	3-2	10-15	轻微	无	—	中层建筑	0.3883	0.688	0.500	0.500
	112	3-2	10-15	轻微	无	—	低层建筑	0.3883	0.717	0.500	0.500
	113	3-2	10-15	轻微	无	—	改造区	0.3883	0.950	0.500	0.500
	114	3-2	10-15	无	无	—	高层建筑	0.3927	0.600	0.500	0.500
	115	3-2	10-15	无	无	—	中层建筑	0.3927	0.688	0.500	0.500
	116	3-2	10-15	无	无	—	低层建筑	0.3927	0.717	0.500	0.500
	117	3-2	10-15	无	无	—	一般绿地	0.3927	0.950	0.500	0.500
	118	3-2	10-15	无	无	—	改造区	0.3927	0.950	0.500	0.500
	119	3-2	15-20	无	较严重	—	中层建筑	0.3728	0.688	0.500	0.500
	120	3-2	15-20	无	较严重	—	改造区	0.3728	0.950	0.500	0.500
	121	3-2	15-20	无	无	—	水域	0.3927	0.600	0.500	0.500
	122	3-2	15-20	无	无	—	高层建筑	0.3927	0.600	0.500	0.500
	123	3-2	15-20	无	无	—	保护绿地	0.3927	0.600	0.500	0.500

续表

资源层次	样本序号 k	工程因素组合 $P^{(k)}$						样本 $P^{(k)}$ 评估值		样本 $P^{(k)}$ 权重 $u_j^{(k)}$	
		地质条件组合					空间类型				
		工程地质类型	地下水相对埋深	地面沉降影响	活断层影响	其他工程要素	空间类型	地质要素 r_{1-3}	空间类型 r_4	u_{1-3}	u_4
次深层	124	3-2	15-20	无	无	—	中层建筑	0.3927	0.688	0.500	0.500
	125	3-2	15-20	无	无	—	低层建筑	0.3927	0.717	0.500	0.500
	126	3-2	15-20	无	无	—	一般绿地	0.3927	0.950	0.500	0.500
	127	3-2	15-20	无	无	—	广场	0.3927	0.950	0.500	0.500
	128	3-2	15-20	无	无	—	改造区	0.3927	0.950	0.500	0.500
	129	3-2	20-30	无	较严重	—	中层建筑	0.3728	0.688	0.500	0.500
	130	3-2	20-30	无	无	—	高层建筑	0.3927	0.600	0.500	0.500
	131	3-2	20-30	无	无	—	保护绿地	0.3927	0.600	0.500	0.500
	132	3-2	20-30	无	无	—	中层建筑	0.3927	0.688	0.500	0.500
	133	3-2	20-30	无	无	—	低层建筑	0.3927	0.717	0.500	0.500
	134	3-2	20-30	无	无	—	一般绿地	0.3927	0.950	0.500	0.500
	135	3-2	20-30	无	无	—	改造区	0.3927	0.950	0.500	0.500

注：$r_{1-3} = \alpha_d \sum_{i=1}^{3} w_i r_i$，$r_4$ 依据式（7-13）计算。

（3）局部最优化求解

在区间权重约束下，求解 $P^{(k)}$ 最大值所对应的权重 $u_{1-3}^{(k)}$，$u_4^{(k)}$。

$$\begin{cases} \max\ (u_{1-3}^{(k)} r_{1-3}^{(k)} + u_4^{(k)} r_4^{(k)}) \\ \text{s.t.}\quad 0.5 \leq u_{1-3}^{(k)} \leq 0.8,\ 0.2 \leq u_4^{(k)} \leq 0.5 \\ \quad\quad u_{1-3}^{(k)} + u_4^{(k)} = 1 \end{cases} \quad (7-16)$$

其中：$u_{1-3}^{(k)}$，$u_4^{(k)}$ 为第 k 种属性组合类型对应的权重

利用 matlab7.0 求解器进行计算，得到 135 种属性组合的各指标局部权重组合，即 $u^{(k)} = (u_1^{(k)}, u_2^{(k)}, \cdots, u_m^{(k)})^T$ 中 $k = 1, 2, \cdots, 135$；$m = 2$。

（4）综合权重求解

根据式（7-15）可得：$s_{1-3} = 21.697$，$s_4 = 4.9791$，$t_{1-3} = 49.255$，$t_4 = 42.29$。求解（7-14）得到指标体系最优权重为：

$$w_{1-3} = 0.645;\ w_4 = 0.355$$

7.1.3.3 基于工程条件评估指标体系权重总序

根据上述求解结果，得到基于工程条件因素的评估准则层权重为：

不良地质条件：工程地质条件：水文地质条件：地面及地下空间类型条件
= 0.279：0.244：0.122：0.355

把该结果代入表 7-3，得到基于工程条件因素地下空间资源基本质量评估指标体系，见表 7-6。

基于工程条件的地下空间资源基本质量评估指标体系权重总序　　　　表 7-6

目标层 A	准则层 B_i	权重 w_i	一级指标 X_j	内部权重 w_j	二级指标/参数 X_{jk}	内部权重 w_{jk}	权重总序 w_{Aik}
地下空间资源基本质量 $Q_1 = S_p$	不良地质条件 B_1	0.279	区域稳定性 x_1	0.60	地震烈度 $x_{1,1}$	0.40	0.0670
					活断层及地裂缝 $x_{1,2}$	0.60	0.1004
			场地稳定性 x_2	0.40	岩溶 $x_{2,1}$	0.37	0.0413
					崩塌滑坡 $x_{2,2}$	0.13	0.0145
					地面沉降 $x_{2,3}$	0.22	0.0246
					震陷液化 $x_{2,4}$	0.28	0.0312
	水文地质条件 B_2	0.122	地下水环境 x_3	1	地下水相对水位 $x_{3,1}$	0.49	0.0598
					地下水补给 $x_{3,2}$	0.24	0.0293
					地下水腐蚀性 $x_{3,3}$	0.27	0.0329
	岩土条件 B_3	0.244	岩土体质量 x_4	0.60	承载力 $x_{4,1}$	0.25	0.0366
					压缩模量 $x_{4,2}$	0.25	0.0366
					粘聚力 $x_{4,3}$	0.25	0.0366
					内摩擦角 $x_{4,4}$	0.25	0.0366
			岩土体可挖性 x_5	0.40	岩土体可挖性 $x_{5,1}$	1	0.0976
	地面及地下空间条件 B_4	0.355	空间保护等级 x_6	1	建筑空间保护等级 $x_{6,1}$	1	0.3550
					生态空间保护等级 $x_{6,2}$	1	0.3550
	竖向深度 B_5	地质条件折减系数 $\alpha_d = 1 - 0.01H$，$0 \leq H \leq 100$ 米					

7.2 评估指标评价标准

7.2.1 建立评估标准的原则与方法

评估标准是指标实测值在评估操作流程进行计算赋值的规范和控制参数。

地下空间资源评估系统包含工程条件要素和社会经济条件要素两大组成部分。其中工程条件要素包括一个空间类型准则，三个地质条件及深度折准则；社会经济条件要素包括七个准则层，每个准则层包含 1~4 个具体评估指标。为了保持如此复杂的评估系统整体协调，对各指标数据格式和等级划分标准进行规范和统一，目标是使各级指标值与其影响效应的变化梯度均衡化、一致化，从而保证各指标在评估结果中贡献的公平性。

评估标准分级的界限值是建立评估标准的关键，建立评估标准的基本原则是使不同指标在相同的影响等级处对资源评估结果产生相等的影响。无论是定性指标还是定量指标，在决策和评估分析中都需要通过标准化的方式，把指标转化为决策者（或客观实际）对某一方案在某一属性下的满意值。

根据各评估指标的作用性质及表达方式，可分别采取以下方法进行指标量化及标准化处理：

（1）对于有国家标准的指标，按照国家标准进行等级划分，其量化分值按线性插值法从 [0，1] 区间选取。例如，基准地价划分的国家标准是分为 10 级，则各级量化分值依次为 1.0、0.9、…、0.1。

（2）对于可度量的指标，可将指标分为五个等级，各等级的量化分值分别设为 1.0、0.8、0.6、0.4、0.2，也可以用其他方式的数列组合。

（3）对于无法直接量化的定性评估指标，采用专家评分法来确定等级。首先将每项指标分为优、良、中、差、很差 5 个等级，每个等级的量化分值分别取为 1.0、0.8、0.6、0.4、0.2。然后由评估专家按评估指标体系的内容对各评估指标要素的等级进行打分，最后根据下式计算该评估指标的评分值：
定性指标的量化评分值 = ∑ 每位评议专家选定等级系数/评议专家人数。

7.2.2 评估标准的等级划分

根据评估的一般做法，设评估的标准值为[0，1]区间，对实测值进行标准化和归一化处理。表7-6给出[0，1]区间评估值相对应的定性描述，将城市地下空间资源质量及其影响要素的指标分为5级，即：评价标准域=（一级，二级，三级，四级，五级）=（优，良，中，差，很差）。

根据《岩土工程勘察规范》（GB 5000722002）、《工程岩体分级标准》（GB 50218-94）、《高层建筑岩土工程勘查规程》（JGJ 72-2004）、《地下铁道轻轨交通岩土工程勘查规范》（GB 50307-1999）、《建筑地基基础设计规范》（GB 50007-2002）、《城市规划工程地质勘察规范》（CJJ 57-94）、区域环境地质调查总则（DD 2004-02），以及工程实践经验及层次分析法综合评估理论，确定地下空间资源评估各指标等级标准见表7-7，表7-8。

地下空间资源评估指标体系评估标准（1） 表7-7

指标类型	指标 X	评估标准与定性描述				
		一级（优）[1.0-0.8]	二级（良）(0.8-0.6]	三级（中）(0.6-0.4]	四级（差）(0.4-0.2]	五级（很差）(0.2-0.0]
不良地质条件	地震烈度	≤5	6	7	8	≥9
	活断层	无	轻微	一般	较严重	很严重
	地裂缝（面积/km²）	无	<1	[1, 5]	[5, 10]	>10
	岩溶（体积/万 m³）	无	<1	[1, 10]	[10, 20]	>20
	崩塌（体积/万 m³）	无	<1	[1, 10]	[10, 100]	>100
	滑坡（体积/万 m³）	无	<10	[10, 100]	[100, 1000]	>1000
	泥石流（体积/万 m³）	无	<1	[1, 5]	[5, 50]	>50
	地面沉降模（面积/km²）	无	<50	[50, 100]	[100, 1000]	>1000
	震陷危害	无	轻微	一般	较严重	很严重
	液化指数	不液化	(0, 6]	(6, 12]	(12, 18]	>18
地下水条件	地下相对水位（m）	无水	(0, 10]	(10, 30]	(30, 50]	>50
	地下水腐蚀性	无	轻微	一般	较严重	很严重
	地下水补给	补给很少	补给较少	补给一般	补给较多	补给充足
	单井涌水量（m³/d）	≤100	(100, 400]	(400, 700]	(700, 1000]	>1000
岩土体类型质量	岩体类型质量	一级	二级	三级	四级	五级
	土体类型质量	砂类土	碎石类土、红黏土	粉土、填土、湿陷性土	黏性土、软土	膨胀土、盐渍土
	岩土体可挖性（坚固系数）	≤普通土 [0.3, 1]	坚土 (1, 1.5]	松石 (1.5, 4] <3.5	次坚石 (4, 8] (3.5, 8.5]	普坚石、特坚石 (8, 25]、>25 (8.5, 46.0]、>60
	承载力标准值（kPa）	>300	(200, 300]	(150, 200]	(100, 150]	≤100
	压缩模量（MPa）	>20	(12, 20]	(12, 8]	(4, 8]	≤4
	粘聚力（kPa）	>50	(30, 50]	(20, 30]	(10, 20]	≤10
	内摩擦角（°）	>40	(30, 40]	(20, 30]	(10, 20]	≤10
	岩石强度（MPa）	>60	(60, 30]	(30, 15]	(5, 15]	≤5
	岩体完整性	完整	较完整	较破碎	破碎	极破碎
地面及地下空间条件	建筑空间等级	很小	小	一般	较大	很大
	生态空间等级	不敏感	较不敏感	敏感	很敏感	非常敏感

注：1. 受活断层、地质灾害影响及其他社会经济条件等无法进行工程建设的区域，赋 0 分进行标记。
2. 竖向深度是从地表面算起的埋深，以地下-100米作为评估的基准点。
3. 岩土体可挖性分类中的各类土和岩石对应的实际类型、坚固系数和开挖1米所需要的分钟数，均来自土壤及岩石（普氏）分类表。
4. 建筑空间的影响程度按影响函数取值按式（7-22）。生态空间的影响程度按影响函数取值按式（7-23）。

地下空间资源评估指标体系评估标准（2） 表 7-8

指标类型	指标 X	评估标准与定性描述				
		一级（优）	二级（良）	三级（中）	四级（差）	五级（很差）
		[1.0-0.8]	(0.8-0.6]	(0.6-0.4]	(0.4-0.2]	(0.2-0.0]
社会经济条件	区位等级	一级	二级	三级	四级	五级
	用地类型	一级	二级	三级	四级	五级
	商业基准地价（元/平方米）	[6130, 9750]	[4000, 6130]	[1980, 4000]	[540, 1980]	[140, 540]
	常住人口密度（万人/km²）	≥4	3~4	2~3	1~2	<1.0
	年客流人口（万人次/km²）	≥100	75~100	50~75	25~50	<25
	主干路平均车速（km/h）	<12	12~24	24~36	36~48	>48
	轨道交通客运量比例（%）	<20	20~40	40~60	60~80	>80
	交通节点等级	一级	二级	三级	四级	五级
	停车泊位与汽车拥有量比值	<0.25	0.25~0.5	0.5~0.75	0.75~1	>1
	市政管线密度（km/km²）	<7.5	7.5~15	15~22.5	22.5~30	>30
	人均防护面积（m²）	<0.25	0.25~0.50	0.50~0.75	0.75~1.0	>1.0
	文化名城保护	是	—	—	—	否
	保护区保护	是	—	—	—	否
	文物保护	否	区级文物	市级文物	国家级文物	地下文物
	建筑限高（m）	≤20	20~40	40~60	60~80	>80

说明：1. 数据以北京市为例。
2. 市政管线主要指供热管道、供气管道、自来水管道及城市排水管道。
3. 人均防护面积：以国家规定的人均防护面积 $1m^2$ 为评估指标依据。
4. 商业基准地价，以北京市国土资源和房屋管理局，2003 年公布的基准地价为准进行划分。

7.3 评估指标变量及标准化

7.3.1 评估指标参数取值方法和原则

指标参数量化及标准化的过程中，主要控制目标是减少人为因素对降低评估结果精度的贡献。

对连续型指标参数，采用指标实测值在评估标准区间进行插值的方法，取得连续型指标评估值，并直接参与模型的综合加权叠加计算，该方法与模糊综合评价的隶属度函数取值方法相同，只是在计算过程和对象上不同。隶属函数以评估等级作为计算对象，而本方法以指标实测值的标准化插值作为计算对象，可得到连续型的评估计算结果。而采用指标分级刻度值进行赋值计算的方法，虽然比较简单，且数据处理较容易，但由于忽略了定量指标在同一等级区间内仍有一定幅度的自由空间，令分级标准刻度值简单代替指标实测值，必然使评估结果误差增大。由于采用计算技术辅助评估，插值法的繁琐操作计算可由计算机代替，从而保证了评估结果精度与指标实测值的精度一致性。

对于定性和离散性指标，可在专家调查打分取得梯度均匀的等级排列后，根据等分原理给出相应等级的评估标准值。模糊综合评价的方法常用来解决这类离散性指标问题，但实际上，模糊评价的隶属函数在评估标准的等级划分上仍然采用主观法确定隶属度，这与专家打分取得梯度均匀的标准值后进行等分的方法，并无大的差别，因此可认为与本方法精度相同。

7.3.2 评估指标参数量化及标准化

评估指标分为定性指标和定量指标两个大类。
（1）定量指标的量化和标准化

根据表 7-7 和表 7-8，地下空间资源评估指标对资源质量的影响多为连续型函数，且在影响等级分段变化区间内基本呈直线梯度变化，因此对这类程度性指标适合采用直线差值法建立指标量化和标准化计算函数。

通常可以先通过调查分析确定最高级别的下界和最差级别的上界，然后进行线性插值。根据数量指标对评估目标的影响方式，可以分为效益型、成本型、固定型、区间型四种。效益型指标的属性值越大则地下空间资源质量越高，成本型指标的属性值越小地下空间资源质量越高，固定型指标的属性值越接近某固定值越地下空间资源质量越高，区间型指标的属性值越接近某个区间（包括落入该区间）则地下空间资源的质量越高[48]。根据各类型指标的影函数特征不同，其标准化的方法和公式也不同。在地下空间资源评估指标体系的数量指标中，多数为成本型和效益型指标。

1) 定量指标在评估全程区间内的量化和标准化的方法是：

设第 i 个准则层的第 j 个属性值为 a_{ij}，标准化后的得分值记为 r_{ij}。首先确定第 j 项指标最高评估值的下界和最低评估值的上界，其中较大的属性值标为 $a_j^{\max}$，较小的属性值标为 $a_j^{\min}$。

当第 j 项指标为效益型指标时，其标准化公式为：

$$r_{ij} = \begin{cases} 1 & a_{ij} > a_j^{\max} \\ \dfrac{a_{ij} - a_j^{\min}}{a_j^{\max} - a_j^{\min}} & a_j^{\min} \leqslant a_{ij} \leqslant a_j^{\max} \\ 0 & a_{ij} < a_j^{\min} \end{cases} \quad (7-17)$$

当第 j 项指标为成本型指标时，其标准化公式为：

$$r_{ij} = \begin{cases} 0 & a_{ij} > a_j^{\max} \\ \dfrac{a_j^{\max} - a_{ij}}{a_j^{\max} - a_j^{\min}} & a_j^{\min} \leqslant a_{ij} \leqslant a_j^{\max} \\ 1 & a_{ij} < a_j^{\min} \end{cases} \quad (7-18)$$

2) 当定量指标分级标准分为多个连续区间时，则指标值必然在某等级区间内。根据分数赋值标准把指标的实测值转化为相应的标准化和归一化数值。对定性指标，在标准化过程中根据指标值及其赋值标准赋以相应分值；对定量指标，应当首先判断量化指标所在的分级区间，然后进行线性插值计算。

根据评估指标对评估值计算结果的影响方向，把指标值越大则评估值越高的指标称为效益型指标，把指标值越小则评估值越高的指标称为成本型指标。

设第 i 个准则层的第 j 个指标属于定量指标，指标实测值为 x_{ij}，该定量指标处在某分段区间内，有 $x_{ij} \in [x_{I,J}, x_{I+1,J}]$，则 $[x_{I,J}, x_{I+1,J}]$ 对应的标准化评估值分别为 $u_{I,J}, u_{I+1,J}$。

当 x_{ij} 为效益型指标时（如图 7-2），有：

$$u_{ij} = \dfrac{x_{ij} - x_{I,J}}{x_{I+1,J} - x_{I,J}} \times (u_{I+1,J} - u_{I,J}) + u_{I,J} \quad x_{I,J} \leqslant x_{ij} \leqslant x_{I+1,J} \quad (7-19)$$

当为成本型指标时（如图 7-3），有：

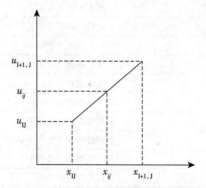

图 7-2 效益型指标插值关系示意图

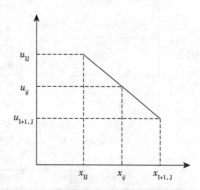

图 7-3 成本型指标插值关系示意图

$$u_{ij} = \frac{x_{I+1,J} - x_{ij}}{x_{I+1,J} - x_{IJ}} \times (u_{IJ} - u_{I+1,J}) + u_{I+1,J} \quad x_{IJ} \leqslant x_{ij} \leqslant x_{I+1,J} \tag{7-20}$$

各指标分级及评估标准见表 7-7 和表 7-8，指标指向类型见表 7-9。

(2) 定性及离散型指标的量化和标准化

根据属性值对评估目标的影响程度，分析这类指标实测值与评估效果的效应关系，从而进行标准化定级。即：把定性离散指标与定量指标的标准分级刻度值相比较，确定定量指标相应的影响程度，给出可定性离散性指标的准定量化评估标准值区间。按照等分原则确定的评估标准与等级关系见表 7-10。

评估指标指向类型表　　　　　　　　　　表 7-9

目标层	准则层	指标层	指标类型
基于工程因素的地下空间资源质量	不良地质条件 B_1	地震烈度 $x_{1,1}$	成本型定量指标
		活断层、地裂缝规模 $x_{1,2}$	成本型定量指标
		岩溶规模 $x_{2,1}$	成本型定量指标
		崩塌滑坡、泥石流规模 $x_{2,2}$	成本型定量指标
		地面沉降规模 $x_{2,3}$	成本型定量指标
		震陷危害程度 $x_{2,4}$	定性指标（与危害程度负相关）
		液化指数 $x_{2,4}$	成本型定量指标
	水文地质条件 B_2	地下水相对水位差 $x_{3,1}$	成本型定量指标
		地下水补给状态 $x_{3,2}$	定性指标（与补给量负相关）
		地下水腐蚀性 $x_{3,3}$	定性指标（与腐蚀程度负相关）
	岩土体条件 B_3	土体稳定性 x_4	定性指标（正相关）
		岩土体可挖性 $x_{5,1}$	定性指标或成本型定量指标
		承载力标准值 $x_{4,1}$	效益型定量指标
		压缩模量 $x_{4,2}$	效益型定量指标
		粘聚力 $x_{4,3}$	效益型定量指标
		内摩擦角 $x_{4,4}$	效益型定量指标
	地面地下空间类型条件 B_4	建筑空间影响程度 $x_{6,1}$	与深度正相关，与保护等级负相关
		生态空间敏感程度 $x_{6,2}$	与深度正相关，与保护等级负相关
深度折减	竖向深度 B_5	竖向深度 α_d	成本型定量指标
基于社会经济因素的地下空间资源质量	[区位]	区位等级	定性指标（正相关）
	人口状况 B_6	常住人口密度 $x_{7,1}$	效益型定量指标
		流动人口密度 $x_{8,1}$	效益型定量指标
	交通状况 B_7	轨道交通客运量比例 $x_{9,1}$	成本型定量指标
		主干路平均车速 $x_{9,2}$	成本型定量指标
		停车位与汽车数比值 $x_{10,1}$	成本型定量指标
		交通节点等级 $x_{11,1}$	定性指标（正相关）
	土地状况 B_8	商业基准地价 $x_{12,1}$	效益型定量指标
		用地功能 $x_{13,1}$	定性指标（与经济环境效益正相关）
	市政设施状况 B_9	市政管线密度 $x_{14,1}$	成本型定量指标
	城市防灾设施 B_{10}	人均防护面积 $x_{15,1}$	成本型定量指标
	历史文化保护 B_{11}	文化名城保护 $x_{16,1}$	定性指标（正相关）
		保护区保护 $x_{17,1}$	定性指标（正相关）
		文物保护 $x_{18,1}$	定性指标（负相关）
	空间利用限制 B_{11}	建筑限高 $x_{19,1}$	成本型定量指标

评估标准对应的数值区间　　　　　　　　　　　表 7-10

等级	定量指标的分数值区间	定性指标的量化取值区间
一级（优）	[0.8, 1]	0.90
二级（良）	[0.6, 0.8)	0.70
三级（中）	[0.4, 0.6)	0.50
四级（差）	[0.2, 0.4)	0.30
五级（很差）	[0, 0.2)	0.10

7.3.3 建筑空间影响评估参数测算

以北京为例，城市地区以平原为主，且第四系土层较厚，故仅研究土层与建筑物作用对地下空间资源影响程度的近似评估标准。

当把地基土体近似视为一个半无限空间弹性体时，可将建筑物视做一个作用在半无限空间弹性土体上的集中力 P，集中力下方的附加竖向应力 σ_z 随深度 H（从基础底面算起）的变化关系（陈希哲，2003）为：

$$\sigma_z = \frac{3P}{2\pi H^2}$$

q 为建筑物的平均单位面积的荷载（单位 kn/m^2），n 为建筑物层数，令 $P=qn$，则：

$$\sigma_z = \frac{3qn}{2\pi H^2}$$

可见建筑物对土体产生的附加应力可以近似认为与建筑物的层数成正比，与深度的平方成反比。附加应力可以在一定程度上表征为建筑物对其下岩土体地下空间开发的约束程度。如果用函数 $Y=f(n, H)$ 表示建筑物对土体地下空间资源影响的敏感度指数，则 Y 的标准评估值范围应为 0~1，且按从 0 到 1 顺序，建筑物对土体地下空间资源开发的影响逐渐加大。则建筑物影响对土体的影响函数 Y 可以表示为，

$$Y=f(n, H) = \beta \frac{n}{H^2} \tag{7-21}$$

β 是一个综合系数。根据建筑物地基基础原理可知，建筑物影响指数随深度的变化关系如图 7-4，其中 n_1，n_2，n_3 代表不同层数建筑物。可见，建筑物对地下空间资源开发的工程敏感性影响指数是一个成本型的数量指标，与建筑层数正向相关，与地下空间资源竖向深度成正向相关。

由于计算方法较为复杂，在地下空间资源的宏观分类研究中，可对该曲线进行简化。根据第 14 章对建筑空间类型影响的分析，建筑物地基基础影响的压缩曲线变化在基础以下一定深度时将出现较明显的拐点，可将此拐点作为影响程度的分界线，用分段直线模拟观点深度上下的地下空间资源基本质量影响程度。

如图 7-4，建筑空间影响机理可分为三段直线，分析如下：

（1）第一个分界点取为建筑物基础的埋深 H_1（单位为米）。

（2）根据第 14 章分析结果，第二个分界点取为 $H_2 = (2\sim3) \times n$。

根据前述对建筑影响的分析可得：建筑物对暗挖隧道地下空间的敏感深度一般为 2~3 倍的建筑层数，当深度超过该范围时，建筑物与地下空间暗挖施工之间相互影响明显减小。如图 7-5，根据对砖石结构的多层建筑物在硬土条件下地下暗挖隧道的计算案例分析[15]认为：当地下隧道埋深达到约 $H_2 \geqslant$ 22 米深度时，地下空间掘进施工对建筑损害一般开始变为影响轻微程度。根据阳军生（2002）的研究，暗挖隧道的对建筑物的影响程度可以定性描述为五个等级：严重~很严重、中等~严重、中等~轻微、轻微~很轻微、很轻微~可忽略，按照对地下空间资源基本质量的影响程度，可分别划归为五级、四级、三级、二级和一级。

综合两种分析结果，针对城市建筑空间以多层建筑为主的主题类型，采用 2~3 倍建筑层数作为建筑物与地下空间资源开发利用影响的敏感性转折点较为适当，根据该拐点的大致影响程度，可以近似取建筑物影响系数 $f(n, H_2) = 0.4$，即拐点处建筑物对地下空间资源基本质量的贡献指标 $u_{61} = 1 - f(n, H_2) = 1 - 0.4 = 0.6$。

（3）第三个分界点取评估 $H_3 = 100$ 米或完整基岩埋深。此时建筑物对地下空间暗挖施工的影响很小，故 $H \geq H_3$ 时，$f(n, H_3) = 0.05$。

根据资源竖向层次和深度，在资源基本质量评估中，采用在各分段直线范围内进行插值计算的方法，近似取得建筑物对地下空间资源质量影响评估值，计算公式为：

$$u_{61} = \begin{cases} 0 & 0 \leq H \leq H_1 \\ 0.6 \times \dfrac{H - H_1}{H_2 - H_1} & H_1 < H \leq H_2 \\ 0.35 \times \dfrac{H - H_2}{H_3 - H_2} + 0.6 & H_2 < H \leq H_3 \\ 0.95 & H > H_3 \end{cases} \quad (7-22)$$

其中 u_{61} 为归一化和标准化后的建筑空间指标对地下空间资源基本质量影响评估值，H_1、H_2、H_3 为上述定义的分界点，其中 $H_1 =$ 基础埋深，$H_1 = (2 \sim 3)n$，$H_3 = 100$ 米。如图 7-6 所示。

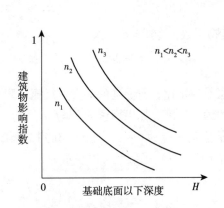

图 7-4　建筑物对地下空间资源
质量影响随深度的变化关系

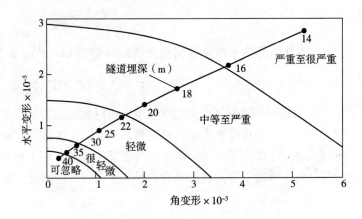

图 7-5　暗挖深度与多层建筑损害
之间的距离关系图（阳军生，2002）

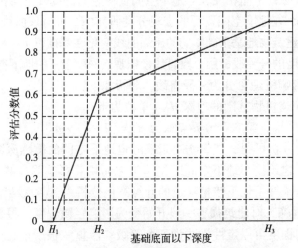

图 7-6　建筑空间对地下空间资源基本质量影响关系曲线

7.3.4 生态空间影响参数测算

生态要素对地下空间资源质量的影响是生态要素的敏感性及保护程度 p 和地下空间资源竖向深度 H 的函数。为了保护地面的生态环境，生态空间应当根据其敏感程度的不同分别划定制约深度，设生态要素的直接敏感范围对地下空间资源开发的限制深度为 H_1，即在此范围内开发地下空间对生态系统影响很大，不宜开发地下空间，其评估值 = 0；随着竖向深度的加大，生态空间的约束作用逐渐变小，当深度增大到 H_2 时，则认为对生态影响基本可以忽略不计，设深度 $\geqslant H_2$ 的地下空间资源评估值 = 0.95。近似认为生态空间的影响作用在 $H_1 \sim H_2$ 之间成直线关系性变化，则生态空间对地下空间资源基本质量的评估值归一化及标准化函数为：

$$u_{62} = \begin{cases} 0 & 0 \leqslant H \leqslant H_1 \\ 0.95 \times \dfrac{H - H_1}{H_2 - H_1} & H_1 < H \leqslant H_2 \\ 0.95 & H > H_2 \end{cases} \tag{7-23}$$

其中，H_1，H_2 随生态空间敏感性和保护等级不同分别取值。根据要素分析，对于水域可根据其敏感程度的不同取 $H_1 = 10 \sim 30$ 米；对于绿地，根据其等级不同，可以取 $0 \sim 20$ 米。H_1，H_2 的具体取值根据评估对象特点确定。如图 7-7 所示。

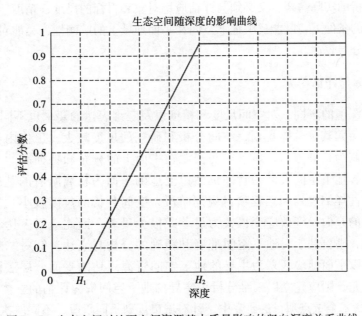

图 7-7 生态空间对地下空间资源基本质量影响的竖向深度关系曲线

第8章 评估技术模型与作业平台系统

8.1 评估技术模型的基本构思

城市地下空间资源评估的实施是以基本空间单元为单位载体,运用建构的数学模型和指标体系标准,对汇集在单元载体上的各评估要素的单一属性值进行综合评判、归类、叠加或数值计算来完成的,通过基本评估单位为载体的单元评估结果的集合,形成规划范围地下空间资源评估的总体结果。因此,地下空间资源评估理论模型的实施和操作,必须与基于软件平台建构的单元技术模型进行属性数据与空间数据的耦合,才能取得地下空间资源特征评估的空间分布与表达,真正为城市地下空间规划服务。

城市地下空间资源受地质条件、地面及地下空间利用状态以及城市规划和社会经济条件因素的综合影响,空间信息和属性信息具有多源性和复杂性且呈现明显的三维效应特征,评估单元的构造必须顾及地下空间资源三维分析的实际需要,又必须与评估应用对象和目标的尺度、精度匹配,具体表现为:在相应尺度和精度协调的条件下,既能反映地下空间在平面地域上的广阔性,又能对地下空间资源的竖向层次变化和特征进行分层表达。

8.1.1 评估应用目标与评估单元

城市规划阶段和深度的不同,对空间尺度和精度以及三维表达的要求也不同。在城市总体规划和控制性详细规划阶段,尤其是总体规划,空间分析和研究的尺度较大,工作内容是以平面的土地利用为主导,以竖向控制为拓展方向,地下空间资源在平面上的分布和特征表达与竖向相比要占主导优势。同时在宏观上,地下空间资源的管理仍然以土地的平面为权属附着的基准和主导。在详细规划阶段,尤其是修建性详细规划和工程项目规划阶段,空间分析的尺度较小,研究和控制的内容也较具体和深入,用地的竖向尺度效应变得较为显著或极为显著,因此空间表达和分析如果能够进行任意的三维切割功能,则更利于对地下空间准确和精确的分析与表达。针对总规和控规阶段空间数据的特点,可以建立以平面地块区划为主导的地下空间资源评估的平面分层法模型;针对修建性详细规划和工程项目研究,则应建立以三维分析为主导的地下空间资源评估的立体模型。

在北京市自然科学基金重点项目的研究中,针对城市规划不同阶段、不同层次的需要,将城市地下空间资源评估的作业平台体系分为两条相互独立的研究道路展开并行研究,两者之间的关系如图 8-1 所示。两条研究路线分别基于平面分层的评估模型和立体单元的评估模型,可分别服务于城市总体规划(简称总规)与城市控制性规划(简称控规)、城市修建性规划(简称修规)与城市建设施工(简称建设),并在控规阶段可交叉和转换使用,其服务目标与框架关系如图 8-2 所示。在实际评估应用中,则应根据具体规划阶段和管理的需要,确定适合的评估作业基础平台系统。在本课题研究过程中,利用 ArcGIS 软件平台进行二次开发,建立了面向总规和控规的基于平面分层法的城市地下空间资源评估系统 CEFUS-2D 模型(见图 8-3)。

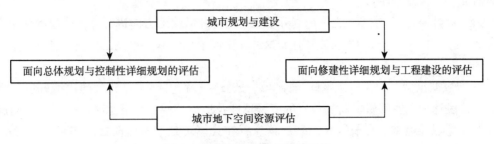

图 8-1 评估应用的目标与路线

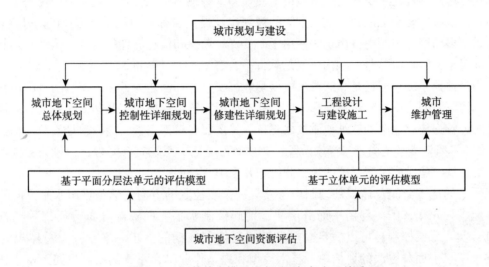

图 8-2 评估技术模型的应用目标与交叉关系

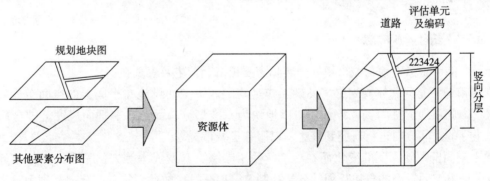

图 8-3 矢量评估单元划分原理示意图

8.1.2 基本评估单元与数据信息的集成和表达

地下空间资源的物质载体为三维岩土体介质，地下空间资源的分布具有三维特征。在地下空间资源评估中恰当表达资源的空间信息特性是地下空间资源调查评估数据运算的基础，地下空间资源的空间位置数据以及资源的属性数据必须通过建立载体模型集成为一体，才能实现数据的承载、运算和空间叠加分析。在记录和描述地下空间资源空间与属性特征时常见如下三种数据模型进行信息的记录和调查评估：

（1）平面模型。在平面上进行单元建模的方法，该模型把地面以下至评估深度范围内的地下空间资源按相同特性考虑，不考虑和区分地下空间资源特性随深度的变化和分层，一般可用于城市地下空间的发展战略研究和总体规划阶段。

（2）"平面+竖向分层"模型。在平面划分单元的同时，沿深度方向进行竖向分层的建模方式，记录空间属性信息和进行地下空间资源的调查评估。这种在平面上划分基本单元，在竖向进行分层的评估方法称为"平面分层法"。

（3）真三维数据模型。利用三维空间坐标（x, y, z）进行空间实体建模的模型方法。真三维模型的优点是能准确表达地下空间资源所处位置的三维特性及地质特性、地下水特性等三维空间属性。目前利用三维数据模型记录地质信息及其矿产资源信息，在我国正处于试验阶段。2004年以来，国土资源部相继与上海、北京、杭州、南京、天津、广州市政府签署了关于合作开展城市地质调查项目的协议书，要求利用三维地质建模系统建立三维城市地质模型，为地下空间开发、地质环境保护等服务。城市真三维地质信息系统的建立，能够给地下空间的规划建设提供强有力的数据支持。国内外对真三维GIS系统都进行过很多研究，也相继推出了一些用于矿产资源勘探和信息管理的软件，国外常用软件主要有GOCAD、MineMap、Lynx等软件，国内开发的软件平台有GM3D、Titan 3DM等。

不论平面法数据承载模型还是真三维法数据承载模型，目标都是为了在一定空间范围内真实而恰当地承载和表达地下空间资源的分布特性和属性特征。利用真三维数据模型及其GIS系统实现地下空间资源调查评估时，首先要有完整的三维地质数据支持，其次要有较为完善，能够满足资源评估需求的三维GIS系统平台。目前该类系统尚处于探索阶段，数据尚不全面，系统有待完善，一般只能应用于局部的地下空间详细规划与建设或矿产资源的规划分析和开采中。

在宏观尺度的地下空间总体规划编制中，其规划重点控制的方向仍然是城市水平方向的地下空间资源分异性起主导作用，因此利用平面分层法，精确控制水平方向资源分布特征，适当表达地下空间竖向信息，实行分层控制，可以满足总规尺度规划编制依据的需求。本章针对总体规划编制阶段需要，阐述了基于平面分层法的评估单元技术模型和评估作业平台系统的研制思路及基本作业方法。

8.2 平面分层法模型的基本原理及特点

8.2.1 平面分层法的基本构思

平面分层法能够更紧密地与城市规划的实际需要相结合，主要表现在：

（1）在城市地下空间总体规划中，关键工作是确定地下空间设施在平面上的空间布局，其次是确定竖向层次。因此在地下空间资源评估中，以地块为基准划分单元，并在平面尺度上做全面的资源分析，便于对主导的空间方向进行研究和表达，以服务于城市规划。

（2）地下空间资源随深度的变化而在功能、使用频率、开发成本等方面呈现一定的差异性，这种差异性导致了地下空间资源的分层规划、分层控制、分层开发，故此对资源在竖向深度上分层，以表达地下空间资源随深度变化的不同使用特性。

因此，平面分层法的基本构思是：平面单元划分与竖向分层相结合，建立面向总规和控规的地下空间资源评估模型，简称"平面分层法"。具体表现为：以城市规划的平面地块区划作为评估的基准平面单元划分标准，在深度方向上以竖向分层做为辅助单元划分标准，表达三维岩土空间信息，建立资源空间数据和属性数据的单元记录载体，进而支撑地下空间资源调查和评估的实际操作。

8.2.2 平面分层法数据结构与工作原理

平面分层法工作原理的两个中心数据结构是：

（1）在平面上恰当划分评估单元，合理表达地面地下空间类型（建筑物、绿地、水域、道路等）、地质、社会经济等基础信息，使单元内部的基础属性信息单一化。

（2）根据实际需要，对平面单元编码并设置属性字段，形成以平面单元编码为检索符，带有竖向分层控制字段，可记录、查询空间与属性信息的数据结构。例如，在总体规划中可按照浅层（0～-10m）、次浅层（-10～-30m）、次深层（-30～-50m）、深层（-50～-100m）的划分方式进行竖向层次划分和评估。

平面分层法的技术流程主要包括三个步骤：
（1）平面单元划分与竖向分层；
（2）数据与空间单元的集成融合；
（3）数据在空间单元的分类、组合、叠加和评估运算。

8.2.3 平面分层法单元的类型

平面单元划分是评估流程的核心环节，通过平面单元的划分，得到用以记录各指标信息和依托进行评估运算的最小单元，称为基本单元。

基本单元是在地下空间资源评估中，用以记录资源空间信息和属性信息，实现资源调查评估运算的基本空间单位，是组成城市规划总体空间范围并可独立进行空间属性和资源属性运算的标准单位。由于基本单元是记录地下空间资源属性信息，实现调查评估运算的基本载体，因此单元必须能够存储地下空间资源特性与各类相关资料（工程资料、社会经济类资料等）及其相应的计算结果，而且必须能够对计算结果进行直观而准确的表达，以满足城市规划的需要。根据资源评估获取实际原始数据的特点和评估要求，可采取两类不同的数据运算模式，即两类不同的单元划分法：

（1）矢量数据平面单元+深度分层；
（2）栅格数据平面单元+深度分层。

矢量单元是以矢量图形的形式记录资源在空间上的特征信息，优点是能够准确表达建筑物、路网等地理边界，有利于规划直接使用。栅格单元是指以方格网的形式存储空间特征信息，数据结构简单，适合做复杂空间的分析，但边界表达较粗糙。因此在地下空间资源评估中，为了方便规划的使用，以矢量单元作为标准单元实现资源的信息记录和计算分析，效果较好；当城市地形和属性数据的空间分异度较高，仅用于空间特征及形态趋势分析时，可采用栅格数据作为辅助分析手段。

8.3 基于平面地块分层法的矢量单元

8.3.1 地块法单元准则

基于平面地块的基本单元选取和生成，应遵循如下几条原则：
（1）单元的划分要满足城市规划的使用要求。因此单元的选取与城市规划的阶段有关，一般可以规划地块和路网为基本划分依据，并根据实际需要对地块单元进行再分割或合并，以更好满足城市规划需要。
（2）在满足规划使用的前提下，尽量减少单元的数量。单元个数取决于评估的目标和精度及评估区域面积的大小，减少单元个数能够较快得到计算结果，提高评估效率。
（3）单元承载的要素指标值必须是单一的。标准单元的单一属性值，可以使数据模型和数据结构简单准确，实现计算机程序操作。

8.3.2 平面单元划分与竖向分层

（1）平面单元划分

基于地块区划法的平面单元划分主要按照地形地貌、行政区划、路网、规划片区和地块进行。地形地貌和行政区划在一定程度上决定着地块的划分。城市规划的地块是城市土地利用、建设控制、城市土地出让、城市改造和再开发的单元，故在评估中将规划地块作为标准单元划分的基础，并进一步叠加空间类型、地质、社会经济类要素图层，按照细分规则对地块单元进行再分割，形成多层次细分的记录和表达空间信息的标准单元，直到满意的精度为止。

（2）竖向层次划分

根据实际评估的需要，对资源竖向分层表达，分层评估。分层的基本原则是：满足城市规划的实际需要；对地质条件的竖向变化特性有一定的表达。在控规尺度或当场地地质条件比较复杂时，对竖向深度方向可进行任意厚度分层，也可以根据地下空间资源规划提出的分层厚度进行划分。

8.3.3 单元编码和数据结构

单元编码用于空间定位和信息、属性查询，有一定的区位性特征，也是基于地块的平面分层法评估数据库的数据结构和检索需要。

单元编码有多种方式。北京市地下空间资源评估平面分层法地块单元编码的一般规则是：行政城区编码＋环路编码＋片区编码＋地块编码。以王府井地区为例（见图8-4），图右上角的单元编码为223424，从左侧起第一位数"2"代表的是城区编码，第二位数字"2"代表的是环路编码，表示在二环路以里，第三、四位数字"34"代表地区编码，第五、六位"24"代表代表地块编码。

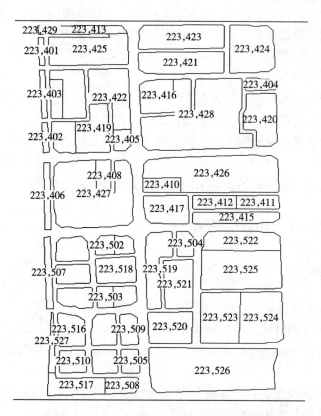

图8-4　王府井地区地下空间资源地块编码示意图

标准单元是数据存储和评估运算的单元数据载体，单元划分和地理编码、属性信息的融合必须依托于一个标准数据存取结构。数据结构的设定和属性字段的预定义，应当以评估模型为基础，针对各个指标预设所需字段及其相应的数据类型，以实现地下空间资源空间和属性信息的录入、存储。

单元编码与数据结构示意表 表 8-1

单元编码	属性数据信息					
	土体类型	地下水埋深	活断层	……	地震烈度	地面空间类型
……	……	……	……	……	……	……
223424	人工填土	20-30	无	……	8	多层建筑
223425	人工填土	20-30	无	……	8	高层建筑
……	……	……	……	……	……	……

8.3.4 平面单元划分的技术处理方法

由于矢量单元能够准确表达边界信息，因此在表达道路网、地面及地下空间类型等信息方面有特别的优势。以编码后的地块单元为基础，逐步叠加地面及地下空间类型、地质条件、社会经济因素等图层，把属性信息录入到预先设定的字段中存储，并根据实际情况对地块单元进行合并、再分等调整。在评估中以路网和地块单元作为叠加的基础底图，不断叠加其他相关图层（主要是地质类和社会经济类图层），对底图（路网和规划地块单元图层）进行逐次细化分割。

当地质条件分布较为简单时，可规定以规划地块为基本单元，加入地面空间类型细分后即可认为评估单元平面划分达到要求。对当前的单元划分结果不满意时，进行后续数据的叠加细分。这种机械的叠加，往往会导致产生很多破碎多边形，这些破碎多边形，有些具有真实的现实意义（例如断裂带切割形成的破碎多边形），而大部分破碎则没有实际意义。因此当在叠加某个指标要素时，如果地块单元出现两种及以上的属性值，则必须判断是否有必要继续进行单元再分割，在地下空间资源评估中，以要素制约性强度、破碎多边形面积或关键尺寸来决定。

在评估中，控制单元尺寸和对破碎多边形的常用方法有以下几种：

（1）凝聚点距离控制法

凝聚点距离（cluster tolerance）控制法主要是以多边形各点之间的最小距离 d_{min} 作为控制条件，人工设定一个合理的凝聚点距离 d_0 对破碎多边形进行调整和控制。当 $d_{min} < d_0$ 时，则自动对两点进行合并，从而消除破碎多边形。该法的缺点是，在调用过程中，可能会改变多边形的真实形状，且如果 d_0 过大，会掩盖真实信息，如果 d_0 过小又不能很好的控制破碎多边形。

（2）面积控制法

面积控制法，是指对破碎多边形实行面积控制，如果面积小于某一人工设定的阈值 S_0，则不对原多边形进行分割。面积控制法的优点是从面积上控制单元的最小面积，从而避免了很多的破碎多边形。面积控制法的缺点是仅仅通过面积来控制，可能会产生很多的狭长多边形。这些狭长的多边形，部分具有现实意义（例如断裂带），部分可能就是由数据的精度、比例尺、误差等原因造成，根本不具有现实意义。

（3）面积+形状系数控制法。为解决狭长多边形的问题，可以在采用面积控制的同时，定义一个多边形的形状系数：

$$\psi = \frac{L^2}{S}$$

其中，L 表示多边形周长，S 表示多边形面积。

当 ψ 大于给定的阈值 ψ_0 时，则不对原多边形进行切割。该法能够有效的控制多边形面积和狭长多边形，但是对具有现实意义的狭长多边形缺少属性的判断。

（4）属性值+面积控制法。单纯的面积控制法，如果选择的阈值 S_0 不合适，往往无法表达断层及其破碎带等地质现象的影响。为解决这一问题，可以对叠加结果实行属性值+面积联合控制的方法。该法一般特别适宜应用于规划地块图层与地质灾害图层的叠加。

（5）属性值+面积+形状系数控制法。该法是在第（4）个方法的基础上，对多边形的形状进行控制，可以避免狭长的破碎多边形。

（6）人工调整法。任何一种自动处理的方法，都有其局限性，都需要使用者根据实际评估与规划的要求对单元进行人工干扰调整。

8.4 栅格单元的运用

栅格数据单元，是实现平面分层法的另外一种平面单元划分方法。在评估中，以栅格网的形式，以网格为单位表达某指标的属性信息和空间分布，以不同的栅格图层分别表达各不同深度相应的指标信息，并以栅格单元作为评估计算基本单位。该类型单元不具有矢量意义，因此不必进行编码。

栅格法的关键问题之一是确定栅格尺寸，主要与规划的要求、评估区域的面积、比例尺有关。栅格尺度的大小在实际使用可根据需要自由选定，也可依据相关规范选定。例如根据城市基础地理信息系统技术规范，在分析 1:10000 的地质要素时，其要求的点位限差位 10 米，所以此时只要所采用的栅格尺寸小于 20 米 × 20 米，就满足精度要求。

由于栅格单元不能精确表达建筑物、路网、地块边界特征，且计算结果淹没了原始信息，导致对地下空间资源进行统计分析较不方便，因此栅格单元法可用作矢量单元法的一种补充，用以分析复杂现象和特征。在实际使用中可以联合使用矢量数据和栅格数据，利用栅格单元作进行计算分析，然后把统计结果传递给相应的矢量地块单元，这样既能避免矢量地块单元的无限制分割，又能较为精确地记录地块单元的属性信息。

8.5 单元划分的赋值与数据处理

8.5.1 数据的前处理

原始数据的前处理，是 CEFUS-2D 地下空间资源评估系统的一个较为重要的数据处理手段和流程。

数据前处理从烦杂的原始资料中归纳整理出评估所需要的原始数据，并录入到 GIS 数据库中，并对数据进行人工规划和整理分析的过程。这一阶段的具体任务是：在获取原始数据和信息基础上，根据指标分类标准及地面空间类型的判读标准，对原始信息进行整理分类，提取相关评估信息，归纳为评估所需要的初始数据信息，作为 CEFUS-2D 评估系统的输入数据。

8.5.2 属性数据与空间单元的融合赋值

数据前处理得到的空间和属性信息原始数据，只有融合到标准单元上，才能进行资源评估运算，并进行统计分析。数据与单元的融合过程，就是把指标数据赋值到单元的过程。在数据与单元融合的过程中，如果单元只有一种属性值，则可以直接把该属性信息赋值到预先设定的字段中存储。当如果单元有两种及以上的属性值，其数据和单元的融合方式主要分为两大类：

（1）极限值方法：当有多个属性值时，把影响最大的属性值融合到单元的相应字段中。在实际使用中，具体采用极小值还是极大值，应当视评估目标而定。例如在融合地质灾害要素时，应当把最不利的属性值融合到标准单元上，而在进行区位分析时应当把最高等级区位值融合到标准单元上。

（2）平均值方法：当属性值对地下空间为非极限型影响时，可以根据各属性质的面积进行加权平均并把结果融合到相应的标准单元上。如果是定性指标，则可以把加权平均的等级分数值赋值到相应字段上。

当需要对单元进行再分割时,则用矢量叠加的方式,依据上述破碎多边形的控制方法,把相应信息融合到分割后的标准单元上。

当所有信息集成到评估的标准单元以后,即可对其进行指标标准化、模型计算等处理,以得到资源调查评估结果。

8.6 基于 GIS 的评估作业系统原理

8.6.1 地理信息系统(GIS)与相关领域应用概况

地理信息系统(GIS)是指在计算机软硬件的支持下,对空间信息输入、存贮、查询、运算、分析、表达的技术系统。GIS 很早就被用于土地资源的数据管理,例如,加拿大早在 1963 年就开始研究实施地理信息系统以处理土地调查获取的大量数据[49]。由于 GIS 技术的完善和计算机的发展,从 90 年代初开始,众多学者开始利用 GIS 工具,采用多准则决策的方法进行土地适宜性分析和选址分析。例如:叶嘉安(2006)[50]基于 GIS 平台,总结了利用多准则决策分析进行土地适宜性评价的一般方法,认为利用 GIS 对土地进行适宜性分析时,首先应当根据评价目标,选择恰当的指标;利用栅格数据模型或矢量数据模型记录指标数据并进行标准化处理;然后确定各指标权重,利用多准则决策规则进行决策分析;分别利用矢量单元、栅格单元,结合大尺度城市模型、元胞自动机模型,对城市规划中的空间相互作用、区位配置、城市空间演化等问题进行了研究。新加坡[51]在局部地区的地下空间规划研究中利用 GIS 系统存储和管理分析各种影响要素的数据,并利用网格单元法,采用综合叠加的方式实现地下空间工程的规划选址分析。

目前 GIS 技术渗透到社会生活的各行各业,服务于特定专业领域的应用型 GIS 系统大量出现。与城市地下空间资源规划和管理有关的应用成果,主要有地下空间信息管理系统、大型地下工程信息管理系统、水资源管理信息系统、矿产资源管理信息系统、城市规划支持系统、城市规划设计系统等。面向城市规划的地下空间资源调查评估和规划设计及管理系统,目前尚处于研究探索阶段。在相关研究方面,主要集中在地下空间的信息管理系统、以及三维地下空间信息的管理与集成等方面。在地下空间信息管理系统方面的研究,主要是利用 GIS 对地下空间工程项目信息进行管理,以辅助工程建设,推动地下空间开发,Federico valdemarin[52]、周翠英[53]、王凤山[54]等学者在这方面进行了探索。在地下空间三维信息的管理与集成方面,刘立民(2005)针对地下岩土体的三维特性,基于 GIS 平台提出了"有限层法"的概念,对数据层的组织和可视化问题进行了探索,并把其应用于地层沉降的研究;朱合华[55]、吴立新[56]等针对地下空间的三维特性,从真三维数据建模的角度对地下空间数据的组织与管理进行研究,提出了三维数据模型的建模与信息集成方法,并把三维空间数据模型与有限元计算及其资源评估分析相结合,以服务于地下空间的信息管理、工程建设或详细规划;北京大学课题组尝试了运用三维 GIS 平台管理天津塘沽区地下空间三维基础信息;清华大学土木工程系从 20 世纪 90 年代初起,先后利用航空遥感技术、计算机制图辅助和地理信息系统,开发建立了城市地下空间资源的调查评估和分析系统,并对北京旧城区、北京中心城区以及青岛市和厦门市进行了实际调查、评估的应用研究。

GIS 在地下空间资源调查评估、规划和管理领域的应用及研究主要集中在两个方面,一方面是从城市规划的角度利用 GIS 资源条件及开发利用适宜性分析,另一个方面是从地下空间信息的角度,利用二维 GIS 或真三维 GIS 对地下空间数据进行组织和管理。目前,适合我国城市总体规划和详细规划的地下空间资源调查评估技术系统及分析理论才刚刚起步,还很不完善。本节简要介绍著者在完成国内几个大城市地下空间资源调查评估过程中采用的基于 GIS 二次开发的作业平台系统的基本思路。

8.6.2 资源评估系统的功能需求

基于GIS的地下空间资源调查评估系统，是支撑和服务于地下空间资源调查评估整体工作流程的基础信息集成、空间分析、评估运算、成果处理等系列环节的平台和载体，为城市地下空间总体规划和详细规划提供地下空间资源分析的基础数据。系统应当具备如下功能：

(1) 支持多种数据输入方式，支持多种数据格式；
(2) 对各类基础数据进行存储管理及浏览、查询、修改；
(3) 能够生成准确、实用的基本单元，综合集成多源评估指标信息；
(4) 能够利用单因素影响模型及其分类标准对资源条件和影响进行空间分析；
(5) 能够依据资源调查评估模型及其指标体系，进行调查评估的数学运算；
(6) 能够显示资源评估结果，实现图形可视化、评估结果查询、制作成果图；
(7) 能够对资源潜力、资源数量进行综合统计分析。

构建基于GIS的、完善的地下空间资源调查评价系统是一项复杂的系统工程，为使系统既能满足当前的实际需要，又兼顾系统功能进一步扩展的能力，研究制定切实可行的GIS系统开发目标，是实现系统总体设计目标的关键。根据现阶段的研究水平及地下空间资源调查评估的实际需要，GIS系统的开发分为近期目标和远期目标两个阶段。近期目标是在建立地下空间基础信息数据库的基础上，密切结合地下空间资源调查评估的工作流程，支撑地下空间资源调查评估作业的技术和物质活动过程，为城市地下空间总体规划和详细规划提供分析结果和规划依据；远期目标是在基本框架基础上，增强对地下空间规划方案的支持力度，建立起服务于地下空间规划与工程选址的决策支持系统。

根据系统设计的近期目标及设计原则，将地下空间资源调查评估系统整体框架划分为图8-5所示的若干子系统，分别是：数据管理子系统、单元生成子系统、指标标准化子系统、资源调查评估子系统、模型库管理子系统和成果与输出子系统，以及相对应的功能模块。

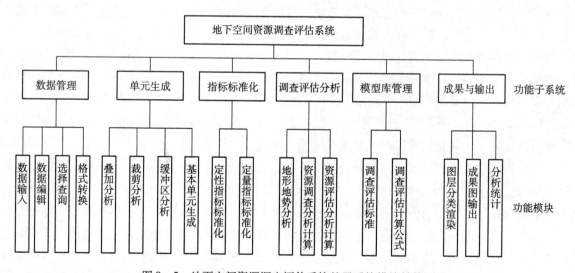

图8-5 地下空间资源调查评估系统的子系统模块结构图

8.6.3 资源评估系统的功能模块组成

(1) 数据管理子系统

- 数据输入：主要是实现资源调查评估所需要的矢量数据、栅格数据、遥感影像数据、扫描数字化图像等信息的输入，以及人机交互的方式输入数据。系统支持CAD数据，并应能通过格式转换工具支持其他 GIS 软件的数据格式。
- 数据编辑：主要是实现图形数据、属性数据的输入、追加、修改、删除、拷贝等操作，并能够实现对原有数据的更新。
- 数据选择与查询：能够依据空间位置关系或属性特征实现数据的选择与查询。
- 格式转换：是指能够实现从矢量数据与栅格数据间的相互转换，并能够把相关数据转换为其他 GIS 软件或 AutoCAD 可以利用的格式。

（2）单元生成子系统
- 叠加分析：对调查评估的空间数据进行叠加分析及单元细分。
- 裁剪分析：从整体空间数据中裁剪调查评估分析的目标区域。
- 缓冲区分析：主要是用以计算点线面等要素的缓冲区，例如分析断裂带、道路的影响范围等。
- 基本单元生成：评估基本单元的生成是实现调查评估的关键，利用矢量叠加及碎片消除技术的基本单元生成模块。

（3）指标标准化子系统
- 定性指标标准化：对调查评估运算的各定性指标进行标准化运算，转换为相应的评估分数。
- 定量指标标准化：对调查评估运算的各定量指标进行运算分析，把实测的定量指标值转换为相应的评估分数。

（4）资源调查评估子系统
- 地形地势分析：利用数字高程模型数据（dem）对地表进行分析，实现坡度、洼地计算分析等功能。
- 地下空间资源调查：利用预先定义的地下空间资源调查模型，对单元进行极值计算和判断，取得资源分类、分布的调查结果。
- 地下空间资源评估：实现地下空间资源开发难度、潜在价值、综合质量等资源属性特征的计算分析，得到资源评估的分数值。

（5）模型库管理子系统
- 资源调查评估分级标准：利用数据库技术，对指标的标准化公式和分析模型进行统一管理，并可以实现指标标准化公式及分级标准的添加、修改与删除。
- 资源调查评估计算模型公式：实现地下空间资源调查模型、工程质量评估模型、潜在价值评估模型、综合质量评估模型等的指标体系修改及权重调整。

（6）成果表达与输出子系统
- 图层分类渲染：对调查评估运算的数值结果进行分类，并选择相应的图例对结果进行显示。
- 成果图输出：依据城市规划的需要，绘制资源调查评估成果地图。
- 成果分析与统计：对地下空间资源调查评估结果、地下空间资源量等进行统计分析，并形成相关图表。

8.6.4 资源评估系统流程

根据资源评估系统的功能需求和评估的技术模型，给出评估系统功能流程简图，见图 8-6。

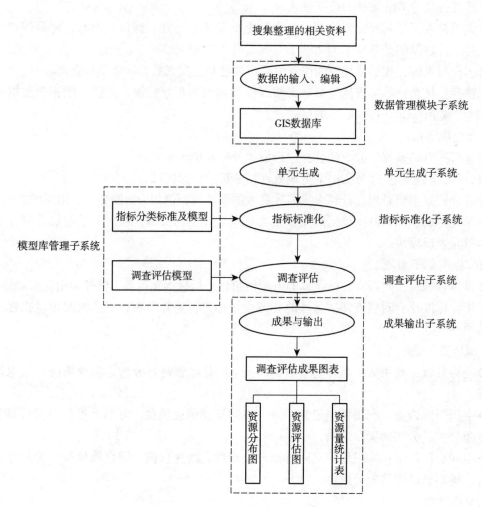

图 8-6 地下空间资源调查评估系统功能流程简图

8.6.5 资源评估系统数据库

(1) 数据库设计原则

地下空间资源调查评估涉及较多的地理数据和属性数据,主要包括矢量数据、栅格数据、影像数据、图像数据、三维模型数据、文本数据等。数据库设计的目标是对地理数据和属性数据进行恰当存储,符合资源调查评估编程和操作对数据存储、转换的需要,以利于提高评估作业的效率和准确性。数据库设计原则:数据结构与存储方式充分考虑和兼顾资源评估的多元复杂异质数据特点,便于单元划分、数据录入,以及成果数据的统计、分析与输出;减少环节,方便数据管理与更新;数据库的规模与字段数设定合理,减少数据冗余,具有良好的存储与输出性能、较高的运行效率及稳定性。

(2) 数据库管理软件与空间数据模型的选择

数据是信息系统的核心,必须选择一个具有先进体系结构、高度可靠和稳定的数据库软件平台。目前常用的中小型数据库管理软件主要是 Access、Visual FoxPro 等,大型数据库管理软件平台主要有 Oracle、SQL Server 等。选择恰当的空间数据模型有利于实现数据的管理,由于地下空间资源调查评估系统的单个数据库的数据量一般不会超过 2G,因此可以采用 ArcGIS Desktop 默认的 Access 数据库进行数据管理。

本章所示系统选用了 ArcGIS 地理数据库(GeoDatabase)模型实现数据的组织管理。建立数据库时,Geodatabase 模型结构中的主要对象如下:

- 要素集：由一组相同空间坐标系的要素类组成的集合。例如，表达活断层的线图层与断层避让区域是一个要素集。
- 要素类：具有相同几何类型和属性的要素的集合。例如，表达区域内地名的点图层，即为一个要素类。
- 属性域：属性的有效取值范围。可以是连续变化区间，或离散取值集合。
- 对象类：是指存储非空间数据的表格。

此还 GeoDatabase 还包括子类型、拓扑关系、几何网络、关系类等对象[57]。

(3) 数据的分层组织与存储

对调查评估数据进行合理分类和组织的主要方法就是划分图层并分层组织数据信息，使每一层存放一种专题信息或一类信息。当数据量特别巨大时，也可以对空间数据采取分幅、分图块存储，或者采用分布式网络数据库的形式联合组织管理数据。

本系统采用图层法进行数据组织，按数据内容、数据时间和垂直高度进行分层。在设计地下空间资源调查评估系统和组织数据时，在平面上按专题来划分数据层，在竖向按深度分层，以表达三维岩土体信息及其调查评估结果。

为保证数据使用的灵活性、数据库的高效率和稳定性，把调查评估所需要的数据图层分成两个独立库来存储，即基础资料数据库和调查评估运算数据库。两个数据库包含的图层组织结构和管理体系见表8-2。

资源评估数据的图层组织与管理体系　　　　　表8-2

数据类别	图层组织
基础地理数据	数字高程模型数据（DEM）、数字地形图数据、数字正射影像数据、测量控制点、行政区划、重要地名点等图层数据
基础地质数据	地貌、土层分布数据、岩层分布数据、断层及其破碎带数据、水文地质分区、地下水源地、岩溶水地质、地下水埋深、水文地质特征点（泉点、地下取水建筑）、地震烈度区划、建筑场地类型、历史地震震中、崩塌滑坡泥石流、岩溶塌陷区、地裂缝、地面沉降、沙土液化及其软土震陷分区、海水入侵带、地下采空区、垃圾填埋区、地下水污染带、地质矿产资源、地质遗迹等图层数据
地面地下现状数据	地表水系及其水源、生态保护区、城市绿地及其保护程度、建筑物、地面空间类型分区、已有地下建筑物、已有地下管线、已有地下交通设施、已有地下人防工程、地下文物古迹保护区等图层数据
规划资料数据	土地利用功能及空间布局规划图、路网规划图、轨道交通规划图、各级中心区及吸引点规划图、历史文化保护区、基准地价分布图、其他各专项规划资料等图层数据
其他资料数据	人口、经济、交通、住房、防灾等各类统计数据与相关文本、相关政策法规、相关照片、录像等多媒体数据等
调查评估数据库	基本单元图层及其相关图层

(4) 属性字段命名规则

数据表结构的设计首先应当参考《城市基础地理信息系统技术规范》等行业标准，如果无规范或标准参考，也可根据实际需要自定义数据表结构。由于本系统无相应规范参考，故定义了如下的字段命名规则，以有利于后期的编程开发。

基础数据字段命名规则如图8-7：

| 数据处理阶段代码 | 准则层代码 | 指标层代码 | 深度代码 |

图8-7　基础数据字段编码

地下空间资源调查评估的结果字段的命名规则如图8-8：

| 数据处理阶段代码 | 资源调查评估目标代码 | 深度代码 |

图8-8　评估结果字段编码

其中，用两位代码表示数据处理的阶段，三位代码表示数据准则层，不超过七位代码表示具体指标，两位代码表示资源所处的深度，其详细编码规则见表8-3~表8-5。深度代码用两位数字表示，00~99，表示资源所处深度。以青岛、厦门的应用为例，采用10、30、50，分别表示浅层、次浅层、次深层，例如字段命为A0geogeology10则表示浅层工程地质条件的原始数据字段。其他字段命名，可根据实际需要灵活选用。

数据处理阶段编码表　　　　　　　　　　　　　　　　　　　　　　　表8-3

数据处理阶段代码	代码表示意义
A0	原始的指标数据值
B1	对资源分布的影响
B2	对工程因素质量的影响
B3	对社会经济价值影响
B4	对生态适宜程度的影响
C1	资源调查结果
C2	资源评估结果

准则层代码表　　　　　　　　　　　　　　　　　　　　　　　　　表8-4

准则层代码	代码表示意义
Geo	表示地质条件类要素：包括地形地面、工程地质、水文地质、不良地质与地质灾害
Eco	(ecosystem) 表示生态条件要素，主要包括地面生态条件（绿地、水面、河流等）、地下水环境等
Now	表示现有建设条件，主要包括地面空间现状、地下空间开发利用现状、地下埋藏物。
Soc	(social) 表示社会经济条件，主要包括：区位、交通、地价、用地类型、防灾需求等
Pla	城市规划条件，法律法规及其各类相关专项规划等

资源调查评估结果字段的命名规则　　　　　　　　　　　　　　　　表8-5

阶段代码	资源调查评估目标代码	代码表示意义
C1	Distribute	资源分布调查
C2	Ecosysest	生态条件评价
C2	Geologyest	地质条件评估
C2	Proquality	工程质量评估
C2	Futurevalue	潜在价值评估
C2	Compvalue	综合质量评估

（5）典型数据表结构

地下空间资源调查评估所需要的基础数据类型众多，但是最重要的基础图层只有一个，就是基本单元图层。该图层是所有评估信息在软件平台上进行集成和供调查评估运算操作的基本空间单位和基础图层，本书给出该图层的属性字段表，见表8-6。指标分类评价标准也是重要的属性表，例如表8-7所示的地面空间类型影响指标属性表，利用此表可以将评估要素指标与基本单元图层属性字段表建立起连接关系，使基本单元图层被赋予标准化的指标分数值，完成基本单元上载数据的任务，从而使基本单元成为耦合了属性信息和空间信息的有效载体，为后续的综合评估作业提供了数据操作、叠加、分析、计算的对象。基本单元图层属性字段与指标分类评价标准的字段连接结构关系见图8-9。

基本单元图层属性字段表　　表8-6

字段名称	字段别名	字段类型	字段长度
A0geodistrictId	行政区划代码	string	20
A0geoterrainId	地形地貌分类代码	string	20
A0geogeologyId	岩土体可挖性分类代码	string	20
A0georsstabId	岩土体稳定性分类代码	string	20
A0geounwaterId	水文地质特性分类代码	string	20
A0geowaterquId	地下水富水程度分类	string	20
A0geofaultId	断层与地裂缝	string	20
A0geoslopedeId	不稳定斜坡等级分类	string	20
A0geofluidId	震陷液化	string	20
A0geoseismdgId	地震烈度	string	5
A0georockfluId	岩溶等级	string	20
A0geogdefromId	地面沉降等级	string	20
A0nowgroundId	地面空间代码	string	20
A0nowunspaceId	地下文物矿藏代码	string	20
A0soclocateId	区位分类	Integer	—
A0soclandkidId	用地类型分类	Integer	—
A0soclandpriId	地价等级代码	Integer	—

地面空间类型指标分类评价标准的字段结构表　　表8-7

字段名称	字段别名	字段类型	字段长度
A0nowgroundId	地面空间代码	string	20
A0nowgroundFN	地面空间类型全称	string	50
B1nowground10	浅层资源分类	integer	—
B1nowground30	次浅层资源分类	integer	—
B2nowground10	浅层影响因子分数	float	—
B2nowground30	次浅层影响因子分数	float	—

指标体系的选取，影响到数据表结构的设计，在实际应用中，由于每个城市的自然条件、地质条件、生态条件、现状条件等都有很大差别，选取的指标体系往往略有差别，在实际应用中可根据指标体系对表结构进行调整。

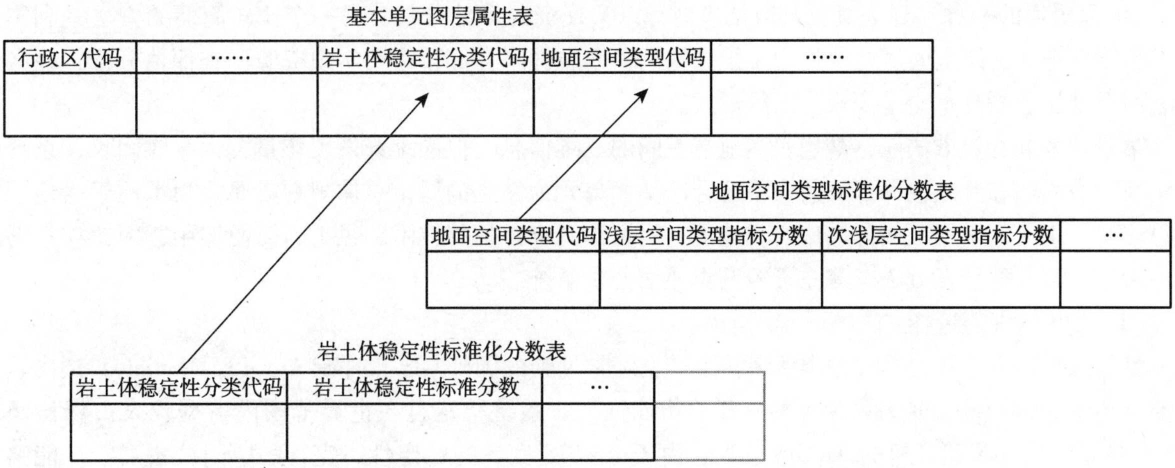

基本单元图层属性表

行政区代码	……	岩土体稳定性分类代码	地面空间类型代码	……

地面空间类型标准化分数表

地面空间类型代码	浅层空间类型指标分数	次浅层空间类型指标分数	…

岩土体稳定性标准化分数表

岩土体稳定性分类代码	岩土体稳定性标准分数	…	

图8-9　基本单元图层与指标标准化分数表的连接关系示意图

8.6.6 资源评估系统模型库

地理信息系统不仅仅是管理大量复杂数据的工具平台，而且能利用已有数据和数学模型实现某一问题和目标的分析、评价、预测和辅助决策。建立一定功能和规模的分析模型是 GIS 系统数据走向分析评价和决策的关键，为地下空间资源调查评估服务的系统模型库主要分为单要素影响模型和资源调查评估综合模型，系统模型库总体组成见图 8 – 10。

本书研究的 CEFUS – 2D 系统分析模型库采用以下两种实现方式：

（1）采用 ArcToolbox（ArcGIS 软件中的一个功能模块）实现模型管理与编辑修改；

（2）利用关系数据库管理系统存储管理单要素的分级标准标准及其指标标准化公式。

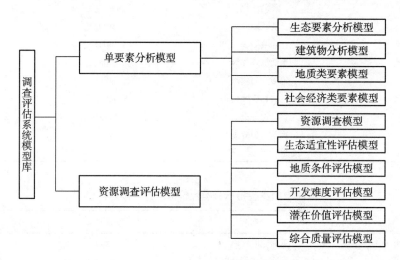

图 8 – 10　地下空间资源调查评估系统模型库组成示意图

8.7　基于 GIS 的评估系统实现

8.7.1　系统平台的比较与选择

（1）系统平台建设方式的比较

地下空间资源信息系统及其评估系统的开发主要有两种方式：其一是利用 VC（Visual C ++）或 IDL（编程语言的一种）建立真三维数据模型，以实现资源评估分析；另一个比较简便的方法是利用现有 GIS 软件把其三维空间属性值作为二维数据的一个属性来存储，进而实现资源调查评估分析，在必要时利用三维显示平台把结果表现为三维形式。

第一种系统开发方法能够准确表达地下空间的三维信息，但系统开发工作量巨大，时间长，系统的稳定性、通用性和开放性等都较差，不适合以平面单元为特点的城市总体规划需要。为了便于为地下空间总体规划服务，采用平面分层法实现地下空间资源调查评估的技术路径更为简便实用，因此在本书研究中采用了第二种开发方法来建立资源调查评估分析系统。

（2）GIS 软件的选择

目前流行的 GIS 平台软件种类繁多，市场上经常见到的国外 GIS 软件有 ArcGIS、Mapinfo，国内软件主要有 Supermap、Mapgis、Geostar 等。其中功能强大、系统稳定且在世界范围内占据较大市场份额的 GIS 软件是美国环境研究所的 ArcGIS 系列。由于 ArcGIS 良好的稳定性、完善的空间分析功能，能够为地下空间资源的调查评估及后期的规划功能扩展提供强有力的支持，本研究采用 ArcGIS Desktop9.0 作为地下空间资源调查评估系统的二次开发平台。ArcGIS Desktop 是一套专业化的 GIS 应用系统，是由 Arcmap、ArcCatalog、ArcToolbox、ArcScene、ArcGlobal 等一组不同的应用环境构成，可以完成任何从简单到复杂的工作，包括制图、数据管理、空间分析等，且内置了 VBA 开发环境，能够实现对系统功能的扩展。

8.7.2 基于 ArcGIS 的系统开发流程

在 ArcGIS 上开发的地下空间资源调查评估分析的数据处理流程图见图 8-11。

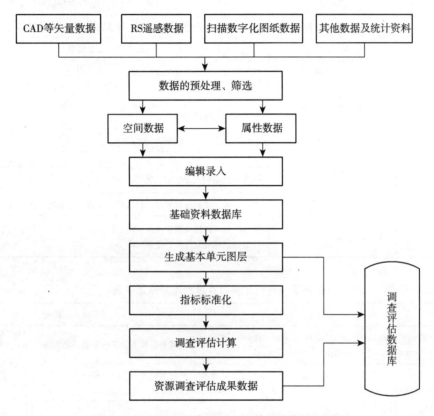

图 8-11　地下空间资源调查评估系统数据流程图

8.7.3 系统界面与系统模块

地下空间资源的调查评估系统，是以 ArcGIS 为平台，组织整合评估原理、功能模块和作业流程，通过用户界面定制、ModleBuilder 建模、VBA（VB）二次开发等方式，实现功能或空间分析模型实际操作的技术平台。利用 VBA 或 VB 进行编程可实现模块功能，方便地创建、修改和管理命令按钮、工具条按钮、菜单项等界面元素，实现评估流程的操作。

用户界面包括菜单、工具、组合框、编辑框等命令。根据命令的使用频率，设计恰当的界面布局，形成适合资源调查评估的用户操作控制命令图板。用户界面的资源调查评估工具条，包括创建新数据、划分基本单元、计算缓冲区、字段计算及其统计分析等功能，使界面更加友好。

主菜单的工具条分为 Normal 模板中原有的菜单和二次开发附加的菜单，其中文件、编辑、视图、插入、选择、工具、窗口、帮助等下拉菜单是为了后期制图的需要而保留的原有菜单，数据管理、单元生成、调查评估、地层沉降分析、统计分析、三维显示，是为了调查评估的需要而新增的工具条。表 8-8 给出了主菜单功能列表；表 8-9 给出了调查评估系统菜单的工具箱和常用命令；表 8-10 简要介绍了新增的工具条与功能；图 8-12 显示了本书所述的城市地下空间资源评估系统首页及主菜单操作界面的初步式样。

工具条中下拉菜单内各工具的主要功能列表 表8-8

菜单	工具	功能
矢量单元生成	单元生成（Identity）	以 Identity 命令为基础进行叠加，并对叠加过程中产生的碎片进行控制，如果碎片太小将合并到相关单元上。适用于已有路网然后不断叠加其他图层并对单元进行细分调整
	单元生成（Union）	以 Union 叠加命令为基础，取所有图层的并集，并对碎片面积进行控制
栅格单元生成	矢量栅格化	把矢量数据转换为栅格数据
	重分类	把栅格数据重分类，可以利用该功能对栅格数据进行相应的归类分析或赋值
调查评估	任意字段计算	对任意表的字段进行计算分析，较适宜于模型扩展的情况
	资源分布调查	对地下空间资源的分布进行调查取得计算结果
	地质条件评估	利用第五章的评估模型进行地质条件评估的计算
	开发难度评估	计算开发难度评估结果
	潜在价值评估	计算潜在价值评估结果
	综合质量评估	计算综合质量评估结果
栅格分析	栅格计算器	主要用来对栅格图层进行计算，可以利用栅格法进行资源调查评估分析，或利用 Peck 公式进行地表沉降计算
	栅格统计	对多个栅格图层进行统计，获取每个栅格单元的最大值、最小值、平均值等数据
	区域统计	统计区域内的栅格数值的最大值、最小值、总和、平均值等数据项。可以用来统计出建筑物最大沉降、差异沉降

资源调查评估工具箱及模型库常用命令表 表8-9

工具集	工具	功能
创建数据	Create Personal GDB、Create Feature Dataset、Create Feature Class、Create Table、Create Domain	创建资源调查评估所需要的数据库、表、点线面图层、属性域
删除数据	Compact、Delete、Delete Domain、Delete Features、Delete Field、Delete Rows	压缩数据库，删除数据库中无用的图层及其表格，删除某一图层的字段、行记录
数据转换	Raster to Point、Raster to Polygon、Raster to Polyline、FeatureClass to Feature class、Feature to line、Feature to Point、feature to Polyline、Check Geometry、Repair Geometry、Table to table、Resample	实现栅格数据到各类矢量数据的转换、各类矢量数据之间的转换、矢量数据的检查修复、表格的格式转换、栅格数据重采样
空间分析	Contour、curvature、slope	对地形地势进行分析，计算等高线、曲率、坡度等
	Eliminate、Identity、Intersect、Union、Update	实现矢量数据的叠加分析
	Clip Select Table Select	裁剪或抽取满足条件的要素集
	Buffer、Multiple Ring Buffer	计算单环、多环缓冲区
单元生成	单元生成（Identity）、单元生成（Union）	利用叠加法生成基本单元，同工具条中命令
评估模型计算	Calculate Field、AddResultFields、Peck 法计算、地质条件评价、开发难度评价、潜在价值评价、综合质量评价	字段计算；添加评估结果字段；进行资源调查评估模型的计算
统计分析	Summary Statistics、Frequency	进行归类统计、频数统计
资源量统计	可合理开发量计算、分类统计资源可合理开发量	根据资源调查的结果对地下空间资源可合理开发量进行计算统计分析

第8章 评估技术模型与作业平台系统　111

资源评估系统主菜单新增项目功能简表　　　　　　　　　　表8-10

工具集	工具列表	功能简介
数据管理	创建数据	创建数据库、要素类、表等
	添加数据	加载数据到文档
	启动数据编辑工具、启动地理配准工具	启动数据编辑、地理配准的工具条
	数据转换	实现矢量数据与栅格数据的转换
单元生成	矢量单元生成	利用叠加命令生成矢量基本单元
	栅格单元生成	利用矢量栅格化及其栅格数据重分类命令生成栅格图层
调查评估	资源调查	利用最小值计算函数计算资源分布
	资源评估	实现资源的生态适宜性评价、地质条件、开发难度、潜在价值、综合质量评估
	栅格计算器及统计分析	利用栅格计算器或统计分析工具进行资源的调查评估
地层沉降分析	缓冲区、矢量栅格化、地层沉降计算（Peck公式法）	利用缓冲区命令、矢量栅格化命令、栅格计算器等计算地层沉降
	栅格计算、区域统计	使用栅格计算器及其统计分析工具，计算地层沉降并统计建筑物的最大最小沉降以此来估计建筑物影响
统计分析	表格统计、资源量的计算与统计	对地下空间资源可合理开发量进行计算统计，或按照其他方式进行统计
三维显示	启动 ArcScene	启动 ArcScene 表现地下空间资源的三维环境

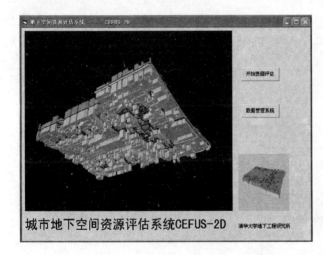 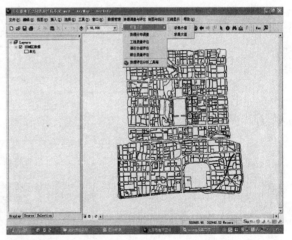

图8-12　城市地下空间资源评估系统 CEFUS-2D 界面示意

第9章 城市地下空间资源评估原理在实践中的应用

9.1 概述

城市地下空间资源调查评估的实际应用，在了解基本评估理念和掌握一般原理基础上，应结合具体评估城市的特点和应用的对象、目标、范围以及适当的精度和尺度等要求，建立适合具体城市特点和尺度要求的调查评估体系和方法流程。资源条件调查评价的内容和评估成果，还应该针对城市规划或管理的需要，给以进一步的归纳和分析，为规划和管理文件的编制提供资源条件分析的结论、建议和依据，力争使资源开发和保护的约束性条件纳入城市规划和管理的条款。

调查评估的实际应用和操作内容主要包括三个部分：评估目标与评估体系、评估作业流程与技术方法、评估要素因子和评估成果。三个组成部分在具体内容和作业程序上具有相对独立性和有机的逻辑关系（见图9-1，图9-2），即：目标与体系的制定和完善，是评估的核心纲领和控制标准；作业流程和技术方法是支撑评估的数据信息载体、物质基础和操作实现的手段；评估因子分析为评估体系完善、评估作业和成果获取提供基础数据来源；评估结果的取得和总结归纳是全部评估工作的最终目标和规划应用的基础。

本章根据著者近年亲身参与和主持的北京、青岛、厦门等几个典型城市地下空间资源评估与地下空间总体规划研究的实践，对地下空间资源评估原理在实际评估应用中的体系与目标制定、技术作业程序与方法、指标体系的建立和评估模型的选择、基础资料与数据处理、评估因子分析和评估结果的生成及最终评价等方面的经验，结合评估实例进行总结和归纳，提供一套简明的、易于操作的评估步骤与应用方法，以供读者了解、借鉴和使用。

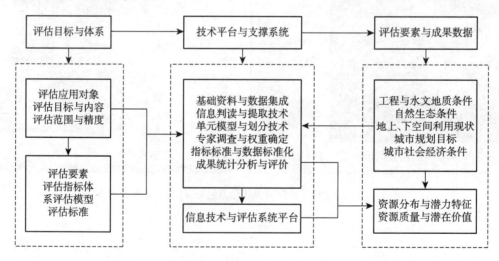

图9-1 城市地下空间资源评估系统的组成与结构

9.2 资源评估作业的步骤与流程

按照评估作业的顺序，把城市地下空间资源调查与评估分为三个大的工作阶段和六个具体的技术操作步骤。第一阶段是前期准备，第二阶段是地下空间资源调查评估实施，第三阶段是成果的组合、叠加、计算、输出，以及成果的总结归纳和分析整理阶段。评估的整体作业流程和逻辑关系框架见图9-2。

第9章 城市地下空间资源评估原理在实践中的应用　113

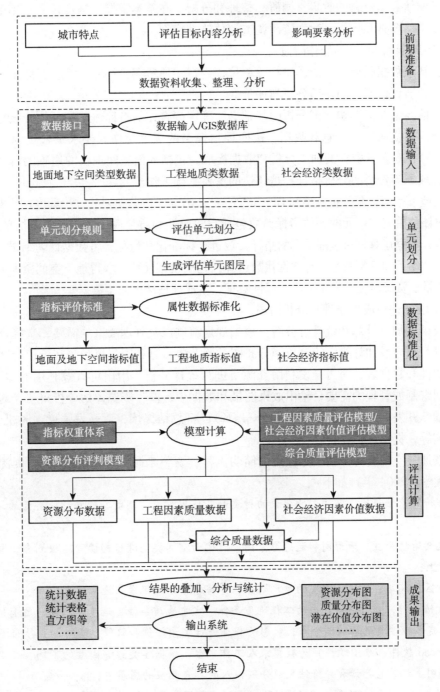

图9-2　地下空间资源评估系统逻辑结构和简明作业流程

图9-2的各评估流程框架中都有一些相对独立的操作模块或者输入项等环节，这些独立的模块和项目，实际上就是自成体系的地下空间资源评估标准、原则、模型等评估计算的关系式和评价标准数据库。根据评估原理和各评估环节的需要，应对它们进行前期准备，并在评估过程中补充和完善。在以下的作业步骤解释和后续各节示例中将进行简要的解释和应用说明。

（1）第一阶段，评估前期准备阶段。

首先根据评估应用对象，广泛收集资料，了解城市自然、生态、社会经济等方面的特点以及城市规划和城市发展目标的信息；与城市规划部门进行沟通，明确地下空间规划和地下空间资源评估的基本需求和目标，确定地下空间评估范围和重点区域；初步分析评估要素特点，提出基础资料和评估依据调研和收集的提纲。

之后，展开评估数据资料的收集、调研、整理和分析。在基本掌握数据资料的基础上，初步确立地下空间资源调查评估要素和指标，建立资源调查评估体系模型。

（2）第二阶段，评估实施的操作阶段。

首先，完善基础数据收集。走访调研相关单位，进行实地考察，补充、完善、修正并获取深入、具体的数据信息；开展评估要素的逐项分析与评价。

其次，在评估要素及其影响评价分析的基础上，确定调查评估指标体系和评估分级标准；对基础资料加工分析并判读、提取评估信息和数据，按照评估模型的规范化格式要求录入资源分析平台数据库（GIS 或 AutoCAD）；对调查资料的加工分析和数据提取，包括地面空间现状的遥感图解译判读，地质条件和社会经济、规划等资料的分析整合，是评估的重要基础工作。

然后，利用地下空间资源分析模型和 GIS 作业平台，确定评估单元划分方法和准则，对初始数据进行分析处理，生成评估单元，单元的评估指标参数包括空间属性和质量属性，并形成评估单元初始数据库；根据评估标准展开数据运算，对全部单元的指标参数进行标准化和量化；将数据处理结果代入评估计算模型，根据指标权重体系和调整系数进行线性代数运算；完成模型计算，取得地下空间资源开发利用适宜程度、资源基本质量、资源潜在开发价值等的属性数据，生成评估结果初步数据库。

（3）第三阶段，评估成果整理与分析阶段。

完成最终成果叠加、计算和统计、分析。根据规划编制以及管理决策的需要，选择评估结果数据库中的相关数据进行组合叠加计算，绘制资源分布图、资源质量分布图、资源潜在价值分布图、资源综合质量分布图等图件和数据表；对可开发利用资源量进行统计分析，给出可有效利用的地下空间资源量。同时，根据规划编制或管理的需要，输出成果图纸和数据表；撰写资源评估分析报告，对资源分类、分层、潜力、质量、开发利用适宜性的特征和分布规律进行总结提炼，对开发强度、时机、位置、步骤、保护和控制措施等，提出评估建议。

示例：北京地下空间资源评估实际应用的简明流程（资料来源："北京地下空间资源评估"专题研究报告，清华大学，2004 年）如下[①]：

（1）研究分析北京城市地下空间影响要素的种类和其作用方式，制定各独立影响要素的评价标准和数据提取规则；

（2）根据规划地块分区、地形图和遥感影像图，对地面空间类型进行判读和地块划分，把判读和划分结果记录在地形图上；

（3）进行城区、环路、地区、地块的单元划分，并将划分结果记录在地形图上；

（4）根据原始资料，分析评估区内的工程地质条件、水文地质条件、地下埋藏物、已有地下空间、区位和竖向层次，确定各项要素的影响与分布，对影响程度进行定量评价和取值，绘制各项影响评价图；

（5）以 Autocad 软件（绘图软件）为数据录入工作平台，根据各类影响因素的不同，分别建立图层，并将地形图和专题图上记录的判读和评价结果，分别输入的各自相应的图层中；

（6）利用 Mapinfo（GIS）软件，将 Autocad 中输入的数据直接转移到地理信息系统，对单元进行编码；

（7）在 Mapinfo 中，将每个地块的原始数据输入到数据库中，包括工程地质条件因子 a_1，水文地质条件 a_2，区位因子 a_3 和竖向层次因子 a_4；

（8）计算得到每个评估地块可供合理开发利用的地下空间资源蕴藏量 V，及其可开发程度等级评估结果 I，并将结果储存在 Mapinfo 数据库中；

（9）根据各评估区的总面积和所有地块面积，计算地块以外的城市道路面积。将城市道路作为独立的评估单元进行分析，得到道路下部可供合理开发的资源容量。

---

① 本章正文中的小五号楷体字均为引文，摘自实际调查评估应用或基础研究的报告和文件；引文中的目次编号和表格的编号均是所引用的内容在原文中的排序。下同。

9.3 资源评估的体系与目标

在资源评估的实际任务中,评估目标与评估体系的建立是前期准备环节中的核心。根据图 9-1 和图 9-2,评估作业数据准备阶段的首要任务就是明确评估目标与基本内容纲要,具体内容包括:城市规划和资源管理对评估的范围、工作阶段及深度要求,分析服务应用对象的特征,确定评估内容、要素、目标与成果的基本框架,以此作为资料调研、收集和数据信息分析与处理的依据。在基础资料收集、影响要素分析和评估数据处理的过程中,需要逐步调整和完善最终的评估体系与目标内容。

9.3.1 评估内容与目标的确定

根据本书第一章 1.4 地下空间资源评估理念、目标和表 1-1 的评估内容体系,选择和确立评估成果的目标和具体评估内容,构建基本的评估指标体系。根据表 1-1,地下空间资源调查(即可开发利用范围分布的调查),是地下空间资源评估的基础成果,在此基础上进行地下空间资源开发利用工程难度、工程适宜性分区、资源潜在价值分区分等定级评估,可以取得基于资源潜力和质量耦合的地下空间潜力与价值的综合评价结果。

由于城市地理地貌、区域特征和具体空间形态的特点对地下空间资源总体条件的影响较大,在评估体系和目标的构成以及要素分析的针对性上应有所体现。在评估内容的初选中,在宏观上就要根据评估范围和城市的自然、历史及人文等特征对评估要素和重点范围加以区别对待。例如北京中心城区坐落在平坦且以良好土层为地质背景的冲积平原上,地形起伏对地下空间利用的建筑形式的影响就没有列入评估目标和体系的内容中,但由于城市历史久远,地上下空间建设和发育程度高,历史文化保护对象和地下埋藏物较多,因此,均被列入调查评估目标和体系的重点研究对象;又例如青岛城市主体空间布局在以完整花岗石为地质背景的滨海丘陵地形上,在评估体系内容组成上突出了岩石地质和地下水质这一特点;而厦门市则处在丘陵起伏、河海环抱的地理环境中,以软弱土沉积层为主要地质背景且以地形起伏较大的平原台地作为城市建设的主要空间,因此在实际的评估体系内容组成和评价方式上,对各种软弱土和灾害性地质现象以及低洼地势的影响进行了较深入的调查研究,给出了明确的分析结论。

示例 1:北京旧城区地下空间资源调查评估体系[①]

北京旧城区地下空间资源评估的总体框架分为三个层次:第一层次为评估总目标层,表述工作的总目标为地下空间资源评估;第二个层次是子目标层,分为地质条件评估和社会经济条件评估两个子目

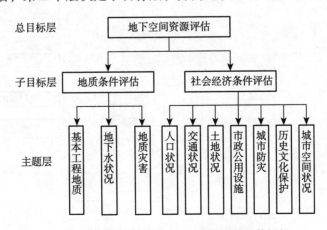

图 9-3 北京旧城区地下空间资源评估总体框架

---

① 资料来源:郭建民、祝文君,基于层次分析法的地下空间资源潜在价值评估,地下空间与工程学报,2005 年第 5 期

标;第三个层次为主题层,把评估目标分解为若干相互独立的评估要素组。如图9-3所示,北京旧城区地质条件分为三个主题进行评估。旧城区历史悠久,社会经济发达,人文地理特征分异性强,因此社会经济条件分为七个主题进行评估。

示例2:青岛市和厦门市地下空间资源调查评估体系(资料来源:"青岛主城区地下空间资源调查评估"专题研究报告,2004年11月;"厦门市地下空间资源调查与评估"专题研究报告,2006年11月)

根据第5章5.3.2资源调查评估体系框架和原理,结合青岛、厦门城市地质和地理等自然要素比较丰富的特点,提出实用的地下空间资源评估体系框架,分为资源调查、资源质量评估、资源量估算三个分体系,通过实际评估应用,达到了较为完善的程度,具体内容如下:

(1)地下空间资源分布调查分体系和目标:对制约性约束条件,按照地下空间可合理开发的程度分为完全制约区(不允许开发)、有限度开发区、非制约区三个主题类别。在厦门市评估中,又进一步对资源开发利用的地质条件适宜性,分为适宜开发、基本适宜开发、不宜开发三个主题进行了分项评价(见图9-4)。

(2)地下空间资源质量评估分体系:根据表1-1资源评估体系基本组成结构和第5章5.3对地下空间质量基本内涵的解释,提出针对这两座城市的地下空间资源质量评估分体系和组成结构。

根据影响因素对地下空间资源开发影响程度的指标和参数,对地下空间资源的工程(自然条件适宜性)难度、资源的潜在开发价值,以及资源的综合质量进行分级评价。

- 地下空间资源工程难度评估:反映自然条件和工程成本特征;主要是针对地下空间资源在施工、风险、结构、维护方面的成本投入、技术复杂程度进行分级,它可以在一定程度上反映地下空间开发的工程总投入特征,是对地下空间自然条件适宜程度定性分类的进一步综合评价。
- 地下空间资源的潜在开发价值评估:反映城市经济社会环境等综合价值特征。主要是针对地下空间开发可能获取的经济、社会和环境收益期望值综合水平进行分级。
- 在资源开发难度和潜在价值因素基础上叠加,得到地下空间资源综合质量等级评价结果。

(3)地下空间资源量估算分体系与统计的目标,主要是为了配合资源分布以及资源质量评估结果进行数量估测,以掌握资源潜力的数量值为目的。

图9-4展示了青岛市和厦门市地下空间资源调查评估总体系和评估内容的主题层次结构。

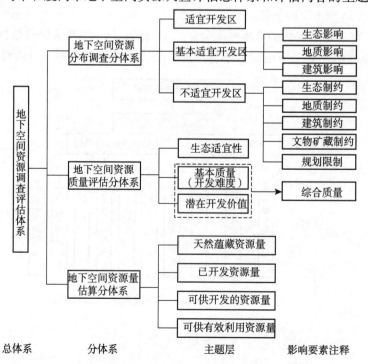

图9-4 青岛市和厦门市地下空间资源调查评估体系总体框架

9.3.2 评估范围与竖向层次

资源评估的水平范围和竖向深度层次是评估目标和评估体系中尺度控制的参数和内容，对评估要素数据处理与分析的深度、精度、难度以及工作量有很大的影响。调查评估的水平范围一般与城市总体规划的规划市区范围相同，或根据具体任务的要求确定。根据第一章1.4.2的约定，特大城市重点研究地表以下50米深度以上范围，一般大城市重点研究地表以下30米深度以上范围，再深的部分则作为资源加以保留。

示例：北京城市地下空间资源评估范围（资料来源："北京地下空间资源评估"专题研究报告，2004年）

(1) 平面范围：规划市区的中心地区，包括东城区、西城区、崇文区、宣武区、朝阳区、海淀区、丰台区共7个城区，边界在四环路内外，面积约为324平方公里。

(2) 深度范围：
- 浅层：地表至地下10米，开敞空间和低层建筑基础影响深度；
- 次浅层：地下10米至地下30米，中层建筑基础可影响的深度；
- 次深层：地下30米至地下50米，特殊地块和高层建筑基础可影响的深度；
- 深层：地下50米至地下100米。

(3) 重点范围：
- 平面的重点是中轴线地区、东西轴线地区、王府井地区、西单地区及旧城区范围；CBD区、中关村西区、奥运公园已经开始进行建设，评估仅为参考。
- 本次评估结果的实用性从浅层至深层的顺序递减。浅层部分与城市近期关系更为密切，因此0~30米的浅部区是竖向层次的评估重点区，30~50米和50米以下的深部区域结果数据仅作为参考。
- 地块内部地下空间资源为评估重点，地块外部城市道路地下空间资源容量仅为粗略估算，其资源等级参照相邻地块取平均值。

9.4 资源评估指标体系与分析模型的应用

9.4.1 评估指标体系的简化与应用

第5章基于理想情况给出较完整的评估指标体系（图5-1、图5-2、图5-3），在实际评估中，很难把各级指标的资料和数据全部收集到。实际上，根据表7-4和表7-6的指标体系权重排序结果可知，选取其中若干权重较大的核心指标即可准确判断和反映地下空间资源质量的基本特征和排序。因此实际评估应尽量优选一级指标，以减少指标过细造成的数据收集困难。

示例1：北京旧城区地下空间资源评估指标体系研究（资料来源：郭建民. 城市地下空间资源评估模型与指标体系研究：[硕士学位论文]. 北京：清华大学土木工程系. 2005）

经过专家问卷调查和分析，最终确定北京旧城区地质条件和社会经济条件要素较详细的两级指标，结果见表4.3和表4.4。

表4.3 北京旧城区工程地质条件评估指标体系

目标层	主题层	一级指标层	二级指标层（要素层）
地质条件状况	基本工程地质状况	土层	土壤类型
	地下水状况	土层	潜水水位
			腐蚀性
			补给状况

续表

目标层	主题层	一级指标层	二级指标层（要素层）
地质条件状况	地质灾害	岩溶灾害	塌陷等级
		地面沉降灾害	沉降速率
		砂土液化灾害	液化系数
			地震烈度

表4.4 北京旧城区地下空间资源评估的社会经济条件指标体系

目标层	主题层	一级指标层	二级指标层（要素层）
社会经济条件	人口状况	常住人口	常住人口密度
		流动人口	流动人口密度
	交通状况	动态交通状况	地铁占客运量的比例
			平均车行速度
		静态交通状况	停车位数量与机动车保有量的比值
		交通区位	交通节点类型
	土地状况	土地资源	基准地价
		用地类型	用地类型
	市政设施状况	市政设施状况	市政管线密度
	城市灾害状况	城市防灾	人均防灾面积
	历史文化保护	历史文化保护	名城保护
			保护区保护
			文物单位保护
	城市空间现状	城市空间状况	建筑限高

示例2：青岛市和厦门市地下空间资源调查评估指标体系（资料来源："厦门市地下空间资源调查评估"专题研究报告，2006年11月）

根据表7-4、表7-6资源评估体系的一般指标系列，在青岛主城区地下空间资源评估实践的指标体系（2004年）基础上，厦门市的评估体系补充了评估模型基础研究的成果，添加了土地价格和用地类型要素作为资源潜在价值评估的指标。

厦门市地下空间资源评估指标体系见表3-2。

表3-2 厦门市地下空间资源调查评估体指标体系

评估分体系	主题层	指标层	要素/注释
地下空间资源调查目标：地下空间资源可利用范围	不可开发	严重不良地质构造	大型及活动明显断裂带，破碎带
		严重灾害性地质	崩塌滑坡、震陷、砂土液化
		水资源	水源地保护、承压水水脉
		地面保护保留建筑	文物建筑、重要建筑、一般建筑
		已开发地下空间	地下建筑、市政管线、交通设施
		地下埋藏物	地下矿藏、地下文物
	可有限度开发	绿地、水面、山体	相应的开发深度及比例系数
		建筑物、构筑物基础底面以下空间	相应的影响深度及范围内
	可充分开发	规划拆除建筑地区	旧城改造区，城中村改造等
		广场、空地	
		道路（一定深度以下）	
		新规划开发建设区域	

续表

评估分体系	主题层	指标层	要素/注释
地下空间资源评估 目标：地下空间资源质量与需求	开发难度评估	工程地质适宜性	地质构造岩性
		水文地质适宜性	地下水类型及水位埋深
			地下水含水量
			地下水水质
		开发深度	深度 0–10 米；10–30 米
	开发价值评估	空间区位与交通便利程度	行政中心、商业中心
			城市景观吸引点、文化中心
			地铁站、交通枢纽
		土地价格	土地基准价
		用地性质功能	土地利用规划地块
地下空间资源量估算 目标：地下空间资源容量与潜力	可有限度开发	绿地、水面、山体	相应的开发深度及比例系数
		建筑物、构筑物基础底面以下空间	相应的影响深度及范围
	可充分开发	规划拆除地区	相应的可供有效利用系数和层次、范围
		广场、空地	
		道路（一定深度下）	
		新开发建筑区域	

9.4.2 评估模型的应用实例

在实际评估中，评估指标的选取和指标体系的构造常常无法满足指标体系理想情况对指标数量、层次和数据质量的要求，因此必须结合图 9-2 流程图的要求，对第 6 章评估和评判模型的公式（6-1）、（6-5）、（6-7）等进行简化、修改或重新构建。

示例 1：北京市城市中心地区地下空间资源评估模型（资料来源："北京地下空间资源评估专题研究报告"，2004 年 9 月）

由于北京中心城地处开阔的平原，城市地质条件简单，地理分异性较弱，城市空间结构和形态布局以及地理特征较为简洁明了，因此直接采用指数和的函数计算模型进行资源综合质量评估，资源分布调查则采用影响要素逐项叠加排除的方法。

(1) 资源调查模型，采用影响要素逐项排除法。

设 V 为评估范围内地下空间的总蕴藏空间，V_1 为地质条件和水文地质条件制约的空间，V_2 为受地下埋藏物制约的空间，V_3 为受已开发利用的地下空间制约的空间，V_4 为开敞空间和建筑物基础制约的空间，V_5 为可供合理开发利用资源的空间。则可供合理开发的地下空间资源为：

$$V_5 = V - (V_1 + V_2 + V_3 + V_4) \qquad 式 4-1$$

(2) 资源质量等级综合评估模型，采用多因素综合评价法，基本表达关系式为：

$$I = \sum_{i=1}^{n} a_i w_i \qquad 式 4-2$$

式中 I 为资源质量评估分数，a_i 分别为工程地质条件、地下水类型及其埋深、地下水含水量、地下水水质等评估指标取值，w_i 为相应的评估因子权重。

在北京市中心地区，地下空间资源可开发的质量等级的影响因素包括：工程地质条件适宜性 a_1、水文地质条件适宜性 a_2、区位对地下空间开发利用的有利程度等级 a_3、竖向深度对地下空间开发利用的有利程度等级 a_4。根据影响性质不同，影响因子可以分为三类：

制约性因子，包括工程地质条件适宜性 a_1、水文地质条件适宜性 a_2。工程地质条件与水文地质条件的地下空间工程适宜性评价的等级，是由其对地下工程建设的难度而排定。

利导性因子,即区位等级 a_3,以其对地下空间潜在价值的有利影响程度排定。

复杂性因子,即地下空间资源的竖向层次 a_4,以其对地下空间资源的经济效益、开发难度和使用便利程度而综合排定。

因此,根据北京的地下空间资源特点,资源质量等级评估计算公式为:

$$I = w_1a_1 + w_2a_2 + w_3a_3 + w_4a_4 \qquad 式4-3$$

示例2:青岛、厦门市地下空间资源质量评估模型(资料来源:"青岛主城区地下空间资源调查与评估"专题研究报告,2004年11月;"厦门市地下空间资源调查与评估"专题研究报告,2006年11月)

青岛、厦门市地下空间资源评估体系分为三个组成部分,根据城市地理特征复杂性特点,其评估因子的选取比北京市更为多样化。

青岛主城区地下空间资源评估模型:

(1) 地下空间资源开发难度等级评估模型

采用多因素指标分数综合评价法,基本表达关系式为:

$$I_1 = \sum_{i=1}^{n} a_i w_i \qquad 式4-2$$

其中 I_1 为资源开发难度的评估指标和分数,a_i 为各评估因子取值,w_i 为评估因子的权重。评估分数值 I_1 越高表示该地块的地下空间资源越容易开发,工程造价和复杂程度应越低。

青岛主城区地下空间资源开发难度评估的影响因子为:物理性因子,包括工程地质条件适宜性 a_1、水文地质条件适宜性 a_2,通过工程地质与水文地质条件的优劣评价对地下工程建设难度的影响;复杂性因子,即地下空间资源的竖向层次 a_3,通过深度变化影响地下空间资源开发难度和使用便利程度。

(2) 地下空间资源潜在价值等级评估模型

青岛市地下空间资源潜在开发价值的评估,根据经济区位、交通区位,尤其是地铁线网对周围相关区域的影响确定地下空间资源的潜在开发价值,采用区位影响等级最高的因素作为评估取值,基本表达关系式为:

$$I_2 = \text{Max}(x_1, x_2, x_3) \qquad 式4-4$$

其中 I_2 为资源经济价值的评估指标及分数,x_i 分别为经济区位、交通区位、地铁线网的影响因子,I_2 选择 x_i 中的最大值为评估等级取值。仅考虑城市区位和地铁等对平面分布的影响,不对深度进行评估和等级划分。

(3) 地下空间资源综合质量等级评估模型

地下空间资源综合质量评估,采用层次分析法的多因素权重指标函数法,由地下空间资源开发难度和开发价值两个子模型组成,评估模型如下:

$$M = \omega_1 I_1 + \omega_2 I_2 \qquad 式4-5$$

其中 M 为资源质量评估指标及分数,I_1 为资源工程难度评估值,I_2 为资源潜在开发价值评估值。

厦门市地下空间资源开发难度评估子模型与青岛相同,但评估指标因子略有差别,即 a_i 分别为工程地质条件、地下水类型及其埋深、地下水含水量、地下水质等的评估指标取值。

厦门市地下空间资源潜在开发价值评估子模型与青岛相比,增加了用地功能类型、基准地价两项指标;其空间区位 b_1 的取值方法与青岛市相同(即青岛市评估模型式4-5),见引文。

厦门市地下空间资源潜在开发价值评估采用指数求和的分数评估法,评估计算表达式为:

$$I_2 = \sum_{i=1}^{n} b_i w_i \qquad 式3-3$$

其中 I_2 为资源潜在开发价值评估分数,b_i 分别为空间区位[①]、用地功能类型、地价评估指标取值,w_i 为

---

① 空间区位的取值同青岛评估模型。

相应的评估因子权重。潜在开发价值分布仅考虑城市平面方向，不对深度进行划分。

厦门市地下空间资源综合质量评估模型与青岛相同，即采用青岛评估模型的式 4-5。

9.5 基础资料与数据处理

基础资料和数据是资源评估作业的基本材料和具体操作对象，为了保证资源评估基础数据信息和依据的统一协调及可靠性和准确性，从原始数据到评估系统数据库的建立过程，都必须对资料和数据的内容、类型、格式和记录方式以及运算过程进行协调和规范。

9.5.1 基础资料类型与收集

基础资料和数据的内容和类型主要包括以下四种：
- 基础地理空间信息资料；
- 工程地质和水文地质资料；
- 城市规划基础资料；
- 城市建设基础资料。

示例：北京市地下空间资源评估的基础资料目录（摘自"北京地下空间资源评估"专题研究报告，2004 年 9 月）。

1. 评估依据与资料

北京市中心地区地下空间资源评估的主要依据是现状条件、规划目标和地质自然条件。由于地下空间资源信息并不直观和直接，对依据条件必须采用一定的深入分析和技术手段，从原始资料中提取评估信息。评估采用的原始资料包括：

（1）地面空间现状资料
- 北京市区中心地区地形图（1999 年电子版）；
- 北京市区中心地区遥感影像图（比例 1:8000，2002 年摄）。

（2）地下空间现状资料
- 依据北京市区中心地区地下空间利用现状调查及分析（北京工业大学 2004 年 6 月）提取；
- 地下人防设施；
- 地下停车设施；
- 各类地下建筑；
- 地铁和地下市政管线。

（3）规划资料
- 北京市总体规划（1991~2010 年）；
- 北京市空间发展战略规划（2004 年）；
- 北京城市轨道交通线网调整规划（2008 年，2020 年，2050 年）；
- 北京城市中心地区规划地块图；
- 北京市区中心地区建筑高度控制规划图；
- 北京市区中心地区土地使用功能控制规划图；
- "控规"技术指标参数表；
- 历史街区边界图，重点地区边界图（电子版）；
- 北京皇城保护规划。

（4）工程地质条件、水文地质条件资料
- 工程地质总图（比例 1:200000）；

- 环境工程地质图（比例 1:800000）；
- 工程地质条件分区图（比例 1:800000）；
- 地震地质图（比例 1:800000）；
- 市区地震工程地质分区图（比例 1:300000）；
- 震害预测图（比例：1:1000000）；
- 综合地质图（比例 1:800000）；
- 北京市地质灾害防治总体规划（2001~2015）；
- 2002 年潜水水位等值线及埋深分区图（1:200000）；
- 南水北调实施十年后北京市区地下水位预测图（1:200000）；
- 北京市区地基稳定性分析图（1:200000）；
- 南水北调地下水位上升后市区地基稳定性预测评价图（1:200000）。

（5）其他资料
- 北京市市区文物单位分布图；
- 北京市文物保护单位名单。

2. 评估依据的适用期限

由于评估的依据是随时间而变化的，使得评估结果具有动态性和时效性。

在评估要素中，地面空间状况可变性最大，且规划控制也有一定的年限，所以评估结果的适用年限应与规划年限相一致。在一定年限之内，根据变化的资料，可对评估结果进行阶段性调整；超过一定年限，则应根据新的现状资料和新的规划目标，重新进行评估。

根据原始资料和规划条件的有效性，本次评估的适用期限应为近期的 2010 年，最长不超过远期的 2020 年。在评估结果中，地面空间分析仅适用于近期参考，应根据时间进展进行修改，例如在近期城市总体规划修编和控制性规划调整后，地面空间规划部分的资料会有一定变化，评估结果也应随之相应变更；根据南水北调工程的实际完成情况，地下水的变化也会改变水文评价结果；地铁规划采用 2050 年线网图，主要考虑地铁规划对地下空间潜在价值产生的远期影响已经初步形成，可以作为资源价值的影响因素。

工程地质类和社会经济类数据，主要来源于文献资料调研、走访和收集；地面和地下空间类数据以遥感和地下空间现状调查为主要的来源和途径。

基础资料收集完成后，提取和处理信息数据的技术路线是：工程地质条件、水文地质条件、地下埋藏物、已开发利用的地下空间现状等信息和数据，根据资源评估依据中的资料进行统计分析；根据地形图和遥感影像图，综合判读城市广场、空地、绿地、水面、铁路、道路、建筑物等所占区域的位置、建筑区类型及建筑物高度范围；根据控制性详细规划、文物保护要求、历史文化名城保护规划，综合判断地块在保护区、保留区和改造区中的类别。

9.5.2 多源异质数据的协调与整合

资料信息等原始数据经过一定的处理后形成可用的基础数据，分为地理、地质、地面与地下空间类型、生态条件、各类规划、社会经济等数据。资源调查评估所需要的指标参数信息，经过数据接口存储在 GIS 评估系统的数据库中。

地下空间资源的影响要素众多，基础资料内容和类型、来源渠道多样而复杂，其中包括图件、表格、文字、数字等多种格式，以及纸质和电子版多种载体、多种比例尺、多种精度等。这些数据的格式、载体、来源、精度、时间效应的不同，造成数据质量的不同，因此需要制定适合异质信息混合使用、联合运算的规则，以便在信息提取和数据转换过程中对数据进行规范化、标准化，使多源异质的数据信息可以融合并获得可解释的物理意义。

数据质量的协调，要考虑数据的使用目的和数据本身的精度。一般应考虑：（1）空间位置精度：

指空间数据库中的位置信息相对现实世界空间位置的接近程度，常以坐标数据的精度来表示，可以包括平面点位置精度、高程精度、像元定位精度、形状再现精度等；（2）属性精度：是指空间数据库中的要素特征信息与现实世界真实值的相符程度；（3）时间精度：是指空间数据库中的要素信息提取的时刻之间、与现实世界现状之间的时间差[59]。表9-1给出多种数据类型精度控制和协调的标准，其中位置精度通过数据的比例尺进行控制或重新规定，且比例尺应当与规划尺度相协调；时间精度通过对信息记载内容存在的客观时刻和数据采集时间进行控制；属性精度通过控制要素属性值和名称的正确性来控制。

评估数据精度和质量的适用程度，应在实际评估的基础资料收集提纲和评估成果统计分析中给出解释和说明（例如9.5.1示例）。

地下空间资源调查评估指标数据信息来源及其精度控制与协调标准　　表9-1

指标数据类型	指标数据信息的来源	数据质量控制与协调标准
地形地势	数字地形图、数字高程模型数据（DEM）	比例尺
地质指标	地质部门的勘查资料及其归纳的地质成果图	比例尺
空间类型	遥感图、土地利用规划图、其他规划资料、建设现状资料	比例尺及其数据采集时间
社会经济指标	统计局的各相关统计数据	数据采集时间
生态类指标	地质环境、生态环境的调查数据及成果数据	比例尺及其数据采集时间

9.5.3 评估指标标准与权重的应用

评估要素分析得出的影响作用程度指标，在理论上一般可以直接用于实际城市的评估，但是在通常情况下，评估资料和数据收集的成果形式、格式、来源和时效性多种多样，与理论分析给出的数据和参数标准的统一性较差，因此必须结合城市的具体特点和收集数据的效果，制定确定符合实际情况的信息判读、数据提取和评估分级标准，对指标参数的量纲、参数变化刻度等进行修正和标准化，使调查评估数据具有相同的物理意义和可比性，才能够进行下一步的评估的综合叠加和计算。

（1）指标标准和评估要素参数的量化

根据第6章6.1，评估要素指标分为极限型和程度型两类，在实际评估中，要结合具体评估要素给出指标变化与影响程度的标准刻度值。

示例：北京旧城区地下空间资源评估指标体系评估标准（资料来源[20]：城市地下空间资源评估模型与指标体系研究［硕士学位论文］．郭建民．北京：清华大学土木工程系．2005）

北京旧城区地下空间资源质量评估的指标量化，采用等级划分的办法，即根据各指标的作用性质及表现形式，分别采取以下几种方法对评估指标进行量化及标准化处理：

①有国家标准的严格按照国家标准进行等级划分，根据其等级标准按线性插值法从0~1之间选取，如基准地价国家标准是10级，则各级量化等级系数依次为1.0、0.9、…、0.1；

②对于可度量的指标，将指标分为五个等级，每个等级系数分别为1.0、0.8、0.6、0.4、0.2；

③对于定性评估的指标，按专家评分法来确定。首先将每项指标都分为优、良、中、低、差5个等级，每个等级系数分别为1.0、0.8、0.6、0.4、0.2，由评估专家组的每位专家按照评估指标所考核的内容进行打分，最后根据下式计算该评估指标的评分值：

定性指标评分值 = ∑每位评议专家选定等级系数/评议专家人数。

表9-2汇总了北京旧城区地下空间资源评估的地质条件和社会经济条件指标量化及标准化的结果。

（2）评估指标体系权重确定

本书第7章采用层次分析法和指标权重主客观联合分析法，给出了以北京市旧城区地下空间资源质量影响要素为研究对象的评估指标体系及权重序列（表7-3、表7-4、表7-6）。但是当城市地下空间资源规划的范围较大时，资源评估基础数据调查、收集的工作量和难度明显增大。当不具备全面和详细调查的条件时，可以采取简化评估要素的办法求得指标权重，也就是在全部影响要素中，选取影响作用较大的典型指标作为调查评估要素，对于资源质量评估来说，仍然可以达到分级排序的准确度，甚至更能突出地下空间资源分异特征的显著性和规划编制依据的简洁性。当强调资源评估的质量排序时，可以根据各项指标影响的敏感度，对各要素的指标权重直接进行两两比较，从而得到指标权重的排序表。在北京市中心城中心地区、青岛市主城五区、厦门全市域的地下空间资源评估指标体系权重确定中，均采用了简化抽取典型要素和两两比较法辅助确定指标权重。

北京市旧城区地下空间资源评估指标标准　　　　　　　　　　　　　表9-2

指标	评估标准				
	1.0	0.8	0.6	0.4	0.2
1 土壤类型	砂类土	碎石类土，红黏土	粉土，湿陷性黄土，填土	黏性土，软土	膨胀土，盐渍土
2 潜水埋深（m）	≥30	22.5~30	15~22.5	7.5~15	<7.5
3 单井涌水量（m³/d）	≤100	100~400	400~700	700~1000	>1000
4 塌陷等级	稳定	基本稳定	次易塌陷	易塌陷	极易塌陷
5 沉降速率	无	轻微	一般	较严重	严重
6 液化指数（I_{LE}）	0~4	4~8	8~12	12~16	>16
7 地震烈度	<6	6	7	8	9
8 常住人口密度（万人/km²）	≥4	3~4	2~3	1~2	<1.0
9 年客流人口密度（万人次/km²）	≥100	75~100	50~75	25~50	<25
10 主干路平均车速（km/h）	<12	12~24	24~36	36~48	>48
11 轨道交通客运量比例（%）	<20	20~40	40~60	60~80	>80
12 交通节点等级	一级	二级	三级	四级	五级
13 停车泊位量与汽车拥有量比值	<0.25	0.25~0.5	0.5~0.75	0.75~1	>1
14 市政管线密度（km/km²）	<7.5	7.5~15	15~22.5	22.5~30	>30
15 人均防护面积（m²）	<0.25	0.25~0.50	0.50~0.75	0.75~1.0	>1.0
16 文化名城保护	是				否
17 风貌、自然保护区	是				否
18 文物保护单位	否	区级	市级	国家级	地下文物
19 建筑限高（m）	≤20	20~40	40~60	60~80	>80
20 用地类型	商业金融 文化娱乐	绿地，广场 医疗卫生	居住，教育，行政办公	工业，仓储	水域，其他
21 基准地价等级	1	3	5	7	9

说明：1. 根据郭建民硕士论文改写，2008年8月；

2. 潜水埋深：鉴于目前地下空间开发主要在0~30m的范围内，因此采用线性插值的方法，把深度分为5等份；

3. 市政管线主要指供热管道、供气管道、自来水管道及城市排水管道；

4. 人均防护面积：以国家规定的人均防护面积1m²作为评估指标依据。

示例:厦门市地下空间资源评估指标权重取值(引自:"厦门市地下空间资源调查评估"专题研究报告,2006年11月)

厦门市地下空间资源评估指标权重确定,采用层次分析法的两两比较和简化处理,地下空间资源评估指标体系权重确定的实际结果见表7-5,表7-13。

表7-5 工程难度评估因子权重

	指标 a_1	指标 a_2	指标 a_3
权重(浅层地下空间)	0.4	0.1	0.5
权重(次浅层地下空间)	0.4	0.2	0.4

表7-13 潜在经济价值评估指标权重

	指标 b_1	指标 b_2	指标 b_3
权重	0.7	0.1	0.2

其中竖向深度变化对资源质量的权重变化的影响直接分配到各层次中,简化了评估模型计算的复杂程度。

9.5.4 评估单元划分方法与实例

评估单元是评估属性信息和空间信息协调耦合的最基本数据与空间单位,评估单元也决定了各评估要素空间匹配的协调性、连续性,以及评估结果的准确性、精确度和空间单位的尺度效应。

城市地下空间开发利用规划是城市总体规划编制的延伸和具体化,涉及空间范围和形态的表达与描述,并以平面分布为基本层面向地下逐层扩展。在总体规划层面上,一般不必对地下空间的竖向深度方向进行真三维建模分析,采用本研究提出的评估体系和基于平面分层法的单元模型就可以满足实际需要和研究精度的合理要求。

示例:厦门市地下空间资源评估单元划分(资料来源:"厦门市地下空间资源调查与评估专题研究报告",2006年11月)

厦门市地下空间资源评估的基本单元,采用规划地块平面为基准和竖向层次划分的方法。

(1)平面单元划分

厦门地下空间资源调查评估以远景规划用地的地块为基本评估单元,再叠加工程地质、水文地质等评估要素分布图,得到最终评估单元的分布图。

(2)竖向层次划分

规划期内主要发展较浅层次的地下空间资源,故本次评估的主要范围为城市地表下0到-30米深度范围以内,并把其分为浅层(0~-10米)和次浅层(-10~-30米)分别进行调查评估。

图9-5展示了厦门市地下空间资源评估基本单元划分的结果,可以看出在厦门本岛和岛外的少数建设密集区,评估单元尺度较小,单元密度较大,其中本岛中心区的单元密集度最高。单元划分结果符合城市建设历史造成的空间细化分异结果。

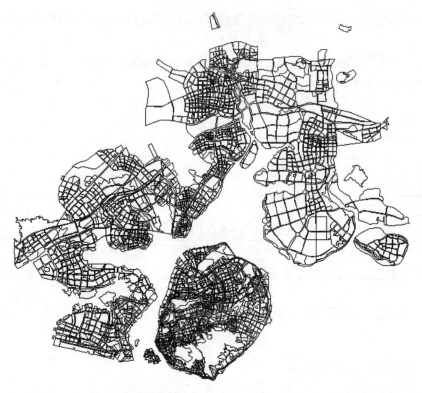

图 9-5 厦门市地下空间资源评估基本单元划分结果示意图

9.5.5 信息技术与评估作业支撑系统应用

信息技术是支撑评估作业的核心技术,其中遥感(RS)、地理信息系统(GIS)、全球定位系统(GPS)技术,以及对不同格式的各类基础资料和数据进行数字化、信息存储、记录和处理加工的多种其他软件技术,是城市地下空间资源评估海量信息能够处理完成的重要物质基础和技术保障。

遥感(RS)技术是利用飞机、卫星或其他飞行器作运载工具,用传感器收集目标物的电磁波信息,运用物理手段、数学方法和地学规律来揭示目标物的性质、形状、分布和动态变化的现代探测技术。它可以实时、快速地提供大面积地物及其周边环境的几何、物理信息及各种变化参数[60],用于在地下空间资源调查,收集和获取地面空间建设现状信息,按规定标准进行地面评估要素的判读、分类和分布的调查、分析与评价。全球定位系统(GPS)是建立在无线电定位系统基础上的空间导航与定位系统,主要用于实时、快速地提供目标的空间位置,为所获取的空间属性信息提供实时或准实时的空间定位及地面高程模型。目前,GPS 的动态定位精度可以达到米级甚至分米级,静态相对定位精度可以达到厘米级甚至毫米级,可用于地下空间资源调查,获取现场踏勘信息,改善 RS 技术时效性和单点精度缺陷等。地理信息系统(GIS)是在计算机软硬件的支持下,对空间信息输入、存贮、查询、运算、分析、表达的技术系统,其最大特点在于可以把社会生活中的各种信息与反映地理位置的图形信息有机地结合起来,从而使复杂的空间数据与地理问题的综合分析、科学求解成为可能。地理信息系统(GIS)、遥感(RS)、全球定位系统(GPS),在现代空间信息中既各有不同的应用,同时也是密不可分,相互融合的,三者被合称为3S,它们是地下空间资源调查评估系统平台的信息技术支撑体系。

在地下空间资源调查评估系统中,遥感(RS)、全球定位系统(GPS)技术用于调查和补充城市现状信息;AutoCAD 软件系统与遥感技术配合,用于各类评估要素属性和空间数据、图形等信息的获取、记录,以及多种格式的信息和数据的转换与标准化,并承担原始数据与评估操作系统之间的基础数据的转换和输入,实现数据接口功能;地理信息系统(GIS)技术用于评估数据的集成、运算和成果分析的操作平台的建立和系统运行。

3S 技术应用于地下空间资源调查评估,成为调查评估全过程的技术平台,可以快速获取、记录、分析、运算和承载相关数据,为地下空间规划及工程项目的选址提供及时有效的服务。具体的应用主要表现在以下几个方面:

(1) 数据采集阶段。地下空间资源的调查评估涉及多方面的信息数据,主要包括地形地貌数据、地质类数据、地面及地下空间数据、社会经济类数据等。利用 RS 获取调查区域内地物与周边环境信息,经过遥感图判读和实际验证,即可获取建筑物、水系、道路、地貌、植被等要素的分布情况[6]。利用 GPS 可以获取各类重要地物及其建筑物的空间位置与高程信息;利用 GIS 中的数字化工具,可以把扫描后的各类已有的地质、地形资料,通过屏幕跟踪矢量化的方式,把图片形式的数据转换为矢量数据。

(2) 数据分析与模型分析城市阶段。通过 GIS 平台把 GPS 获得的空间位置信息,RS 获取的空间类型信息、地质遥感解译信息、城市遥感影像等信息融合在一起,为后续的资源分析建立基础数据库。GIS 平台可以直接把地下空间资源调查评估分析模型编入二次开发程序中,为快速准确处理大量评估数据取得结果提供了技术保障。

(3) 成果表达与统计分析阶段。利用 GIS 平台对地下空间资源的评估结果进行显示,根据不同的需要分别对评价结果进行二维或三维的显示表达。在总规和控规阶段,一般以二维表达为主,借助于 GIS 中的统计分析功能可对调查评估结果进行进一步的统计分析。

北京市和青岛市的地下空间资源评估系统[9-10](2004 年),使用 AutoCAD(2004)绘图软件和 Mapinfo(7.0)地理信息系统(GIS)软件为信息处理平台。采用 AutoCAD 实现原始数据方便快速的数字图形输入,Mapinfo 可以连接 AutoCAD 和其他数据库,实现数据的可视化分析。通过 Mapinfo 系统平台,实现地图与数据库的双向查询,即数据库的查询结果可以直接反映在地图上,也可直接在地图上选择查询对象,直接显示相应数据结果;数据库查询的结果可自动地建立为成果地图,或为地图上的选择结果自动建立数据表。信息系统平台为资源评估信息的管理和使用提供了动态技术支持,可完成宏观信息查询和综合分析;在此基础上,进一步实现评估的信息化,建立了北京中心城中心地区及青岛市的地下空间资源评估信息系统,为资源的动态评估和管理服务。

厦门市地下空间资源评估信息系统平台[11](2006 年)采用 ArcGIS 地理信息系统软件,实现快速数据输入、空间查询、空间分析等功能,并进行地图制作;遥感软件 Erdas 用于辅助地面空间现状调查的信息处理和提取。同时采用 Arcobjects 进一步实现评估的信息系统化,建立地下空间资源评估信息系统和地下空间资源地理信息系统雏形,达到资源信息可动态评估和动态管理的目标。

在北京市自然科学基金重点项目(2004 年)中,在地理信息系统软件 ArcGIS Desktop9.0 平台上,基于平面分层法和资源评估原理与体系,二次开发了面向城市总体规划的地下空间资源评估系统 CEFUS-2D 模型(见图 8-3),并利用该系统对北京旧城区地下空间资源进行了评估示范研究。

9.6 地下空间资源评估的实际影响要素分析

对影响地下空间资源开发工程可行性和潜在价值的要素进行分析和评价,并取得影响程度的相应指标和数据,是取得评估成果的前提和基础。在收集和归纳相关影响要素的总体情况后,就进入了地下空间资源影响要素的分析阶段,内容和目标包括:分析要素的影响作用方式、影响程度和参数,以及相应的工程规划措施或开发利用可能性,为进一步综合评价和量化评估提供指标参数的基础数据。

本节结合应用实例，对地下空间资源评估影响要素分析的内容、方法与表达进行简要介绍和说明，要素内容包括地形地貌、基本工程地质条件、地下水条件、不良地质与地质灾害、城市自然生态与地上下空间利用状况以及城市社会经济条件。

9.6.1 城市地形地貌条件分析

对地形起伏较大，地貌较复杂的城市，应具体分析地势条件和地表形态起伏对地下空间防洪水和空间利用方式的适宜性，给出危险点的评价提示和空间利用分区的建议。

示例：厦门市低洼地势危险点分布的分析（资料来源："厦门市地下空间资源调查与评估"专题研究报告，2006年11月）

厦门市的基本地形地貌以平原、台地、丘陵和山体共存为特征。城市建设主要布局在山体丘陵与湖海相隔的平原和台地上，见表4-7。

表4-7 厦门地区主要地形与地貌类型特征分类

地貌类型	海拔高度（m）	坡度	面积（km²）	主要分布地区
中低山	>500	大于30度	154	西北部偏远的山区
高丘陵	200~500	20-30°	274.9	西部、北部、同安北部、翔安区东北部、厦门岛万石山部分区域
低丘陵	50~200	一般为10~20°	359.4	西部、北部、岛内主要分布在万石山大部分区域、狐尾山、仙岳山、仙洞山等区域
平原台地	0~50	大部分地区坡度小于8%，局部在15%。	776.8	岛外主要分布在杏林湾、马銮湾、同安湾两侧的冲洪积平原，岛内中部及其北部区域和海边的海积平原

平原区是厦门城市的主要建成区及城市规划用地所在，并由海积平原、冲洪积平原及其人工平整的场地组成，地下空间主要采用垂直向下挖掘的形式。由于厦门平原地势低坡度缓，气候上经常受台风暴雨影响出现风灾潮灾，台风暴雨及梅雨天气雨量大，河道短，河床窄浅，坡度陡，沿河没有坚固的堤岸和可滞洪的湖泊，下游又受海潮的顶托，下游平原区很容易发生洪灾与涝灾，防倒灌是平原低洼地的主要安全问题。据有关部门记载的灾情况记录，自1936年至1949年间共有12年65次，新中国成立以后至2001年共有26年39次风、洪、潮灾，例如2006年5月中旬的"珍珠"台风，使厦大、前埔、寨上、湖里、新安、蔡塘、中山公园北门、曾厝垵上李、钟山村等多处被淹，造成一些地下空间被积水倒灌。易受洪涝灾害的地区主要有：

- 同安区西溪下游的三角洲地带；
- 集美区苎溪下游后溪及杏林湾水库周边地区；
- 厦门岛的筼筜湖周边地区。

图9-6是根据卫星遥感图对厦门市地形的海拔高度与低洼地势初步分析的结果，显示了厦门市总体地势分布与地下空间开发的利害关系。

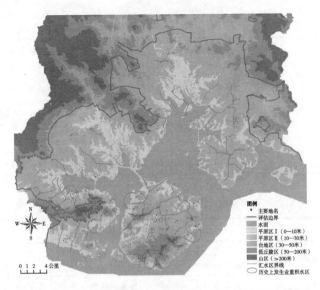

图 9-6 厦门市地形地势对地下空间资源开发影响分析

9.6.2 基本工程地质条件分析

基本工程地质条件对地下空间开发利用的影响,主要包括城市总体地质构造的区域环境稳定性和岩土体局部环境的工程性能两个方面。在要素分析内容中,应概括和分析基本地质构造和岩土体类型、岩性、埋深和厚度、结构和完整性等特征指标,根据实际地质构造和岩土体工程性能,对地下空间开发利用的工程适宜性进行分区,给出分区的影响评价等级和参数。

示例1:以北京为代表的典型内陆冲洪积平原城市基本工程地质条件分析与评价(资料来源:"北京地下空间资源评估"专题研究报告,2004年7月)。

北京市区中心地区处在冲积、洪积平原上,地势平坦,沉积物厚度由西向东逐渐加大,一般在50~100米之间。评估的主要深度范围内是土层结构,主要包括:洪冲积台地,由原层粘性土,局部下层为大小河流洪冲积物堆积而成的卵砾石层;冲积平原,以结构性较差的黏性土及粉土细砂为主;50~100米以下为软岩,由于目前还没有掌握第四系以下地层的勘查资料,所以对软岩以下部分不进行评价。

调查表明北京市地下空间(尤其是地下50m以内)环境地质条件良好,城区地下空间开发利用前景十分广阔。根据上述调研资料的调查和分析,针对浅层地下空间资源,根据场地土类型进行影响程度分区,见表5-1;由于所收集的当前城市规划地质勘查资料一般仅针对地表层较为准确,故次浅层以下根据地质环境稳定性进行分区,对地下空间资源的影响程度分类评价见表5-2。

表5-1 北京市浅层地下空间资源的工程地质分区及评估因子 a_1

区域性质	分区		评估因子 a_1
良好的工程建筑区域	1-1	多位于永定河潮白河等洪积冲积扇的顶部地形基本平坦坡度小于5%	1.0
适合于工程建筑但须局部简单处理的区域	2-1	多位于各大河流洪积冲积扇中上部以及阶地上地形基本平坦坡度小于5%	0.7
	2-3 2-4	多位于永定河潮白河大石河等河流阶地上地形基本平坦坡度小于5%局部地区因自然及人为因素影响地形略有起伏但并不严重范围亦不大	

续表

区域性质	分区		评估因子 a_1
可进行工程建筑但须复杂处理的区域	3-1	多位于各大河流洪积冲积扇的下部及地下水溢出带附近一般地势低平局部地区雨季有暂时性积水或有翻浆现象	0.4
	3-2	一般都在各河流近代周期性泛滥的地区或在旧河床范围内以及北京旧城范围内大部分地区地势低平	
	3-3	多为山麓斜坡阶地斜坡地带坡度大于5%往往冲沟发育或地形受自然人为影响地形高差显著	
工程建设条件差的区域	4	河湖常年积水沼泽稻田洼坑水库以及内涝洪水淹没区	0.1

表5-2 北京市次浅层以下的工程地质分区及评估因子 a_1

分区	影响因素	分布范围	评估因子 a_1
稳定区	不良地质作用不发育	门头沟、石景山、丰台、海淀、朝阳、楼梓庄-双井地区、黄村-南苑地区	1.0
较不稳定区	砂土液化，地面沉降	房山黄管屯-丰台、铁匠营、通州马驹桥及次渠一带、东郊八里庄-大郊亭、黄村-芦城一带西部地区	0.4

图9-7、图9-8显示了北京中心城中心地区地下空间资源评估的基本工程地质条件分析结果。

图9-7 北京市中心区浅层地质分区

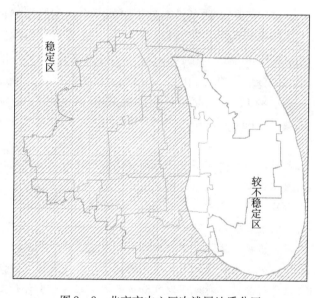

图9-8 北京市中心区次浅层地质分区

示例2：以青岛为代表的典型滨海岩石地质丘陵城市基本工程地质条件分析与评价（资料来源："青岛主城区地下空间资源调查与评估"专题研究报告，2004年11月）

青岛主城区地下空间资源的工程地质适宜性评价（评估因子 a_1）

青岛市的基本工程地质条件以第四系覆盖的完整岩石为背景，以滨海与丘陵共存为特征，地表土层厚度从7米到30米。地质断裂构造总体较为稳定，地下空间资源的总体地质条件优越。

对地下空间资源的影响从工程地质岩性和区域工程地质环境两个方面来评价。

(1) 工程地质岩土性质的影响评价分析

岩土工程性质对地下空间开发难度和形式有较大影响。青岛的工程地质分区包含两级：一级分区以地貌特征为依据，将全区划分为构造侵蚀剥蚀区（Ⅰ区）和堆积区（Ⅱ区），二级分区是在两个一级分区的基础上进一步划分为六个亚区，见表5-1。

表 5-1 青岛主城区地质岩性影响因子 r_1

一级代号	工程地质区	二级代号	工程地质亚区	地下空间适宜性	影响因子 r_1
Ⅰ级区	构造侵蚀剥蚀区	Ⅰ-1	坚硬侵入岩亚区	开挖难度大，易支护；适合暗挖易支护	0.4
		Ⅰ-2	坚硬-半坚硬变质岩亚区	开挖难度大，易支护；适合暗挖易支护	0.4
		Ⅰ-3	半坚硬砂岩、页岩、火山岩亚区	开挖难度较大，易支护；适合暗挖易支护	0.7
Ⅱ级区	堆积区	Ⅱ-1	山脚谷地松散冲积、冲洪积层亚区	开挖难度小，需支护；暗挖需支护	1.0
		Ⅱ-2	山前松散冲洪积层亚区	开挖难度小，需支护；暗挖需支护	1.0
		Ⅱ-3	滨海松软冲积、海积层亚区	开挖难度小，需支护；暗挖需支护；地基承载力较差	0.4

(2) 区域工程地质环境的影响评价分析

青岛的岩层地质背景是地表和较深层次地下空间资源开发利用的基本环境，对地下空间利用的整体稳定性有较大影响。工程地质环境的评价又分解为区域地壳稳定性、建设地区地表稳定性和工程岩土体稳定性三个层次进行分析评价。

地壳稳定性是由地球内部决定的地壳及表层的相对稳定程度，主要从地壳深部构造特征、地壳结构类型、基本烈度、地壳升降速率、地震活动和断裂活动等方面进行评价。

地表稳定性指地壳表面在内外动力地质作用和人类工程-经济活动影响下的相对稳定程度，如各种原因产生的地面沉降、塌陷及地裂缝等，主要从地形条件、崩塌灾害、人类工程活动影响、侵蚀模数、洪水海潮淹没及岩体非均匀性等方面进行评价。

工程场址岩土体稳定性则具体指工程建筑物影响范围内岩土体的稳定性，如地基、边坡等的稳定性，这要从地面反应谱、地下水条件类型、岩土体动力特征、岩土结构和场地土类别等方面进行评价。

根据青岛海洋大学对三个层次共18项基本要素的分析，对青岛城区的工程地质环境质量进行综合评价，把工程地质环境质量划分为三个等级：开发建设适宜区、有条件要求适宜区和开发建设不适宜区。见表5-2。

表 5-2 青岛主城区地表稳定性评价分级表

区域性地表稳定性等级类型	影响因子值 r_2
开发建设适宜区	1.0
有条件要求适宜区	0.7
开发建设不适宜区	0.4

根据青岛市地下空间资源评估模型式4-2，a_1为基本工程地质条件的评价分数。再设r_1为工程地质岩性的影响参数取值，r_2为工程地质环境影响参数取值。根据岩土体工程性质和工程地质环境质量对地下空间资源利用影响的敏感程度，经专家调查法和客观影响分析，其权重系数分别取值为0.6和0.4，则基本工程地质条件对地下空间资源开发难度的影响值为：

$$a_1 = r_1 \times 0.6 + r_2 \times 0.4$$

图9-9、图9-10显示了青岛城市地下空间资源的工程地质分区和环境质量分区结果。

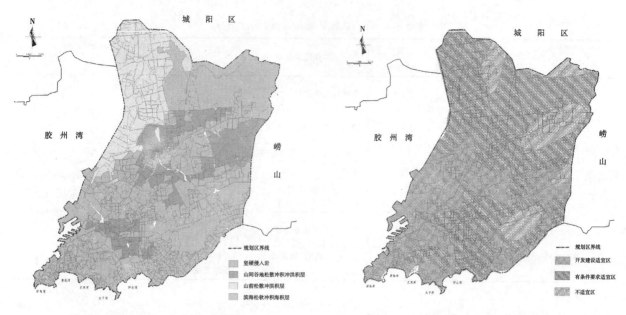

图9-9 青岛市基本工程地质构造分区　　图9-10 青岛市基本工程地质环境质量分区

9.6.3 水文地质条件分析

水文地质条件主要包括城市地下水蕴藏类型、分布、流向、富水性、水位埋深变化和腐蚀性等参数，它们对地下空间的规划布局和开发利用有较大影响。分析内容应包括地下水类型与分布特征的概括和提取，对地下空间开发的工程适宜性分区，并需给出影响评价等级和特征参数。

示例1：以北京为代表的典型内陆冲洪积平原城市地下水文条件分析与评价（资料来源："北京地下空间资源评估"专题研究报告，2004年7月）

北京市区地下水类型有上层滞水、潜水、承压水。根据调查[6]，旧城区地下潜水位基本稳定在地下10~20米范围之间，含水层厚度为20~50米；承压水一般在潜水位以下，含水层顶板埋深一般在20~50米，含水层以砂层为主，层次多，累计厚度在30~50米之间。根据地下水位的相对埋深确定地下水文地质条件评估因子a_2取值，见表5-3。

表5-3 地下空间资源的水文地质条件适宜性评估因子 a_2 取值

潜水埋深	<5米	5~10米	10~15米	15~20米	20~30米	>30米
浅层	0.4	0.7	1	1	1	1
次浅层	0.1	0.1	0.2	0.4	0.8	1
次深层	0.1	0.1	0.1	0.1	0.1	0.4
深层	0.1	0.1	0.1	0.1	0.1	0.1

根据2002年北京市区地下潜水水位等值线及埋深分区分析，可得到地下空间资源地下水条件评估分布图（图9-11）。

示例2：以青岛为代表的典型滨海岩石地质丘陵城市地下水文条件分析与评价（资料来源："青岛主城区地下空间资源调查与评估"专题研究报告，2004年11月）

（1）基本水文地质条件

在工程上，可将青岛地下水综合归纳为三种类型：（1）第四系地层孔隙水；（2）与孔隙水有水力联系的

第9章 城市地下空间资源评估原理在实践中的应用 **133**

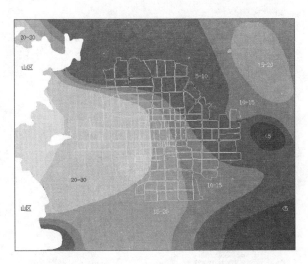

图 9-11 北京市中心地区水文地质条件分区

岩石裂缝集中涌水；(3) 岩石裂隙水。本区地下水的补给主要靠大气降水入渗，整体来说，岩石中的水补给来源较差，水量有限，通过喷砼封堵和引排处理，一般不会对隧道环境带来多大影响。

(2) 地下空间资源的水文地质条件适宜性评价（评估因子 a_2）

风化严重、裂隙密集的破碎松散的岩层透水性强，有利于地下水的运动，地下水的供给水源类型、分布也影响着地下水。不同的影响因素对地下空间开发的影响方式不同，每种影响因素的具体影响程度也不易度量。同样，开发地下空间也会对地下水造成不同程度的影响，对地下水的分布、流向，污染水源等有改变作用。

岩石地质有利于城市地下水的运动，地下水位变动较大，不易简单衡量地下水地下空间资源的影响。为了使问题简化，对青岛市地下水影响的分析指标，采用单井涌水量和水质差异作为衡量岩体中地下水对开发地下空间资源的评价指标。表 5-3、表 5-4 为青岛市地下水单井涌水量和水质对地下空间资源开发利用难度影响程度的评价分类与参数。

表 5-3 青岛市地下空间资源的地下水单井涌水量影响分区评价表

单井涌水量	影响因子值 l_1
单井涌水量 < 100m³/d	0.9
100m³/d < 单井涌水量 > 500m³/d	0.6
500m³/d < 单井涌水量 < 1000m³/d	0.3

表 5-4 青岛市地下空间资源的地下水质影响因子评价分区表

水质等级	影响因子值 l_2
水质较好区	1.0
水质一般区	0.7
水质较差区	0.4

根据青岛市地下空间资源评估模型，水文地质条件适宜性评价（评估因子 a_2）的计算公式如下：

$$a_2 = l_1 \times 0.7 + l_2 \times 0.3$$

其中 a_2 为水文地质条件适宜性评价分数，l_1 为单井涌水量的影响因子，l_2 为水质的影响因子。

图 9-12、图 9-13 显示了青岛市地下水类型与用水量分区图和环境水文地质影响分区图。

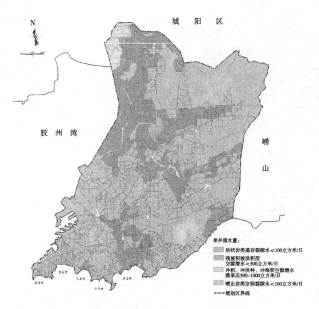

图 9-12 青岛市地下水类型与单井涌水量分区图

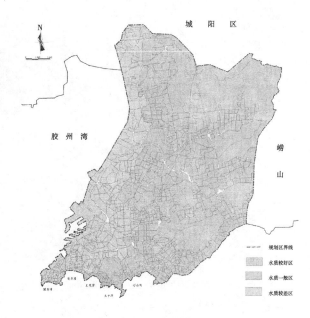

图 9-13 青岛市环境水文地质分区图

9.6.4 不良地质条件与地下空间资源利用

地质构造中的大型断裂以及局部岩土层的软弱构造类型对地下空间开发的影响，属于地质环境敏感性要素，在实际评估应用中，还必须针对具体城市的不良地质特点进行定性分析。内容包括：不良地质的类型、分布及特点的调查分析；根据城市实际地质与分布规律，结合城市岩土体与构造的工程性和城市建设特点，评价各类不良地质条件的地下空间开发利用适宜性，分析可行的规划或工程解决措施。

示例 1：厦门市不良地质条件对地下空间资源开发利用影响分析（资料来源："厦门市地下空间资源调查与评估"专题研究报告，2006 年 11 月）

厦门市地处沿海，境内地形地貌变化较大，构造条件复杂，岩石风化较为强烈，滩涂软土较厚，具备地质灾害发育的地质环境条件，加上气象因素和人类工程活动日益频繁等影响，导致厦门市地质灾害发生可能性较大。厦门地区的地震地质灾害主要是软土震陷和砂土液化，其次是高边坡地带的滑坡、崩塌与地震断层效应，另有小范围的地面沉降。厦门市的地质断层及灾害性地质分布见图 9-14；厦门市不良地质条件对地下空间资源开发的影响程度分类见图 9-15。厦门市的一般性不良地质条件尚可基本适宜地下空间资源开发，但

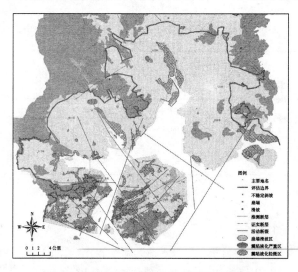

图 9-14 厦门市断层与地质灾害分布图

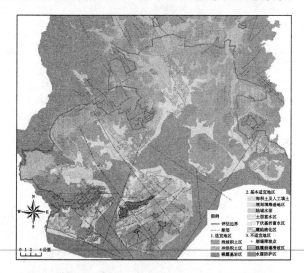

图 9-15 厦门市地下空间资源地质条件综合评价图

在崩塌滑坡点及区域内、活动断裂附近和一般断裂沿线,则不宜作为开发地下空间资源的选址。

9.6.5 城市自然生态与地上下空间利用条件分析

根据第 2 章 2.7 和第 4 章对自然生态敏感性要素及建构筑物影响的分析,城市自然生态系统和地上下空间利用条件对地下空间资源开发的工程适宜性影响机理相似,主要是控制自然生态和规划建设的空间保护范围。因此,本节分析内容应包括评估区内的绿地、水面、山体等自然要素和地下埋藏物、地上下空间利用现状、城市规划控制要求等要素的调查和分类,并结合城市个性化特点,对该类要素的地下空间开发工程适宜性进行分区,给出不同影响程度的范围和参数。

以地面空间利用现状遥感调查的判读与分类标准为例:地面空间利用的状态是制约和影响城市地下空间资源开发利用范围最大、最重要的要素。由于城市占地规模较大,地面空间利用的类型和地物类型复杂多样,利用遥感技术对地面空间现状进行调查,并辅以城市规划及其他资料,可以迅速准确完成地面空间利用状态的判读、调查及实地验证,在北京、青岛、厦门等城市的地下空间资源评估实践中,均采用了这类组合调查方法。由于各个城市地面空间形态结构、地理特征、城市建设方式不同,对地面空间利用类型的分类和判读标准也不尽相同,但基本原则和影响机理分析结论相同,需要结合评估城市的特点具体化。

示例 1:北京中心城中心地区地面空间状况综合分析及影响范围参数(资料来源:"北京地下空间资源评估"专题研究报告,2004 年 9 月)。

北京地下空间资源评估的地面空间状态影响要素调查,采用了本书第 4 章 4.5 的分析模型及表 4-2 的参数。

北京城市中心地区地下空间影响要素分析,通过遥感判读及现场校验,最后确定了表 5-6 所示的地面空间状态分类标准与地下空间资源影响的评价参数。

表 5-6 北京中心城中心地区地面空间状况分析与影响评价参数

空间类别	空间分类	建筑高度		判读依据、方法、标准	物理模型及影响深度
特殊区域				地形图及航拍图	特殊地区:50 米
建筑空间	文物区域	低层	现状	文物保护单位分布图,文物保护单位名单,历史街区保护图	保护建筑 低层:10 米 中层:30 米 高层:50 米
		中层	现状		
		高层	现状		
	保护建筑区域	低层	现状		
		中层	现状		
		高层	现状		
	规划建成区	低层	现状	根据地形图、遥感图、道路和土地功能控规图:区内道路和建筑物高度与规划图符合,外貌显示为有规划的新建成区	保留建筑 低层:10 米 中层:30 米 高层:50 米
		中层	现状		
		高层	现状		
	保留建筑区域	低层	现状	根据地形图、遥感图、道路和土地功能控规图:区内道路和建筑物及高度现状与规划图基本相符,外貌显示为旧建成区	
		中层	现状		
		高层	现状		
	改造建筑区域	低层	现状	根据地形图、遥感图、道路和土地功能控规图:区内道路和建筑物及高度功能现状等与规划图不符	改造建筑,无影响
		中层	现状		
		高层	现状		
开敞空间	绿地	改造建设		根据地形图、遥感图、道路和土地功能控规图:现状与规划相结合判断	一般性绿地系数按 0.6
		现状存在			保护性绿地 10 米

续表

空间类别	空间分类	建筑高度	判读依据、方法、标准	物理模型及影响深度
开敞空间	广场	改造建设	同上	城市广场（除特殊文物外）无影响
		现状存在		
	水域		同上	水域10米
	铁路市政		同上	铁路10米

以规划地块为基本评估单元，采用第8章的评估技术模型和基于GIS二次开发的CEFUS-2D平台系统，取得地面空间状态判读与影响分析结果见图9-16、图9-17。

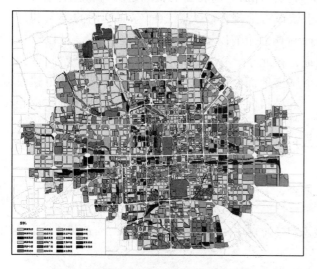

图9-16 北京市中心地区地面空间利用状态图

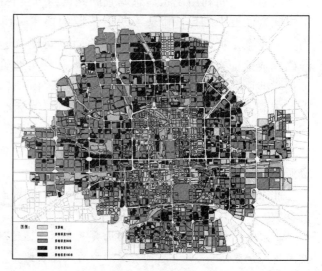

图9-17 北京市中心地区地面空间影响分析图

示例2：青岛市已开发利用的地下空间对潜在地下空间资源的影响分析（资料来源："青岛主城区地下空间资源调查与评估"专题研究报告，2004年11月）

根据评估单元的区划分布，已开发利用的地下空间分布在两类区域内，即地块内部空间和地块外部的道路空间。地下建筑主要分布在地块内区域；人防工程坑道地道与道路有部分重叠，但主要部分与地面空间无上下直接对应关系；地下交通设施和地下市政管线主要位于城市道路以下。以下特点是调查评估中主要考虑的内容：

（1）地下空间开发利用的力度和规模逐年增大，但是还较为分散、独立和孤立，缺少整体规划和连通，在空间形态上还没有形成系统化的整体。

（2）地面保护和保留建筑地块内的附建式地下建筑（建筑物地下室）对地下空间资源的影响范围与地面空间投影基本相同，因此在评估调查中，与地上空间同时列入了可合理开发地下空间的制约范围；地面改造建筑地块内的单建式地下建筑单独列入已开发的范围，不计入潜在的地下空间资源范围。

（3）道路下的地下空间资源：以城市地下市政管线和地下交通设施为主。由于有关资料数据不详，故本次评估未列入这两方面的准确详细数据和图纸，仅做简要估算。

道路地下交通设施，主要包括地下轨道交通线网、车站、地下步行商业街、地下人行通道和地下机动车道。地铁线路占用的地下空间资源的部分，按照规划线网总体考虑记入资源量计算。在城区的市级商业中心区和区级商业中心及主要商业干道区，结合地面空间的土地利用，在城市街道下部、较大规模地铁车站相连道路下，以及大型城市广场下和热闹的街道交叉口下，有大量地下空间资源。

道路地下的市政管线如输配管线和场站，是利用地下空间资源最多的部分，包括供水、雨水、污水、中水、燃气、电力、供热、电信、有线电视等共九个专业。城市雨水主干管、城市热力管道、电力沟道等横断面大，对道路红线、断面形式有一定影响。地下管线已占用的地下空间在道路地下空间资源估算中予以排除。

现状各种管线基本敷设于城市道路红线以内地下 0~10 米深度，在地下空间资源的竖向层次中属浅层区域，个别管线、个别段敷设于 10 米以下，属次浅层区域（地下 10~30 米）；若考虑建设综合管廊，则管廊的埋设有可能还要加深。

9.6.6 城市社会经济条件分析

本书第 3 章提出了较为丰富的影响地下空间资源需求和潜在价值的城市社会经济发展条件，在评估应用中，还必须结合城市的实际特点和基础资料获取的可能性及资料的完整程度，简化和构造实用的社会经济条件评估要素组合与评估指标体系。在评估要素分析的内容中，应对评估区及影响区范围内社会经济要素主要特征与概况进行描述和分类，给出要素的影响程度、范围和评价参数，并对各项要素的影响进行评价和分区。

示例：厦门市地下空间资源开发的社会经济条件分析评价（摘自"厦门市地下空间资源调查评估"专题研究报告，祝文君等，2006 年，11 月）

根据城市的绝对空间区位、地价和用地功能三个不同方面的评价指标，通过评估地下空间需求的性质和强度，对地下空间的潜在开发价值和资源优势进行排序。

（1）厦门城市绝对空间区位分布与分级

绝对空间区位共分为五个级别见表 6-1。

表 6-1 厦门城市地下空间开发价值绝对区位分布与分级

区位等级	区位类型和辐射范围	区位评价	评估指标值
一级	市级行政中心-白鹭州公园地区、中山路商业区、火车站-莲坂中心区、厦门站（新）、轨道枢纽换乘站周围 500 米范围，（含规划）	优	1.0
二级	区级行政中心、区级商业中心、交通枢纽、大型文化休闲旅游等吸引点、轨道地下站和轨道地上换乘站周围 500 米范围、轨道枢纽换乘站周围 500 米至 1000 米之间范围、机场，（含规划）	良	0.8
三级	轨道地上站周围 500 米范围，轨道枢纽换乘站周围 1000 米至 1500 米之间范围，旅游区（含规划）	中	0.6
四级	一般建成区，岛内其他规划建设用地	较差	0.4
五级	岛内非规划建用地，岛外规划的其余地区	差	0.2

说明：区位中心具有一定的辐射影响力，其辐射范围如下：
1）将地铁枢纽换乘站及其周围 500 米范围内定位一级区位，500~1000 米范围以内为二级区位。
2）交通枢纽和大型吸引点的影响辐射范围以节点为中心的半径为 500 米范围。

（2）厦门城市商业基准地价与地下空间资源价值等级

依据商业基准地价对整个厦门市的评估区域进行了分级，见表 6-3。【注：根据远景空间规划布局，远景比总规新增加的建设用地，没有基准地价参数，评估时均按五级计算，但实际上在未来时期内，这些地块的地价可能会不同程度上涨，因此可认为评估结果的分数为相对较低值】

表 6-3 厦门城市商业基准地价对地下空间资源潜在开发价值影响分级

地价等级	商业基准地价的分区范围（元/m²）	经济效益水平期望值等级	评估指标值
一级	≥5000	优	1.0
二级	3500~5000	良	0.8
三级	2000~3500	中	0.6
四级	1000~2000	较差	0.4
五级	<1000	差	0.2

(3) 厦门城市用地功能布局与地下空间资源价值等级

根据厦门城市总体规划范围内的用地利用规划、远景规划的建设用地空间布局，并结合厦门市的已经开发地下空间的地块用地性质统计数据，用地功能对地下空间资源潜在开发价值的影响分类见表6-5。

表6-5 厦门城市用地功能与地下空间资源潜在开发价值分类及评价分级

用地等级	用地性质类型	地下空间潜在开发价值	评估指标值
一级	行政办公用地、商业金融业用地、文化娱乐休闲中心用地	总体为优	1.0
二级	对外交通用地、道路广场用地、公共绿地	商业价值一般到高，社会效益高，环境效益也较高；总体为良	0.8
三级	高密度居住用地；市政公用设施用地；文教体卫用地	商业价值一般，社会和环境效益高；总体为良	0.6
四级	低密度居住用地	需求量较低；总体为一般	0.4
四级	特殊用地、工业用地、仓储用地	以自用为主，满足功能或生产特殊需要；总体为一般	0.2
四级	生产防护绿地、林地/山体、陆域水面	商业价值较低，环境效益较高，或有特殊的社会效益，单体价值较高，总体为一般	0
五级	生态绿地、独立工矿用地、中心镇用地	各类价值很难实现，总体开发价值较差	0

图9-18、9-19显示了厦门城市空间区位影响分析的结果。

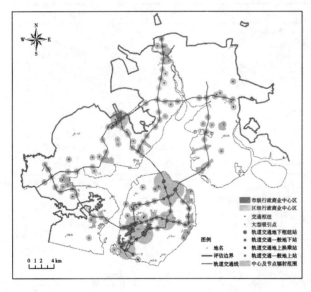

图9-18 厦门市空间区位与影响分析

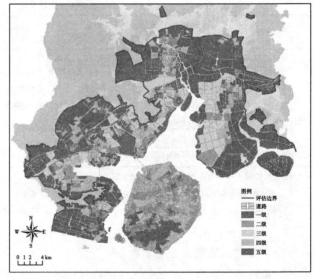

图9-19 厦门市空间区位及影响分级图

9.7 地下空间资源评估结果的表达与统计估算

评估结果表达和统计估算的任务，在于直接记录、整理和展现经过分析、评价后呈客观状态的资源条件信息，具体内容就是资源分布、资源质量和资源数量。完成资源评估影响要素的分析评价后，即可在GIS建立的地下空间资源评估信息系统平台上，对各项地下空间资源评估要素进行单元属性的叠加分析和评估分级计算，取得的资源评估基本成果用图件和数据形式表达。

示例：青岛城市地下空间资源调查评估成果图目录（摘自"青岛主城区地下空间资源调查与评估"

专题研究报告，2004年)

1. 青岛主城区地下空间资源影响要素分析结果，得到如下图目：

图1　地下空间开发利用现状图（局部）；
图2　地面空间状态分析图；
图3-1　工程地质构造分区图；
图3-2　地质稳定性分区图；
图4-1　地下水类型分区图；
图4-2　环境水文地质分区图；
图5　空间区位关系及其影响分布图。

2. 青岛主城区地下空间资源综合评估结果，得到如下图目：

图6-1　地下空间资源分布图（浅层）；
图6-2　地下空间资源分布图（次浅层）；
图7-1　地下空间资源开发难度评估图（浅层）；
图7-2　地下空间资源开发难度评估图（次浅层）；
图8　地下空间资源潜在经济价值评估图；
图9-1　地下空间资源综合质量评估图（浅层）；
图9-2　地下空间资源综合质量评估图（次浅层）。

评估成果的全部信息由 GIS 平台系统的最终数据库存储，评估结果的图件由此数据库自动生成。评估要素分析及成果数据库可与城市规划和管理的信息系统衔接，作为规划编制和资源管理的基础数据库雏形。

9.7.1 地下空间资源潜力分布调查成果

基本要素分析完成后，在 GIS 建立的地下空间资源评估信息系统平台上，采用影响要素逐项排除法或图形叠加法，对地下空间资源分布影响要素的分项评估结果叠加汇总，可取得不可合理开发的资源分布图，通过图底置换，即可得到可合理开发的地下空间资源分布图。

示例1：厦门市地下空间开发的地质条件工程适宜性分区（摘自"厦门市地下空间资源调查评估"专题研究报告，2006年11月）

根据厦门市地下空间资源评估体系与目标，把自然地质条件对地下空间资源开发的适宜程度划分为适宜、基本适宜、不适宜三类。采用图形叠加法将各类地质条件的分析结果汇总，通过评估公式计算，形成地质条件影响综合评价结果，见图9-15。

示例2：青岛市地下空间资源可合理开发利用的限制性分区（摘自"青岛主城区地下空间资源调查与评估"专题研究报告，2004年11月）

按照青岛市地下空间资源评估体系的资源调查分布分体系要求，根据地质条件、城市建设现状及城市规划布局对地下空间资源开发程度的影响，把地下空间资源可合理开发的程度划分为三个类别，即：1）不可开发的地下空间资源；2）不可充分开发（可有限度开发）的地下空间资源；3）可充分开发的地下空间资源。其中后二者属于可供合理开发利用的地下空间资源范畴。

图9-20、图9-21显示了取得的青岛主城区地下空间资源分区结果。

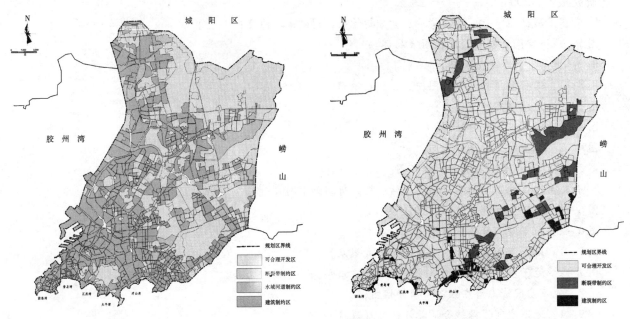

图 9-20　青岛城市浅层地下空间资源分区图　　　　图 9-21　青岛城市次浅层地下空间资源分布图

示例3：北京市中心城中心地区地下空间资源分布调查结果（摘自"北京地下空间资源评估"专题研究报告，2004年9月）

根据图7-7和北京城市地上空间状态影响评价指标标准（9.6.5示例1），在 GIS 系统平台上对不良地质、地上下空间保护等制约条件的分布范围进行综合叠加与排除，形成地下空间资源可合理开发利用的工程适宜性分区——地下空间资源分布图，见图9-22。

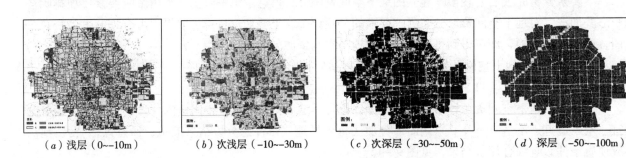

(a) 浅层（0~-10m）　　(b) 次浅层（-10~-30m）　　(c) 次深层（-30~-50m）　　(d) 深层（-50~-100m）

图 9-22　北京市地下空间资源分布图

表5-13 对北京市中心城中心地区可供合理开发利用的地下空间资源量进行了统计汇总。资源量的统计是根据可开发利用的地下空间资源所在评估单元的水平面积，计算地表下覆盖地下空间天然总体积之和。

表5-13　各城区地块内可合理开发地下空间资源容量（单位：万 m^3）

城区	西城	东城	宣武	崇文	海淀	朝阳	丰台	合计
浅层	2554	2753	2812	2455	5183	15809	7033	38599
次浅层	16551	15415	11541	10158	30307	47538	25446	156955
次深层	35642	32368	25026	23338	107406	110527	62008	396315
深层	114525	95047	71472	62766	334336	354403	182118	1214668

从资源分布图和统计表均可看出，随着地下空间深度层次的加大，地面空间要素的影响逐渐减少，

地下空间资源潜在的可用空间范围和容量逐渐增大。

9.7.2 地下空间资源评估结果

根据评估目标和体系要求以及评估模型和指标体系，导入资源评估要素分析取得的参数，利用 GIS 系统平台可求得地下空间资源基本质量和潜在开发价值的评估结果，二者再进行综合叠加运算即可得到地下空间资源综合质量评估的结果。

示例：厦门市地下空间资源评估结果

（1）基本质量评估结果

厦门市地下空间资源开发难度评估的结果见图 9-23（a），根据图件可以看出，随着深度加大和地质条件变差，地下空间资源开发难度增大，即工程适宜性的质量等级逐渐下降。

（2）潜在开发价值评估结果

厦门市地下空间资源潜在开发价值评估的结果见图 9-23（b），根据图件可以看出，在城市商业、交通、行政文化和景观中心地区，地下空间资源开发的需求强度及潜在价值等级趋高。

（3）综合质量评估结果

将前边两个分体系的评估结果进一步加权叠加，得到图 9-23（c）的厦门市地下空间资源综合质量等级评估结果。根据图件可以看出，综合了地下空间资源开发难度因素后，城市商业、交通、行政文化和景观中心地区，仍然是地下空间资源开发的需求和质量趋高的地区。

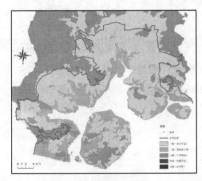  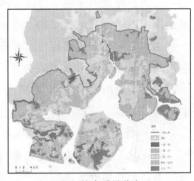

（a）开发难度分布　　　　　　　　（b）潜在价值分布　　　　　　　　（c）综合质量分布

图 9-23　厦门市浅层地下空间资源开发综合质量评估图

9.7.3 地下空间资源量估算方法

在取得地下空间资源调查和质量评估的等级成果后，根据资源评估体系和目标的要求，还需要估算和统计可供有效利用的地下空间资源量，以提供地下空间资源潜力的定量数字，供地下空间资源开发利用规划和战略研究提供参考。

由于资源量并不直接用于对资源开发规模的预测和编制，故一般采用估算的办法就可以满足数据精度的要求。传统估算方法是用岩石采矿的正常采空率类比地下空间可有效利用岩土层的空间比例[4]，为了简便和对不同地块进行比较，通常按地下空间天然总体积的 40% 进行估算。在上世纪 90 年代初完成的北京旧城区浅层地下空间资源调查结果估算中就采用此估算法，取得的结果对指导城市地下空间资源开发的战略决策发挥了积极的参考作用[6]。

城市地下空间实际开发中，采用浅层明挖工法者占较大比例，尤其是在规划建设用地的地块单元内部，基本上会采用开挖工法。据此为便于计算，对地下空间资源可有效利用比例的估算参数选取进行了改进，基本理念是：根据地下空间的不同竖向层次，结合城市规划建设密度的合理波动范围进行地下空间资源有效利用容量估算，这种估算法的结果在理论上将与城市建设的实际指标更加接近。

具体算法是：根据城市开发力度与地下空间开发强度需求的合理性，确定地下空间开发的合理密度，再测算资源分布范围内的可供有效利用地下空间资源容量，并换算为建筑面积当量值，便于直观理解和比较。

具体的估算步骤和规则是：

（1）明确资源量估算范围，即在地下空间资源可开发利用的工程适宜性分区范围内。

（2）按平面分层法确定与评估单元一致的地块估算单元；城市道路地下空间作为单独的估算单元；划分竖向层次。

（3）根据城市规划建设合理密度的指标范围，按不同空间区位、用地性质、城市建设与开发力度及地下空间需求强度的分布，确定竖向分层和不同类型评估单元的地下空间资源有效利用密度系数。

（4）求取估算单元的地下空间资源天然体积，与地下空间资源有效利用密度系数相乘，求得可供有效利用的地下空间资源量。

（5）采用当量换算法，按一定层高参数，把可供有效利用的地下空间资源量折算为当量建筑面积。

示例1：厦门市地下空间资源量估算方法与结果（资料来源："厦门市地下空间资源调查评估"专题研究报告，2006年11月）

（1）可供有效利用的地下空间资源量

根据地上下空间状态调查统计，在地下空间资源可充分开发的地区，其地面建筑密度一般可达到30%～40%之间，考虑部分地下空间可超出建筑基底轮廓范围，因此假定地下空间资源有效开发的平均占地密度：浅层为40%，次浅层为20%。

在不可充分开发的地区，考虑过度开发对城市保护的负面影响，假定地下空间资源有效开发的平均占地密度为：浅层10%，次浅层为5%。不可开发的地下空间资源，不计入潜在可开发的资源量。

可供有效利用的地下空间资源估算系数见表7-23。可供有效利用的地下空间资源量估算结果见表7-24。

（2）折合建筑面积量估算

假定地下空间着选为建筑物的层高为5米，则浅层地下空间建筑平均为两层，次浅层地下空间建筑平均为四层，地块内部可供有效利用的地下空间资源量估算结果，见表7-24。

表7-23 厦门市可供有效利用的地下空间资源量估算系数

计算区域	浅层		次浅层	
	厚度（m）	有效利用系数	厚度（m）	有效利用系数
文物保护建筑区	10	0	20	0.2
保留类高层建筑区	10	0	20	0
保留类多层建筑区	10	0	15	0.2
保留类低层建筑区；保留类工业区	10	0	20	0.2
改造类建筑区；规划待建设用地；规划人工填土区；普通绿地	10	0.4	20	0.2
山体绿地，景区绿地；普通防护绿地	10	0.1	20	0.05
生态绿地，普通水面	10	0	20	0.05
水源防护绿地，特殊水面	10	0	20	0
广场，操场，采石区	10	0.4	20	0.2
特殊用地	—	0	—	0
飞机场，港口及其他交通用地，普通仓储用地	10	0	20	0

表 7-24 厦门市可供有效利用的地下空间资源量统计估算（不含道路）

行政区	地块单元总面积（公顷）	浅层			次浅层		
		可合理开发利用量	可有效利用量	可折算建筑面积	可合理开发利用量	可有效利用量	可折算建筑面积
思明区	6688.7	42819	10059	2012	116766	15680	3136
湖里区	5976.2	34051	11885	2377	108048	19012	3802
海沧区	10274	70284	26968	5394	203400	34609	6922
集美区	11473.5	66107	24723	4945	227833	35653	7131
同安区	13531.4	93513	37232	7446	268453	45348	9070
翔安区	18308.8	138396	55221	11044	365656	60489	12098
总计	66252.5	445171	166088	33218	1290157	210791	42158

（单位：资源量 万 m^3，建筑面积 万 m^2）

示例2：青岛城市道路下可供有效利用的地下空间资源量估算

道路地下空间的有效开发受到道路现状、已有地下设施、施工条件和道路权属等影响。假定道路地下空间的浅层有效开发比例为40%，次浅层为20%，次深层为10%，深层为5%，地下空间按建筑估算平均层高为5米，则道路下的地下空间潜在资源容量估算见表5-16。

表 5-16 青岛城市可供有效开发的地下空间资源容量统计估算表

	可合理开发资源总量			可有效利用资源总量			可提供的建筑面积		
	地块	道路	合计	地块	道路	合计	地块	道路	合计
浅层	93049	5375	98424	37219	2150	39369	7440	430	7870
次浅层	388241	32250	420491	77648	6450	84098	15529	1290	16819
总计	481290.4	37625	518916	114867	8600	123468	25868	1720	24570

（单位：资源量 万 m^3，建筑面积 万 m^2）

9.8 地下空间资源评估结果的综合评价与应用

为了使评估成果得到解释和合理应用，在取得评估数据和图件等资源分析的客观结果后，还需要对结果数据及资源的空间分布特征进行总结与综合评价，核心目标就是对客观信息进一步加工、考察和梳理，总结、揭示和提炼资源潜力、质量条件及分布的特征、规律和要点，提出规划应用的建议和对策，为城市地下空间规划编制、开发利用与保护提供明确的资源条件结论和依据。

9.8.1 资源类型与分布特征的总结评价

在自然与环境要素、城市建设与规划条件以及社会经济条件的共同作用下，地下空间资源类型与空间分布必然呈现内在的分布规律和形态特征。对资源类型和分布特征的总结评价，就是通过对评估要素分析和资源类型与分布的信息进行全面审视、考察和总结提炼，根据评估范围内的地下空间资源地质类型、自然地理与生态系统分布、城市地上下空间状态、资源需求和潜力分布客观状态的分析和计算结果，归纳地下空间资源和资源条件的总体特征以及工程适宜性分布规律，为规划布局提供参考依据，目的是解决对资源类型与潜力的关系和分布规律的认识，回答哪里可用和可用程度，以及数量多少与质量优劣的问题。总结归纳和评价的具体内容、要点包括：

（1）考察地质条件与生态、建筑与文物保护、城市交通、用地功能以及社会经济要素分析结果与综合评估结果，归纳资源类型与潜力、适宜开发形式、功能分布与变化的关系、规律和特征。资源类型及空间分布特征的参考指标包括：空间平面位置、竖向层次，资源疏密程度，布局形态、走向、相互关联关系，以及整体范围内资源分布的形态布局、发展演变规律和趋势。

（2）资源数量和各类型比例与分布形态相关联的描述与总结。

示例：北京地下空间资源类型与潜力评估结论节选（资料来源："北京地下空间资源评估"专题研究报告，2004年9月）

6.4.1 资源的总体容量特征——丰富而有限

经过GIS系统实测统计，本次评估提供的北京市中心地区面积约为318.23平方公里，评估地块总占地面积为248.17平方公里，地块外道路总占地面积为70.07平方公里。

可供合理开发的浅层地下空间资源分布地块总占地面积为42.84平方公里，次浅层占地面积78.48平方公里，分别占评估地块总面积的17.3%和31.6%。这两部分资源大部分是平面重叠的，而非重叠部分不小于15%，即不少于37平方公里的地块应采用暗挖法开发次浅层地下空间。

旧城区面积仅为62.5平方公里，内有地下建筑面积总计约为300万平方米，而旧城区地块内的浅层地下空间可有效开发的总建筑面积估算约为1145万平方米，次浅层约为1970万平方米，地下空间资源的潜力大约相当于旧城地面面积的五分之一到二分之一，仅浅层地下空间资源的有效容量就相当于0.2的容积率。假定旧城区每年开发100万平方米的浅层地下空间，则大约12年后浅层地下空间基本开发完成，建成北京旧城的地下空间系统。由此可见，北京市区中心地区可有效利用的地下空间资源在短期内是十分丰富的，但从长远发展来看又是有限的。所以必须有计划、有目的地充分、合理开发和保护地下空间资源，使北京中心区城市空间实现可持续发展。

6.4.3 资源的动态发展——城市改造契机

（1）在当前时期内，旧城区内保护、保留、改造的宏观时序与范围，是判断地下空间资源发展和转化的主控因素。保留类地块在未来城市发展中形成新的保护区或新的改造区，是地下空间资源动态发展的源泉。中心地区内如果将来分别有30%、50%、80%的保留区成为改造区时，则可推算其新增的潜在地下空间资源容量见表5-4。

表5-4 北京中心城中心地区保留区可转化为浅层地下空间资源的潜在容量估算

范围	保留类地块面积（hm²）	转变比例	潜在资源容量（m³）	潜在地下空间资源折算新建筑面积（m²）
中心区	2795	30%	8.39×10^7	2.33×10^7
		50%	1.40×10^8	3.89×10^7
		80%	2.24×10^8	6.22×10^7
旧城区	483	30%	1.46×10^7	4.03×10^6
		50%	2.43×10^7	6.71×10^6
		80%	3.89×10^8	1.07×10^7

（2）区位的变化影响资源的潜在价值。城市中心地区的迁移、地铁规划的变动都会使区位性质发生变化，资源的价值潜力也会随之改变。

动态发展问题，实际上就是城市空间的不断更替问题，也是资源不断更替重复使用的问题。对资源的潜力和发展规律进行超前的预期调查和评估，可以提早发现问题和方向，进行前期规划。

9.8.2 资源质量与开发利用适用性特征的总结评价

对资源质量评估结果与开发利用适用性特征进行总结评价，是资源评估结论中需要重点回答的问题，目标是回答哪里有需求以及需求和价值的最佳位置问题。总结归纳和评价的具体内容、要点应包括：

（1）考察资源开发难度及风险、潜在价值及需求强度等质量等级的评价结果和分布特点，归纳资源质量、潜在的综合效益及需求强度的分布规律与特征。资源质量与空间分布规律及特征的参考要点：空间平面位置、竖向层次、疏密程度、布局形态、走向、相互关联，以及整体范围内资源质量的形态布局、发展演变规律和趋势。

(2) 资源质量等级及类型的数量统计和比例，空间分布的关联性描述与总结。

示例1：北京地下空间资源质量与分布评估结果分析节选（资料来源："北京地下空间资源评估"专题研究报告，2004年9月）

6.4.2 资源质量与分布密度的特征——区位与改造

可供合理开发利用的浅层、次浅层地下空间资源分布具有明显的地域分区性，与保护类、保留类建筑物基础和开敞空间的影响分布有直接相关性；资源可开发程度受区位和竖向层次的影响，其分布也具有按地域相对集中的特点。

浅层可供合理开发的资源主要集中分布在改造区和城市主要道路下部，高质量的资源主要分布在一级中心地区，即沿中轴线、东西轴线、重要的交通枢纽、商业中心集中分布为主要特征。

中心地区的浅层资源容量总体平均密度为124万m^3/平方公里，旧城区评估地块内浅层资源容量的密度约为150万m^3/平方公里，可见旧城区地下空间资源密度和改造契机要明显高于二环以外地区。

中心地区0.9分以上地块的资源容量平均密度仅为21万m^3/平方公里，旧城区内0.9分以上地块的资源容量密度为48万m^3/平方公里，可见，旧城区内的高质量资源密度更是远高于二环路以外的中心区。二环路以外高质量资源主要分布在中关村、CBD、奥运村等重点开发区。

由此可见，以旧城区为主体的历史文化风貌整体保护和危旧改造整治为契机，以地铁建设为地下空间发展的龙头，注重一级中心地区地块的整体改造，是北京已有城区地下空间资源开发利用规划的重点和关键地区。

示例2：青岛主城区地下空间资源质量与分布评估结论节选（资料来源："青岛主城区地下空间资源调查与评估"专题研究报告，2004年11月）

六、地下空间资源总体优势

规划区偏西及偏南较发达城区（北到李村河，东至浮山西侧），高质量（一级和二级）地下空间资源较集中，为4.8亿立方米，占可用资源总量的9%，主要受自然及人文资源保护及现状建设条件的制约，地下空间资源的开发利用应结合旧城保护及更新改造、道路与市政建设、地铁建设及其他更新改造同步进行。

规划区的偏北及偏东较不发达城区（李村河以北，浮山以北/以东），高质量（一级和二级）地下空间资源约4亿立方米，占可用资源总量的8%，总体工程适宜性较好，不受山体地形、水文条件制约，地下空间资源开发利用可结合城中村改造、新区建设、地铁及市政设施整体规划，适度超前建设发展。

9.8.3 资源评估结果与应用

在总结和评价资源类型与分布特征、资源质量与开发适用性的特征后，再将二者的特征和规律进一步综合，对资源的空间分布规律与价值分布规律进行耦合分析，就可以揭示和显示出城市自然及规划建设条件、社会经济条件对城市地下空间资源合理开发利用布局、形态、价值和需求等综合影响的空间内在关系和分布规律，从而作为明确的资源条件客观依据应用于实际规划编制和管理。资源评估结果和应用建议的总结和提炼的内容一般可包括：开发利用的重点地段和区域、开发时序与步骤、与城市建设发展时机的相关性，以及适宜开发和需要保护的范围等。旧城保护与改造、新城建设与开发、交通与市政基础设施的更新改造与开发、历史文化与自然风貌的保护与环境整治等的相关内容，是总结归纳的重点。

示例1：青岛主城区地下空间资源评估结论与规划建议节选（资料来源："青岛主城区地下空间资源调查与评估"专题研究报告，2004年11月）

6.3.3 地下空间资源的地域与空间分布特征

根据评估图可知,青岛主城区地下空间资源受到自然条件和已有建设情况的影响,现有浅层区可合理开发的地下空间资源呈现出南部少、北部多,西部少、东部多,平地少、山地多的特点,次浅层到深层次的可合理开发地下空间资源分布主要受到地质条件和高层建筑的影响,除此之外在其他地区分布较为均匀。

总体上看,评估等级较高的地段均在地铁沿线节点和城市各类中心区位,以中山路、东部新区、台东商业中心、崂山区中心、李沧区中心、四方区中心等,以及各类交通枢纽地区为典型地段。城市改造开发区和地铁沿线地区是高质量地下空间资源的核心地区,地铁线路节点和枢纽地区是地下空间发展源。城市道路、广场、绿地等的地下空间是城市地下市政管线设施及城市地下公共空间的资源。山岭及地形复杂不利于地面建设的地段是建造地下仓储设施的良好位置。

旧城区的保护与改造矛盾较突出,地下空间资源需求强度较大,地下空间资源的整体价值大大高于其他地区,但是浅层资源较少,次浅层地下空间资源密度较高,也就是说,宜采用岩石层暗挖的方式,抓住旧城区的历史文化风貌保护和危旧改造整治的契机。东部新区则应抓住以地铁建设为地下空间发展的龙头作用,注重一级中心地区和地块的整体改造时机,在公共空间地段进行地下空间的整体开发。这些地区是青岛主城区地下空间资源开发利用规划的重点。

青岛主城区地下空间资源分布极不均衡,南部沿海一带空间建设密度大,潜在的浅层地下空间资源分布数量较少,次浅层和深层资源量相对增多;旧城区也是如此,浅层资源较少,次浅层资源较多,所以必须对宝贵的地下空间资源进行合理科学地规划,使有限的资源得到科学的安排和有序的开发,为青岛主城区旧城区和南部东部中心区城市空间的进一步发展提供战略性空间储备。

示例2:厦门市地下空间资源评估成果分析结论与规划应用(资料来源:"厦门城市地下空间开发利用规划"文件,2007年8月)

根据评估目标要求,对厦门市地下空间资源的空间分布与质量进行综合分析评价,并提出厦门市地下空间开发利用的资源条件选择与建设时机的重要性建议,详细内容参见本书第11章11.2.4关于厦门市地下空间资源规划适用性的相关实例分析;对厦门市地下空间资源评估的自然条件与工程适宜性分类纳入了规划文本的编写内容。

《厦门城市地下空间开发利用规划(2007年)》文本节选:

第二章 地下空间资源评估与需求预测

第八条 地下空间资源的工程适宜性分区导则

综合工程地质、生态适宜性、自然和人文资源保护等方面因素,规划明确划分地下空间的不可开发(Ⅰ类制约区)、不可充分开发(Ⅱ类制约区)和可充分开发(非制约区)3大类地区,用于指导地下空间开发建设行为。不可开发地区作为生态培育和建设首选地、各类保护对象占用的空间范围,原则上不考虑任何地下空间建设行为;不可充分开发地区主要是自然条件较好的生态重点保护地和敏感区以及对建成物有影响的空间范围,一般应慎重开发建设;可充分开发地区是地下空间开发利用条件最适宜地区,但建设行为也要根据资源环境条件,科学合理确定开发模式、规模和强度。

(1)规划将地表一级水源保护地、地下水源核心地、崩塌滑坡高易发区、活动显著断裂、文物及风景名胜和自然保护区的核心区、建筑物地基基础的直接所属空间划入不可开发利用地下空间的地区。

(2)规划将地表水源二级保护区、地下水源防护区、普通陆域水面、崩塌滑坡易发区、低洼积水地区、文物及风景名胜和自然保护区的非核心区,一般山体绿地、生态绿地、景区绿地,文物地下埋藏区、建筑物地基基础以下直接影响深度以外的深层空间,划入不可充分开发利用地下空间的地区。

(3)不可开发地区和不可充分开发地区以外的地区为可充分开发利用的非限制性地区。主要包括规划改造拆除重建地区、规划新增用地,尚未利用的道路、空地、广场和普通绿地,规划人工填土造地区域、采石废矿区,机场、码头、铁路和仓储用地的次深层空间等。

第九条 自然条件典型不利地区

(1)海湾平原区和填海区,软弱土层分布较广,地下水位高,应特别加强地下工程防水、抗浮及地基处理措施；

（2）筼筜湖、前浦、厦门大学等低洼地区，易汇水积水，应慎重规划地下空间设施，并结合城市防洪、排洪规划，采取防雨洪水倒灌措施；

（3）在狐尾山、仙岳山、万石山等的山脚与平原过渡区以及岛外同类地区，滑坡崩塌点发育，一般不宜开发利用浅层地下空间。

……

第十三条　地下空间资源条件与开发利用布局

1. 以厦门本岛为中心的城市建成区地下空间资源富余度低于岛外等发展程度较低地区。

2. 厦门本岛西南区域和中部的筼筜湖周围是城市建设和经济发达地区，高质量地下空间资源分布集中，受自然条件、现状建设条件及人文资源保护制约较大。

3. 厦门本岛东北部地区、岛外的厦门站（新）区域，是城市建设潜在发展区，未来的高质量地下空间资源集中，总体地质适宜性较好且不受地形和水文条件制约。

第一部分参考文献

[1] 蔡运龙. 自然资源学原理. 科学出版社. 2000
[2] 刘湘,祝文君. 城市地下空间的自然资源学基础及其评估. 地下空间. 2004. 24（4）：543-547
[3] 谢钰敏,魏晓平,付兴方. 自然资源价值的深入研究. 地质技术经济管理,Vol. 23, No. 2, 2001
[4] 童林旭. 地下建筑学. 山东科学技术出版社. 1994
[5] 束昱. 地下空间资源的开发与利用. 同济大学出版社,2002
[6] 祝文君. 北京旧城区浅层地下空间资源调查与开发利用研究：[硕士学位论文]. 北京：清华大学土木工程系. 1992
[7] 祝文君,童林旭. 北京旧城区浅层地下空间资源调查. 中国土木工程学会地下与隧道工程分会年会论文集. 1992
[8] 祝文君. 北京中心城中心地区地下空间资源评估. 北京地下空间规划. 清华大学出版社. 2006
[9] 祝文君. 北京地下空间资源评估专题研究报告. 2004 年 9 月
[10] 祝文君. 青岛主城区地下空间资源调查与评估专题研究报告. 2004 年 11 月
[11] 祝文君. 厦门市地下空间资源调查评估专题研究报告. 2006 年 11 月
[12] Zhu Wenjun Case Studies of Master Planning for Sustainable Urban Underground Space Utilization, the 11th ACUUS Conference, Athens 2007
[13] 倪绍祥,土地类型与土地评价,1992
[14] Carmody J.、Sterling R., Underground Space Design, UNB, new York, 1993
[15] 阳军生. 城市隧道施工引起的地表移动及变形. 北京：中国铁道出版社. 2002
[16] 陈希哲. 土力学地基基础. 北京：清华大学出版社. 2004
[17] 胡厚田. 土木工程地质. 高等教育出版社,2001
[18] 陆玉珑. 断裂带工程地质与对策. 铁路工程学报,No. 2, 1996
[19] 石长青,赵毅鹏,肖用海. 岩体质量工程地质评价. 辽宁工程技术大学学报,Vol. 20, No. 4, 2001
[20] 郭建民. 城市地下空间资源评估模型与指标体系研究：[硕士学位论文]. 北京：清华大学土木工程系. 2005
[21] 孔宪立. 工程地质学. 中国建筑工业出版社. 1997. p90-95
[22] 陈学军,罗元华. GIS 支持下的岩溶塌陷危险性评估. 水文地质工程地质. 2001. 4 [23]
[23] 阎世骏,刘长礼. 城市地面沉降研究现状与展望. 地学前缘. 1996. 3（1）：91-98
[24] 丁玲,李碧英,张树深. 沿海城市海水入侵问题研究. 海洋技术. 2003. 22（2）：79-83
[25] 赵建. 海水入侵水化学指标及侵染程度评价研究. 1998. 18（1）：16-24
[26] 李爱群,高振世. 工程结构抗震与防灾. 南京：东南大学出版社. 2003
[27] 陈燕飞. 基于 GIS 的南宁市建设用地生态适宜性评价. 清华大学学报：自然科学版. 2006
[28] 北京市城市绿地建设和管理等级质量标准（试行），京绿地发〔2006〕4 号
[29] 李金湘. 城市地下工程引起的环境工程地质问题. 西部探矿工程. 2006. 2
[30] 张丽君. 地下水脆弱性和风险性评价研究进展综述. 水文地质工程地质,2006
[31] 中华人民共和国国家标准 地下水质量标准 GB/T 14848-93
[32] 《中华人民共和国环境保护行业标准》（HJ/TXX-2006），
[33] 北京市城市自来水厂地下水源保护管理办法. 1986 年 6 月 10 日北京市人民政府京政发 82 号文件发布
[34] 许劼,王国权. 城市地下空间开发对地下水环境影响的初步研究. 工程地质学报. 1999.1
[35] Carmody J, Sterling R. Underground Building Design, UNB, New York, 1983
[36] 格兰尼,尾岛俊雄. 城市地下空间规划设计. 北京. 中国建筑工业出版社 2005
[37] 王永诚. 人口密度浅析. 中学地理教学参考,1996,（2）：33
[38] 城市建设用地分类与规划建设用地标准 GBJ-137-90
[39] 宁晓明,李法义. 城市土地区位与城市土地价值. 经济地理. 1991.4
[40] 王辉. 基于 GIS 的城市地下空间资源调查评估系统研究：[硕士学位论文] 北京：清华大学土木工程系. 2007
[41] 毕继红. 隧道开挖对地下管线的影响分析. 岩土力学. 2006. 8（8）：1317-1321

[42] 林志元. 地铁工程中地下管线处理方案探讨. 地铁与轻轨. 1999. 3：19 - 21

[43] Wu FG, Lee YJ, Lin MC. Using the fuzzy analytic hierarchy on optimum spatial allocation. International Journal of Industrial Ergonomics. 2004. 33 (6)：553 - 569

[44] 李晓静，朱维申，陈卫忠等. 层次分析法确定影响地下洞室围岩稳定性各因素的权值. 岩石力学与工程学报. 2004. 23（增2）：4731 - 4734

[45] 赵萱，张权，樊治平. 多属性决策中权重确定的主客观赋权法. 沈阳工业大学学报. 1997. 19 (4)：95 - 98

[46] 徐泽水. 部分权重信息下多目标决策方法研究. 系统工程理论与实践. 2002. 1：43 - 47

[47] 陈绍顺，宁伟华，王君. 不完全权重信息下多属性决策方法研究. 空军工程大学学报. 2004. 10：24 - 27

[48] 刘树林，邱菀华. 多属性决策基础理论研究. 系统工程理论与实践. 1998. 1：38 - 43

[49] 邬伦，刘瑜. 地理信息系统——原理、方法和应用. 北京：科学出版社. 2004

[50] 叶嘉安，宋小冬. 地理信息与规划支持系统. 北京：科学出版社. 2006

[51] J. Zhao, K. W. Lee. Construction and Utilization of Rock Caverns in Singapore Part C：Planning and Location Selection. Tunnelling and Underground Space Technology. 1996. 11 (1)：81 - 84

[52] Federico valdemarin. A GIS-ORITENTED MONITORING SYSTEM FOR LARGE INFRASTRUCTURAL WORKS REALISATION：THE METRO OF PORTO EXAMPLE. ACUUS 2002 International Conference

[53] 周翠英等. 重大工程地下空间信息系统开发应用及其发展趋势. 中山大学学报：28 - 32

[54] 王凤山等. 基于GIS的地下空间信息管理系统的设计与实现. 地下空间，2004，24 (2)：239 - 243

[55] 朱合华，张芳. 城市数字地下空间基础信息系统及应用. ACUUS, 2006

[56] 吴立新，史文中. 论三维地学空间构模 [J]. 地理与地理信息科学，2005，21 (1)：1 - 4

[57] 党安荣，贾海峰，易善桢，刘钊. ArcGIS 8 Desktop 地理信息系统应用指南. 北京：清华大学出版社. 2003. 371 - 400

[58] 郭建民、祝文君，基于层次分析法的地下空间资源潜在价值评估，地下空间与工程学报，2005年第5期

[59] 史文中. 空间数据与空间分析不确定性原理. 北京：科学出版社. 2005

[60] 刘祖文. 3S原理瑜应用. 北京：中国建筑工业出版社. 2006

[61] 陈健飞，刘卫民. Fuzzy 综合评判在土地适宜性评价中的应用. 资源科学. 1999. 21 (4)：71 - 74

[62] 陈桂华，徐樵利. 城市建设用地质量评价研究. 自然资源. 1997. 5：22 - 30

[63] 程吉宏，王晶日. 区域环境影响评价中土地使用生态适宜性分析. 环境保护科学. 2002. 28 (112)：52 - 54

[64] 戴福出，李军，张晓晖. 城市建设用地与地质地质环境协调性评价的GIS方法及其应用. 地球科学 - 中国地质大学学报. 2000. 25 (2)：209 - 213

[65] 冯利华，马未宇. 主成分分析法在地区综合实力评价中的应用. 地理与地理信息科学. 2004. 20 (6)：73 - 75

[66] 谷天峰. GIS 支持下的城市地质环境研究 - 以咸阳市为例：[硕士学位论文]. 西安：西北大学环境科学系. 2004

[67] 波. 基于GIS的土地适宜性评价模型的改进. 遥感技术与应用. 1997. 12 (1)：14 - 18

[68] 洪胜，侯学渊. 盾构掘进对隧道周围土层扰动的理论与实测分析. 岩土力学与工程学报. 2003. 22 (4)：1514 - 1520

[69] 李旭辉，黄清华. 在人防洞室上部建造大厦的安全稳定性分析. 广东土木与建筑. 2001. 9：12 - 14

[70] 林坚. 城市总体规划中建设用地经济评价浅析. 城市规划. 1999. 2

[71] 梁艳平，刘兴权，刘越等. 基于GIS的城市总体规划用地适宜性评价探讨. 地质与勘探. 2001. 37 (3)：64 - 67

[72] 梁晓丹，宋宏伟，刘刚. 地下工程对地面既有高层建筑影响的数值分析. 西安科技大学学报. 2006. 26 (4)：48 - 50

[73] 梁中龙，黄顺安，戴军等. 基于GIS的斗门县土地资源评价. 华南农业大学学报. 2000. 21 (4)：22 - 25

[74] 刘湘. 城市地下空间资源评估研究：[硕士学位论文]. 北京：清华大学土木工程系. 2004

[75] 刘波，陶龙光，李希平等. 地铁盾构隧道下穿建筑基础诱发地层变形研究. 地下空间与工程学报. 2006. 2 (4)：621 - 626

[76] 刘波，陶龙光，丁城刚等. 地铁双隧道施工诱发地表沉降预测研究与应用. 中国矿业大学学报. 2006. 35 (3)：356 - 361

[77] 欧国浩,柳炳康,干非. 基础下人防坑道受力分析及处理方法. 建筑技术. 2005. 36 (3): 169-171
[78] 钱七虎. 城市可持续发展与地下空间开发利用. 地下空间. 1998. 18 (2): 69-75
[79] 邱炳文,池天河,王钦敏等. GIS 在土地适宜性评价中的应用与展望. 地理与地理信息科学. 2004. 20 (5): 20-23
[80] 童庆鹤. 地铁工程施工中的沉降控制及应急处理. 四川建材. 2006. 4: 45-47
[81] 王璇,杨林德,束昱. 城市道路地下空间的开发利用. 地下空间. 1994. 14 (1): 16-24
[82] 王应明,徐南荣. 群体判断矩阵及其权向量的最优传递矩阵求法. 系统工程理论与实践. 1991. 11 (4): 70-74
[83] 王思敬,戴福出. 环境工程地质评价、预测与对策分析. 地质灾害与环境保护. 1997. 18 (1): 27-34
[84] 庄乾城,罗国煜,李晓昭,闫长虹. 地铁建设对城市地下水环境影响的探讨. 水文地质工程地质. 2003. 4: 102-105
[85] 周宏益,孟莉敏等. 地下水位变化对建筑物地基沉降影响的数值模拟
[86] 张拥军. 基于 GIS 的砂土液化可视化评估信息系统研究
[87] 张宏华,李蜀庆,黄海凤等. 基于真实储蓄理论的重庆市可持续发展评价. 矿业安全与环保. 2004. 31 (6): 6-9
[88] 国家环境保护总局,国家质量监督检验检疫总局. GB 3838-2002. 地表水环境质量标准 [s]. 北京: 2002
[89] 中华人民共和国建设部,国家质量监督检验检疫总局. GB 50011-2001. 建筑抗震设计规范 [s]. 北京: 2001
[90] 北京市勘察院. 城市规划工程地质勘察规范.
[91] 北京市城市自来水厂地下水源保护管理办法
[92] 北京市密云水库怀柔水库和京密引水渠水源保护管理条例
[93] FLORENT JOERIN, MARIUS THE'RIAULT, ANDRE' MUSY, et al. Using GIS and outranking multicriteria analysis for land-use suitability assessment. Geographical Information Science. 2001. 15 (2): 153-174
[94] J. Edelenbos, R. Monnikhof, J. Haasnoot, et al. Strategic Study on the Utilization of Underground Space in the Netherlands. Tunnelling and Underground Space Technology. 1998. 13 (2): 159-165
[95] Kimmo Ronka, Jouko Ritola and Kari Rauhala. Underground Space in Land-Use Planning. Tunnelling and Underground Space Technology. 1998. 13 (1): 39-49
[96] PABLO ARAGONE'S, ELISEO GO' MEZ-SENENT and JUAN P. PASTOR. Ordering The Alternatives of a Strategic Plan for Valencia (Spain). JOURNAL OF MULTI-CRITERIA DECISION ANALYSIS. 2001. 10: 153-171
[97] Quan-ling WEI, Jian MA. A Parameter Analysis Method for the Weight-Set to Satisfy Preference Orders of Alternatives in Additive Multi-Criteria Value Models. Journal of Multi-Criteria Decision Analysis. 2000. 9: 181-190
[98] R. A. H. Monnikhof, J. Edelenbos, F. van der Hoeven, et al. The New Underground Planning Map of the Netherlands: a Feasibility Study of the Possibilities of the Use of Underground Space. Tunnelling and Underground Space Technology. 1999. 14 (3): 341-347
[99] Sterling. A Case Study for Minneapolis Underground Space. 1982
[100] 北京市自然科学基金重点项目. 北京城市地下空间开发利用容量评估的基础研究技术报告,中国矿业大学(北京),清华大学. 2007 年 4 月
[101] 党安荣. AERDAS IMAGINE 遥感图像处理方法. 北京: 清华大学出版社. 2003
[102] 吴信才. 地理信息系统设计与实现. 北京: 电子工业出版社. 2002

第二部分 城市地下空间资源开发利用规划

童林旭 执笔

第 10 章 城市地下空间规划导论

10.1 开发利用城市地下空间的战略意义

地球表面以下是一层很厚的岩石圈，岩层表面风化为土壤，形成不同厚度的土层，覆盖着陆地的大部分。岩层和土层在自然状态下都是实体，在外部条件作用下才能形成空间。

在岩层或土层中天然形成或经人工开发形成的空间称为地下空间（subsurface space）。天然形成的地下空间，例如在石灰岩山体中由于水的冲蚀作用而形成的空间，称为天然溶洞。在土层中存在地下水的空间称为含水层。人工开发的地下空间包括利用开采后废弃的矿坑和使用各种技术挖掘出来的空间。在城市范围内开发的地下空间称为城市地下空间（urban underground space）。

在现代生产力和科学技术的推动作用下，人类正以前所未有的速度实现自身的巨大发展和进步，城市化水平的不断提高，城市数量和城市人口的不断增加，是这种进步的重要标志之一，而这种发展的前提，就是必须有足够的土地资源、水资源和能源的支持。在世界自然条件日益恶化和自然资源渐趋枯竭的形势下，地下空间被视为人类迄今所拥有的尚未被开发的自然资源之一。在城市建设和发展领域，开发利用地下空间也显示出重要的战略意义，主要表现在以下三个方面。

10.1.1 地下空间与缓解生存空间危机

世界人口无节制的增加和生活需求无止境的增长与自然条件的日益恶化和自然资源的渐趋枯竭之间的矛盾反映在生存空间问题上，表现为日益增多的人口与地球陆地表面空间容纳能力不足的矛盾；在城市发展问题上，则表现为扩大城市空间容量的需求与城市土地资源紧缺的矛盾，这种现象称之为生存空间危机。

世界上每增加一个人口，社会就需为其提供一定的生存空间和生活空间，生存空间包括生态空间，即生产粮食等生活必需品的空间；生活空间指供人居住和从事各种社会活动的空间，如城镇、乡村居民点，以及铁路、公路、工矿企业等所占用的空间。这两类空间主要都是以可耕地为依托，故衡量生态空间质量的标准应当是单位面积耕地供养人口的能力，衡量生活空间质量的标准应当是在保证足够生态空间的前提下，人均占有城镇或乡村居民点用地面积和人口的平均密度。

从世界范围来看，在现有的 15 亿公顷耕地不再减少的情况下，如果 2150 年人口达到 150 亿，土地供养人口的能力将达到极限。我国人口占世界人口的 22%，而人均耕地面积仅为世界平均水平的 30%，即使按较低的粮食消费标准计，在现有 1 亿公顷耕地不再减少的前提下，每公顷可耕地年产粮能力必须达到 9600 千克（合亩产 640 千克），才能供养 16 亿人口（2050 年）。也就是说，我国的生态空间将在 2050 年前后达到饱和，比世界平均水平提前 100 年。事实上，要求可耕地不再减少是很困难的，仅 1993 年全国耕地减少量就相当于 13 个中等县的耕地面积。

从生活空间来看，要容纳不断增加的人口和使原有人口提高生活质量，也需要大量的土地。到 1987 年，全国生活空间用地占国土总面积的 6.9%，约为 66.2 万平方公里，其中包括城市用地和农村居民点用地。如果到 21 世纪中叶我国国民经济总体上达到当时中等发达国家的水平，则城市化水平必须从 1990 年的 19% 提高到 65% 左右，即城市人口要从 2.1 亿增加到 10.4 亿，净增 8.3 亿人。以城市人均用地 120 平方米计，需要土地 10 万平方公里。如果进入城市的农村人口中有 20% 放弃在农村的居住用地，按人均用地 160 平方米计，可扣除用地 2.66 万平方公里，即总的生活空间用地需增加 7.34 万平方公里，约相当于台湾、海南两省面积的总和，这无疑将给我国本已十分有限的可耕地造成巨大的压力。因此，必须寻求在不占或少占土地的情况下拓展生活空间的途径，否则不但将影响我国城市化的进程，制约国民经济的发展，而且必然导致生态空间的缩减，加剧生存空间的危机。

为了拓展人类的生存空间，有三种可供选择的途径。第一种是宇宙空间。虽然人类对宇宙空间已进行了初步的探索，但由于人生存所必需的阳光、空气和水在宇宙其他星球上尚未发现，故大量移民几乎是不可能的。第二种是水下空间。海洋面积占地球表面积的大部分，海底均为岩石，地下空间的天然蕴藏量很大，但阳光、空气、淡水等供应同样十分困难，在可预见的未来，大量开发海底地下空间也是不可能的。因此，当前和今后相当长时期内，开发陆地地下空间就成为拓展生存空间惟一现实的途径。

地球表面积为 5.15 亿平方公里。地球表面以下为岩石圈（地壳），陆地下的岩石圈平均厚度为 33 公里，海洋下为 7 公里。从理论上讲，整个岩石圈都具备开发地下空间的条件，也就是说，天然存在的地下空间蕴藏总量有 75×10^{17} 立方米。

岩石圈的温度每加深 1000 米升高 15~30 摄氏度，到地壳底部温度估计在 1000 摄氏度左右；岩石圈内部的压力为每加深 100 米增加 2.736 兆帕，地壳底部的压力最大，可能超过 900 兆帕。因此，以目前的施工技术水平和维持人的生存所花费的代价来看，地下空间的合理开发深度以 2 千米为宜。考虑到在实体岩层中开挖地下空间，需要一定的支承条件，即在两个相邻岩洞之间应保留相当于岩洞尺寸 1~1.5 倍的岩体；以 1.5 倍计，则在当前和今后一段时间内的技术条件下，在地下 2 千米以内可供合理开发的地下空间资源总量为 4.12×10^{17} 立方米。

地球表面的 80% 为海洋、高山、森林、沙漠、江、河、湖、沼泽地、冰川和永久积雪带所占据。到目前为止和可以预见的未来，人类的生存与活动主要集中在占陆地面积 20% 左右的可耕地及城市和村镇用地范围内。因此，可供有效利用的地下空间资源应为 0.24×10^{17} 立方米。在我国，可耕地、城市和乡村居民点用地的面积约占国土总面积的 15%，按照上面的计算方法，我国可供有效利用的地下空间资源总量接近 11.5×10^{14} 立方米。

城市地下空间的天然蕴藏量应等于城市总用地范围以下的所有土层和岩层的体积（平均厚度 33 公里），但这个数字并没有实际意义。如果把开发深度限定在 2 千米以内，考虑到地下建筑之间必要的距离，开发范围限定在城市总用地面积的 40% 以内较为适当。按照这样的开发深度和范围，一个总用地面积为 100 平方公里的城市，可供合理开发的地下空间资源量有 8×10^{10} 立方米。以建筑层高平均为 3 米计，可提供建筑面积 2.7×10^{10} 平方米，即 270 亿平方米，相当于一个容积率平均为 5 的城市地面空间所容纳建筑面积的 540 倍。但是地下空间开发深度达到 2 千米在技术上是很困难的，在可预见的一个时期，例如在 21 世纪的 100 年内，合理开发深度达到 100 至 150 米，对于多数大城市是比较现实的。

由此可见，可供有效利用的地下空间资源的绝对数量仍十分巨大，从开拓人类生存空间的意义上看，无疑是一种具有很大潜力的自然资源。

10.1.2 地下空间与应对城市发展中的困难和挑战

在城市发展过程中，必然要遇到种种困难和挑战，在我国具体条件下，主要在以下五个方面。

（1）人口增长的挑战。在人类生存的 400 万年中的大部分时期，人口数量的增长是缓慢的，20 世纪后半叶开始迅速增长，1960 年达到 30 亿，1987 年 50 亿，1999 年增加到 60 亿人。联合国预测到 2030 年，全球人口将达 85 亿人。中国人口数量一直居世界首位，由于基数过大，尽管采取了计划生育政策，到 2000 年人口总数仍然增加到 12.9 亿人。预计按现行人口政策，到 2030 年前后人口达到 16 亿时，才有可能停止增长。同时，中国的城市化将使城市人口从 2000 年的 4 亿人增加到 10 亿。人口增长形成的最直接压力是对粮食的需求，但城市发展用地主要来自对可耕地的占用，对保持足够耕地的要求仍然是一个很大的威胁。也就是说，中国的城市发展以至建设未来城市，只能以不占或少占耕地为总前提。

（2）淡水资源短缺的挑战。虽然地球表面的 71% 是海洋，海水量之大可谓取之不尽用之不竭。但是遗憾的是，人类及多数生物赖以生存和城市赖以发展的淡水，却只占地球总水量的0.64%。目前，世界上大约有90个国家，40%的人口面临供水紧张，足以引起社会动荡和导致地区冲突，并制约城市的发展。中国的水资源情况在世界上处于很不利的地位，不但现在已严重影响到城市的发展，在建设未来城市中必将构成一个难以应对的挑战。虽然自然条件是无法改变的，但是通过人们的努力，如节约用水、水源调剂、提高重复使用率、降低海水淡化成本等，有可能使危机得到一定程度的缓解。

(3) 能源枯竭危机。能源对于人类生存与发展的重要性和城市对能源的依赖关系，是显而易见的。现在，全世界每年燃烧煤40亿吨，消耗石油25亿吨，并以每年3%的速度增长。据联合国1994年公布的数字，以1992年的开采量和当时已探明和可能增加探明的储量相比较，石油还可开采75年，天然气只能维持56年，煤较多，为180年。也就是说，到21世纪中叶，人类将面临传统能源的危机。中国的情况更差，石油和天然气的探明储量都比较少，安全期预计为30~50年，只能越来越多地依赖进口。因此，在传统能源面临枯竭的情况下，出路只有两个，一是节约使用，降低能耗；二是开发利用新能源，这也是在建设未来城市中必须应对和解决的问题。

(4) 环境危机。在人类以自己的智慧和知识创造了巨大的生产力、富足的生活和繁荣的城市的同时，也为自己造成了灾难性的后果，受到自然的无情惩罚，那就是严重的生态失衡和环境污染。宏观上的生态环境恶化主要表现为沙漠化（或称荒漠化）、全球性气候变暖、臭氧层流失、自然灾害频繁等。对于城市来说，主要表现在工业生产和居民生活排出的大量废弃物造成的城市大气污染、水污染、土壤污染。此外，城市环境噪声污染和建筑物玻璃外表面的光污染，也属于城市环境问题。严重的城市环境污染，对今后城市的发展确实是一个危机。

(5) 灾害威胁。我国是地震多发国，且国土的70%处于季候风的影响范围，水、旱、风等灾害频繁；同时，我国仍处于复杂动荡的世界局势之中，战争的根源并没有消除。因此，城市面临战争及多种自然和人为灾害的威胁，城市安全还没有充分的保障。地下空间天然具有的防护能力，可以为城市的综合防灾提供大量有效的安全空间，对于有些灾害的防护，甚至是地面空间无法替代的。

克服以上困难的途径，只能是依靠无限的知识资源，应对有限的自然资源危机；通过高新技术提高土地对人口的承载能力，提高对水资源的循环使用水平，降低能源消耗和解决开发新能源的困难，治理环境污染和改善生态平衡。地下空间在容量、环境、安全等方面的巨大优势，使之能在克服城市现代化过程中的诸多矛盾起到重要的作用，因此也成为地下空间规划必须认真考虑的问题。

10.1.3 地下空间与城市现代化发展

城市现代化（urban modernization）是指城市的经济、社会、文化、生活方式等由传统社会向现代社会发展的历史转变过程，在科学技术和社会生产力高度发展的基础上，为城市居民提供越来越好的生活、工作、学习条件和环境，城市经济、社会、生态和谐地运行并协调发展。

"现代化"对于世界上数以千计的城市来说，既有共同的含义，又是一个相对概念，发达国家的"现代"，可能成为发展中国家"现代化"的目标，而后者的"现代"，又可能成为最不发达国家发展的方向。也就是说任何一个国家，城市的现代化发展都要经历一定的历史阶段，适应一定的生产力发展水平，和符合自己的国情。

到2003年，我国人均GDP水平刚达到1000美元，开始进入中等偏低收入国家行列。城市现代化水平还很低，同世界先进的现代化城市发展水平相比，还有很大差距，实现城市现代化发展水平相差悬殊，但按照历史发展的观点，或迟或早都将走上现代化的道路，并不断提高现代化水平。从我国情况看，由现在起到21世纪上半叶，中国城市现代化发展大约可经历三个阶段：第一阶段由2001年至2010年，是实现城市现代化的基础阶段，即城市人均GDP达到4000美元左右，经济进入有序的平稳增长期，城市居民生活质量有较明显的提高，少数发达城市可率先基本实现城市现代化；第二阶段，由2011年至2030年，多数城市普遍实现城市现代化，城市人均GDP超过1万美元；第三阶段，由2031年至

2050年，是中国城市达到发达国家城市水平的重要发展阶段。城市人均GDP将达到2万美元以上，城市的经济、科学技术、文化教育、基础设施等将全面达到或接近国际先进水平，居民生活水平达到当时发达国家的中上等水平。届时，城市现代化的主要标志，按现在的认识水平，应当是：高度发达的生产力和科学技术；完善和高效的城市基础设施；清洁优美的城市环境；丰富的城市文化；高水平的城市管理；高素质的城市人口和高度的精神文明；有效的防灾减灾能力；以及土地资源、水资源和能源的高效利用。此外，一些有条件的城市还应包括充分的国际合作与区域合作，以及某些重点城市功能的国际化。

在实现城市现代化过程中，地下空间的开发利用，可以起到重要的推动作用，主要表现在：

(1) 在不扩大或少扩大城市用地的前提下，实现城市空间的三维式拓展，从而提高土地的利用效率，节约土地资源；

(2) 在同样前提下，缓解城市发展中的各种矛盾；

(3) 在同样前提下，保护和改善城市生态环境；

(4) 建立水资源、能源的地下贮存和循环使用的综合系统，促进循环经济的发展和构建资源节约型社会；

(5) 建立完善的城市地下防灾空间体系，保障城市在发生自然和人为灾害时的安全；

(6) 实现城市的集约化发展和可持续发展，最终大幅度提高整个城市的生活质量，达到高度的现代化。

10.2 中国城市地下空间利用的发展道路

中国的城市地下空间利用，是在上世纪60年代末特殊的国内外形势下起步的，是以人民防空工程建设为主体的，这种状况一直持续到80年代中期。其中一部分工程实现了平战结合，在平时发挥了一定的城市功能。这一时期应当看作是城市地下空间利用的初创阶段。进入21世纪后，城市地下空间利用不论是数量和质量上，都有了相当规模的发展和提高。这表明，我国的城市地下空间利用已开始成为城市建设和改造的有机组成部分，进入了适度发展的新阶段。

在今后的50年里，我国将实现国民经济发展的第三步战略目标，完成全面的现代化。与之相适应，城市化水平将达到65%以上，不仅城市数量要增加，而且原有城市可能在前二三十年内完成改造。在这一历史进程中，城市地下空间将发挥越来越重要的作用。预计到本世纪20年代，城市地下空间利用可能出现高潮，进入大规模发展的更高阶段。

到2005年，我国城市总数有661座，其中约200座是近些年升格的县级市，100万以上人口的特大城市有40座。在今后的几十年中，还将新增几百座城市。当前，从总体上看，大部分城市仍处于发展的初级阶段，而且发展很不平衡，所处的自然条件和地理环境也存在很大差异。但是，不论现在处于哪种发展阶段，所有城市或迟或早都要走现代化道路，在这一进程中，不可避免地需要开发利用地下空间，并不断向更高的水平发展。因此在这样的背景下，研究一下不同类型城市地下空间的发展阶段、发展目标和发展道路，使中国城市地下空间能够科学、合理、有序地发展，对于不同类型城市制订自己的地下空间发展规划，应当是有益的。

10.2.1 中国城市发展状况

中国城市由于历史和自然环境的不同，在经济、社会、文化等多方面的发展很不平衡，大体上可分为东部沿海发达地区城市；东中部较发达地区城市和中西部欠发达地区城市三大类。表10-1对这三类城市各选排序前十名的主要经济、社会、文化指标做一比较，可以看出城市之间发展程度的差异。

中国东部、中部、西部主要城市经济、社会、文化状况比较（2005年） 表10-1

分类	城市	非农业人口（万人）	建成区面积（km²）	人均GDP（美元/人）		地均GDP（万美元/km²）		千人汽车拥用量（辆/千人）	千人固定及移动电话保有量（台/千人）	万人在校大学生数（人/万人）	城市综合竞争力排名
					排序		排序				
东部沿海发达地区城市（一类）	广州	482	734	9564	1	7962	5		3877	1149	6
	深圳	181	71	7414	2	8468	4		9707	250	5
	杭州	245	314	7042	3	9095	3		3625	1281	11
	大连	240	248	6973	4	7836	6		1983	758	17
	青岛	265	179	6764	5	10031	2		1600	1011	20
	上海	1128	820	6449	6	13471	1	84	2168	392	3
	北京	855	1182	5716	7	6980	9	245	2745	562	4
	厦门	96	170	5455	8	7220	8		2708	483	16
	南京	410	513	5372	9	5313	10		1758	1307	25
	天津	532	530	4840	10	7830	7	127	1763	614	10
东中部较发达地区城市（二类）	济南	272	238	5018	1	7265	4		1536	1069	26
	合肥	150	225	4852	2	3653			2170	1613	
	长沙	173	148	4671	3	7534	3		1895	1682	29
	长春	245	230	4489	4	6363	6		1844	1187	28
	沈阳	410	310	4485	5	7160	5		1371	889	19
	南昌	166	109	4060	6	7750	2		1819	2373	
	石家庄	224	166	4032	7	5349	7		4540	1196	
	哈尔滨	307	302	3734	8	4905	8		2200	788	30
	郑州	188	262	3575	9	3487	10		3728	1984	
	武汉	503	220	3199	10	12405			1856	614	22
中西部欠发达地区城市（三类）	西安	309	230	4526	1	5379	1		2155	1718	
	成都	368	395	3918	2	4685	3		1742	780	27
	兰州	170	161	3594	3	3810	7		1588	1052	
	银川	66	95	3367	4	2740	10		1606	440	
	乌鲁木齐	150	176	3187	5	3843			2026	632	
	昆明	170	192	3033	6	5114	2		1505	1105	
	西宁	127	170	2551	7	3704	8		2007	1259	
	贵阳	147	129	2544	8	3922	5		1544	1387	
	重庆	477	492	2038	9	4312		98	2421	620	
	西宁	91	63	1965	10	3186	9		1285	362	

注：(1) 资料主要来源为中国统计出版社编辑的《中国城市年鉴》和《中国经济年鉴》，2006年。
(2) 各类城市均按其人均GDP排序，因篇幅所限，每类均取其前十名。
(3) 表中第5、6、7、8、9栏数字均经著者换算，人民币对美元汇率按8.2:1（2005年）。
(4) 表中第10栏关于城市竞争力的排名，取自《中国城市年鉴》2006年，是根据增长、规模、效率、效益、结构、质量、就业等7项指数综合得出的。

第一类城市和部分第二类城市，城市发展的矛盾多集中在这类城市的旧市区和中心区，那里人口和建筑密度高，车辆拥堵，环境质量差，但城市效率并不高，GDP较低，因而成为城市更新改造的重点地区，需要开发利用地下空间，实行立体化再开发，提高土地的利用效率，加强中心区的聚集作用，改善城市环境，恢复旧市区或中心区的生机与活力。应当注意的是，即使在这些相对较发达的城市中，其经济、社会状况和城市矛盾的严重程度也并不相同，因此对开发利用地下空间的需求程度和需求规模，必须根据各自的实际情况进行科学的预测，防止主观臆断和盲目攀比。

以对开发地下交通空间的需求为例，从我国情况看，现在城市矛盾较为严重的，主要集中在200万人口以上的13座特大城市，即使在这十几座特大城市，其城市矛盾的严重程度也是不同的，真正到了不修建地下铁道就无法解决城市交通问题的，仍然是少数，如北京、天津、上海、广州、深圳；其他有些城市，虽然人口有一百多万，但机动车只有二三十万辆，其城市交能状况是无法与拥有几百万辆机动车的特大城市的紧张情况相比的。这些城市在地面上改善和发展公共交通的潜力是否已用尽，道路的改造是否已无法满足交通量的增长，这些都是值得认真研究的。近些年准备和计划修建地铁的城市不下20座，而国家有关部门同意修建或准予立项的只有少数几座城市，说明对于这样一类耗资巨大的地下空间开发项目，必须持十分慎重的态度。

值得注意的是：许多没有进入表10-1的小城市，虽然经济发展水平较低，但城市用地中的浪费问题相当突出，人均用地大都在150平方米以上，然而产出效益却非常低，特别是有些县级市，在"升级"的刺激作用下，盲目追求"大发展"，滥用土地的现象就更为严重。因此，对于这些中小城市，包括特大城市周围发展的一些"新城"，从发展的初期起，就应当走集约型发展道路，严格控制城市用地，提高土地利用效率，在城市发展中适度开发一定规模地下空间，应当是有益的。从这个意义上看，可以把这些城市列为第四类。

尽管中国城市的发展很不平衡，但是或迟或早都要实现现代化是毫无疑义的。在这一历史进程中，在不同程度和规模上开发利用城市地下空间也是必然的。因此，地下空间的发展道路，都应当遵循以下几个共同的方向，即：推动城市发展从粗放型向集约型的转变；推动城市空间拓展从二维式向三维式的转变；以及提高城市效率和城市的聚集能力。

10.2.2 地下空间与城市的集约化发展

集约化（intensify）是表示事物从分散到集中，从少到多，从低级到高级的发展过程。对于城市来说，主要表现为在城市发展过程中，充分发挥出城市的聚集作用，以尽可能少的资源，创造出尽可能多的社会财富和综合效益。

当前，在我国城市建设和发展中，正在实行"两个根本转变"，即从粗放型向集约型转变和从计划经济向市场经济转变。也可以说，城市的集约型发展是在社会主义市场经济条件下城市发展的必由之路。

城市的本质是聚集而不是扩散，城市的一切功能和设施都是为加强集约化和提高效率服务。城市的集约化受到经济规律的支配，是动态的发展过程，故达到一定程度时，就会与相对静止的城市功能和基础设施的服务能力失去平衡，形成种种矛盾，客观上出现实行更新和改造以适应更高的集约化要求。城市的集约化程度越高，其自我更新能力就越强。城市集约化发展，与城市的盲目扩散有根本的不同。因此，城市的集约化就是不断挖掘自身发展潜力的过程，是城市发展从初始阶段向高级阶段过渡的历史进程。当然，城市的集约化并不是无止境的，城市空间的容量也是有限的。也就是说，当城市化达到相当高的水平（城市化率为80%~90%），当城市空间的容量在保持合理容积率和人口密度的前提下已趋近饱和，城市的发展潜力已经用尽，城市已经到了高度发展的阶段时，城市的集约化才达到了预定目标，才能对社会、经济发展起到更大的推动作用。

城市的粗放型发展主要表现为以高消耗资源和能源，追求产量和速度；忽视经济与社会、人口、资源、环境的协调发展；实行唯计划式的经营，和自上而下的行政决策及管理体制。在城市规模上，则主要表现在城市范围无限制地外延式扩展。1986年至1995年间，我国城镇用地规模平均扩展了50.2%，其中有的已超过100%。城市用地增长率与人口增长率之比，国际上比较合理的比例为1.2:1而我国却高达2.29:1。城市无限制地向四周水平扩展，不但占用大量耕地和绿地，而且并没有为城市带来更高的效益。

衡量一个城市的集约化水平，除人均GDP（国内生产总值）等项目外，单位城市用地的GDP应当是一个重要指标，可直接显示出土地的利用效率和空间容纳效率。但是这一指标在过去的城市规划和城市统计中都是没有的，反映出粗放式发展不重视效率和效益的倾向。以北京市为例，1989年，城市建成区的面积为395.4平方公里，单位城市用地的GDP为0.31亿美元/平方公里；10年后到2000年，这一指标增长到0.63亿美元/平方公里，城市用地增加到488平方公里，单位用地的经济效益虽有所提高，但其绝对值与发达国家和地区相比仍存在很大差距。香港以弹丸之地，竟创造出年GDP1583.6亿美元（2000年）的巨额财富，单位城市用地的GDP达12.5亿美元/平方公里，高出北京20倍。虽然香港中心区的容积率过高，建筑密度过大，呈现畸形发展，是不可取的，但却足以说明城市土地和空间具有多么大的聚集作用和经济潜力。同时也说明，北京的低水平发展，是长期粗放型发展的结果，离高度集约化还有很大的差距。

城市土地价格也是反映城市集约化程度的一项重要指标。据近年资料，日本东京土地的最高价格已达每平方米50万美元。我国尚无土地市场价格，仅以土地使用费征收值做比较，北京的高最地价与东京相差150~200倍。这个比较表明，北京城市的经济效率十分低下，作为特大城市，聚集社会财富的作用还远未发挥出来。由此可见，我国的城市发展不但要克服许多制约因素（例如耕地、水资源、能源、矿物资源等的匮乏和不足），而且只能在保持现有的自然条件不继续恶化和尽可能减少灾害损失的前提下寻求发展的途径，这就是集约化发展的道路，也是可持续发展的道路。

在当今世界范围内，如果没有发生全面战争，人口无节制的增加和生活需求无止境的增长与自然条件的日益恶化和自然资源的渐趋枯竭，是制约人类生存与发展的主要矛盾；在城市发展问题上，则表现为扩大城市空间容量的需求与城市土地资源紧缺的矛盾。

我国在耕地、水资源等方面在世界上都处于劣势，全国约1/3的县人均耕地面积低于联合国确定的人均0.8亩的警戒线，有463个县低于0.5亩/人。尽管如此，我国在近10年间耕地减少近亿亩，其中包括了城市用地的无限制增长。例如有一个城市1990年建成区面积为182平方公里，规划到2000年为376平方公里，2010年为507平方公里，20年间扩大320平方公里，如果均为可耕地，面积达50万亩。与我国耕地紧缺的状况相对照，说明这种逆向发展必须转变，至少要加以严格控制，否则我国的生存空间危机对于我国国民经济和城市的可持续发展，均将构成严重的制约。

我国的城市化还处于较低的水平，甚至低于发展中国家的平均水平。根据城市与经济发展的一般规律，要使我国国民经济在未来几十年内达到当时中等发达国家的水平，城市化率至少要超过60%，城市人口要从现在的4亿左右增加到近10亿（按当时总人口15亿计）。据初步测算，即使按较低的城市人均用地指标，需要增加的城市用地大约相当于台湾和海南两省面积的总和。在这样的严峻形势下，如何在有限的土地条件下，使城市得到应有的发展，成为我国城市发展面临的重大课题。从这个意义上看，城市的集约化发展，充分发挥土地利用效率，是摆脱危机的惟一出路。

土地是城市空间的载体，不论是地上还是地下不存在脱离土地的城市空间。因此，城市集约化程度的提高，就是不断发掘城市土地潜力，提高土地使用价值的过程。一般情况下，城市中土地越昂贵的地区，土地的开发价格就越高，投资开发后就可获得比其他地区更高的经济效益，因而起到将城市功能向这一地区吸引的聚集作用，也是城市的立体化改造往往从城市中心区开始然后逐步向外扩展的主要原因，既符合市场经济的规律，又取得集约化的成果。因此，不论是新城市的建设还是旧城市的改造，使城市空间实现三维式的拓展，是世界上许多发达国家大城市的普遍做法，在我国地少人多的特殊条件下就更为必要。

城市地下空间具有很大的容量，可为城市提供充足的后备空间资源。北京市旧城区62.5平方公里范围内的浅层地下空间资源，可提供的空间折合成建筑面积达0.55亿平方米，比旧城区现有建筑面积0.24亿平方米还多0.13亿平方米，由此可见城市地下空间资源的巨大潜力，如果得到合理开发，必将产生难以估量的经济和社会效益，并在很大程度上加强城市的聚集效应。

10.2.3 地下空间与城市空间的合理拓展

城市的集约化发展达到一定高度时，就会使原有的城市空间难以容纳迅速增加的城市人口和城市功能，引发种种城市矛盾，必须通过城市再开发（urban redevelopment）加以缓解。

城市再开发的最终目的是为缓解由于城市人口增长和经济发展所造成的城市空间容量严重不足的问题，因此再开发就是要通过拓展城市空间以扩大城市空间的容量。通常，拓展城市空间的方式，借用逻辑学的概念做比喻，有内涵式和外延式两种。

内涵式拓展是在不改变城市用地空间范围的情况下，通过改变城市的内部结构（土地结构、空间结构、产业结构等），更新城市的内部机能（如基础设施），开发城市现有的潜在空间资源，从密度、效率、质量等几方面达到提高城市空间容量的一种方式。外延式是对城市容量的外部限制条件加以人为的干预，以获得城市建设的用地，一般说，在城市发展初期，或土地资源比较充裕的城市，城市容量的外延式提高有利于城市的发展；但是对于已经发展到相当大规模的城市，特别是土地资源短缺的城市，盲目采用外延式提高容量会造成许多不良后果，在这种情况下应采取内涵式提高方式。

内涵式和外延式的空间扩展在城市发展形态和空间构成上表现为集约和分散。分散是使城市在水平方向四周延伸，集约就是使城市主要在垂直方向上下扩展，在中国和日本称之为城市空间的立体化扩展，其他国家则称为城市空间的三维式发展（three-dimensions development）。不论用哪一种方式，最终目的都是为了使城市功能与空间容量取得协调发展，以达到较高的城市效率和效益水平。

当城市规模较小，处于自发发展阶段时，城市空间沿水平方向四面延伸（即同心圆式扩展）以适应发展的需要，是很自然的，不致引起很大矛盾；但如果城市已具有相当大的规模，再无限制地向外水平扩展，则至少会引起两大问题，一是土地资源的不足，二是城市交通问题的加剧，从总体上看，对加强城市的集约化是不利的。

城市人口的不断增多，往往成为城市用地不断向外扩大的一个主要原因，造成城市规模难以控制的问题。应当看到，城市规模不仅仅是一个占多少土地，划多大范围的平面问题，而是既涉及城市容纳效率等空间问题，又包括城市发展阶段这样的时间概念，含有较复杂的时空因素。如果单纯以人口密度的合理值来控制城市规模，必然要不断向外扩展城市用地；但若同时考虑到城市容积率的因素，从扩大城市空间容量着手，那么就有可能在不扩展或少扩展用地的情况下，容纳更多的城市人口和城市功能。

从上世纪 50 年代后期起，许多发达国家大城市因城市矛盾严重而出现了对原有城市进行更新改造的客观要求。在实践中，人们逐渐认识到城市地下空间在扩大城市空间容量和提高城市环境质量上的优势和潜力，形成了地面空间、上部空间、地下空间协调扩展的城市空间构成的新理念，即城市空间的三维式拓展。这一过程持续了 30 年左右，取得明显的效果，不但缓解了多种城市矛盾，而且在不扩大或少扩大城市用地的情况下，大大加强了城市土地和空间的聚集作用，城市中心恢复了生机，出现空前的繁荣。

日本一些大城市在二战后经济高速发展时期，都进行了立体式的再开发，如东京的银座地区、车站附近，三个副都心（新宿、池袋、涩谷地区），名古屋车站附近和市中心"荣"地区，大阪的梅田和难波两车站地区，横滨站东西两侧地区，神户和京都的车站附近等。

北美洲和欧洲，在 20 世纪六七十年代，有不少大城市进行了立体化再开发。例如美国的费城，加拿大的蒙特利尔、多伦多，法国的巴黎，德国的汉堡、法兰克福、慕尼黑、斯图加特，以及北欧的斯德哥尔摩、奥斯陆、赫尔辛基等，虽然再开发的主要目的并不完全相同，但是充分利用地下空间，在扩大空间容量的同时改善城市环境这一点都是一致的。

当前我国的城市发展实际上正在经历发达国家大城市三四十年前所经历的过程，因此那些国家符合发展规律的经验和一些不成功的教训，都是值得借鉴和吸取的，其中城市空间的三维式拓展，对旧城实行立体化再开发，就是重要的经验。近十年来，我国一些大城市在许多重要地段的城市改造中，较普遍地实行了立体化再开发，对扩大城市空间容量，改善城市环境，改变城市面貌等方面，都起到良好的作用，与国际上的差距正在缩小，展现了城市空间三维式拓展的广阔前景。

10.2.4 地下空间与城市效率和聚集能力的提高

城市空间（urban space）一般是指城市建成区空间，是一定数量的人口，一定规模的城市设施和各种城市活动在特定的自然环境中所形成的人工空间，作为一定地域范围内的政治、经济、社会和文化中心。城市空间有开敞空间（open space），如街道、广场、绿地等，和封闭空间，又称建筑空间（building space），地下空间是一种封闭的建筑空间。

城市空间的扩展和城市聚集程度的提高，受各种自然、经济、社会因素的影响，故城市空间容量实际上有两个含义，即理论容量和实际容量。理论容量是指一个城市在一定发展阶段，在各种制约因素影响范围内可能达到的最大容量值。从理论上看，任何一个时期的城市容量都有一个合理的极限值，实现这一极限值，城市就能发挥机能的最佳状态，空间得到充分利用，并具有良好的发展活力。实际容量是指一个城市在形成和发展的某一阶段，以及在特定的自然、社会、经济条件下所形成的城市容量，即实际存在的现有城市空间容量。

北京市从 1949 年到 1990 年，全市人口从 209 万人增加到 1160 万人，增长 5.55 倍；城市建成区面积从 62.5 平方公里扩展到 488 平方公里，增长 7.81 倍；建筑总量从 0.17 亿平方米增加到 2.6 亿平方米，增长 15 倍。这一情况表明，北京市城市用地的增长速度大于人口增长速度，人口容量是不合理的；同时，建筑总量的增长速度仅为用地增长速度的 2 倍，建筑实际容量与理论容量仍存在很大差距。

城市效率（urban efficiency）是指城市在运转和发展过程中所表现出来的能力、速度和所达到的水平，也是衡量城市集约化和现代化程度的一种指标体系。城市效率包括四个方面，即：经济效率，如人均国内生产总值（GDP），单位面积城市用地的 GDP 值，单位面积城市用地的社会商品零售额，城市资金的投入产出比率等；空间容纳效率，如人口密度、建筑密度、城市容积率、单位面积城市用地容纳的建筑量、交通量等；城市运行效率，主要表现为城市基础设施的各种指标，如人均道路用地面积，每千人机动车拥有量，日人均供水量和耗电量，每百人电话拥有量，城市废弃物处理率等；城市管理效率，表现为管理的数字化水平，民主化程度，社会保障的完善程度，应急指挥和组织能力等。

为了说明不同发展阶段和不同发展水平的大城市在城市效率上的差异，现选择日本东京与中国北京两个特大城市在相近年份城市效率主要指标之一，即地均 GDP 做一比较，这两个城市在城市规模和人口方面比较接近，因而有一定的可比性。

1986 年，东京的单位用地 GDP 为北京 1989 年的 16.5 倍，到 1996 年，东京市区面积增长 3%，但单位用地 GDP 增长 251%；北京城市用地 10 年间扩展 23%，而单位用地 GDP 仅增长 87%，东京比北京仍高 22.1 倍。这其中虽然有 1985 年前后日元大幅度升值的影响，使日元折算成美元后绝对值有较大增加，但仍然表明，即使除掉汇率因素，北京的土地利用效率虽有 87% 的提高，但与发达国家大城市还存在巨大差距。从表 10-1 可以看出，2005 年北京地均 GDP 仅为 7000 万美元/平方公里，高于 1 亿美元/平方公里的仅有上海、武汉、青岛等 3 个城市，其指标也只有 1996 年东京这一指标的 1/10。

从以上对城市效率高低的比较也可看出，城市的发展，实际上就是人流、物流、能流、信息流和资金流不断从低水平向高水平集中的过程，说明城市本身自出现时起，就表现出一种聚集的能力，主要表现在人口的聚集，经济的聚集，和科学、教育、文化的聚集。

城市的经济社会越是发展，城市规模越大，其聚集作用就越强，形成良性循环，这也是世界上大城市和特大城市数量不断增多的一种经济动因。到 2000 年，中国 200 万人口以上的特大城市有 21 个，人口共约 9000 万人，占总人口的 7.4%，但其 GDP 总和却占全国 GDP 的 22%。虽然绝对数字并不很高，但足以说明大城市对社会财富的聚集能力，比中小城市要强得多。

城市聚集作用，归根结底，是对社会物质和精神财富的聚集。没有这种作用，城市不可能发展，国家不可能富强，人民生活水平不可能提高。我国城市发展与发达国家和地区之间的差距，也主要表现在这一点上。因此，在节省土地资源和保护环境的前提下，开发利用地下空间，扩大城市容量，提高城市效率，充分发挥城市的聚集作用，对城市的现代化和可持续发展，对整个国民经济的增长，都是十分重要的。

综上所述，关于中国城市地下空间的发展道路，可以归纳为以下几个要点：

（1）在中国城市化进程中，不论是原有城市的改造还是新城市的建设，适时开发利用地下空间，对于城市的现代化发展和聚集效应的增强，都可起到重要作用。

（2）中国城市在经济、社会、文化的发展上很不平衡，只有当城市发展到对地下空间产生需求，又具备一定的开发条件时，适度开发利用地下空间才是合理的。

（3）中国城市化水平和城市现代化水平还比较低，地下空间的开发利用，必须有助于城市的集约化发展和可持续发展，有助于城市效率的提高和聚集作用的加强，最终实现城市的高度现代化。

（4）开发利用城市地下空间的规模、强度、时机，必须与整个国民经济和城市的发展水平相适应。在中国条件下，少数发达的特大城市，用50年左右的时间，大体分两个阶段实现城市现代化，完成地下空间应负的使命，是有可能的；其他多数城市则需要更长的时间，但或迟或早都会走这样的发展道路。

（5）为了使城市地下空间利用科学、合理、有序地进行，应结合城市具体条件制订一项既有前瞻性，又有可操作性的地下空间发展规划，作为城市总体规划的组成部分。

10.3 国内外城市地下空间规划概况

按照我国《城市规划法》[①]，每一个城市都应制订一个关于本城市在一定时期内的发展方向，发展目标和发展规模的指导性和控制性文件，称为城市总体规划。

我国的城市规划工作，在计划经济体制下，已有五十年左右的历史。这期间，城市比建国前虽然有了很大的发展，但是，在长期的粗放型发展过程中，在人口增多的压力下，城市空间不断向四周呈同心圆式水平扩展，造成规划经常被未曾预料到的情况所突破，难以对城市发展起到指导和控制的作用，成为长期使城市规划工作者感到困惑和棘手的难题。现在看来，要改变这种被动局面，必须从根本上改变制订城市规划的指导思想，摒弃粗放型的传统发展方式，走集约化和可持续发展的道路。当然，这种转变不是一朝一夕可以完成，需要有一个认识和调整过程，但是应抓住机遇，努力实现。地下空间的开发利用，正是城市集约化发展的重要内容，对可持续发展也有直接作用，因此应当在制订地下空间发展规划的有利时机，力求使之符合城市发展的客观规律，把规划建立在科学的基础上。这样，才有可能避免以往规划的弊端，真正成为总体规划的重要组成部分，指导城市的现代化发展。

城市地下空间在我国虽然在人民防空建设推动下有一定程度的开发利用，但规模小，质量低，多在无规划和无序状态下进行。在过去的城市总体规划中，不能把地下空间作为城市三维空间的一个组成部分，统一考虑空间结构和形态的变化与发展。到目前为止，在我国经过批准实施的城市总体规划中，还没有一例包括了城市地下空间的发展规划，更缺少地面、地上、地下三种空间协调发展的规划。这种状况对今后城市的集约化发展和可持续发展很不利，是亟需改进的。

1997年，建设部发布了关于《城市地下空间开发利用管理规定》，2001年经修改后又重新发布。这一重要文件，要求各城市根据各自情况和条件，制订城市地下空间开发利用规划。这个规划应纳入城市总体规划，统一规划、综合开发、合理利用、依法管理，使市区，特别是中心地区地下空间的开发利用

---

① 注：《城市规划法》已于2007年修订为《城乡规划法》，但对城市总体规划的要求未变。

与城市的社会、经济、环境保持协调发展，促进城市发展总体战略目标的实现。

城市地下空间资源的开发利用，应当科学、合理、有序地进行，这就要求在城市总体规划中，包括一项地下空间开发利用规划，使城市上部空间、地面空间和下部空间得到协调发展。长期以来，在我国的城市总体规划中，并没有这部分内容，到近几年，这个问题才开始受到重视。迄今，我国已有十余座特大和大城市已经或正在准备制订城市地下空间规划，包括北京、青岛、厦门、重庆、深圳、南京、杭州、无锡等，其中有几个城市的地下空间规划已经完成，通过了立法程序。与此同时，一些城市的新开发区，也都进行或正在进行地下空间规划，如大连经济技术开发区、杭州钱江新城、杭州萧山世纪城、宁波东部新区、郑州郑东新区、武汉中央商务区等，像这样的在整个中心城市范围内或大型新开发区范围内制订地下空间规划，在国外也是少见的，使我国的这一领域在国际上处于领先地位。

国外许多大城市在过去几十年中，虽然地下空间的开发利用取得很大成效，积累不少有益经验，但除加拿大外多数是在没有整个城市地下空间发展规划的情况进行的。通常的做法是，当城市某一个区域需要进行再开发时，经过较长时间的准备和论证，在此基础上制订详尽的再开发规划。这些规划的特点是同时考虑地面、地上、地下空间的协调发展，即实行立体化的再开发，综合解决交通、市政、商业、服务、居住等问题，整体上实行现代化的改造。

像加拿大城市蒙特利尔、多伦多等大规模开发利用地下空间的情况，没有一个统一的规划作为指导，是不可能实现的。事实上，从1954年起，就由国际著名建筑师贝聿铭主持，开始对市中心地区的维力—玛丽广场（Place Ville-Marie）地区进行立体化再开发规划，到1962年完成再开发，对公众开放，共开发地下空间50万平方米。1984年，制订了地下城市总体规划；1992年，制订了整个蒙特利尔市的总体规划，包括了地下城的发展规划。最近一次地下城总体规划制订于2002年，特点是要进一步发展地下步行通道网，使之逐步取代地面上的私人汽车。同时，一系列的有关规范、标准也正在制定中。与此同时，加拿大的一些城市工作者和高等院校的学者，仍不断对地下城市的建设进行调查研究。例如，对于离开地下城后人们所走的路线，要经过什么地方等；又如，人们在地下空间中的方向感、通道拥堵和安全问题等，都需要研究，一些学者已经为此连续12年进行调查研究工作，他们的目的是要进一步提高地下空间的吸引力，使地下道路网络化，使人们在其中行走更便捷，使人们在地下空间中感到愉快。

近些年，西方的专家、学者相当广泛地讨论城市地下空间规划问题，有的国际学术会议甚至以此为主题，但迄今只有日本、法国、荷兰、加拿大等国有一些进展，而且除加拿大外规划范围多限于城市的局部地区。这种情况不一定是技术原因造成的，可能与社会制度（例如土地的私有制）和管理体制有关，这对我国也是一种机遇，发挥自己的优势，使城市地下空间开发利用尽快在统一规划指导下，科学、健康、有序地发展。

10.4　城市地下空间规划的指导思想、任务与主要内容

地下空间规划是城市总体规划的组成部分，对指导城市当前的建设和未来的发展都至关重要，具有法律效力，因此其编制过程必须有严密的组织和严格的程序，并遵循正确的指导思想，承担指导、监督地下空间发展的主要任务，并涵盖所有有关地下空间开发利用的主要内容。

10.4.1　编制城市地下空间规划的指导思想

（1）编制城市地下空间规划，应当以科学发展观为指导，以实现城市现代化和构建和谐社会为总目标，以建设资源节约型、环境友好型城市，不断提高城市生活质量为总目的。

（2）编制城市地下空间规划，应当以经过批准实施的城市总体规划、分区规划和详细规划为依据，遵守有关的国家法律、法规、标准和技术规范。

（3）编制城市地下空间规划，必须从本城市的实际情况出发，突出城市特色，适时适度地开发利用地下空间，既不滞后于城市发展的需要，也不应盲目攀比，超前开发。所有的发展目标、指标、规模、数量等，均须经过专题研究和科学论证。

（4）应当坚持城市地面、地上、地下三维空间的统筹规划，协调发展，综合利用，分步实施。在节约城市用地的前提下扩大城市空间容量，在节约水资源、能源的前提下改善城市生态环境，提高城市生活质量。同时，应充分发挥地下空间在防护上的优势，提高城市的安全保障水平。

（5）应当注重保护城市的人文资源和历史文化，重视地下空间使用者的生理需求和心理感受，创造人性化的，方便、宜人、安全的地下空间环境，提升地下空间的吸引力和竞争力。

（6）对城市已有的地下空间，应分别情况，采取保留、改造、整合等措施，使之融合在新的规划之中，少数无保留价值的应加以废弃。

（7）近期规划应明确、具体、操作性强，时序安排合理；远期规划应注重方向性、预见性和前瞻性。同时，为本规划期以后的发展创造条件，对发展远景加以考虑和构想，指明发展方向。

（8）在编制地下空间规划的同时，应完成相关的法规体系建设，从法制、机制、体制、权属、使用、管理等方面加以把握，以保障规划的实施与管理。

10.4.2 城市地下空间规划的任务

城市地下空间规划与城市总体规划相适应，分为总体规划、控制性详细规划和修建性详细规划等三个阶段。

地下空间总体规划。除包括城市总体规划的通常内容，如规划依据、原则、范围、期限等外，应提出城市地下空间资源开发利用的基本原则，发展战略和发展目标，确定地下空间利用的功能、规模、总体平面布局和竖向布局，统筹安排近、远期地下空间开发利用项目，确定各时期地下空间开发利用的指标体系，保障措施和管理机制。

地下空间控制性详细规划。以对城市重要规划建设地区地下空间的开发利用加以控制为重点，详细规定各项控制指标，对规划范围内以开发地块为单元提出指导性或强制性要求，为地下空间建设项目的设计和规划的实施与管理，提出科学的依据和监督的标准。

地下空间修建性详细规划。依据控制性详细规划所确定的各项控制指标和要求，对规划区内地下空间的平面布局、空间整合、公共活动、交通组织、空间连通、景观环境、安全防灾等提出具体的要求，协调道路广场绿地等公共地下空间与各开发地块地下空间在交通、市政、民防等方面的关系，为进一步的城市设计和建设项目的设计提供指导和依据。

10.4.3 城市地下空间总体规划的主要内容

（1）总体内容
- 地下空间利用现状调查及问题分析
- 地下空间资源调查与评估
- 地下空间利用的发展目标与发展规模
- 地下空间结构与总体布局

（2）区域型地下空间总体规划
- 城市各级中心区
- 城市重点再开发地区及重要交通枢纽地区
- 大型居住区及危旧房改造区
- 大型城市广场及公共绿地
- 历史文化保护区及文物古迹保护区

- 大型文化、体育、商贸等设施所在地区
- 新城区及各类新开发区

(3) 系统型地下空间总体规划
- 轨道交通系统、道路交通系统、步行道系统及静态交通系统
- 物流系统
- 市政公用设施系统
- 城市安全保障系统
- 水资源、能源及各类物资储备系统

(4) 总体规划应包括的其他规划
- 近期建设规划
- 发展远景规划（或构想）
- 中心城以外的市、县、镇、地下空间利用的指导性概念规划

(5) 管理性内容
- 地下空间规划所涉及重要内容的专题研究
- 地下空间开发的经济、技术、环境、安全等综合效益评估
- 地下空间规划的相关法律、法规与政策
- 地下空间规划的管理机制与体制

关于城市地下空间总体规划的主要内容，均将在本书第二部分第 11 章至第 25 章中加以详细论述。

第 11 章 城市地下空间利用现状调查与地下空间资源规划适用性分析

11.1 地下空间利用现状调查

11.1.1 地下空间利用现状调查的目的、内容、方法

城市地下空间利用,一般都有一个从少到多,从自发到自觉的发展过程,因此当有意识地要制订地下空间发展规划时,城市中必然或多或少存在一些已经开发利用了的地下空间。这些地下空间有些可以继续利用,纳入新制订的规划中,有少数质量很差已无法使用的早期工程,则应当废弃,使不成为今后开发地下空间的障碍。这两种情况对于制订地下空间规划来说,都需要调查清楚,包括位置、数量、规模、质量、使用功能、利用价值等。

除地下空间利用现状外,地面空间利用现状也需要进行调查,因为地面上除开敞空间外,建筑物、构筑物以及各种城市设施的存在,都影响到其对应位置地下空间的开发利用,对浅层地下空间的开发影响更为直接。

地下空间利用现状调查工作十分庞杂、繁琐,需要有效的组织方式和大量人力的投入。一种方式是组织基层的机关干部,在所管辖范围内开展调查,由于存在上下级的关系,比较容易获得所需的资料;另一种方式是组织高等院校有关专业的学生,用课余或勤工俭学时间进行调查,这样在人力上易于保证。不论采取哪种组织方式,都应将人员分成组,按行政区划(区、街道或居委会)分配任务,拟订调研提纲,明确成果要求。调查成果集中后,由少数专业人员进行整理、综合、提出调查报告。

11.1.2 地下空间的使用现状调查

这项调查主要对象是现有的各类地下建筑物,查清其位置、数量、建筑面积、层数、埋深、使用功能、环境质量、出入口布置等。下面以北京地下空间规划专题研究一报告中的一些数据和汇总表格作为这项调查工作成果的示例。

(1) 调查范围:东城区、西城区、宣武区、崇文区、朝阳区、海淀区、丰台区。
(2) 地下建筑物数量:10700 个。
(3) 地下建筑总建筑面积:2744 万平方米。
(4) 建筑物埋深:地下 10 米以上。
(5) 地下建筑所处环境分类统计,见表 11-1。

地下空间所处环境分类统计(旧城局部) 表 11-1

序号	分类	个数总计	百分比(%)
1	商业	607	7.01
2	居住	6416	74.10
3	办公	323	3.73
4	文教	268	3.10
5	旅游	28	0.32

续表

序号	分类	个数总计	百分比（%）
6	医疗	78	0.90
7	混合	939	10.84

注：表 11-1 至表 11-6 资料来源：胡斌，北京市区中心地区地下空间利用现状调查与分析，2006[10]。

（6）地下建筑使用功能现状分类统计，见表 11-2。

地下空间功能现状分类统计（旧城局部）　　　　　　表 11-2

序号	分类	个数总计	百分比（%）
1	商业	532	4.80
2	住宅	2912	26.90
3	工业	48	0.45
4	宾馆	579	5.30
5	停车	857	7.90
6	文体娱乐	219	2.00
7	医疗	235	2.20
8	仓储	1048	9.70
9	宗教	10	0.15
10	建筑辅助设备设施	507	4.70
11	其他	493	4.60
12	闲置	1030	9.50
13	混合功能	2365	21.80

（7）地下建筑相对应的地面建筑使用功能现状分类统计，见表 11-3。

地下空间所在地上建筑使用功能现状分类统计（旧城局部）　　　　表 11-3

序号	分类	个数总计	百分比（%）
1	商业	622	5.85
2	住宅	7233	67.99
3	工业	99	0.93
4	宾馆	353	3.32
5	停车	106	1.00
6	文体娱乐	223	2.10
7	医疗	140	1.32
8	办公楼	836	7.86
9	宗教	3	0.03
10	历史建筑	9	0.08
11	城市公共空间	40	0.38
12	其他	297	2.79
13	混合功能	677	6.36

（8）地下建筑出入口类型统计，见表 11-4。

地下空间开口类型统计（旧城局部）　　　　　　表 11-4

序号	分类	个数	百分比（%）
1	独立设出入口	6170	67.99
2	与地铁站相连	311	3.43
3	与人行地下通道相连	223	2.46
4	与人防通道相连	1020	11.24
5	与其他建筑相连	299	3.29
6	混合开口类型	1052	11.59

（9）地下建筑深度统计，见表 11-5。

地下空间开发深度（H）分布统计　　　　　　表 11-5

序号	分类（m）	个数	百分比（%）
1	$H \leqslant 3$	3608	34.45
2	$3 < H \leqslant 5$	4059	38.76
3	$5 < H \leqslant 7$	2081	19.87
4	$7 < H \leqslant 9$	342	3.27
5	$H \geqslant 9$	382	3.65

（10）地下建筑内部环境状况分类统计，见表 11-6。

地下空间内部环境状况分类统计（旧城局部）　　　　　　表 11-6

序号	分类（m）	个数	百分比（%）
1	良好	3634	31.73
2	一般	6503	56.77
3	较差	1317	11.50

11.1.3 地下埋藏物占用空间调查

除各类地下建筑物外，在地下空间中还有地面建筑的地下室，和以各种构筑物为主的地下设施，包括地下管线，地下铁道的区间隧道和车站、公路隧道，过街人行通道等，部分城市还可能有一些地下历史文物、古迹，可统称为地下埋藏物。因地下埋藏物都占用一部分地下空间，对制订地下空间发展规划均有一定影响，故必须调查清楚。

（1）地面建筑的基础和地下室。本书第一部分第 4 章已经对确定这类地下设施影响范围的方法做了论述，这里不再重复。

（2）市政设施管线。这些管线过去多分散直埋在城市道路下的土层中，对今后浅层地下空间的开发利用影响很大，故必须对各类管线的位置、走向、管径、埋深、影响范围等进行详细调查，以平面和剖面图表明现状，并注明铺设时间和质量状况。对于主干管线，宜将各类管线的调查结果叠加成一种现状综合图，对于今后开发利用道路下地下空间可有参考作用。

（3）各类交通隧道。对各类隧道的长度、走向、截面面积、埋深、出入口位置等进行调查，综合成隧道占用地下空间的范围，以平面上占用的面积和竖向上占用的深度表示。

（4）人民防空工程。人民防空工程曾经是我国城市地下空间利用的主体，当时缺少工程的规划、设计，质量比较差，仅有一部分尚能继续使用；又由于缺少档案资料，情况不明，常常成为城市建设中的障碍，对地下空间规划影响较大，必须调查清楚。人民防空工程内容较多，可以作为一个独立项目单独调查，也可能将其分解为地下建筑物（单建式工程）、建筑物地下室（附建式工程）、地下构筑物和连接通道，分别进行调查。

表 11-7 为 1990 年进行的北京市旧城区地下埋藏物现状调查的结果，作为这项调查工作的示例。

北京旧城区地下埋藏物现状统计　　　　　　表 11-7

道路地下空间面积（万 m²）			街区地下空间面积（万 m²）		合计（万 m²）
地下管线	地下铁道	地下过街道	单建式人防工程	附建式人防工程	
239.06	21.0	0.5	38.6	41.31	346.46

11.1.4　地面空间现状调查的目的与任务

为了查明浅层地下空间可供合理开发和有效利用的资源量，需要排除与地面有保留价值的各类城市用地相对应的地下空间范围，一般来说，这类用地包括城市中的高质量建筑物和城市设施、文物古迹、公共绿地和水面；而道路、广场、空地，以及没有保留价值的建筑的用地，则对浅层地下空间的开发影响较小，这类用地实际上也正是城市立体化再开发的适宜位置。当然，城市矛盾集中的中心地区和交通枢纽地区或特殊地区的城市再开发，也经常给地下空间的开发利用带来良好的契机。因此，地面空间容量现状调查的主要目的，是查明在正常条件下影响浅层地下空间开发的范围和界限，并分别对其占地面积进行统计，取得定量的调查结果。因此，调查的任务主要有：

（1）查明规划范围内有保留价值的高质量建筑物、高质量民居、文物古迹、重要建筑，以及公共绿地和水面的分布和占地面积，从而确定地面上需要保留的空间的分布和范围；

（2）查明规划范围内的城市道路、广场、空地，以及没有保留价值建筑物的分布和占地面积，从而确定需要再开发空间的分布和范围；

（3）按街区统计建筑密度、容积率和建筑高度，查明不同建筑高度、密度和容积率的分布，以判明城市的发展水平和发展阶段；

（4）对各项调查结果进行测量、计算和统计，建立地面空间容量现状调查数据库，为扩大城市空间容量和进行城市的立体化再开发提供信息和依据；

（5）分项绘制分布图和分析图，叠加绘制调查结果的综合图，为浅层地下空间资源调查提供保留空间的位置、范围和面积，为制订城市立体化再开发规划提供直观的基础资料；

（6）依靠航空遥感彩色照片进行地面现状的调查，提出遥感技术在城市规划领域中应用的方法和规律。

11.1.5　地面空间现状调查的内容

（1）道路、广场、空地、绿地、水面的分布

道路、广场、空地对浅层地下空间开发的障碍最小，故应划入再开发空间范围之内。对于绿地则要具体分析，有些公共绿地是与园林联系在一起的，应属保留空间范围；多年生植物较多的公共绿地，也不宜由于开发地下空间而使植被遭到破坏。此外，河湖水系一般也应属于保留空间的范围。

道路分布状况的调查以原有路网结构为基础，为方便计算，以街区外部的分界性道路作为量测对象，街区内的狭窄道路只做指示标志用，不进行量测计算。在进行道路面积计算时，取两侧建筑红线之间距离做为道路宽度。

广场和空地虽然性质不同，但都属于城市中没有被建筑物和其他设施所占用的场地，对于调查地下

空间资源的分布，没有加以区别的必要，因此这部分调查的内容包括城市广场、大型公共建筑前及企事业单位内部的集散广场、停车场、回车场、简易的运动场，以及街区内未被建筑物占用的面积较大的开敞地段。

绿地在这里是指公共绿地、专业绿地及面积较大的街道绿地，行道树等不计，街区内的小面积绿地、庭院及私用绿地亦不计入，已作为空地考虑。

水面也是城市用地的一部分，是城市环境、生态和历史风貌的重要内容，应通过航片准确判读标绘。

（2）建筑高度的分布

衡量地下空间开发施工对原有建筑的影响，计算建筑总面积及容积率，判读建筑质量，都需要建筑高度（或层数）的详细资料。建筑的绝对高度和层数都能反映建筑物高出地面的程度，但建筑层数更容易判别，也能直接地反映与高度方面有联系的容积率计算。在调查中，为简化判读，便于与层数有关的计算和推断与层数有直接联系的建筑质量问题，用层数指标表示建筑高度方面的特征。

建筑层数的判读与地物识别相比难度较大，可以根据航片重叠所显示的建筑侧立面数出开窗层数，及利用地面阴影长度或宽度推算建筑高度，再反算出建筑层数。

（3）建筑质量分布

建筑质量的调查是为查明旧城改造中有保留价值的质量较好的建筑，同时也就区别出质量一般或破旧的建筑。这是旧城改造中要分别对待的不同对象。城市空间理论容量的估算和浅层地下空间资源分布的调查都要求对有保留价值的建筑和无保留价值的建筑的分布进行调查。

建筑质量是指建筑物建成后按设计要求能够合理使用的耐久时间，以使用期限衡量，同时也代表了拆除的难度。客观判定建筑质量的现状应包括建筑结构类型、建筑高度（层数）、已使用的年限三个因素。为简化工作程序，应把已使用的年限及损伤程度单独作为一项因素来调查，即调查危旧房的分布。因此建筑质量是按结构类型与层数判定的。

建筑结构类型是建筑质量分类的重要因素。建筑结构种类一般有砖混结构、钢筋混凝土框架结构、钢结构。在建筑结构判读中，把钢筋混凝土结构统称为Ⅰ类结构，把砖混结构与木结构统称Ⅱ类结构。

结构类型的判读需要利用专业知识和经验，根据建筑物的外观形式、色彩、材料、开窗情况及建筑类型与建筑结构的内在逻辑关系来进行，并通过现场调研，抽样校验，总结和完善判读的经过与规律，建立判别标志。

（4）文物古迹及重要建筑

宫殿、庙宇、皇家园林、王公府邸，以及有纪念意义的名人故居及革命文物等，都需要进行调查，确定其位置、特征、占地面积，对其中有保留价值者，在其影响范围内一般不宜开发浅层地下空间。

以上调查内容主要可利用遥感技术，使用航拍影像图片进行分析、判读，但有些建筑或地面物体仅根据航片影像并不能完全准确地推断其真实特征，影像特征识别标志的建立也不完备，有些局部性定量或定性分析的问题尚未妥善解决。这就需要用现场勘察、实地观测和抽样校验等常规手段予以补充，并检验调查量算的结果。有些内容，如航片难以表达的社会人文方面的资料和建筑使用情况等，还必须用较多的常规手段。

图11-1为地面空间现状调查综合成果举例，该图为北京市前门地区3-2-2地块（调查分区编号）地面保留空间分布图，图中打斜线部分为保留空间，即在这些范围内，不宜开发利用地下空间。

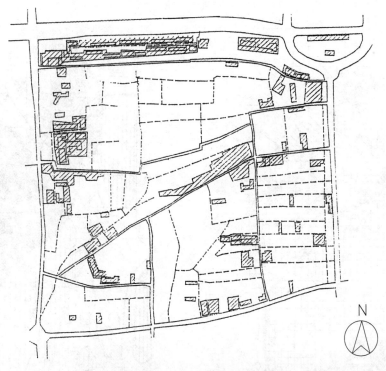

图 11-1　北京前门地区 3-2-2 地块地面保留空间分布图

11.2　地下空间资源规划适用性分析与评价

11.2.1　地下空间资源规划适用性评价的目的与方法

地下空间利用现状调查与地下空间资源评估，是城市地下空间规划前期工作的基础性内容，为规划的制订提供科学的依据和量化的数字。对这些依据和数字进行分析与综合，就可以判断出规划范围内适于开发利用的地下空间的分布、数量、质量等级，开发强度、开发深度等情况，称为工程适宜性分析，详见本书第 9 章。把这个结果与地下空间规划的要求结合起来，就成为规划适用性分析与评价，用以指导宏观性的地下空间总体规划的编制。适用性评价可以用平面图表示，用不同符号标明由低到高各等级的适用范围；也可以用表格表达分析结果。两种方式配合使用的效果更好。

11.2.2　美国明尼阿波利斯市地下空间资源适用性评价示例

1982 年，美国明尼苏达大学地下空间中心的研究人员斯特令（Sterling）和奈尔森（Nelson）进行了一项明尼阿波利斯（Minneapolis）市地下空间规划前期工作的研究，这是世界上第一次进行的城市地下空间资源调查与评估，对上世纪 90 年代开始的我国城市地下空间资源调查评估研究有重要的参考价值。

资源调查范围包括明尼阿波利斯市市区和郊区，面积约 220 平方公里，通过对地形、地质条件的分析和对供水、供电、供气等市政系统的了解，分别提出了该市土层和岩层地下空间的适宜开发范围图（见图 11-2，图 11-3），并最终提出了该市可供有效利用的土层地下空间资源分布图（见图 11-4）。实际上相当于适用性评价。

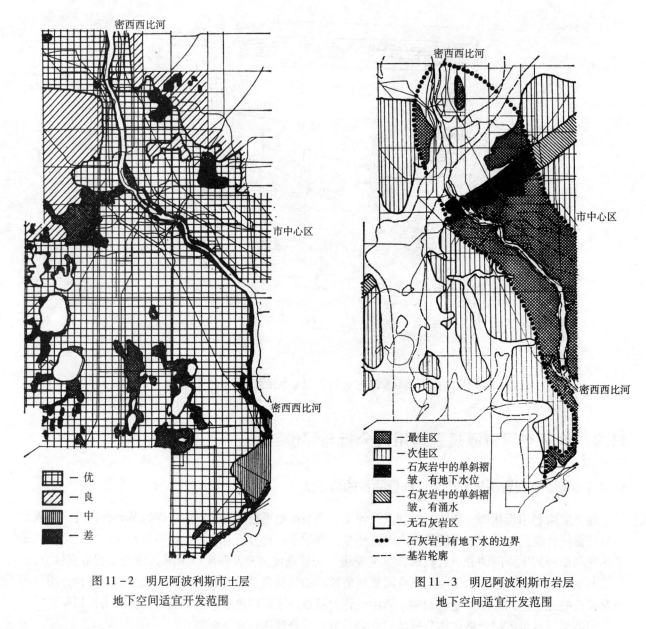

图 11-2 明尼阿波利斯市土层
地下空间适宜开发范围

图 11-3 明尼阿波利斯市岩层
地下空间适宜开发范围

遗憾的是,在进行了资源评估与适用性评价后,并没有在此基础上制订地下空间开发利用规划,仅提了少数开发利用方案,见图 11-5。

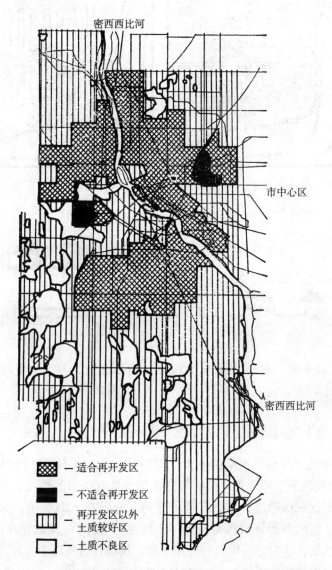

图 11-4　明尼阿波利斯市可供有效利用的土层地下空间资源分布

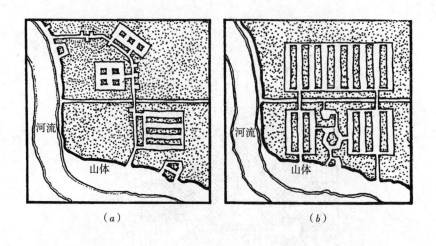
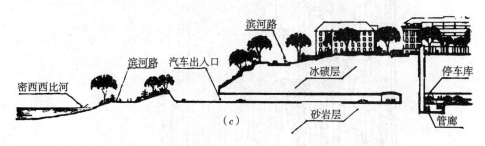

图 11-5　明尼阿波利斯市沿密西西比河岩层地下空间利用方案
(a)、(b) 平面；(c) 剖面

11.2.3　北京市旧城区地下空间资源规划适用性分析示例

1992 年，清华大学通过了一篇硕士学位论文，题目是："北京旧城区浅层地下空间资源调查与利用"，这是中国第一次开展地下空间资源评估的研究工作，带有探索的性质。在以后的十几年中，虽有短时的间断，但仍继续对这一课题进行了更广泛和更深入的研究。2005 年，又通过了一篇硕士学位论文，题目是："城市地下空间资源评估模型指标体系研究"，使这一领域在理论上和方法上渐趋成熟。该论文以北京市旧城区为例，作为评估模型的应用示范。现综合这两篇论文对北京旧城区地下空间适建性的论述，作为适用性评价的国内实例。

北京市旧城区，是指以东城、西城、崇文、宣武为主，在二环路以内呈"凸"字形的区域，总面积 62.5 平方公里，是北京历史文化名城保护的核心地区。旧城区地势平坦，地质条件良好，是进行城市建设的理想场所。截至 2002 年底，四个城区户籍人口 240.6 万，居住半年以上的外来人口 46.6 万。旧城范围内有世界文化遗产 2 处：故宫、天坛；国家级重点文物保护单位 34 处；市级文物保护单位 134 处；区级文物保护单位 115 处；30 片历史文化保护区。旧城区是北京城的核心部分，社会经济结构体系复杂，是城市矛盾最集中的区域，综合代表了城市地下空间需求最集中的空间和内容，不仅是评估模型应用研究最典型的实例，而且评估的结果可以为旧城区的地下空间规划提供依据。

图 11-6 是北京旧城区地质条件评估结果，图 11-7 是社会经济条件评估结果，图 11-8 是上两图叠加后的综合成果。

第11章 城市地下空间利用现状调查与地下空间资源规划适用性分析 175

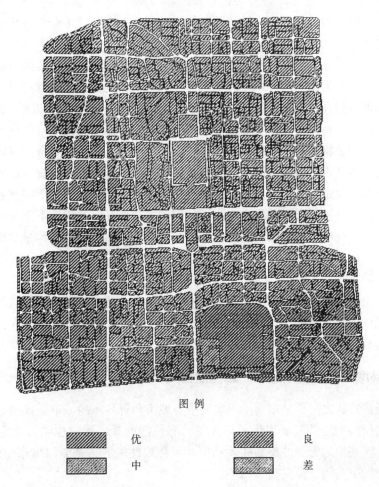

图例 优 良 中 差

图11-6 北京旧城区地质条件评估结果

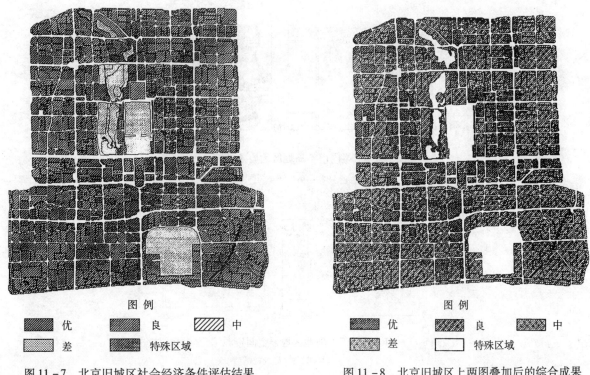

图例 优 良 中 差 特殊区域

图11-7 北京旧城区社会经济条件评估结果

图例 优 良 中 差 特殊区域

图11-8 北京旧城区上两图叠加后的综合成果

通过评估等级图可以看出，旧城区内除去特殊区域，有近一半的区域资源等级属于优，主要分布在故宫、中南海的周边区域、主要商业区、主干路两侧部分区域及大的交通节点区域。资源等级分布规律和基准地价、交通区位、常住人口密度及商业金融中心的分布规律相一致，因此可以说，决定旧城区地下空间资源开发价值的主要因素是地价水平、交通区位和人口密度，这一点也可以从指标体系的权重分布情况得到解释。旧城区的高基准地价等级、高人口密度、强烈的交通改善需求及良好的区位条件决定了地下空间资源开发价值的高等级。评估等级的优良说明北京市旧城区地下空间资源开发需求迫切，对地下空间资源的开发利用必将产生良好的社会、经济和环境价值。地下空间资源等级评估确定了不同位置资源开发的潜力与价值差别，这种资源潜力与价值的等级差别是地下空间规划编制的重要依据。

资源分布评估显示，北京旧城区内大部分地区较浅层已无可供开发的地下空间资源，而深层资源丰富。东单和西单中心商业区浅层资源殆尽，丧失了利用城市改造开发利用地下空间的最佳时机。而沿中轴线前门到地安门一带，浅层到次浅层地下空间较为丰富，且两项评估结果均显示该地区是地下空间资源容量需求强的区域。西单以东地区的 －10 米深度以下地下空间资源丰富且价值较高，王府井大街至东华门大街旧式平房建筑较多，－10 米以下地下空间资源丰富。旧城历史风貌保护与城市空间容量扩大的需求，正是地下空间资源展示自身巨大容量和潜力的场所。调查结果显示旧城区浅层目前尚余可有效利用地下空间资源约相当于 0.27 亿平方米，已比上世纪 90 年代初的调查结果大大减少，地下空间利用向深度发展将成为必然选择。

11.2.4 厦门市本岛地区地下空间资源规划适用性分析示例

厦门市是我国经济特区之一，是东南沿海重要中心城市和著名海岛城市。优越的地理位置和自然条件以及经济区位，给厦门的经济发展提供了巨大潜力和广阔前景，同时也给城市空间带来了更大的需求，优化内部结构、实现土地资源的集约高效利用和可持续性发展，是厦门城市空间发展的基本策略，大规模开发利用城市地下空间资源是必然趋势。

在编制厦门市地下空间规划时，首先进行了地下空间资源的全面评估，地质条件评估结果见图 11-9；浅层和次浅层地下空间资源综合质量评估见图 11-10；调查评估的资源量见表 11-8。

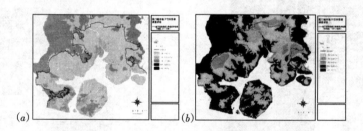

图 11-9　厦门市本岛地区地质条件综合评价图
(a) 浅层；(b) 次浅层

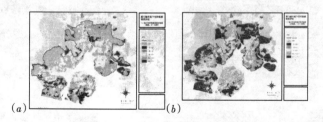

图 11-10　厦门市本岛地区地下空间资源综合质量评估图
(a) 浅层；(b) 次浅层

为了便于在综合评估图中地下空间资源量的统计，将可供合理开发的地下空间资源综合质量分为 5 个等级：

一级（优），主要集中在中山路商业区、火车站—富山—江头、市政府—白鹭洲、钟宅和五通的规划地铁枢纽站区、西客站等的浅层；中山路、火车站、富山等的次浅层。资源量 0.89 亿立方米，占 0.6%，其中本岛内 0.67 亿立方米。

二级（良），分布在保厝—五通—飞机场、湖滨北路—吕岭路的两侧、厦禾路和湖里大道两侧、厦门大学附近、岛内规划地铁沿线、各行政商业中心区的浅层；市政府、规划轨道交通枢纽地区的次浅层。资源量 14.8 亿立方米，占 8.5%，其中本岛内 6.7 亿立方米。

三级（中），分布在黄厝、曾厝垵、湖边水库东侧、飞机跑道及其西部和北部的一部分、岛外规划地铁沿线地区的浅层；岛外商业中心区、岛内地铁沿线的次浅层。资源量 28.1 亿立方米，占 16.2%，其中本岛内 8.3 亿立方米。

四级（较差），分布在植物园、仙岳山、码头、岛外大部分的建设区等区域的浅层和次浅层，岛外地铁沿线的次浅层。资源量 61.9 亿立方米，占 35.7%，其中本岛内 9.2 亿立方米。

五级（差），万石山、岛外较偏远的建设区的浅层和次浅层；植物园、东孚镇、灌口镇、新屿镇等地的次浅层。资源量 67.7 亿立方米，占 30.9%，其中本岛内 5.2 亿立方米。

然后，按照这 5 个等级列出厦门本岛地区（含思明区和湖里区）地下空间资源综合质量分级统计表（Ⅰ级和Ⅱ级见表 11-8），提供给下一步的地下空间规划工作使用，并对其规划适用性给予总体评价：

（1）厦门城市地下空间资源分布范围广，总体容量丰富：可供有效利用的地下空间资源总量达到 377 亿立方米，折合建筑面积 7.54 亿平方米，其中浅层折算建筑面积 3.32 亿平方米，单位土地地下空间资源可有效利用量为 970 万平方米/平方公里；厦门本岛可供有效利用的地下空间资源总量为 5.66 亿立方米，折算建筑面积 1.13 亿平方米，其中浅层 0.44 亿平方米，次浅层 0.69 亿平方米，单位土地地下空间资源可供有效利用量为 80 万平方米/平方公里。可见，本岛等老城区的资源量富余程度远低于岛外发展程度较差地区。规划评估区内可有效利用的地下空间资源总量远多于本规划对地下空间资源开的预测需求量。

（2）高质量（一级和二级）地下空间资源可供有效利用总量达到 4.2 亿立方米，折算建筑面积为 0.84 亿平方米；本岛内高质量地下空间资源可供有效利用量为 1.8 立方米，折算面积为 0.36 亿平方米，其中浅层 0.17 亿平方米，次浅层 0.19 亿平方米，总体上大于适合开发公共空间的高质量地下空间资源总需用求量（约 0.1 亿平方米）。因此地下空间资源潜力充足，但总体上有限，必须合理规划、保护、引导和控制，有序开发，限制自由和过度、无序开发。

（3）从总体上看，厦门城市地下空间资源分布很不均衡，价值和质量等级较高的地段均分布在规划轨道交能沿线车站节点和城市各类中心区位，以中山路商业区、火车站—富山商业区、市行政中心—员当湖地区、厦门西站地区、钟宅湾轨道交通枢纽区域为典型地段。城市改造和开发区、地铁沿线是高质量地下空间资源分布的核心区，是地下公共空间的发展源，必须对这类地区的地下空间资源进行整体规划控制和保护，为长期发展预留条件。

（4）本岛中部的员当湖沿线和西南部地区是城市建设和发展较发达的城区，高质量（一级和二级）资源较集中，受自然及人文资源保护及现状建设条件的制约，地下空间资源的开发利用应结合旧城保护及更新改造、道路与市政建设、地铁建设及其他改造同步进行。

（5）本岛的东北部地区、岛外的厦门西客站区域，是城市建设的潜在发展区，潜在的高质量（一级和二级）资源较集中，不受山体地形和水文条件制约，总体地质适宜性较好，应结合新区建设、城中村改造、地铁及市政设施发展目标和时机，适度超前开发地下空间。

厦门市地下空间资源调查评估结果总表　　　　　表 11-8

等级	统计方式	层次	思明区	湖里区	海沧区	集美区	同安区	翔安区	合计
一级	合理开发量（万 m³）	浅层	2025	1794	0	2467	0	0	6286
		次浅层	1903	989	0	612	0	0	3504
		合计	3928	2783	0	3079	0	0	9790
	有效利用量（万 m³）	浅层	786	599	0	987	0	0	2372
		次浅层	379	129	0	122	0	0	631
		合计	1165	728	0	1109	0	0	3003
	折算建筑面积（万 m²）	浅层	157.2	119.8	0	197.4	0	0	474.4
		次浅层	75.9	25.9	0	24.5	0	0	126.2
		合计	233.1	145.7	0	221.9	0	0	600.6
二级	合理开发量（万 m³）	浅层	7961	12385	9872	7580	3829	15872	57499
		次浅层	23027	24476	4274	14741	7189	16828	90534
		合计	30988	36861	14146	22321	11018	32700	148033
	有效利用量（万 m³）	浅层	2580	4498	3763	2866	1532	6349	21587
		次浅层	4337	4659	855	2920	1438	3366	17574
		合计	6917	9157	4618	5786	2970	9715	39161
	折算建筑面积（万 m²）	浅层	516	899.6	752.6	573.2	306.4	1269.8	4317.4
		次浅层	867.4	931.7	170.9	584.0	287.6	673.1	3514.8
		合计	1383.4	1831.3	923.5	1157.2	594	1942.9	7832.2

第 12 章 城市地下空间利用的发展目标与发展规模

12.1 城市地下空间开发的需求与条件

12.1.1 城市地下空间开发的客观需求

城市地下空间的开发利用不是孤立的或偶然的现象,而是城市发展到一定阶段的产物,受城市发展的客观规律所支配,同时也受到世界政治、经济、军事形势变化,以及各国在地理位置、经济条件上的差异的影响。尽管各国各地区各城市在地下空间利用上千差万别,各有特色,但是有一个共同点,就是只有当城市在发展过程中出现了对地下空间的需求,城市又具备了开发的能力和条件,这时为了满足这种需求而进行开发才是合理的。例如,欧洲一些古老城市,像伦敦、巴黎、罗马等,当城市道路的宽度、数量和石砌的路面能够满足马车行驶和行人走路的情况下,就不存在开发利用地下空间,修建地铁道的需要。然而到了汽车时代,原有道路不能满足汽车数量的增多、速度的提高,和城市人口增加的需要,出现了建设地下铁道以改善城市交通的需求,于是1863年伦敦地铁的建成通车就被公认为现代城市地下空间开发利用的开始。一般来说,当城市出现以下几种情况时,应被认为产生了对地下空间开发的客观需求:

(1) 城市发展用地严重不足,地面空间容量接近饱和,容积率过高,建筑密度过大,高层建筑过多,导致绿化率过低和环境恶化。在这种情况下,开发利用地下空间有可能在不增加城市用地的条件下使城市空间容量适当扩大,使城市环境得到一定程度的改善。

(2) 城市交通矛盾发展到严重程度,经常发生大面积、长时间堵塞,单纯靠在地面上增加路网和拓宽街道已不可能疏导过大的车流量和人流量。这时,即使要付出再高的代价,也只能通过修建地下铁道、地下高速路和地下步行道以缓解地面交通矛盾。据国外经验,当一条城市干道上的单向客流量超过4~6万人/时时,就有必要建地下铁道;当一条街道上的行人量超过2万人/时时,建地下步行道就是合理的。此外,当车辆的数量增多到不可能在道路两侧占路停放,地面上又没有多余土地可供建造多层停车库时,地下停车场可以满足大量停车的需要。

(3) 单纯的地下交通设施需要大量资金,但很难取得较高收益,因此在地下交通设施沿线,特别是在大站和线路交汇的节点,就产生了开发地下商业空间的吸引力。由于交通与商业的互动作用,可以产生很高的经济效益,既可在一定程度上弥补地下交通设施经济效益之不足,又可与地面上的商业形成互补,使城市更加繁荣。

(4) 当城市受到战争或其他自然和人为灾害的威胁时,开发利用地下空间可以有效地起到综合防灾减灾的作用,有些作用是地面空间无法替代的。

(5) 如果城市处于不良的气候条件下,如严寒、酷暑、风沙、多雨雪等,开发利用地下空间可使相当大部分城市活动摆脱不良气候的影响。

(6) 为了城市的安全,需建立能源和物资的战略储备,供发生战争和灾害时使用,部分也可用于平时的周转。地下空间的封闭、隐蔽、热稳定等特性,对于建立能源和物资储备系统最为有利。

在以上分析的六种需求中,起决定性作用的是前两种,即城市用地情况和城市矛盾的严重程度,特别是交通矛盾。

从总体上看,我国大部分城市仍处于发展的初级阶段,对开发利用地下空间的需求并不迫切;而对于一些特大城市,由于市域面积都很大,供城市发展用的土地资源从局部来看并不短缺,正是这种情况,助长了原有城市的粗放型发展,不断在水平方向上扩展,使土地利用效率很低,中心城市难以发挥聚集作用。从这个意义上说,这些特大城市迫切需要开发利用地下空间,使城市空间呈三维式扩展,走集约型发展的道路。我国大城市人均城市用地 60~80 平方米,与发达国家大城市还有较大差距,因此在一定情况下,适当增加一些城市用地还是合理的,但是更重要的不是土地数量上的增多,而是单位面积城市用地所产生效益的高低,在这一点上,与发达国家差距更为悬殊。

对于大部分中小城市,虽然客观上对开发利用地下空间的需求并不迫切,但是值得注意的是,这些城市用地中的浪费问题相当突出,人均用地都在 150 平方米以上,然而产出效益却非常低,特别是有些县级市,在"升级"的刺激作用下,滥用土地的现象就更为严重。表 12-1 对青岛市及其周边 5 个县级市的用地和效益做了比较,对上述现象是一个很好的说明。因此,这些中小城市从发展的初期起,就应当走集约型发展道路,严格控制城市用地,提高土地利用效率。从这个意义上讲,在城市发展中适度开发一定规模地下空间应当是有益的。

2000 年青岛市及周边 5 个县级市用地和效益比较　　　　　　　表 12-1

城市名	非农业人口	建成区面积（km²）	人均城市用地（m²/人）	人均 GDP（美元/人）
青岛	183.56	119	64.8	3287
胶州	13.1	23	175.6	1662
即墨	10.5	16	152.4	1256
平度	14.4	17	118.1	1082
胶南	12.0	22	183.3	1587
莱西	9.3	15	161.3	1352

为缓解城市矛盾而出现的对开发地下空间的需求,首先表现为对开发地下交通空间的需求,然后通过地下交通系统的建设,带动沿线和车站附近地下空间的开发利用。从我国情况看,现在城市矛盾较为严重的,主要集中在 200 万人口以上的 13 座特大城市,即使在这十几座特大城市,其城市矛盾的严重程度也是不同的,真正到了不修建地下铁道就无法解决城市交通问题的,仍然是少数,如北京、天津、上海、广州;其他有些城市,虽然人口有 100 多万,但机动只有 20 几万辆,其城市交通状况是无法与拥有几百万辆机动车的特大城市的紧张情况相比的。这些城市在地面上改善和发展公共交通的潜力是否已用尽,道路的改造是否已无法满足交通量的增长,这些都是值得认真研究的。近些年准备和计划修建地铁的城市不下 20 座,而国家有关部门同意修建或准予立项的只有少数几座城市,说明对于这样一项耗资巨大的工程,必在持十分慎重的态度。不但要有开发地下交通空间的客观需求,而且具备开发的条件,这样的开发才是合理的,才能真正推动城市的现代化发展。

12.1.2　开发城市地下空间应具备的条件

当以上一种或一种以上的需求已经出现,城市还需要具备一定的条件和能力,才可以合理地开发利用地下空间资源,一般有经济实力、地理位置、地质状况、灾害程度、技术能力、管理水平等几方面,其中最主要的是经济实力,地质状况也是重要条件之一。

从近代国内外城市地下空间利用的发展过程看,地下空间开发的时机和规模,与国家和城市的经济发展水平有直接的关系。一般认为,人均国内生产总值(GDP)超过 1000 美元后,城市对开发地下空间开始有需求,并有条件进行小规模的重点开发。超过 3000 美元后,则具备了适度规模开发地下空间的能力。

我国城市由于历史和自然环境的不同,在经济、社会、文化等多方面的发展很不平衡,大体上可分为东部沿海发达城市；东中部较发达城市和中西部欠发达城市三大类。本书第 10 章表 10-1 已对这三类城市各选排序前十名的主要经济、社会、文化指标做一比较，可以看出城市之间发展程度差距之大。

从全国 663 个（2000 年）城市的情况看，人均 GDP 超过 1000 美元的有 205 个，另有 322 个城市低于 1000 美元，不具备条件，人均 GDP 在 2000~3000 美元的城市有 76 个，超过 3000 美元的有 45 个，其中超大型城市（人口超过 200 万人）8 个，特大型城市（人口 100~200 万人）18 个，大城市（50~100 万人）10 个，中等城市（20~50 万人）9 个。可以认为，我国城市的大多数，主要是中、小城市，尚不具备或只是初步具备开发利用地下空间的经济能力，应当慎重，不可一哄而上；但对于超大和特大型城市而言，则其中大部分已进入城市发展的新阶段，城市建设和旧城改造都需要与地下空间的开发利用同步进行，经济上也具备了适度发展地下空间的实力。这样的城市首先是北京、上海、天津 3 个直辖市，然后是广州、杭州、南京、济南、合肥等省会城市，和青岛、大连等省级市，以及深圳、厦门等经济特区城市。此外，珠江三角洲和长江三角洲的近 20 个大、中城市，也都有较强的经济实力，如东莞、中山、无锡、常州等，当然，衡量一个城市的经济实力，人均 GDP 并不能作为惟一的指标，还应考虑其总体实力和竞争力，例如，北京的人均 GDP 排在广州、深圳等市之后的第 7 位，而城市综合竞争力则排在第 4 位，高于广州（第 6 位）和深圳（第 5 位）。

此外，应当说明的是，一个国家的人均 GDP 达到 1000 美元，与一个城市人均 GDP 超过 1000 美元所反映的内涵，完全不能等同看待。日本在 1966 年，韩国在 1977 年，全国人均 GDP 达到 1000 美元，中国在 2003 年才达到这一水平。也就是说，中国的综合国力，包括城市发展程度，较之发达国家仍落后三、四十年，尽管少数较发达的特大城市人均 GDP 已超过 3000 美元，并有可能在国内率先实现现代化，但从全国总体上看，对于城市地下空间开发利用的需求与条件，必须保持清醒的认识。

工程地质与水文地质条件对于地下空间开发的规划、选址、设计、施工、使用都有直接的影响。因此，一个城市的地形、地质状况应当成为其开发地下空间可行性的重要依据。为此，必须具备详尽的、准确的地质勘测资料。

从宏观上看，我国城市所处的地质条件大体上有三种：一种是地下为比较厚的土层，内陆平原地区的许多城市属于这种情况；第二种地下为淤泥，沿海的天津、上海等少数城市如此；第三种类型地下为岩层，除上面较薄的土层和风化层外，下面均为基岩，沿海的大连、青岛、厦门、广州以及内陆的重庆等城市在这种地质条件下。

土层、淤泥层、岩层在工程地质和水文地质方面都各有特点，作为地下空间的介质，有比较大的差异。一般来看，如果地表以下为比较厚而均匀的土层，例如砂性黏土、黄土等，对开发地下空间较为有利，可以明挖施工，造价低，即使暗挖也不困难，如果地下水位比较低，开发更为容易。在这种情况下，应注意地质构造问题，尤其应查明是否存在断裂带。淤泥层承载力低，含水量大，但比较均匀，适于用盾构法施工，其技术和设备都已比较成熟。在岩层中开发地下空间对地质条件的要求是岩性均一、完整、坚硬、构造简单、裂隙水少，区域的和局部的稳定性较好，不存在大的断裂带、破碎带。如果一座城市的市区基本上坐落在基岩上，那么在开发城市浅层地下空间方面与在土层中开发有很大不同，因为在除掉比较薄的表层土和风化层时，还可以用土层施工方法，再往下就必须挖掘岩石，自然要比挖土困难得多。对于这种情况，一般可能认为，对开发浅层地下空间是不利的，造价要高，工期要长。但是按照青岛市的经验，由于土层中深基坑的边坡支护费用很高，而开挖岩石不需放坡，造价反而低于前者。因此青岛城市浅层地下空间仍照常开发利用，只是在界定浅层地下空间的深度时，应区别于土层中的 10 米，根据不同情况定为 5~8 米为宜。也就是说，当表层土和风化土较薄时，开发 5 米，建一层地下建筑；若较厚，则开发到 8 米，建两层。

我国有少数城市，岩层与土层共存，交错分布，使地质条件丰富多变，虽增加了地质条件评估的难度，但却为城市提供了既可开发利用土层空间（浅层），又可以开发利用岩层空间（次浅层至深层）的两种可能性，提高了可供合理开发的地下空间资源总量。例如厦门市，岩层占被评估面积的 84%，-30

米以上的岩石体积占评估范围内地下空间资源天然蕴藏量的1/3。大面积大厚度优质岩石基底的存在，为在山体和大深度岩层中开发大容量地下空间提供了有利条件。

除上述经济条件和地质条件外，有些城市所处的特殊地理位置和所处的气象条件，也可能成为这些城市开发利用地下空间的一种特殊需求，例如，厦门市是大陆距台湾最近的一个城市，对台关系成了该市发展中最重要的影响因素之一，也成为最容易受到攻击的目标城市，这些都会给厦门市的地下空间开发利用增加许多新的需求。又如我国东北处于严寒地带的大城市，地下空间的利用就应更多地考虑将地面上的一些城市活动转入地下的问题；而东南沿海的一些大城市，受到台风的威胁，每年都要遭受巨大损失，其中最主要损失是由电力供应受破坏而中断所造成，如果这些城市尽早实行输电供电系统地下化，则所需资金可能大大少于因停电造成的损失。

12.2 城市地下空间的发展目标

12.2.1 今后50年城市发展的总框架与地下空间发展总目标

地下空间的开发利用与城市发展是一致的，必然要与城市社会、经济的发展阶段和发展水平相适应，滞后或超前都会造成不良的后果。在全国范围内，21世纪的前50年，即到建国100年时，我国将实现现代化建设第三步战略目标，总体上达到当时中等发达国家的发展水平；而21世纪前20年，即到建党100年时，将全面建成小康社会。在这个总体框架下，将城市的发展，包括地下空间的发展，大体上按照前20年和后30年两个阶段确定发展目标是适宜的，而最终的发展目标，应当是全面实现城市现代化。当然，不同城市所能达到的现代化程度是不同的，有的可能只是"初步现代化"，有些则可能达到"高度现代化"。这里仅以全国最发达的特大城市之一北京市为例，按照"高度现代化"的标准，论述地下空间发展的总目标和分阶段发展目标。

北京市的GDP在2005年已达到人均5716美元，预计到2010年可达到人均10000美元，因而提出了在全国率先基本实现现代化的承诺。如果按照在正常情况下国民经济每十年翻一番的发展速度，则北京市的人均GDP到2020年应超过2万美元，到2050年可能达到人均3~4万美元，实现高度的现代化，达到当时发达国家的水平。

在《中国现代化报告2002》一书中，提出了"第一次现代化"和"第二次现代化"的观点。第一次现代化指从农业经济向工业经济，农业社会向工业社会，和农业文明向工业文明的转化过程；第二次现代化的主要特点是知识化、网络化、全球化、创新化、个性化、多样化、生态化、信息化和普及高等教育等。在第一次现代化过程中，经济的发展是第一位的，而在第二次现代化过程中，生活质量的提高是第一位的，因为知识化和信息化扩大了精神生活空间，满足了人类对幸福生活的追求和自我价值的表现，物质生活质量的差别已经不大，但精神和文化生活方式将变得多样化。从北京的情况看，应当认为已基本实现了第一次现代化，并正在向第二次现代化过渡，希望能在今后50年中完成。

按照"国务院关于北京城市总体规划的批复"的要求，应当"努力将北京建设成为经济繁荣、文化发达、社会和谐、生态良好的现代化国际城市"。为此，北京今后50年城市发展的总体框架可以如下具体表述：

到2010年，率先在全国基本实现现代化，构建起现代化国际大都市的基本框架；到2020年，现代化程度大大提高，基本建成现代化国际大都市；到2049年建国100周年时，全面实现现代化，成为跻身于世界一流水平的国际大都市。到21世纪中叶，北京的经济与科技的综合实力、社会福利以及城乡居民的生活水平，将达到或接近发达国家首都城市水平；将实现区域范围四级城镇体系合理布局，逐步消除城乡差别；实现城市基础设施的现代化、资源的可持续利用及环境的可持续发展，历史城市传统风貌得到全面保护和发扬；成为世界上知识经济和科学技术最发达、文化教育最普及、城市生态环境最优良、民主法制及社会秩序最完善的城市之一。

地下空间的发展,应在北京城市 21 世纪上半叶的发展总框架内,作为城市总体规划的组成部分,丰富和完善总体规划的内容,促进城市的集约型发展和可持续发展,为在半个世纪或更短一些时间内把北京建成现代化国际大都市做出应有的贡献。从总体上看,宜采取积极而稳妥的发展战略,使城市地下空间开发利用科学、合理、有序地进行,完成其应负的历史使命。为此,应进一步根据地下空间在城市建设和改造中所承担的城市功能和所应起的聚集作用,提出既有一定前瞻性,又现实可行的发展目标,并具体化为若干量化指标,在规划中要求在一定时期内逐步达到,同时也为监督规划的实施提供检查的标准。与北京城市现代化发展和总体规划期限相适应,地下空间开发利用的总目标应当是:

(1) 充分发挥地下空间资源潜力,在不扩大或少扩大城市用地的前提下,提高土地的利用效率,拓展城市空间容量,加强城市中心地区的聚集作用。一般情况下,城市地下空间开发的建筑总量,应相当于城市地面建筑总量的 20% ~ 30%。

(2) 完善城市功能,改善城市环境,保护传统风貌,实现地面、地上、地下三维空间的协调发展;旧城区的改造实行立体化再开发,新城区的建设从规划阶段起就实行立体化开发,然后分期、分层实施。

(3) 为水资源和传统能源的循环使用及新能源的开发提供有利条件,为建立循环经济和建设节约型社会做出贡献。

(4) 充分利用地下空间的防灾特性,保障城市安全,减轻灾害损失,使城市基本上摆脱各种灾害的威胁。

12.2.2 地下空间分阶段发展目标

与城市总体发展相适应,地下空间发展的总目标应分为两步实现:第一步,即前 20 年,地下空间开发的目标应以扩大城市空间容量,缓解城市矛盾为主。第二步,即后 30 年,在城市空间的理论容量与实际容量基本上取得平衡的情况下,空间容量达到饱和。届时,地下空间开发的目标应向提高城市生活质量和改善城市环境质量转移,在 50~100 米的深层地下空间中,大规模建设城市基础设施,实现水资源、能源从开放型的自然循环到封闭式再循环的转变,同时适应常规能源渐趋枯竭和开发新能源的需要。下面,按我国经济比较发达的特大城市的情况,对地下空间发展的两个阶段做一简要说明。

第一阶段目标:提高土地利用效率,扩大城市空间容量,缓解城市矛盾,建立城市安全保障体系。

城市空间必须依靠一定范围的土地作为存在和发展的依托,因此土地是城市各种功能的载体。城市的土地利用是整个国土面积利用中效益最高的一种,美国所有城市用地仅为国土面积的 16%,却容纳了全国 80% 以上的人口。可见现代化大城市在土地利用上的效率非常高,应当充分利用这一点,以促进国家和城市经济的发展。另一方面,如果一个国家或城市的土地资源不足,对城市的发展是很大制约,因为城市的集约化达到一定高度,城市范围就必须适当扩展,否则城市矛盾就会加剧,这就不可避免地发生土地资源短缺的矛盾。多数特大城市都属于后一种情况,因此在考虑地下空间开发利用的发展目标时,必须以这一基本情况为出发点。

衡量一个城市的集约化和现代化水平,除 GDP 和人均 GDP 等数据外,单位城市用地的 GDP 值和建筑空间容纳量,应当是两个重要的指标,可直接显示出城市土地的利用效率和空间容纳效率。从北京市情况看,1989 年,城市建成区面积 422 平方公里,单位城市用地的 GDP 0.31 亿美元/平方公里;2000 年建成区面积 488 平方公里,单位城市用地的 GDP 0.62 亿美元/平方公里。用地面积 10 年中增长 11.6%,土地利用效率增长 100%,应当说有所提高,但其绝对值较之发达国家和地区仍存在很大差距。正如本书第 10 章 10.2.4 中所做的比较,日本东京的城市用地和城市人口与北京比较接近,但其单位用地的 GDP 在 1986 年时为 5.1 亿美元/平方公里,比北京 1989 年指标高 16.5 倍。又如,香港特别行政区城市用地仅 127 平方公里(香港加九龙),但 2000 年单位面积用地 GDP 高达 12.47 亿美元/平方公里,为北京 2000 年时的 20.1

倍。内地经济最发达的深圳市，这项指标为1.49亿美元（2000年），为北京的2.4倍。由此可见，北京市土地利用效率很低，单纯依靠扩大城市用地面积不可能使利用效率大幅度提高。

从城市空间容纳效率看，1949年北京每平方公里城市用地容纳建筑面积27.2万平方米；1989年为35.2万平方米；1999年为53.3万平方米；如果到2010年用地按原计划增加到610平方公里，建筑总量达到4亿平方米，则单位用地面积可容纳65.6万平方米。也就是说，经过60年的发展，城市空间容纳效率仅提高2.4倍。再从城市容积率的比较看，1987年北京旧城前门地区的容积率为1.48，而日本东京在1979年时整个中心地区的平均容积率达到2.65。香港市中心最高容积率达到15（当然，以牺牲城市环境为代价的高容积率是不可取的）。

由于土地资源短缺，在我国，旧城市的改造和新城市的建设只能在不扩大或少扩大城市用地的前提下进行，用有限的土地取得合理的最高城市空间容量。地下空间以其巨大的潜力为解决这一难题提供了现实可能性，也只有开发利用城市地下空间，才有可能在扩大空间容量的同时，避免建筑密度和容积率的不合理提高，保持足够的开敞空间，保证有充足的阳光、新鲜的空气、优美的景观，以及大面积的绿地和水面。通过开发地下空间以扩大城市空间容量的需求，一般在现代化进程中需要10~20年。在这一阶段中，以开发浅层和次浅层，即地表以下10~30米的地下空间为宜，因为这部分地下空间的使用价值最高，开发最容易；距地表较近，人员上下比较方便，也较容易保障内部的安全；同时，将天然光线传输到这样的深度还不太困难。

在城市迅速发展情况下，各种城市矛盾日益加剧是很自然的，符合城市发展的一般规律。但是，必须采取有效措施缓解城市矛盾，以保持城市的可持续发展。当前，城市矛盾最突出的当属交通问题、环境问题和灾害威胁。充分利用地下空间，可以使这些矛盾得到不同程度的缓解。

在城市中心地区，解决交通矛盾的最有效措施是修建地下铁道。尽管要付出高昂的代价，其效果是其他措施无法替代的。一个完整的轨道交通系统，可以承担公交运量的30%~50%，有效地实现人车分流。

交通矛盾的另一表现是停车问题。在城市中心地区土地十分昂贵，空间十分拥挤的情况下，大量建设地面停车场或停车楼是不可能的。因此，除保留一定数量的路边停车位外，主要应发展地下停车以满足停车需求。

城市环境的改善主要依靠对污染源的治理和扩大绿地及水面面积。地下空间的开发利用，使地面上的建筑密度有所降低，开敞空间有所扩大，为提高绿化率创造了条件，间接地起到改善环境的作用。在城市广场和大型绿地开发地下空间，可以把一些使用功能置于地下，地面上尽可能多地用于绿化。

充分利用地下空间抗灾能力强的特性，建立以地下空间为主体的城市综合防灾减灾体系，是应对未来战争和随时可能发生的自然和人为灾害的有效措施。

第二阶段目标：全面实现城市基础设施地下化，大幅度提高城市生活质量。

城市生活质量不是抽象概念而是物质的、精神的、文化的、环境的、空间的等多方面具体内容的综合，其标准并不是绝对的，不同的社会发展阶段有不同的标准，例如小康—全面小康—基本富裕—富裕等不同阶段的标准都不同，有一个由低向高的发展过程。本章提出的城市生活质量的提高，是以城市全面现代化为最终目标，故届时的城市生活质量要与高度发达的现代化城市的发展水平相适应。

城市基础设施的状况和发展水平，与城市生活质量有直接的关系，例如交通的便捷程度，上、中、下水的普及程度，集中供热、供冷的普及程度，人均供水量、供电量、废弃物无害化、资源化处理程度、水资源和能源的循环使用程度等。提高这些设施的现代化水平，都要以大量消耗能源为代价，因此必须依靠先进的科学技术，在保护资源和降低能耗的前提下，以最小的代价取得生活质量最大的提高。地下空间的开发利用，为解决这一问题提供了良好的前景。

在地下空间开发利用的第一阶段，通过兴建地下铁道系统缓解地面上的交通矛盾是有效的。实现"人到地下，车在地上"原则，人车分流的效果比较明显。但是，大量机动车仍在地面道路上行驶，车辆仍可能出现拥堵,大气污染和噪声污染仍将继续。也就是说,城市交通矛盾还没有彻底解决。因此,在开发地下空间的第二阶段,城市的经济实力更强,科学技术更为先进,有条件在地铁系统之外,在次深层或深层地下空间建立一个地下快速道路交通系统,使市外高速公路从地下进入市内,再将原有城市主干道转入地下,与高速路一起形成系统,在交汇点处建地下换乘枢纽(包括与地铁换乘)。这样,地面上除保留一部分道路供消防、急救、军警车辆行驶外,大部分机动车转入地下行驶和停放,不但比较彻底地消除了机动车对环境的污染,而且实现了"人在地上,车到地下"的理想,地面环境将大为改善。如果把浅层的地下步行道系统和地下道路交通系统以及地下轨道交通系统组合起来,互能换乘,优势互补,在三个层面形成一个便捷的立体的城市交通系统,基本实现城市交通地下化,地面交通步行化,是完全可能的。

尽管当代科学技术已相当发达,然而城市生活基本上处于一种开放性的自然循环系统中,例如水资源主要靠大气降水,城市从自然界取水,使用后排入江、河、湖、海。结果,形成一方面资源短缺而另一方面又在大量浪费的不正常现象。一旦自然资源供需失去平衡,就会使城市发展陷入矛盾之中。

在水资源普遍不足和常规能源渐趋枯竭的情况下,利用深层地下空间的大容量、热稳定性,和承受高压、高温、低温的能力大量贮存水和能源是十分有利的。因此如果在城市再循环系统中增加水和能源的贮存及交换系统,将使之更加完善和有效。在空间上,可以布置在不同的深度,经管道互相连通。

把丰水季节中多余的大气降水贮存起来供枯水季节使用,应成为封闭循环系统的重要内容。建立地下能源贮存系统,是为了形成能源使用的封闭循环回路,达到节约常规能源和开发新能源的目的。

在粗放型的生产状态下,不仅生产产品的能耗高,而且大量余热、废热白白排放到空气中,甚至还要花很大代价将设备的冷却水用冷却水池、冷却塔等降温。如果能最大限度地将这些热能收集起来,循环使用,将收到明显的节能效果。

在常规矿物能源逐渐趋于枯竭的情况下,人们正在努力寻求新的能源。核能和水能已经得到一定程度的利用,今后如果核聚变成为现实可行的技术,则核能利用率将会大大提高。太阳有巨大的能量,通过光辐射传到地球,是新能源中最有潜力的一种,利用地下空间贮存转化成热水的太阳能,可有效地解决太阳供能的间歇性问题,是很有前途的一项技术;对风能、潮汐能等间歇性新能源,同样可采用这种方法加以贮存,以扩大其使用时间和使用范围。

应当说明的是,以上把地下空间发展目标分为两个阶段并不是绝对的,而应当是一个连续的发展过程。特别在第一阶段,就应适时对第二阶段的重要目标进行研究、规划、设计和试验,以备时机成熟时全面展开工作。

12.3 城市地下空间规划指标体系

12.3.1 地下空间规划指标体系的意义和作用

为了使城市地下空间两个阶段发展目标的构想成为进一步制订发展《规划》的导向和依据,建立一个系统的、综合的、量化的指标体系是有益的,不仅可加强规划的科学性和可操作性,还可以作为规划实施过程监督、检查的标准。

将地下空间规划提出的在一定期限内应达到的发展目标加以量化,用数字或百分比表达出来,就成为指标,有独立的指标,综合的指标,互相关联的指标等,加在一起就构成了一个指标体系。

我国的城市规划编制工作,在过去的五十多年中,对城市的建设和发展,起过积极的作用,但也存在一些问题,其中最令城市规划工作者困惑的,就是在规划制订后,不久就被突破,特别像人口、用地等主要指标,很快就失去指导和控制作用。形成这一局面的主要原因之一,就是在规划中缺少与发展目标相关的量化指标体系。近年,少数城市,如上海,在总体规划修编过程中,对规划指标体系进行了专题研究，使总体规划的定性控制可以量化，定量控制更加具体，定位控制更为准确，从而增强了总体规划的控制、指导和应变能力。

城市地下空间规划是在总体规划框架内的一个专项规划，同样需要有一个综合指标体系，使地下空间能够科学、合理、有序地发展。为此，本节以国民经济平稳快速增长和城市现代化发展为宏观背景，对城市地下空间规划指标体系的作用、构成、框架、体系与城市现代化目标的关系，与城市地下空间发展目标的关系等问题，进行初步的探讨，结合我国大城市的情况，提出城市地下空间规划指标体系的概念性框架。

12.3.2 地下空间发展目标相关量化指标释义

为了使本章12.2中提出的地下空间发展目标能够经过努力按期实现，必须同时提出相关的量化指标，否则可能仅仅停留在一种美好愿望，能否实现，实现多少，无法加以控制。现以"土地利用效率"和"空间容纳效率"这两个指标为例，说明指标的意义和作用。

国民经济发展规划中，人均GDP是重要指标，然而在城市规划中，一直没有一种指标，用于提高和衡量城市的经济效益，这种效益主要表现在土地利用效率上。用单位面积城市用地的产出率，即地均GDP，作为衡量土地利用效率的指标，是比较合适的。

长期以来，我国的城市发展，习惯于几乎无限制地向四周水平扩大，即粗放式扩展，热衷于搞多少个"轴"，多少个"带"，多少个"中心"，多少个"新城"等等，不顾需要投入多少土地，能产出多少效益。其结果，城市用地不断增多，而土地的利用效率却很少提高。1996年，东京地均GDP12.8亿美元/平方公里，北京0.58亿美元/平方公里，差距为22.1倍。这些数字表明，北京的土地利用效率之低，已经达到令人震惊的程度。同时也表明，在GDP不断增长的情况下，只有城市用地不再扩大，土地利用效率才有可能提高。因此，把地均GDP作为地下空间规划中土地利用效率的指标，通过开发利用地下空间达到和提高这一指标，是很有意义的。

除土地利用效率外，土地的容纳效率对于开发利用地下空间，扩大以土地为载体的城市空间容量，也是有意义的。这一指标可以用单位用地所容纳的建筑量（平方米/平方公里）表示。以北京市为例，1949年每平方公里城市用地容纳建筑量27.2万平方米，1989年为35.2万平方米，1999年为53.3万平方米，预计到2010年，可达到65.6万平方米/平方公里。60年中仅提高2.4倍，效率是很低的，只有在建筑总量不断增加而城市用地不再扩大的情况下，土地容纳效率才有可能提高。

12.3.3 地下空间规划指标体系的构成

地下空间规划指标体系可分为基本指标体系和参照指标体系两大类。基本指标体系直接反映开发利用地下空间的目的和作用，及与城市现代化的关系，属于在规划期内必须实现的控制性指标；参照指标体系主要反映城市的社会经济发展目标和城市现代化前景，作为基本指标提出的背景和城市生活质量提高的目标。下面对基本指标体系的构成分五大类加以简要说明。

（1）土地利用效率指标和空间容纳效率指标

由于土地资源短缺，在我国，旧城市的改造和新城市的建设，只能在不增加或少增加城市用地的前提下进行，用有限的土地取得最高的城市空间容量和最大的经济效益。同时，避免建筑密度和容积率的不合理提高。因此，土地利用效率指标和空间容纳效率指标应当是地下空间规划的最重要指标，其意义与作用已在上一小节中阐明，不再重复。

（2）城市基础设施地下化指标

城市基础设施包括城市交通和市政公用设施，在城市迅速发展的情况下，基础设施不能满足需要而出现种种矛盾是很自然的，但是必须在城市现代化过程中逐步加以解决，利用地下空间是较为有效的解决途径。

在地下空间兴建快速轨道交通系统，缓解地面上的交通矛盾，实行"人到地下，车在地上"的原则，已被一百多年的实践证明是有效的，尽管要付出高昂的代价，其效果是其他措施无法替代的。因此，在地下轨道交通规划中，应提出其能负担客运交通量的比例，作为规划其规模的指标。然后，应进一步在次深层或深层地下空间建设地下快速道路交通系统，使大部分机动车转入地下行驶和停放，实现"人在地上，车到地下"，城市环境将大为改善。因此，地下快速道路系统所能吸收的机动车交通量比例，应成为确定这个系统规模的指标。同时，使一部分中小型货运交通地下化，即建立一个地下物流系统，是当前正在发展中的一种地下空间新系统，其所负担的货运交通量比例，应是规划这种系统的一个指标。此外，地下停车在城市停车总量中的比例，也是地下交通规划的重要指标。

市政公用设施的各种管、线一般都已埋设在地下，但多分散直埋，占用大量浅层地下空间，故应实行综合化，建设地下综合管线廊道，规定各种管线应当进入的比例作为指标。同时，各种市政设施的建筑物、构筑物，也应在可能条件下实现地下化，规定一定的比例作为指标是必要的。

（3）资源的地下回收、储存、再利用指标

在我国城市生活中，比较普遍地存在一方面资源短缺而另一方面又大量浪费的不正常现象，出现资源匮乏、环境污染等城市矛盾。在城市现代化过程中，通过较大规模地开发利用地下空间，有可能得到根本的解决。做法是：在次深层以下的岩层地下空间中，利用其容量大、热稳定性好，和承受高温、高压、低温能力强的优势，大量贮存水和能源，在不同季节中循环使用，形成系统。

水资源的贮存包括清洁水、饮用水、雨水、中水等，都应规定其贮量指标。能源地下贮存有四类：一是贮存现有供电、供热系统在低峰负荷时的多余能量，供高峰时使用；二是收集各种生产过程中排放的余热、废热，转换成热水后贮存；三是为了克服一些新能源的间歇性缺陷，在能收集到时将多余的贮存起来，供不能收集时使用；四是大量贮存天然的低密度能源，如夏季的雨水、冬季的冰雪等，然后交替使用。在规划中，对能源的回收率、贮量、再利用率等，都应提出相应的量化指标。

（4）环境改善指标

城市环境的改善主要依靠对污染源的治理和扩大绿地及水面面积。地下空间的利用，可以使地面上的建筑密度降低，开敞空间扩大，间接地起到改善环境的作用，可以用对环境改善的贡献率作为指标。

通过交通的地下化可以减少汽车尾气对空气的污染；通过污水和固体废弃物的地下处理，可减轻对环境的二次污染；通过余热、废热的回收和再利用，减少热量向空气中的排放，可降低城市的热岛效应，也可以用对环境改善的贡献率作为指标。

（5）城市安全指标

地下空间在防灾方面的特殊优势，为城市综合防灾提供了非常有利的条件，主要可起到三个方面的作用：一，为在地面空间中难以抗御的灾害做好准备；二，在地面上受到严重破坏后保存部分城市功能和灾后恢复的潜力；三，与地面防灾空间配合，使防灾功能互补。

在城市安全中，保障人员安全是最主要的，其次是重要经济目标和城市生命线系统。地下防灾空间体系应覆盖到每一个居民，而且在白天工作和晚上在家两种状态下都能得到有效的掩蔽，以量化的掩蔽率指标加以保证。对重要经济目标和生命线系统，可提出允许最大破坏率指标或修复期指标。

城市安全保障体系必须包括物资储备系统，对所需储备物资的品种、定额、日消耗量等，都应提出相应的指标。

12.3.4 地下空间规划指标体系概念性框架

地下空间规划的基本指标体系，根据上小节对其构成的分析，在表 12-2 中列出一个概念性框架；同时综合各方面信息和资料，在表 12-3 中列出一个参照性指标的概念性框架。鉴于对城市规划指标体系的研究，在国内尚处于初始阶段，还缺少成熟的经验，故仅提出概念性框架，作为建议，希望引起重视。至于指标的数值，则应根据各城市的具体情况和条件，在规划中自行确定，形成正式的指标体系。

城市地下空间规划基本指标体系框架　　　　表12-2

序号	指标类别	指标构成	单位
1	土地利用	城市用地面积 单位城市用地面积 GDP 单位城市用地社会商品零售额	km^2 亿美元$/km^2$ 亿元$/km^2$
2	空间容量	地下空间开发量占地面建筑总量的比重 单位城市用地面积建筑容纳量 容积率提高贡献率 建筑密度降低贡献率	% m^2/km^2 % %
3	城市交通地下化	地下轨道交通运量占公交总运量的比重 地下快速道路分流小汽车交通量的比重 地下物流占货运总量的比重 地下停车位占停车位总量的比重 交通枢纽的地下换乘率	% % % % %
4	市政设施地下化、综合化	污水地下处理率 中水占供水量的比重 雨水地下储留量占年总降水量的比重 固体废弃物地下资源化处理率 市政管线地下综合布置率 市政设施厂站建筑物、构筑物地下化率	% % % % % %
5	资源的地下储存与循环利用	地下储存清洁水占总供水量的比重 余热、废热回收热能占城市供热能耗的比重 新能源开发利用占总能耗的比重 地下储存热能、水能、机械能占能源总量的比重	% % % %
6	环境保护	绿地面积扩大对环境改善的贡献率 空气污染（包括二次污染）减轻对环境改善的贡献率 降低城市热岛效应对环境改善的贡献率	% % %
7	城市安全	家庭地下防灾掩蔽率 个人地下公共防灾空间掩蔽率 城市重要经济目标允许最大破坏率 城市生命线系统允许最大破坏率 救灾食品、饮用水、燃料等地下储备的保障能力 燃气、燃油、危险品的地下储存率	% % % % 天/人 %

城市地下空间规划参照指标体系框架表　　　　表12-3

序号	指标类别	指标构成	单位
1	经济发展水平	人均 GDP 农业产值占 GDP 比重 第三产业产值占 GDP 比重 第三产业从业人口占总人口比重	美元/人 % % %
2	社会发展水平	城市人口占总人口比重 非农业劳动力占总劳动力比重 科技进步贡献率 基尼系数	% % % %
3	人口素质与生活水平	成人识字率 适龄人口大专学历占总人口比重 每10万人拥有医生数 平均预期寿命 人年均收入 恩格尔系数 人均居住面积 家庭住房标准	% % 人 岁 元/人 % m^2/人 套/户

序号	指标类别	指标构成	单位
4	环境质量	绿化覆盖率	%
		污水处理率	%
		固体废弃物无害化和资源化处理率	%
		空气中可吸入颗粒物允许超标天数	天
		空气质量二级和二级以下天数	天

注：基尼系数，是衡量收入差距程度的系数，反映一个国家或地区普遍富裕的程度和贫富差距的状况，数值在 0 和 1 之间；恩格尔系数，是指食品支出占家庭支出的比重，用以衡量人民的生活水平，60% 以上为极贫，20% 以下为极富。

12.4 城市地下空间需求量预测

12.4.1 地下空间需求量预测的目的与方法

当地下空间的发展目标已经确定，究竟要开发利用多大规模的地下空间才能实现这些目标，就成为一个关系到规划是否可行的现实问题。长时间以来，人们普遍认为，地下空间利用既然是相对于城市大系统的一个子系统，那么就应当使用系统工程学提供的多种预测方法中寻找出能比较准确预测到地下空间需求量的方法。为此，从上世纪 80 年代后期起，国内不少专家做出了不懈的努力，但遗憾的是，迄今没有取得满意的结果，尽管提出的计算模型和计算方法很多，但都达不到科学、准确、实际、简便的要求，即使计算出一些结果，也难令人相信，与实际需要仍存在很大距离。

近年来，随着国内外对所谓生态城市研究的进展，提出了各种各样的对生态城市的评价方法，其中在我国应用较多的是单项和综合指标评价法。首先拟定生态城市若干评价指标及其标准取值，然后按公式（12-1）计算出整个城生态空间的需求量：

$$S_{总} = (CL + CA/N + RA + GL) \cdot \beta \cdot P \quad (\text{m}^2) \tag{12-1}$$

式中：

$S_{总}$——城市生态空间需求总容量；

CL——城市人均建设用地指标；

CA——城市人均建筑面积指标；

N——容积率，是指项目规划建设用地范围内全部建筑面积与规划建设用地面积之比；

RA——城市人均道路面积指标；

GL——人均公共绿地指标；

P——规划城市建成区内从事第三产业的人口；

β——开发强度系数，考虑到生态空间作为城市发展空间需求的相对较高的层次，所以在城市立体化空间开发过程中不会一次性开发建设完所需的全部空间容量，因而在对其容量进行预测的过程中，对于各指标的标准值应乘以开发强度系数，对于不同发展阶段该系数值有所不同，可结合城市发展目标及近期、远期规划最终给定 β 值（$0<\beta<1$）。

在公式（12-1）中，虽然选取的一些指标都与城市建设和生态环境有关，但其中开发强度系数 β，却只能仍按 $0<\beta<1$ 由主观判定；其次，在这一城市空间总量中，地下空间到底应占多少份额和比例，仍需要靠一个"协调系数"来进行分配，虽然说这是考虑了地上和地下空间协调发展的因素，但这个系数可能从 1/9 到 9/1，如何选择，必然又要由主观判断，这样的"预测"结果，能有多少可信度，可想而知。北京中关村西区的地下空间开发利用，地面建筑总量 100 万平方米，按规划实施后，地下建筑总量 50 万平方米，"协调系数"相当于 1/2。但是，这样高比例的地下空间开发量，是按实际需要进行规划后实现的，并不是"预测"的结果。本世纪初，北京市开始制订地下空间规划

时，就规划工作多方面的需要，开展了 17 项专题研究，其中曾包括地下空间需求预测的专题，但终因难度过大，短时间难以完成而放弃。到目前为止，国内已经完成的或正在制订的城市地下空间规划，没有一个是使用系统工程方法进行地下空间需求预测的，说明解决这一问题的迫切性；同时也说明，鉴于问题的复杂性，单纯由数学家、预测学家，或一般熟悉系统工程的学者去解决是有局限性的，必须有城市规划和城市管理方面的专家参与，才有可能使预测结果真正符合城市发展的客观规律，为规划提供可信的依据。

在没有成熟、可靠的系统工程预测方法之前，地下空间规划仍需正常进行，根据近几年几个城市制订地下空间规划的经验，采用对地下空间利用的主体内容，选取合理的指标，专项进行预测，有些只进行适当的推算，仍有可能得到比较符合城市发展实际的结果。下面综合几个城市的经验，介绍这种分项推测方法。

12.4.2 厦门市地下空间需求量预测示例

首先，将地下空间需求量比较大的主体内容分为 11 个大项，即：居住区、城市公共设施、城市广场和大型绿地、工业及仓储物流区、城市基础设施各系统、防空防灾系统、地下贮库系统等，然后根据各项不同的内容和特点，选取适当的系数和指标，再按历年的平均发展速度推算出规划期内的发展量，最后综合成地下空间在不同年份的需求量，下面分项介绍推算过程及结果。

（1）居住区

居住区包括新建大型居住区、居住小区，以及整片拆除重建的危旧房改造区。居住区地下空间开发利用需求的主要内容有：

- 高层和多层居住建筑地下室，主要用于家庭防灾、贮藏和放置设备、管线；
- 区内公共建筑地下室或地下公共建筑，用于餐饮、会所、物业管理、社区活动等公共服务设施，以及防灾、仓储等设施；
- 地下停车设施；
- 地下管线及市政综合廊道；
- 区内变电站、热交换站、燃气调压站、泵房、垃圾站等的地下化；
- 区内地下物流系统。

厦门城市居住区地下空间建筑需求量的估算基准依据如下：

- 2010 年以前，人均居住建筑面积取 25 平方米，2020 年以前取 30 平方米，户均 3.3 人；
- 地下防灾空间：人均面积 1.2 平方米；
- 地下停车空间：根据《厦门城市交通综合规划》配建停车指标以及《厦门城市总体规划》布局原则，岛内居住区以建设高标准住宅为多数，岛外以建设普通居住区占多数，故岛内岛外平均取每户 0.5 辆车。再按地下停车率 80%，每车占用建筑面积 35 平方米计，则户均地下停车空间面积为 14 平方米；
- 居住区公共建筑按照住宅建筑量的 15% 比例配套，按建筑规模的 20% 比例建设地下室；
- 每 100 万平方米居住建筑面积，按 2010 年以前建设标准可容纳居住人口 4 万人，1.3 万户；按 2020 年以前建设标准，可容纳居住人口 3.3 万人，1 万户；
- 根据上述标准，每 100 万平方米新建居住建筑需地下防灾空间分别为 2010 年以前 4.8 万平方米和 2020 年以前 3.96 万平方米，地下停车空间分别为 2010 年以前 18.2 万平方米和 2020 年以前 14 万平方米，公共建筑地下空间 3 万平方米，总计地下空间需求量分别是：2010 年以前为 26 万平方米，2020 年以前为 19.64 万平方米，即相当于地面住房建筑规模的 26% 和 19.64%。

第一种方法，按居住区新增建筑量估算地下空间需求量。

根据《厦门市住房发展研究报告》预测数据，从 2006 年到 2010 年，厦门城市住房建设规模为 2291.05 万平方米，年平均增长率为 8.5%，如果按此标准推算，从 2010 年到 2020 年住房建设规模应为 5327 万平方米。

因此，居住区地下建筑建设规模应为：

- 2006~2010 年，地下建筑建设规模为 2291 万平方米×0.26 = 595 万平方米，其中岛内 127 万平方米，岛外 468 万平方米；
- 2011~2020 年，地下建筑建设规模 5327 万平方米×0.169 = 1046 万平方米，主要在岛外发展，岛内仅为改造和少量开发。

第二种方法，按人口增长规模估算地下空间需求量。

统计资料表明，2005 年末厦门全市户籍人口 153 万人，城市人口约 96 万，常住人口为 225 万人。根据《厦门城市总体规划》预测，2010 年全市总人口规模为 270 万人，其中城市人口规模为 210 万人。2020 年，全市总人口规模为 330 万人，其中城市人口规模为 290 万人，这样：

- 从 2006 年到 2010 年，城镇人口增加量为 210−96 = 104 万人；
- 从 2011 年到 2020 年，城镇人口增加量为 290−210 = 80 万人。

根据人口增长量，厦门城市居住区地下建筑建设规模应为：

从 2006 年到 2010 年，地下建筑建设规模为 104 万人×25 平方米/人×0.292 = 2600 万平方米×0.292 = 759 万平方米；

从 2001 年到 2020 年，地下建筑规模为 80 万人×30 平方米/人×0.236 = 2400 万平方米×0.236 = 566 万平方米。

按以上二种方法推算的结果表明，按照《总规》修编的人口发展目标，以及住宅建筑增量预测，从 2006 年到 2010 年居住区地下建筑建设规模大体为 600 万平方米到 760 万平方米，从 2011 年到 2020 年建设规模大体在 560 万平方米到 1050 万平方米。总计，从 2006 年到 2020 年总需求量约为 1160 万平方米到 1800 万平方米。

(2) 城市公共设施

2005 年底，厦门市公共设施用地 2110 公顷，占城市建设用地的比重为 14.35%，其中本岛为 920 公顷，占总公共设施用地 69.3%。按《总规》，至 2020 年全市公共设施用地 5890.36 公顷，占城市建设用地的比重为 17.1%，其中本岛公共设施用地 1883.7 公顷，占总公共设施用地的 32%。最新规划结果统计表明：规划范围内考虑系统性开发利用地下空间的公共设施用地到 2020 年为 5200 公顷。那么到 2020 年，厦门城市规划区内，主要开发利用地下空间的公共设施用地增量预计在 3090~3780 公顷之间，其中本岛公共设施用地增量约为 964 公顷。

考虑开发利用地下空间的公共设施用地包括行政办公（C1）、商业金融（C2）、文化娱乐（C3）、体育（C4）、医疗卫生（C5）、教育科研（C6）等。估算公式应为：

公共设施地下建筑规模 = 建设用地规模×公共设施用地比例（Z）×地面建筑容积率（R）×地下建筑与地上建筑规模比例（L）。

可见，当城市公共设施用地规模和建设强度（R）作为已知和前提条件时，决定地下空间利用规模的主要因素是各类各级和各特定区域的公共设施中地下建筑与地上建筑的规模比例，即地下空间占其总体建筑规模的单位强度。

第一种方法，根据厦门市统计年鉴有关竣工数据比例估算，可得到 2006~2020 年公共设施地下空间建设需求量：2006~2010 年约为 202 万平方米，2011~2020 年为 404 万平方米，总计 606 万平方米。详见表 12−4。

根据当前年公共设施建设量推算 2006~2020 年公共设施地下建筑发展规模见表 12−4。

2006~2020年公共设施地下空间发展规模　　　　　　　表12-4

公共设施用地类型	预测建设比例 Z	平均容积率 R	地下与地上建筑比例 L	地下建筑规模（万 m^2）		
				2006~2010年	2011~2020年	合计
行政办公（C1）	40%	1.8	0.1	104.4	208.8	313.2
商业金融（C2）	7.1%	2.2	0.15	34	68	102
文化娱乐（C3）	10%	1.2	0.2	34.8	69.6	104.4
体育（C4）	5%	0.5	0.1	3.6	7.2	10.9
医疗卫生（C5）	5%	1.8	0.1	13.5	27	40.5
教育科研（C6）	22%	0.4	0.1	11.8	23.6	35.4
文物古迹及其他（C7、C9）	10.9%	—	—	—	—	—
总计	100%			202.1	404.2	606.3

第二种方法，根据2020年厦门城市公共设施用地发展规模估算。

由于缺乏公共设施用地现状的分类统计数据，假定现状公共设施用地之间的比例与公共设施新增用地类型之间的比例基本接近，采用各类公共设施新增用地的规模比例，分别计算各类公共设施用地增加规模，并估算得到2006~2020年公共设施地下空间建设需求量：2006~2010年约为190万平方米，2011~2020年为380万平方米，总计570万平方米，详见表12-5。

厦门城市相关公共设施用地地下建筑规模需求量估算表　　　　　表12-5

公共设施用地类型		建设用地规模（公顷）和比例 Z	容积率 R	地下与地上建筑比例 L	地下建筑规模（万 m^2）		
		2020年总比例/用地增加量			2006~2010年	2011~2020年	合计
行政办公（C1）	岛内	225/163.66	2.0	0.1	10.91	21.82	32.73
	岛外	350/176.24	1.6	0.1	3.40	6.80	28.20
	合计	11%/339.9			14.31	28.62	60.93
商业金融（C2）	岛内	710/419.07	2.0~2.5/2.2	0.15	46.10	92.20	138.30
	岛外	1750/1033.14	1.6~2.0/1.8	0.15	92.98	185.97	278.95
	合计	47%/1452			139.08	278.17	417.25
文化娱乐（C3）	岛内	130/80.34	1.0~1.2/1.1	0.2	6.43	12.85	19.28
	岛外	270/166.86		0.2	12.24	24.47	36.71
	合计	8%/247.2	0.5		18.67	37.32	55.99
体育（C4）	岛内	35/21.33	0.5	0.3	1.07	2.13	3.20
	岛外	320/194.97		0.1	3.25	6.50	9.75
	合计	7%/216.3	1.5~2.0/1.8		4.32	8.63	12.95
医疗卫生（C5）	岛内	45/23.175	1.5	0.1	1.39	2.78	4.17
	岛外	75/38.625		0.1	1.93	3.86	5.79
	合计	2%/61.8	0.4		3.32	6.64	9.86
教育科研（C6）	岛内	240/143.72		0.1	1.92	3.83	5.75
	岛外	1050/628.78		0.1	8.38	16.77	25.15
	合计	25%/772.5			10.30	20.60	30.9
总计（公顷）	岛内	1385/465			67.82	135.64	203.46
	岛外	3815/2635			122.18	244.36	366.54
	合计	100%/3090			190	380	570

上述两种算法的估测值基本接近，故取厦门城市公用设施地下建筑在2006~2010年的需求量为

190~200万平方米，2011~2020年的需求量为380~400万平方米，到2020年公共设施地下建筑需求量总计为570~600万平方米。

（3）城市广场和大型绿地

新开发或再开发的广场，地下空间开发范围有的仅占广场的一部分，也有的全部开发，甚至达到广场面积的2~3倍。由于《厦门市城市总体规划》中，没有明确提出城市广场的位置、性质、规模，故其对地下空间的需求暂不做预测。

《厦门市城市总体规划》提出到2020年，全市共建成公园绿地4490万平方米，按开发利用地下空间10%计，共需地下空间450万平方米。

（4）工业及仓储物流区

工业用地：到2005年，厦门市工业总用地4300公顷，占城市建设用地的比重为29.25%。其中岛内工业用地为980公顷，占工业用地总量的22.8%。规划到2020年，工业用地将达到5912公顷，占城市建设用地的17.2%，其中厦门本岛工业用地为653.77公顷，目前大于规划的用地规模，所以应拆迁部分工业以缩小用地规模。

按2003年统计资料，当年工业建筑竣工面积177万平方米，为总竣工面积的30%。按此比例推算，从2006年到2010年增加工业建筑885万平方米，2011年到2020年增加1770万平方米。工业区中多为单层厂房，不适于利用地下空间，故主要应按防空防灾要求，适当开发地下空间，用于关键生产线的防护和重要设备、零部件的贮存。按厂房面积的5%计，则到2010需要地下空间45万平方米，2020年需要89万平方米，而这部分需求规模应基本上属于岛外工业用地需要。

仓储用地：《厦门市城市总体规划》中，全市规划仓储用地1511公顷，有4个集中的仓库区和4个物流园区。仓储和物流园区地下空间应按防空防灾要求用于贵重物资的安全贮存和部分货运车辆的防护。按用地面积的10%计，需开发地下空间151万平方米。

（5）城市基础设施各系统

轨道交通设施：据已经编制完成的《厦门市城市快速轨道交通线网规划》，厦门市轨道交通拟建4条线路，总长167.4公里。岛内线路总长61.3公里，其中地下线长24.5公里，占总长的40%。岛外线路总长106.1公里，其中地下线长8.3公里，占总长的8%。共设地下站22座，其中本岛17个地下站。按每延长米区间隧道需要开发地下空间20平方米，每座车站建筑面积平均1.2万平方米，共需开发地下空间96万平方米，其中本岛69.4万平方米。由于轨道交通建设难度较大，按照乐观的估计，在本规划期内，建成1号线已属不易，其他只能在远景规划中实现。1号线及支线地下线长度约6公里，地下站4座，共需开发地下空间16.8万平方米，其中本岛约10万平方米。

地下道路及综合隧道设施：按照建设集中地下快速道路、地下物流通道和主要市政管线在一起的综合隧道的设想，按干线隧道直径8.8米，支线隧道直径4.8米计，到2020年建设干线30公里，支线70公里，则需地下空间309万立方米，加上各种设施的地下建筑物、构筑物所需空间，按隧道容积乘以1.1系数计，共需开发地下空间340万立方米。规划建设的地下道路总长约为24公里，需要地下空间240万立方米，其中岛内8.3公里，需要地下空间83万立方米。

地下公共停车设施：根据《厦门市城市综合交通规划》2020年小汽车预测规模为60~65万辆，本岛约15万辆，岛外各区约50万辆。根据《厦门市城市总体规划》，2020年厦门的公共停车场总用地面积为2.22平方公里左右。而根据《厦门市综合市综合交通规划》至2020年厦门汽车保有量将达到58.8万辆，社会公共停车泊位为9.85万个，停车面积约为3.00平方公里，两者相差0.78平方公里，大部分应该建在地下。社会公共停车场在布局上主要以公园、绿地、学校操场、道路、广场等公共用地的地下空间为主，因此，这部分停车需求应列入相应的用地主体功能之中，不再单独计算和统计。

（6）防空防灾系统

这部分地下空间需求由规划中防空防灾规划章节具体确定，其中大部分已包括在前面四项的预测规模之中，不再单独预测。

（7）地下贮库

为了实现水资源、能源的循环利用及新能源的开发，以及建立必要的战略储备，加强城市安全，应在 -50 ~ -100 米的深层岩石空间中建造多种类型的地下贮库，有热水库、冷水库、压缩空气库、液化天然气库、燃油库、危险品库等。这些贮库的规模需在进行工程设计时才能确定，在规划阶段，预计总规模不小于 100 万立方米。

以上预测结果汇总在表 12-6 中。

厦门市城市地下空间需求量预测汇总表 表 12-6

序号	项目		需求量		备注	单位
			2010 年	2020 年		
1	居住区		600 ~ 760 岛内 127 ~ 160 / 岛外 468 ~ 540	560 ~ 1050（以岛外为主）	新增、不含现状	万 m²
2	城市公共设施		190 ~ 200 岛内 68 ~ 70 / 岛外 122 ~ 130	390 ~ 400 岛内 136 ~ 140 / 岛外 244 ~ 260	新增、不含现状	万 m²
3	城市大型公共绿地		150	300	新增、不含现状	万 m²
4	工业区		45 岛内 0 / 岛外 45	90 岛内 0 / 岛外 90		万 m²
5	物流仓储区		50	100		万 m²
6	基础设施各系统	轨道交通地下段		16.8	规划 1 号线	万 m³
7		地下公共停车	8.7 岛内 6.7 / 岛外 2	39 岛内 18 / 岛外 21	含现状；分布于其他城市用地中，不单独计入预测总规模	万 m²
8		市政管线综合隧道系统	340		干线长 30 公里，支线长 70 公里	万 m³
9		地下快速路	240	岛内 83 / 岛外 21	新增	万 m³
10	防空防灾系统		100	250	新增，不含现状不单独计入预测总规模	万 m²
11	各类地下贮库		100		新增	万 m³
12	总计	土层中	1040 ~ 1100	1450 ~ 1950	不含本表第 7~11 项	万 m²
		岩层中	680		只含本表第 8、9、11 项	万 m³

12.4.3 厦门、青岛、北京三城市地下空间需求量预测结果分析

（1）厦门市地下空间需求量预测结果，本岛地区 2010 年土层地下空间需求量为 1040 万平方米，2020 年为 1450 万平方米，大体相当于本岛地区 2010 年建筑总量的 10% 和 2020 年的 20%，与规划发展目标提出的指标基本相符，说明预测结果基本上是合理可信的。

（2）青岛市主城区地下空间需求量预测结果，见表 12-7。

青岛市主城区 2020 年地下空间需求量　　　　　　　　　　　表 12-7

序号	开发内容及位置	开发量（万 m² 建筑面积）
1	地下铁道及地铁车站	152
2	旧城区主要商业街道开发	240
3	城区主干道立体化改造	200
4	地下综合体	110
5	地下社会停车场	460
6	新旧居住区建设改造	1785
	总计	2887

根据《青岛城市年鉴》，2002 年末青岛房层建筑总量为 7601 万平方米，2003 年末为 8062 万平方米，年增幅为 461 万平方米，今后以每年增幅为 500 万平方米计，则到 2020 年，建筑总量应达到 1.67 亿平方米。如果届时地下空间开发量达到 3000 万平方米（新开发量加原有量），则相当于地面建筑总量的 18%，再加上地下市政设施、防空防灾设施和地下仓储设施，则达到或超过 20% 是可能的，即与规划文本第 25 条中确定的发展目标基本一致。

（3）北京市中心地区地下空间需求量预测结果，见表 12-8。

北京市中心地区地下空间需求量预测　　　　　　　　　　　表 12-8

序号	开发内容及位置	开发量（万 m² 建筑面积）
1	旧城区主干道改造	685
2	旧城区危旧房及传统四合院改造	600
3	新开发居住区	4250
4	旧城以外地区	1200
5	特殊再开发区	430
6	地铁隧道及车站	700
7	地下社会停车场	1054
8	立体化交通枢纽	48
	总计	8940

从表 12-8 中统计数字可以看出，到 2020 年，已开发和将开发的地下空间总量为 1.1 亿平方米（已开发 2000 万平方米，新开发 9000 万平方米）。届时总建筑量预计为 4.5 亿平方米，即地下空间容量占建筑总量的 24.4%。考虑到在此期间开发的防灾专用设施和市政公用设施的地下空间量尚未计入，故在《规划》前 20 年内地下空间容量达到建筑总量的 30% 是完全可能的。

根据对中心地区地下空间资源的调查评估，可供有效利用的资源量折合建筑面积为 1.19 亿平方米（开发深度 30 米），即资源总量与开发需求量大体平衡，说明本规划所提出的地下空间发展目标和需求量预测是现实的、合理的，符合北京城市现代化发展的需要。

第13章 城市空间结构与地下空间总体布局

13.1 城市空间的三维特征

13.1.1 城市空间概念

"城市空间"（urban space）是指在一定地域范围内，由一定数量的人口，一定规模的建筑物和各种城市活动，在特定的自然环境中所形成的人工空间。由各种建筑物或城市设施围合而成的空间称开敞（或开放）空间（open space），由建筑物的围护结构所围合成的空间是封闭的，称建筑空间（building space）。

"城市空间结构"是指复杂的城市社会结构、经济结构、生存结构诸要素在城市空间构成上的反映，或者说，城市要素的空间分布、空间组合、功能联系构成了城市空间结构。

"城市空间形态"是指不同的城市空间结构的特征，比较有代表性的是将城市空间结构概括为单核点状、线形带状、十字状、多核网状等形态。但是，由于城市所处的位置和条件不同，其空间结构和形态并不能套用那些经过概括的"模式"，而应从城市自身的特点出发，提出符合本城市条件的空间结构发展方式和相应的一种空间形态，例如北京市总体规划将今后城市空间结构的发展概括为"两轴两带多中心"，厦门市则概括为"一心两环，一主四辅"，就都不是套用某些"模式"的结果。

13.1.2 城市空间容量

城市空间容量（urban space capacity），或称城市环境容量，是指城市空间在一定时间内，对城市人口、静态物质（建筑物和各种城市设施）和各种城市活动的综合容纳能力。城市容量包括：人口容量，一般以人口密度衡量；建筑容量，一般以建筑密度表示；交通容量，通常表现为年（或日）总客流量和客运量，以及货物总运输量；土地容量，实际上是前三种容量的综合，主要表现在各种用地指标上，如人均总用地指标，生活居住用地指标，交通用地指标等；此外还应包括城市基础设施的服务能力。

城市容量随城市空间的扩展和城市聚集程度的提高而扩大，受各种自然、经济、社会因素的影响，故城市容量实际上有两个含义，即理论容量和实际容量。理论容量是指一个城市在一定发展阶段，在各种制约因素影响范围内和保持宜居环境标准的条件下可能达到的最大容量值。从理论上看，任何一个时期的城市容量都有一个合理的极限值，实现这一极限值，城市就能发挥机能的最佳状态，空间得到充分利用，并具有良好的发展活力。实际容量是指一个城市在形成和发展的某一阶段，以及在特定的自然、社会、经济条件下所形成的城市容量，即实际存在的现有城市空间容量。

在通常情况下，城市空间实际容量小于其理论容量，存在一定差值，从而使实际容量有了增减的余地，表现为城市发展的潜力。城市实际容量可以在人的能动作用下，例如改善外部制约条件和调整内部结构，在原有基础上有所增长，这就是所谓的城市再开发（urban redevelopment）。在再开发过程中，如能充分利用现有资源和开发潜在资源（例如城市地下空间），则可以在一定程度上提高城市空间的理论容量，从而使实际容量有了较大的增变性，促使城市得到良性的发展。

但是，也可能出现一个城市的理论容量小于实际容量的情况，一般是由于受到某些不利因素的限制，以及城市的盲目发展所造成。例如，当一个城市重工业过于集中，规模过大，用水量过大，废水污染水源时，不但工业本身的发展受到影响，还由于生活用水的紧张而限制了城市人口容量，使理论容量不能提高。又如，当城市发展处于盲目状态，人口和各种城市活动量均已超过理论容量的限度，就必然使城市出现恶性的膨胀。因此，应采取措施防止城市实际容量突破理论容量的情况发生。

此外，城市理论容量的极限值，除以城市效能的最佳发挥为标准外，还应考虑容量提高到一定程度后居民的心理承受能力，例如建造高层建筑或利用地下空间可以提高城市容量，但在高层建筑的密度和层数以多少为合适，在地下空间容纳哪些城市功能等问题上，必须考虑居民的心理反应和适应程度。

城市的人口、建筑、交通容量与城市基础设施的容量和服务能力失去平衡，常常是城市理论容量无法提高的主要原因，如果采取积极措施使基础设施状况有所改善，则有助于理论容量的提高。例如我国天津市的水资源严重不足，曾严重影响工业的发展和生活水平的提高，但是当设施条件改变，兴建引滦入津工程后，城市供水大有好转，从而提高了城市的理论容量。我国有许多缺水、缺电城市，如果在这些方面有所改变，城市容量就有可能在相当程度上取得内涵式的提高。

由于城市发展有其内在的规律，故不论是提高城市的理论容量，还是控制实际容量的扩大，都应从城市的实际情况出发，制订相应的策略。采取强制性的行政手段加以干预，一般很难取得较好效果。1983 年批准的北京城市建设总体规划规定城市建设用地为 483 平方公里，按人均用地指标 110 平方米计，理论上的人口容量应为 439 万人，规划按 400 万人控制。但是到 1990 年，北京市建成区面积已达到 397.4 平方公里，容纳了 624.2 万人，即使除去农业人口，也还有 554.4 万人。按照 2005 年批准的《北京城市总体规划》，即使人口的年均增长率控制在 1.4% 以内，到 2020 年，北京市城镇人口将达到 1600 万；如果中心城镇建设用地控制在人均 92 平方米，则中心城用地规模约为 778 平方公里。也就是说，为了容纳不断增加的人口，城市空间容量需要承受巨大的压力。因此就存在一个问题，即采用什么样的城市空间拓展方式，才有可能使城市空间的理论容量与实际容量保持平衡，而不致出现灾难性的后果。

13.1.3　城市空间的三维式拓展

为了缓解由于城市人口增长和经济发展所造成的城市空间容量不足的问题，需要通过多种途径扩大城市空间容量。通常，提高城市容量的方式，本书第 10 章 10.2.3 中已经指出，有内涵式和外延式两种。内涵式和外延式的空间扩展在城市发展形态和空间构成上表现为集约和分散。分散是使城市在水平方向上延伸，集约就是使城市主要在垂直方向上扩展。

按照数学的概念，"维"又称"度"，一维是线性的；二维是平面的，以长和宽两个要素表示；三维是立体的，以长、宽、高三个要素表示。城市空间应当认为是三维空间，例如建筑空间，都具有长、宽、高三个要素。但是对城市开敞空间，高度的要求由于难以度量而逐渐淡化，似乎地面空间只是二维的，或平面的。但是自从地下空间被开发利用，成为城市空间的一部分之后，城市空间的三维特征就更加凸显出来。这个问题之所以在这里需要加以强调，是因为长期以来，虽然地下空间早已纳入城市空间领域，但不论城市学的研究，还是城市规划的编制，仍然把城市空间作为二维空间对待，以致城市空间的拓展，一般都是以原有城市为中心，呈同心圆式向四周拓展，有的学者称之为"单核生长的同心圆拓展"，结果是城市用地规模无限制地扩大，城市矛盾突出，城市效率低下。

当城市规模较小，处于自发发展阶段时，城市空间沿水平方向四周扩展（即同心圆式扩展）以适应发展的需要，是很自然的，不会引起很大矛盾。但如果城市已发展到相当大的规模，再无限制地向水平方向扩展，至少会引出两个问题，一是土地资源的不足，二是交通问题的加剧。以北京市的情况为例，目前仅城市建筑用地每年要扩大 5~7 平方公里，土地短缺的矛盾已十分尖锐，但不论哪种方式，扩展范围都应有一定的限度，否则仍无法解决土地和交通的矛盾。例如，星座式的扩展，即在城市远郊区建设卫星城，可对中心区人口起到一定的分流和截流作用，在一定程度上缓解原有城市过分密集，空间容量不足的矛盾。但是，使卫星城在城市发展中起积极作用的前提是其基础设施和服务设施不能低于原城区的水平，在卫星城与原城市中心区之间必须有快捷的交通和通信联系，否则，不但很难吸引城区的单位和居民向卫星城迁移，反而会使郊区农业人口盲目流入卫星城，进一步加重城市的负担。

在城市向水平方向扩展的同时，人们还发现，新开发的地区，其效益远比不上原有的城区，特别是中心区，于是大量社会财力又返回中心区，向房地产业投资，使一些发达国家大城市中心区出现畸形的发展，其特征是高层建筑的大量兴建。这一情况开始于美国，20世纪20年代以后逐渐遍及世界各大城市。

建造高层建筑，实际上是城市从平面扩展向上部空间扩展的开始。由于高层建筑占地少，容量大，使城市容积率空前增长，城市密度也空前提高，投资者在有限的土地上获得了最大的经济效益，同时也提高了城市的集约化程度和空间容量。城市中心区经济效益的提高，使这一地区的土地价格暴涨，更加刺激高层建筑向更多的层数发展。例如，日本从防灾角度考虑，在建筑法规中曾经规定建筑高度不能超过31米。但在20世纪60年代经济高速发展形势的冲击下，加上高层建筑抗震技术的改进，于1963年废除这一规定，改用容积率控制。从1964至1981年，仅东京就建起45层以上的超高层建筑147幢，其中89.5%集中在市中心区。1965年，东京市内23个区的平均容积率为52%，1975年为74%，到1979年上升到83%，位于中心区的千代田区高达372%，中央区为331%，边缘地带的区仅为60%左右。在同一时期，日本城市土地价格迅速提高，中心区与边缘地区的地价差越来越大，这种地价涨势至今不衰，使东京成为世界上土地价格最高的城市。

高层建筑的过分集中，使城市环境迅速恶化，城市空间越来越狭小，以致城市中心区渐渐失去了吸引力，出现居民迁出，商业衰退的所谓逆城市化现象。

在20世纪60年代以后，为了解决城市交通的混乱和拥挤问题，有一些大城市修建了市内高架道路，以减少平面交叉，提高行车速度。这也是一种向上部空间扩展城市的努力，虽然有利于改善交通，但对城市环境和景观产生不利的影响，近年来在市区内已较少兴建。

由此可见，以高层建筑和高架道路为标志的城市空间向上部扩展，其利弊得失已比较明显，说明当城市实际容量超过合理的理论容量时，必将造成不良的后果。令人欣慰的是，许多历史文化名城，如伦敦、巴黎、罗马、布拉格、圣彼得堡等，都曾采取有效措施，防止了兴建高层建筑的现代浪潮对城市传统风貌的破坏；我国北京市也对以天安门为中心的不同范围内的建筑高度实行了限制。

当城市中的建筑高度和密度受到各种因素的限制，无法向水平方向和上部空间扩展时，为了摆脱困境和保持城市的繁荣与高效益，许多大城市都有重点地进行了改造和更新，即有计划地实行城市再开发。在这一过程中，人们逐渐认识到城市地下空间在扩大城市空间容量上的优势和潜力，形成了城市地面空间、上部空间和地下空间协调扩展的城市空间构成的新理念，这一理念体现了城市空间的三维特征，并且在实践中取得了良好效果，成为今后城市进一步现代化的一种必然趋势。因此，今后不论在编制城市总体规划，还是地下空间规划时，都应把城市空间作为三维空间考虑，这样才有可能在严格控制城市用地规模的前提下，取得城市空间三维式的良性拓展。

13.2　地下空间总体布局

13.2.1　地下空间的平面布局

地下空间作为城市三维空间的组成部分，其总体布局必然与城市地面空间的总体布局有密切的联系。主要表现在与城市自然环境的关系和与城市用地规划的关系，与城市交通规划的关系，以及与土地所有制的关系等几个方面。

（1）地下空间布局与城市自然环境的关系。这里的自然条件主要指城市的位置、地形、地质和气候，经过地下空间资源评估工作后，不同质量等级的地下空间资源的分布状况与开发潜力已经明确，一般情况下，地下空间需求比较集中的地区多处在高质量等级的地下空间资源范围内，对地下空间的平面布局和开发强度不会产生不利的影响。如果局部地区有不良地质条件存在，当然在地下空间平面布局上就应考虑避开。但是有时地形状况和地层构造对地下空间布局有一定影响。例如，有的城市在中心区的边缘，有的甚至在中心区范围内就有山体存在，这就为在岩石中开发地下空间提供条件。还有的城市土层薄厚不一，有的地方甚至岩石出露，这时的地下空间布局，就应适应土层和岩层不同介质的情况。在土层较薄地区，还可能出现地下空间上部在土层，下部在岩层中的特殊情况。关于气候的影响，主要是对处于严寒、酷暑、风沙等不良气候区域的城市，地下空间的布局，很主要的一个出发点应是为了改善居民出行条件和使一些城市活动避开不良气候的影响，如加拿大的蒙特利尔、多伦多，美国的费城、达拉斯等城市以地下步行道系统为主的地下空间布局就属于这种情况。

（2）地下空间布局与城市用地规划的关系。城市用地规划是城市总体规划的重要内容，即对城市各主要功能区的位置、用地面积、占城市建设用地的比例、人均用地指标等，做出明确的布局和规定，包括城市中心区、副中心区、商业区、工业区、居住区、文教区、仓储设施、道路广场、绿地、对外交通（车站、机场、码头等）、市政设施等，沿海城市还有港口用地，有的城市还有特殊用地，如军事设施等。这项用地规划实际上决定了城市地面空间的总体布局，也在相当大程度上影响地下空间的总体布局，因为除地下市政设施系统相对独立以外，多数地下空间的功能及其布局，都带有从属性质，即基本上与相对应的地面空间功能与布局一致。也就是说，地下空间的功能配置与总体布局不能是孤立的或随意的，只能与地面空间布局（反映在用地规划上）相协调或作为补充，也只有这样，才能真正做到城市地面、上部、下部空间的协调发展。

（3）地下空间布局与城市路网结构和轨道交通路网规划的关系。历史比较长的城市，其路网结构在多年前就已形成，例如北京旧城和纽约曼哈顿地区等，路网基本上是经过严格规划的，纵向与横向道路垂直相交所形成的棋盘格式。也有些近代自发发展形成的比较无规则的路网格局，如上海、天津等。因此，路网结构就决定了道路下地下空间的布局。长期以来，道路下地下空间多被市政公用设施的各种管线所占用，虽多为分散直埋，没有形成空间，但却占用了地面以下 5~6 米开发价值最高的地下空间资源，是一种对资源的浪费，这种状况只有在市政公用设施系统实现大型化、综合化，用综合管线廊道代替分散直埋，情况才能有所改善。日本在城市繁华地区干道下开发建设地下商业街，把市政管线组织在统一的结构中，就是这种做法的成功事例。关于与城市轨道交通路网的关系，由于轨道交通路网在中心城范围内多采用地下铁道的方式，这种地下交通空间的布局，包括线路走向、站点设置，自然与轨道交通总体规划相一致，而且，从许多大城市的实践经验看，地下交通系统往往形成城市中心地区地下空间的发展轴，不但带动沿线的城市立体化再开发，而且在重要站点形成交通换乘枢纽，并可向周边扩大成综合商业、服务业、停车等功能在一起的大型地下综合体，使地下空间布局丰富多彩，发挥巨大的综合效益。

（4）地下空间布局与土地所有制以及政策法规的关系。土地是地下空间的载体，土地的所有制和土地价格对地下空间的布局都会产生影响。例如在日本的城市中，只有道路、广场、公园的用地为公有，而街区的土地均为私有，如果在私有土地下面开发地下空间，应向土地所有者付出高额的土地费，以致大大提高地下空间的开发成本，甚至使开发成为不可行。这种情况就使得日本城市地下公共空间多布局在街道下或广场、公园下，成为日本城市地下空间利用的一大特色。这个问题在日本直到 2001 年才在法律上得到解决，规定地表以下 40 米范围内的空间为私有，40 米以下改为公有，不再付土地费或补偿费，这就为地下空间的布局增加了较大的自由度，特别为在深层地下空间修建地下铁道创造了有利条件。在中国，地下空间的所有权为国有，但并不等于可以无偿使用，在一定程度上影响了地下空间的开发利用，特别是对于吸收社会资本是不利的，因为投资人如果不能获得产权和使用权，就没有转让、租赁、抵押的权利，这对于投资人是难以接受的。迄今，虽然在这一领域还没有国家级的法律、法规，但有些城市已经在其权限范围内，在一定程度上解决了地下空间的所有权、使用权问题。可以预期的是，当有关的法律、法规、政策日趋完善和成熟后，城市地下空间的总体布局将会更为丰富、灵活，更能满足城市现代化发展的需要。

13.2.2 地下空间的竖向布局

地下空间的形成条件，使之在宽度和高度上受到结构的限制，并且难于连成一片，但却提供了一种在地面空间无法做到的可能性，即空间之间在结构安全的前提下可以竖向重叠。这样，就可以在地表以下不同的深度，开发不同功能的地下空间，一直到科学技术所能达到的深度。目前，采矿用的地下空间（竖井和巷道）可达到地下几百米到1千米左右，而城市民用地下空间则一般在地表下0~30米，个别工程（如深层地铁）可能在50米以下。

本书在第一部第1章中已经提出了地下空间竖向分层标准的建议。尽管国内外对有些标准的划分尚不统一，但竖向布局的原则是基本一致的，那就是：先浅后深，先易后难，有人的在上，无人的在下。一般情况下，地表下-10米范围内的地下空间综合效益最高，距地面较近，比较安全，因此常常成为开发范围最大、开发强度最大的城市地下空间资源。而深层的地下空间，则暂时可作为资源保留，为城市的长期发展提供后备的空间资源。此外，地下空间的竖向布局应与其平面布局统一考虑，同时与地面空间布局也应保持协调。三者的关系可以用图13-1示意。

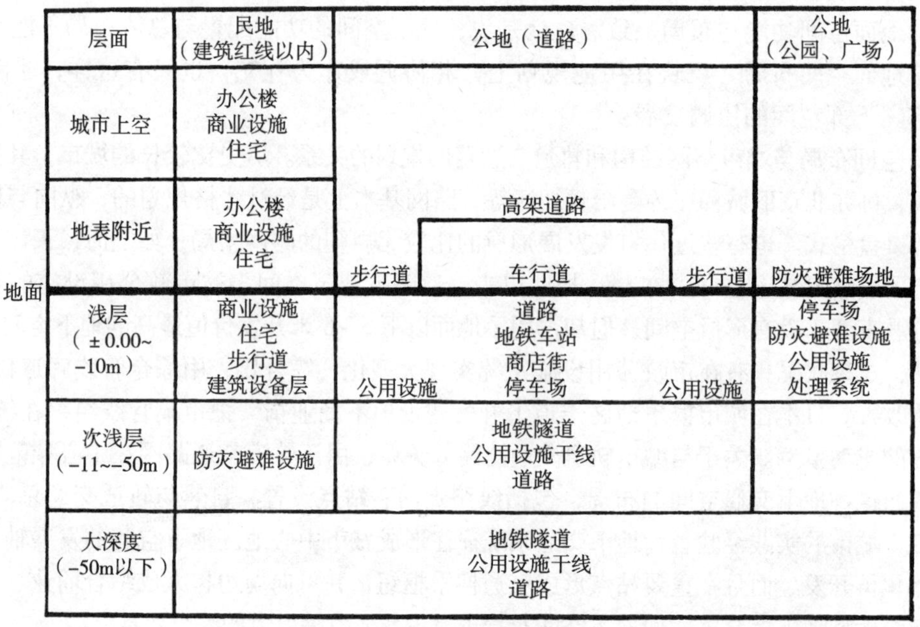

层面		民地（建筑红线以内）	公地（道路）			公地（公园、广场）
地面	城市上空	办公楼 商业设施 住宅				
	地表附近	办公楼 商业设施 住宅	步行道	高架道路 车行道	步行道	防灾避难场地
	浅层（±0.00~-10m）	商业设施 住宅 步行道 建筑设备层	公用设施	道路 地铁车站 商店街 停车场	公用设施	停车场 防灾避难设施 公用设施 处理系统
	次浅层（-11~-50m）	防灾避难设施		地铁隧道 公用设施干线 道路		
	大深度（-50m以下）			地铁隧道 公用设施干线 道路		

图13-1　地下空间竖向布局与地面空间布局的关系示意

13.3　地下空间布局与城市生态环境保护

生态与环境既是两个独立的学科，同时又是互相作用、互相影响、紧密关联的两个范畴，因而常常被相提并论。

现代社会由于城市的建设与发展，已经引发出相当复杂和严重的城市生态环境问题，造成一定的危害和损失后，人们已开始采取各种防范和治理措施，在城市发展过程中保护生态环境，努力使之不再恶化，同时把创造良好的生态环境作为提高城市生活质量的重要内容。从总体上看，开发利用地下空间对城市生态环境的改善作用是明显的，但是也必须看到，由于地下空间的形成对原有处于平衡状态的地层起了一定程度的扰动作用，必然对生态环境产生或多或少的影响。

前一时期，国际上曾有少数人为了保持地球的"完整"，反对开发地下空间，以有利于生态环境的保护。这种观点并没有足够的科学依据，也缺乏全面的分析，未免失之偏颇，因噎废食。因此，对于开发城市地下空间可以在生态环境上起到哪些积极作用，和可能发生哪些消极影响，不能笼统地加以肯定或否定，而是应当加以科学的全面的分析，才能有针对性地采取措施，尽最大可能兴利除弊，以解除人们的顾虑，促进城市的现代化发展。有关这些问题，在进行地下空间总体布局时，尤其应当重视。

13.3.1 地质环境

地球岩石圈及其上部土层的存在，为地下空间的形成提供了物质基础，因而地质环境是否稳定决定了地下空间形成的难易程度。高度稳定地段对开发地下空间十分有利，而高度不稳定地段使开发地下空间的难度增大，甚至不可能开发。至于在稳定的地质环境中开发地下空间是否可能破坏原有的稳定状态，造成地质灾害，例如引发地震、滑坡、塌方等，则需要进行具体分析。

以地震而论，由于使用化爆方法开发地下空间所产生的能量很小，与引发地震所需要的能量相差悬殊，即使前些年，世界上进行过无数次的地下核试验，爆炸能量比开挖岩石要大得多，也并没有引发地震，足以证明这种顾虑是不必要的。至于滑坡和塌方，如果地质勘测有误，或工程措施不当，是有可能发生的；但从技术上看，如果采取适当的预防措施和处理措施是完全可以避免的。此外，在土层中开发地下空间，涉及到生态环境的土壤因子。由于土壤状况直接影响到植物的生长，而在地下空间开发范围内一般不再有植物，因此即使在开发过程中对土壤有所扰动和压实，影响到土壤的持水能力和通气性能，但因范围有限，对生态平衡不会产生不利影响。曾经有人指责，地下空间开发破坏了土壤中有益动物，如蚯蚓等的生存环境，对生态不利。实际上，蚯蚓在城市中几乎已失去其存在价值，何况地面建筑在施工时也要翻动地表土层，同样存在这个问题，因此在城市中这样一点生态上的变化是无足轻重的。此外，城市土壤容易受到地面上各种人为活动的污染，但地下空间的开发，一般不会产生这方面的问题。

在地下工程施工或在建成后的使用过程中，有可能产生一些振动，通过介质的传递，对周围环境发生一定影响，例如地下岩层中的钻爆法施工，和地下铁道的运营，都有可能不但影响附近的地下建筑物，而可通过结构影响到地面上的建筑物。地下空间中的振源以地下铁道产生的振动对地面振动环境的影响最为持久和广泛，例如当列车时速为40公里时，距轨道中心5米处的振级为84~90dB。对文物、古迹、古建的影响是特别应当注意的。地铁的振动强度随着与轨道距离的增加而衰减，地基土质越松软，在其上支撑的地下或地上建筑物受到传递的振动就越小，这些特征都是在地下空间布局时应当考虑的。

地下空间的开发，特别在大面积开发时，由于地层的地质结构破坏，使地层弯曲，引起地表下沉、变形，有可能使地面上的道路或建筑物受到破坏，在布局和设计时应采取措施加以防止并加强施工期和完工后的监控。

13.3.2 水环境

城市水环境是一个城市所处的地球表层空间中水圈的所有水体及溶解物的总称，主要来源于大气降水，包括地表水和地下水。水环境是受人类干扰和破坏最严重的环境因子，水环境的污染和水资源的匮乏已成为当今主要环境问题之一。在土层中地下空间的开发与地下水的关系较为密切，主要表现在对地下水存在条件、分布条件、水位和水量等的影响。在地下空间开发过程中，当地下水位高于工程底面标高时，为了便于施工，常常采取人工降低水位的方法；完工后为了建筑防水，又常继续抽水以保持低水位。这样，就使地下空间所处位置及其周围一定范围内形成一个疏干的"漏斗"区，土壤中含水量降低，容易出现地面沉陷、开裂，同时使地下水流失，加剧城市水资源的短缺。防止这种失衡情况出现的措施是尽可能缩短施工期人工降低水位的时间，提高建筑防水质量，然后人工灌水，恢复原有地下水位。当在较深土层中修建地下铁道时，线形的隧道有可能阻断地下水的流动，或破坏原有的储水构造，是否会影响到地层的稳定和附近建筑物的安全，是在可行性论证阶段应着重解决的问题之一。在一些特殊情况下，例如在山东省济南市，不同位置的地下水体互相连通，形成一个地下水系，当水量和水压足够时即喷出地表，成为涌泉，大小70余处，出现"家家泉水，户户垂杨"的独特景观，济南也被誉为"泉城"。在这种情况下，如果因开发地下空间而使原有地下水系受到破坏，将造成不可弥补的损失。因此，济南市对开发地下空间持十分慎重的态度，即使少量开发，深度也限于5米以内，以避免干扰地下水系。此外，如果由于开发地下空间，使城市部分主要街道的行车部分改为运河，与原有的城市河流共同形形成一个地面水系，扩大水面面积，则对于城市空气环境和小气候和改善，会起到很好的作用。

13.3.3 大气环境

城市大气环境也是受人类干扰和破坏最严重的环境因子之一，主要表现为大气污染，使城市生活质量降低，被称为"公害"。地下空间的开发，一般不存在加剧大气污染的因素，相反，由于地下空间的利用，降低了地面上的建筑密度，扩大了开敞空间的范围，这样就有可能增加城市绿地面积，提高绿化率，对于改善大气环境是非常有效的，特别是以乔木为主的城市植被，作用尤为明显。

植物对大气的污染可起到有效的净化作用，主要有：减少空气中的粉尘；降低有毒和有害气体例如二氧化硫、氯化氢等的浓度及其对植物的危害；杀灭细菌，还可以起到指示和监测空气污染情况和程度的作用。

此外，城市植被的小气候效应和吸收二氧化碳与放出氧气相平衡所产生的生态效益，早已是人所共知。

在城市总体规划中对城市的绿化覆盖率都要求达到规定的指标，为的是保护和改善城市的生态环境。在发达国家和发展中国家之间，这一指标存在着相当大的差距。尽管如此，不少发展中国家包括我国的城市仍达不到规划要求的绿化指标，而且由于城市的盲目发展，仅有的一些绿地常常被蚕食或侵占，以致生态环境日益恶化。在这种情况下，在对城市进行现代化改造的同时，由于开发利用地下空间而使地面上的开敞空间增加并加以绿化，其改善生态环境的作用会是很明显的。地下空间开发利用这种间接地扩大城市绿地从而改善生态环境的效果，是非常值得重视的。

由于地下交通系统的发展，如果大部分机动车辆转入地下空间行驶和停放，那么，废气和噪声的污染将明显减轻，也应视为地下空间对城市生态环境所起的积极作用之一。例如，到2010年，北京市由于地铁运量的增加，折合成汽车车流量，其污染物 HC、CO 和 NO，排放量预计可分别减少 1303t/a，14980t/a 和 977t/a。

此外，当大规模开发地下空间时，从地下挖出的废土和石碴的数量很大，在运输和堆放过程中如处理不当，出现扬尘，会对大气造成污染，也是值得注意的。

综上所述，地下空间对城市生态环境的积极作用是多方面的，是应当肯定的，同时在开发利用过程中可能出现的消极影响也是值得注意的，在地下空间总体布局中应予重视，采取适当措施使其影响降到最小程度。

第14章 城市中心地区地下空间规划

14.1 城市中心地区地下空间规划概论

14.1.1 城市中心地区的概念、范围和形成过程

城市中心地区（urban metropolitan area）是城市交通、商业、金融、办公、文娱、信息、服务等功能最完备的地区，设施最完善，经济效益最高，也是各种矛盾最集中的地区。

有的城市中心地区有明确的界限，例如东京区共有23个区，最东部的中央、千代田区和港区三个区被明确为中心区；纽约的曼哈顿区也是一个范围明确的中心地区。但是多数城市的中心区没有固定的界限，一些古城，如北京、南京等，常以旧城区，即过去的城墙范围以内作为中心区，与城市中心地区的概念不完全相符，因为旧城的边缘地区与中心部分的发达程度可能相差较大，而且居住的功能占有相当大的比重。北京经过几十年的发展，原来面积为62.5平方公里的旧城区已不能完全包涵中心地区的功能，故近年确定以旧城为中心，周围324平方公里范围内为北京的城市中心地区。

城市中心地区与城市中心是两个不同的概念。城市中心（urban center）是指城市中心区内最核心部分，而且按主要功能的不同可能有多个中心，如政治中心、行政中心、文化中心、商业中心、交通枢纽、旅游中心等。例如东京中心区内，行政中心在皇宫附近，商业中心在银座地区，交通枢纽分别在东京站和新桥站附近；又如纽约曼哈顿区内的百老汇大街是商业中心，华尔街是金融中心，洛克菲勒中心（Rockefeller Center）是行政中心等。我国的南京市如果以旧城为中心地区，则在鼓楼-新街口地区的市中心，实际上是商业中心。北京市以天安门广场为中心，以南北中轴线为对称轴的城市中心比较明确，其中有政治中心、商业中心和文化中心，但是还没有形成业务中心，因为国家机关、政府部门、金融贸易单位等，都分散在其他地区。随着改革开放和商品经济的发展，在东城与朝阳区之间，正在形成一个以外交使、领馆和商、贸业务楼等国际交往为主的中央商务区（central business district，简写CBD）。北京和南京的中心地区和市中心的范围和位置示意分别见图14-1和图14-2。

凡经历过长期自然生长的城市，其中心区一般都在城市最初形成的位置，沿江、沿海城市就更为明显，例如纽约、东京的中心区沿海，伦敦、巴黎、上海等的中心区沿河、沿江等。凡是按照一定规划建造的古代城市，中心区多在城市的几何中心，如北京、南京、西安等；或在以皇宫为中心的地区，如圣彼得堡的冬宫、莫斯科的克里姆林宫等。

在以汽车交通和高层建筑为标志的现代城市出现以前，城市中心区内除少数以政治中心（如皇宫）为主外，多由繁荣的商业区和质量较高的居住区组成，城市功能和土地使用都比较单一。随着城市的发展，中心区的功能开始多样化，各种业务性功能逐渐加强，居住功能则趋于减弱。例如在1978年，在东京全市各种建筑物中，居住建筑占46.5%，产业、业务性建筑占27.7%，而在中心区，则产业、业务性建筑占65.4%，居住建筑仅占12.1%。由于中心区内商业、金融等经济活动集中，使中心区的就业率和经济效益大大高于其他地区，于是对投资产生越来越大的吸引力，纷纷到中心区购置土地，兴建大楼，例如1977年，日本全国拥有资金1亿日元以上的公司和企业（民间法人），有40.7%在东京设有本部。

 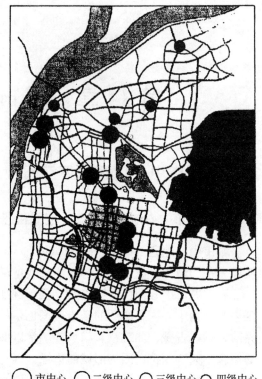

- ● — 政治中心
- ○ — 商业中心
- ◉ — 文化中心
- ┈ — 旧城区

○市中心　○二级中心　○三级中心　○四级中心

图 14-1　北京中心地区与市中心　　　　图 14-2　南京中心地区与市中心

14.1.2　现代大城市中心地区的特征

经济发展和技术进步一方面给城市中心区带来空前的繁荣，另一方面又造成了严重的城市问题。一般来说，现代大城市中心区都具有以下几个特征：

（1）容积率的提高与经济效益的增长

容积率是表示城市空间容量的一种指标，在同样面积的用地上，容纳的建筑面积越多，容积率就越高。也就是说，在有限的土地上，通过提高建筑密度和增加建筑层数，即可获得较高的容积率，取得较高的经济效益。1965年时，东京中心区23个区的平均容积率为52%，说明当时低层建筑所占比重较大，十年后增至74%，1979年达到83%，高层建筑明显增多。1979年到1985年建成的147幢高层建筑中，有89.5%集中在中心区，使中心区的容积率大大提高，千代田区1965年时的容积率为181%，到1979年增至372%；中央区1965年为172%，1979年达到331%。此外，在中心区内的核心地区，容积率要比平均值高得多，例如日本名古屋市中心区容积率平均为80%～100%，但在核心部位为600%，其中广小路一带为800%，荣地区和站前地区高达1000%。日本城市规划法规定中心区容积率超过600%～1000%，除东京新宿地区因集中了十几幢超高层建筑使容积率超过1000%外，日本大城市中尚未出现像纽约、芝加哥、香港等城市那样的大量超高层建筑集中在中心地区，形成容积率很高的情况。高容积率给所在地区增加了大量就业机会，进一步促使人口和车辆在白天向这一地区集中，一方面创造很高的经济价值，另一方面使中心区各种城市矛盾也日益激化，超过一定限度后，就会引起中心区的衰退。因此保持和控制中心区容积率，在繁荣与衰退之间维持一种动态平衡，是十分重要的。

（2）地价的高涨与土地的高效率利用

城市土地是一种具有很高使用价值的资源，土地的价格与其所能创造的使用价值成正比，因此在一个城市中的不同地区和不同地段，地价相差很大，中心区和边缘地区可相差10倍以上。处于发展阶段的城市中心区,地价以很大的幅度不断上涨。从图14-3可以看出,日本名古屋市从1955~1970年的15年间,站前地区和荣地区的地价上涨了6~10倍。到80年代中期,日本地价最高的东京新宿地区,地价已高达1430万日元/平方米,大大高出建筑物的单位造价,有的甚至高出二十余倍。除位置因素外,地价还与用地的性质有关,例如,日本城市中商业、居住和工业用地的地价比大致为1:0.82:0.62,商业用地地价最高,涨幅也最大。1983~1988年间,东京居住区地价上涨2.8倍,商业区上涨3.4倍。地价的暴涨一方面刺激中心区容积率的提高,使单位面积土地创造出更高的经济效益,与高地价保持平衡;另一方面,过高的地价使中心的再开发在某些方面受到不利影响,例如经济效益低的一些设施,就无人肯投资兴建。

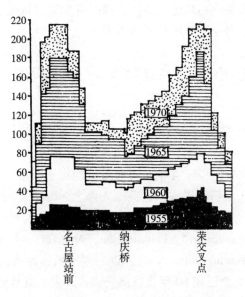

图14-3 名古屋市中心地区地价上涨情况

(3) 就业人口的增加和常住人口的减少

中心区内各种业务性高层建筑的增多,使在中心区就业的人数大量增加。例如,东京池袋地区(副中心之一)的阳光大厦,高60层,面积58.7万平方米,占地面积很少,但可容纳数万人在其中工作,每日进出人数达到8万;又如,新宿地区已建成的10幢超高层建筑,总建筑面积142.5万平方米,每日进出15.5万人。与此同时,由于中心区的住宅昂贵,环境不良,大部分在中心区工作的人并不在此居住,例如名古屋市中心区的面积仅为全市的2%,但白天这一地区内的人口占全市人口的20.1%,夜间常住人口是全市人口的1.7%,常住人口的密度为5565人/平方公里,仅为周围地区的40%。东京中心区也是如此,昼夜人口数相差6.8倍。这种中心区昼夜人口不平衡现象,增加了对交通的压力,使交通矛盾加剧。

(4) 基础设施的不足与环境的恶化

城市中心区的商业繁荣,信息丰富,对其他地区具有很强的吸引力,使大量人流和车辆向这里集中。但是当人流和车辆的集中超过了地区的负荷能力时,就会出现种种矛盾,首先表现在交通上,例如交通阻滞,步、车混杂,事故率上升等,使多数通勤人员每天花费1.5~2小时甚至更多的时间在路途上。据日本资料,在城市内全部运行的车辆中,有43%进入中心区,其中23%需要停放,其余则从中心区通过,因此不但车辆堵塞严重,而且多数车辆无处停放,只能停在路边,占用行车空间,使道路的通过能力进一步减小。同时,大量汽车造成的空气和噪声污染,使中心区的环境恶化程度高于其他地区,再加上日照纠纷、电波干扰、火灾危险、高层风等问题,如果不及时进行改造,必将导致中心区各种矛盾的加剧,制约中心区功能的充分发挥。

当以上几个特征在中心区相继或同时出现后,为了克服城市发展中的自发倾向和已经发生的各种矛盾,需要对原有城市进行更新和改造。在这一过程中,人们逐渐认识到城市地下空间在扩大城市空间容量上的优势和潜力,形成了城市地面空间、上部空间和地下空间协调拓展的城市空间构成的新理念,这种新的再开发方式在实践中取得了良好效果,也是今后城市进一步现代化的一种必然趋势。

城市中心地区的几个特征,都有积极与消极两个方面,当消极方面发展到一定程度,特别是开始出现衰退现象后,对中心区进行比较彻底的改造,就是不可避免的。中心地区再开发可以从多方面着手进行,在水平方向上扩大中心区的范围,降低容积率,拓宽道路,这是一种方式,但实行起来困难较大,因为扩大用地,拆迁房屋的代价过高。向高空争取空间,是另一种再开发方式,一旦对容积率实行控制,或因保护城市传统风貌而限制中心区建筑高度,向高空发展就只能达到一定的限度。因此,有计划的立体化再开发,应当同时包括向地下拓展空间的内容。

14.2 发达国家大城市中心地区的立体化再开发规划

14.2.1 英国

英国在1946年通过新城法(New Town Act),在城市郊区建设了一些卫星城,以疏散大城市过分集中的工业和人口。由于新城镇在居住和环境等方面和质量均优于旧城市,且交通方便,以致到20世纪70年代原市区发生严重的社会、经济衰退现象,英国人称之为内城(inner city)问题,政府随即调整政策。1978年制订了内城地域法(Inner Urban Areas Act),把再开发的重点转向旧城区。1980年制订了地方政府、规划及土地法(Local Government, Planning and Land Act),指定企业区(Enterprise Zone),成立城市开发公司(Urban Developmeng Corporation),以刺激旧城区经济的复兴和城市的繁荣,在市中心区选定11个再开发地区,其中5个已在80年代以前完成再开发,其他则正在进行并陆续完成,对中心区的复苏起到了重要作用。伦敦中心区再开发地区位置示意见图14-4。

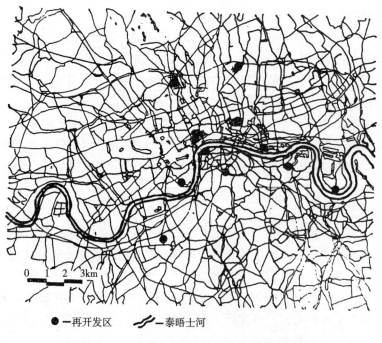

图14-4 伦敦市中心区再开发地区分布图

14.2.2 美国

美国城市在二战后发展迅速,各种城市矛盾更加尖锐,最突出的问题是城市郊区化和中心区的衰退。汽车交通的发达,使这种倾向更趋于严重。1954 年制订了新的居住法(Inhabitation Act),将城市再开发的对象从居住区扩大到城市的荒废区和不良区,进行以复苏中心区为目的的综合再开发,制订了一系列鼓励开发中心区的政策,例如容积率补贴政策,使开发者(即投资者)可获得允许开发的额外面积,还对从事商业、工业和社区开发的民间投资提供 30% 的低息贷款,从而调动了私人资本投入城市再开发的积极性,形成以民间投资为主导的再开发事业。

美国的城市再开发,特点是与高速公路的建设同时进行,对城市结构进行比较根本性的改造。高速公路一般不通过中心区,而是围绕中心区,对进入中心区的道路实现立交。在中心区内部,将主要街道和广场实行步行化,同时拆除破旧的住宅,开发新居住区,吸引一部分人口返回中心区居住和就业,以保持中心区的繁荣。

费城(Philadelphia)是美国第二大城市,在 20 世纪 50~60 年代,中心区出现了严重的衰退,于是制订了中心区再开发规划,在长 1.6 公里,宽 0.8 公里范围内,建设一个能为 800 万人口服务的经济中心。中心区周围环绕着高速公路,在公路里侧的东、西、南三个方向,各建一座容量分别为 3000、6000 和 2000 台的大型地下停车库,使大量汽车停放在中心区边缘,保证中心商业区的步行化。在停车库附近设有公共汽车站和地铁站,停车后也可以换乘公共交通进入市中心。在中心商业区,开发大面积地下空间,主要用于商业,与地铁和地下停车库一起,构成了中心区立体化再开发的格局。费城中心区再开发规划示意图 14-5。

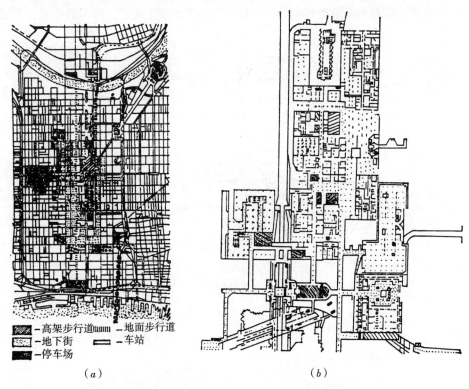

图 14-5 费城中心地区立体化再开发
(a) 中心区再开发规划;(b) 地下综合体平面

14.2.3 前西德

前西德的城市中心区再开发,与美国有相似之处,就是以交通的改造为动因和结合点,在地面上最大限度地实现步行化。但其再开发有自己明显的特点:一是发展城市快速轨道交通系统,使中心区的交通立体化；二是大量开发地下空间，使一部分城市功能，如商业和交通转入地下，以提高地面上的空间和环境质量。图14-6是汉诺威市中心区的步行交通系统，由步行者专用、步行者优先和步车分流三种道路组成。

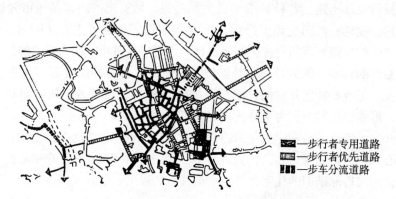

图14-6　汉诺威市中心区的步行道系统

慕尼黑是前西德的第三大城市，40%受到战争破坏。战后经过恢复，首先解决住宅问题，但20世纪60年代以后，由于大量外籍工人涌入，他们所聚居的地区环境恶劣，致使一些前西德居民迁出市中心，出现中心区衰退现象，因此从1966年起，开始对这一地区进行以更新城市功能为目标的全面再开发。东西向的市郊快速铁路从中心区地下通过，与南北向的地铁线相交于区内中心点，为改善地面交通，设立包括街道和广场的步行体系创造了有利条件。同时，重点对3个广场进行立体化再开发，地下空间中安排车站、停车场和商店，与地面上的步行商业街相配合，使城市中心区改变了落后、陈旧的面貌，见图14-7。

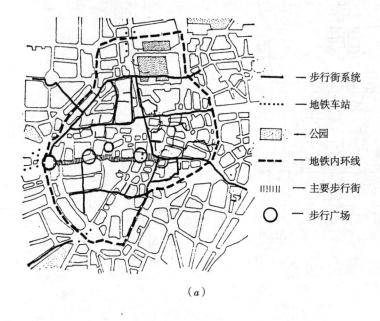

(a)

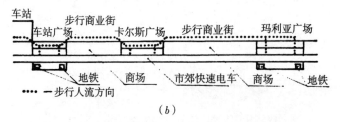

(b)

图14-7　慕尼黑市中心区的立体化再开发
(a) 中心区立体化再开发规划；(b) 沿主要步行广场剖面

图 14-8 是斯图加特（Stuttgart）市中心地区再开发规划示意。由高速公路将中心区分割成 5 个相对独立的地区，最南端的一个区是中世纪遗留下来的古迹，当然要采取保全型再开发方式；在中间的一个区内，围绕一座巴罗克式的古堡，开发成一个新的政治和文化中心；同时在北端的一个区，在原有的皇家公园（Royal Park）以东，建立一个新的商业和行政中心。在规划阶段，就考虑了停车场的布置问题。由于复兴会使进入中心区的车辆增加很多，设在新建商店和办公楼地下室中的停车库仍不能满足全部停车要求，故在高速公路的内侧再设置一些停车库或停车场，使一部分私人小汽车不进入中心区，这一点与美国的做法比较接近。为了防止因不能停车而使到中心区去的居民人数减少，影响商业的繁荣，采取了包括步行化在内的多种改善购物环境的措施，使中心商业区的舒适程度不低于郊区的购物中心。

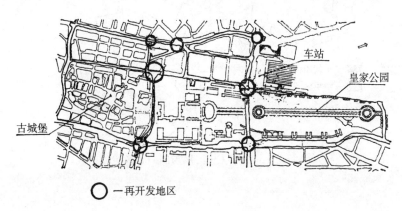

○—再开发地区

图 14-8　斯图加特市中心区的立体化再开发

14.2.4　日本

日本城市中心区再开发的特点是特大城市的多中心再开发。从 20 世纪 50 年代后期起，日本城市人口和车辆急剧增加，例如东京在 1945 年时，因战争人口减少到 350 万人，到 1955 年就恢复到战前水平（800 万），1985 年达到 1183 万人。这样快的发展速度，使原有的市中心区即使经过再开发也难以改变矛盾过于集中的状况，因此在 1958 年制订了首都圈开发规划，决定分散中心区的功能，在距离原中心区 15 公里以外，开发新宿、涩谷和池袋三个副中心。东京中心区和三个副中心的位置示意见图 14-9。

日本国土狭小，城市化水平很高，城市用地十分紧张，因此 1958 年以后的城市再开发全面实行立体化，这也是日本城市再开发的另一个特点。首先，对城市交通实行立体化改造，大量兴建地下铁道、市郊铁路和高架高速公路；然后，结合广场和街道的改造，在地面上建高层建筑，同时建设地下商业街，与高层建筑地下室一起，综合利用城市地下空间。第三阶段的城市再开发在节省用地，改善交通，扩大城市空间容量等方面，起到重要的作用，使城市矛盾在相当程度上得以缓解。1958 年成立了"东京整备委员会"，制订了首都圈开发规划，决定在原中心区约 15 公里以外，开发 3 个副中心，其他一些区也分别建立自己的中心。这些新的中心主要围绕在原中心区的西侧，起到截留一部分人流和车流，减轻对原中心区交通压力的作用。

经过 20 年左右的努力，日本城市的立体化再开发取得显著成效，城市人口趋于减少和稳定，到 20 世纪 80 年代初，东京市区人口已减到 860 万，大阪减为 260 万，名古屋则稳定在 210 万左右；同时，交通得到治理，环境有所改善，城市空间容量扩大，城市面貌有了很大改观。城市中心区的立体化再开发，构成了日本地下空间利用的主体。

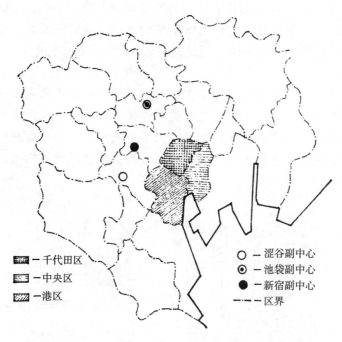

图 14-9　东京市主中心区与副中心区的分布

14.2.5　加拿大

加拿大地广人稀，少数几个大城市主要分布在东部和南部沿海一带，由于经济发达，大城市现代化程度很高，中心地区高层建筑很多，又由于冬季严寒，冰雪时间长，使在室外活动很不便，于是逐渐产生了将高层建筑从地下连通起来的愿望，并结合地下铁道的修建逐渐实现，在蒙特利尔、多伦多等大城市，规划、建设了大规模的地下空间，范围达几十平方公里，成为真正的"地下城"（innercity），是迄今世界上在城市中心地区规模最大，整体性最强，功能最完善的地下空间开发利用典范。现以蒙特利尔市为例简要介绍地下空间规划情况。

蒙特利尔（Montreal）是加拿大第二大城市，市区面积380平方公里，人口340万人。从1954年起由国际著名建筑师贝聿铭主持，开始对市中心地区的维力-玛丽广场（Place Ville-Marie）地区进行立体化再开发规划，到1962年完成再开发，对公众开放，共开发地下空间50万平方米，形成初期的"地下城"，主要内容有地铁车站、地下广场、旅馆和高层建筑地下室间的连接通道。

由于1967年蒙特利尔世界博览会和1976年在蒙特利尔举办奥运会的推动作用，城市建设和改造有了迅速的发展。从1966年起，建成4条地铁线，随着作为交通干线的地下铁道的建设，地下空间开发利用进一步扩大，到20世纪80年代，又有三组地下综合体形成，地下步行道在1984年总长有12公里，到1989年已达22公里。到2002年，连接通道长度已达到32公里。

1990～1995年，出现了多功能城市中心区的概念。在蒙特利尔国际区开发之前，地下通道仍不能满足需要。因此，2000年建设了很多地下通道，尤其是使通道之间建立联系，形成连续性的网络。这个网络遍布城市中心区的中心地点。

地下城的步行网络是由大量地面建筑的地下室（包括100多个商家）联系在一起的，在商业方面包括商业中心、商业街、专营店等。经过12年的发展，大约有2/3的地下设施设有了商业面积。

从1992年开始，地下商业设施得到了进一步发展，尤其是城市中心区地下商业设施更具吸引力。另外，在保证安全、改善地下环境等方面，业主、开发商、专业设计人员也做了大量的工作。除了大量细致的规划工作，政府部门还制定了一些相应的法律、法规、标准，使城市建设和法律法规的要求进一步适应经过几十年的发展,蒙特利尔"地下城"已成为目前世界上最大规模的城市地下空间利用项目,也是城市中心地区立体化再开发的一个范例。"地下城"的范围达到 36 平方公里,相当于市区总面积的 1/10。30 公里长的地下步行道和 10 座地铁车站,连接了地面上 62 座大厦,容纳了整个中心地区商业的 35%,每天有 50 万人进出地下空间。

蒙特利尔年最低温度为零下 34 摄氏度,夏季最高为 32 摄氏度,相对湿度有时达 100%。这样的气候条件,使"地下城"在一年 12 个月中都能进行正常的商业和社会文化活动,吸引大量为了躲避恶劣天气而来的人流,是"地下城"得到发展和受到欢迎的主要原因之一。在这种情况下,城市规划工作者和高等院校的学者,仍不断对地下城的建设进行调查研究和改进。

图 14 - 10 是蒙特利尔"地下城"总体布局。图 14 - 11 是"地下城"中心部分及与地铁线关系的平面图,左边一组为"维力 - 玛丽"广场区,中间为"艺术广场"区,右侧为"杜普斯广场"区。

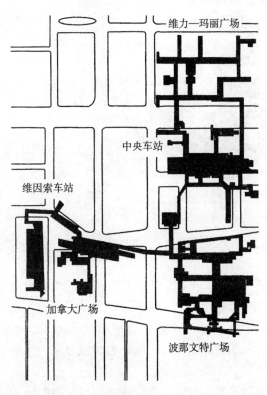

图 14 - 10　蒙特利尔"地下城"总体布局

14.2.6　国外城市中心地区立体化再开发规划的主要经验

对以上几个较典型国家地下空间规划的分析介绍可以看出,立体化再开发是城市中心地区再开发的有效途径,甚至是惟一的出路,由于内容庞杂,矛盾重重,必须以得到法律保障的全面规划作为指导,才能取得成功。从规划的角度看,主要经验可概括为以下几个方面:

第一,再开发规划的主要任务就是在保持适度集约和高效率利用土地的同时,缓解已经发生的各种矛盾,保持中心区持续的繁荣。为此,对进入中心地区的人流和车流量应有所控制,大型公共建筑不宜过分集中,商业规模也不能盲目扩展,以防止或延缓新的不平衡的出现。

第二,中心地区虽然是城市的精华所在,也是城市的现代化标志,但同时又是城市的一部分,处在其他地区的包围之中,因此中心地区的再开发不可能孤立进行,不能脱离整个城市的发展规划,在交通、商业、防灾、基础设施等方面都必须协调一致。

第三,立体化再开发是耗资巨大的城市改造事业,因此只能在全面规划指导下分期实施,特别是地

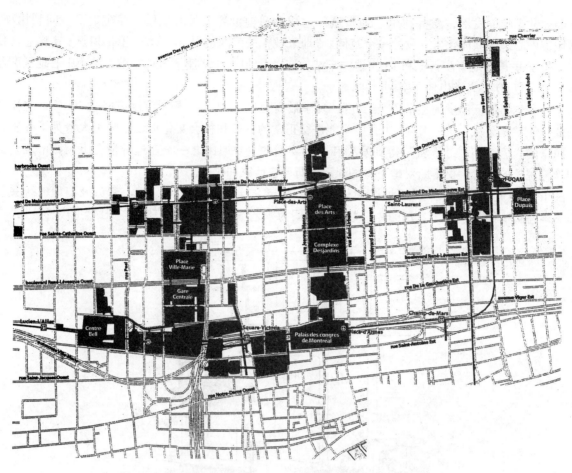

图 14-11　蒙特利尔"地下城"中心部分及与地铁线关系平面图

下空间的开发，考虑其开发的不可逆性，更应慎重，除平面上的再开发规划外，还应制订竖向的开发规划，使地下空间得到合理开发和综合利用。

第四，中心地区的立体化再开发，在不同条件下，可以全面展开，也可以从点、线、面的再开发做起，最后完成整个区的再开发。从国内外实践看，后一种方式比较现实。城市广场、空地、主要干道，都可作为首先进行再开发的对象。

第五，中心地区立体化综合再开发的结果，就使得多种类型和多种功能的地下建筑物和构筑物集中到一起，形成规划上统一、功能上互补、空间上互通的综合地下空间，称为地下综合体（underground complex），成为中心地区地下空间开发利用的重要内容，和地下空间利用的发展源之一。

第六，中心区地下空间的开发利用，除在交通、防灾等方面的巨大社会效益外，经济效益也十分显著。从日本情况看，一座有4层地下室的34层高层建筑，以地面一层商业空间的出租价格为1，则地下一层（也是商业）同样是1，如地下二层仍为商业时为0.9，地面以上的标准层（办公）仅为0.58，只有顶层因设有瞭望餐厅，才上升到0.78~0.82。

14.3　国内外城市中心地区地下空间规划和建设实例评介

从上个世纪60年代至今，世界上有许多大城市中心地区进行了立体化再开发，虽然再开发的规模、范围、位置不尽相同，但从缓解城市矛盾，保持中心地区繁荣，提高城市现代化水平等效果来看，应当说都是成功的。

我国城市经过建国后几十年的建设，有了很大的发展，但由于多数旧城区街道狭窄拥挤，建筑低矮陈旧，基础设施十分落后，以致新、旧市区的反差越来越大，作为城市中心区的旧市区，各种矛盾相当尖锐，严重程度有的已不亚于西方一些大城市20世纪60年代的状况。因此，城市中心区再开发问题在我国一些大城市已经相当迫切。近几年来，一些大城市已经开始进行旧城改造，并开始探索地面空间改造与地下空间利用统一进行规划和分步实施的途径，经过实践已经取得一定成效。

城市中心地区地下空间规划，除地下轨道交通和地下道路外，主要内容为地下公共设施，包括：重点再开发区，主要街道、重要交通换乘枢纽，以及在城市主要节点形成的地下综合体。这里就每一个内容选择国内外各一个实例做一简要评介。

14.3.1 重点再开发地区

（1）法国巴黎列·阿莱地区

列·阿莱地区（Les Halles）在巴黎旧城的最核心部位，西南侧有卢浮宫，东南方的城岛上有巴黎圣母院，东部是1977年建成的蓬皮杜艺术和文化中心，南临塞纳河，沿河有一条城市主干道。地区位置见图14-12。

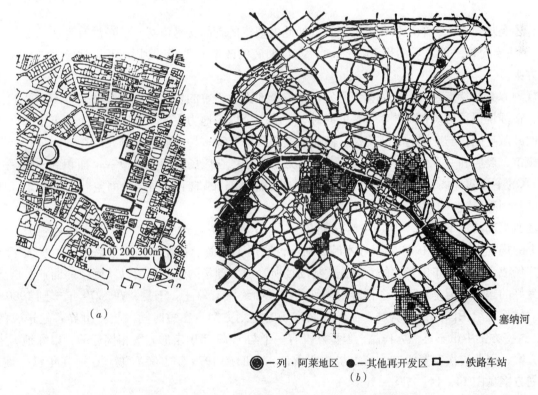

图14-12 巴黎列·阿莱地区区位及开发范围图
(a) 列·阿莱地区再开发范围；(b) 列·阿莱地区位置

列·阿莱地区在12世纪初开始形成，最初是围绕着一座教堂的村落，到16世纪，发展成巴黎的经济中心。从历史上看，这里并没有广场，而是一个农、副产品贸易中心。1854~1866年，陆续建成8座平面为方形的钢结构农贸市场，到1936年增加到12座，分成两组，每组之内互相连通，总面积4万多平方米。在市场的西北角方向有一座教堂，建于1532~1637年，西端是一个1813年建成的有一个穹窿顶的交易所，周围有一些古典风格的住宅街坊，建于17和18世纪。中央市场拆迁前的原状见图14-13。

中央市场是巴黎地区最大的食品交易和批发中心，担负着法国1/5人口的食物供应任务，一直到20世纪60年代，市场内仍集聚着800家食品批发商行和不少为市场服务的办公、饮食等设施，每天吸引大量人流和物流到这一地区，交通十分拥挤。很明显，不论从保存这样一个历史文化古迹集中地区的传

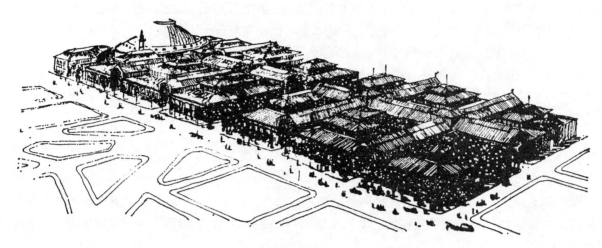

图 14-13 列·阿莱地区中央市场拆迁前原状

统风貌,还是从对中心区的现代化改造来看,如此大规模的食品交易市场,已经没有存在的必要,因此在 1962 年决定对这一地区(面积 26.7 公顷)实行彻底的改造和更新。到 1971 年拆迁完毕,并提出新的规划方案。

新规划方案的特点是实行立体化再开发,把一个地面上简单的贸易中心改造成一个多功能的公共活动广场,在强调保留传统建筑艺术特色的同时,开辟一个以绿地为主的步行广场,为城市中心区增添一处宜人的开敞空间;与此同时,将交通、商业、文娱、体育等多种功能都安排在广场的周围,新建一些住宅、旅馆、商店和一个会堂,建筑面积共 8.5 万平方米;在广场的西侧,设一个面积约 3000 平方米,深 13.5 米的下沉式广场,周围环绕着玻璃走廊,把商场部分的地下空间与地面空间沟通起来,减轻地下空间的封闭感。

广场西半部的地下商场,于 1974 年先行施工,1979 年 12 月建成开业,每天接待顾客 15 万人次,而地面上的规划方案,到 1979 年 3 月才最后确定,取消了地面上拟建的国际贸易中心,扩大了绿地面积,使广场成为欧洲城市中最大的一处公共活动场所。地下商场的建成,虽以其繁荣的商业、服务给人们留下良好的印象,但是对于整个再开发规划的批评始终没有停止。于是,在 1979 年末到 1980 年初,由民间团体发起组织国际设计竞赛,征求地面广场的规划方案,在短时间内收到世界各地送去的方案 600 个。这些方案中虽不乏优秀作品,但竟然没有一个与 1979 年确定的方案相接近的,以绿地为主的步行广场方案,因此这次竞赛没有为官方机构所承认,仍旧按 1979 年方案实施,在前几年已全面建成。广场规划方案见图 14-14。

处于历史文化名城中心的列·阿莱地区的再开发,虽然曾面对非常困难的保存传统与现代化改造的统一问题,但通过立体化再开发,改变了原来的单一功能,实现了交通的立体化和现代化,充分发挥了地下空间在扩大环境容量,提高环境质量方面的积极作用。一方面,使环境容量扩大 7~8 倍,更重要的是,这个扩大并不是通过增加容积率而取得,相反,在城市中的塞纳河畔开辟出一处难得的文化休憩场所。因此从总体上看,再开发是成功的,方向应当肯定。虽然对于再开发的结果至今仍不能取得一致的评价,例如建筑风格的统一和下沉式广场的做法问题等,但随着时间的推移和广场在立体化再开发后综合效益的进一步显现,终将为国内外公众所接受,成为历史名城新的受人欢迎的中心广场。

(2)上海静安寺地区

静安寺地区位于上海中心城的西侧,是上海中心城西区的中心。上世纪 90 年代中期开始研究地区

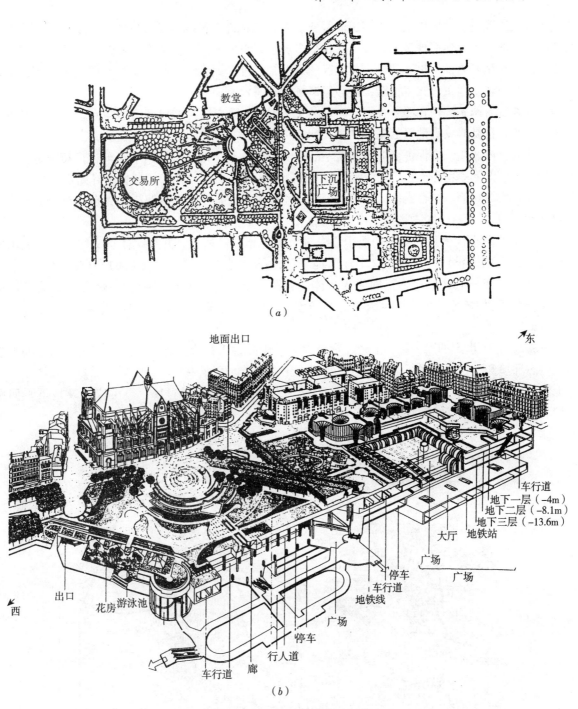

图 14-14 巴黎列·阿莱地区再开发规划
(a) 总平面；(b) 鸟瞰图

的城市再开发，制订了全面的立体化再开发规划，一直到城市设计的深度。规划设计范围约 36 公顷。到 21 世纪初，以静安古寺和静安公园为中心的地区已改建完成，效果很好。

静安寺地区以有 1700 年历史的静安寺而闻名，地区内有市少年宫（原加道理爵士住宅）、红都剧场（原百乐门舞厅）等近代建筑，以及有成行参天悬铃古木的静安公园。作为中华第一街的南京路，东西向地从地区中间穿过。

静安寺地区的发展有很多有利条件，规划中的交通设施，包括地铁 2 号线和 6 号线由东西和南北从中心穿过，延安路高架车道从南侧通过，而且在华山路口设有上下坡道，南京路北侧还有城市非机动车专用道从愚园路通过。地区周围有很多商业服务设施,包括许多星级宾馆,另外还有展览中心等都能对中心给以有力的支持。然而地区的发展也存在很多弱点,首先是商业空间严重不足,1990 年以前仅有 5 万平方米,近年稍有增加,也不明显,与地区的商业知名度差距太大;其次是交通严重超负荷,南京路华山路等交叉口阻塞严重,人车混杂,社会停车场所几乎没有。

静安寺地区有两条地铁在静安公园、南京路交叉通过,地铁 2 号线已经开始运营,地铁站是人流集散的大型枢纽,也是静安寺地区繁荣的良机。

充分的社会停车组织是保证商业中心繁荣的重要条件。整个地区布置两个停车场,其一是静安公园(西半部)地下设置大型地下车库,容量达 800 辆,紧靠地铁车站,其二是乌鲁木齐路愚园路口设多层停车库,容量为 200 辆。结合国情,骑自行车购物者很多,分别在地区的四周设置自行车公共车库,共停放 6000 辆,并尽量靠近购物场所。

步行系统的完整性使购物者在商业中心内具有安全感和舒适感,并组织休息交往空间,使市民能在此流连忘返。城市设计力求建立这个地区地下、地面和地上二层三个层次的步行系统。结合地铁站,在地下一层将核心区的地下空间联成一体,并跨越南京路、常德路和愚园路等。二层步行系统联系各街坊的商业空间,并有加盖天桥跨越部分街道,以补充没有地下空间跨越道路的人行过街设施。

上海将成为 21 世纪的以经济、金融、贸易为主的国际性大都市,静安寺地区也将成为空间形态有特色,生态环境和谐,交通系统有序的上海西部文化、旅游、商业中心。

上海静安寺地区区位图见图 14-15;再开发规划总平面见图 14-16;下沉广场及地下平面见图 14-17、14-18;下沉广场剖面见图 14-19。

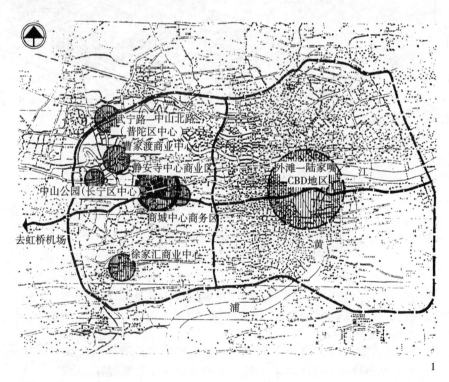

图 14-15 上海静安寺地区区位图

第14章 城市中心地区地下空间规划 **217**

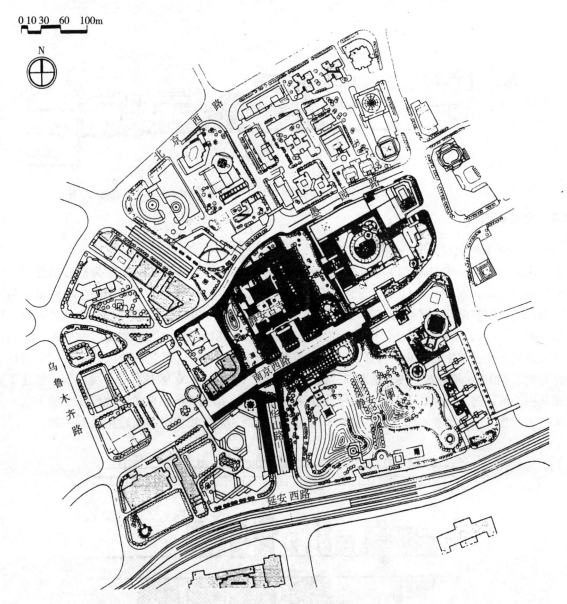

图 14-16 上海静安寺地区再开发规划总平面图

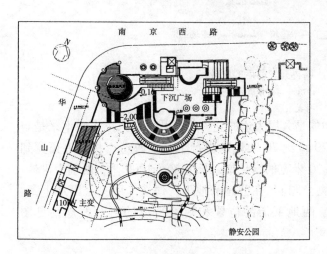

图 14-17 上海静安寺地区下沉广场平面图

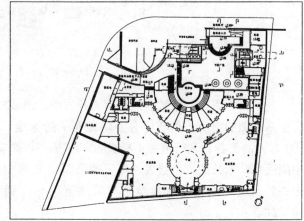

图 14-18 上海静安寺地下二层商业空间平面

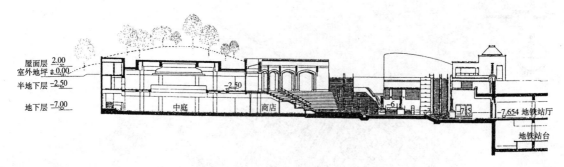

图 14-19　上海静安寺地区下沉广场剖面

14.3.2　重要街道

(1) 日本名古屋久屋大道

名古屋是日本的一座古城,19 世纪末随着铁路的建设,在以火车站和荣地区为核心的地带,形成了新的城市中心区,东西向有 11 条街道,南北向有 8 条,呈方格网状布局,其中的广小路以及与之相交的南大津路、伊势町路、吴服町路等几条街道,成为商业中心。但是,在 20 世纪 30 年代前后,广小路仅是一条宽 20 米,两侧都是二层木结构商店建筑的街道,其他街道也大体如此。战后人口的增长和经济的大发展,使城市中心区有了再开发的客观需要,于是在 60 年代对这一地区的主要街道进行了全面的再开发,到 1978 年基本完成。这期间,拓宽了街道,两侧新建 10 层左右的各类建筑,修建了 4 条地铁线从中心区通过,其中的 1 号线和 2 号线在荣地区相汇,围绕着换乘枢纽站建设了荣地下街,总面积 1.4 万平方米。广小路在 1935 年和 1978 年时的规模和两侧建筑物情况的比较见图 14-20。

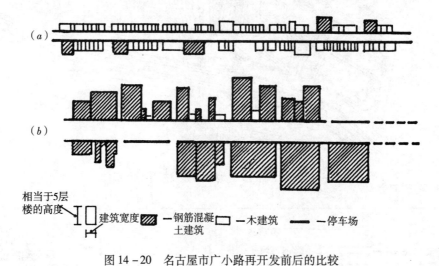

图 14-20　名古屋市广小路再开发前后的比较
(a) 1935 年时的情况;(b) 1978 年再开发后的情况

在名古屋市中心荣地区的街道再开发中,最成功的是久屋大道的立体化再开发。久屋大道本来是与广小路相似的街道,街心原有一块废弃了的绿地,20 世纪 70 年代初进行了全面改造,将街道拓宽到 100 米,两侧各有人行道和 4 车线的车行道,中间是 70 米宽的绿化带,长度超过 1000 米,两端为树林,中间近 600 米长的一段建成一座大通公园(又称中央公园)。在公园的地下,建造了中央公园地下街。中央公园地下街在地铁换乘站与荣地下街相连通,两地下街的位置和附近街道的再开发规划见图 14-21。

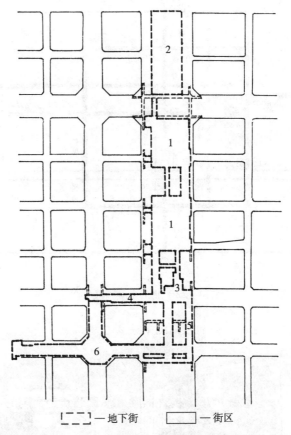

图 14-21 名古屋市"荣"地区地下街位置和街道再开发规划示意
1—中央公园地下街；2—中央公园地下街地下停车场；3—荣北地下街；4—荣地下街；5—荣东地下街；6—荣中南地下街

名古屋久屋大道的再开发和中央公园地下街的建设，不仅使两侧建筑物完全更新，而且由于地铁和地下步行道及地下街的吸引，使地面上的步行者通行量较前下降了 4/5，地面交通大为改善；同时，在喧闹的市中心，出现了一座大型公园和大片绿地，为居民提供一个良好的休息环境。可以认为，这些成就的取得，是充分发挥立体化再开发优势的结果，堪称城市中心区街道立体化再开发的范例。

(2) 北京金融街[17]

金融街南起复兴门内大街，北至阜城门内大街，西自西二环路，东邻太平桥大街，南北长约1700米，东西宽约600米，用地面积103公顷，总建筑面积318万平方米，其中地下建筑面积约80万平方米。金融街过去并不是一条街道，而是在大量拆除危旧平房后，由新建的几十幢金融机构大楼组成的一条金融街，分为南、北、中三段，目前正在由南向北建设中。

在金融街规划初期，曾考虑在街的西侧人行道和绿化带范围内建设地下商业街和地下停车场，并与街内的各高层建筑地下室连通，但结果并未实施，仅在中段核心地块（约31公顷）进行了地下空间开发利用规划，地面建筑面积101万平方米，地下建筑面积61万平方米，地下停车位7562个，金融街的区位图见图 14-22。

现有的地铁1号线与2号线的交汇点复兴门车站位于金融街的南端，规划中的12号和16号线将从街北部通过。地下交通系统分为地下行车、地下停车、换乘三个系统，设在地下二层的行车系统通过地下隧道将西二环路与太平桥大街连通，又与武定侯街、广宁伯街、金融大街三条区域干道相连，这样从地下空间可以到达金融街地区的每条交通干道，缓解了地面交通矛盾。此外，15个地块的地下停车场与地下行车主干道的连接处均设置了进出口，使地面车流量减少，交通顺畅。

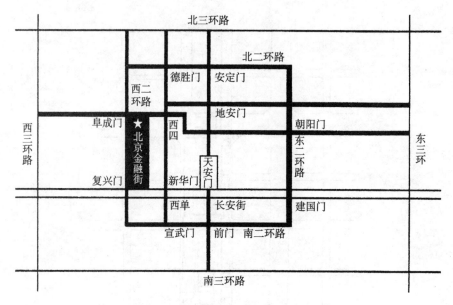

图 14-22　北京金融街区位图

金融街核心区地下一层、二层平面和剖面见图 14-23。

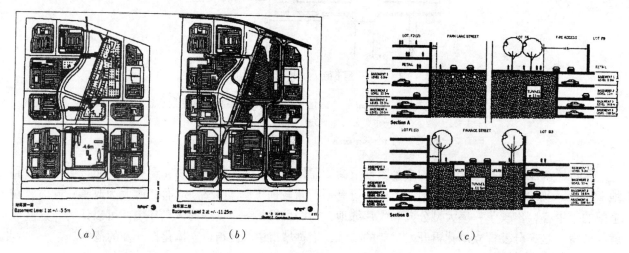

图 14-23　北京金融街核心区地下空间平面、剖面
(a) 地下一层平面；(b) 地下二层平面；(c) 剖面

14.3.3　重要交通枢纽所在地区

（1）日本东京东京站交通枢纽所在的八重洲地区

东京都有铁路始于1868年，一直到20世纪50年代，都是使用位于丸之内地区的车站。由于线路不断增多和"新干线"高速铁路的建设，原有的车站已不能满足铁路客运量增长的需要。20世纪60年代初，决定在丸之内车站的另一侧新建八重洲车站，作为主车站，定名为东京站，同时对两个车站附近地区进行立体化再开发，在八重洲大街拓宽后两侧为车行道，中间有街心花园，地下停车场的出入口和地下街的进、排气口都组织在花园中，沿街多为6~9层的高大建筑物，没有超高层建筑。东京站除新干线、山手线等铁路车站外，还有8条地铁线从附近通过，其中有4条线在大手町设站，3条在日比谷和银座有站，2条在日本桥有站。这些地铁车站一般都位于以东京站为中心的几十到几百米半径范围内，均由地下步行通道网互相连通，可在平面上或立体换乘，并经两条地下通道与东京站地下部分和八重洲地下街相接。此外，在地下街的二、三层有4号高速公路通过，车辆从地下就可进入公路两侧的公

用停车场，使地面上的车流量也有所减少，路上停车现象基本消除。这样，尽管东京站日客流量高达80～90万人，但站前广场和主要街道上交通秩序井然，步行与车行分离，行车顺畅，停车方便，环境清新，体现出现代大城市应有的风貌。

八重洲地下街分两期建成（1963～1965 年和 1966～1969 年），曾经是日本最大的地下街，总建筑面积 7.4 万平方米，地下三层。一层由 3 部分组成：车站建筑的地下室；站前广场下的地下街；从广场向前延伸的八重洲大街下约 150 米长的一段地下街（共有商店 215 家）。二层有两个地下停车场，总容量 570 辆车。地下三层为 4 号高速公路，高压变配电室和一些管、线廊道。分布在广场周边和街道人行道上的 23 个出入口，可使行人从地下穿越街道和广场进入车站；设在街道中央的地下停车场出入口，使车辆可以方便地进出而不影响其他车辆的正常行驶。

图 14-24 是八重洲地下街地面层平面、地下层平面和剖面图。

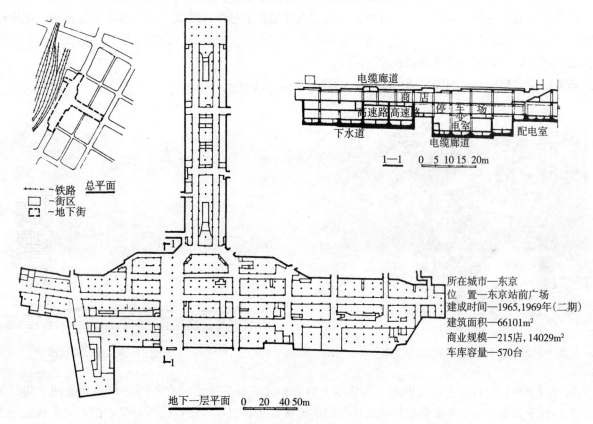

图 14-24　东京八重洲地下街总平面、地下一层平面及剖面图

（2）北京东直门交通枢纽所在的东华广场[10]

东直门综合交通枢纽暨东华广场商务区项目地处东直门立交桥北角，规划范围东起察慈小区西侧路，西至东二环路东直门外北大街，南起东直门外大街北侧，北至规划支路，项目规划占地约 15.4 公顷，其中建筑用地约 9.8 公顷，是一个集交通枢纽、办公、酒店、公寓、文化娱乐、商业、金融为一体的综合性大型建筑群，是典型的位于城市中心的综合客运交通枢纽。

东直门交通枢纽功能复杂，有六种交通方式在枢纽内进行换乘，即环线地铁（轨道交通 2 号线）、城市铁路（轨道交通 13 号线）、机场高速铁路（机场线）、出租车、市区及公交车、自行车。

东直门交通枢纽地区规划内容包括：公交枢纽站、至首都机场的轨道交通车站、绿化广场、写字楼、酒店、公寓、商场、会展中心、相应的车库和配套附属管理用房等。开发总建筑面积约 79 万平方米，枢纽总建筑面积约 7.3 万平方米。

交通枢纽区划分为几个部分：交通枢纽换乘大楼、公交站台/换乘区、管理用房、驻车区、地下停车库、地下自行车库和有关机电配套用房。整个交通枢纽区布置在项目基地南区，共设有 3 个主要出入口与周边道路相接。

东直门交通枢纽大楼各层的主要功能是：
- 二至七层：机场航站楼办公区。
- 首层夹层：公交和公交公安办公用房、枢纽配套管理服务用房、公交调度室。
- 首层：集散大厅、设备用房、配套设施、公交场站。
- 地下一层：地铁换乘区。
- 地下二层：地铁 13 号线站厅、小汽车停车场、枢纽配套停车场。
- 地下三层：机场快轨设备机房。
- 地下四层：机场快轨线起点站。

东直门交通枢纽地下一层的商场将所有其他建筑区域联系起来，形成一个平面地下连通网，把步行人流从地面以上的机场线车站、公交车站、出租车站、双塔楼、中庭式办公楼等区域联系在一起，地下空间的利用将各部分空间有效地衔接起来。

东直门交通枢纽总平面图见图 14-25，剖面示意图见图 14-26。

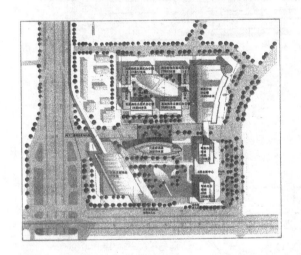

图 14-25　东直门交通枢纽总平面图

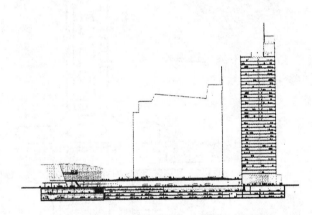

图 14-26　东直门交通枢纽剖面示意图

东直门交通枢纽目前正在建设中。从功能上看，如此多种交通形式在不同的平面和空间上实行换乘，是否过于复杂？对于不太熟悉换乘大楼布局的旅客，是否很难寻找自己所需换乘的车站？从规划上看，以交通功能为主的换乘大楼，建筑面积约 8 万平方米，但所在的东华广场，出于经济效益的考虑，规划了近 80 万平方米的以高层建筑为主的建筑物，这样广场地面及其附近的车流和人流必然数量很大，是否与交通换乘的人流和车流发生混杂，增加换乘的难度？这些问题虽可能在规划中已有考虑，但仍需要在今后使用过程中由实践来加以检验，希望这里所顾虑的问题不会发生。

14.3.4　主要城市节点处的地下综合体

（1）日本川崎市站前广场地下综合体

神奈川县是东京都所辖 7 个县之一，县内的川崎市是东京都市圈内的一座中等城市，规划人口 115 万，有东京至横滨等几条主要铁路和高速公路通过，是东京南的一个重要交通枢纽。车站地区在改造前相当拥挤，人车混杂和路边停车等现象相当严重，建筑物也多矮小陈旧。从 20 世纪 70 年代初期就开始划对这一地区实行再开发，由于 1974 年"基本方针"的制定，日本对地下街的建设采取了谨慎的态度，规划设计必须严格按有关规定执行，故经过近 10 年的筹备，才于 1981 年正式开工。地下街取名阿捷利亚，意为杜鹃花。

阿捷利亚地下街的建设是以站前地区交通改造为主要目的的城市再开发的组成部分，与新的国铁车站建筑以及周围的商业建筑、银行、办公楼等10层左右的新建筑统一规划设计，同时施工。站前广场南北长约250米，东西约130米，整个广场和广场前方街道的地下空间，开发为2层的地下街，有一部分地下步行道和进出车坡道深入到附近两条街道中去。广场正面有高架的京滨高速公路通过，两侧共设有公共汽车终始站站台5个，出租车站台2个，每个站台上各有2部楼梯通向地下街，出站人流可从地下街中的通道直接上到站台，从而比较好地解决了广场上的人车混杂问题。地下停车场的出入口布置在广场以外的两条街道中央，与两条京滨高速公路相衔接，使广场上的小汽车数量明显减少。

阿捷利亚地下街总建筑面积5.7万平方米，地下一层有公共步行道1.4万平方米，商店1.3万平方米；地下二层有公用停车场1.5万平方米、容量300台，还有机房等辅助用房约1.2万平方米。按照"基本方针"的规定，地下街不与周围地下室连通，故地下街主要出入口设在车站正门以外，旅客出站后经过一段很短的玻璃雨棚，即可从很宽的台阶（也可乘自动扶梯）下到地下街一层，到达一个面积1300平方米的地下广场。广场上方设有天窗，天然光线可直接照入广场，故名"阳光广场"。在广场两侧规则地分布着4条商业街，共有商店154家。在地下一层的左右两端，各有一条宽15米和13米的公共步行道，在步行道结束处形成几个小型的休息广场。在大台阶下设有防灾中心，其位置适中，使用煤气的20家饮食店集中布置在东侧4号街两侧，便于对煤气使用的监控，同时形成饮食一条街，方便顾客。地下二层主要为公用停车场，设2个出入口，车辆进入后沿环形车道进入停车位，单向行驶，可从出口到地面，也可继续行驶，从地下进入京滨第一或第二国道。在地下二层中还有各种机房、仓库、办公室、职工生活间等。

阿捷利亚地下街总投资448.8亿日元，其中工程费366亿日元，神奈川县和川崎市给予贷款144亿日元，从市政建设资金中拨出34亿日元，其余靠集资。据预测，从1986年开业起11年后开始盈利，20年后收回全部投资。

阿捷利亚地下街是日本20世纪80年代地下街建设的典型工程，日进出地下街的约有20万人次，年约6300万人次。车站地区的再开发和地下综合体的建设，呈现出现代城市空间整洁有序的崭新面貌，被当地人赞誉为21世纪川崎市的象征。图14-27为阿捷利亚地下街地下层平面、剖面图。

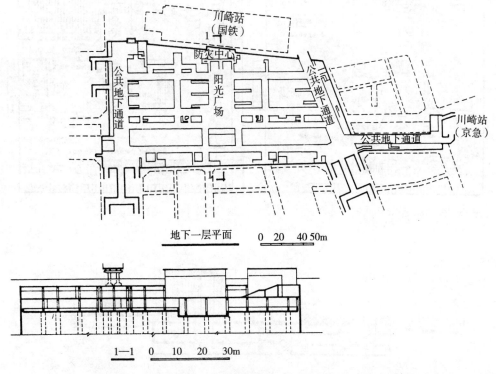

图14-27　川崎市站前广场阿捷利亚地下街地下层平面、剖面图

(2) 大连胜利广场地下综合体

大连胜利广场位于大连火车站南侧，所在地区是大连市的商业中心，高层建筑较多，建筑密度较大，交通比较拥挤。原来并无广场，再开发后形成一个广场，面积 2.7 万平方米，广场下兴建了目前全国最大的地下综合体，有商业、餐饮、娱乐、停车等多种功能。

地下综合体共有 4 层停车场和 3 层商业空间，总建筑面积 12 万平方米，地面上还有 2 座各 1 万平方米的塔楼。地下空间的开发充满整个用地面积，还有部分夹层和地下过街道延伸到了地铁周边的街道之下，地下空间的开发是非常充分的。地下各层平面和剖面见图 14-28。

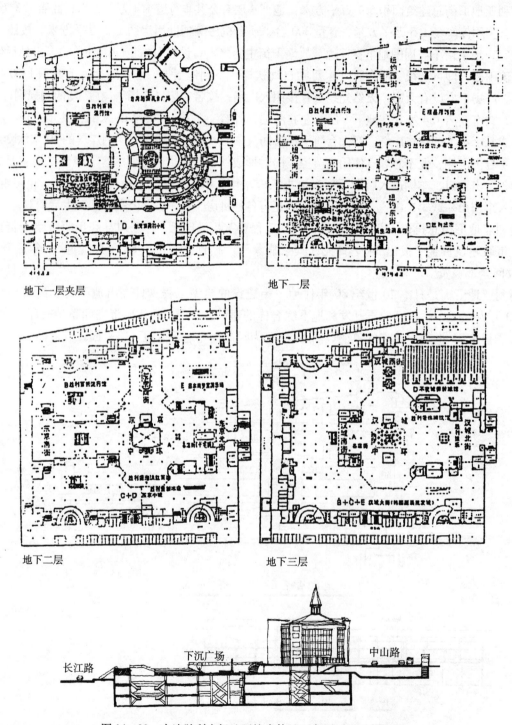

图 14-28　大连胜利广场地下综合体地下各层平面及剖面图

四通八达的地下过街通道使人们可以方便地进出地下空间，客源十分涌跃。广场上设有许多带遮阳伞的茶座，使环境更加舒适宜人。顶部的下沉广场，除作为地下空间的主要出入口外，还利用与地面的高差做成阶梯，兼做露天演出时的看台。这种良好的购物环境，吸引大量市民前来休闲、购物，已成为大连市内最受欢迎的公共活动场所之一。

第15章 城市广场、绿地地下空间规划

15.1 广场、绿地存在的问题与发展趋向

15.1.1 广场的城市功能

城市广场（city square）是由城市中的建筑物、道路或绿化带围合而成的开敞空间，是城市居民社会活动的中心，是城市空间体系的重要组成部分。广场能够体现出城市的历史风貌、艺术形象和时代特色，有的甚至成为城市的标志和象征。

中国封建社会的城市比较封闭，居民很少公共活动，没有对广场的社会需求，只是在商业、贸易的中心地带，可能有一块较大的空地，称为"市"，也还未形成广场。因此中国的广场文化和思想观念不如西方有些国家丰富和开放。

近代和现代的城市广场，在功能上和形式上都有所发展，除原有功能外，增加了政治活动、交通集散、文化休息等内容，形式上也更加开放和多样，主要可归纳为两大类型，即公共活动广场和交通集散广场。此外，广场在数量和位置上也有发展，在一条城市主干道上，就可能有大小不同、功能不同的几个广场，形成一个城市空间序列；又如，广场虽多集中在市中心区，但在其他地区，像大型居住区、旅游区等的中心地带，都可能形成一个公共活动广场。

现代的城市生活，对广场不断提出新的要求，从当前情况和发展趋向看，首先，要求城市广场功能更加多样化，能适应多种活动的需要，我国的一些城市广场，在上世纪六七十年代主要用于大规模的政治集会、游行。这种广场虽大，但空旷、单调，与现代丰富的城市生活很不相称。其次，要求加强广场的公共性，能吸引更多的城市居民参加各种活动，提高广场的使用效率，同时每个广场又具有自己的特色（即所谓"个性"），避免千篇一律。第三个要求是广场上感到安全、轻松，这也是增强广场吸引力的一个前提。最后，城市广场应具有与其性质和地位相适应的规模，恰当的尺度，丰富的景观和良好的服务设施，创造完美的建筑艺术形象，使人感到舒适、亲切。这样一些要求，对于很多过去形成的城市广场来说是较难全面满足的，因此就有一个在条件成熟时对原有广场加以改造，实行再开发的问题，这对城市中心区的再开发，对于整个城市面貌的改观，都有重要的意义。

15.1.2 城市广场、绿地建设和使用中的问题

虽然近年来我国许多城市在广场绿地的建设方面已经取得了一定的成绩，然而在这方面也还存在很多需要解决的问题。

首先，随着我国城市化的发展和经济的快速增长，大部分城市的规模和建设强度都有了较快的发展，但是城市广场、绿地的拥有量还很低，远不能满足城市生态、环境和市民生活对广场、绿地日益增长的需要。城市广场、绿地在城市中显得非常稀少和珍贵，在数量和规模上还不能充分满足城市生活的需要。城市绿化率近年虽有较大的提高，但与发达国家绿化水平高的大城市比还有很大差距。

其次，长期以来，广场、绿地虽然具有较好的社会效益和环境效益，还能提升周边地区的经济效益，改善城市的旅游环境，但是其自身却很少创造直接的经济效益。这使得对于土地价值高、开发强度大，各种城市矛盾集中的城市中心地区来讲，保留乃至开辟新的广场、绿地代价巨大。虽然在城市绿化上投入了很大的力量，但是许多城市中的已有绿地还是在逐渐被蚕食，而开辟新绿地的工作则举步维

艰。城市规划部门为了达到城市绿化覆盖率的要求，不得不"见缝插针"，很难开辟出一定规模的绿地，形成了建设活动与城市绿化争地的局面。

第三，城市广场普遍功能单一，不能满足人们多样化的需求，对市民的吸引力不足，因此经常光顾的多是前来锻炼的老人和进行户外活动的儿童。本来应该成为公众活动中心和"城市客厅"的广场，没有起到应有的作用，大大降低了广场的社会效益。

第四，许多广场上的配套服务设施都比较缺乏，往往不能满足人们的基本需要，给使用带来很大不便。而那些修建在地面上的小卖店、摊点、厕所等服务设施与环境格格不入，往往对环境产生负面的影响，成为景观设计师们的最难处理的内容。

第五，广场和绿地往往同时存在，互为依托，但是现在许多城市广场都存在绿化不足的问题，例如：城市中心广场过去往往具有很强的政治性，这类广场面积普遍较大，而且为了适应大规模群众活动的需要，广场以硬质地面为主，绿地很少，往往显得空旷单调。近年来，集会、游行等活动已经较少举行，而广场空间由于服务设施与绿化不足、尺度过大，缺乏人性化设计，不能为人们提供良好的开敞活动空间，使用效率很低。实际上这些广场已成为巨大的城市空地，需要改造。其次，文化休息广场上活动内容单一，绿化和休息空间不足，空间过于平淡，不能为人们提供环境良好、内容丰富多彩的游憩活动空间。再如，火车站前广场是以交通功能为主的广场，需要处理好人流和车辆的集散和车辆停放问题。但是许多这类广场不能有效地组织各种交通，使得车站运转的效率受到很大限制，也给进、出站和候车的旅客造成很大不便。

15.1.3 城市广场、绿地的发展趋向

现代城市当中，广场、绿地同属于城市开敞空间的一部分。在城市生活中，都具有环境、景观方面的作用，同时为人们提供了公共和半公共的活动空间。但是广场和绿地又具有各自的特点，广场以硬质地面为主，其环境多以建筑和其他人工要素构成，主要满足人们公共活动的需要，人流量大；绿地内主要是种植了花草树木的绿化空间，还包括一些水面，其环境要素以自然元素为主，其功能在于美化环境、改善生态、提供游憩空间等方面，人流量不宜过大。

现代城市广场和绿地在功能和形态上出现了交叉与融合的趋势。

早期的城市广场地面一般为满铺的硬质地面。由于广场规模较小，功能单一，广场上一般没有引入绿化。西方工业革命以前的城市广场和我国的传统广场都是如此。随着现代城市的发展，城市环境恶化，人们对环境、生态日渐重视，广场功能也更趋多样化，传统的完全硬质地面的广场已不能适应需要，绿地被逐渐引入城市广场。

缺乏绿化的广场一般景观比较单一，缺乏生机，对市民的吸引力会大大减退。对于较大型的广场，如果没有适当的绿化，广场的气候环境也可能是严酷的。

绿化在改善广场环境、景观、生态方面具有重要意义，现在已经成为城市广场中不可缺少的元素。如今，许多广场都在按照"绿化广场"的思路设计，一些广场的形态已经接近开放式的公园。广场绿化的发展是与城市生活需求多样化以及城市环境、生态问题日益受到重视相适应的。

现在国内的广场绿化多为草地与低矮灌木，这是与广场开阔的空间形象相适应的。但是草地与灌木在环境效益与生态效益方面不如树木，草地还需要大量用水。在一些广场的设计中已经注意到了这一点，在广场中种植了树木，利用它们提高广场绿化的环境与生态效益水平。树木在一定程度上还能改善广场的景观与围合条件，并提供较为隐蔽的活动空间。

大连人民广场是一个巨大的城市中心广场，占地9.8公顷。为了景观的需要，广场上安排了大面积的草坪。但是过于开阔的广场上几乎没有任何遮阳的空间，也缺乏基本的服务设施，所以不适宜步行活动，而只能满足景观的需要。上海人民广场是一个以绿化为主的城市广场，而且草坪与树木相结合，绿化率较高，形成良好的生态效益和环境效益。

城市绿地对环境、景观、生态功能并重，同时带有一定的游憩功能，使身居城市的人们能够接近自然。随着城市的现代化、生活的多样化发展，以及城市空间公共性与开放性的提高，绿地也获得了公共空间的性质。这促使人们在绿地中开辟出适当面积的硬质地面空间，以满足人们公共活动的需要。

综上所述，现代城市广场与公共绿地互相融合的趋向十分明显，因此建设充分绿化的广场和有供人们活动空间的绿地，对于城市生活质量的提高，生态环境的改善，以及树立现代化大都市的良好形象，都有很重要的意义。本章正是考虑到这种趋向，将城市广场、绿地的地下空间开发利用问题，统一起来论述。

15.2 开发利用城市广场、绿地地下空间的目的与作用

地下空间在与城市地面空间相结合，解决城市亟待解决的诸多矛盾，提高城市集约化水平等方面，为城市内部更新改造提供了巨大的空间潜力。作为城市矛盾最为集中的中心地区，广场、绿地也就成为旧城改造更新的热点，其地下空间的开发往往成为一个城市地下空间开发利用的典型和最高水平的代表。

广场、绿地是城市中没有被建筑物占据的开敞空间，由于上部没有建筑物，因此对已有的广场、绿地地下空间的开发不需要为拆迁付出巨大的代价，可以大幅度降低地下建筑的造价，而且在空间布局和使用上也更为灵活。另外，还可以与地面的自然环境之间建立较为直接的联系，从而可以较大幅度提高地下空间中的环境质量和改善人们的心理感受，改善内部的方向感。因此可以说广场、绿地的地下空间具有更低的开发成本，更灵活的开发方式，更好的开发效益，是一种具有很高开发价值的地下空间资源，其开发的目的与作用可以概括为以下八个方面。

15.2.1 扩大城市空间容量，提高土地利用价值

城市的立体化发展是在多个不同的水平层面上创造城市空间，并通过垂直交通系统将它们联系起来。广场、绿地的立体化再开发是在地面、地下两个层面上利用了城市土地，无疑在很大程度上拓展了这一地段的空间容量，提高了城市土地的使用效率，实现了土地更高的使用价值。

城市的立体化开发，一般都是从城市中心地区开始，高强度的开发与土地的高价值是相一致的。中心区城市广场、绿地的立体化开发提高了土地的开发强度，在本质上是符合"聚集"这一城市发展客观规律的。付出较大代价在中心区开辟的绿地，虽然在改善城市生态、环境、景观等方面具有非常重要的意义，表面上看土地使用价值没有充分发挥，但对周边土地具有很大的升值作用。如果同时开发其地下空间，则可实现更好的经济效益和社会效益。

从城市广场、绿地等开敞空间在城市中的重要意义及其稀缺程度上来讲，可以认为城市开敞空间也是一种与城市生活息息相关的空间资源。如果城市开敞空间被建筑物和道路完全占据，就会造成环境、生态、气候的严重恶化。所以城市广场、绿地、步行街等，在地面上主要作为城市绿地和市民户外活动空间。一些不需要阳光与开敞空间的功能，可以安排在地下空间中，如商业、展览、停车、贮藏等，另一些功能经过妥善处理，也可安排在地下，如餐饮、娱乐、运动等。通过广场、绿地立体化的开发，就可以优化城市开敞空间资源与阳光资源的配置，创造更高的使用价值。

法国巴黎的列·阿莱（Les Halles）广场的立体化再开发过程中，在地下建成了面积超过20万平方米的地下空间，使环境容量提高7~8倍，而地面上开辟的以绿地为主的步行广场则成为一个文化、休息活动的中心。1999年，位于北京西单十字路口东北侧占地约1.5公顷的西单文化广场的建成，使这一地区获得了一个难得的文化休息广场，同时也提高了城市的景观质量，改善了城市环境，使得周边地区商场的效益也有了显著提高。广场地下开发有3.9万平方米的商业、娱乐空间，使得这一地段土地非常高的开发价值和应有的开发强度得以实现，创造了良好的经济效益和社会效益。

15.2.2 实现城市地面与地下空间的协调发展

现代城市空间是一个由上部、下部空间共同组成并协调运转的空间有机体，上、下部空间之间的关系是互相影响、互相制约、互相促进的。在城市广场、绿地的地下空间开发当中，上、下部空间也存在这种关系。

城市广场是城市中的重要节点，它的存在对所在地区的城市功能和市民的生活有较大的影响。一般来讲，广场的性质决定了这里是一个步行化的公共活动空间，需要有良好的空间环境质量、完善的服务设施和较强的主题或文化内涵，而且随着广场性质的不同，对环境还有更进一步的要求。广场的用地性质对整个所在地块起着主导的作用，同时可以促进广场周边地区的繁荣。而广场的地下空间则应该对广场的空间环境、活动内容、主题、内涵等起补充和完善的作用。只有与地面的用地性质相适应，地下空间的开发才能成为广场环境的有机组成部分，这种开发才是合理和高效的。

然而，地下空间在广场上并非总是处于从属地位，特别是达到一定规模时，在地下空间中完全可以形成相对独立的、较完善的功能体系，包括大型的商业、娱乐、文化设施等，成为城市空间中重要的组成部分。例如济南泉城广场地下的"银座商城"和西安钟鼓楼广场地下的"世纪金花"，都已经成为城市中心区最受欢迎的商业设施，每天接待大量顾客前来购物，创造着良好的经济效益和社会效益。

广场的地下空间还可以反过来影响地面广场，而且随着地下空间规模的扩大，以及与地面广场联系的加强，这种反作用就更大。当地下空间与地面广场在功能、规模、环境质量、空间上的联系等方面相协调时，地下空间可以对地面广场起到很好的补充和完善作用，达到地面、地下共同的繁荣；如果不能够协调发展，则可能对广场环境造成不利的影响。

城市绿地是环境、景观、游憩功能并重的，城市中心地区开发强度高，人口密度大，对绿地有迫切的需求。然而由于中心区土地价值高，开发效益非常好，所以人们往往受经济利益的驱使，在几乎所有地块都进行高强度的开发。从城市聚集效应的原理来看，这种高强度的开发是符合城市发展客观规律的，是一种趋势。在这种情况下如何增加中心区的绿地，改善这一地区的城市空间环境与生态环境，为人们提供宜人的居住、工作、休息空间，就成为摆在城市规划工作者和城市居民面前的重要问题。

在城市中心区引入地下空间以后，就可以将一部分的土地开发强度转到地下，而留出一定的地面作为城市绿化空间，从而带动绿地的建设。实践证明，这是一种行之有效的解决在城市中心区开辟绿地与实现土地价值之间矛盾的方法。

在城市再开发过程中，可以拆除一些与城市发展不相适应的建筑，开发利用这些地块的地下空间，而将地面开辟为城市绿地，这样不仅保证了城市功能所需的建筑面积，还额外增加了广场、绿地等急需的开敞空间。上海静安寺广场就是这样一个实例，通过再开发，使城市绿地增加了5000平方米。

15.2.3 完善广场、绿地的城市功能

城市广场是城市中公共活动最发达的地方。广场上大量的市民和旅游者在此交往、游憩、体验城市的历史文化与风土人情，自然就需要配套的服务设施。然而许多城市广场为了保持良好的广场景观，不得不将那些难以与广场环境相协调的商亭、治安亭、厕所等排除在广场之外；同时在遇到恶劣天气时，人们无处躲避，这些都在很大程度上降低了广场环境的舒适性。北京天安门广场在这些功能上的缺陷，就是当前天安门广场使用中的一个突出问题。

开发利用广场地下空间之后，地下公共设施中的配套服务设施就可以兼顾广场地面的需要，而地下的商业与餐饮业也可以提供比小商亭更好的服务。人们在地面上活动感到疲乏后，可以到地下舒适宜人的空间中休息，在遇到地面刮风、下雨、严寒、酷暑等恶劣天气的时候，也可在不受其影响的舒适的地下空间中活动。可以说，一个成功地开发了地下空间的广场，就如同一个平台或甲板，广场地面、地下的设施围绕人的行为展开，人们在广场上的活动获得了更好的支持，环境更为人性化，也就更富魅力，

更有活力。

广场的地下空间开发达到一定规模时，可以在广场地下安排大量与广场地面相关的功能，诸如商业、娱乐、餐饮、文化、运动、停车等等。这些功能不仅可以满足人们对广场活动多样化的需要，是对广场地面功能的完善与补充，丰富了广场活动的内容，而且反过来促进了广场价值和使用频率的提高。另外，多层次的空间可以满足人们从公共活动到较隐蔽的交往的需要，更好地为市民生活服务。广场地面是深受市民喜爱的环境优美、文化品位高的户外公共活动空间，广场地下丰富多彩的内容则满足人们的多种需求，这样，地面广场与地下空间相得益彰、互相促进、共同繁荣。

北京西单文化广场是位于商业中心区的一处文化休息广场，吸引大量人流前来活动。广场上下沉广场的设计结合了表演空间，成为一些自发活动表演的舞台。广场地下的商业、运动、娱乐和餐饮设施也吸引了大量客流，促进了广场的繁荣。为市民和游客提供了难得的休闲、文化、娱乐场所。

对于城市绿地来讲，也存在提供为人们游憩活动服务的配套设施和对功能进行完善和适当拓展的问题。绿地中不宜进行广场上那样丰富的活动，但是仍然可以在地下安排一些娱乐、餐饮设施，作为绿地游憩功能的拓展。

城市广场、绿地的地下空间开发应遵循"人在地上，物在地下"、"人的长时间活动在地上，短时间活动在地下"、"人在地上，车在地下"等基本原则。

15.2.4 塑造良好的城市空间环境

城市空间环境质量是城市环境的重要方面，所以保护城市已经形成的良好的空间环境和通过城市再开发，对原有城市空间环境进行调整，具有重要的意义。对于统一规划的新建城区，则更需要进行城市空间环境的城市设计。适度开发地下空间，可以为城市空间环境的处理提供更多的可能性和更大的自由度，对良好的城市空间环境的形成和保护有十分积极的作用。

大面积的平坦、开阔的广场会使人感到枯燥乏味。作为城市公共活动的中心，广场要求具有良好的适合于公共活动的空间环境。现代城市广场的设计中利用空间形态的变化，通过垂直交通系统将不同水平层面的活动场所串联为整体，打破了以往只在一个平面上活动的传统概念，上升、下沉和地面层相互穿插组合，构成了一幅既有仰视又有俯瞰的垂直景观，与平面型广场相比较，更具有点、线、面相结合，以及层次性和戏剧性的特点。这种立体空间广场可以提供相对安静舒适的环境，又可以充分利用空间变化，获得丰富活泼的城市景观。

下沉广场是联系上、下部空间的有效手法。与其他出入口形式相比，下沉广场具有不遮挡视线，对地面景观影响小，且与地面活动结合紧密的优点，非常适合于在广场上使用。但是由于下沉广场要占用一定的地下空间，用地紧张时不宜过多采用。一般来讲，下沉广场有如下的作用：

（1）作为地下空间的出入口。下沉广场可以让人们从室外水平地进入地下空间，从而消除了经楼梯向下进入地下空间时对心理的消极影响，因此下沉广场一般都作为地下空间的主要出入口。

（2）将自然光线引入地下空间。下沉广场起到了采光天井的作用，因此地下空间一般都尽量与下沉广场保持通透，这对于防灾疏散也是有利的。

（3）形成宁静的空间环境。下沉广场一般都具有良好的围合与宜人的尺度，可以形成庭院式较宁静的空间环境，与广场、绿地地面开阔的环境形成对比与补充。

（4）增加广场的空间层次，改善广场的围合。济南泉城广场中央的下沉广场，正对着地面高达38米的标志性雕塑"泉"，使得人们在下沉广场中感受到的"泉"具有一种上升感。泉城广场北侧下沉的滨河通廊则是一处富有魅力的亲水空间，提供了尺度宜人和富有生活气息的休憩场所。西安钟鼓楼广场也使用了下沉的手法，人们在下沉广场上看到的钟楼形象更为高大，提供了以往没有的视角。

城市绿地是城市生态系统的重要组成部分，因此，绿地的地下空间开发也应考虑其与城市生态系统的密切关系。高度城市化对城市生态系统造成了巨大的压力，故保护城市生态系统、改善城市生态环境的工作刻不容缓，因此，保障广场、绿地的生态作用的发挥应当作为开发利用其地下空间的一个基本的原则。

从广义上讲，城市不应只是人类生存、活动的空间，还应当是许多其他生物生存的空间，从而成为具有良好生态环境的人类与各种生物和谐相处的系统。所谓生态方面的矛盾，就是人类的建设活动与动植物的生存在有限的城市空间中的冲突。各种生物的生存需要的是有阳光、空气、降水、土壤的地面空间，而城市中一些功能，如交通、市政基础设施以及人们的短时间活动则可以在地下空间人工环境中进行。地下空间的开发拓展了城市空间，提高了绿化率，实际上也是对生物生存空间的拓展，对城市生态环境的改善。

15.2.5 改善城市交通

城市地下空间创造了另一个层面的城市空间，在人车分流、立体化解决城市交通问题方面具有巨大的潜力。一般可以采用地下车行或者地下步行方式，还可以与高架系统相结合，建立立体化交通系统。城市广场、绿地虽然只是城市的局部地段，但是交通功能在其地下空间中步行化的公共活动空间与周边的地下商业街、地下过街道、建筑物地下公共空间等相连接，可以形成地下步行系统，实现人车分流，提高广场的可达性。

单一的地下步行交通空间对公众吸引力较差，而且不便于管理。北京天安门广场等处的地下过街道就存在这类问题。因此可以与其他城市功能相结合，如地下商业街等，以创造良好的气氛和防止犯罪的发生，同时创造良好的经济效益。

广场、绿地的地下空间可以与地铁车站建立良好的连接，解决广场、绿地及其地下空间大量人流的集散问题，促进其繁荣。以交通为主要功能的广场，如车站前广场、交通枢纽广场等，应该围绕交通功能来组织地面、地下空间，更好地疏导人流、车流和组织换乘。地下设有地铁车站的广场、绿地，在地铁站周边的地下空间和地面的广场都要担负起人流集散的功能，地下空间在功能和形态上也需要与地铁车站相结合。

在广场、绿地的地下设置停车库，为广场、绿地中的公共活动和地下空间提供配套的停车空间，同时也可以解决周边地区的静态交通问题。地下停车场实际上是车行与步行的换乘空间，应该注意与步行空间的连接，方便人们进出车库。

北京市结合近年西直门外大街的改造，在北京展览馆南广场地下开发了三层地下空间，共计41800平方米，目前已基本建成。这一项目地下二层和三层为3900平方米的自行车库和22700平方米的汽车停车场，同时出于提高经济效益和方便广场使用的目的，在地下一层安排了商业空间，安排中、高档商业。广场地面为一个以种树为主的绿化广场。这个项目是北京第一个以停车为主要功能的工程，在地下停车场、商业与地面绿地相结合方面做出了有益的尝试。

15.2.6 缓解历史文化名城保护与发展的矛盾

在北京历史文化名城保护规划中，除了保护古城传统的格局、中轴线、园林水系、城市空间特色和重要文物古迹以外，还划定了25片历史文化保护区，将具有传统风貌和民族特色的历史地段划定为历史文化保护区加以保护。

城市历史地段与自然景观往往经过了长时间的发展与演变，形成了较为完整的格局。由于历史状态的保存与延续，在城市现代化进程中，这部分城市空间表现出开发强度低、配套设施与基础设施不足、交通不便等问题，旧城风貌需要保护，基础设施更新困难，环境质量和发展能力开始不适应城市发展的需要。同时，由于北京城区中缺少广场和公共绿地。在旧城的保护与改造中，应当利用这一难得的机遇，拆除一些没有保留价值的建筑，适当开辟广场、绿地，以满足现代城市发展中在城市公共活动、景观、生态环境、城市防灾等方面的需要。同时应充分开发利用其地下空间，安排发展所必需而现状又缺乏的各种功能。这可以说是一种充分利用土地，综合解决历史名城保护与发展矛盾的有效方法。

西安钟鼓楼广场位于古城西安中心，与两座 14 世纪的古建筑——钟楼和鼓楼相邻。广场建设时拆除了场地上原有的破旧民房和一些传统商业，地面开辟为老城中一处难得的绿化广场。广场将钟楼和鼓楼在空间上联系在一起，同时注重了场所的历史文化内涵的发掘，在下沉广场、下沉通廊、采光顶等的处理上，都力图使钟楼和鼓楼的风采得以更好的展现，再加上广场北侧的仿古建筑，使广场成为一个集中展示古城历史内涵和地方特色的场所。

15.2.7 补偿广场、绿地部分建设和管理费用

城市广场、绿地是城市中的公共用地，一般由政府投资建设，而地下空间中的商业、娱乐、停车等设施往往具有私营的性质，因此广场、绿地与地下空间复合开发与运营一般涉及到政府和企业两个方面。建设和维护城市广场、绿地对于政府来说是一项重要职责，如果能够引入民间投资，就可以减轻政府的负担，促进广场、绿地的建设和维护。

北京 2001 年 9 月建成开放的皇城根公园总面积 7.5 公顷，整个工程费用 8 亿元，其中拆迁资金达 5.6 亿元。皇城根公园造价超过 1 万元/平方米，如此高昂的代价，可以说不是每个城市都负担得起。

假设在北京旧城区内一块 1 公顷的用地，开发 3 层地下空间，地面建成公共绿地，则可获得建筑面积 3 万平方米和一个 1 公顷的集中绿地。如果将这一地块按照建筑密度 40% 建成地上 5 层、地下 2 层的建筑物，可获建筑面积 2.8 万平方米。两种情况下建筑面积相当，但是环境、生态和社会效益却有很大的差别。

济南泉城广场与地下空间的复合开发中，由政府投资 13 亿元（其中拆迁费用 8 亿元）完成了地面广场建设和地下空间的结构与粗装修，而由地下空间的租用者——银座商城完成地下空间的精装修。银座商城每年向政府交纳租金 2000 万元，而政府则每年从中拨款 1000 万元用于广场地面的运营维护费用。

西安钟鼓楼广场及地下的"世纪金花"商场是由西安市政府与金花企业（集团）股份有限公司合作开发，1995 年开始拆迁，1996 年 9 月地面广场建成向游人开放。1998 年 5 月地下工程竣工开始使用。工程总投资约 5 亿元人民币，其中金花集团投资 3 亿元。这一开发为解决西安地下空间开发中面临的瓶颈因素——经济问题积累了有益经验，是一个引入民间投资，进行广场、绿地与地下空间复合开发的成功实例。

15.2.8 加强城市综合防灾

在多种城市综合防灾措施中，充分调动城市空间的防灾潜力，为城市居民提供安全的防灾空间，是一项重要的内容。鉴于地下空间在防灾上的优势，应当成为防灾空间体系中的主体。

城市广场、绿地的地下空间有一定的防灾功能，这是对地下空间良好防灾特性的充分利用。地面的广场、绿地能够抗震、隔火，也具有一定的防灾功能。在灾害发生时，广场、绿地地上、地下的防灾功能可以相互补充，在地下空间中保留下来的城市功能可以为地面上避难的人群提供必要的支持。

15.3 城市广场、绿地地下空间利用规划

15.3.1 城市广场的再开发

在城市中心地区，广场与绿地的存在一般有两种情况，一种是原有的，规模不大，功能不全，需要扩建或改建；另一种是过去没有的，在城市再开发过程中新形成的。这两种再开发又都有易地新建、原地改建和原地重建等三种方式。

当传统的城市广场具有较高的保留价值时，尽管在许多方面已不适应现代城市的要求，但是只能在不损害传统风貌的前提下适当加以改造，例如增加一些基础设施等。如果传统广场与现代功能要求的差距较大，则应保全原广场，易地建设新广场。莫斯科的红场在沙俄时代是一个商业和宗教性的广场，十月革命后建造了列宁墓，成为政治性集会、游行的广场，赋予了新的功能，但对于广场的布局和建筑风格，并未产生消极的影响；同时为了满足城市发展的需要，在列宁山下另建了新的广场。当交通集散广场上的主要交通建筑需要易地新建时，则广场也必将随之新建，原广场与车站建筑可能经修复后保留，例如我国的上海市和沈阳市，主要铁路车站都实行了易地新建，于是在城市中就出现了新的站前交通集散广场。采用原地重建方式的广场也比较多，典型实例是北京的天安门广场。明、清时的天安门广场是王公大臣和外国使节等候上朝和召见的场所，是由天安门、大清门、长安左门和长安右门围合起来的一个T形广场，对于普通市民是一个禁区，民国后拆除了围墙，打通了东、西长安街。1959年进行了大规模的再开发，采取原地重建的方式，除天安门外，拆除了所有古代建筑，建成一个世界最大的，政治性和纪念性都很强的城市中心广场，成为首都的象征。在对待历史文化遗产和城市现代化要求之间的矛盾问题上，对天安门广场的再开发的得、失、功、过，长时期以来存在着不同的看法，需等待历史做出公正的结论。

城市广场的再开发方式还有另外一种含义，即包括平面上的拓展和空间上的立体化两种方式。天安门广场的再开发，主要是平面上的扩展，从原来的面积不足10公顷的狭长形广场，扩大成一个长800米，宽500米，面积40公顷的大型广场，通过新建的大型建筑物，重新实现对广场的围合。这种单纯的平面扩展，虽然满足了百万人集会的需要，但是在大量非集会时间内，广场的功能就过于单一，空间就显得离散，特别是缺乏必要的服务设施，使之不能充分发挥城市中心广场的应有作用。国内外的实践表明，对城市广场实行立体化的再开发，有利于扩大广场功能，节省用地，改善交通，并为城市增添现代化的气氛。城市广场是城市地下空间最容易开发的部分，因为拆迁量较小。由于广场周围建筑物的高度为了与广场空间保持适当的尺度而受到限制，容积率不可能很高，因此充分利用地下空间，使一部分广场功能地下化，例如商业、交通、服务、公用设施等，在地下空间中都比较适合，这样就可以在有限的空间内，容纳更多的功能，在地面上留出更多的步行空间供人们开展各种活动和充分绿化。同时，广场的空间层次将更为丰富，广场的建筑艺术效果得到加强，对城市居民和旅游者产生更大的吸引力。

城市广场、绿地的地下空间与地面的关系一般有三种：一是上部为建筑物，二是人工铺砌的硬地面，三是人工覆土并绿化后的绿地。其中第三种情况直接关系到广场、绿地建设的成败和对城市生态环境改善的程度，因此必须高度重视，采取必要的措施，保证达到良好的效果。在这方面，国内外已有不少成功经验可以借鉴。

目前在我国的各大城市对于新建建筑的绿化率作出了十分严格的规定，但是规定中对于人工覆土植被绿化的覆土厚度要求很高，让建筑师和业主望而却步，比如北京市园林部门规定人工覆土在3.0米以上的才可以被认可为绿化用地。

在目前很多城市公共地下设施的表面覆土只有0.4~0.8米的情况下，如此高的标准限制了人工地面覆土植被的发展，也限制了人工覆土植被在地下空间，特别是城市地下公共空间地表的应用。在这个问题上，强求统一是有困难的，因此在规划设计时，可以采取一些灵活的处理手法。一般来看，大型绿地如果没有广场功能，是没有必要使地下空间充满整个地块的。如果在地下建筑顶部不安排乔木，而将乔木布置到没有地下顶板的位置，这一矛盾便较容易解决。例如，济南泉城广场的地下空间范围不到广场的一半，在地下商场顶部设置了一个大型喷泉，将以乔木为主的两片树林放在广场南部的东、西两侧，下面为正常土壤，这样就使覆土厚度的矛盾得到化解。

15.3.2 国内城市广场、绿地地下空间规划示例

(1) 上海人民广场

上海人民广场在旧中国是一座赌博性的跑马场,名为"跑马厅",建国后被废除,在东北侧建设了一个人民公园,南侧一直没有利用,成为一块空地,文革期间成为政治性集会广场。20世纪80年代后期开始进行广场的再开发规划,20世纪90年代初基本完成,成为上海市中心地区惟一的城市绿化休息广场,也是上海的政治文化中心。广场正北面是市府大厦,正南面是上海博物馆,形成主要轴线。中心广场以硬地喷泉为主,其余大部分为广场绿地,布局满足了旅游、休闲、交通和消防等多种功能。广场地面规划见图15-1。

人民广场的再开发,从一开始就确定了立体化的原则,使地上、地下空间得到协调发展。在广场西南部,规划了大型地下综合体,建筑面积5万平方米,地下一层为商场(现称迪美商城),二层为停车场。20世纪90年代初,上海地铁1号线在人民广场设站,为了把地下商场与地铁站连接起来,在二者之间规划了一条地下商业街(现称香港名店街)。在广场东南侧,因市中心供电的需要,布置了一座22万伏的大型地下变电站。为供水需要,在广场东北侧建了一座容积2万立方米的地下水库。地下一层平面见图15-2。

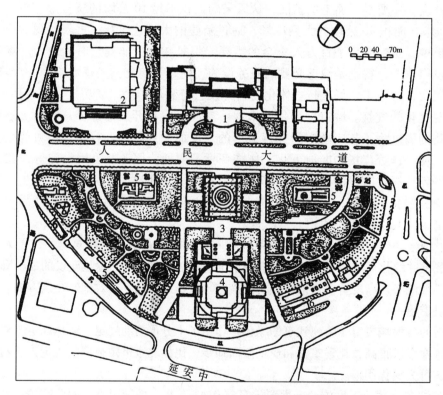

图15-1 上海人民广场地面规划总平面图
1—市政府;2—大剧院;3—喷水池;4—博物馆;5—下沉广场;6—地下停车场入口

(2) 济南泉城广场

济南泉城广场是一个结合旧城改造,于1999年建成的城市中心广场,位于济南老城区边缘,北侧紧靠护城河和环城公园,西侧正对趵突泉公园东门,向东则可远眺解放阁。广场所在地区交通便利,商业繁荣,在城市的历史文化、旅游、商业等方面均占有重要的地位。广场东西长780米,南北宽230米,面积达16.96公顷。广场地面主要供市民进行休闲、娱乐,还可以进行较大规模的集会、庆典活动,地下则开发有一层共47000平方米的地下空间,主要安排商业、餐饮、娱乐、停车等功能。

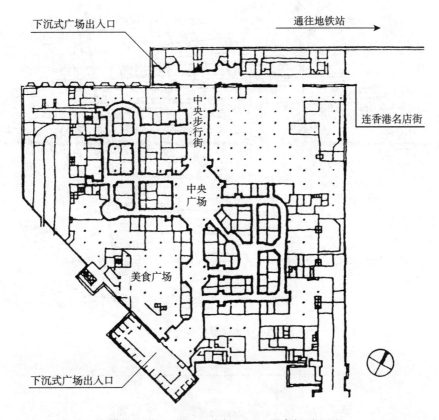

图 15-2　上海人民广场地下一层商场平面图

广场的设计以贯通趵突泉、解放阁的连线为主轴，以榜棚街和泺文路的连线为副轴线而构成框架，广场空间围绕主轴线对称布置，由西向东依次展开，安排了趵突泉广场、泉标广场、下沉广场、历史文化广场、荷花音乐喷泉等，形成一个空间序列。轴线东端是弧形的文化长廊，整合了广场东侧的景观，并将视线引向解放阁。主轴线上一系列小广场以硬质铺地为主，为公共活动提供了场地，而主轴线两侧则种植花草与树木，进行了较大面积的绿化。

广场北侧建有一个下沉的滨河广场，沿护城河展开，是一处亲水空间，除保留河岸栽植的垂柳外，岸边还设计了花坛、坐椅等，再现了"家家泉水、户户垂杨"的泉城胜景。广场总平面图见图 15-3。

广场的地下空间分为两部分：东面部分是广场地下空间的主体——"银座商城"，包括 30000 平方米的营业面积和 10000 平方米的停车场；广场西部还设有 7000 平方米的地下停车场。"银座商城"内部设有中高档商业、一座大型超市，以及一些快餐和娱乐空间。商城内部空间明亮、舒适，顾客川流不息，商业气氛浓厚，环境质量不亚于地面商场。在商城入口的处理上，设计者将主要入口设在滨河广场和广场中部的下沉广场内，使人们可以水平进入地下空间，改善了人们的心理感受。广场地下层平面、剖面见图 15-4。

泉城广场地面空间环境处理到位，手法多样，营造了丰富、热烈、富有浓郁文化气息和人性化的公共活动空间，深受济南市民和游客的喜爱。而地下的"银座商城"得益于地面广场与周边良好的商业氛围以及自身良好的购物环境，也获得了很大成功，现已成为济南市效益最好的商业设施之一，每天都吸引着大量顾客。

泉城广场中央的下沉广场是广场地下银座购物中心的主要入口，位于泉标（雕塑"泉"）的东侧，面积 2400 平方米。泉标与下沉广场一高一低，一起一伏，丰富了主轴线上的空间层次，增强了空间的感染力。下沉广场呈矩形，东西较长，内部宽高比大约 5∶1，显得较为开敞。西侧设有大台阶连接地面

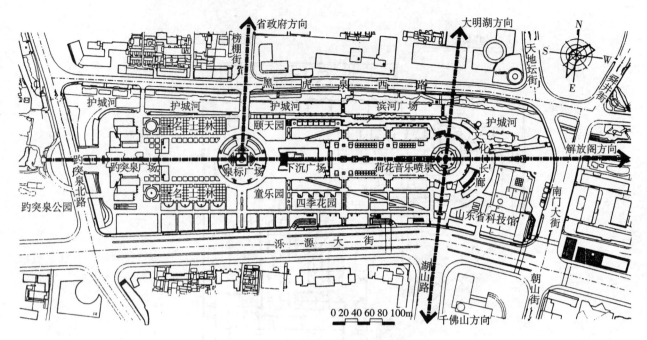

图 15-3 济南泉城广场总平面图

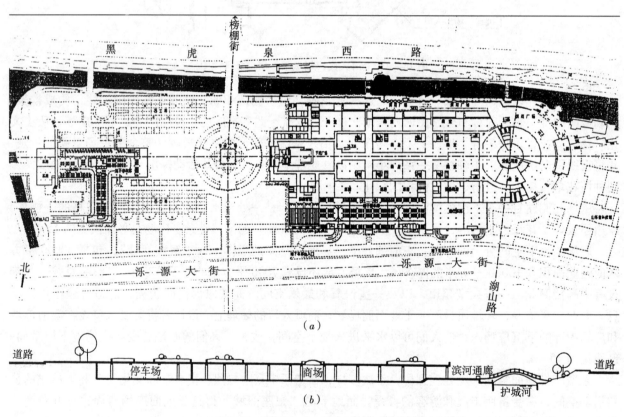

图 15-4 济南泉城广场地下层平面、剖面图
(a) 平面；(b) 剖面

与下沉广场内部，东侧为进入商场的入口。下沉广场内设有一圈柱廊，丰富了空间层次，并使得各立面显得较为通透。西侧的大台阶虽然正对购物中心的入口，但却没有一通到底，而是有所迂回，改变了进入下沉广场的节奏，更有趣味，同时也有利于增强下沉广场内的围合感。不足之处是内部绿化较少，环

境还不够宜人，人们较少在此停留。

泉城广场无论从规划设计还是使用状况来看，在功能的完善和广场与绿地的融合、地下空间的利用、改善城市形象等方面都是比较成功的。2001年申奥成功之夜，数以万计的市民聚集在广场上自发地进行欢庆活动，说明泉城广场已经比较好地起到城市中心广场的作用，对我国城市广场和地下综合体的建设提供了有益的经验。当然，如果当时能将广场周围的街道和建筑物共同实行立体化再开发，与广场取得空间上和风格上的统一，可能会得到更佳的效果。

(3) 大连奥林匹克广场

大连奥林匹克广场是在原有体育场前一块空地上开发的，建成一个体育为主题，兼有购物功能并充分绿化了的大型文化休息广场，深受市民欢迎，每日夜间或有体育比赛时活动内容更为丰富，结合地形变化布置的绿地，与广场融合在一起，使环境和景观都很富有吸引力。

大连奥林匹克广场的奥林匹克购物中心地下两层，中央设有一个100多米长，贯穿两层的大厅，与东西两个主要入口相连。大厅南北两侧设商店和超市。上层空间由横跨大厅的两座过街桥连接，并通过自动扶梯与底层相连，空间简洁明了，又不乏生动丰富。由于大厅贯穿两层，高度近10米，且延伸100多米，所以显得非常开阔、大气，完全消除了地下空间狭小、封闭的感觉。开发者虽然牺牲了近2000平方米的建筑面积，但换来了良好的空间环境，现在这里已经成为深受大连市民喜爱的购物场所，吸引不少远道来的顾客。

大连奥林匹克广场的总平面和地下购物中心平、剖面见图15-5和图15-6。

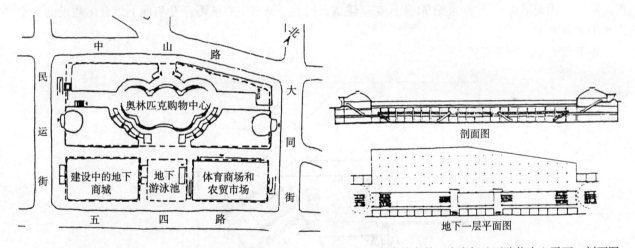

图15-5 大连奥林匹克广场地下空间布局示意图　　图15-6 大连奥林匹克广场地下购物中心平面、剖面图

15.3.3 国外城市广场、绿地地下空间规划示例

(1) 日本神户站前广场

神户是日本第五大城市，是背山面海的狭长形港口城市，开港已有120多年历史，中心区在城市的中部。根据神户市发展的总体规划，要对中心区进行再开发，建设3个带状区，分别称为中央都市轴（行政、业务区）、都心商业轴和神户文化轴。在3轴之间有发达的地面、地下和高架交通系统相互联系。在文化轴的南端沿海地带，有一个哈巴兰德地区，意为"港地"，原是一个铁路货场，面积17万平方米。规划决定废弃货场，建设一个全新的文化中心，其中计划在新干线铁路与阪神高速公路交汇处的三角形地段，开发一个哈巴兰德地下街，地面上形成一个广场，既能起交通集散作用，又是一个文化休息场所，体现出日本地下街的地面广场从单纯的交通功能向更加人文化发展的趋势。广场的再开发规划见图15-7。

哈巴兰德广场的地下空间开发更加灵活，更加开放，在总面积为1.1万平方米的地下街中，步行通道和广场约占一半，中央广场的面积达 3800 平方米，而商业设施仅有 2400 平方米，布置在地下广场的周围。沿跨越高速公路的两条宽 8 米的通道两侧墙面上，设计了一个 50 米长的水族廊。地下街共有 3 处玻璃屋顶，一个是从车站进入地下街的出入口；一个在中央广场上方，是拱形的可移动玻璃顶，天气好时可以敞开；另一个在地下街东侧，是专门为采光用的锥形玻璃顶。通过这几个玻璃屋顶和天窗，使地面上面积只有 1.3 万平方米的广场得以向地下空间延伸，形成一个统一的空间，在有限的空间内容纳更多的城市功能，创造舒适宜人的环境，体现城市高度的文化素质。

神户哈马兰德广场的立体化再开发和地下综合体的建设，不仅是为了缓解一些城市矛盾，而更多的是着眼于面向 21 世纪的未来，在城市历史文化背景下，结合海滨城市的特点，提出了建设"港、风、绿"城市的目标，并以现代最新技术加以实现。哈巴兰德地下街已于 20 世纪 90 年代初期建成，代表了城市中心区再开发和地下综合体建设的一个高水平和新方向。

地下街的平、剖面见图 15-8。

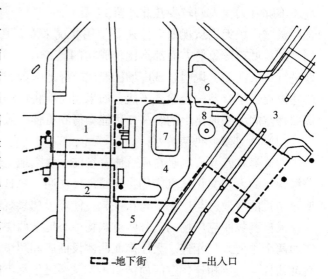

图 15-7　神户站前广场再开发规划示意图
1—国铁神户站；2—国铁神户站西口；3—阪神高速路；4—出租车停车场；5—小轿车停车场；6—大客车停车场；7—地下街可移动玻璃拱顶；8—地下街玻璃穹顶

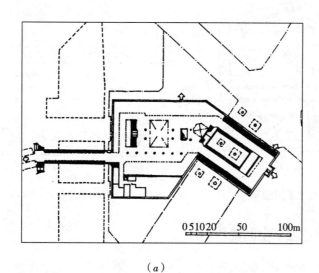

(a)

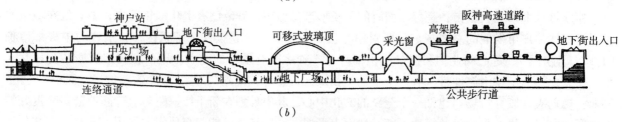

(b)

图 15-8　神户站前广场"哈巴兰德"地下街平面、剖面图
(a) 地下一层平面；(b) 剖面

(2) 瑞典斯德哥尔摩塞格尔广场

瑞典的斯德哥尔摩市南临波罗的海（Baltic Sea），由3块陆地和14个岛屿组成，用52座桥梁连接在一起，17世纪时成为首都，到1900年城市人口发展到30万人，1970年达到高峰（80万人），1980年以后逐渐减少到64万人，为全国人口的1/12。

在20世纪以前，斯德哥尔摩的中心区在皇宫附近的旧城，到19世纪末，劳尔·诺尔玛地区（Lower Norrmalm）的商业有较大发展，逐渐形成一个新的中心区，包括塞格尔广场和斯维瓦根（Sveavagen）和康斯加坦（Kungsgatan）等几条主要街道。第二次世界大战后迅速发展，汽车的增多使这一地区原有的较狭窄的街道上交通混乱。1946年制定了中心区再开发规划，沿主干道拆除一些破旧房屋，在斯维瓦根大街西侧建起5幢高18层的办公楼，还建1座百货公司大楼和斯堪的纳维亚银行大楼。这次再开发很快又不能满足中心区发展的需要，主要表现为交通状况的恶化和停车空间的缺乏，于是在1963年又制定了新的再开发规划，重点在于对交通实行立体化改造。

塞格尔广场的交通立体化改造主要有两个方面，一是结合第三条地铁线的建造，与第一、二两线相汇于中心区，在塞格尔广场的地下，形成一个三条地铁线路的大型换乘枢纽（当地人简称之为"T-Centre"），将大量公共交通客流转入地下，在地铁车站附近发展适当规模的商业，并在地下空间中建造几座大型地下停车库，总容量为2.5万台；二是通过在中心区周围大量设置停车库，限制小汽车进入中心区，进入的车辆则停放在地下停车库中，这样就使地面上大片地区做到步行化和人、车分流，在总面积为170公顷再开发区内，有80公顷地域内的街道实现了步行化，成为步行商业街。

广场的地面上，分为两个部分，东侧是一个椭圆形的交通岛（长轴44米，短轴40米），中间是一个直径为30米的大喷水池，池中央矗立一座由玻璃制成的多面、多棱体雕塑，因瑞典的玻璃制品闻名于世，这座雕塑成为国家和城市的一个象征，夜间用灯光照射，更为光彩夺目。广场东侧开辟一个面积约3500平方米下沉式广场，行人可通过楼梯和自动扶梯从街道上下到广场，周围都是商店和地铁站出入口，可将大量人流分散到地下空间中去。广场的地下部分为商场和地铁站集散大厅，在地面喷水池的正下方，是一个圆形餐厅，在喷水池底部设置了一圈圆形的采光窗，位置正在地下圆形餐厅周围大厅的顶部，使天然光线能通过水面照入地下大厅，在冬季很长的瑞典气候条件下，温暖明亮的地下世界成为受人欢迎的步行和商业活动场所。

塞格尔广场的再开发，是与整个中心区的再开发同时进行的，到1970年基本完成，耗资近百亿美元。作为斯德哥尔摩市的中心广场，交通得到比较彻底的改善，创造了高文化的现代城市生活气氛，成为城市的标志和象征，因此可以认为，对广场的立体化再开发是成功的，为大城市中心广场和地下综合体的建设提供了一个较成功实例。美中不足的是，广场地面以铺砌为主，基本上没有绿化，面积较大的下沉广场，因无绿化而显得单调。塞格尔广场的位置图和再开发的鸟瞰图见图15-9。

(3) 俄罗斯莫斯科加加林广场[36]

莫斯科加加林广场位于莫斯科的西南行政区，是重要的生活区、公共活动中心和交通枢纽。该区为高密度居住区、商贸和办公区，俄罗斯科学院主席团大楼也在该区。这里集中了城市主要的交通干道，其中有列宁大街、从安德列夫斯基桥到瓦维罗夫街的公路三环线、科瑟金街和瓦维罗夫街、十月革命60年大街以及地铁卡鲁斯柯-丽日卡沃半径线上的列宁大街站和计划修建的地铁线上的加加林广场站。与公路三环线平行的莫斯科铁路小环线，经电气化后可用作城轨客运，其地下停车站与地铁列宁大街站形成立体交叉。

公路隧道长1105米，其中894米为封闭部分，公路隧道由2个矩形的孔洞组成，每方向有4车道，侧部的出入口宽度7.5～8.5米。隧道里每车道宽3.75米，限高5.25米。每条隧道里净跨为18.6米，与出入口连接处的隧道净跨达32米。干道的最大纵向坡度为3%。

铁路隧道长925米，洞口邻近安德列夫斯基桥和瓦维罗夫街，它包含莫斯科铁路小环线的2条正线。隧道为矩形断面，高7.65米，区间宽11.6米，停车点范围宽16.8米。

为了方便乘客在现有列宁大街站和地铁车站之间换乘，以及与铁路地下停车站交叉点的换乘，建成

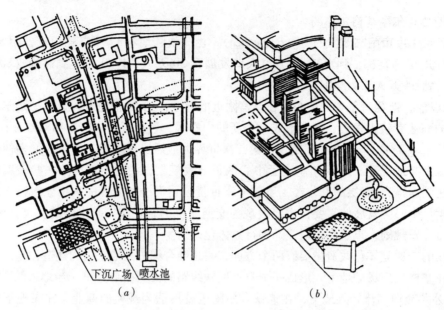

图 15-9 斯德哥尔摩市塞格尔广场
(a) 中心区再开发规划；(b) 中心区再开发后鸟瞰

了地下换乘枢纽。枢纽包括通往地面的出口通道，在公路隧道与铁路隧道下面的人行通道，地铁车站之间的联络通道，以及公路隧道下面的通道。

隧道上方，除修建立交枢纽外，还修建了步行区、绿化带和观景广场。在隧道及相邻区的上方计划修建地面建筑。

在公路隧道的上方瓦维罗夫街修建 3 层中心调度服务大楼，调度大楼的平台基础是支承在框架结构墙体上的梁-墙系统。这个具有平台的箱形结构的高度足以布设用于大楼工程服务的技术用房。大楼使用面积 3300 平方米，隧道安全运营管理部门都在此大楼内。

在运输建筑物上方计划修建的大楼还有：
- 设计面积 7000 平方米的 3 层影剧院，位于列宁大街与跨越列宁大街地铁站的桥跨结构之间的地段上；
- 面积超过 10000 平方米的 3 层购物中心，位于跨越地铁站的桥跨结构（隧道）的上方；
- 计划修建办公、商业、娱乐一体化设施。

加加林广场第一阶段建成的运输建筑物区域的总面积约为 80000 平方米，其中地下用房面积 65000 平方米，包括 620 个停车位。

在列宁大街地下空间，计划在枢纽范围内修建 2 层具有停车场的多功能中心，以及位于隧道之间的 3 层停车场。这些停车场共有 550 个停车位。

多功能中心总面积大约 22000 平方米。地下 2 层的下层有 260 个停车位，上层是购物、娱乐中心。多功能中心的建筑物是由立柱、梁板顶盖和底板组成的多跨框架空间结构，结构顶盖就是列宁大街的公路干道路面。

3 层停车场位于第二阶段修建的隧道之间的地下空间，具有 290 个停车位。

为了完全满足加加林广场区停车的需要，计划在十月革命 60 年大街地下干道区段，从与列宁大街立交处到瓦维罗夫街之间修建约有 850 个停车位的地下 3 层停车场。

加加林广场已建和待建的各种建筑物面积约 18 万平方米，还将建面积约 14 万平方米的地下建筑物和面积大于 70 万平方米的地上建筑物。

加加林广场的立体化改造，取得良好结果，主要表现为：

- 使所有汇集广场的公路干道各方向交通畅通，保证所需通过能力；
- 建立大型乘客换乘枢纽，实现地铁站、铁路车站、人行联络通道和到达公共交通停车站通道之间的换乘；
- 保证建筑物和紧邻该区正常的生态环境条件；
- 在运输建筑物的限界里修建地下、地上运输建筑物，并利用剩余空间修建综合设施和停车场。

加加林广场的典型剖面见图15-10，沿列宁大街纵剖面图和地下多功能中心横剖面见图15-11。

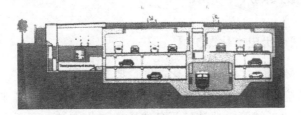

图 15-10　加加林广场的典型剖面图

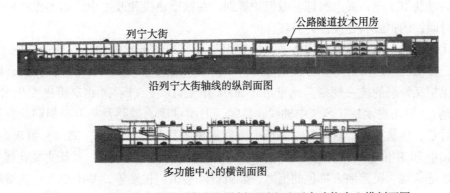

沿列宁大街轴线的纵剖面图

多功能中心的横剖面图

图 15-11　加加林广场沿列宁大街纵剖面图和地下多功能中心横剖面图

第 16 章 城市历史文化保护区地下空间规划

16.1 历史文化名城的保护与发展

16.1.1 历史文化名城与城市历史文化保护区

历史文化名城是指拥有较为丰富的历史文化遗产，拥有具有历史价值、艺术价值或科学价值的史迹、文物、古建筑，以及传统文化风貌的城市。欧洲的雅典、罗马、巴黎，非洲的开罗，亚洲的阿格拉（印度）、京都，北美洲的墨西哥城等，都是最著名的历史文化古城。有五千年历史的中华文化，为我国造就并留下上百座古城，其中曾为多朝都城的就有 8 座。到目前为止，中国国务院已分批正式公布了我国历史文化名城共 103 座，要求制订名城保护规划，在城市建设和改造中，切实保护好文化遗产和传统风貌，防止时间性的损毁和建设性的破坏。

对历史文化名城的保护，除从整体格局上做好保护规划外，更重要的是对分散在城中各处的文物、古迹、古建筑、古街区、古街道等，分别划分出"历史文化保护区"，加以保护，并结合城市建设的需要，制订出既保护又发展的统一规划。北京市于 2002 年制订并公布了《北京历史文化名城保护规划》以下简称《规划》，对历史水系、传统中轴线、皇城、旧城城廓、道路及街巷、胡同、建筑高度、城市景观线、街道对景、建筑色彩、古树名木等十个方面提出了具体保护要求。同时分批确定了 40 片历史文化保护区，其中 30 片位于旧城，总土地面积约 2617 公顷。《规划》指出："历史文化保护区是具有某一历史时期的传统风貌、民族地方特色的街区、建筑群、小镇、村寨等，是历史文化名城的重要组成部分。"《规划》对保护区内的建筑分类、用地性质变更、人口疏解、道路调整、市政设施的改善、绿化和环境保护等方面，都提出了具体的原则、对策和措施。

16.1.2 历史文化保护区保护与发展的矛盾

历史文化保护区多处在原有城市当中，而城市要不断发展。除非采取将原城市完全"封存"起来，易地另建新城[①]，否则要使历史文物古迹得到妥善保护，又能使城市逐步实现现代化发展，是十分困难的。例如在上世纪 50 年代，由于一些古建筑"妨碍"城市交通的改善而被断然拆除，毫无回旋余地，长安街上的东、西三座门和中轴线上的地安门即遭此厄运。更有甚者，20 世纪 60 年代末，北京因备战而准备修建地铁，为了减少民房的拆迁量，竟将地铁环线选择在明、清两代遗留下来的城墙位置，城墙、门楼迅即被拆光，使整个旧城失去了轮廓，使传统风貌丧失殆尽。再有，北京旧城有些传统的街道，宽一二十米，两侧为一二层商店，很富有传统风味和尺度，但不幸的是为了交通的"现代化"，这些街道动辄展宽到 60 米或 80 米，而两侧建筑的高度却加以限制，结果原有的风格和尺度完全丧失。

应当说，在保护与发展之间是存在着一定的矛盾。但是用什么方式和方法解决矛盾，其结果是完全不同的，关键在于指导思想。如果采取"厚今薄古"的态度和否定一切的措施，必然会导致如上所述的一些恶果；如果对历史文化传统持珍惜、保护和弘扬的态度和历史唯物主义的原则，采取必要措施妥善解决保护与发展的矛盾，不是不可能的。

---

① 建国初期，著名建筑学家梁思成先生对北京的城市发展曾提出过这样的主张，但遭到否定，以致后来造成许多无法挽回的损失。

一般来说，历史文化保护区在保护与发展问题上，可能出现以下一些矛盾：

（1）交通、道路改造与传统格局的矛盾。这一矛盾应在保存传统格局和风貌的前提下加以解决，例如不盲目拓宽原有街道，而采取加密路网，实行车辆单向行驶制等方法；和发展地下铁道、地下步行道等方法，以减少地面上的车流和人流量。

（2）传统民居的危、旧趋势与居住条件现代化的矛盾。城市中的传统民居，例如北京的四合院，经过几十年上百年的使用，多数已相当破旧，甚至成为危险房屋，必须加以改造。在改造中，既要保存传统的胡同和房屋布局，维系老居民习惯的生活方式，又要使居民的居住条件现代化，是一个不小的难题，再加上回迁居民的经济负担能力有限，更增加了改造的难度。

（3）陈旧的基础设施与提高城市生活质量的矛盾。越是古老的城市，基础设施越落后，尤其是在历史文化保护区，情况就更为突出。虽经近几十年的建设，与城市现代化的要求仍有很大距离。在保护历史文物古迹的同时，如何同时解决基础设施更新问题，例如上、下水道普及率的提高，生活能源燃气化的实现，古建筑群消防、避雷系统的现代化等，都是应当认真研究解决的。

（4）文物古迹和古建筑的保护与开放旅游的矛盾。文物、古迹、名胜、古建筑群，既有其历史和文化价值，又是一种旅游资源，因此除少数濒危项目需及时采取封闭性保护措施外，都应对公众开放，对提高人民的文化素质，对外树立中华古老文明的形象，都是有益的。但是这样做，就会产生两个问题，一是所谓的"旅游性破坏"，包括对环境的污染和对文物的损毁；二是古建空间的容量有限，大量文物无法向公众展示。如果进行扩建或改建，必然发生新老建筑在布局、形式、风格等多方面的矛盾。

如何妥善解决上面列举的诸多矛盾，是许多历史文化名城今后发展所面临的重大课题。地下空间的开发利用，为解决好保护与发展的矛盾提供一个较为有效的途径。

16.1.3　地下空间在统一保护与发展矛盾上的特殊优势

在新城市建设和旧城市改造中，地下空间在拓展城市空间、合理使用土地、改善生态环境、提高城市生活质量等方面所能起到的积极作用，在本书前面各章中已有所述及。在城市历史文化保护区的改造与发展问题上，地下空间更具有特殊的优势，有些甚至是地面空间所无法替代的，主要表现在以下几个方面。

第一，扩大空间容量。在多数历史文化保护区的改造中，最突出的矛盾是原有空间容量不足，而在地面上扩大空间容量又因保护传统风貌而使建筑高度和容积率受到限制。例如传统民居的改造，如果拆除原有的平房而代之以现代的多层楼房，传统风貌是难以保存的，但是若以适当开发地下空间以弥补地面空间之不足，则不失为一个解决的方法。北京市近年在南池子、三眼井等重点传统居住区进行保护性改造的试验，其中就包括利用地下空间以容纳新增的停车、贮藏、家庭起居等功能。再如，像故宫这样的世界级文化遗产，如果为了解决展示空间不足，文物贮存条件不良和服务设施不全等问题而在地面上增加建筑物，即使是采用传统的形式，也会因破坏传统格局的完整而绝对不能允许。因此对于故宫来说，保护是第一位的，但发展也是需要的，开发利用地下空间可以认为是惟一的出路。事实上，故宫已在前几年建设了规模相当大的地下文物库，对地面环境毫无影响，却解决了大部分珍贵文物在理想环境中贮藏的问题。近年来，正在酝酿建一座地下展厅，以扩大文物展出内容，并使原来用于展示的古建筑得到保护。对于这种做法，尽管社会上存在着截然不同的赞成和反对意见，但是只要态度慎重，处理得当，对解决故宫的保护与发展矛盾会是有益的。

第二，更新城市基础设施。在历史文化保护区，基础设施的落后往往表现在路网结构不合理，道路通行能力差，市政设施容量不足，管线陈旧失修。在北京市有些旧居民区，多年来一直没有自来水和下水道，电缆、电线露天架设，更无天然气供应。在北京前门地区，明清时期的砖砌雨水道至今还在使用。这些情况都应在保护区的改造与发展中得到改善，而基础设施的综合化、地下化，为在不影响地面上传统风貌的前提下实现基础设施的现代化提供了足够的空间。例如，北京旧城中心部分的南北向交通，一直为景山、紫禁城、天安门广场所阻隔，沿中轴线打通一条南北干道根本是不可能的。因此在地铁线路规划中，拟沿中轴线修建一条地铁（8号线），不但可改善南北交通，还可以把中轴线沿线景点从地下连接起来，对发展旅游也是有利的。

第三，改善城市环境。在以平房为主的传统居住区，建筑密度和人口密度都较大，院落多为硬质地面，绿化率很低，加上常年使用煤做饭取暖，多数又没有下水道，故环境质量较差，是保护区改造中必须解决的问题。一些大型的古建筑群如故宫，除御花园外全为砖铺地面；天安门广场也是如此，虽经1959年的改造，绿化率仍然很低，每年国庆节只能用上百万盆花草布置临时的"绿地"。如果在改造过程中在地面上增辟绿地，由于用地紧张，是不太现实的；像故宫这样的传统做法，也不宜改变，因此在开发地下空间时，可利用地下空间的顶部适当绿化，使环境得到一定程度的改善。

第四，确保文物的安全。在一些历史文化保护区，保存有大量的珍贵文物，但是在保存环境和防火、防盗等方面，处于很落后，甚至很危险的状态。因此在改造过程中，利用地下空间抗御自然和人为灾害的优良性能，把文物贮藏和防灾提高到现代化水平，对于文物的长期安全保存是十分必要和有利的。

16.2 国内外城市历史文化保护区地下空间规划示例

16.2.1 法国巴黎卢浮宫

（1）卢浮宫概况

卢浮宫是世界著名的宫殿之一，已有700年的历史。1793年开始对公众开放，成为艺术博物馆至今。馆中收藏并展示大量文艺复兴以来的法国、意大利等国的雕塑和油画作品，吸引国内外大量游客前往参观。但是，原有宫殿的厅、堂空间虽容量很大，但只适于艺术品的展示，而作为一个大型艺术博物馆所必须具备的其他功能则很不完善，以致参观路线过长，迂回曲折，休息条件较差，缺少餐饮等服务设施，内部管理所需要的库房、研究用房等也不足，与现代博物馆的差距越来越大，因此很自然地出现了适当扩建的需要。但是，卢浮宫周围没有发展用地，不可能易地扩建，而原有宫殿规则的布局和完整的造型，又不允许在地面上增建任何建筑物，因此设计的难度是很大的。法国政府委托国际著名建筑师贝聿铭先生主持了这项设计，利用地下空间成功地解决了保留原有古典建筑整体格局又同时满足现代博物馆使用要求的问题，成为现代建筑史上的一项杰作。

（2）扩建总体构思

按照博物馆增加的各种功能，扩建面积需要数万平方米。在地面上不可能增建任何新建筑的情况下，地下空间提供了难得的机遇。贝聿铭先生决定充分开发卢浮宫前原有广场的地下空间，获得了几万平方米的建筑空间，足以容纳扩建所增加的休息、服务、餐饮、贮藏、研究、停车等功能，同时把参观路线在地下中心大厅分成东、西、北三个方向从地下通道进入原展厅，中心大厅则成为博物馆总的出入口。这样，为了突出总出入口的形象和使地下中心大厅获得天然采光，在广场正中原宫殿两条主要轴线的交叉点上，设计一座外形为金字塔，同时又是金属结构和玻璃组成的现代建筑，二者的统一使之矗立于卢浮宫广场上，与原有宫殿建筑取得了一定程度的和谐。这一大胆创意尽管曾引起不少争议，但随着时间的推移，已渐为世人所接受。贝聿铭先生为此而获得了普利茨克奖，也表明了国际建筑界对这一设计的肯定。

（3）地下空间的总体布置

卢浮宫原有的宫殿建筑的正面，由建筑围合成一个大广场，原广场均为硬质地面，没有绿地，地下空间资源量较大，而且容易开发，足以容纳博物馆扩建的全部新增功能。

地下建筑总面积6.2万平方米，地下一层（-5.5米）和二层（-9.0米）充满广场下部，局部有地下三层，在-14.0米。在广场以南的空地，另建一座大型地下停车场，地面恢复绿地。

中心大厅位于地下建筑的中部，作为博物馆的主要出入口和观众的问询集散之用。博物馆的展示部分仍保留在原宫殿内，仅在正面进馆的通道两侧增加了几个展厅。在中心大厅周围，布置有报告厅、图书室、餐厅和咖啡厅，向南有一条宽敞的商业街，两侧为精品商店。库房和研究用房、办公用房、技术用房、设备用房分散布置在通道两侧，其中库房的数量和面积都比较大。

扩建工程从1984年开始，1989年建成使用。在保护卢浮宫整体形象的前提下，扩大了博物馆的使用功能，改善了参观流线，增加了服务设施，完全达到现代化博物馆的水平，使巴黎拥有的这一珍贵历史文化遗产，更好地为世界人民服务。

卢浮宫扩建工程地面层平面见图16-1；地下一层平面及剖面图见图16-2。

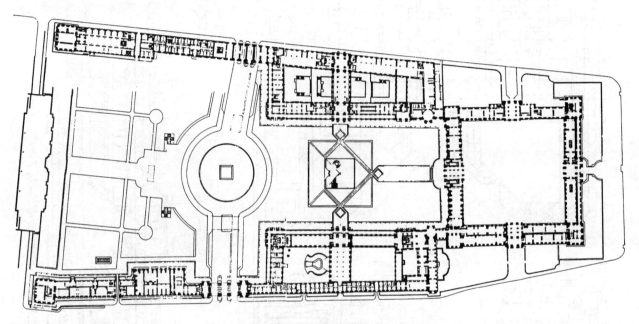

图16-1 巴黎卢浮宫扩建部分地面层平面图

16.2.2 日本滋贺县美浦博物馆

（1）概况

美浦博物馆坐落在日本关西滋贺县甲贺郡的信乐国家自然公园内，基地地处公园的一个山丘上，周围山峦起伏，丛林密布。该馆专门用来陈列一个家族收藏的古代中、远东的珍贵工艺品，内容包括各种器皿、雕像、青铜器、珠宝、织物和一批罕见的日本茶道用具。整个建筑规模逾2万平方米，由国际著名建筑师贝聿铭设计。

（2）设计理念

穿行在这座自然公园优美、宁静的山林中，贝聿铭不禁想起了中国晋代诗人陶渊明所作的《桃花源记》，一位渔夫碰巧穿过一个山洞而发现了一个与世隔绝的、天堂般的山村的故事。美术馆的设计意念便建立在对这个东方故土"世外桃源"特有意境的探寻上。此外，像贝氏所设计的其他一些博物馆一样，美浦博物馆的设计也试图体现"博物馆为其艺术品而存在"的意图。

（3）场地布置

日本政府及滋贺县对国家自然公园有严格的保护法规，不允许破坏自然生态。因此，贝聿铭将3/4的建筑面积置于地下。在总体布局上，博物馆与地形之间的关系受到中国和日本山水画的影响，建筑以

246 第二部分 城市地下空间资源开发利用规划

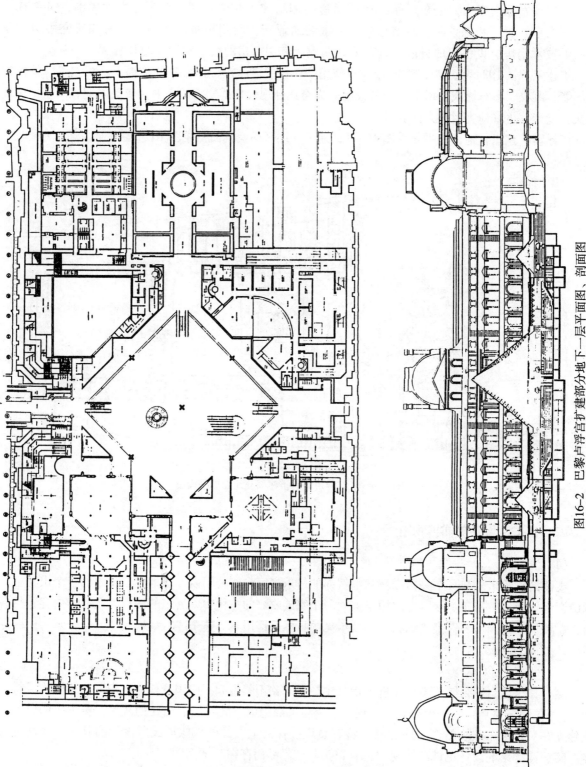

图16-2 巴黎卢浮宫扩建部分地下一层平面图、剖面图

小体量、分散化的方式，融合在它所处的环境中。美术馆的布局也借鉴了日本建筑传统的院落结构，恰当地运用轴线将零散的体量统合起来。美术馆的主入口设在东面的斜坡上，有大台阶作引导。一座轻巧的斜拉桥将台阶下的入口广场与上山的道路联系起来。

(4) 平面组合

整个博物馆地上一层，地下一或二层。入口大厅位于东、西向轴线的端部，在其南北方向，通过一条长廊连接着两个功能组团。北翼以一个方形的枯山水庭园为核心布局，周边的展厅陈列着日本艺术品，在它下面的地下层中安排修复室、机房、库房等辅助用房。南翼用来陈列"丝绸之路"上的艺术品，着重表现中、远东文明的起源与发展，曲折的廊道组接了这部分的主要功能。在该组团中，入口层安排有埃及展厅和一些管理用房，地下一层中是近东、中国、伊斯兰、亚洲展区和一个讲演厅以及一个贯通上、下层的茶室。地下二层是办公用房和机房，它与北翼的地下层之间有廊道连接。此外，从入口广场还分别设置了一个坡道通向南、北翼的地下层。

(5) 参观流线组织

贝氏精心地安排了上山参观的线路，以创造一种发现"世外桃源"的体验。参观者首先到达位于一片柏树林中的接待休息处，从这里可以散步或乘电动四轮车前往博物馆。当穿过小山丘内弯曲的隧道时，顿时豁然开朗，一座悬在山谷之上的梦幻般的斜拉桥展现在眼前。桥上的斜拉钢索仿佛是一个取景框，框中是不远处的掩映在绿树丛中的博物馆的轮廓。斜拉桥的末端与入口广场相连，花岗石台阶将人们引向入口大厅。由大厅的镂空处可以看到下层的展厅。大厅的层顶是一个钢构架的玻璃采光顶。在这里，最震撼人心的是自然与人造世界之间的界限的消失，北侧的透明玻璃和与之相连的玻璃长廊将自然风景"借"入室内，犹如一幅水彩画长卷呈现在人们的面前。从大厅一侧的楼梯可以下至地下展厅，这些展厅的设计渲染了特殊的艺术气氛，如陈列释伽牟尼雕像的展室让人联想到它被发现的那个山洞。在玻璃长廊的北面尽端，一座明亮、开敞的楼梯间通向日本展厅，在参观中，人们还可以观赏到正方形的枯山水庭院。这类"取景框"手法在整个博物馆中随处可见，它使人们不断地感受到自然美与人工美的交融。

美浦博物馆鸟瞰见图 16-3，平面和剖面见图 16-4。

图 16-3　日本滋贺县美浦物馆鸟瞰

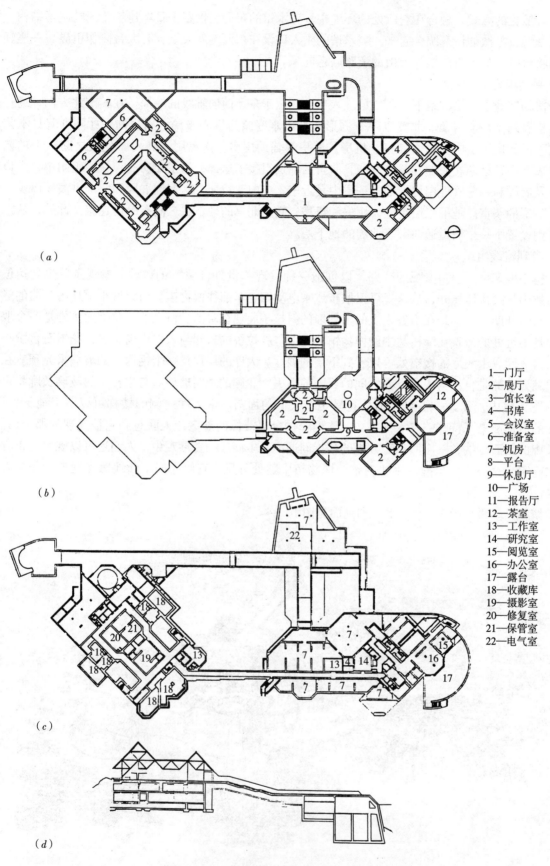

图 16-4 日本滋贺县美浦博物馆平面、剖面图
(a) 一层平面；(b) 地下一层平面；(c) 地下二层平面；(d) 剖面

16.2.3 美国华盛顿国家美术馆东馆

华盛顿国家美术馆老馆建于 1941 年，与美国国会大厦相邻，是一座新古典主义建筑。在老馆东面白宫前最后一块梯形空地上，国际著名建筑师贝聿铭设计了东馆，于 1978 年落成。东馆建筑体形由多个棱柱体和三角体组成，内部几乎全是六角形或三角形的空间，在其中参观，有步移景异的效果。因为东馆是整个美术馆的一部分，所以它的大门必须面向旧馆，并以东馆主体部分等腰三角形的底边与之呼应，与旧馆构成轴线，很好地确立了两者的主从关系。由于用地范围仅限于"梯形"内，无法在地面上直接通过建筑物表达新老建筑之间的关系，故采用开发地下空间的方式，直接交通联系移置到地下，通过地下大厅，既不影响地面的交通和人的活动，又恰当地将两馆联系起来。一方面保证了参观路线的连续性，另一方面也给观众创造了一处良好的休憩交流空间。而且，这个 2.7 万平方米的新馆与旧馆只有通过地下空间的利用才能达到体量上的均衡，又满足面积上的要求。这是建筑成功必不可少的前提之一。地面上两者之间的大型铺装广场通过中央不对称的喷泉、瀑布和散落的晶体状玻璃天窗，营造出一种内敛的空间氛围。

东馆平面图见图 16-5。

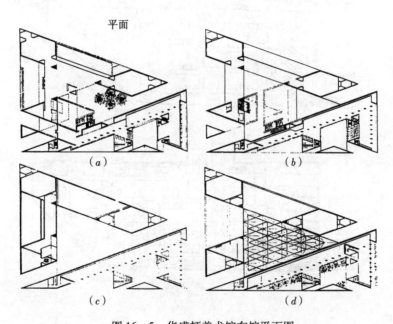

图 16-5 华盛顿美术馆东馆平面图
(a) 一层平面；(b) 二层平面；(c) 五层平面；(d) 七层平面

16.2.4 西安钟鼓楼广场

西安是我国最著名的历史文化名城之一，已有 3100 多年的历史，从周朝到唐朝，先后有 11 个朝代在此建都，在地面上和在地下遗留了丰富的文物古迹，其中地面遗存的古迹中，钟楼（建于 1348 年）和鼓楼（建于 1380 年）两座大型古建筑交相辉映，至今仍是西安古城的标志，均属国家重点文物保护单位。

钟鼓楼广场东西长 270 米，南北宽 95 米，东起钟楼、西至鼓楼、北依商业楼、南至广场外沿的行道树。绿化广场是钟鼓广场上最大的空间领域，绿化广场北侧，在列柱和石栏之间设置 8 米宽带形休息平台，这里同时可以欣赏绿化广场、下沉式商业街和骑楼，也是摆设露天茶座引人逗留的好场所。

下沉式广场是一个交通广场，是人们从钟鼓楼盘道进入地下商场和下沉式商业街必经之地，东、西均有出入口与北大街和西大街的过街地道相连。为了加强下沉空间的开放性,面向钟楼一侧设计成通长大台阶,既可为人们提供席地而坐的条件,亦可作为看台观赏下沉式广场上举行的群众文化活动。

广场西半部的地下商城,为地下2层,总建筑面积3.1万平方米,主入口在下沉式广场西侧,另在下沉式商业街和绿化广场设多处出入口。地下商城是一个相对独立的封闭空间,其营业大厅中部设有两层通高的中庭,通过广场上的塔泉取得自然顶光,形成地下空间建筑艺术处理的高潮。

地下商城的经营和管理都很有特色,商品多为世界知名品牌和国内名牌精品,是一个地上、地下、室内、室外融为一体的集百货、名品、专卖店、大型超市、中西餐厅、儿童娱乐、体闲茶座等多功能的跨世纪现代商业中心。

西安钟鼓楼广场的保护性再开发,对于保护遗产和古都风貌,优化城市环境,提高城市生活质量,都起到了积极的作用,已得到国内外较高的评价,成为城市居民喜闻乐见的文化休憩场所,也是历史文化名城中心区更新改造、充分利用地下空间的一个范例。

西安钟鼓楼广场的地下层平面、剖面见图16-6。

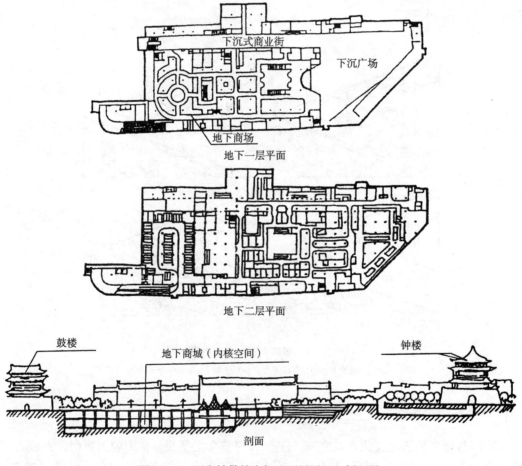

图16-6　西安钟鼓楼广场地下层平面、剖面图

16.2.5　北京传统民居地区保护性改造

(1) 北京传统民居地区的特色与现状

在北京市2001年公布的第一批25片历史文化保护区中,除一些重点文物保护单位外,大部分为传统民居,主要特色是由平房组成的封闭式院落,俗称"四合院",由"胡同"将各院落串联起来。四合院比较集中的地区有:南、北长街、南池子、西四北头条至八条、东四三条至八条等处。

过去王公贵族和官僚所住的四合院多在皇城内外，质量最高，院落有三进、四进不等，有的还有后花园。普通百姓居住的虽也是四合院，但"独门独户"者较少，在一座院内常住有几户甚至十几户人家，拥挤不堪，俗称"大杂院"，加上年久失修，多数已成"危旧房屋"。经过选定后的几十座高质量四合院，经修缮后已作为文物保护起来；大量危旧四合院则亟需实行现代化改造，以恢复和保护传统风貌，让当地居民过上现代的生活。按照《北京历史文化名城保护规划》的要求，这些在"历史文化保护区中的危房，允许在符合保护规划要求的前提下，逐步进行改造和更新，并不断提高城市基础设施的现代化水平。"

（2）改造的整体思路

根据《规划》要求，北京第一片试点项目——南池子地区保护性改造已于2003年内完成。另外一项更大的四合院群落整体改造工程——三眼井胡同的保护性改造也即将启动。这两片保护区都在旧皇城的核心位置，对古都风貌的保护有举足轻重的作用。

改造方案在符合现代交通功能要求的前提下，保持原有的城市格局和原有胡同与建筑物之间的尺度和比例关系，以及街区的原有风貌；保持原有胡同和四合院的建筑风格、色彩和艺术特色。在此基础上适当调整院落及主要建筑尺度，以适应现代生活的要求。在保持传统文化特色的同时，使道路交通、防火、防盗、市政设施等方面符合现代居住功能要求，建成在街区环境、建筑造型、庭院布置都反映传统文化与现代生活要求相融合的新型居住区。

在对旧城四合院的改造中，将现代日常生活的使用功能融入传统四合院的形制当中。为了提高旧城土地的使用效率，增强了地下开发力度。在保持四合院地上形制基本不变的情况下，利用一层至两层地下空间，来满足人们日益增长的需求。由于不同使用类型的四合院，其地下开发强度也不同，作为商业使用的地区，开发强度会更高。在整片的四合院下面，还可以考虑中深度的开发，以解决停车位不足、服务设施不齐全等问题。

东四三条至八条地区共有现状户籍人口18006人，保护区保护规划拟迁出7919人，剩余人口的人均建筑面积为29.35平方米/人（含非居住建筑面积）。该地区四、五、六类建筑下可提供的地下空间用地面积约为17.17万平方米，按地下平均一层计算，则可提供建筑面积17.17万平方米，仍按人均建筑面积29.35平方米/人计算，则地下建筑面积约可满足5850人的使用要求，可将迁出人口减少到2069人；如果地下局部作两层，就可将原有户籍人口全部在本地区内安置[10]。

南池子和三眼井两个四合院群落，人口密度都很高，居住非常拥挤。南池子户均建筑面积仅为26.84平方米，人均居住面积远低于全市平均水平。因此，改造任务首先应当解决的就是在建筑高度（限高6米）和容积率都受到限制的情况下，扩大居住空间容量问题。第一个措施是适当提高建筑层数，增加一些两层的居室。虽然突破了"平房"的传统，但在保持原有布局的情况下使建筑物有一些高低错落，使空间多一些变化，造型上更为丰富；第二个措施就是开发利用地下空间，南池子住房普遍设两层地下室，容纳了停车、贮藏、防灾等多种新增功能。三眼井改造方案的主要技术指标是建设用地3.8万平方米，总建筑面积2.3万平方米，容积率0.61，绿化率0.3，停车位130。这些指标就是采取上述两项措施所取得的成果。虽然只能有一部分居民回迁，但有幸回迁者毕竟能在历史风貌的环境中开始过上现代城市的新生活。

图16-7是一进四户四合院现代化改造方案，地上二层，地下一层围绕一个下沉庭院，供采光和邻居间来往交流之用；地下二层可用于停车和其他服务设施。

如能在北京历史文化保护区内合理地局部地实现此类四合院的改造项目，则能大大提高同等水平下的土地利用率：容积率将增长66.7%，按保护区内0.25的开发系数对五、六类居住建筑考虑开发地下空间，以地下二层计，可提供5.11万人的居住面积，可将旧城内的规划迁出人口（11.8万人）减少近一半，对于位于北京中心地区的历史文化保护区来说，是一个经济和高效的保护与发展并重的措施[10]。

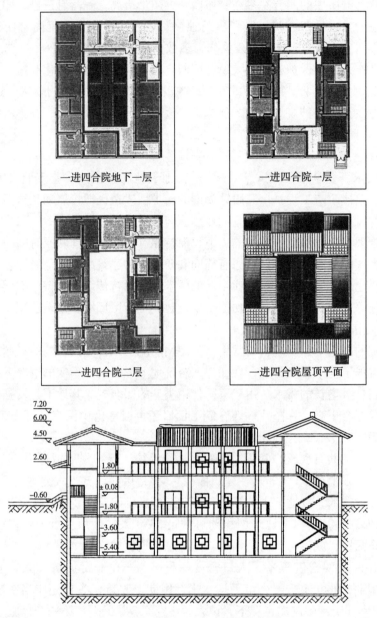

图 16-7 一进四户式四合院改造方案

16.3 北京旧城沿中轴线地下空间规划探讨

16.3.1 旧城中轴线的形成过程与重要地位

中国自古以来的建筑，从庄严的宫殿到朴实的民居，从平面布局到空间组合，都遵循着"左右对称，主座朝南"的构图准则。在城市的形成和发展过程中，也毫无例外地体现了这一原则，而且特别突出地表现在都城的建造中，如北京、西安、南京等古都，无一不是按照这个准则规划建造的。

3000 多年以前，西周燕国就在北京一带建城。1153 年金朝迁都燕京，定名中都，经元、明、清至今，北京作为都城已有 850 年历史。明成祖朱棣在元大都城的基础上向南推移二里后，建成明朝的北京城，奠定了北京旧城庄严宏伟的格局，南北长 950 米的中轴线开始出现。在中轴线上，按严格对称要求布置了紫禁城。然后又分别向南、北延伸，南起外城的永定门，经正阳门（今前门）和皇城南入口天安门到紫禁城的主入口午门；向北则经万岁山（清改称景山）和皇城的后门，即地安门，最后到达鼓楼、钟楼，全长7.8公里，最终形成一条贯穿南北的中轴线。轴线两侧的建筑布局极为规整，但在高度上则富于变化，形成一个左右对称，前后起伏的中心建筑群，和节奏很强的城市天际线，蔚为壮观，在世界都城中也是罕见的。在中轴线的控制下，城市路网结构和由路网分割的"坊"（即街区），也都严格对称布置，再加上"前朝后市，左祖右社"的城市布局，形成了中国古代城市的特有风貌。北京旧城中轴线沿线文物、古迹、建筑、景点位置示意见图16-8。

传统中轴线虽然是无形的，但又是确实存在的，体现了深厚的民族意念和文化渊源，成为北京城市建设和发展的灵魂。

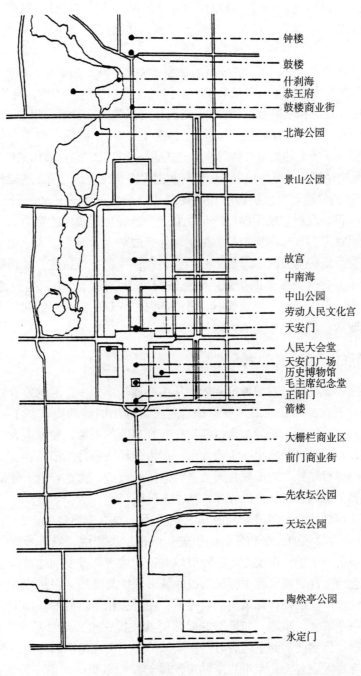

图16-8 北京旧城中轴线沿线文物、古迹、建筑、景点分布图

几十年来北京城市的发展早已大大超出旧城的范围。为了弘扬和发展传统中轴线的核心作用，北京市决定将传统中轴线向北、南延长，北至奥林匹克公园，南到南苑森林公园，总长25公里，并以中轴线两侧各500米为控制边界，作为沿中轴线的保护和控制区域，严格控制建筑的高度和形态。

16.3.2 沿旧城中轴线城市保护与发展面临的问题

清朝被辛亥革命推翻后，紫禁城和内外城的城墙、城门等都得到妥善保护，但由于社会、经济的发展，原皇城的范围较大，对城市东西向交通造成阻碍，于是在民国初年将皇城的北、东、西城墙基本拆除，仅在北面保留了地安门，其他则辟为街道，即东、西皇城根，南、北池子，和南、北长街。这样，过去被围在皇城以内的北海、中南海、景山、社稷坛、太庙等过去的皇家园囿和禁地就自然融于城市之中，且陆续对公众开放，受到欢迎；同时，城市交通有所改善，皇城城墙的拆除基本上没有影响到中轴线的总体格局，因而没有引起争议。1913年，成立了"故宫博物院"，1925年正式开放，对故宫的保护起了重要作用。

中华人民共和国成立定都北京后，政治、经济、社会、文化、城市建设等，都有了很大的发展。特别是在城市建设问题上，保护与发展的矛盾日益突出，如何对待和解决这一矛盾，自然出现了不同的意见。但是在当时的政治环境中，继承和保护南北中轴线及沿线传统风貌并妥善解决问题的呼声没有受到应有的尊重，于是在建国初期拆除了天安门两侧的三座门后，又于1954年拆除了位于中轴线上的地安门；到1968年更为强烈，拆除了几乎所有的城墙和城门。历史证明，这种以铲除和破坏来解决城市保护与发展矛盾的做法，只能给以南北中轴线为灵魂的城市传统格局和世界级文化遗产的风貌造成难以弥补的损害。

1958年对天安门广场的改造，在保护传统和满足现代需求方面考虑比较充分，尽管广场本身还有一些问题需要研究解决，但是在对中轴线的保护与发展上，已经尽了很大的努力。

几十年来，紫禁城虽然得到较好的保护，但由于对外开放后大量游人进入，加上建筑物的老化，文物和建筑物均已不堪重负，保护与发展的矛盾十分尖锐，亟待采取有效措施，妥善解决。

在旧城南北中轴线上，有两条重要的街道，即地安门大街和前门大街，过去都是北京主要的商业区，长期以来，街道狭窄，空间拥挤，建筑破旧，已逐渐失去昔日的繁荣。近几年，前门大街已在保护传统风貌的前提下进行改造，现已基本完成，效果较好。

16.3.3 沿中轴线城市现代化改造的原则

建国后，北京的城市建设确定了在旧城的基础上从中心逐步向周围扩展的方针，同时提出要变消费城市为生产城市，但是对于古都风貌的继承与保护，并没有提出明确的要求。于是，随着工业引入城市，中央和地方两级机构对建筑的大量需求，以及文化教育事业的发展，使城市人口迅速增加，交通趋于紧张，环境开始恶化，对古都风貌产生一定的冲击。但由于经济条件所限，在前三四十年中，除前面已述及的拆除城墙、城门等行动外，对旧城并无力进行总体的改造，这在客观上使旧城中的大量文化遗产，从宫廷建筑、园林到民居四合院，得以保存，基本未受破坏。

改革开放以后，北京市的社会、经济较前有很大的发展，城市矛盾也随之日益尖锐化，特别自20世纪90年代以来，由于土地政策的改变和外资的引进，城市发展加快，城市矛盾突出，客观上出现了旧城改造的需要，又具备了一定的经济实力，因而旧城改造和城市再开发问题被提上议事日程并已开始实施，近年特别受到社会的关注，而南北中轴线沿线的城市保护与改造，自然成为这个问题的核心。

应当说，在保护文化遗产，弘扬古都风貌的前提下，在过去相当落后的基础上，把北京建成一座现代化的国际大都市，是一个很大的难题。如果旧城南北中轴线像在过去几百年中所起的重要作用一样，在今后的城市现代化进程中仍然能起到承前启后，加强保护历史文化遗产的作用，那么这个难题的解决就是有希望的。为此，应当吸取过去几十年北京城市发展的经验教训，对沿中轴线的城市保护与发展，提出以下几项原则：

(1) 沿中轴线的城市现代化改造，必须以保留和强化中轴线传统的支配和控制作用为前提。

(2) 中轴线沿线一切文物、古迹、古代建筑和现代纪念性建筑，必须得到妥善的保护、整治或修复。

(3) 在城市现代化改造中，应拓展城市三维空间，扩大城市功能，改善城市交通，优化城市环境，加强城市综合防灾，推动城市的集约化发展。

(4) 严格遵守北京市中心地区建筑限高的规定，保持合理的容积率、人口数量和人口结构。

(5) 沿主要街道应进行城市设计，建筑造型、空间组织和立面设计应丰富多样，体现民族风格，但不应盲目复古。

(6) 在城市改造中，应加强城市基础设施的现代化改造，市政管线系统应实现大型化、综合化和地下化。

(7) 沿中轴线的城市改造，应与两侧和周围的城市改造相协调，特别对于已划定的历史文化保护区和危旧房屋改造区，除上述原则外，还应从政治影响和爱国主义教育的高度处理和解决保护与发展的矛盾。

16.3.4 利用地下空间解决沿中轴线城市保护与发展的矛盾

在新城市建设和旧城市改造中，地下空间在拓展城市空间，合理使用土地，改善生态环境，提高城市生活质量等方面所能起到的积极作用，已为发达国家许多大城市的经验所证实，在我国也已开始形成共识。

历史文化名城的发展，比一般城市面临更多更复杂的矛盾，已如前述。解决古都北京城市保护与发展的矛盾，较少有成熟的经验可循，只能在探索中寻求解决的途径。合理开发利用地下空间，为综合解决保护与发展的矛盾提供了比较充分的可能性和现实性，尤其对于沿中轴线的城市改造，地下空间更具有明显的优势，主要表现为：

(1) 地安门和前门两条传统商业街，由于建筑高度受到限制，即使将沿街危旧建筑全部拆除重建，也不可能达到较高的容积率。在土地价格昂贵而建筑空间又不能较大扩展的情况下，城市改造的效益必然会受到影响。合理开发利用地下空间，可以在一定程度上提高城市容积率和土地利用率，有利于商业街的繁荣。

(2) 对于故宫这样的中国和世界历史文化遗产，虽然面临古建旧损、环境恶化和展示空间严重不足等困难，但为了保护传统格局的完整，绝不能允许在地面增建任何建筑物。因此对于故宫来说，开发利用地下空间可以认为是解决保护与发展矛盾的惟一途径。

(3) 天安门广场自1958年改造并扩大成世界第一城市广场后，突出了政治地位和神圣形象，能容纳百万群众游行、集会，一直到1976年以前，其规模和功能与当时的社会需求相适应。但是改革开放以后，城市生活发生了很大变化，单一的广场功能不能满足公众对城市中心广场的多样化要求，需要增加大量建筑空间扩大广场的功能，这在地面上是难以实现的。因此，开发利用地下空间，成为天安门广场现代化改造的重要出路。

(4) 皇城在民国初年大部分被拆除后，内城的东西向交通有了一定改善，但南北向交通却始终为紫禁城所阻隔，只能绕行，至今难以解决。开发地下空间修建地下铁道，是既不影响故宫的保护与开放，又能打通沿中轴线交通的有效办法。规划中的北京地铁8号线就是出自这样的考虑。

(5) 在中轴线沿线，除景山和故宫内的少量花园外，几乎没有成片的绿地，不符合现代城市的绿化要求。如果在改造过程中在地面上增辟绿地，势必影响容积率的提高。因此，利用新辟绿地下面的地下空间，可以在容积率和建筑面积上得到一定的补偿，也表现出地下空间多方面的优势。

16.4 利用地下空间对北京传统中轴线实行保护与改造的设想与建议

传统中轴线上的主要节点自北向南有：钟鼓楼—地安门地区；紫禁城；天安门广场；前门—永定门地区。对于这几个极为重要又非常敏感的地区，仅仅保护现状或视之为禁区是不够的，因为城市要发展，这些地区同样要发展,不解决好保护与发展的矛盾,这些古老的建筑群、广场、街道就不可能获得生机,与城市取得协调的发展。因此对传统中轴线的保护与发展,应持既慎重又积极的态度,探索合理解决矛盾的途径。当前,前门—永定门地区已经制订了保护和改造规划,正在实施,其中地下空间利用也受到了重视,仅前门大街东侧路两片总建筑面积15.3万平方米的3块商业和商居混合用地,在招标公示中就提出了第一块地约5万平方米,地上建1.5万平方米,地下建3.1万平方米,地上:地下=1:2;第二块地,地上:地下=1:1.8;第三块地,地上:地下=1:1.6,三块地平均为1:1.76,这样的地下空间高强度开发在过去是很少有的,此外,钟鼓楼—地安门地区也正在进行局部的保护性改造,如烟袋斜街、南锣鼓巷等地,但地下空间利用尚未被考虑。

天安门和紫禁城是旧城中轴线上最重要的两个节点,虽然保护与发展的矛盾已十分尖锐,但长期以来被视为"禁区",很少有人来研究解决这个问题,这是不正常的,很不利于旧城的保护与现代化改造,本书为了改变这种局面,特以天安门和紫禁城为例,提出一些利用地下空间实行保护与改造的设想与建议。

16.4.1 天安门广场的保护与发展

天安门广场在明朝修建皇城时就已形成,经清朝加建东、西三座门,正式形成了一个"T"字形广场,东西两侧分别为文、武衙门,见图16-9。1949年开国大典就是在原T字形广场上举行的。

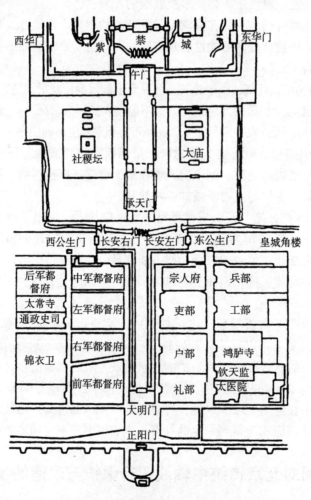

图16-9 明朝时期天安门及其周围平面示意图

天安门广场在 1959 年曾进行过大规模的改建，虽然成为世界最大的广场，但功能以单一的政治活动为主。在前 20 年中，起到了应有的作用，满足了百万群众集会、游行的需要。但是在近 30 年来，与城市中心广场的应有功能和应起作用越来越不适应，主要存在下列几方面的问题：

（1）1958～1959 年的大规模改造中，因规划仓促，使新建筑与其间所围合的广场空间与历史遗留建筑物在尺度上完全脱节，当广场上充满集会的人群时尚不明显，但人数较少时则显得空旷、枯燥，降低了城市空间的艺术质量。

（2）改革开放以后，社会生活开始多样化。除传统的观看升国旗、瞻仰纪念碑和毛主席纪念堂等活动外，增加了对文化、休息及相应的服务设施的需求，但这些几乎全是空白，除广场上有少数人放风筝外，其他游人只能在空旷、燥热（或冰冷）的石质地面上无目的地漫步，疲劳后无处休息，只能席地而坐，更无处饮水和如厕。

（3）广场东侧的中国革命历史博物馆，1959 年建成后一直由两个性质不同的博物馆共同使用，至今已开放 40 余年，虽有建筑面积 6.5 万平方米，但已远不能满足当前和今后发展的需要，与国家博物馆的标准有很大差距，由于周围条件所限，在原地增建或扩建都很困难。现虽已决定在原地扩建，但方案都不够理想。

（4）广场四周被道路所包围，游人不论从哪个方向都必须跨越车行道才能进入广场。后来尽管修建了地下过街道，但仍使人感到不便，本应结合地下道增建一些服务设施的规划也没有实现。

（5）整个天安门广场没有社会停车场，汽车和自行车无处停放，当人民大会堂有大型会议时，2000 多辆大小汽车只能临时停在大会堂东门外广场上，不但占用广场，景观也受影响；革命历史博物馆举办大型展览时，同样无处停车，只能停在箭楼附近，步行几百米后才可以进馆。

（6）广场上除建筑物周围有少量绿地外，大部分为花岗石铺砌的地面，冬冷夏热，小气候较差。在重大节日时只能临时用盆花和橡胶水池布置一些花坛和喷泉，给人以虚假感，而且节后还需拆除。

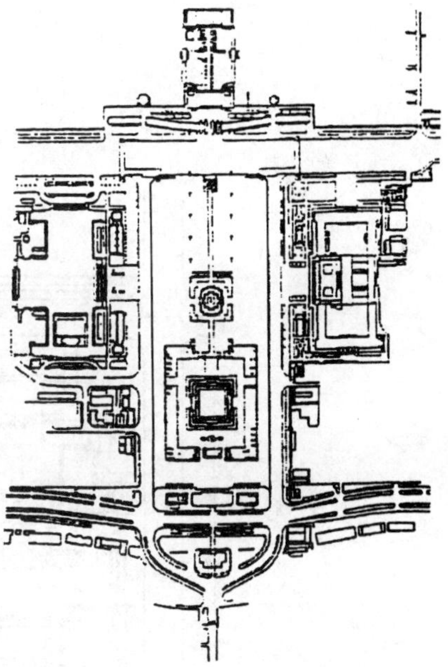

图 16-10　1959 年改造后的
天安门广场平面图

1959 年改造后的天安门广场平面图见图 16-10。

从以上情况可以看出，为了与现代化国际大都市的要求相适应，天安门广场亟需进行新的改造，实行立体化再开发，在对地面空间环境进行优化、改造的同时，充分发挥地下空间的作用，容纳地面空间无法安置的各种功能，建议的方案分 3 个部分：

（1）开发利用广场中心部分地下空间，东西宽 280 米，南北长 400 米，面积 11.2 万平方米，按 3 层计，可获得地下建筑面积 33.6 万平方米，平面上与地面上的四组柱廊相对应，也分为 4 个部分，北面两部分作为一期开发，南部为二期。东半部主要用于举办各种全国性展览，西半部用于北京市的各类展览，同时包括与展览有关的研究、贮藏、文物整修等内容，和为观众提供的休息、服务等设施。地面上四组环廊内的下沉广场，作为地下空间的主要出入口，与地面空间联系起来。

（2）在中国革命历史博物馆西侧开发地下空间，东西宽 63 米，南北长 150 米，面积约 1 万平方米，按 3 层计，可获得地下建筑面积 3 万平方米，地下一、二层主要用作展厅，地下三层为收藏库房和各种机房。在原博物馆的南北两内庭院中，建地上一层、地下三层的建筑物，地上为有玻璃顶的大厅，跨度 45 米，高 16 米，作为改建后博物馆的主要出入口，地下三层与西侧开发的地下空间相通，内容基本相同。这样，两庭院内扩建的面积为 3.86 万平方米，加上西侧的 3 万平方米，扩建面积近 7 万平方米，使革命历史博物馆的建筑面积从原有的 6.5 万平方米增至 13.5 万平方米，满足了发展的需要，达到国家博物馆的规模和标准。

（3）在人民大会堂东侧和革命历史博物馆北侧开发地下停车空间，考虑到出车速度的要求，人民大会堂地下停车场只建1层，面积5万平方米，可容小客车1800辆，设8个双车坡道以提高出车速度。此外，在革命历史博物馆北侧建3层的地下停车场，面积2.5万平方米，可停小客车720辆，除博物馆使用外，部分用于社会停车，并能与地铁站相通。地铁1号线天安门东、西站已建成，今后在8号线规划设计时，应考虑到广场设站，与广场下的地下空间连通，并能与1号线两站在地下换乘。

天安门广场地面空间优化方案见图16-11[13]，相应的地下空间开发利用方案见图16-12。应当说明的是，由于国家博物馆的扩建已经采用了向东发展接建的方案，并且正在实施，本建议中提出的向西发展，利用天安门广场地下空间的方案已失去现实意义，但因提出在先，故仍保留供参考。

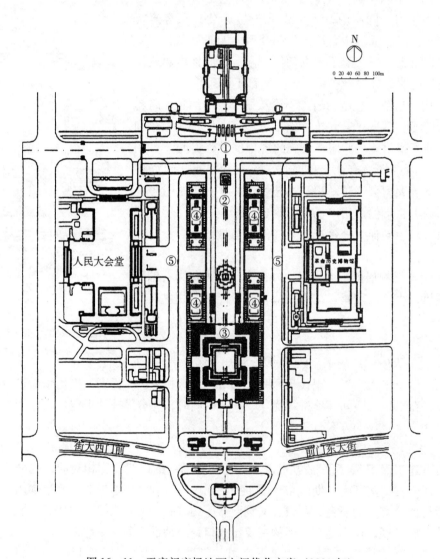

图16-11　天安门广场地面空间优化方案（2001年）

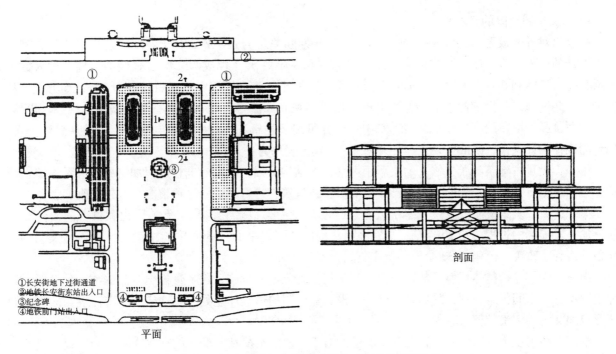

图 16-12　天安门广场地下空间一期开发利用方案
(2001 年)(二期工程向南延伸至纪念堂)

16.4.2　紫禁城(故宫)的保护与发展

(1) 故宫作为中国和世界文化遗产的地位与价值

现在所称的紫禁城,是明、清两朝的皇宫,清朝被推翻建立民国后,改称故宫。古代皇宫是禁地,又有紫微垣为天帝所居的神话,故称宫城为紫禁城,一直沿用至今。

故宫于明永乐五年(1407 年)开始兴建,在元大都(1276 年建成)的位置略向南移,仍以过去的中轴线为南北轴线。永乐十八年(1420 年)建成,占地约 72 万平方米,纵深 961 米,宽 753 米,四周围以高 10 米的城墙,周长 3.4 公里。宫内分外朝、内廷两大部分,共有大小院落 90 多个,房屋 980 座,计 8704 间,总建筑面积约 15 万平方米(1973 年统计)。

故宫是国内现存规模最大,保存得最完整的宫殿建筑群,是几千年中华文明史上最重要的历史文化遗产之一,是最早被列为的国家重点文物保护单位,受到全国人民的景仰和全世界人民的称颂,1987 年被联合国教科文组织列入《世界文化遗产名录》。

(2) 故宫作为博物馆与旅游景点的双重特征

故宫作为历史文化遗产,实际上由两部分构成,一是在紫禁城范围内的古典宫殿建筑群,包括殿、宫、阁、所、庑、花园、墙、门、角楼等,布局严谨,造型精美,色彩华丽,属于建筑古迹;另一部分是封建帝王遗留在宫内的各种文物和艺术品,有很高的鉴赏、研究和展示价值。这些文物和艺术品现共有 1052653 件(1985 年),如加上国民党政府溃败前劫往台湾的 20 余万件,总数应有 120 余万件。

故宫自 1911 年辛亥革命后,即归民国政府所有和管辖。1913 年成立"故宫博物院",开始整理遗存的文物和艺术品。废帝溥仪被驱逐出宫后,于 1925 年正式对外开放,是国内惟一称为"博物院"的博物馆,其与一般博物馆的主要区别在于:第一,故宫对公众展示的除文物和艺术品外,还展示整体建筑群和重要建筑物;其次,故宫的藏品主要以明、清两代为主,包括祖传珍品,帝后私藏品和生活用品、国外赠品、贡品、宫廷档案等。这是故宫作为博物馆的一个特点,使之同时具有一切名胜古迹和旅游景点特征,从而成为大量中外游客到北京的首选观光圣地和旅游景点。

（3）故宫博物院的经营现状、困难与问题

故宫自对外开放至今已有 80 多年，除"文革"期间关闭的几年外，每天都要接待数以千计，甚至数以万计的中外游客。改革开放以来，随着双休日和一年三次（现改为二次）长假的实施，游人数量激增，每年已达到 600 万人次，节假日每天要涌入近 3 万人，2008 年春节期间最多一天进入 5 万人。虽然采取一些措施，如提高门票价格等，仍难有效遏制观光人流，而且人数还有继续增多的趋势。当然，人多、票价高，取得较高的经济效益，其中一部分可用于建筑和文物的维修与保护；但是从总体上看，用新闻媒体的评论说，是故宫现已"不堪重负"，具体表现为：

第一，大量古建筑年久失修，油漆彩画剥落，木结构受损。除自然老化过程加剧外，大量人流造成的人为损害也日益严重。近两年院方已斥巨资对主要建筑物进行大修，这种情况会有较大改善。

第二，大量贵重文物、珍宝基本上贮存在自然环境中，很多文物常年受到风化和虫害的侵蚀和威胁，加速了损坏的过程。约 10 年前，故宫在西华门内分两期建了一座地下文物库，使 59 万件文物的贮藏条件得到了改善，但仍有 30 余万件至今仍处于不良的环境中。

第三，为了保护整体环境，故宫内很少有为旅游者服务的设施，除少量售纪念品的摊点外，餐、饮都很困难，卫生间很难找到，除席地而坐外，没有能遮阳的适宜休息处所。这样的旅游环境与故宫的崇高形象和文物的宝贵价值很不相称。

第四，基础设施陈旧落后，存在安全隐患。对于当前的情况和问题，故宫博物院当局曾提出过不少改进方案和措施，但由于各种原因，收效不大，甚至局面仍在继续恶化，亟待寻求妥善解决的途径。

（4）开发利用地下空间解决保护与发展矛盾的思路

在现代博物馆建筑的规划设计中，国内外都已认识到开发地下空间在扩大功能、保护环境、改善服务、加强安全等方面的积极作用，并已开始形成一种发展趋向，特别在建筑体形和高度受到限制的情况下，地下空间可以起到不可替代的作用。

在故宫的整体环境中，如果为了发展而在地面上增建任何大型建筑物，即使完全采用复古风格，也是不能容许的，因为这将对故宫传统的格局造成明显破坏。地下空间不但容量大，而且建筑外形隐蔽，只要处理得当，是有可能解决这一难题的，本章 16.2.1 评介过的法国卢浮宫利用地下空间解决扩建问题的实例，已经说明了这一点。

在故宫开发地下空间还有一些有利条件，如地质条件好，地下为很厚的从未经扰动的黄土层，地下水位在 -18 米以下；再有是不需付土地费和拆迁费，而且可采用明挖法施工，都可以大大节省工程投资。

应当说明的是，在探讨这一问题的过程中，有的专家以不能破坏故宫的"风水"为理由反对开发利用地下空间，这是没有科学依据的；还有的专家提出故宫在修建时曾在紫禁城范围内整体打筑了三合土地基，如果因开发地下空间而影响了地基的整体性，对大型古建的基础不利，这种说法并没有实测资料的支持，前些年建成的三层地下文物库，至今未出问题，已经证明了这种推断是没有事实根据的。

（5）关于建设地下博物馆展厅的选址建议方案

在故宫开发地下空间，只能在原有的广场或空地上进行。紫禁城内主要有两个广场，一是太和殿前广场，面积约 3.1 万平方米，二是太和门前广场，面积约 2.4 万平方米；主要空地有两块，一块在西华门内武英殿前，地下已建成文物库，另一块在东华门内上驷院，面积约 1.7 万平方米。此外，端门至午门之间的空地面积为 2.3 万平方米，这部分地下空间也可为故宫所用。据测算，从太和殿到天安门之间，可供合理开发的地下空间资源，有容纳 40 万平方米地下建筑的潜力。

方案一　午门北方案

在午门与太和门之间有一个广场，中间有内金水河，河上有 5 座内金水桥。

地下展厅布置在广场东、西两侧，占地面积 1.8 万平方米，平面为矩形，南北长 112 米，东西宽 64 米，开发深度 16 米，分 4 层，建筑面积共 5.7 万平方米。东西两部分由地下通道连接，同时可将金水河水引入地下展览的共享中庭。地下一层为下沉广场、中间有采光天窗；地下二、三层为展室，地下四层为库房、机房、办公、研究等用房。方案一选址示意图见图 16-13（a）。

方案二　午门南方案

在端门与午门之间有一片空地，中间有一条宽 10 米的石砌路，两边均为砖砌地面，空地面积约 2.25 万平方米。

地下展厅分置在空地中轴线上，由南、中、北三部分组成，中间有两个连接体（过厅）。建筑平面均为方形，中区边长 88 米，开发深度 16 米，分四层，面积共 3 万平方米；南、北两区边长 72 米，四层共 2 万平方米；连接体边长 24 米，面积共 0.46 万平方米。整个地下展厅建筑面积约 7 万平方米，达到国家级博物馆的规模标准。地下一层为下沉广场，中间设采光天窗，中间为宽 24 米的栈桥，贯通南北，使游人进端门后先参观文物展厅，沿中轴线仍可从午门进入故宫；反方向游客路线相同，出午门后参观文物展厅，从端门离开。地下各层的布局大致与方案一相同。

方案二的位置完全处于太和门以外，对故宫总体布局没有任何影响，且参观路线与故宫的参观路线一致，比较顺畅，有利于大量游客的休息和疏散，故相对于方案一，优点更为明显。方案二选址示意图见图 16-13（b）。

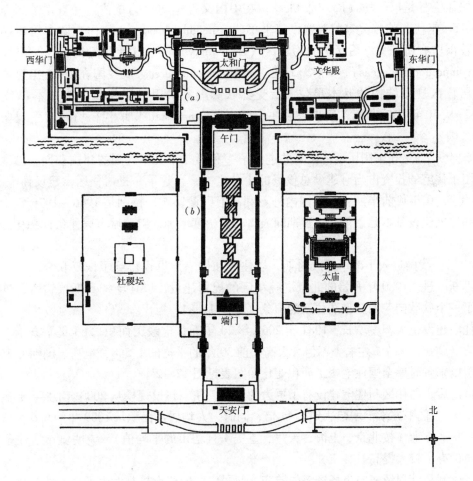

图 16-13　故宫地下展厅选址建议方案
(a) 方案一位置；(b) 方案二位置

第 17 章　城市居住区地下空间规划

17.1　居住区建设的发展过程与发展趋向

17.1.1　居住区建设发展过程

为城市人口提供适宜的居住条件和良好的生活环境,是城市的基本功能之一。居住区(residential district)是城市的重要组成部分,是城市居民居住和日常生活的地区,随着城市的发展和社会的变化,居住区经历了规模由小到大,功能由简单到复杂的长期演变过程。在古代,不论在西方还是中国,城市居住区都是以街坊(housing block,在中国又称里坊)为单位,一直延续到20世纪初期。到本世纪30~50年代,英、美等国普遍以邻里单位(neighborhood unit)作为城市居住区规划的结构形式,规模较街坊有所扩大,后又扩大为社区(community)。从60年代后期起,又出现了各种类型的综合区(comprehensive areas),又称环境区(environmental areas)。我国在1949年建国后初期曾以邻里单位为居住区规划结构的基本单位,后受苏联影响,采用以居住街坊为基本单位,面积较小(4~5公顷);从50年代后期起,逐步以居住小区(huosing estate)取代街坊一直到现在,面积从几公顷到几十公顷不等。

上世纪50年代,是我国国民经济恢复并进行第一和第二个五年计划的建国初期,国家在有限的经济条件下,用于住宅的投资占当时建设总投资的十分之一,兴建了一批居住区,建设住宅近5000万平方米。60年代到70年代前半期,因受国内外不利政治因素影响,特别是1966~1976年十年动乱的影响,居住区和住宅建设基本陷于停滞,这期间人口却大幅度增加,以致城市居住条件恶化,形成巨大的住房"欠账"。

1978年以后,我国进入了改革开放时期,居住区和住宅建设也得到了恢复和全面发展,居住区的规划设计也不断改进。1980年开始的北京塔院小区的规划建设,以住宅楼高低层错落,景观层次丰富著称,树立了一个欣欣向荣的新型居住区的形象(见图17-1)[18]。

同时,住宅建设也大幅度增长,1981至2000年20年间住宅竣工面积7.63亿平方米,总投资达到国内生产总值(GNP)的7%左右,不但大大高于前30年的平均的1.5%,也高于国际上3%~5%的通常标准。建国以来各时期全国住宅竣工面积变化的图表见图17-2[18]。

进入新世纪后,居住区和住宅建设有了更大的发展,住宅建设规模从2000年的44.1亿平方米增加到2005年的107.7亿平方米,增幅达到2.44倍,同时,人均居住面积从1989年的6.6平方米迅速增长到2005年的30平方米(按北京、上海、天津、重庆4直辖市的平均值),说明城市居住条件得到很大改善,生活质量有了较大提高。

我国经济体制从计划经济向市场经济的转变,使居住区的建设机制发生了根本性变化,居民住宅也由过去的"福利分配"改为自己购置,房价则由市场决定。近几年,由于房价的大幅度提高,使一部分中低收入居民购房困难,尽管大量建造住宅,仍不能满足这些居民改善居住条件的愿望,这个问题政府正在通过建经济适用房或廉租房等措施逐步加以解决。

17.1.2　居住区建设发展趋向

经过近二十年的高速发展,我国城市居住区与住宅区建设在数量上可以说初步解决了"居者有其

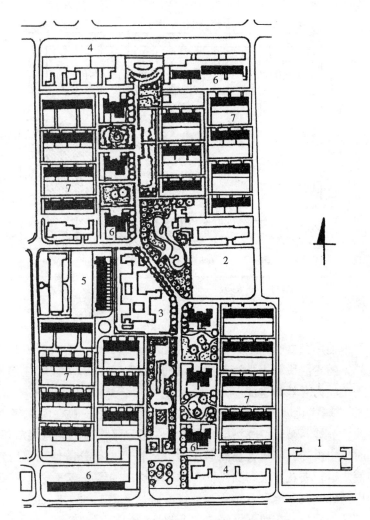

图 17-1 北京塔院小区规划总平面图
1—中学；2—小学；3—托幼；4—商店；5—锅炉房；6—高层住宅；7—6层住宅

屋"的问题，人均30平方米居住面积的指标，至少已达到中等发达国家的水平。但是在质量上，除少数高档小区或别墅区外，大量居民的生活质量和生活环境还比较差，例如配套设施不全，交通不便，服务不到位，管理水平低，环境质量差等等。这些现实问题，可以通过改进规划设计，特别是加强科学管理逐步得到解决。更重要的是，随着城市现代化的进展，居住区和住宅的现代化问题作为城市现代化程度重要标志之一，已经提上议事日程。在经济实力增强和现代科学技术发展的总背景下，让居民在现代化的居住区里过上现代的生活，应当是今后居住区和住宅规划设计的努力方向。归纳起来，大致有以下几个方面：

（1）交通现代化。对于大量远离城市中心区的居住区，首先要在城市总体规划中解决大型居住区与市中心之间的交通问题，发展轨道交通，保持合理的通勤时间。同时，要解决好居住区内部交通问题，因为从设在大型居住区边缘的公交车站到达个人的住所，往往还有很长的距离。如果只能步行，居民无奈必会自想办法，于是"黑车"、"黑摩的"、"黑三轮"等应运而生，增加交通的混乱。比较彻底的解决方法就是使大部分车行道路地下化或半地下化，使机动车辆从居住区周围的快速道路上经过地下道进入居住区中心和各个居住建筑组团。这样，居住区内仅为步行和自行车使用的道路就可以简化，宽度可以缩小，减少道路用地的比重，对于加强安全和改善环境都是有利的。对于大型居住区，还可将部分城市公共交通从地下引入居住区，例如地下铁道和过境的高速道路等，在居住区中心组织一个公共交

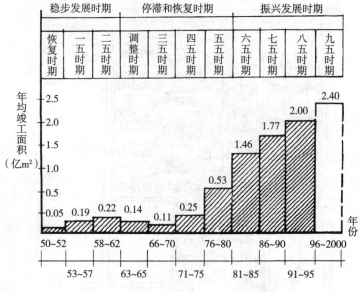

图 17-2 建国后各时期全国住宅竣工面积比较

通枢纽，使居民可方便地使用公共交通工具出入居住区，减少私人小汽车向城市中心区集中的程度和进入居住区的数量。此外，随着居民私人小汽车保有量的增加，必须解决在居住建筑附近大量停车问题，利用地下空间停车是一个较为有效的途径。

(2) 市政公用设施的现代化。居住区公用设施的现代化首先反映在实现集中供热和供冷问题上。采用集中供热可以节能，节地，减轻空气污染，在国外一般已经实现，国内当前正在提倡这种做法。如果能在集中供热的同时集中供冷，将大大提高居住的舒适程度，比分散使用家用空调器既方便又节能。但建立这样的系统和使之运行要花费很高的代价，像日本这样的经济高度发达国家，也是在近年才开始研究、试验和逐步推广区域空调系统（日本称为地域冷暖房系统）。例如，在东京的一个新建大型居住区光丘花园城就建立了这种系统。在地下机房中生产出 55 摄氏度的热水和 5 摄氏度的冷水，送至管网中的温度分别为 50 摄氏度和 7 摄氏度，用于区内公共建筑的集中空调，同时向居住建筑供应 20~24 摄氏度的温水，进楼后再用热泵升温后使用。区域空调机房的能源一部分来自高压电缆廊道中回收的热能，另一部分来自垃圾焚烧站生产的 30~45 摄氏度热水。其次是水资源的循环使用，利用屋顶贮存清洁雨水，作为中水使用，同时通过集中或分散的污水处理厂处理生活污水和地面雨水，生产的中水供冲厕、浇灌、洗车使用。生活垃圾以就地处理较好，可减少运距和清运过程中的二次污染，还可回收其中的热能。日本有一些新建大型居住区以及筑波科学城等处，都设置了垃圾的管道清运系统，用压缩空气将垃圾吹送到焚烧场，管道布置在地下多功能管线廊道中，运送到垃圾处理厂进行无害化和资源化处理，回收的能量用于供热或发电。

(3) 信息化和智能化。由于社会信息化和住宅智能化的发展以及自动控制水平的提高，居住区内增加了许多有线信息系统，除常规有线电话外，还可能有有线数字电视和有线广播系统，计算机联网系统，防灾防盗监控系统等等。一些机电设备的自动控制水平也将提高，加上电力供应的输配电系统，居住区内电缆的数量和密度将大量增加。这些线路和设施的地下化是很必要的，否则将影响居住区内的整洁和美观。

(4) 安全水平的提高。居住区现代化还应体现出安全水平的提高，建立起完整而充分的防灾抗灾系统，能够对可能发生的战争及各种自然和人为灾害实行有效的防护。因此，在居住区内按照国家规定的防护标准建立地下民防工程系统是十分必要的。除民防工程外，地面上在建筑物倒塌范围以外的空地，以及地下交通设施和公用设施中的部分空间，也应纳入防灾系统，提高其机动性和防护效率。只有这样，才能加强居民的安全感，一旦发生灾害时把损失降至最小。

（5）日常生活、工作的现代化。信息化和智能化的发展，可能在一定程度上改变居民传统的工作方式和生活方式，近年开始出现将居住与就业两种功能合并在一起的新型居住—就业综合区，并进行了初步的试验。人们在远离工作单位的家中，就可以借助于情报终端设施办公，相当于一个工作站（office station），不但节省时间，还可兼顾家务，工作节奏加快，效率提高，更可以减轻城市交通的负担。在未来的城市居住区中如果能够形成一种楼上居住，楼下上班，楼外花园，就近购物，地下停车的城市生活格局，则居民的生活方式将发生很大变化，更能适应未来信息化社会的需要，更有利于人的全面发展。

17.2 居住区地下空间开发利用的目的与作用

17.2.1 节约土地资源，促进居住区的集约化发展

城市的发展一般表现为人口的增长，规模的扩大，经济实力的增强，基础设施的完善，和居民生活质量的提高。所有这些都意味着城市空间容量的扩大，集中反映在城市用地需求量的增长，其中生活居住用地的需求量占有相当大的比重。城市中的生活居住用地平均占建成区总用地的45%，居住建筑的建筑面积约为各类建筑面积总和的一半。

城市每增加一个人口，就要相应增加一定数量的城市用地，包括生活居住用地。用地的增长表现为城市建成区面积的扩大。中国4直辖市人口与用地面积增长情况见表17-1。

4直辖市2000~2005年城市人口与用地的增长　　　　表17-1

城市	非农业人口（万人）			建成区面积（km²）		
	2000年	2005年	增长率	2000年	2005年	增长率
北京	726.9	855	18%	488	1182	41%
上海	938.2	1128	8.3%	549	820	67%
天津	499.1	532	9.4%	385	530	73%
重庆	381.7	477	8%	324	492	66%

从表17-1可以看出，城市化的进展和城市人口的增加使得对城市住房的需求量日益增长，同时随着经济的发展，原有居民的居住条件和生活环境需要不断得到改善，这些都构成了对城市用地的巨大压力。像我国这样土地资源比较匮乏的国家，城市用地供求之间的矛盾必然十分尖锐。为了缓解这一矛盾，除适当提高建筑密度、人口密度，和增加高层住房的比例外，在居住区内合理开发和综合利用地下空间，不但是一个比较有效的途径，还为满足未来社会中居民的多种新的需求提供了可能性。然而到目前为止，相对于城市地下空间利用的其他领域，如交通、商业、公用设施等，居住区地下空间利用的规模还不够大，其意义和作用在国内外尚未受到应有的重视。

在本书第10章中，已经分析了我国土地资源与城市发展用地在数量上存在的差距，而且形势之严峻已经到了城市用地不应再占用可耕地的程度。因此，除少数新设的城市外，原有的数百个城市的今后发展，都只应在过去已经划定的城市范围内实现，不容许进一步占用原行政区划以外的可耕地。即使在原规划区以内，除去建成区和山地、荒地、林带、河、湖、村镇，所余的农田和菜地也是有限的，过多的占用对城市经济的发展和生活水平的提高都是不利的。

在城市土地资源紧缺的情况下，为使生活居住用地仍能有合理的增长，一般可以采取调整城市用地结构和适当提高居住区建筑密度等措施。

居住区建筑密度通常用居住建筑面积毛密度表示，这个指标是在考虑环境质量与合理提高土地利

用率的前提下确定的。居住建筑面积毛密度指标直接影响到居民住区用地的多少，而影响毛密度值的主要因素是居住建筑平均层数、建筑间距，和公共绿地、广场等的面积，其中建筑层数的影响最大。

据有关资料分析，一般多层与高层住房混合的居住区，毛密度值的变化幅度在 1~2.5 万平方米/公顷之间。当全部住房为 6 层，采取行列式布置时，毛密度为 1；当其中 40% 为高层时为 1.2，60% 时为 1.3。当 100% 为高层建筑，且层数为 18~25 层时，毛密度值才有可能达到 2.5 万平方米/公顷。但是，靠加大高层住房比例和提高建筑层数以节约居住区用地要有一定的限度。首先，提高建筑物的层数后，为了保证每幢建筑物有足够的日照时间（一般最少为 1~3 小时），就必须加大相邻两建筑物之间的距离，建筑占地与空间的比例则难降低；虽有利于提高居住区内的人均绿地面积等指标，但不利于整个居住区用地的节约。据前苏联资料，提高层数的节地效益约为 3%~5%。其次，高层住房的层数本身也有一个合理范围问题，主要与结构体系、施工方法、造价、服务设施、消防设施、居民的可接受程度等许多因素有关。各个国家的城市，在不同时期都可能确定一个住宅层数的合理范围。例如，前苏联在 20 世纪 70 年代认为大城市中住房为 9 层时最经济，80 年代则提高到 16 层。在我国当前情况下，认为高层住房的比例不超过住宅总面积的 1/4（或 20%~25%），和高层住房的高度不超过 50 米（约 18 层）的主张和建议是较为合理的。

除建筑密度外，居住区的人口毛密度，即每公顷所容纳的居民人数也是衡量用地水平的一个指标，但是这个指标重要作用还在于衡量居住区的生态环境质量。在欧美一些土地较宽裕的发达国家，人口毛密度超过 200 人/公顷就被认为是高密度，而在国土狭小的国家和一些发展中国家和地区，居住区人口毛密度要高得多。例如，我国城市居住区人口毛密度平均为 600~800 人/公顷，少数甚至超过 1000 人/公顷；日本有的居住区为 800~1000 人/公顷，而香港由于用地十分紧张，有两个居住区的人口毛密度分别达到了 2100 和 4941 人/公顷。有关的研究资料表明，人口毛密度超过 160 人/公顷时，居住区内环境就开始恶化，绿地减少，环境质量下降。如果人口密度为 800 人/公顷，绿地面积按 1 平方米/人计，则居住区内人类生物量与绿色植物生物量之间的比例就会变得很不合理。当然，完全按照生态平衡的观点来规定居住区人口密度，在很多情况下是不现实的，但至少可以肯定，为了节约用地而过分提高居住区的人口密度是不适当的。

既然提高建筑密度和人口密度对于节省居住区用地都有一定的限度，就需要寻求其他途径，以进一步实现节约居住区用地的目标。合理开发与综合利用居住区地下空间，在节约用地等综合效益方面表现出很大的潜力，对于在不增加或少增加生活居住用地前提下，提高居住区空间容量，改善环境质量，促使居住区的发展从粗放式到集约化的转变，都可起到积极的作用。

17.2.2 减轻空气污染，促进居住区环境质量的提高

居住区的环境质量，除受城市环境总体质量的控制外，还受到居住区内部环境状况的影响。如果规划、设计、管理的水平都比较高，例如绿化率高，有水面，污水和垃圾得到有效管理等，可以在一定程度上减轻环境污染，甚至可使居住区内环境质量优于周围的城市环境；反之，如果对居住区内的污染源未加以控制和减轻，则完全有可能使居住区内环境恶化，降低居民的生活质量。

地下空间的开发，并不能直接改善环境，而是通过降低建筑密度，增加开敞空间，提高绿化率等间接改善的，但是，在地下空间停放汽车，可以直接起到减轻空气污染的作用，因为汽车尾气的排放是空气污染的主要来源之一，在居住区内私人和家庭汽车快速增多的情况下，如果都露天停放，不但部分占用了道路和绿地，尾气的直接排放严重影响居住区的空气质量。虽然在地下空间停车并不能消除尾气的污染，但可以采用集中高空排放或在停车场排风系统设过滤吸收装置，减少尾气低空直接排放对空气的污染。

17.2.3 加强防灾减灾，提高居住区的安全保障水平

在整个城市的综合防灾系统中，对居民生命财产的保护处于首要地位，因为在战争或其他灾害发生后，除少量必须坚持生产或值勤人员外，大部分居民应当在自己家中，夜间更是如此。因此居住区对人员掩蔽空间的需求量很大，现行人民防灾政策按一定比例建防空地下室的要求，已不能满足这种需要，因此，在居住区和住宅规划设计中，应提倡和鼓励大量建造有一定防护能力的地下室或半地下室，保证每一户家庭能拥有一处面积不小于6平方米的属于自己的防灾空间，战时防空，平时防灾，日常贮物。在住房商品化后，开发商对此已感到兴趣，因为有利于商品房的销售。此外，在绿地、空地、操场等处修建的地下停车库，可用于弥补住宅地下防灾空间之不足，也可用于救灾物资的贮存。

17.3 居住区地下空间规划

17.3.1 居住区地下空间利用的主要内容

从居住区的基本功能要求看，对建筑空间的需求大体上有三种情况。第一种情况是有些功能必须安排在地面上，例如居住、休息、户外活动、儿童和青少年教育等；第二种情况是某些需求只有在地下空间中才能满足，如各种公用设施和防灾设施等；第三种情况是既可以布置在地面上，也可以安排在地下空间中，或者一部分宜在地面空间，另一部分适于在地下空间。属于后一种情况的内容较多，如交通、商业和服务行业、文化娱乐、社区医疗、老年和青少年活动、某些福利事业（如残疾人工厂）等。因此，居住区地下空间开发利用的适宜内容，可概括为交通、公共活动、公用设施和防灾设施等四个方面。

（1）地下交通设施

居住区内的动态交通设施有车行道路（包括干道和支路）、步行道路、立交桥等；静态交通设施有露天停车场、室内停车场、自行车棚，大型的还有地铁车站。在本节开始时已经指出，由于工程量大，造价高，在近期内实现居住区内动态交通的地下化是不现实的，但不排除采取适当的局部地下化措施。因此，在可以预见的一个时期内，居住区交通设施的地下化应以满足居民停车需求为主。

发达国家经过20世纪60~70年代经济高速发展后，城市中私人小汽车数量迅速增多，要求在居住区内住房附近提供停车位置。利用建筑物地下室、楼间空地、广场等处的地下空间，采取集中与分散相结合的方式建造一定规模的地下停车库，不但可节省用地，还可以使停车地点最大限度地接近车主的住处，且在寒冷地区的冬季可节约为车辆保温用的能源。在我国，随着国民经济的发展，私人小汽车的出现和日益增多的趋势是不可避免的，因此首先应制定居住区内停车数量和用地的合理指标，据此进行地下停车设施的规划设计。

关于停车量的指标，过去曾参考国外情况和我国汽车发展情况，认为每百户城市家庭拥有30辆私家车的指标比较合理，但由于近年汽车增长速度很快，各城市的情况差异又很大，制定全国统一的指标是不实际的，由各城市根据自己情况决定较为现实。总体上看，有的城市按居住区的居民收入和拥有车辆的平均水平分为几个等级，例如别墅区最高，按2辆/户计，高档、高、低层混合居住区定为1辆/户，中、低档居住区取0.5~0.3辆/户，比较合理。关于停车用地指标，以1辆/户的居住区为例，当露天停放每车位占地15平方米时，则停车用地面积=1辆/户×15平方米×户数。由于我国居住区规划指标中还没有包括停车用地，故只有大量增加居住区用地才能满足停车要求。因此，尽管地下停车库每个车位需建筑面积30~35平方米，但不占用土地和地面空间，节约用地的效果十分明显，故近年已广泛得到认同和推广。

（2）地下公共活动设施

居住区内公共建筑的面积一般占总建筑面积的 10%～15%，用地占总用地的 25%～30%，这是由于公共建筑层数较少和需要的辅助设施用地较多所致。过去在我国，居住区内的公共建筑很少附建地下室，在公共建筑用地范围内也很少开发地下空间，而少量地下空间的利用多分散在一些多层居住建筑的地下室中；当有高层居住建筑时，又多集中在高层建筑地下室中。但是实践表明，建在这些居住建筑下的地下室，由于结构和建筑布置上的一些特殊要求，较难安排一些公共活动，以致利用效率不高。因此，除高层建筑必须附建的地下室外，居住区用于公共活动的地下空间开发的重点应向公共建筑转移。

在居住区公共建筑中，一部分内容不宜放在地下，如托幼设施、中小学等，其余大部分都有可能全部或部分地安排在地下空间中，主要有商业和生活服务设施和文化娱乐设施，以及社区活动、物业管理等设施。

在商业和生活服务设施中，除一部分营业面积可在地下室中外，还有一些辅助设施，如仓库、车库、设备用房、工作人员用房等，与营业面积之比大体为 1:1，其中约有 2/3 适于放在地下空间中，这样就可使公共建筑用地在总用地中的比重有所减少。

关于文化娱乐设施，除大型居住区可能有电影院、图书馆等较大型公共建筑外，一般多以综合活动服务站为主，如青少年活动站、老年人活动站等。这些活动多为短时，且人员不很集中，对天然光线要求不高，故在地下空间中进行较为适宜。近年来，在一些高档居住区中，出现一种公共建筑新类型，称为会所，地面上各层综合布置商业、服务、娱乐等用房，地下空间用于体育、健身活动、游泳池等。

（3）地下市政公用设施

居住区内的公用设施有锅炉房、热交换站、变配电站、水泵房、煤气调压站等建筑物，以及各种埋设的或架高的管线。

除锅炉房不宜设在地下外，其他各种公用设施建筑物或构筑物均可布置在地下或半地下，既节省用地，也改善居住区内的环境和景观。

有些工、矿企业的生活区，习惯于按厂、矿区内的管、线在地面上高架的方式布置居住区内的公用设施管、线，虽然安装、检修比较容易，但对于居住区内空间的完整有较大的影响，景观效果也较差，因而不宜提倡。直接埋设在土层中的公用设施管线，较多地占用了浅层地下空间，又不便于检修，一旦出现破损情况，可以在局部形成某种灾害，对地上和地下建筑都是不利的。因此在有条件时，宜将各种在技术上有可能集中的主干管、线综合布置在多功能综合廊道中。

（4）地下防灾设施

利用地下空间防护能力强的特性，在不增加或少增加投资的前提下，使居住区内各类地下空间都具有一定的防护和掩蔽功能，是解决大量居民防护和掩蔽问题最经济有效的途径。关于地下防灾设施的内容，在本章 17.2.3 中已有所述及，此处从略。

17.3.2 国外居住区地下空间利用情况

国外城市居住区的地下空间利用，除一些公用设施的管、线按传统做法多埋设在地下，和一部分高层建筑的地下室外，内容还不够广泛，规模也不够大，这可能与一般认为地下环境不适于居住有关。有些欧洲国家和前苏联，在居住区地下空间利用上增加一些新内容，通过利用地下空间改善区内的交通和增加商业服务设施，取得较好效果。但是像日本这样地少人多的国家，虽然在城市地下空间利用方面居于世界前列，但在城市居住区，还看不到地下空间得到充分的利用。例如，日本在 20 世纪 60 年代建设的有代表性的大阪千里新城居住区，仅在区中心设置了几处露天停车场和几座多层停车库，而在住宅附近则无处停车，只能停放在楼房附近的空地上；近年来居民拥有的小汽车数量不断增多，在居住区已建成使用多年的情况下，再修建地下停车场相当困难，只得牺牲一些绿地，在住房附近开辟小型的露天停车场。日本在20世纪80年代建设的东京光丘公园城大型居住区，体现了当时日本规划设计的最高水平，集中采用了多种现代新技术和设施，希望建成一个21世纪样板城镇。但是这个居住区内除公用设施系统（包括全部电力、电信电缆）和两个容量为20万吨的防灾贮水库在地下外，并没有更多考虑开发利用地下空间，对于一些高层住宅的地下室，除做设备层外，也没有更充分地加以利用。

为了解决交通安全问题，丹麦在一个居住区中，规划了全面高架的步行道，可通向每一幢住宅，高架道的下部空间则作为停车场。这种布置方式虽可使人与车彻底分开，但居住区内蜿蜒曲折的架空步行道，会产生不良的景观效果。如果把汽车路下沉到地面标高以下，做成路堑式道路，可能比高架式的效果要好。瑞典斯德哥尔摩的一个居住区就采取了这种做法。所有干道和支路都做成路堑式，上面架设若干步行过街桥，使区内大部分步行交通与汽车分离，见图17-3。当然，如果将全部汽车路置于地下，两侧设置地下停车场，则不但可以彻底解决人车分流问题，而且可以减少汽车废气对居住区空气环境的污染。这种理想方案在当前的技术经济条件下还不容易实现，但作为一个发展方向，是值得认真研究的。

居住区内的静态交通，由于私人小汽车的迅速增多而日益恶化。一些人均小汽车保有量高的国家，在居住区规划中开始考虑私人汽车的地下停放问题，因为在地面上建造多层停车库，从安全、环境和景观角度看都是不利的。英国、前苏联等都有这种做法，在德国尤为普遍。如法兰克福的西北城居住区有居民6500户，除地面上设800个车位的停车场外，在区中心建一座容量为2800辆的大型地下停车场，还有60座每个容量为40~80辆的小型停车库，分散布置在居住楼群之间的地下，使住房与车库的最大距离只有1509米，见图17-4。前苏联莫斯科的北切尔塔诺沃居住区，规划人口2万，按每千居民150个停车位规划设计了总容量为300辆的地下停车库，车辆由地下通道出入，做到了步行与汽车交通完全隔离，见图17-5。

图17-3 采用明堑式道路实现居住区内步车分离的做法

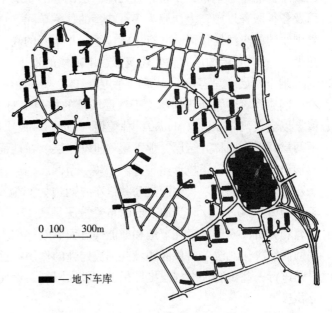

图17-4 法兰克福市西北城居住区的地下停车库布局

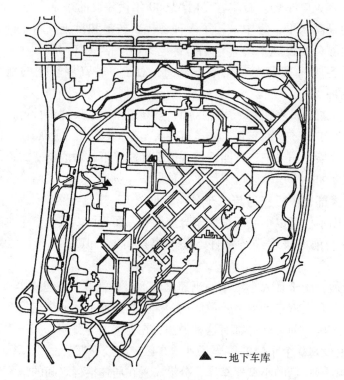

▲—地下车库

图 17-5 莫斯科市北切尔塔诺沃居住区的地下停车库布局

随着居住区内高层建筑的增多和居住区功能向综合化发展，在国外的一些居住区中，特别是在居住区或小区的中心地带，常常布置几座高层的综合大楼，底下几层和地下层内布置停车场、商店、机房，以及各种服务设施，上层则为多种户型的住宅单元，这也是合理利用高层建筑地下室的一个途径。例如美国纽约的东河居住区，共有 4 幢位置互相错开的高层住宅楼，每幢楼的两翼为阶梯式多层住宅，在转角处为一个 38 层的塔式住宅建筑。这 4 幢楼的地下室和楼间空地的地下空间连成一片，在其中设置车场（地下两层，总容量 685 辆）、商店、仓库、保健中心、洗衣房等，见图 17-6。

瑞典建筑师阿斯普伦德关于双层城镇的构想，对于研究大型居住区交通系统地下化问题有参考价值。以瑞典玛尔默城（Malmo）林德堡（Lindebaorg）居住区按双层城镇原则的规划方案为例，分为上下两层，地面层称人行层，地下层称机动车层。在地面层有一条南北向主要道路，向东、西各伸出 6 条枝形道路；沿每一条枝形路布置若干幢一至四层的居住建筑。地下层中的道路与地面层上下对应，有 3 条双行道，间隔 5 米，中间走公共汽车，两边为其他车的停车场。支路只有一条车行道，两侧可停车，车速为 20~30 公里/时。地下层的布置情况见图 17-7，局部放大平面见图 17-8。根据阿斯普伦德的计算和分析，双层城镇在节地和节能等方面的效益相当显著，更重要的是居住区交通的人车分流问题得到彻底解决，对改善居住区环境起到决定性的作用。但是，由于造价高，工程相当复杂，即使在瑞典也只是进行一些试验，大规模推广仍受到较大限制，然而作为一种构想和远期可能实现的目标，仍具有十分积极的意义。

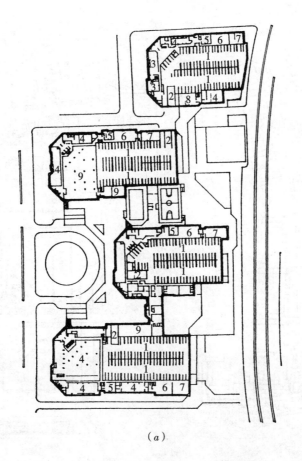

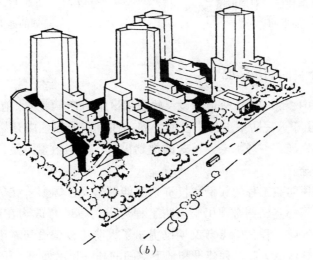

图17-6 纽约"东河"居住区的立体化布置
(a) 地下一层平面;(b) 鸟瞰图
1—停车库;2—坡道;3—办公室;4—商店;5—洗衣房;6—儿车存放;7—贮藏室;8—维修器材库;9—保健中心

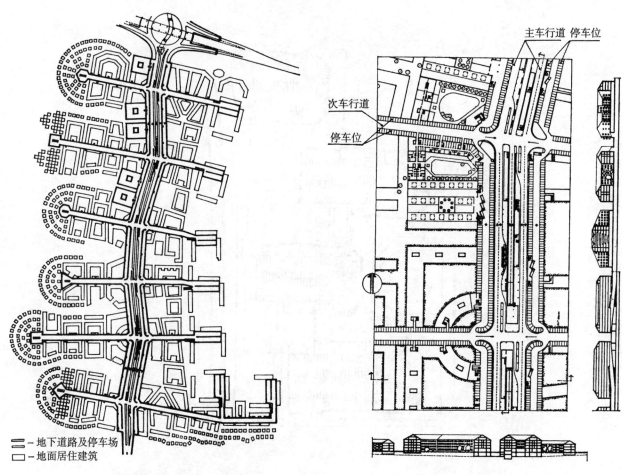

图 17-7 瑞典林德堡居住区"双层城镇"
规划的地下层平面

图 17-8 瑞典林德堡居住区"双层城镇"
规划的地下层局部平面

17.3.3 国内居住区地下空间利用情况

在我国城市的居住区中，除在地下分散埋设一些公用设施的管、线外，地下空间很少加以利用。自 20 世纪 60 年代末以来，由于人民防空工程建设的发展，在有些居住区内开始修建了一些防空地下室。但早期的防空工程建设的发展，一般都未经正式的规划设计，不但数量不足，分布不均，质量也很差，防护能力低，防护设施不全。

为了保证居住区内人民防空工程的数量和投资来源能够落实，国家曾在 70 年代后期，在居住区总的基本建设投资中，规定了一定比例必须用于人防工程建设，1984 年改为在新开发居住区总建筑面积中要保证修建一定比例的人防工程，1988 年又明确提出了人防工程建设与城市基本建设相结合的方针。所有这些有关政策，对居住区的人防工程建设和地下空间的开发利用都起了积极作用，在一些城市的居住区规划中，开始考虑地下人防工程的合理布置问题。图 17-9 和图 17-10 为北京和上海两个新开发居住区的人防工程总体规划举例。

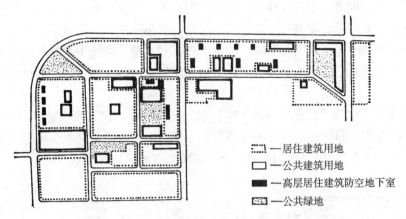

图 17-9 北京市莲花河居住小区人防工程布局

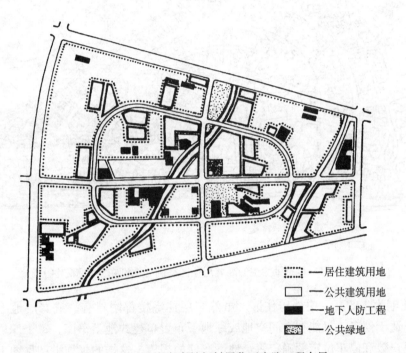

图 17-10 上海市康健新村居住区人防工程布局

自 20 世纪 90 年代以来，情况发生了很大变化。由于住房体制的改革，居民拥有私家车数量的迅速增加，以及人民防空战略和政策上的变化，居住区地下空间的开发利用有了很大发展，内容主要为住宅楼的防空防灾地下室、公共建筑的地下商业、服务、社区活动等设施，以及地下停车库。地下空间的开发总量在整个城市开发总量中所占比重越来越大。表 17-2 列出北京、青岛、厦门三城市在近年完成的地下空间规划中进行的 2020 年地下空间需求量预测结果，可以看出居住区地下空间需求量之大和在城市总需求量所占比重之高。

北京、青岛、厦门城市居住区地下空间需求量预测（2020 年） 表 17-2

城市	地下空间需求总量（万 m²）	居住区地下空间需求量（万 m²）	居住区所占比重（%）
北京	8940	4250	48
青岛	2887	1785	62
厦门	1950	1050	54

尽管城市生活居住用地增长很快和居住区地下空间需求量很大，但迄今居住区地下空间规划问题仍未受到应有的重视，对规划设计的有关定额、指标也缺少具体规定，因而规划还存在一定的自发性和随意性，除按比例应建的防空地下室由市人防部门审批外，对其他大量地下空间利用的项目则没有规划要求和审批程序，这种状况是亟需改变的。这里，仅对当前较典型的几类居住区的地下空间规划问题提出一点建议。

（1）以低层别墅为主的高档居住区的地下空间规划比较简单，因为别墅建筑一般都有一层地下室，和在地上一层有一间车库，因此勿须为防灾和停车另外规划地下空间，只在会所等公共建筑附建一或二层地下室，供健身和社区活动即可。图 17-11 为以别墅为主的居住区规划举例[18]。

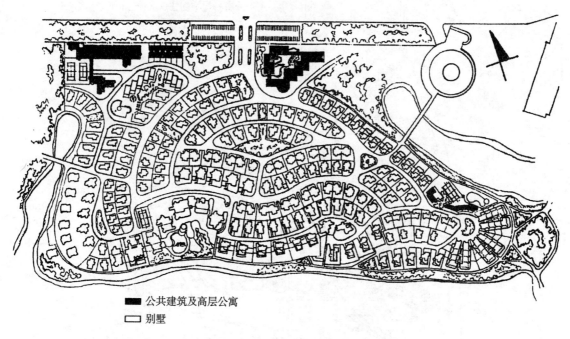

■ 公共建筑及高层公寓
□ 别墅

图 17-11　以别墅为主的高档居住区举例（深圳东方花园小区）

（2）以高层住宅为主的高、中档居住区，虽然高层住宅楼都附建有一或二层地下室，但由于面积小和结构原因，不适于停车，只能在楼间空地或绿地下布置单建式地下车库，每个库供一个高层住宅组团使用，按照居民户数和停车位定额确定每个地下车库的规模。这样的规划举例见图 17-12[18]。此外，有一些布局在市区繁华地段的高层居住小区，空地很少而停车需求量很大，可以采用整体开发地下空间的方法，小区地面成为一个平台，上面绿化，下边停车，示意图见图 17-13[11]。

（3）高层和多层住宅混合的中、低档居住区建设数量较多，规模也比较大，应作为地下空间规划的重点。多层住宅楼一般应附建防灾地下室或半地下室，基本满足居民掩蔽的需要。高层住宅楼居民的防灾空间除一部分在高层地下室外，可将附近地下停车库的部分空间为居民掩蔽之用。居住区内停车应以地下停车为主，按停车定额确定车库规模后适当分散布置在楼间空地或集中绿地之下，还可考虑布置在中、小学的操场地下，但要解决好进、出车的安全问题。居住区内公共建筑的地下空间，可供各种社区活动、物业管理等使用。图 17-14 为高层和多层住宅混合的居住区规划举例[18]。

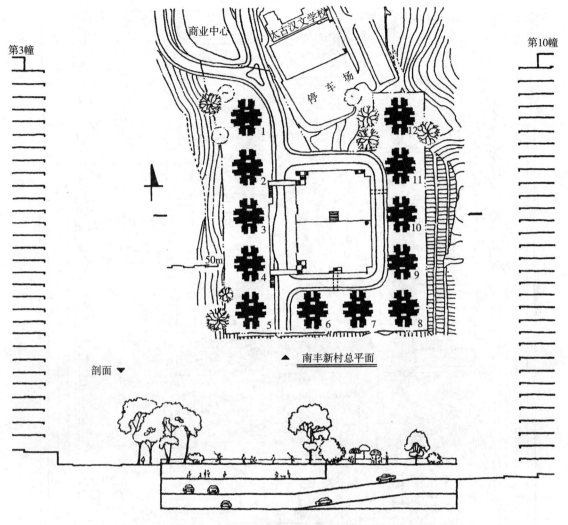

图 17-12 以高层住宅为主的居住区举例（香港南丰新村居住区）

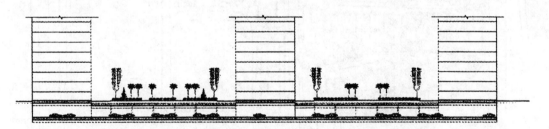

图 17-13 以高层住宅为主的居住区整体开发地下空间用于停车示意

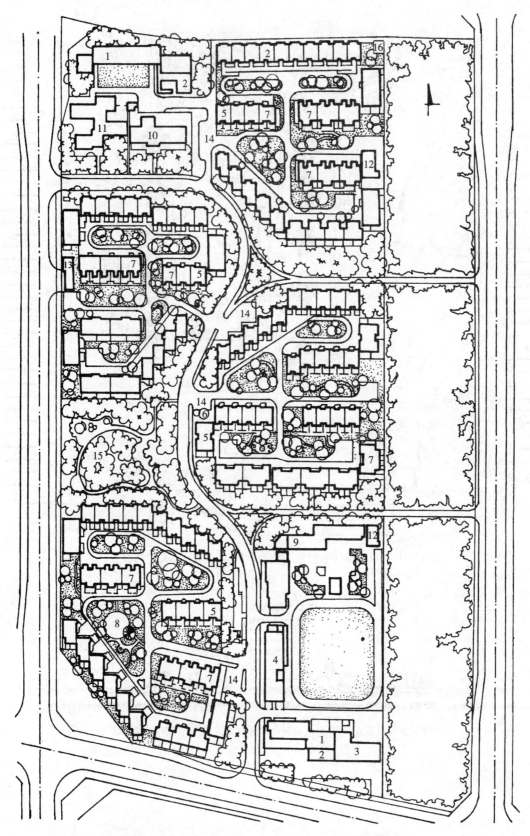

图 17-14 高、多层住宅混合的居住区举例（北京恩济里小区）

1—高层公寓；2—底层商业；3—底层农贸市场；4—小区管理；5—底层居委会；6—信报箱；7—附建式地下车库；8—单建式地下车库；9—小学；10—托儿所；11—幼儿园；12—变电站；13—垃圾站；14—小汽车停放；15—中心花园；16—公厕

第 18 章 城市新区、新开发区、特殊功能区地下空间规划

18.1 城市新区

18.1.1 城市新区（新城）的建设与地下空间利用

一些大城市和特大城市，当发展到一定阶段时，由于人口的增加，城市空间容量接近或超过饱和，致使城市矛盾不断加剧，影响城市的可持续发展。在这种情况下，出路一般有两个：一是不断向周围扩大城市用地，另一个是对原有城市进行现代化改造，实行立体化再开发，在不增加或少增加城市用地的条件下扩大城市容量，提高土地利用效率。但是在一些特殊情况下，例如省会城市，有两级行政机构，缓解空间不足的难度较大，如果同时又是历史文化名城，则改造的难度就更大。因此，有一些城市采取迁出部分城市功能，在一定距离内另辟新区（过去称卫星城现在有的称新区，有的称新城）的做法，以减轻原有城市改造的压力。日本东京新宿、池袋、涩谷三个"副都心"的建设，法国巴黎拉·德方斯新城的建设，是国外较典型的实例。近几年，我国的郑州、广州等省会城市，和非省会大城市宁波，都在原城市附近另建新城；杭州不但是省会城市，又是历史文化名城和国家级风景名胜区，在钱塘江边另建新城，对旧城的保护与改造的积极作用就更为明显。

不论是国外还是国内，建设新城都重视三维空间的开发，较大规模地开发利用地下空间，使新城的空间容量合理，环境质量优良。从我国已开发建设的几个新城来看，大致有以下几个特点和问题：

（1）新城的地面空间规划经过招标或邀标，一般都比较完善，规划水平也比较高。但是像日本和法国那样，地上、地下空间统一规划的情况还很少做到，往往是先确定地面总体规划，过一段时间再补做地下空间规划，这样就使地下空间规划只能依附于地面空间规划，难以统筹和创新。

（2）新城建设用地多为征用过去郊区的农业用地，付出的土地费、拆迁费要比中心城区低得多，虽然降低了开发成本，但却助长了不珍惜土地的思想和侵犯农民利益的行为，同时也淡化了利用地下空间，实行立体化集约化开发的理念。

（3）由于新城的规模都比较大，暂时没有必要在整个用地范围内进行地下空间规划，因此第一阶段的地下空间规划多集中在新城的核心部位或重点部位，例如中央商务区、中央行政区、轨道交通沿线和主要站点等。

（4）有关新城地下空间规划的建设规模，开发强度等问题，还没有统一的标准和指标，使不同规划方案之间的差距很大，有的规划地下空间开发规模超过 200 万平方米，但是依据不充分，致使方案的科学性、合理性难以判断。

18.1.2 国外城市新区地下空间的开发利用

（1）日本东京新宿地区

新宿原是东京的郊区，旧称原宿，1885 年建成火车站，1923 年关东大地震后，居民向西迁移，新宿地区开始发展。"二战"后，人口增长更快，火车站增加到 3 个（西口、东口、南口），日客流量超过 100 万人。在这种情况下，1960 年成立了"新宿副都心建设公社"，作为东京都的副都心之一，开始全面规划新宿的立体化再开发，并逐步实施。1964 年建成东口地下街，1966 年建成西口地下街，基本完成了车站西侧地区的改造，又经过 10 年左右，1975 年建成歌舞伎町地下街，1976 年建成南口地下

街，完成了车站东侧地区的立体化再开发，形成了一地下综合体群，4个地下街的基本情况见表18-1。

东京新宿地区地下综合体群　　　　　　　表18-1

地下街名称	建筑面积（m²）	停车容量（台）	建成时间
新宿西口	29650	380	1966.11
新宿东口	18675	210	1964.5
新宿南口	17078	296	1976.3
歌舞伎町	38000	385	1975.3

新宿地区再开发规划示意见图18-1，新宿西口地下街地面层平面见图18-2。

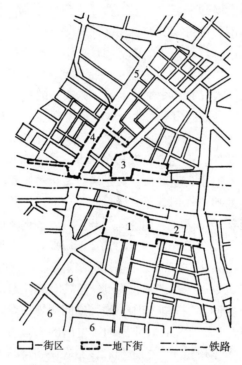

图18-1　东京新宿地区再开发规划示意
1—新宿西口地下街；2—新宿南口地下街；3—新宿东口地下街；
4—歌舞伎町地下街；5—靖国路；6—超高层建筑

（2）法国巴黎拉·德方斯新城

1976年经过修订后的巴黎大都市圈规划（简称SDAURIF），为了保护老市区的传统风貌和塞纳河景观，决定在郊区建5座新城。从巴黎市中心肯克鲁德广场向西北4公里处建设的拉·德方斯新城（La Defense）就是其中之一。新城总面积760公顷，A区130公顷，为商务中心区，有办公面积150万平方米；B区530公顷为居住区，居民6300户。

拉·德方斯新城的规划特点是将全部交通设施置于地下空间，地面上完全绿化和步行化。为此对地下空间实行整体开发，上面盖上一层整块的钢筋混凝土顶板，形成所谓的"人工地基"。在人工顶板下面，布置了高速铁路、机动车，并与大都市圈内外形成网络，是一大型交通枢纽。从A地区的交通规划上看，这里以前是进入巴黎的13号国道线和国道192号线的交汇点，在法国是最大交通量的动脉。人工地基下面有高速公路（A14）、国道（N13号，N192号）和换乘站，还有高速铁路（PRE）与车站、停车场、通风机房和与地面联系的自动扶梯、电梯。规划中将上下水道和电气通信的管线进行综合化，全部的管道长度达到15公里。高速铁路在1986年开通，从拉·德方斯到爱德华是5分钟，到剧院站是

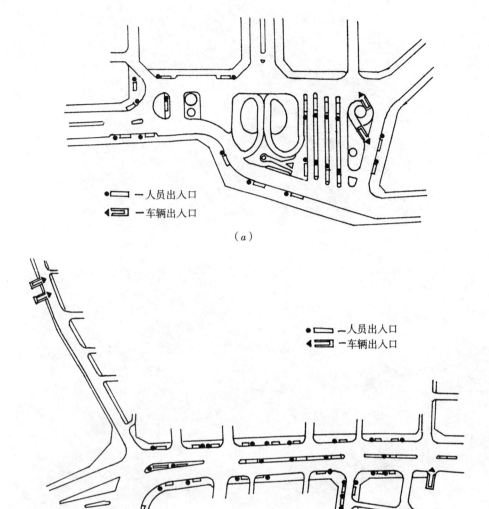

图 18-2　东京新宿地下街地面层平面
(a) 新宿西口；(b) 歌舞伎町

7分钟，到列·阿莱是 10 分钟。地下停车场的容量是 25000 辆。这种地面人流、地下车流完全分离的双层城市，被认为是现代大城市开发的重要手段。

矗立在广场最里端的主体建筑 Grande Arche 被誉为"德方斯之首"，也被称为新凯旋门，一边的长度是 110 米的门形的立方体，配有漂亮的大理石和大玻璃。在这幢楼里，同时驻有国家机关和民间企业。在 A 区内，还有欧洲最大的购物中心，建筑面积 12 万平方米，外型为一个大跨度拱顶。

从大都市圈的定位来看，作为新城或副都心，由于开发的成功，吸引了居住人口，而且使 40 多家知名企业进入该地区，减轻了巴黎市中心的人口压力，实现了产业构造转换（转为第三产业）和职住近接，成为巴黎大都市圈多核心中的一大核心，对有效的保护市中心的历史风貌以及提高居民的生活质量起到重要的作用。

图 18-3 是拉·德方斯新城的区位图、东区中心总平面图和中心轴纵、横剖面。

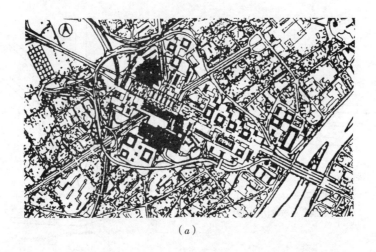

(a)

(b)

图 18-3 巴黎拉·德方斯新城区位图、东区中心总平面图和中心轴纵、横剖面图
(a) 巴黎拉·德方斯 A 区区位图；(b) 巴黎拉·德方斯新城东区新凯旋门，四季商业娱乐中心总平面
1—新凯旋门；2—四季商业娱乐中心；3—国家工业技术展览中心；4—拉·德方斯顶端广场

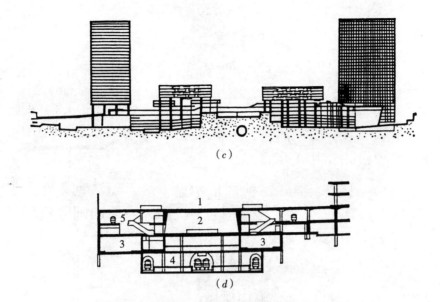

图 18-3 巴黎拉·德方斯新城区位图、东区中心
总平面图和中心轴纵、横剖面图（续）
(c) 巴黎拉·德方斯新城东区中心轴纵剖面图；(d) 巴黎拉·德方斯新城东区中心轴线横剖面图
1—地面道路；2—换乘广场；3—汽车公路；4—地铁站台；5—公共汽车站

18.1.3 国内城市新城地下空间规划

（1）杭州钱江新城及萧山钱江世纪城[①]

杭州是浙江省省会，是历史文化名城，又有驰名中外的西湖风景区。在这样的背景下城市的发展确定了"城市东扩、旅游西进、沿江开发、跨江发展"的总战略，从"西湖时代"跨入了"钱塘江时代"。为此，拟在老城南到钱塘江边，规划建设"钱江新城"，同时在江南岸萧山区规划建设"钱江世纪城"。钱江新城的核心区面积 4.02 平方公里，以行政办公、商务贸易、金融、文化娱乐和商业功能为主；萧山钱江世纪城面积 22.7 平方公里，以办公、金融贸易、科研信息、空港服务、行政管理为主要功能，其次为生活居住、商业、娱乐等功能，是一个现代化的、景观特征鲜明的城市商务中心区。

作为 21 世纪的城市新中心，规划都同时考虑了地下空间的开发利用，形成城市地面、地上和地下空间协调发展，并把由于交通阻隔而造成分散的城市公园、绿地、广场以及大型公共建筑的地下空间以地铁站为枢纽，通过地下步行系统将它们有机联系起来，在各种功能相互兼容的情况下，组成居住、办公、商业、娱乐、政治与文化的综合体。目的是改善城市环境，缓解城市交通，保障城市安全，完善城市空间结构。为此，钱江新城地面建筑量约为 650 万平方米，规划开发地下空间 210 万平方米，相当于地面建筑量的 30%；钱江世纪城规划开发地下空间 500 万平方米，约相当于地面建筑量的 10%。

当前，新城与世纪城的地下空间规划均已完成控制性详细规划阶段，局部已开始实施。钱江新城与钱江世纪城的区位关系见图 18-4，钱江新城地下一层平面见图 18-5，地下二层见图 18-6，沿主干道剖面见图 18-7。

---

① 资料来源：杭州市钱江新城建设管理委员会，杭州市萧山区建设局。

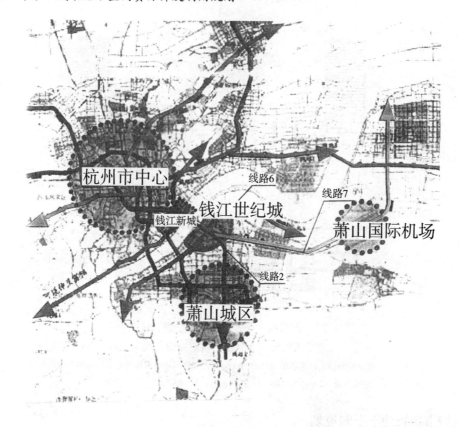

图 18-4　杭州钱江新城与钱江世纪城区位图

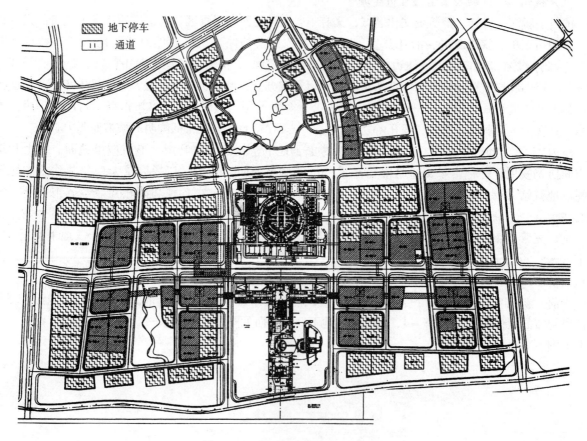

图 18-5　钱江新城地下一层平面图

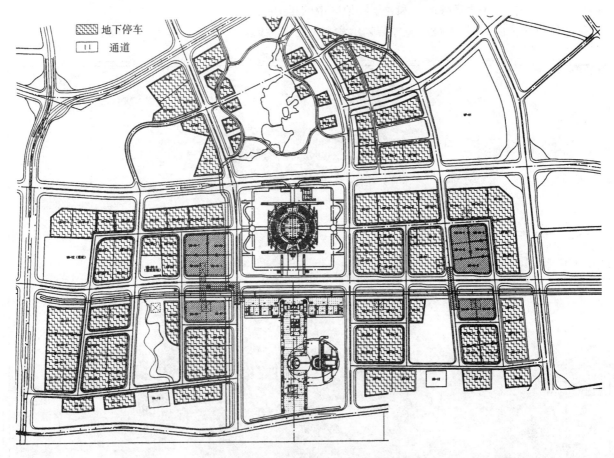

图 18-6 钱江新城地下二层平面图

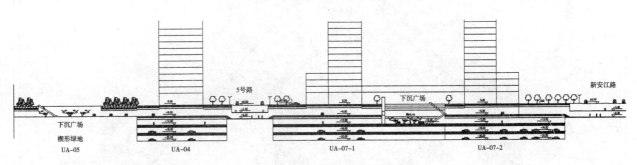

图 18-7 钱江新城沿主干道剖面图

(2) 郑州郑东新区

郑州地处我国中原腹地,是河南省省会,为全国重要的交通枢纽和农产品交易中心。到 2000 年郑州市非农业人口 159 万人,城市建成区面积 133 平方公里。根据总体规划的发展目标,到 2020 年,市区人口将达到 500 万人,中心城区建成区面积将达到 500 平方公里,并决定,在原有城市,距市中心约 6 公里处,建设一座面积为 150 平方公里的"郑东新城",作为把郑州建成为全国区域性中心城和现代化商贸城市而采取的重要战略举措。郑东新城面积超过原城市 2000 年的面积,土地已全部被征用,迁出农民 5 万余人,目前正在进行面积为 25 平方公里的"起步区"的基础设施和一些大型公共建筑的施工。

21 世纪初,郑州新城经国际招标确定的总体规划方案,由于招标时没有提出要求,故方案只对地面空间进行了规划。不久后,郑东新区管委会又向国内有关单位提出补做地下空间规划的要求,重点为起步区内的核心区（中央商务区）和龙子湖地区内的集中绿地。

郑东新城区位图见图 18-8，总体规划示意图见图 18-9。

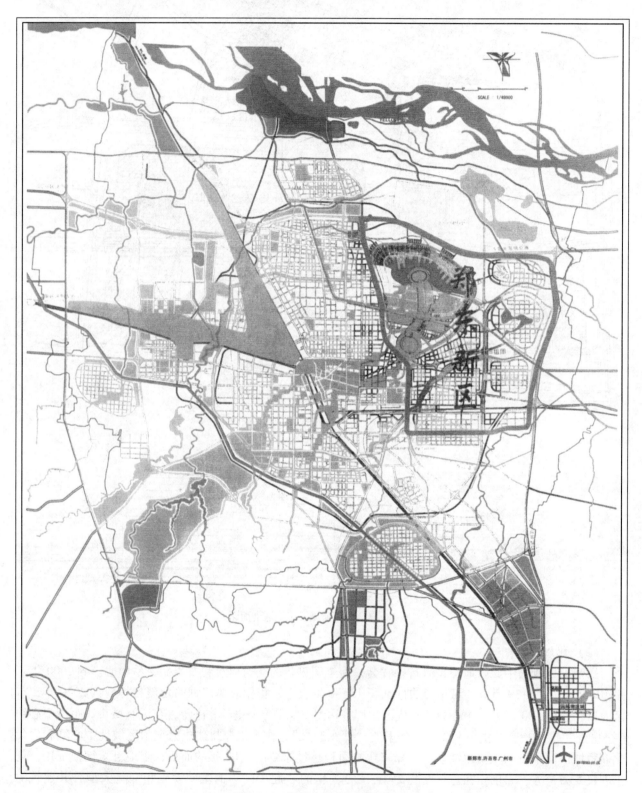

图 18-8　郑州市郑东新区区位图

图 18-9 郑州市郑东新区总体规划及分区图
1—起步区；2—龙湖北区；3—龙子湖地区；4—经济开发区；5—中央商务区；6—集中绿地

由于各种原因，位于郑东新城核心部位的中央商务区地下空间规划至今尚未完成，这里仅简要介绍集中绿地的地下空间修建性详细规划的情况。

集中绿地位于中央商务区的东南侧，属龙子湖地区，主要是商住和物流，按控制性详细规划，绿地由两个地块组成，中间有一条城市次干道通过，总面积17.7公顷。规划要求地面为大型公园和绿地，地下空间开发量约8.5万平方米，主要功能为商业占50%、娱乐占10%、停车（660辆）占35%，分三期完成，一期完成约60%。

方案一的总体规划示意见图18-10，地下一层、二层平面见图18-11，中轴线剖面见图18-12。

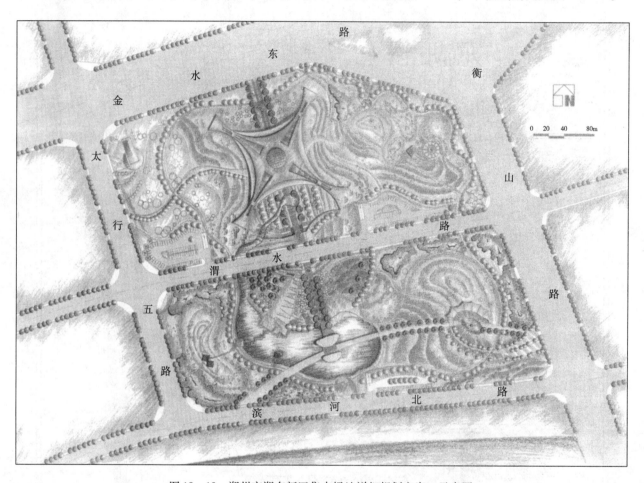

图18-10　郑州市郑东新区集中绿地详细规划方案一示意图

(3) 宁波东部新核心区

宁波是浙江省第二大城市，也是我国东南部重要的经济中心城市和海港城市，地处"长三角"经济区的东南角，城市发展很快，2005年，在城市综合竞争力排名中居第12位，高于厦门（16位）、大连（17位）、青岛（20位）。

21世纪初，宁波市决定在原有城市的东部实行城市再开发，建立东部新核心区，面积约8平方公里，将行政中心迁移至此，并建新商务中心区；东侧建中密度和低密度居住区。

在已经完成的东部新核心区总体规划的基础上，宁波市邀请了日本公司进行该区的地下空间规划，以海晏路和院士路两个地铁为中心，600米为半径的范围内为规划的重点地区。以海晏路地铁站周边地区为例，规划的内容有：

- 地铁1号线站和5号线站；
- 地下街布置在海晏路下，将地铁5号线站与海晏路两侧CBD的建筑物地下层连通起来；

- 地下道路,将过境交通、公共交通、货运交通都引入地下道路;
- 公共汽车终点站,与地铁站在地下换乘;
- 地下停车场,置于CBD中心广场地下,与周围建筑物的地下停车场通过连络通道串联起来。

宁波东部新核心区区位图见图18-13,土地利用规划图见图18-14,规划重点地区位置图见图18-15,海晏路地下街的3个剖面图见图18-16,剖面表现了地下商业街、步行道与地铁车站、地下道路及两侧建筑物的关系。

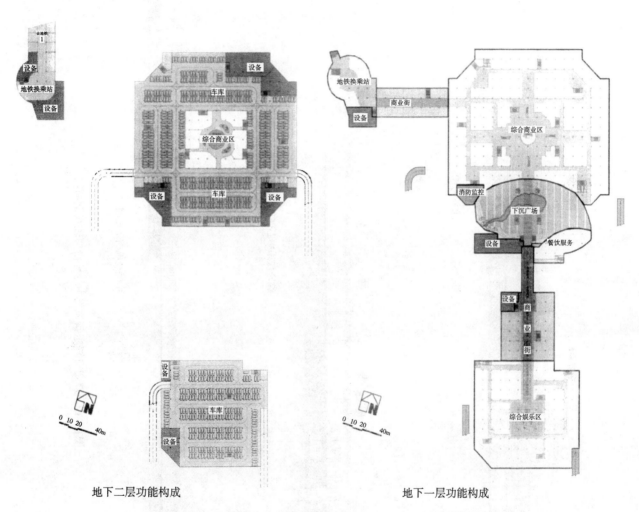

图 18-11 郑州市郑东新区集中绿地地下一层、二层平面图

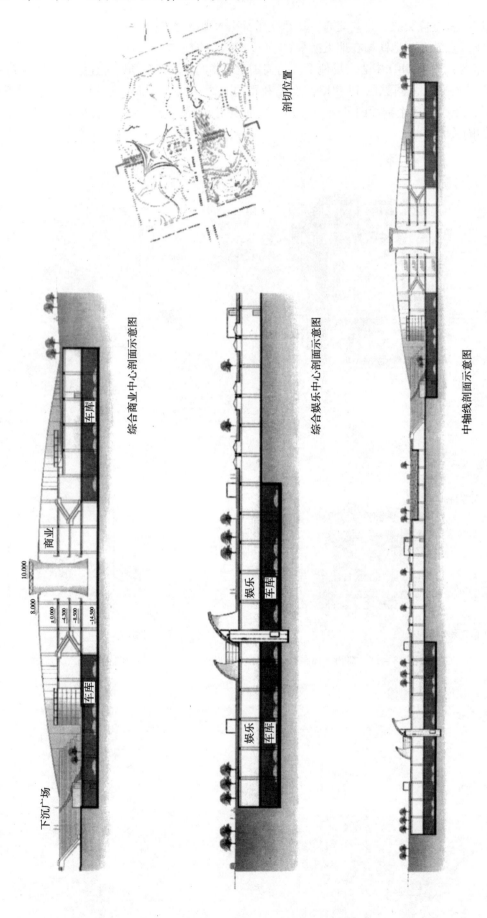

图18-12 郑州市郑东新城集中绿地沿中轴线剖面图

第18章 城市新区、新开发区、特殊功能区地下空间规划 289

图 18-13 宁波市东部新核心区区位图

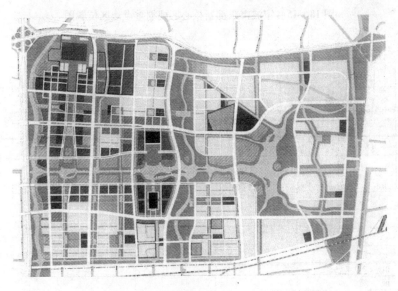

图 18-14 宁波市东部新核心区土地利用规划图

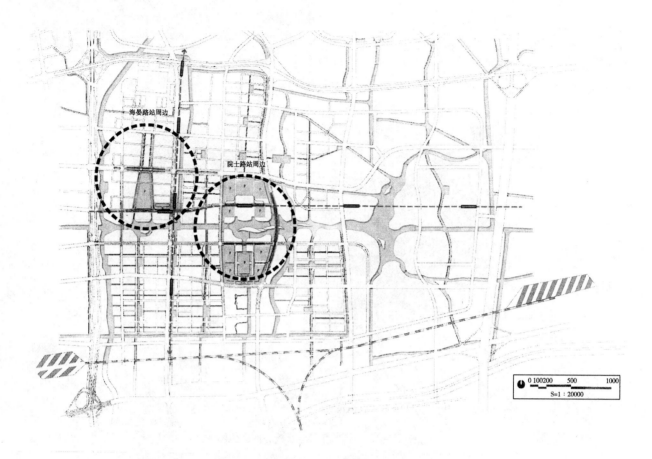

图 18-15　宁波市东部新核心区规划重点地区位置图

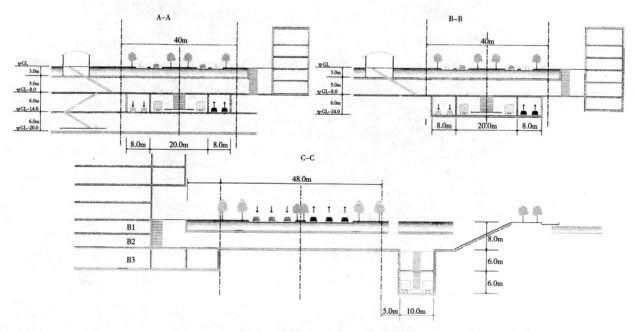

图 18-16　宁波市东部新核心区海晏路地下商业街剖面图

18.2 城市新开发区

自上世纪 90 年代初,在深圳、珠海、汕头、厦门成为经济特区的带动下,许多城市纷纷自办各种类型的新开发区,如经济技术开发区、科技园区、保税区等数以百计,后经整顿,确定其中 49 个为国家级开发区和若干省、市级开发区,部分不够条件的则被取消。在规划建设中,同样存在与 18.1.1 中新城建设类似的问题。在初期,一般很少考虑开发区地下空间开发利用问题,进入 21 世纪后,开始受到重视,并取得一定成效,这里选择国内比较成功的两例做简要评介。

(1) 北京中关村西区

中关村西区位于北京西北部,是中关村高科技园区核心区的重要组成部分,占地面积 51.44 公顷。1999 年经国务院批准建设,其功能主要是:高科技产业的管理决策、信息交流、研究开发、成果展示中心;高科技产业资本市场中心;高科技产品专业销售市场的集散中心;全区定性为高科技商务中心区。

中关村西区的建设,从规划阶段起,就明确了实行立体化再开发,地上、地下空间统一规划,协调发展的原则,并按照这个原则进行了详细规划,并正在实施。建设的目标不仅是建一个生产、销售高科技产品的开发区,而且是要建立一个在 21 世纪领导中国乃至环太平洋地区社会经济发展的以高科技为特征的城市中心,一个环境、机能、空间,以及社会、经济高度发达的新型都市中心。

地面空间规划分为 3 个科贸组团区、一个公建区、一个公共绿化区和一个公共绿地广场。建筑物除个别标志性建筑高 80~120 米外,其他保持在 50~65 米,总建筑面积 100 万平方米。除金融、科技贸易、科技会展等建筑外,还配有商业、酒店、文化、健身娱乐、大型公共绿地等配套服务设施,此外,根据北京市城市总体规划中确定的商业文化服务多中心格局,该地区还是北京市级商业文化中心区之一。

中关村西区采用立体交通系统,实现人车分流,各建筑物地上、地下均可贯通。地下一层的交通环廊,断面净高 3.3 米,净宽 7 米,有 10 个出入口与地面相连,另外有 13 个入口与单体建筑地下车库连通,使机动车直接通向地下公共停车场及各地块的地下车库;地下二层为公共空间和市政综合管廊的支管廊,规划建设约 12 万平方米的商业、娱乐、餐饮等设施;地下一层和地下二层停车场规划建设 10000 个机动车停车位;地下三层主要是市政综合管廊主管廊,约 10 万平方米,地下建筑总面积 50 万平方米。

由于高强度整体式开发地下空间,容纳了大量城市功能,使地面上的环境质量保持很高的水平,建筑容积率平均为 2.6,建筑密度平均为 30%,绿地率达到 35%。中关村西区将成为我国城市中心地区立体化再开发的一个范例,也是展示我国城市地下空间利用和地下综合体建设最新成就的一个窗口。目前在国际上也只有巴黎的拉·德方斯新城可与之媲美。

图 18-17 为中关村西区区位图;图 18-18 为中关村西区地面功能分区图;图 18-19 是地下一层空间利用示意图;图 18-20 是地下市政管线综合图,中间扇形为环形综合廊道,上层为交通廊道,与周围的地下停车场相通;下面二、三层为管线综合廊道。

(2) 北京亦庄经济技术开发区

亦庄位于北京中心城区的东南部,是北京建立最早,规模最大的经济技术开发区,规划用地面积 100 平方公里 (2020 年)。在 2004~2020 年新的北京市总体规划中,亦庄与顺义、通州被定为三个重点开发的"新城",故现在又称"亦庄新城",性质则仍为经济技术开发区。人口到 2020 年控制在 70 万人 (其中常住 33 万人),基础设施则按 100 万人预留。新城性质定位是:"高新技术产业中心,高端产业服务基地,国际宜居宜业新城"。新城的空间结构是:"两带、七片、多中心的组团网络式结构"。

292　第二部分　城市地下空间资源开发利用规划

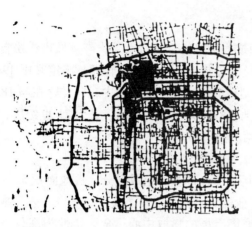

图 18-17　北京中关村西区区位图

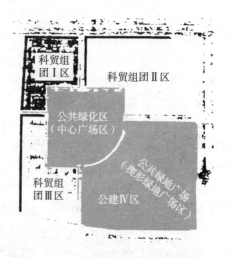

图 18-18　北京中关村西区地面功能分区图

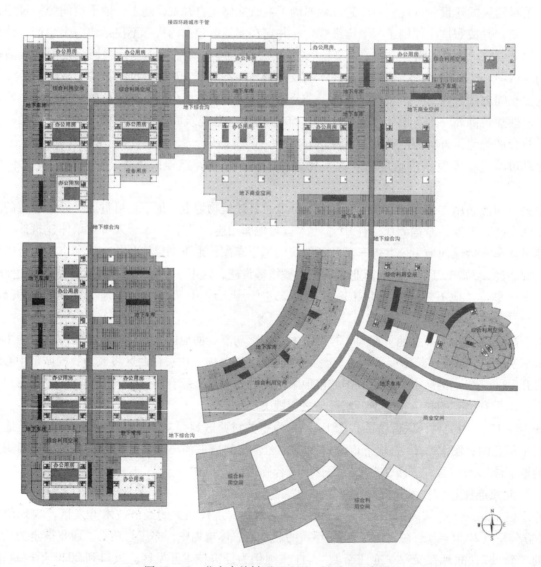

图 18-19　北京中关村西区地下一层平面示意图

在亦庄经济技术开发区总体规划中,并没有地下空间规划的内容。在建设过程中,规划部门陆续提出了以 4 个中心地区为重点的地下空间规划要求,与地面空间的详细规划和城市设计统一进行。这里选择面向全区的亦庄交通枢纽站前综合服务中心为例,简要评介。

规划的要求是:构建合理的城市建设布局;营造丰富有序的城市空间;建设高效和人性化的交通体系;合理安排建设时序,促进站点周边建设与整体城市开发相协调。总体范围 472 公顷,核心部分"两站一街"面积 113 公顷。

规划的内容主要是:以亦庄火车站和次渠站为核心,大致包括站点周边 500 米范围内地块以及两站之间的站前街两侧各一个街区的范围。规划应充分考虑车站与周边建筑相结合的地下空间综合开发,在两站之间建地下商业街,同时作为连接两车站的步行通道,确定地下商业街的合理规模,处理好地下商业街与地铁车站步行通道、综合管廊的空间位置关系。

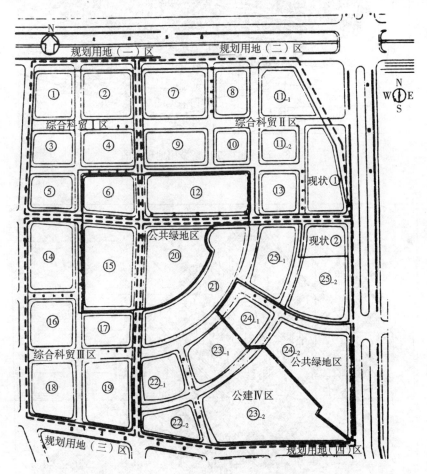

图 18-20 北京中关村西区地下市政管线综合平面图

亦庄新城用地规划图(2005~2020 年)见图 18-21,亦庄中心区范围及其核心"两站一街"的规划范围见图 18-22。

有关部门曾对亦庄-次渠站点及周边地区规划设计进行了方案征集,下面介绍应征方案之一提出的"两站一街"规划方案。

次渠与亦庄火车站两地铁站及两站间的街道,地面标高 -3.5 米,两端为地铁出入口大厅,由步行商业街相连,步行街中间为绿化带,两侧为街道,总宽 82 米。地下二层(地面标高负 10 米)为地下商业街和地铁站台,二层顶板以上有厚 1.5 米的填土层,为植树用。地下三层(地面标高 -14 米)仍是地下商业街,两侧为地下物流通道,中间一跨为市政综合廊道。地下四层(地面标高 -17 米)为设备

294 第二部分 城市地下空间资源开发利用规划

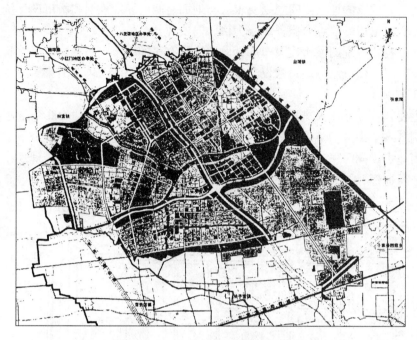

图 18-21 北京亦庄新城用地规划图

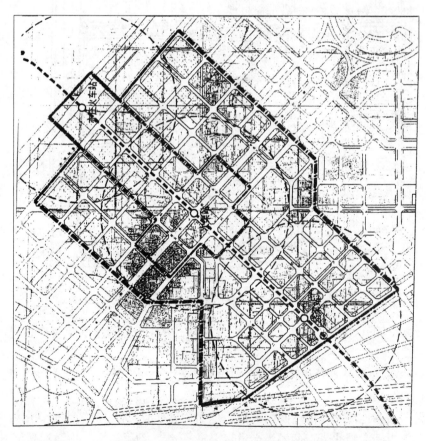

图 18-22 北京亦庄新城中心区范围及"两站一街"规划范围图

层，布置机、电、空调等设备和市政管线支线，并设置消防水库和雨水储留库。方案所采用的下沉式地下街，可以综合解决以下问题：

- 完全避开了地面上车、人的干扰，彻底实现步行化；
- 地铁站厅在下沉广场，乘客水平进出地铁站；
- 从地铁站台厅可直接进入地下商业街，并通过商业街将两个站台厅联系起来；
- 从亦庄地铁站所在的下沉广场可水平进出亦庄火车站地下一层，便于与京津城际铁路及S6线换乘；
- 地下商业街虽然在地下二、三层，但环境与安全条件与地下一、二层无大区别；
- 解决了站前街与外环东路的地面交叉问题，不需再做立交。

在这个应征方案中，地下空间利用的主要内容有：

- 地铁区间隧道、站厅、站台、换乘设施；
- 地下商业街；
- 地下市政综合廊道；
- 地下物流通道和地下物流配送中心；
- 沿站前北一街、南一街、外环东路、内环路，建一条双向二车道地下交通环廊，串联沿线公共建筑的地下停车场，以减少停车场的地面出入口；
- 地下储存热水（来自太阳能集热器）和雨水（从建筑物屋顶上收集）；
- 在地下市政综合廊道内，设置垃圾吹送管道，将商业、办公和生活垃圾封闭运送至区外的垃圾焚烧、发电设施。

应征方案之一的下沉式步行街典型横剖面见图18-23。

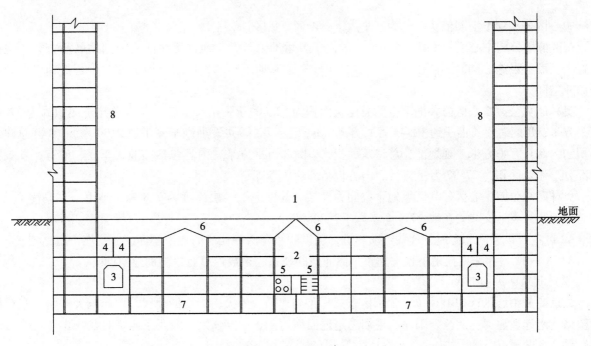

图18-23 次渠、亦庄两地铁站之间下沉式步行街方案典型剖面
1—下沉式商业街；2—地下商业街；3—地铁区间隧道；4—物流通道；5—市政综合廊道；6—中庭天窗；7—设备层；8—地面建筑

18.3 城市特殊功能区

在城市发展过程中，有时会出现一些过去规划中没有预料到的特殊建设项目，例如北京申办奥运成功后出现的奥运项目，上海申办世博会成功后出现的世博会项目等，用地规模都比较大；还有经济快速发展后出现的建设中央商务区（CBD）的需要，在中心城区内要划定适当的位置进行新的规划和城市再开发。这些均可称为特殊功能区，都具备开发利用地下空间的需求与条件，故应对这些地区统一进行地面与地下空间规划。如果先有地面规划，再补做地下空间规划（如北京CBD）则不易取得较好效果，实施难度也比较大。这里选择北京奥林匹克公园地区和北京、武汉的中央商务区的地下空间规划做一简要评介。

（1）北京奥林匹克公园地区[10]

北京奥林匹克公园位于城市中轴线的北端，是举办2008年奥运会的核心区域，将建成为充满活力的，市民喜爱的，集体育、文化展览、休闲、旅游观光为一体的多功能公共活动区域。规划总用地约1159公顷，其中奥林匹克公园中心区（北四环路以北）约315公顷用地是奥林匹克公园内体育、文化、会议、居住和商业服务等主要设施的开发建设区域（其中体育设施占地约34公顷、文化设施占地约23公顷、会议设施占地约12公顷、居住设施占地约28公顷、商业服务设施占地约25公顷）。

奥林匹克公园中心区的规划设计中，将停车场及部分商业服务设施放入地下以节约有限的地面空间。其中地下停车场采用集中与分散相结合的原则，车库既相对独立设置，又设有专用公共车道将其相连，使停车设施资源共享。将地铁站、地下商业设施连通，提高地下空间使用率，增加地下空间赢利的可能性。

中心区公共地下空间依功能分为三个大区：A区、B区、C区。

A区位于公园中心区的中部。其中A1区位于奥运湖以下，与地铁奥林匹克公园站联系方便，主要设置大型商业设施。同时还包括A2区的公共机动车道和地下车库，并结合地上商业步行街辅以部分地下商业空间。

奥林匹克公园中心区公共地下空间总建筑面积为52.60万平方米。其中A区总建筑面积约为37.16万平方米；B区总建筑面积约10.44万平方米（B1区和B2区共设小汽车停车位2100个）；C区总建筑面积约为5.0万平方米。规划部分总建筑面积为24.63万平方米，内容包括商业、车库、通道；发展需求部分总建筑面积为27.97万平方米，内容包括商业、车库。

奥林匹克公园中心区公共区域地下空间为二层。其中地下一层高度为7.8米，地下二层高度为5.2米，地铁8号奥运支线约在地下14.5米以下空间。

A2区主要设置南北向地下公共机动车道，用以联系东西侧地块的地下车库，并与城市道路连接。

A1区、A2区用东西向地下连廊把整个商业空间联系起来成连续有序的商业空间。

（2）北京中央商务区（CBD）[10]

北京商务中心区（CBD）位于朝阳区东三环路与建国门外大街交汇的地区，西起东大桥路，东至西大望路，南起通惠河，北至朝阳路，规划总用地面积约4.0平方公里。向西距北京旧城城墙（现为二环路）约2.3公里。

1993年，经国务院批复的《北京市城市总体规划》明确提出要在北京建立具有金融、保险、贸易、信息、商业、文化娱乐和商务中心区（CBD）的《综合规划方案》（以下称《综合规划》），成为今后CBD各项建设的重要依据。不久后，又补做了《北京商务中心区（CBD）地下空间规划》。

1号和10号两条地铁线分别从CBD东西向、南北向穿过。远期还将有地铁6号线和14号线通过。CBD核心区的详细规划围绕地铁车站进行，建立一个使用方便、规模适度、功能合理的地下空间系统的核心。

地下空间核心开发区域：以地铁国贸换乘枢纽为带动，重点开发建设东三环路两侧、长安街与光华路之间的 CBD 核心区和国贸一、二、三期工程下的地下空间。

地下空间主要集散点：地铁 1、10 号线国贸换乘站，地铁 10 号线光华路车站（远期有地铁 14 号线光华路车站）。

地下空间主要公共联络线：建国门外大街及建国路地下联络线、光华南路地下联络线、商务中心区东西街地下联络线。通过公共联络线，实现各地块与地下空间发展轴线的连接，形成主、次有序的网络系统。

地下一层主要为商业设施，地下二层主要为内部管理、停车设备用房，并在通道的过街处等局部地面，设置少量地下二层商业，以保持地下商业网络的连续。地下三、四层主要为停车及设备用房，以满足 CBD 内较高的机动车停车位指标要求。

CBD 核心区地下商业开发规模为 3 万平方米，地下停车位 8000 个。

（3）武汉王家墩商务区

规划建设中的王家墩商务区被武汉市政府确立为华中地区未来的商务中心，依照武汉市总体规划、王家墩地区相关规划和发展方案中的功能定位，王家墩商务区将建设成为以金融、保险、贸易、信息、咨询等产业为主，"立足华中、面向世界、服务全国"的现代服务业中心，聚集会展、零售、酒店、居住等功能于一体，成为中国中部地区具有最便捷的交通、最高的土地价值和最集中的生产生活服务的综合性城市中心区。

王家墩商务区占地约 500 公顷，原为一军用机场，迁出后作为商务区建设用地。2004 年完成了总体规划，全区分为四大部分：商务中心区（100 公顷）、启动区（63 公顷）、综合商业区（65 公顷）、高等居住区（280 公顷）。地下空间规划的重点为商务中心区。地下空间的开发利用尤其是城市快速轨道交通的建设，具有改善王家墩商务商业投资环境、提高城市空间品质、完善基础设施建设、优化环境质量等多方面的综合效益。

在王家墩商务区地下空间规划制订过程中，曾对不同地区对地下空间的需求量做了预测，结果见表 18-2。

武汉王家墩商务区地下空间需求量预测　　　　表 18-2

CBD 分区	街区用地			道路、广场、绿地、水面		
	用地面积（万 m²）	需求量（万 m²）	比重（%）	用地面积（万 m²）	需求量（万 m²）	比重（%）
中心商务区	187	106	57	113	13	16
综合商业商务区	127	56	44	32	2.5	8
全新生活城	63	20	32	23.5	1.1	5
居住区	364	84	23	120	2.5	2
总计	741	266	36	288.5	19.1	14

在规划中，还提出了不同功能地下空间开发的控制指标，见表 18-3。

武汉王家墩商务区地下空间开发控制指标　　　　　　　　表18-3

地下空间功能		开发面积（万 m²）	所占比重（%）
静态交通	配建停车	208	80
	社会停车	8.5	3.2
地下铁道		15	5.8
地下道路		6.5	2.5
地下步行道		2	0.7
地下商业设施		20	7.8
总计		260	100

在王家墩商务区地下空间规划完成后不久，因资金等原因，原规划通过商务区中心的地铁2号线改线，改从商务区东侧通过，对地下空间规划产生一定影响，需要适当修订，故对地下空间规划的布局等的介绍从略。

武汉王家墩商务区区位图见图18-24，用地规划图见图18-25。

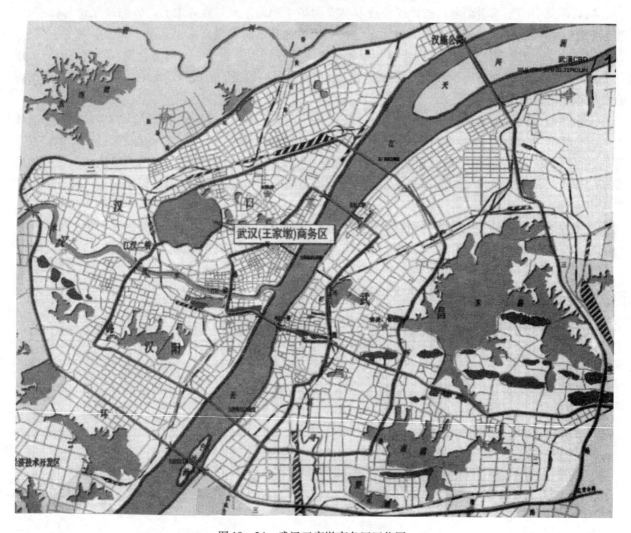

图18-24　武汉王家墩商务区区位图

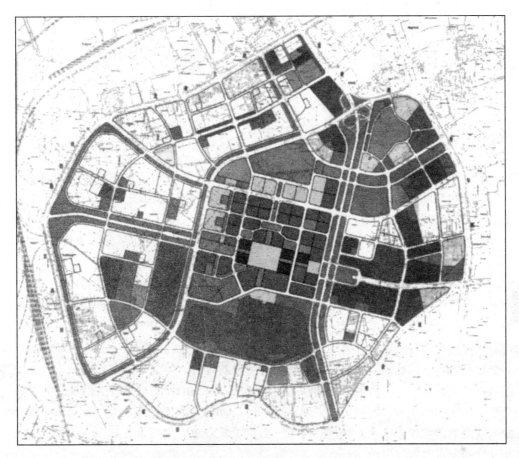

图 18-25 武汉王家墩商务区用地规划图

第 19 章 城市地下交通系统规划

19.1 城市交通与城市发展

从广义上看，城市交通（urban communication）是指人口、物资和信息在城市中的流动。交通是城市赖以生存和发展的基本功能之一，也是城市基础设施（urban infrastructure）的重要内容。城市交通的通常含义是指人流的活动和物资的运输，简称为客运交通和货运交通。

动态交通和静态交通是相互依存的两种城市交通形态。对于客运交通来说，步行或乘车属于动态，驻足或候车则为静态；对于货运，运输过程是动态，贮存过程为静态；对于车辆，行驶中为动态，停放后则为静态。本章着重论述与客运有关的动态交通问题和与停车有关的静态交通问题。

城市交通问题是城市发展过程中经常面临的主要问题之一，交通问题的合理解决既是缓解各种城市矛盾所必需，也是促使城市不断集约化、社会化和现代化，以及建设未来理想城市所依托。城市交通系统适度的地下化，已被实践证明是改善城市交通并使之进一步现代化的有效途径，同时也是城市地下空间利用的一个重要内容。虽然地下交通系统有其相对独立的内容，但与地面交通是一个统一整体，因此本章在论述地下交通系统时，不可避免地要在一定程度上涉及到地面交通的有关问题。

城市交通分属于两个学科，即城市规划学（urban planning）和交通工程学（traffic engineering）。本章主要从城市规划学的角度，从动态和静态两个方面，对城市地下交通系统的特点、内容、有关的规划问题，以及发展趋向等问题加以论述。

城市公共交通是随着公共马车的出现而开始的。17 世纪末，英国伦敦人口增加到 20 万人，城市已发展到一定规模，1634 年出现雇用马车，车速约 4.8 公里/小时；到 1828 年，伦敦开始有了公共马车，为了提高车速，保护道路，在路面铺上了石块。1870 年，日本东京有了公共马车，十年后又出现了铁路马车。由于车速和运力的提高，就有可能在一定的旅行时间内，将乘客运送更远的距离，于是引起城市规模的一次较大的扩展，同时出现了步行道路与车行道路分离的情况。1880 年，伦敦人口已增至近 600 万人，城市中开始建设有轨电车线路，车速达到 16 公里/小时，线路可从市中心向外延伸 8 公里。交通圈半径的增加使城市规模进一步有所扩大，现代世界上几个特大城市的交通圈半径都在 50 公里左右。

20 世纪初，世界进入了汽车时代。汽车交通的普及，不但大大提高了城市交通的质量，而且在比过去更大的程度上促进了城市的发展。然而反过来，城市人口的增加和范围的扩大，使汽车交通越来越不能满足对城市交通日益增长的需求。同时，所谓"社会汽车化"和"汽车文明"，也给城市造成了许多消极影响。在这种情况下，运量更大，更安全和更清洁的快速轨道交通（rapid rail transit）开始承担越来越多的城市客运交通量。第二次世界大战以后，许多国家的经济高速增长，城市出现了畸形发展，交通矛盾异常尖锐。包括地下铁道、轻轨交通和郊区电车等在内的快速轨道交通系统有了很大的发展，在缓解城市交通矛盾中起了重要作用，甚至部分地代替了汽车交通。

从以上对城市交通演变的简单回顾可以看出，首先，城市交通的发展和变化，与城市本身的发展相一致。在一个时期能对城市发展起推动作用，在另一个时期，可能又起了阻碍的作用，城市交通正是在这种与城市发展的矛盾激化与缓解过程中得到发展与进步。其次，在城市交通的发展过程中，在客运交通的主要方式上，经历了个人交通（步行、马车），到公共交通（汽车、电车），再到个人交通（私人小汽车），又回到公共交通（公共电、汽车、地铁等）这样一个过程；从交通工具的主要类型上，也经过了从无轨（马车）到有轨（电车），到无轨（汽车），又到有轨（快速轨道交通）的变化。当然，这并不是简单的重复或循环，而是反映了城市发展对交通不断提出新需求，和城市交通本身的日臻完善和现代化。

20 世纪中后期，美国、日本、欧洲一些发达国家大城市，由于过速发展，交通矛盾和环境矛盾急剧尖锐化，导致大量有条件的居民移出市中心，到郊区去居住。虽然获得了舒适和优良的居住环境，但却导致了城市中心区的衰退，同时也为这些居民带来新的问题，如通勤距离的增大耗费了大量时间和精力，对小汽车的依赖造成了能源的消耗，吸引到郊区的企业和服务业造成新的环境污染，田园风光的逐渐消失等等。这些情况促使一些学者考虑改变居住郊区化的途径，于是提出一些理论，其中一种称为"交通导向开发"理论（Transit oriented development，简称 TOD），主张将区域发展引导到沿轨道交通和公共汽车交通网络布置的不连续节点上，把土地的开发利用和公共交通的使用紧密联系起来，使每个社区居民可以步行轻松到达公交系统的站点。TOD 理论提倡集约使用土地，强调公共交通在城市发展中的导向作用。通过奖励容积率等方式使开发商自愿响应和配合公共交通与城市协调发展的规划。发展公共交通可以减少私人小汽车的出行量，节省停车场用地，减轻交通的拥堵，更有助于土地的集约化使用。这种 TOD 理论偏于理想化，在城市新开发区可能比较容易推行，而在矛盾高度集中的原有城市，特别是中心区，实行起来有很大困难，甚至很不现实。于是又有一种所谓"服务导向开发"理论（service oriented development，简称 SOD），主张哪里交通服务不能满足客流的需要，就根据需要在那里进行优先建设，是一种追随式的发展，是基于现状发展不足的一种后发反应。

TOD 理论比较适合美国的情况，欧洲的情况优于美国，许多小城镇保持了紧凑而高密度的形态，被视为是居住和工作的理想环境；而在日本，由城市铁路与市区的地下铁道网络方便地联系起来，使通勤时间长和能耗大的矛盾并不突出，因此这种 TOD 理论也不完全适用。

中国的情况与美国、日、欧的差异很大，多数情况属于 SOD 理论应解决的问题。也就是说，只有在万不得已的情况下，才采取诸如发展公共交通，兴建轨道交通等"服务"措施，这些措施谈不上对城市发展能起到什么"引导"作用，只不过是减缓一些矛盾而已。当然，在城市的一些新区，如新城、新开发区等的规划中，适当引入 TOD 理论也许是有益的；而对于原有城市中心区，主要还是以缓解交通矛盾为主，参考 SOD 理论可能更为适当，当然，在缓解矛盾的同时，兼顾城市的发展，例如在规划轨道交通网络时，考虑沿线的城市再开发，也可作为交通对城市发展的一种"引导"。总之，在中国条件下，SOD 应当是一种主要方式，但不论哪种理论，都不能简单套用。至于城市交通与城市发展的关系，在中国，城市发展肯定是主导的，而交通只能是"服务"的，因此，如果认为城市交通与城市发展之间是一种"互动"关系，可能更符合中国的实际情况。

19.2 城市交通的立体化与地下化

城市动态交通的各种矛盾和问题，在没有发展到十分严重时，可以简单地用增加公交车辆或适当拓宽道路等方法使之得到缓解，但在超过一定的限度后，单一的解决办法不但无助于问题的解决，还可能派生新的矛盾，因此对动态交通必须加以综合治理。以提高行车速度为中心，通过高速城市交通结构，采用高效率的交通工具和扩大道路网等措施进行综合治理，才有可能取得成效。从国内外经验看，发展以快速轨道交通为主的公共交通，和使动态交通立体化，是达到综合治理目的的有效途径。

当城市交通仅在平面上运行时，所占用的主要是道路空间。如果城市交通量超过了道路空间所能容纳的通过能力，就会出现交通的阻滞。解决这个问题的通常方法是增辟道路或拓宽原有道路，使交通用地在城市总用地中保持合理的比例。但是对于人口和建筑密度很高，同时又用地十分紧张的城市，特别是中心区，增建或扩建道路并非轻而易举，除需增加用地面积外，大量原有建筑物和人口的拆、迁，也会造成许多社会和经济问题。在这种情况下，惟一的出路是使城市交通立体化，在城市的上部空间和地下空间安排一部分交通量，以缓解地面上交通的矛盾。

城市交通的立体化包括局部立体化和完全立体化两种情况。局部立体化主要是解决由于道路平面交叉造成的车辆阻塞和人车混杂问题，例如建造立交桥、过街人行天桥和地道等。完全立体化是指在一定范围内将整条道路或铁路全部高架或转入地下。

城市高架铁路最早开始出现在纽约（1868年），此后，高架铁路和高架道路在20世纪六、七十年代，随着高速道路和快速轨道交通的发展，在增加客运量和减少道路平面交叉等方面起到了积极作用。但是在实践中也暴露出高架方式的一些缺点。首先，高架方式在用地上并不能节省很多，因为高架路下部空间在3~5米范围内无法再用于动态交通，只能停车，若布置绿地会因路面的遮阳作用而发生困难。例如我国广州的一条高架道路，为四线车道，地面道路原为六线车行道，高架路占用了两条车道后，实际增加的车行道仅有两条。其次，高架路（特别是高架铁路）在运行中产生较强的噪声，对沿路两侧一定范围内的居民造成污染。据日本资料，高架铁路的噪声要在距离中心线50米才能降至75分贝，仍高于日本规定的标准（60分贝），要到100米以外才有可能达到。此外，高架路在城市中穿行，对城市景观有较大影响，虽然也有人认为蜿蜒的高架道路是城市现代化的体现，但更多的人持相反的态度。广州的高架路主要穿行在市中心区狭窄的人民路上，不但对街道景观起破坏作用，还由于路面的遮挡，使原来街道两侧的商店营业受到不利影响。上海老市区内修建的几条高架路也存在同样的问题。因此比较普遍认为，在城市中心区和其他繁华地区，以及居住区附近，修建高架路是不适当的，应使高架路在城市边缘地区或地形起伏较大的地区发挥其优势。

近代城市利用地下空间发展快速轨道交通的历史，是从1863年英国伦敦建成世界上第一条地下铁道开始的，这也说明地下空间在缓解城市交通矛盾方面的作用，很早就已受到重视。在以后的一百多年中，特别是在近二、三十年中，地下铁道、地下轻轨交通、城市公路隧道、越江或越海隧道，以及地下步行道等等，都有了很大的发展。在许多大城市中，已经形成了完整的地下交通系统，在城市交通中发挥着重要作用。

城市交通在地下空间中运行有许多优点，可以大致概括为：第一，完全避开了与地面上各种类型交通的干扰和地形的起伏，因而可以最大限度地提高车速，分担地面交通量，和减少交通事故；第二，不受城市街道布局的影响，在起点与终点之间，有可能选择最短距离，从而提高运输效率；第三，基本上消除了城市交通对大气的污染和噪声污染；第四，节省城市交通用地，在土地私有制或土地有偿使用制情况下，可节约大量用于土地的费用；第五，地下交通系统多呈线状或网状布置，便于与城市地下公用设施以及其他各种地下公共活动设施组织在一起，从而提高城市地下空间综合利用的程度。此外，地下交通系统在城市发生各种自然或人为灾害时，可比较有效地发挥防灾和救灾的作用。

地下交通系统存在的主要问题是造价高，工期长，和内部发生灾害时危险性大。但由于地下交通具有某些地面交通所无法代替的优点，故仍然有了很大的发展，很多国家都在针对存在问题进行研究，用现代科学技术逐渐缩小其消极方面，使之在城市交通中起到更大的积极作用。

19.3 地下铁道系统

19.3.1 城市轨道交通的发展与地下铁道建设的条件

城市地下铁道（以下简称地铁）经过一个多世纪的发展，早已突破了原来的"地下"概念，多数城市的地铁系统都已不是单纯的"地下"铁道，而是由地面铁路、高架铁路和地下铁道组成的快速轨道交通系统，只是由于长期的习惯，仍沿用过去"地下铁道"的名称。在世界上有地铁的城市中，线路完全在地下的只有5个，其他城市的地铁线路，都在不同程度上包括有地面段和高架段，只有在通过市中心区时才采用地下段。即使像香港这样的密度非常高的城市，其二期地铁线路总长10.5公里，有1.2公里在地面，1.9公里为高架，地下段只有7.4公里。表19-1列出几个发达国家大城市地铁线路的组成情况。

地铁线路在空间上的组成情况　　　　　　　　　表 19-1

城市	线路总长（km）	不同空间内的线路长度（km）					
		地下段	%	地面段	%	高架段	%
鹿特丹	17.0	8.0	47	4.7	20	4.3	25
圣地亚哥	25.0	20.0	80	4.0	16	1.0	4
圣保罗	23.6	15.5	66	2.5	11	5.6	23
华盛顿	59.7	32.2	54	20.3	34	6.7	12
亚特兰大	84.0	16.0	19	42.0	50	26.0	31

由于地铁线路的造价在各种交通方式中为最高，因此只有在其他交通方式无法代替的情况下，才有必要花费高昂代价修建地铁。

地下铁道已经有一百五十多年的历史，在近三十多年中，有了更大规模的发展，有地铁运营的城市数量不断增加，运营里程不断加长，其发展变化之快，以致难以找到一份完整而准确的世界各国地铁发展情况的统计资料。表 19-2 汇集了 2000～2001 年的较新资料，大体上符合当前世界大城市地铁发展情况，因限于篇幅，只选择地铁运营长度（地面段在内）超过 100 公里的 14 个城市作为参考。根据这份资料，全世界有地铁运营的国家和地区有 44 个，城市 99 个，线路总长约 5900 公里，还有许多正在进行地铁线路的勘测、规划设计和施工。

在十几年以前，我国有地铁运营的城市只有北京（39.7 公里）和天津（7.4 公里）。在近十几年中，有了很大的发展。到 2000 年，北京地铁运营线路已有 55 公里。有三条线路正在施工，另有两条线路正准备建设。预计到 2008 年，北京轨道交通线路部长度将达到 310 公里（包括地面段）。上海地铁已有三条线路建成使用，总长度 65 公里。广州地铁 1 号线已竣工；天津、南京、深圳、沈阳、武汉、杭州等地铁都正在施工中。

地下铁道和地下轻轨交通是在基本上不增加城市用地的前提下，解决客运量增长与交通运载能力不足矛盾的较理想的城市公共交通系统，这也是许多国家不惜花费高昂的代价建造地铁的主要原因。但是，对于一个城市是否需要建设地铁，是否具备必要的前提条件，存在两种评估标准。一般认为，人口超过 100 万的城市就有建设地铁的必要；也有人认为，人口超过 300 万时才是合理的。这种评估方法大体上符合已建成地铁的城市情况。从世界上 78 个已有地铁运营的城市看，超过 100 万人的城市最多，有 61 个，其中超过 200 万的 31 个，超过 300 万的 20 个；人口在 50～100 万而有地铁的城市有 13 个，少于 50 万人的仅有 4 个。这说明，城市人口超过 100 万后，一般就会出现建设地铁的客观需要。在 13 个人口不到 100 万的城市中，多数已接近 100 万，或有可能很快增长到 100 万。至于人口少于 50 万而修建了地铁的城市，如芬兰的赫尔辛基（Helsinki），挪威的奥斯陆（Oslo），德国的纽伦堡（Nuremberg）等，应属于个别的特殊情况。

世界城市地下铁道概况　　　　　　　　　表 19-2

国家	城市	城市人口（万）	现有路网			占城市总客运量的比重（%）
			线路条数（km）	线路长度（km）	车站数（个）	
英国	伦敦	630	3	392	267	27.2（1985）
美国	纽约	1320	30	416.2	503	26.0（1984）
	芝加哥	780	7	173	140	
	华盛顿	320	5	150	75	
法国	巴黎	1100	19	316.5	361	45.0（1983）

续表

国家	城市	城市人口（万）	现有路网			占城市总客运量的比重（%）
			线路条数（km）	线路长度（km）	车站数（个）	
德国	柏林	340	9	143	169	
	汉堡	260	3	100.7	89	
西班牙	马德里	510	11	120.8	164	
日本	东京	1180	12	248.7	235	19.0（1984）
	大阪	260	7	115.6	92	
俄罗斯	莫斯科	880	11	262	160	40.7（1987）
瑞典	斯德哥尔摩	180	3	110	100	
墨西哥	墨西哥城	2000	10	118	154	
韩国	首尔	1350	4	183	114	

资料来源：简氏城市运输系统年鉴（2000-2001）第19版

应当指出，按城市人口多少评估该城市是否需建地铁，只能看作是一种宏观的，笼统的推测，而不能成为建设地铁的惟一依据，因为上面的统计只能说明一个现象，并不能从中得出凡人口超过100万的特大城市都必须修建地铁的结论。在我国，人口超过100万的特大城市已有30多个，但是从交通状况看，并不是每一个都具备修建地铁的前提，其中有一些省会城市，是在建国后的四十多年中发展起来的，道路系统较完善，机动车辆不多，地面上各种原有的交通方式的潜力尚未充分发挥出来，虽然人口已超过百万，但除市中心区（一般也是旧城的中心）交通问题较多外，从总体上看，交通问题并未严重到必须修建地铁才能解决的地步。因此，根据发达国家的经验，评估一个城市建设地铁的前提应当是：在主要交通干线上，是否存在每小时单向客流量超过4～6万人次的情况（包括现状和可以预测出的未来数字）；同时，即使存在这一情况，也只能是在采取增加车辆或拓宽道路等措施已无法满足客流量的增长时，才有必要考虑建设地铁。

我国有一个省会城市，人口目前约100万，控制发展数字为120万。这个城市除市中心区在高峰时间内交通比较拥挤外，并不存在单向客流量超过6万人次/小时的路段，然而这个城市却按照运载能力4～6万人次/小时的标准，规划了几十公里的地铁路网，显然是不适当的。更何况，建设如此高标准地铁所需的巨额资金，也远非这个城市地方财政所能负担。事实上，这个城市已经在市中心广场地区和车站附近地区，通过打通道路，扩大广场，疏导车流等措施，使中心区的交通已有所改善，在规划中还考虑在中心广场建设地下自行车道，实现机动车与非机动车的分流，对改善地面交通也将起到积极作用。这些都说明，这个城市在相当长一个时期内，并不存在必须修建地铁的前提条件。上海市地铁1号线规划，以单向客流量的统计和预测资料为依据，初期高峰小时客流量为2万人次，到20世纪末将增至4万人次，远期达到6万人次，这样就使地铁的建设有了充分的依据和必要的前提；同时，在全长100公里的线路中，只有通过市区的14.4公里采用地下铁道，形成一条包括地面、高架和地下三种方式的南北向快速轨道交通干线，将金山、宝山两大工业基地和卫星城与市区紧密联系起来。

综上所述，城市地下铁道建设的必要前提，可以概括以下几点：

（1）城市人口的增长以及相应的交通量增长，是推动地铁建设的重要因素，一般在人口超过100万时，就应该对是否需要建设地铁的问题进行认真的研究；

（2）不论城市人口多少，只要在主要交通干线上有可能出现超过4万人次/小时的单向客流量，而采取其他措施已无法满足这一客观需求时，建设地铁线路才是合理的；

（3）地下铁道应成为城市快速轨道交通系统的组成部分，为了降低整个系统的造价，地下段的长度应尽可能缩短。

19.3.2 地下铁道的路网规划

地铁路网规划是全局性的工作，首先应当在城市总体规划中有所反映，根据城市结构的特点，城市交通的现状和发展远景，进行路网的整体规划，然后在此基础上，才能分阶段进行路网中各条线路的设计。

从广义上讲，地铁路网实际上是由多条线路组成的，可以互相换乘的城市快速轨道交通系统。在一些地铁非常发达的城市中，如伦敦、纽约、巴黎、莫斯科、东京等，仅仅是地铁的地下段部分，就已经形成了一个比较完整的路网。在一些人口少于 100 万的城市和发展中国家的大城市，地铁路网比较简单，由一条或两三条地铁线路组成，例如日本的仙台市，人口 70 万人，第一条地铁线长 13.6 公里，地下段 11.8 公里；埃及的开罗市，人口 830 万，只有一条地铁线，长 28 公里，其中地下段仅 4 公里。

地铁路网的形态多种多样，从形式上进行分类是没有意义的，但是从城市结构与路网形态的关系上看，基本上有放射状（或称枝状）路网和环状路网两种。早期建设的城市地铁，路网规划一般都是随着城市的发展而逐步形成的，因此很自然地从交通最繁忙的市中心区开始建地铁线，向四周扩展，待到城市规模已经很大，或是郊区出现卫星城后，这些放射形线路又自然地向外延伸。这种单纯的放射状路网，除个别的相会点外，较难实现各线路之间的换乘，于是就产生了建造能连接各放射状线路的环状线的需要。单纯的环状路网是少见的，只有在英国的格拉斯哥（Glasgow）有一条长 10.4 公里的环状地铁线。因此，相当多城市的地铁路网成为一种由放射状和环状线路组成的综合型路网，这样一个发展和变化过程，与多数城市的同心圆式发展的团状结构是一致的，与地面上的道路系统的扩展规律也有共同之处。图 19-1 是瑞典斯德哥尔摩（Stockholm）和英国伦敦的地铁路网简图，是比较典型的放射状路网，由于没有环状线，换乘不够方便。例如斯德哥尔摩的三条放射状地铁线，只能在市中心的"T-中心"（T-center）站才能互相换乘，伦敦地铁规模比斯德哥尔摩的大得多，但由于缺少环状线，也存在类似的情况。图 19-2 是法国巴黎和俄国莫斯科的地铁路网简图（图中数字为线路编号），是多条放射状线路与两条环状线的综合型，换乘就方便得多。

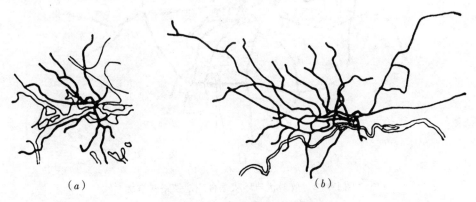

图 19-1 放射状地铁路网举例
(a) 斯德哥尔摩地铁路网；(b) 伦敦地铁路网

日本东京有很好的地铁路网，这与多年来按一定的路网规划实现发展是分不开的。早在 1918 年，就在城市规划中制订过建设 5 条总长 82.4 公里的地铁路网规划，但到 1960 年，仅建成 34 公里，在这以后才加快了建设速度。1964 年将 1957 年制订的五条线路，总长 108.6 公里的规划修订成 9 条线路，长 219 公里，1970 年又增加到 11 条线，284.9 公里。现在正在实施的计划是 1972 年制订的，线路发展为 13 条，总长度将达到 320 公里。图 19-3 是东京地铁路网简图，从图中看不出环状线的存在，但实际上，地面铁路的一条环状线（名"山手线"），将地铁各放射状线路上的重要车站连接起来，形成一个地下与地上互相协调一致的城市快速轨道的综合路网。

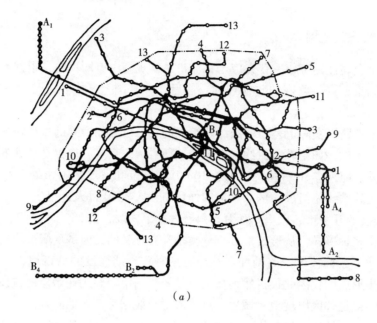

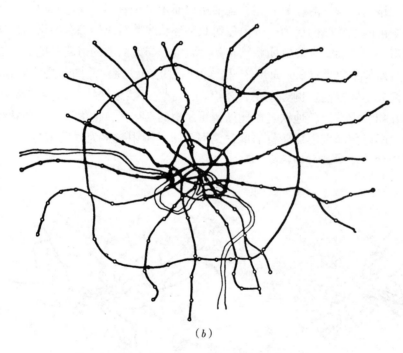

图 19-2　放射状与环状综合的地铁路网举例
(a) 巴黎地铁路网；(b) 莫斯科地铁路网

一些在近年城市人口才接近或超过 100 万人的城市，比那些特大的老城市更有条件进行认真细致的地铁路网规划。以法国马赛市 (Marseilles) 为例，该市人口接近百万，交通问题尚不很突出，但为了向居民提供快速、安全、准确和舒适的公共交通条件，1967 年决定修建地下铁道，结合城市发展情况制订了地铁路网规划（见图 19-4，图中字母为线路代号）。路网由两条线路组成，在市中心形成一个小的环状线，1977 年一线地铁线建成，长 9 公里，地下段为 6 公里，到 1989 年，二线地铁的 4 公里地下段也已运行。马赛的地铁路网，基本上与城市结构和地面上的道路系统相配合，主要作用是把市中心区与市郊的城镇和居住区联系起来，和实现地铁车站与地面铁路车站和公共汽车终点站之间的换乘，同时还考虑了地铁路网将来随城市发展而扩展的可能性。

图 19-3　日本东京都地铁路网

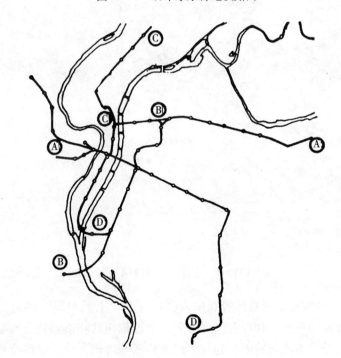

图 19-4　法国马赛市地铁路网

我国一些大城市在考虑修建地铁时，吸取了国外地铁建设的经验，比较注意了制订长期的路网发展规划的重要性。尽管规划还比较粗略，依据也不一定充分，但至少可作为一个发展意向，今后随情况的变化再修订和补充，当修建其中某一条线路的条件成熟时，还可根据可行性论证的结果进行局部的调整。

在上海市城市规划部门 1985 年提出的综合交通规划设想中，除在地面上规划七条快速干道和其他一些主、次干道，以及自行车专用道外，还提出了由四条径线，一条半径线和一条环线加一条半环线组成的地铁路网，总长176公里。经过近20年的建设实践，在对路网规划的认识上已经从单纯的地铁路网发展到整个轨道交通路网，规划范围也从市区发展到市域。在2000年前后，完成了"上海市轨道交通系统规划"，并纳入2001年经国务院批复的上海市城市总体规划中。市域快速轨道交通由4条市域快速地铁线（市域R线）和几条支线组成，全长438公里，共有139个车站。中心城轨道交通系统由4条市域快速地铁、8条市区地铁线和5条市区轻轨线组成，总长度约480公里。远期轨道交通路网由市域快速轨道线、市区地铁线、市区轻轨线组成，共有17条线路（其中市域快速轨道线4条、市区地铁线8条、市区轻轨线5条），全长约805公里，中心城长度约480公里。市域级线网日客流量承担了公交出行总数20%左右，相当于整个轨道路网上客流的41%。上海地铁路网规划见图19-5。

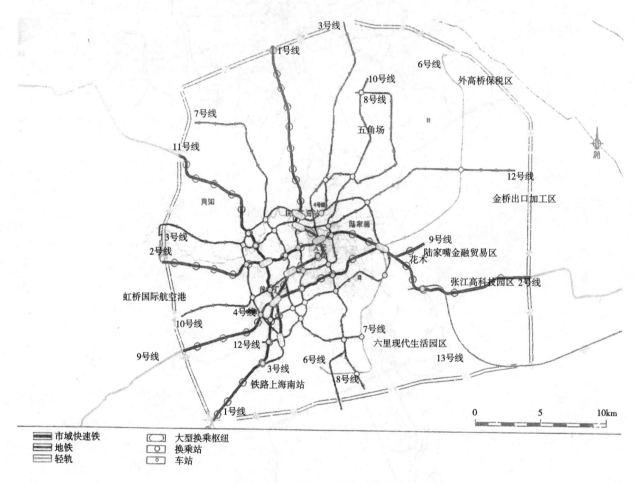

图19-5 上海市地铁路网规划

北京市在1982年制订的城市发展总体规划中，曾有一个"七线一环"的地铁路网规划方案，当时因缺少全市客流量统计资料为依据，和没有考虑与公共交通枢纽站和市郊铁路的换乘关系，存在一些不足之处，例如在旧城区部分，为了与地面上的井字形道路系统协调，地铁线路也呈井字形布局，这样就会在某些路段上加大居民出行的距离和增加换乘次数。1986年以后，在全市进行的交通OD[①]调查的基础上，对原路网做了调整，增加了对角线方向的线路，将城区以外的线路改为地面或高架，这样就形成了一个以地铁线路为骨干，连接地面公交线路和市郊铁路的立体化综合路网，换乘也较前更为方便。

---

① 交通OD调查（origin-distination survey），就是出行的起、终点调查，对城市居民出行从起点到终点过程中各种情况进行调查，以取得客流的出行生成规律和土地使用特征、社会经济条件等基础资料。

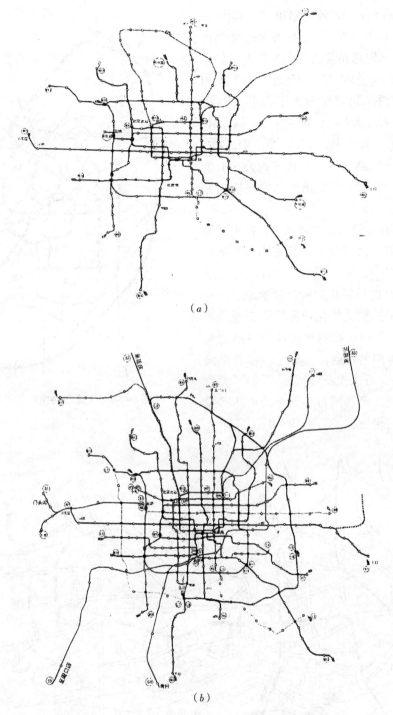

图 19-6 北京市 2020 年和 2050 年轨道交通发展规划方案
(a) 2020 年；(b) 2050 年

北京市区轨道交通线网规划是 1993 年编制完成的，1999 年城市规划部门又对其进行了必要调整，调整后的市区轨道交通线网由 13 条正线和 3 条支线组成，线网总长度为 408 公里。此后，于 2001 年 8 月再次对原有规划线网进行优化调整，主要分为两个层次：第一层次是服务于市区的轨道交通运输系统；第二个层次是服务于远郊区县与市区之间的市郊铁路运输系统。调整后的市区轨道交通路网布局总体上呈双环棋盘放射形态，由 22 条线路组成，规划长度为 691.5 公里；市郊铁路线网 2020 年规划规模为 300~400 公里，远景规划 2050 年规模应达到 600~700 公里。

市区轨道交通线网由 22 条线路组成，其中 16 条为地铁线路（以下称为 M 线），6 条为轻轨线路（以下称为 L 线），规划总长度为 691.5 公里，其中 M1 线、M2 线、M3 线、M4 线、M5 线、M10 线和 M11 线为主骨架线路。轨道交通地下部分主要由 M1 线、M2 线、M3 线、M4 线、M5 线、M6 线、M7 线、M8 线、M9 线、M10 线、M11 线、M12 线、M14 线、M16 的地下线路组成，总长度约为 311 公里。北京市 2020 年和 2050 年轨道交通发展规划方案见图 19-6。

天津市 1986 年在客流调查的基础上，提出了快速轨道交通路网规划，由三条放射状线路和一条环状线组成，在环线之外，还规划了一条环状轻轨线路，形成一个综合地铁与轻轨交通，包括地下、地面和高架三种线路形式的立体化快速轨道交通路网（图 19-7）。此外，广州市根据市区内存在南北与东西两个主要客流方向的特点，预测到 2010 年单向客流量可能达到 4~5 万人次/小时，故规划了大致为十字形的地铁路网，到远期再扩展为两个环状线加一条通向黄埔港的轻轨线，见图 19-8。

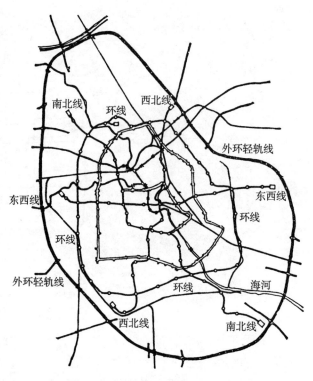

图 19-7 天津市快速轨道交通系统规划

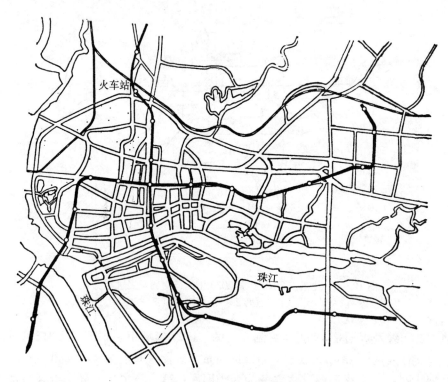

图 19-8 广州市地铁路网规划

19.4 地下道路系统

19.4.1 地下车行道路

城市中大量机动车和非机动车行驶的道路系统，在近期一般不宜转入地下空间，因为工程量很大，造价过高，即使是在经济实力很强的国家，在相当长的时期内也不易普遍实现。当然，在长远的未来，如果能把城市地面上的各种交通系统大部分转入地下，在地面上留出更多的空间供人们居住和休息，是符合开发城市地下空间的理想目标的。在现阶段，在城市交通量较大的地段，建设适当规模的地下快速道路（又称城市隧道）还是需要的，可比较有效地缓解交通矛盾。

地下快速路是进入 20 世纪 90 年代逐渐发展起来的。例如，美国波士顿中央大道建成于 1959 年，为高架 6 车道，直接穿越城市中心区，现在已成为美国最拥挤的城市交通线。每天交通拥堵时间超过 10 小时，交通事故发生率是其他城市的 4 倍。高架道路对周围地区的割裂，加之严重的交通堵塞和高发事故率，使一些商业机构搬迁出去，由此带来巨大利税损失。为此，展开了隧道改造工程（Central Arter/Tunnel Project）建设。CA/T 是在现有的中央大道下面修建一条 8～10 车道的地下快速路，替代现存的 6 车道高架路，建成后，拆除地上拥挤的高架桥，代之以绿地和可适度开发的城市用地。并将拥堵的时间预计缩短到每天早晚高峰时间的 2～3 小时，基本相当于其他城市的平均水平，并可以降低城市 12% 的一氧化碳排放量，空气质量得到改善。同时可提供 150 英亩的城市可开发用地和 40 英亩的公共绿地。

俄罗斯莫斯科市由于市内交通量增大，需要修建第三条环形路，这条路贯通的最大难题是如何通过风景优美且文物古迹众多的列福尔地区，又不破坏当地的人文景观。经过专家论证和征求市民意见后，政府决定修建一条长 3 公里的地下快速路，使三环路从 36 米深的地下穿过该地区。

日本政府 1966 年计划采用全线高架方案建设东京外环高速公路。由于需要穿过 16 公里的人口稠密的住宅区，沿线居民强烈反对兴建具有严重噪声和大气污染的高速公路；如采用地下方案，因要通过私有土地，使造价高于地面高架路 20%～30%，故迟迟不能实施。到 2001 年，日本通过法律，规定 40 米以下的地下空间用于公共设施建设不再付土地费，这才使修建地下快速路成为可能。日本国土交通省已决定投资 100 亿美元，在地下 40 米处建两条宽 13 米，双车道的环形快速路，长 16 公里，比建在地面上可节省投资 25 亿美元，预计 8 年内建成。

地下高速路行车速度可提高到 60 公里/小时以上，造价大体上为地铁的 1/2，运行费也低于地铁。

另一种情况是当城市间的高速道路（urban express way）通过市中心区，在地面上与普通道路无法实现立交，也没有条件实行高架时，在地下通过才是比较合理的；但应尽可能缩短长度，减小埋深，以降低造价和缩短进、出车的坡道长度。例如，日本东京的高速道路四号线在东京站附近转入地下，与八重洲地下街统一规划建设，从地下街的二层通过，路面标高 -8.7 米，两条双车线隧道，各宽 7.3 米（见图 19-9），使车站附近的地面交通和城市景观有了很大改善。法国巴黎有几条高速道路通过市中心，在列·阿莱地下综合体中设站，实行换乘。

还有一种情况是城市的地形起伏较大，使地面上的一些道路受到山体阻隔而不得不绕行，从而增加了道路的长度，这时如果在山体中打通一条隧道，将道路缩短，从综合效益上看是合理的。我国的重庆、厦门、南京等城市，都有这种穿山的公路隧道，青岛也有类似的规划，对改善城市交通是有益的。当城市道路遇到河流阻隔时，按常规多架桥通过，但是在一定条件下，建造跨越江河的隧道可能比建桥更合理。香港与九龙之间的交通往来频繁，但过去由于海峡相隔，要经轮渡才能通过，修建了海底隧道后，缩短了渡海时间，也比轮渡安全。我国上海市由于黄浦江的分隔，使浦东地区发展缓慢。在 20 世纪 70 年代修建了一条越江隧道，当时从战备的角度考虑较多，实际上在平时使用中，对沟通浦江南北两侧的交通发挥了很大作用。80 年代初，又开始建设第二条越江隧道，以解决浦东区与市中心区之间

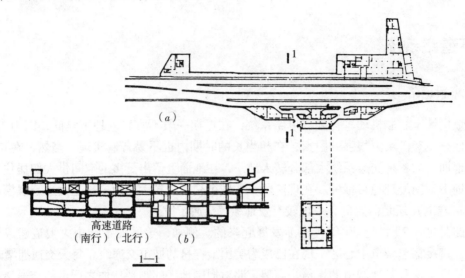

图 19-9 日本东京"八重洲"地下街中通过的高速道路
(a) 地下二层平面；(b) 剖面

的客运交通问题，全长 2261 米，主要走公共汽车，通过能力为每小时 5 万人次。近年，又修建了第三条越江隧道。当然，为了解决浦江两岸的交通联系问题，历来都有是建桥还是建隧道两种解决方案的争论。就工程本身而言，建桥可能在造价和工期方面占有优势，但为了使万吨以上船舶能在桥下通过，桥的高度要为之提高很多，使地面上的引桥加长，在密度过高的市中心区很难布置，拆迁量也很大。在这种情况下，建隧道可能是合理的。此外，还应考虑到隧道的运行费比桥要高的情况。

当然，如果与地下轨道交通相比，地下道路的运量较小，因为单向客运能力仅为 2400 人次/小时，两条车线的宽隧道也不过 4800 人次/小时，还需要连续通风，而同样宽度的地铁隧道，可以双向铺轨，单向即可有 4~6 万人次/小时的运载能力。

近几年，由于城市发展迅速，交通矛盾突出，所以在规划和兴建城市轨道交通的同时，一些城市已将建设地下快速道路的问题提上议事日程，有的开始研究，有的进行规划，个别的已经实施。

南京市已建成目前国内最长的城市隧道，即九华山-玄武湖隧道，双向 6 车道，全长 6.2 公里，平均埋深 11 米，部分从玄武湖湖底通过，减轻了环湖车流量的压力，减少车辆绕湖行驶的时间，效益显著。该市在远景规划中还准备建一条内环地下快速路，和从东华门到西华门之间长 1.8 公里的地下快速路，以保护明故宫遗址的传统风貌。

北京市在制订地下空间规划过程中，曾对建设地下快速道路网问题进行研究，针对中心地区二环路以内的交通拥堵的严重情况，考虑建设穿越中心区的地下快速路，重点解决缺乏南北向贯通干道的难题，从而提出了一个在 2020 年建设四纵两横的地下快速路网方案，供进一步研究论证。

上海市为了缓解中心城核心地区的交通矛盾，在地下铁道路网之外，另规划了一个由 6 条线路组成的"井"字形地下快速路网，全长 40 公里，其中地下段 26 公里，4~6 条车道。该规划已由政府批准，计划 2008 年底建成长 1.9 公里和 2.35 公里的两条道路；2010 年建成长 5.6 公里和 3.3 公里两条，最长的两条（14.0 公里和 16.6 公里）正在进一步研究。

北京市地下快速路网规划方案见图 19-10，图中 4 纵 2 横直线为地下快速路，环线为现有的二、三、四、五环路。上海市地下快速路网规划见图 19-11。

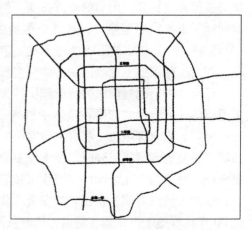

图 19-10 北京市地下快速路网规划示意

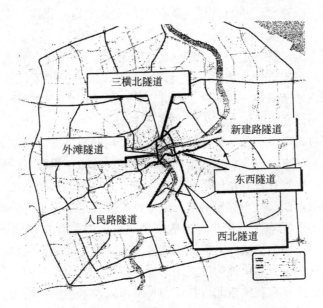

图 19-11　上海市地下快速路网规划平面图

应当指出的是，规划和建设城市地下快速道路网络，国外虽有少量实践，国内刚开始起步，毕竟在规划理念上和一些关键技术上还缺乏成熟的经验，因此必须持慎重的态度，切忌一哄而上，必须进行认真的研究、论证、试验，再逐步实施。据悉，在一些地下快速路建设的论证会上，各方面专家的意见很不一致，甚至完全相反，这也说明了问题的复杂性。因此，从目前的认识水平看，至少应在以下几个方面进行深入的研讨：

（1）地下快速路网与地下轨道交通路网的关系，是各成系统，还是相互配合？如何实行换乘？

（2）地下快速路网中不同线路的埋深如何考虑？两条线路相交时，采用平交还是立交？如果平交，对行车速度是否会有影响？

（3）在地下道路沿线，特别是在出入口附近，是否可借鉴法国经验，布置一定规模的地下停车库？

（4）在与地下轨道交通进行投资比较时，除工程造价外，应考虑由于道路交通运量比轨道交通小得多而导致的运送每一位乘客所付出的成本要大得多。

（5）在与地下轨道交通进行运营费用比较时，应将为保持道路交通的良好内部环境和保障内部安全所增加的支出计入，因为大量汽车尾气如需经过处理后排放，和采用先进的消防系统以保障安全，道路交通要比轨道交通付出更高的代价。

（6）在进行用地和土地费用比较时，应将地下道路出入口进出的坡道所占用的土地和土地费用的支出考虑在内，道路埋深越大，这个费用就越高。

19.4.2　地下步行道路系统

在大量机动车辆还没有条件转移到城市地下空间中去行驶以前，解决地面上人、车混行问题的较好方法就是人走地下，车走地上。虽然对步行者来说，出入地下步行道要升、降一定的高度，但可以增加安全感，节省出行时间，和减少恶劣气候对步行的干扰。

地下人行道有两种类型，一种是供行人穿越街道的地下过街横道，功能单一，长度较小；另一种是连接地下空间中各种设施的步行通道，例如地铁车站之间，大型公共建筑地下室之间的连接通道。规模较大时，可能在城市一定范围内（多在市面中心区）形成一个完整的地下步行道系统。

地下过街道的功能与地面上的过街天桥相同，二者各有优缺点。在街道保持现状的情况下，建过街天桥较为适当，因为建造和拆除都比较容易，不影响今后街道的改建。地下过街道一旦建成，很难改建或拆除，因此最好与街道的改建同时进行，成为永久性的交通设施。我国从 1980 年以后，迄今已有二十几个城市建设了近百处人行立交设施，其中多数为天桥。从使用效果看，有些行人不愿走天桥过街，因为感到上下疲劳，宁可走远一些再过街；有些天桥刚度较差，人走在上面会感到振颤，产生晕眩感；遇雨、雪天气时，上下桥则更不方便。从地下过街道情况看，因一般埋置较浅，上下时不如天桥费力，且不受气候影响，也不影响城市景观，所以效果较好。北京天安门广场的地下过街横道是目前规模最大的，长 80 米，宽 12 米，还设有为残疾人使用的坡道。

我国现有的城市地下过街道，多是单纯为解决过街安全问题而独立建造的，与地面街道的改造和地下空间的综合利用没有联系起来，以致在某些情况下，可能成为城市再开发的障碍。以天安门前的地下过街道为例。在这样重要的位置开发利用地下空间，本应十分慎重，必须在统一规划指导下实施；然而由于短期行为的结果，使沿东西长安街修建的第三期地铁线在这里不得不降低埋深才能通过。此外，天安门广场附近的商业、服务业网点十分稀少，如能结合过街道的建设，在地下空间中适当安排一些饮食、购物和休息设施，对在广场上活动的人群提供许多便利。遗憾的是，这样的建议由于并非规划设计的原因而未能实现。在国外，很少有单纯为过街用的地下步行道，而多与地下商业街、地下停车库等结合在一起，发挥综合作用。近年在我国东北吉林市和长春市以及哈尔滨等城市，在市中心广场或干道交叉口处结合城市改建而建设的几处地下商业街，都同时具有交通和商业双重功能，是值得提倡的。图 19-12 是吉林和长春的过街道与地下商业街结合的示意。

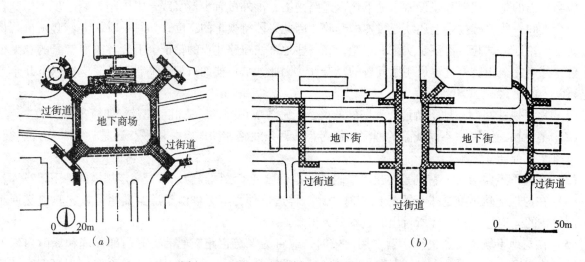

图 19-12 地下过街道与地下商业街结合举例
(a) 吉林市；(b) 长春市

在美国和加拿大的一些大城市，为了改善地面交通，并结合当地的气候条件，在中心区的地下空间中，与地下轨道交通系统相配合，形成规模相当大的地下步行道系统，很有自己的特色。

美国的纽约和芝加哥是发展较早的城市，分别在 1868 年和 1898 年开始有了地铁。纽约地铁在线路长度和车站数量上都是世界上规模最大的，市内有近 500 个地铁车站，在前几十年中已陆续建造了一些车站间的地下连接通道，但因年代已久，环境和安全条件都较差，已不适应现代城市的要求，因此又新建和改建了若干条地下通道，主要集中在市中心的曼哈顿（Manhattan）地区，把地铁车站、公共汽车站和地下综合体连接起来。曼哈顿地区面积 8 平方公里，常住人口 10 万人，但白天进入这一地区的人口近 300 万人，其中多数是乘通过这里的 19 条地铁线到达的，地面上还有 4 个大型公共汽车终始站。在交通量如此集中的曼哈顿区，地下步行道系统在很大程度上解决了人、车分流问题，缩短了地铁与公共汽车的换乘距离，同时把地铁车站与大型公共活动中心从地下连接起来，形成一个四通八达，不受气候影响的步行道系统，对于保持中心区的繁荣是有益的。1974 年建成的洛克菲勒中心（Rockefeller Center)的地下步行道系统,在 10 个街区范围内,将主要的大型公共建筑在地下连接起来。芝加哥的情况与纽约相似,但规模较纽约要小。

美国南方城市达拉斯(Dallas)和休斯敦(Houston)都是近几十年中发展起来的大城市,由于人口和车辆的迅速增加,原有街道十分拥挤,在交通高峰时间内,人行道宽度只能满足步行人流需要的一半,在车行道上造成人车混杂的局面。达拉斯市气候不良,大风频繁,夏季温度高达 38 摄氏度,因此决定建设不受气候影响的地下步行道 19 条,连接办公楼 13000 平方米,商店 70000 平方米,还有旅馆(共 13000 个房间)和停车库(共 10000 个停车位)。在这以后仍在继续发展,所连接的建筑面积还将增加一倍。达拉斯市除地下步行道系统外,还有不少大型建筑物通过空中走廊互相连通,形成一个空中、地面、地下三个层面的立体化步行道系统,很有现代化城市的特点和风貌。休斯敦市的地下步行道系统也有相当的规模,全长 4.5 公里,连接了 50 座大型建筑物,系统简图见图 19-13。

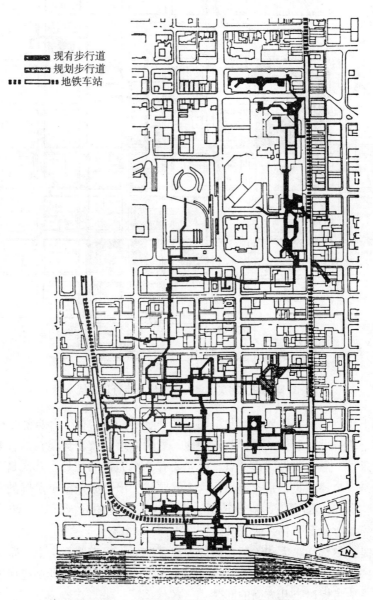

图 19-13 美国休斯敦市地下步行道系统

加拿大的多伦多(Toronto)和蒙特利尔(Montreal)等城市,也有很发达的地下步行道路系统,除 20 世纪 60~70 年代的经济高速增长因素外,主要影响因素就是那里漫长的严冬气候。多伦多市早在 20

世纪之初,伊顿百货公司(T. laton Company)将其所属的几家商店用5条地下通道连接起来,后来随着火车站的建设又有所发展。1954年开始大规模建造地下铁道,20世纪60年代末到70年代初金融区进行了再开发,同时地下步行道在4个街区宽,9个街区长的范围内形成系统,两端的最长距离为2.4公里。1974~1984年又进行了第三期建设,形成了今天的规模(见图19-14)。这个通道网在地下共连接30座高层办公楼的地下室,20座停车库,三家旅馆,两家电影院和两家百货公司,以及1000家左右的各类商店;此外还连接着市政厅、联邦火车站、证券交易所和5个地铁车站。在整个系统中,布置了几处花园和喷泉,共有一百多个地面出入口。多伦多地下步行道系统以其庞大的规模,方便的交通,综合的服务设施和优美的环境,在世界上享有盛名。

图19-14 加拿大多伦多市地下步行道系统

北美几个城市地下步行道系统的成功经验说明,在一定的经济、社会和自然条件下,在大城市的中心区建设地下步行道系统,可以改善交通,节省用地,繁荣城市,改善环境,综合效益很强,同时也为城市防灾创造了有利条件。但是要做到这一点,首先要有一个完善的规划,其次是设计要先进,管理要严格。其中重要问题是安全和防灾,系统越大,这个问题越突出,必须给予足够的重视,通道应有足够数量的出入口和满足疏散要求的宽度,避免转折过多,应设明显的导向标志,防止迷路。对于这些问题,加拿大的一些专家、学者至今仍在研究和改进之中。

最后应当说明的是,尽管加拿大和美国在建设大规模地下人行道路系统上有很多成功的经验,但不可否认的是也存在一些令人不安的问题。因此在我国条件下,在正式的设计规范尚未制定时,如果规划地下步行道系统,至少应考虑以下几方面的问题:

(1)除少数处于严酷气候条件下的城市外,一般大城市不宜规划大规模的以连通为主要功能的地下步行道系统,更不应盲目追求连通后形成的所谓"地下城"。

(2)当需要设置地下步行道时,应控制其直线长度和转弯次数,并设置完善的导向标志,以减少迷路危险。

（3）应严格按有关防火规范要求设置防火分区和防烟分区，并在安全距离内设置直通地面的疏散出口。

（4）在步行道一侧或两侧，宜布置一些商业服务设施，以减少步行时的枯燥感和便于安全管理，降低犯罪率。

（5）在已建成的高层建筑地下室之间，由于在产权、使用功能、地面标高等方面很不一致，勉强连通是没有必要的。

（6）地下步行道的投资方必须落实，步行道的产权、使用权、管理权必须得到法律保障。

19.5 地下静态交通系统

19.5.1 地下停车设施

城市中的各种车辆，只能处于两种状态，即行驶状态和停放状态；在时间上，后者往往比前者要长得多。据前苏联资料，私人小汽车在一年中约行驶 300~400 小时，平均每昼夜 1 小时，其余的 23 小时处于停放状态。另据法国巴黎市航空摄影显示（1970 年），在城市道路上行驶的汽车数量，仅占该市汽车总数的 6.6%，其余均处于停放状态。车辆的停放，不论是在露天还是在室内，都需要一定的场地，即停车车位和进出车位所需的行车通道，这些面积的总和比车辆本身的投影面积要大 2~3 倍（见表 19-3）。

汽车和自行车停放所需面积和高度　　表 19-3

项目 \ 车辆	小汽车	载重车	自行车
标准车型投影面积（m²/辆）	9.0 (5.0×1.8)①	17.5 (7.0×2.5)	0.95 (1.9×0.5)
停车用地面积（m²/辆）	18~28 (22)②	40~50 (45)	1.6
停车所需高度（m）	2.2	2.8	2.0

① 括弧中为车辆外形尺寸，长×宽，单位：m；
② 括弧中数字为平均值，可供估算时使用。

当城市汽车较少时，道路相对比较宽裕，在路边停车简单方便；车辆多到一定程度时，原有道路面积对于动态交通已不敷使用，同时相当大的道路面积被停放的车辆所占用，造成交通的紧张，于是就需要开辟集中的露天停车场，和建设各种类型的停车库。

20 世纪 50 年代以后，许多发达国家的汽车工业迅速发展，到 1985 年底，全世界共有各种汽车 4.6 亿辆，平均每 11 人有 1 辆，其中私人小汽车 3.6 亿辆，占总数的 78%。

在一个城市中，停车的需求主要有专用停车和社会停车（或称公共停车）两大类型。社会停车由于数量大，内容复杂，位置分散，对城市交通的影响最大。社会停车的需求量多集中在城市中心业务活动区、商业区；私人小汽车多的城市，居住区的停车需求量也相当大。有关资料表明，业务活动区、商业区、居住区停车需求量的比例关系大致为 1.5:4.5:1。在日本，由于私人小汽车用于购物活动的情况较少，这个比例为 4.5:3.5:1。结合我国情况，这一比例关系大体应为，居住区:中心业务活动区:风景名胜区:交通枢纽附近:大型公共建筑附近:中心商业区 = 1:1.5:1.8:2.5:3.5:5.0。这些比例关系说明，越接近市中心区，停车需求量越大，同时土地价值越高，使停车设施的发展受到限制，形成越到中心区，停车越困难的局面。这种矛盾尖锐到严重程度时，人们就可能因无处停车而不愿进入市中心，导致中心区繁荣的逐渐衰退。在我国，停车困难的问题在少数大城市中已开始出现，一旦私人小汽车迅速增多而不能适时采取相应的对策，不但动态交通进一步混乱，静态交通也会成为一个严重的障碍，制约城市现代化的进程。

国外大城市停车问题的解决，随着汽车数量的增多经历了几个阶段。最初为路边停车，然后是开辟露天停车场，20世纪60年代到70年代，曾大量建造多层停车库；后来由于土地价格高涨而停车库的经济效益较低，又进一步发展了机械式多层停车库，以压缩车库建筑的占地面积。与此同时，利用地下空间解决停车问题逐渐受到重视，地下的公共停车库有了很大发展，在有些大城市中，逐渐成为主要的停车方式。

地下停车库的主要特点是容量大，基本上不占用城市土地。例如，美国上世纪50年代在芝加哥和洛杉矶等城市中心区建造的地下公共停车库，容量都在2000台以上，建这样大规模的停车库，在地面上几乎是不可能的。日本的地下停车库，容量在200~400台的较多，布置灵活，使用方便，营业时间内的充满度也较高。

地下停车库的位置选择比较灵活，比较容易满足停车需求量大地区的位置要求。从停车位置到达出行目的地适当距离为300~700米，最好不超过500米。这样的距离要求在建筑密度很高，土地十分昂贵的市中心区，在地面上建设多层停车库相当困难，更不可能布置露天停车场。另一方面，大规模的地下停车设施作为城市立体化再开发的内容之一，使城市能在有限的土地上获得更高的环境容量，可以留出更多的开敞空间用于绿化和美化，有利于提高城市环境质量。

在寒冷地区，地下停车可以节省能源，对于我国半数以上地区冬季需要供热的情况具有现实意义。此外，地下空间在防护上的优越性，使一些国家把大容量的地下停车库与民防设施结合起来。

19.5.2 地下停车系统规划

欧、美、日的许多大城市，在20世纪50~60年代期间都进行了以改善城市交通为重点的大规模城市改造，进行了高速道路网的建设和与之相联系的普通道路网的改建，同时与道路系统相配合布置了停车设施系统，使城市交通面貌有了较大的改观。在力求保持中心区繁荣的前提下，减少车辆进入中心区的数量，将城市停车需求量较均匀地分散到中心区周围，有的还使部分中心区步行化。采取的主要措施就是在中心区外围修建一条环状高速道路，在环路内侧布置若干停车场，使多数车辆停放在中心区周围。图19-15是美国福特沃斯（Fort Worth）市中心区改造方案示意，除保留原有一些重要建筑物外，整个中心区进行了根本性的改造，在环路以内完全实现步行化。此外像美国的费城，德国的斯图加特（Stuttgart）等许多城市中心区，都进行了这样的再开发，取得很好的效果。

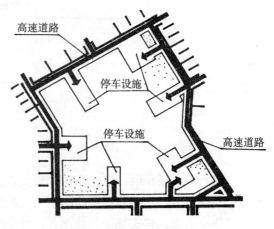

图 19-15 城市中心区周围的高速道路与停车设施系统布置

中心区的步行化对于规模不太大的商业区来说是适宜的，在步行区内顾客完全解除了对交通安全的顾虑，有利于促进商业繁荣。如果环路以内的面积较大，步行距离较长，则可从环路上引入支路通向步行区边缘，在支路终点布置停车库，车辆停放后人可立即进入步行商业区，见图19-16。

范围较大的城市中心区，其中除商业外还有许多金融和行政办公建筑，如果车辆只能停在中心区边缘，则大量从业人员进入中心区后要步行较长距离才能到达工作地点，有人指责这种措施过于严厉，对保持中心区繁荣不利，因此又发展出一种与道路网相配合的停车设施分级布置方式。

中心区的停车需求基本上有两种情况，一种是短时停车（例如1~2小时），如购物、文娱、业务活动等；另一种长时停车，在中心区工作的职工，需要停车一个工作日。对于短时的停车需求，应尽量在中心区内给予满足，而对于通勤职工，则要求在到达中心区边缘时将私人小汽车停在公共停车库内，然后徒步或换乘公交车前往工作地点。这两种停车方式可通过制定不同的收费标准加以控制。比较理想化的停车库分级布置方式见图 19-17。图中停车库共分三级：在高速公路内侧布置大型长时间停车库，供通勤职工使用，停车后换乘公共汽车进入中心区；部分车辆可从高速道路转到一条分散车流用的环状路上，然后停放在环路附近的中等时间停车库中；再从环路上分出若干条支路，车辆沿支路可直达市中心区的最核心部分或步行区，停放到短时间停车库中。

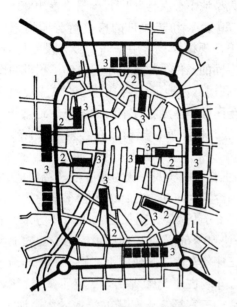

图 19-16 从环状高速道路引向
中心步行区边缘的支路与停车库的布置
1—环状高速道路；2—支路；3—停车库

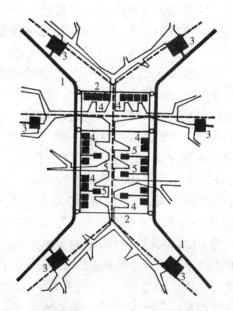

图 19-17 城市中心地区停车设施的分级布置
1—高速道路；2—中心区环形道路；3—长时间停车库；
4—中等时间停车库；5—短时间停车库

对于城市地下停车设施系统综合规划内涵的分析，可以用图 19-18 的框图加以表达。

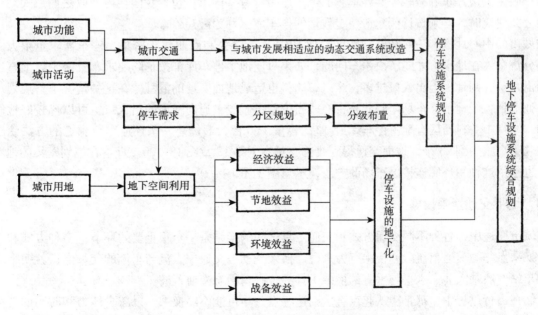

图 19-18 地下停车设施系统综合规划分析框图

当地下停车设施的位置选定后，需要进一步确定停车库（场）的合理规模，这也是影响使用效果的重要因素。

地下停车库的规模，即停车库的合理容量的确定，涉及到使用、经济、用地、施工等许多方面。假定在城市的某一地区存在1000台停车需求量，可以建一座大型停车库，容量1000台；也可建多座，其总容量为1000台；到底哪一种方案最合理，应做综合的分析比较。

欧、美的几个大城市，在20世纪50年代建造了一批大型地下公共停车库，容量都在1000台左右，最大的为美国洛杉矶市的波星广场地下停车库（容量2150台）和芝加哥的格兰特公园地下停车库（2359台）。这些大型车库多位于中心区的广场或公园地下，规模大，利用率高，服务设施比较齐全，建成后地面上仍恢复为公园或广场，对在保留中心区开敞空间的条件下解决停车问题起了积极的作用。

当城市中心区的大型广场、公园的地下空间已被充分利用后，地下公共停车库的单库规模日渐缩小，上世纪60年代以后，容量超过1000台的大型地下停车库已不多见。日本的大城市用地紧张，很少有大面积的广场和公园，因此在60年代发展起来的地下公共停车库，规模多在容量400台以下，除1978年在东京建成一座西巢鸭地下公共停车库容量为1650台外，在93座地下停车库中，容量为100～400台占70%，其中100～200台的最多，占34%。日本根据自己的实践，认为城市中（特别是中心区）的地下公共停车库，规模以容量300台较为适当。因为，当容量为300台时，以每台车平均需要建筑面积35～40平方米计，停车库面积为10500～12000平方米，如分为两层，则每层约6000平方米，需要一块短边为60米，长边为100米的场地；如做成3层，则一块60×60米的场地即可容纳。比较典型的实例是日本神户市三宫车站附近的三座地下公共停车库。这三座停车库与其他城市不同，都是与地下街分开单建在三块空地之下，地面恢复为绿地，其中三宫地下停车场占地5400平方米，地下2层，容量250台；三隈停车场占地3300平方米，地下3层，容量280台；三宫第二停车场的场地较大，地下2层，总容量达到550台。

地下专用停车库的规模，主要决定于使用者的停车需求和建设停车库的条件，如场地大小，地下室面积等。大型旅馆的停车需求量较大，一般拥有容量100～200台的地下停车库是需要的，从场地和地下室情况看，也有这种可能。对于高层办公楼，以30～50台的地下专用停车库较为适用。

为了限制路边停车和减轻公共停车场的停车压力，有些国家，包括我国在内，以法律形式规定在建造大型公共建筑时，必须按比例建造一定数量的停车库，称为配建停车库。

在城市的中心地区和一些特殊功能区，如CBD等，办公和商业建筑密集，停车需求量很大，只能使大部分汽车停在地下，才能解决停车问题，如果每座地下停车库都按消防要求布置两个以上直通地面的车辆出入口，则地面上出入口过多，难以布局，也造成地面交通的混乱。在这种情况下，规划一些地下车行通道将各个地下停车场串联起来，在适当位置设置少量通向地面的出入口，可以比较好地解决这一难题。北京中关村西区有地下停车库18座，容量1万台，通过建一条环形车行廊道的方法使出入口数量从几十个减少到13个，地面交通得到改善，见本书第18章图18-20。日本在规划密集的地下停车场时，也采用这种用环廊连接停车场的方法，示意图见图19-19。

19.5.3　地下交通换乘设施

在城市交通中，各种不同交通方式和交通工具之间的换乘是一个很重要的环节，多种方式和工具间的综合换乘点称为交通枢纽。就换乘行为来说，换乘是动态交通中人流与车流的交叉点；就换乘设施来说，如车站、换乘大厅、水平与垂直的换乘工具等，则属静态交通范畴。

人们在出行过程中，都希望从起点直接到达终点，尽可能不经换乘，以减少体力和时间的消耗。但是在大城市复杂的交通系统中，换乘又是不可避免的，而且换乘点往往成为人流和车流最集中，交叉与混杂最严重的场所，交通管理相当困难。因此，组织好换乘，为居民提供便利的出行条件，是城市交通的重要内容，尤其是在多种交通方式和交通工具、多条线路的交汇点，每天有几十万人进、出、上、下

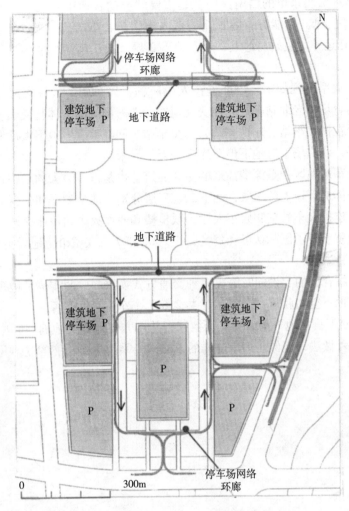

图 19-19　日本用地下交通环廊组织车辆出入示意图

的城市交通枢纽，更应当解决好换乘问题，不但方便居民的出行，而且对于改善动态交通状况和改善换乘地点环境，也是有利的。

在地面上建设城市交通枢纽，要占用大片土地，在地价昂贵的城市中心地区是不经济的；同时，最大困难在于多条线路无法实行立体交叉，在平面上交汇必然要加大换乘距离和增加垂直换乘的次数。此外，在地面上人流和车流的集中也难以避免，环境难以改善。因此，开发利用地下空间，将大部分换乘功能安排在地下，是解决上述矛盾的最佳途径。

在北京市的城市总体规划中，原来并没有改造或建设交通枢纽的规划。由于近年城市发展迅速，交通矛盾突出，和举办奥运会的需要，故决定对中心地区 24 处大小不同的交通枢纽进行改造，对所在地段实行立体化再开发，其中 8 处重点已开始规划，有的已开始施工，计有：东直门、西直门、动物园、一亩园、北京西站南广场、六里桥、望京和四惠桥。这些枢纽陆续在奥运会前建成后，将大大方便交通换乘，所在地段的城市面貌也会有很大改观。

最早规划建设的东直门交通枢纽，已在本书第 14 章 14.3.3 中述及，此处从略。

西直门交通枢纽是另一个大型枢纽，总建筑面积 28 万平方米，建成后将实现国铁、城铁、地铁、公交之间的换乘，日进出人流量将达 30 万人次。枢纽地上 3 层，地下 3 层，换乘大厅面积 1.1 万平方米。在地上二层将建成一个有 3 个车道的公交专用平台，有 14 条公交线路在上面实现换乘。地面恢复后，除一座拱形建筑高出地面外，其他部分均为绿地。整个工程投资 29 亿元，于 2004 年竣工[10]。

六里桥交通枢纽是进出北京市的西南大门，是重要的长途客运中心之一。规划建设用地约7.5公顷，建筑面积11.4万平方米。功能有省际长途、市内出租车、市内公交车、社会车辆、地铁（未来9号线）、自行车、行李托运等。主站房地上2层，地下2层。长途客运功能为主体，设于地面一层，预留地铁站在地下二层[10]。

在上海城市轨道交通系统规划中，也准备在人民广场、火车北站、徐家汇、浦东东方路、中山公园、虹口公园、上海体育场、老北站等处兴建交通枢纽，上海南站的立体化交通枢纽已经建成使用，总建筑面积9万平方米，在铁路车站、地铁车站、公交车站之间经地上、地下大厅和通道实行换乘。站外布置了南、北两个广场，北广场下有地下停车库3.2万平方米。

深圳罗湖口岸及火车站地区：是深港往来的主要通道，也是世界最大的陆路口岸，是深圳重大交通枢纽项目之一。该综合体地下地上各3层，地下二、三层分别为地铁站厅和站台，通过地下一层地下商业街的多个出入通道，连接火车站东侧候车大厅、联检楼和通往火车站西侧交通枢纽。

该项目所取得的成就获得了国际认可和赞赏，于2006年7月获城市土地学会（Urban Land Institute，简称ULI）亚太区卓越奖[25]。

在国外，结合地下综合体的建设同时解决多种交通方式换乘问题的实例是很多的，例如法国巴黎的拉·德方斯新城，整个地下空间就是一个停车（共2.6万个车位）和换乘枢纽，有6条高速公路、2条地铁、3条公交线在此交汇，在地下空间中实行换乘，并可方便地到达地面空间中去。日本许多城市的大型地下街等，都有这种做法，但像北京市这样的以交通换乘为主要功能的立体化交通枢纽，还是有其特色的。

第20章 城市地下市政设施系统规划

20.1 城市市政公用设施概况与存在的问题

20.1.1 概况

城市公用设施（urban public utilities），在我国也称市政设施，是城市基础设施的主要组成部分，是城市物流、能源流、信息流的输送载体，是维持城市正常生活和促进城市发展所必需的条件。

市政公用设施属于城市的公共服务设施，具有同时为社会生产和社会生活服务的双重性质，既是城市聚集化和社会化的产物，也是为城市获取更高的经济、社会和环境效益所必需的前提。因此，不论是建设新城市还是改造老城市，公用设施都应当首先实现现代化。

市政公用设施由几个大型相对独立的系统组成，每个系统又包括生产（或处理）部分和输送部分。这些系统在城市整体循环系统中所处的地位，使之成为城市地下空间利用的传统内容之一。为了合理开发和综合利用城市地下空间，应当充分利用地下空间的特点，为公用设施系统的大型化、综合化和现代化创造有利的条件。

城市公用设施一般包括以下几大系统：

（1）供水（或称给水、上水）系统：包括水源开采，自来水生产，水的输送与分配的沟渠或管道，加压泵站等。

（2）供电系统：包括电能的生产、输送与分配的线路、变配电站等。

（3）燃气系统：包括天然气、人工煤气、液化石油气的生产、贮存、输送与分配管道、调压设施与装瓶设施等。

（4）供热系统：包括蒸气、热水的生产、输送与配送管道、热交换站等。

以上（2）、（3）、（4）三项可统称为能源系统。

（5）通信系统：包括市内有线电话、长途电话、移动电话的交换台和线路；有线广播、有线电视、互联网的传送系统。

（6）排水系统：包括雨水和生产、生活污水的排放和处理系统，又称下水系统；污水处理后再利用系统称中水系统。

（7）固体废弃物排除与处理系统：包括生产和生活垃圾、粪便、废土、废渣、废灰等的排除与处理系统。

以上（6）（7）项可统称为城市废弃物排除与处理系统，也称城市环卫系统。

城市公用设施的建设是随着城市的发展，在不断满足城市基本需求的过程中，从个别设施发展成多种系统，从简单的输送和排放到使用各种现代科学技术的复杂的生产、输送和处理过程。因此，一个国家或一个城市的公用设施普及率和现代化水平，在一定程度上反映出该国或该城市的经济实力和发达程度。同时，先进的城市公用设施对城市的发展和现代化也可以起到很大的推动作用。

欧、美一些国家的大城市，在工业革命后发展较快，相应的城市公用设施发展也较早，特别是经过二次大战后的城市重建和再开发阶段，公用设施的普及率和现代化程度都有很大的提高。据日本资料，几个主要经济发达国家的公用设施情况和水平见表20-1。

发达国家城市公用设施状况　　　　表 20-1

国名	自来水 1977 年按人口普及率（%）	下水道 1976 年普及率（%）	电话 1976 年普及率（台/100 人）	电力电缆 1975 年地下埋设率（%）
英国	99	94	37.5	62.6
美国	93	71（1970）	69.5	/
前西德	91	79	31.7	51.1
瑞士	/	49（1972）	61.1	/
法国	79	65	26.2	9.9
以色列	/	90（1961）	22.8	/
瑞典	/	82	66.1	/
澳大利亚	/	59	39.0	/
加拿大	/	40（1971）	57.2	/
日本	89	26	38.4	1.9

从表 20-1 可以看出，欧、美发达国家的公用设施普及率在 20 世纪 70 年代已达到相当高的水平，日本虽然在同时期也有高速的发展，但由于历史条件和与西方国家的差异，早期的发展滞后约 100 年，从 1868 年明治维新起才开始出现近代城市，以致城市基础设施的建设与二次世界大战后的城市高速发展不相适应。

日本在认识到这一落后现象的严重性之后，制订了 1979～1985 年"新经济社会七年规划"，投资 240 兆日元。经过这些年的努力，情况已有较大好转，例如到 1986 年，大阪市的下水道普及率已达到 100%。

我国近代城市大多形成于半封建、半殖民地时代，虽然也有一些文化古城，但以现代标准衡量，城市基础设施十分落后，只是在建国后的几十年中，才进行了相当规模的建设和改造，公用设施得到一定程度的普及，但不论是供应标准还是普及程度，都还处于很低的水平。例如，到 20 年纪 80 年代初，我国城市上水道普及率为 73%，居民的日人均生活水量只有 143 升（北京市为 155 升），而在 70 年代中期，美国的芝加哥（Chicago）为 833 升，洛杉矶（Loss Angeles）为 685 升，纽约为 673 升，日本的大阪为 610 升，东京为 495 升，全日本平均为 331 升。1982 年北京市下水道普及率为 27.3%，污水处理率为 10%，全国城市污水处理率仅为 2.4%。又如，国外许多城市的生活能源气化率大都在 90% 以上，而我国只有 21.3%。

近十几年来，随着国民经济的增长和城市发展的加快，城市公用设施的状况有了较大的改观，其中进步最大的是通信系统，固定与移动电话的数量已迅速跃居世界第二位。到 2000 年，北京市每百人拥有的固定和移动电话数量已达 98.33 部，2005 年则达到 274 部，是 1984 年的 67 倍。同时，居民的日人均供水量从 155 升增长到 240 升；生活污水处理率已从 10% 上升到 39.4%；生活能源气化率已达 81.5%。当然，从总体上看，在公用设施的各项指标上，我国与发达国家大城市还有较大差距，与现代化水平还有相当大的距离。

20.1.2　存在的矛盾和问题

城市公用设施的建设和运行，与城市的建设和发展之间，存在着一种相互依存的密切关系，如果处理得当，可以互相促进，按比例地协调发展；如果违反了客观规律，则必将出现相互制约的后果。如果公用设施严重落后于城市建设时，对城市的进一步发展会成为一个很大的障碍。

城市的发展是一个非常复杂的过程，公用设施又是一些十分庞大的系统，要做到使两者完全协调一致地发展是相当困难的。近代城市的发展已有几百年历史，然而在许多城市（特别是大城市）的发展过程中，无不在与公用设施的关系上发生不同程度的矛盾。我国城市公用设施由于在总体上非常薄弱和落后，这些矛盾较之国外一些大城市就更为突出，一般来说，表现在以下六个方面：

(1) 供需关系

城市公用设施的建设对于某一个系统来说，是一次性的。当某个系统形成一定的容量、能力和规模后，在几十年的使用寿命（useful life）期内，其设备、管线口径、线路走向等都已相对固定，不易改变。然而城市对公用设施的需求却随着城市人口的增长和城市规模的扩大而与日俱增，因此经过一段互相适应的时期后，就会出现供与需之间越来越大的矛盾。为了缓解这一矛盾，只能增建新的系统，或改建、扩建旧系统。

芝加哥是美国的特大城市之一，临密执安湖（Michigan Lake），有440多万人口，是在不到一百年时间里从一个湖边小镇发展起来的。这期间虽然曾花费数十亿美元修建了一些城市公用设施系统，但至今已远远落后于现代大城市的需要，其中雨水排除问题最为突出。在雨水集中时，全市有六百多处地下污水溢出，漫流入河道后排入密执安湖，造成饮用水源的污染。在市区北部，26%~55%的地下室有污水倒灌，有160万人口的地区经常受到污水倒灌的威胁。

再以北京市的供水系统为例。北京1910年开始有自来水，到1949年城区普及率为19.5%。到1983年，供水能力增加了18倍，普及率达到90%以上，但同时期内国民经济总产值增加了90.4倍，其中工业总产值增加近250倍，再加上水源不足等因素，使北京市的供水系统非常紧张，如果夏季干旱，日供水能力短缺20万吨左右，不得不采取低压供水、工业限水和园林、环卫改为夜间用水等权宜措施，影响工业生产，使许多住在四层楼以上的居民用水困难。在几个人口集中的繁华地区，供水系统仍在使用早年铺设的150或200毫米口径的管道，即使水源充分，输配水能力也不适应这些地区的需要，使供水十分紧张。

在城市的建成区，不论对公用设施系统进行增建、扩建或改建，都会对城市交通和道路系统造成一些消极影响，而且经过一个时期以后，又将出现新的矛盾。城市正是在这种供需矛盾激化与缓解的往复过程中得到发展，这就需要认识到这一客观发展规律，采取正确的政策和措施，把公用设施的相对落后对城市发展的消极作用减到最小程度。

从国内外经验看，处理公用设施供需矛盾的方法一般有三种类型，即超前型、同步型和滞后型。超前型就是使公用设施的建设先于城市的发展，使各种系统都具有足够的规模，留有较充分的备用容量，使之在可以预见的时期内满足城市发展的需要。这种做法虽对解决供需矛盾比较彻底，但需要一次投入大量资金，而且相当一部分资金在近期不能发挥效益。同步型是指公用设施与城市平行建设，随生产和消费引起的需求而发展，这在理论上是合理的，但实行起来并不容易，特别是当城市发展失控，或资金严重不足时，就更难做到，因此在现实生活中，滞后是相当普遍的。虽然这种做法有明显的缺点，但往往要在付出很大代价之后，才能从根本上认识到滞后型的不可取。因此，这三种做法不能绝对化，应视不同情况采取相应的措施。例如在城市新开发区，采用同步型做法并适当留有一些余地是不太困难的；对于旧城区的改造，在其发展规模能得到控制的条件下，公用设施建设适当超前，使之一次达到预定的规模是有益的，以避免今后的改建或扩建。至于滞后型，虽有严重缺陷，但在某些情况下，例如对于城市的盲目发展（特别是工业），可能在一定程度上起一些限制作用。总之，不论采取哪一种缓解供需矛盾的措施，都需要有一个能受到严格控制的城市发展总体规划作为指导。如果城市发展失控，即使公用设施超前，也会无济于事，只能无休止地陷入被动的局面。

(2) 布置方式

多数公用设施系统是随城市发展逐步形成的，因而往往自成体系，互相之间缺乏有机的配合，例如排水能力与供水能力不适应；在一个系统内部，各个环节之间也可能不够协调，例如在排水系统中，处理能力往往小于排污能力等。这些系统的主要特点是分散，在建设和维修上常互相干扰，对城市交通和环境造成不良影响，使城市浅层地下空间的利用杂乱无序，因此分散布置是一种落后的方式，与城市的日益聚集化、社会化和现代化趋势不相适应，也不符合综合利用城市地下空间的原则，故应逐步加以改进，使之向综合化布置方式发展。

布置方式问题的另一方面是管、线的埋设和有关设施的地下化问题。到目前为止，除少数管道布置在管沟中外，大部分管、线均直接埋设在土层中；为避开建筑物基础，多沿城市道路铺设，缺少适应发展的灵活性，不但维修和更换困难，还占据了道路以下大量有效的地下空间。

日本东京在1923年关东大地震后的重建过程中，曾对不同宽度道路下面的管、线铺设方式制定了若干规则，一直沿用至今。虽然比其他城市的盲目随意埋设较有秩序，避免了建设和使用过程中的一些混乱现象，但仍没有脱离分散直埋的基本模式。从图20-1所举的两种不同宽度道路的埋设规定中可以看出，在建筑红线以内的人行道和车行道之下，几乎全部排满了各种管、线，在地面以下5米深度范围内，已不可能再做其他用途。表20-2列举了日本东京几个大型公用设施系统的管、线与城市道路的依附关系，几乎百分之百的管、线是沿道路铺设的。

东京地下埋设的管、线与道路的关系　　　表20-2

管、线名称	总长度（km）	沿道路铺设长度（km）	沿道路铺设比率（%）	备注
电缆	3.305	3.239	98.0	属"东京电力公司"
电缆	5.258	5.222	99.3	属东京"电力公社"
煤气管	9.531	9.531	100.0	
上水管	13.030	12.979	99.6	
下水管	9.137	9.080	99.3	

电缆、电线的地下埋设率比其他管道要低，埋设率最高的英国和前西德也只有62.6%和51.1%（见表20-1）。从城市来看，只有伦敦、巴黎和波恩达到100%，其他多不超过70%。日本东京电力公司所属系统的地下化率为21.4%，全国平均只有1.9%。这是由于传统的电力输送多采用架空方式和埋设电缆的造价较高所致，例如在日本，电缆在地下管沟中布置要比在地面上架贵了3~6倍。电缆、电线沿道路架设时，需占用一部分道路空间（宽约0.8米），影响城市景观，缺乏抗灾能力。又如，日本宫城县地震后，仙台市的电杆倾倒和折损了2%，倾斜的占54%，高架的变压器损坏了29%；我国杭州市1988年遭台风袭击，许多电杆倾倒，全市电力供应中断达十天之久。因此，虽然要花费较高代价，城市输、配电系统的地下化仍应成为公用设施现代化的目标之一。

在城市市政公用系统中，除管、线系统外，还有一些生产、调节、处理设施，由相关的建筑物、构筑物组成，例如给水系统中的水厂、泵房；排水系统中的污水处理厂；电力系统中的变电站；燃气系统的调压站等。这些设施无疑应随管、线系统同时置入地下空间。但是当前，由于这些设施历来习惯于放在地面上，和对于新技术不够了解，因而地下化的阻力较大。实际上，这些设施的地下化在国内外早有先例，没有不能解决的技术难题，反而会在节约用地、保护环境、增强系统安全等方面带来很高的效益。例如，污水处理厂占地很多，因为主要构筑物曝气池面积很大。其实，曝气池均为钢筋混凝土结构，只需加一顶盖，上面覆土绿化，就成了地下构筑物。再如，变电站地下化也有较大阻力，认为安全和散热等问题不易解决。但随着科技的进步，变、配电的各种设备都已能适应地下环境；至于散热，如果在高压电缆廊道中设一套废热回收系统，将冷却水与废热交换成热水，供热力系统使用，或贮存在地下空间中待用，节能效果明显。因此，应尽可能提高各类设施的地下化程度，直到使整个系统实现完全地下化。

（3）系统事故

上述两个问题所造成的直接后果，就是公用设施系统内的事故频繁。一方面表现为设施能力长期不足，超负荷的运行使陈旧的设施经常发生事故，需要修理或改建；另一方面，由于分散直埋在道路之下，必须将道路挖开才能检修，不但降低道路的使用寿命，造成经济上的浪费，而且影响城市的正常交

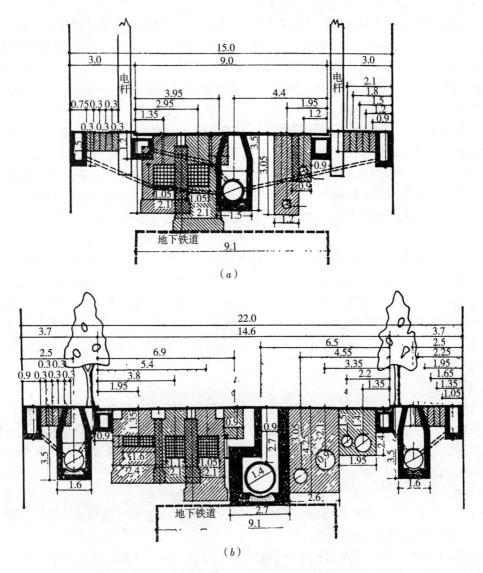

图 20-1 日本城市道路下公用设施管线的埋设要求
(a) 路宽 15m（包括人行道），单位 m；(b) 路宽 22m（包括人行道），单位 m

通。这种城市道路被反复挖、填的现象，使市民非常反感，不仅在我国城市相当普遍，在国外一些大城市也不少见。表 20-3 列出日本东京在 1980 年一年中由于公用设施的施工或检修而使城市道路被破坏的统计数字。

东京市区道路被挖开情况① （1980 年） 表 20-3

道路	系统 项目	电话	供电	煤气	上水	下水	总计
步行道	挖开次数（次）	272	329	665	702	220	2.188
	挖开面积（m²）	6.671	11.561	6.058	2.710	2.621	29.681
车行道	挖开次数（次）	144	93	154	180	101	672
	挖开面积（m²）	7.920	5.403	8.406	9.996	16.091	47.836

① 车行道每公里每年平均被挖开 5 次，步行道 15 次。车行道被挖开面积相当于道路总面积的 1.6%，步行道相当于 2.8%。

早期建设的公用设施，都是按照当时的需求量和相应的设计规范、标准进行设计和施工的，建成后的使用寿命一般在五、六十年左右。在这期间，需求量的不断增长可能使一些系统超负荷运行，加快系统的损坏；同时地面上车辆的增多使管、线的荷载加大，由于承载力不够而被破坏；加上材料的锈蚀、老化，使系统的事故频繁，年代越久，破坏率越高，不但影响本系统的运行和使用，还可能对城市其他部分造成危害，如火灾、水害等。

美国纽约是世界最大的城市，现代化程度已相当高，然而在城市公用设施方面，仍存在落后于城市发展的情况。例如市中心的曼哈顿（Manhattan）区，供水管道的60%是在1900年以前铺设的，到上世纪40年代，平均每年损坏250次，70年代增加到450次。1985年8月的一天早晨，一条有68年历史的供水干管由于过重的交通荷载而破裂，溢出的水漫流到十个街区，使该地区停水4小时，还使一段地铁停运了7小时，200条电话线被冲毁，水还流入高层建筑的电梯井和地下变电站，造成了一些混乱和破坏。

据统计资料，在我国的335座城市中，供水管道总长7.5万公里，其中1/5早已超过了使用年限。1985年，北京市一条供水干管因年久失修而破裂，大量水灌入地下人防工程和其他地下室，使4000平方米范围内的地下工程和其中的物资被淹。2003年，浙江宁波市江北区自来水管爆裂，使几十户居民和商店被淹。燃气管道事故的危害性更大，2001年宁波市在地质勘探时钻穿了燃气管，外泄燃气35吨，幸及时采取措施，未发生爆炸，否则将有几平方公里的市区受到破坏。类似燃气等事故，在2002～2003一年半中就发生了14起，问题相当严重。

（4）对环境的影响

城市的环境污染主要是大气污染和水质污染，其原因是多方面的，由于公用设施能力不足和系统不完备（或称不配套）而造成的一次和二次污染是重要的因素。这种污染不但影响环境，还直接影响市容和卫生。在这个问题上，一些发达国家大城市在上世纪五六十年代曾经达到非常严重的程度，以后经过一、二十年的综合治理，已经取得明显的成效。例如，英国伦敦的城市能源传统上以煤为主，20世纪50年代初开始出现"酸雨"，加上气候因素，造成严重危害。1952年12月，"酸雨"使4600人死亡，人们恐惧地称之为"毒雾事件"；1956年开始治理，到1965年烧煤比重降至27.5%，到1987年又降到了5.1%，城市空气环境已大为改善。

为了减轻城市的大气污染，主要途径是改变城市能源消费结构，以石油和天然气代替煤作为主要能源，建设集中供热和管道供气的大型系统，才能减少二氧化硫向大气中的排放量，消除"酸雨"现象。在我国，以煤为主的能源消费结构一时不可能改变，许多城市大气中的二氧化硫等有害气体的浓度超过标准很多，例如北京市中心区上空，冬季二氧化硫平均的浓度从1976年的0.16毫克/立方米上升到1983年的0.25～0.30毫克/立方米，而国家规定的标准为0.15毫克/立方米。在这种情况下，只有采取集中供热并加强烟尘处理的方法，和用燃气代替燃煤，才能在一定程度上使这一问题得到缓解。此外，汽车废气也是对大气的污染源之一。

城市排水系统和废物处理系统与城市水质的污染有直接的关系。加强系统的排污能力和处理能力，同时采取措施减轻废弃物在堆放、运输和处理过程中的二次污染，才能使生产和生活用水的质量得到保证。

瑞典在全国800万人口中，有246万城市人口的污水已得到处理，仅斯德哥尔摩地区就有排水隧道200公里，地下污水处理厂6座。莫斯科、伦敦、巴黎等城市的污水二级处理率均在90%以上。日本在1979年的城市垃圾处理率已接近100%，其中焚烧占65.2%，24%被掩埋，0.3%转做肥料，7%由单位自行处理，因而大大减轻了垃圾对城市水源的污染。

我国在城市污水和固体废弃物处理方面，比公用设施的其他系统相对更为落后，以致对城市水质的污染严重，例如在北方城市河流和地下水中，镉和汞的含量很高，超过欧洲共同体规定两万多倍，各种细菌的含量也相当高。此外，未经处理的污水和简单堆放的垃圾，使蚊蝇孳生、臭气蔓延，对城市环境和卫生的影响也十分严重。

(5) 管理体制与资金问题

城市公用设施在从无到有，从小到大的发展过程中，逐渐形成了每个系统的规划、设计、施工、运行和管理的独立体系，由市政当局以及私人企业分头主管。这种分工虽然在系统的专业化方面起到一定的积极作用，但是在总体规划、综合布置、资金分配和协调各系统之间的矛盾等方面造成不少困难，使有限的投资难以发挥最大的效益，出现种种弊端。在一个系统内部，有时也分属不同部门，如能源的生产与分配，废弃物的排放与处理等。因此，城市规模越大，社会化程度越高，就越需要对公用设施系统加强统一的领导和管理，否则很容易造成城市生活的混乱，阻碍城市的正常发展。

城市对公用设施的建设、运行和维护进行一定的投资，并使之与向生产上的投资保持适当的比例，是维持城市正常生活和促进城市发展所必需。投资的多少当然取决于城市的经济实力，但是重要问题在于保持合理的投资比例，因为投资比例反映了公用设施与城市发展之间的内在关系。如果比例适当，城市发展就较快，较顺利；反之，若比例过高，则一时不能充分发挥效益，比例过低，将会出现种种不协调现象，"欠账"累累，居民怨声载道。

据有关资料，前苏联和东欧一些国家，对城市基础设施的投资在总投资中的比重，20世纪50年代时为30%~40%，到70年代增加到45%~50%；一些发达的西方国家，近年来城市基础设施的投资比重达60%~75%。

北京市从1949年到1983年的35年中，城市基础设施投资占固定资产总投资的比重平均为20%~25%，不但低于客观需要，而且有时高有时低，很不均衡。这种情况在80年代有所改进，1984~1990年预计为38.5%。城市人口每增加1万人需增加市政公用设施投资7.4元，对城市财政是一个很重的负担。一些调查统计资料表明，在我国条件下，保持在35%，并使之均衡，是比较适当的。

以上对城市公用设施系统存在问题的分析表明，根据公用设施的特点和现实条件，采取必要措施使之适应城市发展的需要，是城市化和城市现代化进程中所面临的紧迫的必须妥善加以解决的问题。从国外一些大城市已经采取的措施和发展趋向看，系统的大型化，布置的综合化，设施的地下化和废弃物的资源化，应当是从根本上摆脱困境，和城市公用设施现代化的主要途径。

20.2 市政设施系统的大型化

当城市规模发展到相当庞大，原有的公用设施系统已很陈旧，靠分散地改建或增建一些小型系统，已无法从根本上扭转市政公用设施的落后局面时，要使上一节中所分析的各种矛盾得到缓解，是相当困难的。在这种情况下，从国内外经验看，建设大型的，在各系统之间和在各系统内部均能互相协调配套的公用设施系统，是比较有效的途径，也是发展的趋向。从总体上看，建设大型系统的主要优点是：首先，可以比较彻底地解决设施能力不足的问题，对于系统负荷的变化有较强的适应性；其次，有利于公用设施系统的综合布置，克服由于分散直埋造成的种种弊端；第三，只有大型化，才有可能实现合理的地下化，对于节省城市用地，减少输送损失，减轻污染和综合利用城市地下空间，都是有利的。虽然建设大型系统的投资比分散建设同等能力的小系统所需的总资金要少，但一次投资的数额巨大，城市若无相当的经济实力是无法负担的，即使对于经济很发达的城市，也并非轻而易举，因此必须进行充分的建设前期工作和可行性研究。作好规划并筹集资金，然后分期逐步实施。

20.2.1 城市大型供水系统

在水源有充分保障的情况下，整个城市的供水可由几个大型的配套系统分区负担，保持10%~20%的储备能力，同时使系统地下化，对于节约用水，节约用地和保证稳定供水都十分有利。

美国纽约市在18世纪时的形成过程中，居民饮用水主要为井水和蓄水池水，很不卫生，1798年和

1800年两次发生大规模传染病。1842年建成第一个供水系统，日供水能力22.4万吨，对日后的城市发展起了重要作用。到1905年，第一系统已不敷使用，经过三十年的筹备和建设，1937年建成第二个大型系统，日供水能力180万吨。1954年起开始研究第三大系统的建设问题，准备分四期实施，总供水能力220万吨/日（相当于北京市到1990年达到的全市日供水能力）。1970年第一期工程开工，预计全部完成要到80年代末。工程完全布置在城市地下岩层中，石方量130万立方米，混凝土量54万立方米，总造价约8.5亿美元。除一条长22公里，直径7.5米的输水隧道外，还有几组为控制和分配用的大型地下洞室，每一组都是一项空间布置上相当复杂的岩石中大型工程。图20-2是其中的一组，为2B竖井综合工程，从透视示意图上可以大体看出工程的规模和复杂程度。纽约的三大供水系统均以位于郊区的几座蓄水库为水源，经引水渠送到城市边缘后转入地下，再由地下输水隧道向各处供水。

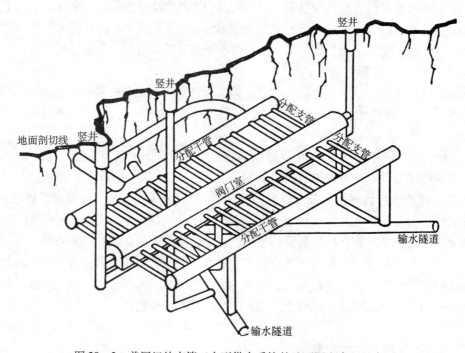

图20-2　美国纽约市第三大型供水系统的地下洞室布置示意图

类似美国的大型地下供水系统，在北欧国家也比较多。例如，负担瑞典南部地区供水的大型系统全部在地下，埋深30~90米，隧道长80公里，截面面积8平方米，靠重力自流，流量每秒5~6立方米。芬兰赫尔辛基（Helsinki）的大型供水系统也在地下。挪威也有这样的大型供水系统，特点是水源也实现地下化，在岩层中建造大型贮水库，既节省土地又可减少水的蒸发损失，效果显著。

日本从1887年开始在横滨修建城市供水系统，到1911年，全国自来水按人口普及率为8%，1954年达到27%。此后进入经济大发展时期，供水系统也逐渐大型化，到1990年全国普及率达到97.5%，人均日供水量434升。日本供水系统的地下化程度不及北欧国家高，但在软土层中用盾构法（Shield method）建造的大截面地下输水管道在技术上比较先进。

我国水资源比较贫乏，全国人均水资源占有量仅为世界平均水平的1/4，有200多个城市缺水，严重缺水的有40~50个，日缺水量1200万吨，相当于全国城市日供水能力的1/4左右，每年影响工业总产值1800多亿元。城市生活用水的水量、水质也都处于较低水平。在这种条件下，只要资金来源有保障，集中建设大型的地下供水系统是很必要的，比分散地建设小系统的效益要高得多。

上海市的水源并不紧张，但98%取自黄浦江，由于中、下游污染严重，即使经过水厂处理，也难达到合格卫生标准，因此决定投资十多亿元，分两期建设黄浦江上游引水工程。地下钢管输水道全长40公里，采用顶管技术施工，日供水能力预计为230万吨，仅一期工程完成后，就会有250万居民受益。

20.2.2 城市大型能源供应系统

城市能源供应主要有供热、供气、供油和供电等几大系统，这些系统的不断完善和大型化，也是城市现代化的重要标志。

采用大型系统集中供热和供气，不但可节省能源，减少浪费和减轻城市的交通运输负担，更重要的是减少对大气的污染。

瑞典在1978年全国集中供热率已达到43%，居世界最前列，其次为丹麦（30%）和芬兰（20%），当时其他国家尚不到5%。斯德哥尔摩地区有120公里长的大型地下供热隧道，市中心区和许多居住区都已实现集中供热，而且正在研究试验在供热系统中增加地下贮热库，进一步提高能源的热效率，并为利用工业余热和开发太阳能等新能源创造有利条件。

瑞典的有关公司在1983年为美国圣保罗市（San Paul）设计了一个大型供热系统，两年后建成。该系统向市中心75幢大型建筑物供应120摄氏度的热水，由集中的燃煤和燃油锅炉房提供热源，总供热能力为280兆瓦，双向管道总长度约16公里，总造价4580万美元。

日本经过二十年的经济高速发展，城市能源需求量急剧增长，到1973年"石油危机"时，全国城市一次能源供给量已从1958年的 70×10^{13} 大卡增加到 380×10^{13} 大卡，成为发达国家中仅次于美国的能源消费大国。在这种形势下，只有发展集中的大型系统才能满足迅速增长的社会需求。1885年创立的东京煤气公司，至今已成为垄断性的煤气和天然气供应企业，用户在100万户以上。东京的煤气普及率在1980年时已达到77.5%，都是由大型的地下管道系统供应的。近年来，日本城市的集中供热也发展很快，城市中心区和新开发的大型居住区，多已实现集中供热，有的还实现了部分集中供冷。例如，1976年在东京市中心大手町地区建设了集中供热和供冷系统，能源为天然气，供应范围32公顷，包括42幢办公楼，4个车站，建筑面积共170万平方米，地下管道长约2公里，埋深20~25米。空调机房全部设在地下，冷却塔则架设在大楼的屋顶上。

我国在近几年才提出了城市集中供热问题，目前普及率还较低。北京对民用建筑的集中供热在总供热量中仅占13.1%，由分散的小锅炉房供热占51.9%，家庭煤炉取暖占35%。近年来，北京市在改变炊事能源方面进展较快，炊事气化率已达90%，但其中使用瓶装液化石油气的比重较大，管道供气率仍较低。1988年起从华北油田和陕西气田引入天然气，在市内实行集中供气，对于改变城市能源结构和改善城市环境起了很好的作用，并以较快的速度普及和发展。

20.2.3 城市大型排水及污水处理系统

城市排水系统包括雨水和冰雪融化水的排除，及生产和生活污水的排除两大部分。当雨水和污水排放量都很大时，各自成为单独的分流系统；较小时，可合并为一个系统，称为合流排水系统。

城市对排水系统的要求，主要在于其管道和泵站要有足够的排放能力，以及处理设施具有相应的处理能力。城市的排水与供水系统是互相关联的，排水量中的相当一部分，将补充到供水的水源中。因此如果只排放不处理，或处理率很低，就会造成供水源的污染，出现恶性循环；如果处理系统仅能处理污水而不能处理雨水，同样也是不完善的，因为雨水经过空气和地表后，也会受到污染，不能直接作为水源使用。到上世纪80年代中期，北京市的上水道普及率已超过90%，下水道为27.3%，污水处理率仅为10%左右[1]，这种明显的不平衡状态给城市生活造成的不便和危害，已如上一节中所述，只有建设大型的地下排水系统，才有可能较好地解决城市排水能力不足和污水处理设施不配套的问题，同时能充分发挥投资效益，改善城市环境。

---

[1] 到2000年北京市污水处理率已达42%。

在本章第一节中曾介绍了美国芝加哥市雨水排除能力不足所造成的后果。为了从根本上解决雨水排除和供水源受到污染问题，美国经过七年的研究和准备，1972年制订了兴建排水隧道、地下蓄水池和污水处理厂计划（简称 TARD）。计划分两期进行：一期工程主要有一座大型地下泵站和总长177公里，直径2.75~9.40米，埋深40~105米的排水隧道，造价23.4亿美元；二期包括排水隧道34公里和总容量为16万立方米的三个地下蓄水池，其中两个是利用采石场的废弃岩洞，总投资9亿美元。图20-3为这个大型排水系统的总平面布置简图。

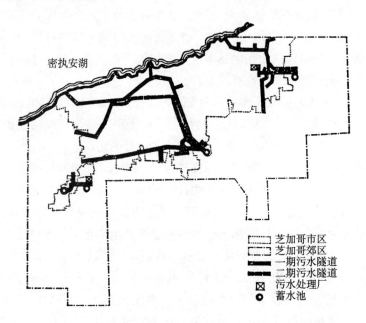

图20-3 美国芝加哥市大型地下排水系统的总平面布置图

瑞典从1940年开始在岩层中建设大型城市排水系统，至今已达到相当高的水平，不论在数量上还是处理率上，在世界上均处于领先地位。仅斯德哥尔摩市就有大型排水隧道200公里。瑞典排水系统的特点，除规模大外，主要表现为污水处理率高，而且污水处理厂全在地下。例如斯德哥尔摩大市区共有人口240万人，拥有大型污水处理厂6座，处理率为100%，在其他一些小城市，也都有地下污水处理厂，不但保护了城市水源，还使波罗的海（Baltic Sea）免遭污染。图20-4为瑞典斯德哥尔摩地区开帕拉（Kappala）地下污水处理厂透视示意图，该厂是这一地区大型排水系统的终端，处理后的水即排入波罗的海。1969年建成，日处理能力为54PE[①]，造价4200万美元。工程主体为六条长300米，截面面积120平方米的岩洞，洞间壁宽10米，整个工艺流程除污泥固化部分外，全部在地下进行。

芬兰自1932年开始建造地下污水处理系统，首都赫尔辛基在20世纪70年代初，已建有11座污水处理厂，1992年合并为3座。1994年建成维金麦基中心污水处理厂，主要处理设施均在地下，曝气池洞室跨度17~19米，高10~15米，洞间壁宽10~12米。该厂到1994年底可处理赫尔辛基市70万居民生活污水和工业污水，并有效地防止了异味和噪声对周围居民生活的影响。污水处理过程中的沼气，用于本厂的供电和供热。维金麦基地下污水处理厂的总体布置示意见图20-5。

此外，在挪威、日本、美国、中国香港、中国台北等地，都建有相当大规模的地下污水处理厂。

日本的城市下水道普及率和污水处理率比西方一些发达国家相对较低，7个特大城市的平均普及率为66%，中小城市仅为15%。经过近一、二十年的努力，已有了很大改进，例如大阪的普及率已达100%，全市有12座污水处理厂，日处理能力275万吨。在东京等8个城市中也建有地下污水处理厂，

---

① PE 是 person equivalent 的缩写，意为人口当量，例如对于城市污水，每个人口当量相当于每人每日排放污水380升。

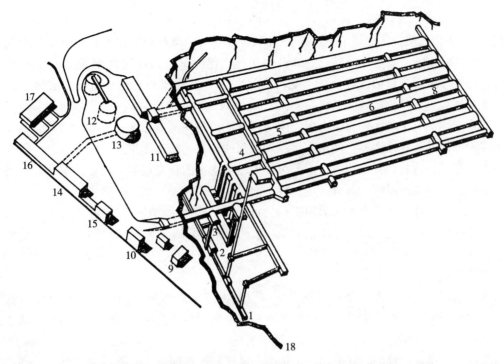

图 20-4 瑞典开帕拉地下污水处理厂地下洞室和地面设施布置示意图
1—污水入口；2—拦护栅；3—主泵站；4—活料池；5—初沉淀地；6—曝气池；7—格片分离器；8—澄清池；
9—贮氯库；10—磷絮凝剂斗仓；11—浓缩器；12—分解器；13—贮气罐；14—污泥脱水；15—固体污泥包装；
16—车间及控制室；17—办公室和实验室；18—地面剖切线

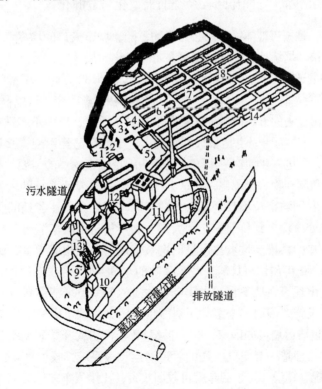

图 20-5 芬兰赫尔辛基维金麦基地下污水处理厂的总体布置示意图
1—泵站；2—格栅；3—沉砂池；4—预曝气池；5—硫酸铁配制槽；6—初沉池；7—曝气池；8—二沉池；9—沼气罐；10—沼气利用；11—车间和仓库；12—消化池；13—污泥脱水；14—机械和仪表

地面恢复后作为公园或棒球场。

在上世纪90年代之前，我国城市下水道普及率和污水处理率都很低。与此同时，城市污水排放量却以每年7.7%的速度增长，年排放量已达350多亿吨，绝大部分未经处理直接排入江、河、湖、海。据对9.5万公里河段水质进行的调查分析，受污染的占20%。我国每年因水污染造成的经济损失达55亿元，对生态环境也构成严重威胁。

近十几年中，情况有了较大的改变，城市生活污水的处理率提高较快；工业污水虽多数具备处理能力，但由于多种原因并不经常运行，污水直接排入江河的现象仍相当严重。

城市污水经处理后排放，其中相当一部分可作为城市水源的补充或郊区农业灌溉用水，使污水资源化，与供水形成良性的循环系统，具有一定的经济效益。

北京市已在污水处理厂建设再生水回用工程，每天生产再生水30万立方米，回用率达15%，主要供给发电厂作冷却水，用于河、湖的补给水和植物及道路的喷洒，每年可节约清洁水源1亿立方米。此外，还准备再建3座再生水回用工程，日供15万立方米。到2008年，将使再生水回用率提高到50%，年节约清洁水源4亿立方米。

处理污水的副产品——污泥，含有多种有益物质和相当丰富的热能，经固化后可作为农用肥料出售，或焚烧后回收热能用于供热或发电。据日本资料，东京的三座污泥焚烧炉每年回收的热能，可代替石油14.7万吨，温度高达数百摄氏度，可直接用于发电。

应当指出的是，排水系统中的管道部分，传统上就已埋设在地下，但是污水泵站和处理厂，目前除北欧国家和日本外，一般仍布置在地面上，二次污染（例如曝气池散发出大量臭气）较严重，同时要占用大面积土地，因此在有条件时，使这些设施地下化，将是有益的。

20.2.4 城市生活垃圾的清除、处理与回收系统的大型化与资源化

生活垃圾与污水一样，是城市整体循环的必然产物，随着城市人口的增多和居民生活水平的提高，生活垃圾的排出量也增长很快。据统计，发达国家每人每年排出垃圾3吨，发展中国家为1吨。我国城市生活垃圾排出量近年以10%的速度增长，1985年城市年排出垃圾5188万吨，城市的清运能力仅为4473.3万吨，有近1000万吨垃圾不能及时清运。同时，垃圾的成分也在逐渐改变，可以再生或回收的有价值物质的含量越来越高，如果仍沿用过去的方法简单地搬运和堆放，不但在运量上不能适应，而且对城市的污染日趋严重，甚至造成"公害"，在物质上也是很大的浪费。这个问题已经引起许多国家的重视，采取各种措施以避免对城市造成危害，并进一步使这一系统现代化，满足城市发展的需要。概括地说就是使垃圾清运的管道化，处理的无害化和废弃物的资源化，在这个基础上，实现整个系统的大型化和地下化。

在过去很长时期内，我国城市垃圾都是靠人力或使用车辆把分散在各处的收集在一起，再运往郊区空地上堆放，或找些低洼处掩埋。到目前为止，大部分城市仍是用汽车清运，只是在容器和车辆上采取一些封盖措施，以减轻沿途的污染。垃圾排出量的增长使运输车辆相应增多，例如日本大阪市城市垃圾每年增加5%~6%，到1990年预计每日需要载重2吨的车辆4200台往来运输，对城市交通造成明显的压力。在这种情况下，就出现了在地下管道中用空气吹送的新型垃圾清运系统。由于运输在全封闭的状态下进行，直接送往处理设施，因而完全消除了对城市的污染，城市街道上也不再有垃圾车往来。

瑞典是首先试验用管道清运垃圾的国家，在上世纪60年代初就开始研制空气吹送系统。1982年，在一个有1700户居民的居住区建造一套空气吹送的管道清运垃圾系统，投资320万美元，预计可以使用60年。由于回收和处理系统配套建设，三、四年就可收回投资，比用汽车在地面上清运，既经济又卫生。

日本在使用垃圾的空气吹送系统方面也比较先进。由于日本的劳动力价格高，在城市垃圾清运总费用中，收集和搬运费占60%~80%。用管道吹送系统，虽一次投资较高，但投资后可节省大量劳务费和车辆的消耗，加上提高废弃物的回收率，可以较快地收回投资，因此近年一些新开发地区，都采用了这种先进的系统。表20-4为日本一些城市使用管道吹送系统清运城市垃圾的情况。

日本使用管道吹送系统清运城市垃圾情况　　　　　　　　　　　　　　　　　表20-4

所在地区	服务对象	服务面积（ha）	收集量（t/d）	系统总长度（km）	最大运距（km）	管径（mm）
东京	筑波科学城	72	41	11	2	500
东京	多摩新城中心区	82	58	6.8	/	500
大阪	南港居住区	100	100	10	1.6	600
大阪	森之宫居住区	4.2	4.2	1.1	/	500
兵库县	芦屋浜居住区	125	27.5	12	2.7	500
长冈市	新城居住区	/	30	15	1.9	500

城市垃圾是一种固体废弃物，如果只堆放而不加以处理，不可能自行清除，只会越积越多，占用土地，造成城市"公害"。据航空遥感图片，北京市郊区现有底面积在16平方米以上的垃圾堆近4000个，共占地500多公顷（约8000亩），相当于几个大型居住区的用地。近年又新辟"垃圾消纳场"7处，共占地300多公顷（4560亩），均无任何处理设施。同时，垃圾的露天堆放不但污染空气，而且污染地下水源。我国南方有的城市水源由于受到垃圾污染，大肠菌值超标770倍，含杂菌总数超标2600倍，成为当地居民中消化系统疾病流行的主要原因。过去我国城市郊区农业习惯用垃圾作为农用肥料，虽然可以"消纳"一部分垃圾，但未经处理的垃圾中含炉渣等杂物过多（约占60%），长期使用会使土壤"渣化"，保肥和保水能力下降，对粮田和菜地都是有害的。

利用低洼地将垃圾填埋，虽可减轻对空气的污染，但对水质的污染问题仍未解决。西欧有些国家采用一种所谓"卫生填埋法"，先将垃圾用重型压路机分层压实，上面覆土将垃圾封住，恢复地表，开辟为停车场、公园等，实现垃圾堆放和填埋的无害化。德国、英国、意大利等国使用卫生填埋法处理的垃圾占垃圾总量的60%~85%。

采取简单的填埋方法，只能使垃圾从地面上消失，但埋到地下后会继续出现很多问题，有很大的危害性。深圳市1983年在玉龙坑设了一处垃圾填埋场，到1997年停止使用为止，共填埋市内两个区的320万吨生活垃圾。这些垃圾在50年内每小时排放有害气体6000立方米，其中的沼气（甲烷），在浓度达到5%~15%时，遇明火就会引起爆炸。其他气体如硫化氢、氨、二氧化碳等，对空气造成污染，威胁周围1万多居民的健康。同时垃圾的渗滤液还严重威胁地下水源的安全。最后，这个填埋场不得不关闭，并付出很大代价采取工程和环保措施以制止其危害的延续。

使用现代技术使填埋垃圾无害化是可能的，例如将沼气收集起来加以利用，建防渗层阻止对地下水的污染，上面做防水层加以密封隔离等，当然，为此要花费较高的代价。北京市已在郊区建成一座这样的无害化垃圾填埋场，日处理垃圾1000吨，填埋高度54米，总填埋量为514万吨。

为了比较彻底地解决城市生活垃圾的出路问题，就需要采用现代技术，一方面对垃圾加以无害化处理，同时回收其中可以再生的无机物质，如玻璃、金属等，焚烧或高温氧化其中的有机物质，回收热能或肥料，使废弃物资源化，形成良性循环，并取得一定的经济收益。

城市居民的生活越是富裕，生活垃圾越具备实现资源化的条件。在日本的城市垃圾中，不燃物（玻璃、陶瓷等）仅占2.9%，97.1%均为可燃物，其中有食品废弃物（占49.8%）、纸类（25.9%）、塑料（10.4%）、草木、纤维、皮鞋（共占11%）等，每吨生活垃圾的含热量为1.8吉卡[①]。瑞典的生活垃圾构成情况为：金属、玻璃等不燃物占6.7%，可燃物占50%，有机物占43.3%，每吨生活垃圾含有的热能为2000千瓦小时。这些热能在垃圾焚烧炉中很容易被回收，经热交换后用于发电或供热。日本大阪预计到1990年靠焚烧垃圾可获得再生热能5.3拍卡[②]，可满足260万户城市居民供热量的20%。据

---

① 吉卡 = Gcal = 10^9 cal。

② 拍卡 = 10^{15} cal。

瑞典的研究成果，一座年处理能力为3万吨的垃圾处理厂，可以处理10万人口地区内的生活垃圾，从中回收热能6650万千瓦小时，相当于6000吨燃油的热能，足以向3000户居民供热，年产值125万美元，大体上与处理垃圾的成本相当。

单纯地通过焚烧回收垃圾中的热能，还不能充分回收垃圾中的有益物质，因此一些国家又采用其他多种途径，以回收更多的物质，例如前苏联的高温堆肥法生产混合肥料，日本和美国使用热分解油化装置提取燃油（每吨垃圾可提出低硫燃油32升）等。

目前国外多数垃圾处理和回收设施仍在地面上进行，处理后的垃圾作为燃料，仍需用汽车运往热电中心，地下化程度不高。瑞典为了缩短城市垃圾运距，利用地下岩层较浅的特点，正在研究在地下空间建造大型垃圾清运和处理系统。图20-6为这种地下清运和处理系统的一个方案。垃圾经地下通道运入，经粉碎和筛分，将可燃物送往供热中心（设在附近地面上）。在剩下的有机物中掺入1/3左右的固体污泥（来自污水处理厂），在密封洞罐中进行厌氧分解1~2个月，产生出沼气（CH_4）、二氧化碳、氮、硫化氢等气体。将沼气分离出后，经地下廊道送往供热中心作为气体燃料。

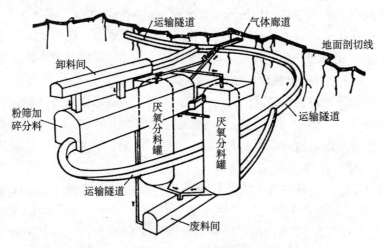

图20-6 瑞典地下垃圾处理厂布置方案示意图

近几年国内对生活垃圾的处理已开始从无害化向资源化转变，并进行了试验性工程建设。北京市首先在昌平区建了一座利用垃圾填埋场产生的沼气作为能源的发电厂，装机容量272万千瓦，每年可使用沼气1300万立方米，二氧化碳排放量减少8万吨，可供1.7万户家庭用电。同时，在海淀区正在建设一座以焚烧垃圾为能源的电厂，日处理垃圾1200吨，年发电量1.3亿千瓦时，这都是良好的开端，对城市的节能减排将起到积极的作用。

20.3 市政设施系统的地下化

市政公用设施系统一般由两大部分组成，即生产、贮存、处理系统和输送管、线系统。管线系统埋设在地下早已成为传统，问题在于要进一步实行综合化，将在下一节中讨论。本节主要论述生产、贮存、处理系统的地下化问题。

市政设施的生产、贮存、处理系统主要布置在建筑物、构筑物中，如各种机房、各类贮水池或贮水槽、液体燃料贮罐、露天塔架等。这些设施按照传统习惯做法，都是置于地面上，主要问题是占用土地、存在安全隐患和影响环境、景观。这些设施的地下化，可在很大程度上有助于这些问题的解决，但是实行起来，传统的观念和做法还有一定的阻力，但国内外的实践已经表明，地下化才是市政设施系统的发展方向。

20.3.1 供水系统设施的地下化

城市供水设施包括水源厂（或称取水泵）、加工厂，即平时所称的自来水厂和输水系统中的泵站、贮水池等。

为了充分发挥大型供水系统的效益，把生产和输送过程中的渗漏和蒸发损失减到最小程度是必要的。在北京地区年降水总量中，约有 24.1% 形成地表径流，27.8% 渗入地下，成为地下水的补给源，其余蒸发，即蒸发率在 50% 左右。也就是说，如果完全消除引水和输水过程中的蒸发损失，整个供水系统的能力和效益可提高 2 倍。再以农业灌溉为例，北京市如有 4/5 的耕地采用地下预制钢筋混凝土管送水，则每年可节水 1.4 亿吨，相应还可节省电力，使农业成本降低。由此可见，如能实现贮水和输水的地下化，虽然建设投资有所增加，但可大幅度降低水的蒸发，渗漏损失也小得多，从总体和长远上看，能获得较高的综合效益。

在自来水厂中，调节池和沉淀池不但占用大面积土地，而且蒸发和渗漏损失较大，如果这些水池置于地下，采用钢筋混凝土封闭水池，则不但可解决上述问题，还增加了水源的安全保障。至于泵房等建筑物，采用地下方案更能适应水泵的安装标高比较低的特点。

供水系统设施的地下化，在北欧国家和日本已有一定的实践，在我国尚未引起足够的重视。

20.3.2 排水系统设施的地下化

排水系统中的重要设施是污水处理设施，包括雨水和生活污水的处理。一个城市的污水处理率是其现代化水平的重要指标之一。北京市的污水处理率不断提高，上世纪 80 年代不到 10%，规划到 2020 年将达到 90% 以上；同时，中水回用率到 2008 年已达到 50%。规划从 2004 年至 2020 年，再建设污水处理厂 22 座。

污水处理厂占地面积很大，其中以曝气池占地最多，只有地下化才能改变这种状况。本章上一节介绍的北欧两座大型污水处理厂，都是将曝气池置于山体岩洞中，地面设施很少。在土层中建大型污水处理厂，工程造价可能较高，但如果与节约土地和减轻二次污染相比较，仍有相当大的优势，这就需要转变传统观念，进行认真的研究、论证。对于市区内的中小型污水处理厂，用地和环境问题更为突出，地下化尤为重要。北京市已计划在田村和万泉寺地区的公共绿地建两座地下再生水厂，作为试验和示范，这是值得提倡的。

20.3.3 供电、供热设施的地下化

城市的供电系统，长期以来都是沿步行道架设明线和小型变压器，不但对行人构成一定威胁，影响市容整洁，而且由于架空线的电压不能过高，需逐级降压，功率损耗较大。因此在西欧一些大城市中，高压电直送城市中心区的情况已比较普遍。巴黎在上世纪 60 年代初就已将大量 225 千伏高压电送入市中心区，巴黎、伦敦、波恩、汉堡（Hamburg）等城市供电的地下化率均达 95% 以上。日本城市供电的地下化起步较迟，到 1978 年市中心区供电地下化率为 70%，已经有 275 千伏的高压电缆引入市区。

北京市在 1982 年建成 110 千伏高压供电线路和变电站，但进入城区后，仍沿城市道路或绿地架设。上海市中心区供电十分紧张，但地面空间又非常拥挤，无法架设高压线，故决定将 220 千伏高压电从地下引入，在人民广场建成大型地下变电站。北京市也在上世纪末在国贸、隆福寺地区建造了 110 千伏地下变电站，在王府井地区建造了 220 千伏地下变电站，并相应建设了地下高压电缆沟，对节省用地和改善景观起到很好作用。

地下高压供电虽然优点很多，但其造价比在地面上架设要高得多，在日本约高 3~6 倍，只有在城市具有一定的经济实力时才能逐步实现。但是，当高压输电地下化后，如果能将散发在电缆廊道中的废

热回收，可取得一定的经济补偿。据日本资料，275千伏的高压电缆在地下廊道中每米每小时散热2000大卡，每分钟用270升冷水即可将其回收。东京电力公司所属系统的地下电缆废热回收量，一年相当于1.7万吨石油，但这个经济效益与建设投资相比，当然还是微小的。

供热和供气管道的地下化，除某些大型工业企业仍采用地面上架设的方式外，在城市中一般均已实现。至于一些配套设施，除大型锅炉房外，泵站、调压站、交换站等均宜布置在地下。目前我国正在研究试验的低温核反应堆集中供热装置，对进一步改变城市能源结构和减轻大气污染都能起到积极作用。这种设施很适合于地下化，不但可提高反应堆的安全性，还可缩小地面上安全隔离区的范围。如果能与地下贮能的设想同时实现，解决热能在非供热季节的贮存问题，将更容易使这项新技术得到应用和推广。

20.4 市政设施系统的综合化

20.4.1 国内外市政设施系统综合化概况和经验

历史上形成的，城市公用设施自成体系分散直埋的布置和铺设方式，在世界上许多大城市中是普遍存在的。由此引起的种种弊端（见本章第一节），长期得不到满意的解决。少数大城市在地下建造的综合管线廊道①，提供了解决这些难题的一些经验和途径。

早在一百多年前，地下综合管线廊道的雏形就在欧洲一些城市出现。巴黎在1832年发生霍乱流行后，决定建造大型地下排水系统，后来逐步延长，至今已有1500公里，廊道为砖石结构，高2.5~5米，宽1.5~6米。在以排水为主的廊道中，还容纳了一些供水管和通信电缆图20-7（a）。伦敦的早期廊道，也有一百多年历史，长约3.2公里，其中不包括排水管，但有煤气管和高压电缆。煤气管在廊道中用墙与其他管线隔开见图20-7（b）。

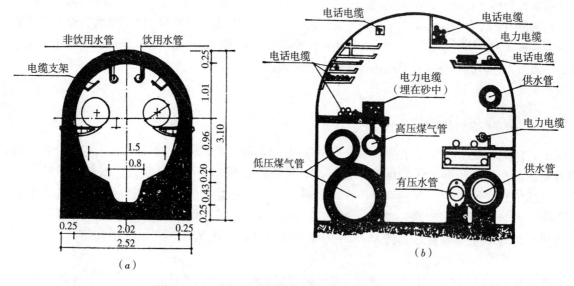

图20-7 早期地下综合管线廊道举例（单位：米）
(a) 在土层中沿街道布置（日本）；(b) 在岩层中直线布置（瑞典）

---

① 综合管线廊道（combined user utility gallery），在世界各国尚无统一的名称。美国加拿大称为 pipe gallery 或 public utility conduit；英国称 mixed services subways；法国称 technical gallery；德国称为 collecting channels；日本称为共同沟（汉字，英译为 common duct）。现在比较常用的名称是多功能廊道（multi-purpose tunnel，或译多用途隧道）。

在 19 世纪时，城市矛盾还不像今日之尖锐，城市的财力、物力也不如现在这样雄厚，所以在相当长时期内，综合管线廊道发展缓慢。只是到了近二、三十年，才具备了使城市公用设施布置综合化的需求与实现的条件。到目前为止，世界上已经有一些城市建造了地下管线综合廊道，有的已达到相当大的规模。

西班牙马德里（Madrid）有 92 公里长的地下综合管线廊道，除煤气管外，所有公用设施管线均进入廊道。市政当局在廊道使用 20 年后，认为在技术上和经济上都比较满意，因此进一步制订规划，准备沿马德里主要街道下面继续扩建。俄国的莫斯科已经有 120 公里长的综合管线廊道，截面高 3 米，宽 2 米；除煤气管外，各种管、线均有，只是管廊比较窄小，内部通风条件也较差。瑞典斯德哥尔摩市区街道下有综合管线廊道 30 公里长，建在岩石中，直径 8 米，战时可作为民防工程。前东德在 1964 年开始修建地下综合管线廊道，已有 15 公里建成使用，技术上比较先进。此外，比利时的布鲁塞尔（Brussels）、美国华盛顿（Washangton）、加拿大蒙特利尔（Montreal）等地，也都有地下综合管线廊道。

日本称管线综合廊道为"共同沟"。东京在上世纪 20 年代的地震后重建中，曾在九段坂和八重洲两处建造共同沟共长 1.8 公里，在以后的 30 年中没有进一步的发展，除战争影响外，主要是当时的投资和管理体制不完备，与共同沟有关的各公用设施企业之间的利害关系不均衡，当时的掘开式（cut and cover）施工方法对街道交通影响较大。60 年代以后，城市已经恢复并迅速发展，共同沟建设问题再次被提上日程。1963 年颁布了有关法律规定在新建城市高速道路和地下铁道时，都应同时建设共同沟，在城市道路改造时，也应同时建设共同沟。到 1979 年，全国 14 个都、县、市中，沿城市高速道路修建的共同沟总长已有 110.3 公里，沿一般街道的有 26.5 公里，共长 136.8 公里；到 1992 年，全国的共同沟总长达 310 公里。按规划，从 1978 年到 21 世纪初，日本将在全国 80 个城市干线道路下建设共同沟 1100 公里。

地下综合管线廊道的主要优点是容易维修和便于更换，因而能延长公用设施系统的使用寿命，同时保持道路免遭经常性的破坏。据估计，在综合廊道中的管、线使用寿命比直埋在土中时要高 2~3 倍。美国纽约曼哈顿区供水系统的 60% 是建于 1900 年以前，到上世纪 70 年代，已超过了有效使用期，故破损率日益增高，1979 年一年内就破裂 574 次。如果将整个系统更新，要花费数十亿美元，并大量破坏路面。经研究，认为管道破坏的原因主要并不在于管道材料的年久锈蚀，而是由于现在的道路荷载大大高于几十年前，加上管垫布置不合理，常被渗漏的水冲走，以致在外力作用下，管道容易折损破裂。因此认为没有必要更换整个系统，只要找出"热点"（hot spot，意即损坏部位），局部更新，就可以继续使用下去，节省大量经费。然而，在直埋的情况下查清"热点"是不容易的，如果在综合廊道中，管、线由于经常得到维护，突然破坏的可能性减少，即使局部需要更换，也没有什么困难。此外，综合廊道的干线部分埋深可以降低到建筑物基础以下，改变公用设施管、线只能沿城市道路布置的传统，选择最经济的走向，从而缩短廊道和管、线的长度。日本由于土地私有权包括了地下空间，故共同沟仍只能沿城市道路铺设，增加了长度和造价，举例见图 20-8（a）；瑞典规定土地所有权只到地表以下一定深度，因此建在岩层中的综合廊道不受街道走向的限制，比较直捷，见图 20-8（b）。

地下综合管线廊道的优点早已得到公认，然而至今仍未能得到应有的发展，除少数国家（如瑞典、日本）外，多数城市地下公用设施系统的综合化程度还比较低，主要的制约因素是造价高和与综合化相适应的投资与管理体制不够健全。日本的共同沟造价（包括结构和施工费用，管、线和设备费，以及路面修复费），在 1968 年时平均每米约为 30 万日元，到 1983 年已涨到每米 300 万日元，增加 10 倍，每公里需要 30 亿日元，相当于同期地铁造价的 1/8，比单个系统直埋于地下要高得多，尽管投产后的效益再高，仍使一些投资者望而却步。同时，如果投资比例与受益程度不够协调，又缺乏统一的组织与管理，也使得某些企业不愿参与共同建设。

地下综合管线廊道对城市的现代化以及合理利用城市地下空间有着重要意义，有很大发展潜力，因此只要具备必要的条件，就应认真研究和克服发展中的障碍。从日本的经验看，主要有以下几方面：

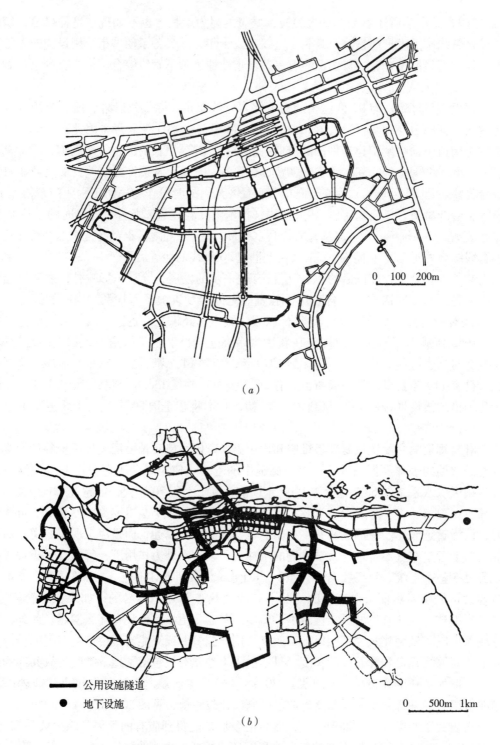

图 20-8 城市地下综合管线廊道线路布置比较
(a) 在土层中沿街道布置（日本）；(b) 在岩层中直线布置（瑞典）

首先，地下综合管线廊道的建设应与城市的发展密切结合起来。日本在有关共同沟建设的法规中，并不勉强要求在旧城区修建共同沟，因为问题确实过于复杂；但一旦某一地区具备了再开发的条件，则要在城市改造的同时建造共同沟，特别强调与高速道路和地铁的建设同步实施，与街道的拓宽和改建同时进行。对于新开发的中等城市和大型居住区，一般都要求建造共同沟。北九州、仙台、广岛、秋田、前桥等城市都已这样实行，共同沟建设有了较大发展。1980 年建成的著名的筑波科学城，是新建的小城市，面积

2700公顷，人口12万，有共同沟总长4.7公里，沟内除常规管、线外，还有两条直径500毫米的生活垃圾吹送管道和6条有线电视电缆。此外还实现了供电的全地下化，地面上没有一根电杆，整洁美观。

其次，应制订合理的投资政策，按照多投资多受益的原则合理确定各系统的投资比例和运行后应承担的义务。日本规定，共同沟投资中的40%由道路部门负担，60%由各企业按比例分配。以神奈川15号高速道路下的共同沟为例，道路部门负担建设费的38.9%，供水企业负担11.1%，排水企业负担6.4%，煤气企业负担8.5%，这样就调动了投资者的积极性。

第三，应对廊道内部空间实行合理分配，严格按照技术要求敷设管、线，以确保安全。同时还应设置排风机、排水泵、一氧化碳报警装置、配电盘、照明用具等。目前虽有相当多的综合廊道中包括了煤气管道，但在没有可靠的安全措施之前，煤气管道以不进入为宜。莫斯科在一条综合管线廊道发生煤气爆炸事故后，已命令禁止煤气管进入综合廊道。此外，廊道内部应有适当的工作条件，例如足够宽的检修通道，良好的通风，通道过长时设置机动小车等。日本新建的共同沟内整齐清洁，没有臭气，只是垃圾吹送管的噪声较强。

第四，应充分发挥地下构筑物的抗灾性能，在廊道结构和管、线敷设等方面加强抗震措施和防水措施，使之在发生灾害时能不受或少受破坏，这样对于整个城市抗灾能力的提高和灾后的迅速恢复都有重要的意义。

我国由于城市基础设施落后，在短时期内不可能有明显的改变。但是从长远看，若要从根本上改变落后状况，只能坚持逐步使公用设施大型化、综合化和地下化的方向。近年，在认识上已有所提高，但实施起来仍有许多困难。2001年和2003年，北京市提出在拟建的两广路和南中轴线道路下修建地下综合管廊的意见，但因没有明确的管理及投资主体，各市政专业单位无偿使用市政道路下的地下空间，而进入地下综合管廊需要多交纳地下综合管廊建设费和使用管理费，作为自主经营自负盈亏的市政专业单位不愿进入综合管廊，最终综合管廊建设因投资大资金不落实，各市政专业部门不愿进入，又没有一个综合管廊的建设、管理主体而搁浅。

20.4.2 地下市政综合管线廊道的类型

从存在条件上看，地下综合管线廊道主要有两大类，一类是在岩层中开挖的隧道，另一类是在土层中建造的砖石或钢筋混凝土结构的廊道；从存在形态上看，一种是独立存在的廊道，还有一种是附建于其他地下工程之中。

凡土层较薄，岩层埋藏较浅，地质条件又比较好的城市，都可以在岩层中修建综合管线廊道，因为在岩层中开挖的隧道，横截面面积比较大，管线的容量较多，有利于公用设施系统的大型化和综合化。

在土层中的综合管线廊道又分为浅埋和深埋两种。浅埋时与道路结合在一起，廊道顶部用预制盖板、铺垫层后，面层可用混凝土块拼装（适于步行道）。这种做法由于可以开盖操作而较少破坏道路，因此廊道截面面积可以减小，降低造价，检修后可以很快恢复路面。1986年在东京建造的银座共同沟，就采用过这种做法，见图20-9(c)、(k)。在多数情况下，浅埋廊道上面仍需覆土1.5~2.5米，因为即使在修建综合廊道的情况下，道路下仍可能有少数管、线需要直埋，或单设沟道，如煤气管、大型排水管等。国外一些大城市已建的浅埋综合管线廊道的标准段横剖面举例见图20-9。从图中可以看出，近年修建的大型综合廊道中，已没有煤气管。此外像东京品川共同沟图20-9(h)那样将排水放在廊道底部的做法已不多见，因为排水需要的截面面积较大，且采用盾构法施工的圆形截面廊道，不适于布置大截面排水管道。

在城市再开发过程中，如能结合地下铁道或地下商业街的建设统一兴建综合管线廊道，功能上独立布置，结构上则组织在一起，可以利用主体工程的边、底、角等不好利用的空间敷设管、线，可节省投资和缩短工期。在日本很提倡这种做法，实践已显示出比单建廊道有更大的优越性。图20-10中举出几个管线廊道附建于地铁和地下街的实例。本书第18章图18-23中的亦庄地下商业街剖面图，也采用

342 第二部分 城市地下空间资源开发利用规划

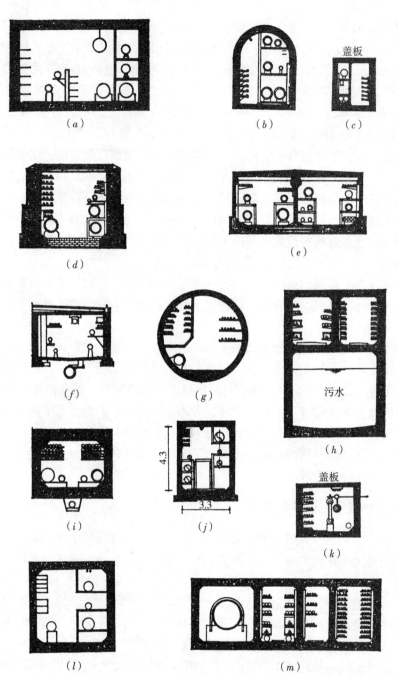

图 20-9 国外浅埋综合管线廊道标准段横剖面举例

了这种做法。

由于能通行的大型综合廊道的造价很高，故国外有一种建议，将一些小型综合廊道或非干线的支线廊道做成非通行式（图 20-11），可以缩小截面，降低造价。当然，这样将失去检修灵活方便的特点。

日本正在研究的在地下 50～100 米深处建大型"新干线共同沟"的设想，使大断面的，内容几乎包含全部城市基础设施，在整个城市中心地区的地下形成网络，这反映了城市公用设施大型化、综合化、地下化的发展趋向，对于城市地面环境的改善和城市生活质量的提高，都将有深远的意义。

在厦门市地下空间规划制订过程中，考虑到岩石地层埋藏较浅，曾提出在岩层中建设基础设施综合隧道系统的建议，后被作为远景构想纳入规划中，这一构想的综合隧道中，除快速道路和市政管线外，还增加了物流系统，使综合化程度又有所提高，示意图见图 20-12。

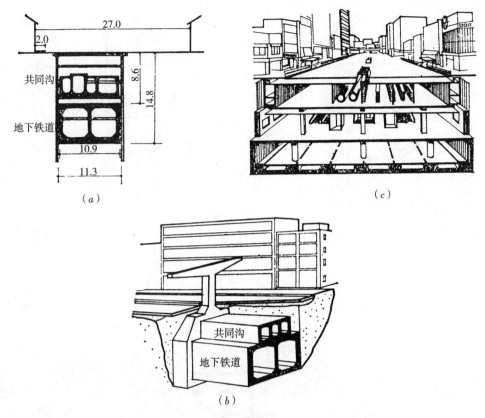

图 20-10 附建式地下综合管线廊道举例
(a)、(b) 附建于地铁隧道；(c) 附建于地下商业街

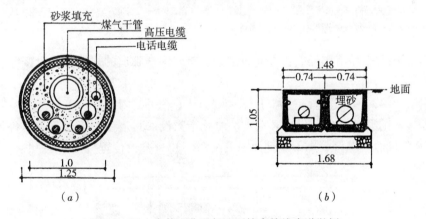

图 20-11 小截面非通行地下综合管线廊道举例
(a) 用土密封的廊道；(b) 小空间非通行廊道

20.4.3 市政设施系统综合化规划

市政设施系统综合化是城市地下空间规划的一项重要内容，涉及方面比较多，如道路和管线的现状与规划，轨道交通规划，投资特点，配套法规等，因此应当在网络布局、建设时序等方面与地下空间总体规划相协调，可作为专项规划包含在市政设施总体规划内容之中。

我国在市政设施综合化方面起步较晚，但在近年几个城市进行的地下空间规划过程中，都有了这部分工作，有的还进行了专题研究。例如在北京地下室间规划文本中，就有如下的规定："在交通繁忙、不宜开挖路面的路段，配合兴建地下铁路、地下道路、立体交叉等工程地段，城市重点地区，重点地段和道路宽度难以满足直埋敷设各种管线的路段，宜采用地下综合管廊集中敷设市政管线。"[10]

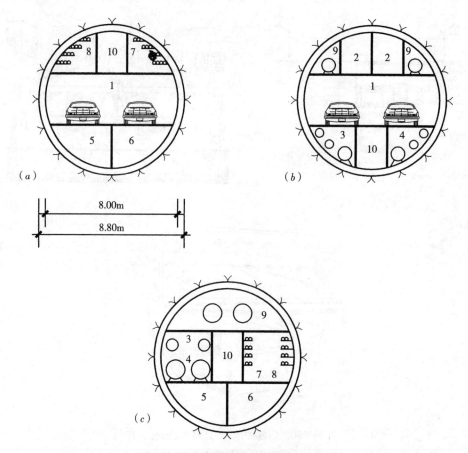

图 20-12 厦门市在岩石中修建基础设施综合隧道的典型剖面方案

1—二车道快速路；2—物流通道；3—供水管道；4—热力管道；5—污水道；6—雨水道；7—电力线；
8—电信线；9—垃圾吹送管道；10—检修通道

下面介绍近年国内几个城市已经或正在建设的地下市政综合廊道的规划和建设概况。

(1) 广州大学城综合管沟[①]

广州大学城用地约43平方公里，总人口35~40万人，其中学生18~20万人。大学城综合管廊总长17.4公里，其中10公里为干线，沿中环路中央绿化带敷设，其余在人行道下的是各种支线。总投资3.7亿元，预计30年回收。综合管廊干线剖面图见图20-13，敷设位置见图20-14。

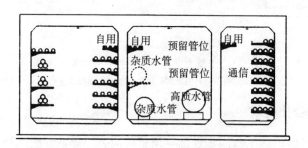

图 20-13 广州大学城地下综合管廊干线剖面图

(2) 昆明呈贡新城综合管沟

呈贡是昆明市规划中的沿滇池建设的四座新城之一，用地100平方公里，人口95万人。综合管廊

---

① (1)、(2)、(3) 资料来源：王璇，宁汲市东部新城综合管沟系统规划研究，2004

图 20-14　广州大学城地下综合管廊敷设位置图（道路中心线下）

全长 22.4 公里，宽 4 米、高 3.4 米，沿昆洛路敷设，是目前国内规划中规模最大的综合管廊。

（3）宁波东部新城综合管沟系统

在宁波市东部新城地下空间规划制订过程中，进行了综合管廊系统规划的专题研究，并提出五个方案进行比较，这里仅对其中的推荐方案做简要介绍。

方案对整个新城 8 平方公里范围内进行了综合管廊系统网络规划，由近期建设的干线和支线、远期综合地铁、轻轨、道路整合建设的电缆沟和支线综合管廊组成。沿 68 米宽的城市快速路地下为干线（南北向），48 米宽的东西主干道下为支线（见图 20-15）。廊道的标准断面见图 20-16。

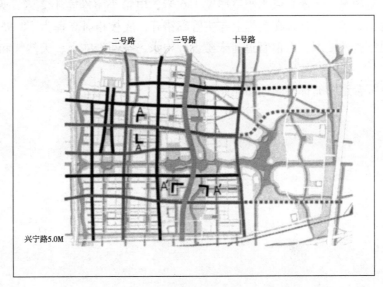

图 20-15　宁波市东部新城地下综合廊道网络规划方案

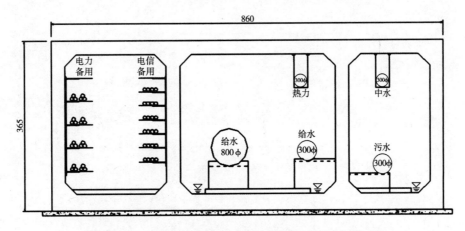

图 20-16　宁波市东部新城地下综合廊道干线标准断面图

（4）北京中关村西区地下综合管廊

1999年在北京中关村西区规划建设中，决定投资修建综合管廊，并自己投资建设自己投资管理。在分析了中关村区整体的市政管线、交通、商业布局及停车的发展后，提出了三位一体的综合管廊方案。即：设置地下一层环形车道将西区各地块建筑的交通相连，全长1.9公里为单向双车道，断面净高3.3米，还有20个汽车坡道、12个人行楼梯。地下二层为开发空间及支管廊层，设置了停车、商业及汽车坡道使环形车道与各地块车库相通。地下三层为市政综合管廊，断面高2.2米，宽13.9米，根据各市政专业要求按电力、电信、自来水、天然气、供热、冷冻水、中水供水市政管线分成5个小室，电力小室净宽2.2米，敷设电力电缆；供水小室净宽2.9米，敷设一条DN600自来水管道、一条DN300中水给水管道、两根冷冻水管DN500；电信小室净宽2.5米，敷设电信电缆；天然气小室净宽2.2米，敷设一条DN500中压天然气管道；供热小室净宽2.2米，敷设DN500供热管道。各专业管线从主管廊出线进入支管廊至各地块规划红线内。支管廊断面为：电力小室净宽1.2米，供水小室净宽1.6米，电信小室净宽1.2米，天然气小室净宽1.2米。各小室净高均为2.2米。支管廊在高程上与主管廊错开，底板相对高程为-8.95米。目前西区综合管廊供水、电力管道已投入使用，电信管道尚未敷设，中水、空调冷冻水、天然气和供热等管道均敷设完毕。

中关村西区地下综合道廊的标准断面图见图20-17。

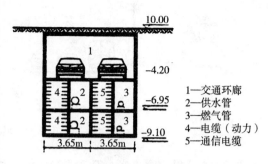

图20-17 北京中关村西区地下综合管廊标准断面图

1—交通环廊
2—供水管
3—燃气管
4—电缆（动力）
5—通信电缆

第 21 章 城市地下物流系统

21.1 物流与现代物流系统

在城市中，除人的活动和出行形成人流外，其他一切物质的流动，如货物运输、邮件运递、废弃物运送、水流、气流、能源流、信息流等，都可统称为物流。最初"物流"的含义是将某种产品或货物从制造者送到用户过程的保管和运输，称为城市货运交通（urban freight transport），也可称为传统物流。20 世纪 70 年代以后，随着经济的高速发展，社会分工的更加细密和物流速度的更加快捷，出现了现代物流的概念，其特点一是使传统物流的各个环节系统化，形成一种链式的产业；二是与现代高科技结合，不断提高信息化和自动化水平，形成一种复杂的系统，称为现代物流系统。1984 年，美国物流管理协会正式将物流概念从"Physical distribution"改为"Logistics"。20 世纪 90 年代末，美国对现代物流的定义是："物流是为了满足顾客的需要，所发生的从生产地到销售地的物质、服务和信息的流动过程，以及能使仓储有效和低成本地进行而从事的计划、实施和控制行为。"[23] 2001 年，《物流术语》对现代物流系统的定义是："物品从供应地向接受地的实体流动过程。根据实际需要，将运输、储存、装卸、搬运、包装、流通加工、配送、信息处理等基本功能实施的有机结合。"[23]

在国际上，美国、日本、英国、荷兰等国的现代物流系统发展较早、较快，物流市场也很活跃，在发展速度、管理水平、物流基础设施等方面，都处于领先地位。

我国在上世纪 80 年代初才引进了"物流"的概念，现代物流业起步较晚，但发展很快，特别是 90 年代我国进入 WTO 以后，大量国外物流企业进入中国，带来最先进的理论与技术，使中国现代物流业有了更快的发展，同时也面临严峻的挑战。"物流学"已成为一门新的学科，物流业已迅速从简单的运输业发展成为一种新兴的产业和新的经济增长点。在我国的物流领域已形成了自己对现代物流系统的较全面的认识，即："以追求经济效益为目标，以现代化设备特别是计算机网络系统为手段，以先进的管理理念和策略为指导，通过运输、仓储、配送、包装、装卸、流通、加工及物理信息处理等多项基本活动，以最小的费用，按用户的要求，将物质资料（包括信息）从供给地向需要地转移，实现商品与服务从供给者向需求者转移的经济活动。"[23]

从物流的规模和服务范围区分，有国际物流、区域物流和城市物流三种，本章主要涉及城市物流系统的地下化问题。

21.2 地下物流系统

21.2.1 地面上物流系统运行中的问题

迄今为止，虽然现代物流系统相对于传统的城市货运已经有了很大的进步，但整个系统基本上是在地面空间中运行，对城市交通和城市环境产生一定负面影响，特别是其中的运输环节，在城市货运量不断增加的情况下，影响就更为明显，大体上表现为以下几个方面：

（1）加大道路运输的负荷，加剧交通的拥堵。在城市交通中，货运与客运同时使用一个路网，在一条道路上，货车与客车是并行的，当客运量和货运量均超过了道路的设计能力时，必然出现互相挤占车道的情况。于是，车速下降、车辆拥堵、交通事故频繁等情况就会发生，如遇不良天气，情况将更为严重。以北京市为例，2004年，由公路和城市道路运输的货运量为2.84亿吨，货运车辆占用的道路资源为道路总里程的40%左右；到2020年，货运量将达到3.5亿吨，货运占用的道路资源将达到50%，货运机动车出行量将会占机动车出行总量的20%以上，这些都是城市交通和交通管理无法承受的[25]。

（2）增加货运过程中的不稳定因素，难以保证货运质量。城市对货运的最基本要求就是快速、准时、安全，这几点在路况不断恶化的情况下是很难全面做到的。从货运速度看，受货人一般都希望订货后在最短时间内收到货物，但如果因路况或天气不良而使行车速度下降或者发生堵车，则货运时间延误几倍都是可能的。某些鲜、活货物，如水产品、蔬菜、水果、鲜花等，对运输时间的要求就更为严格，如不能按时送到而使货物受损，其损失将计入货运成本。据荷兰资料，鲜花运输如在路途多耽搁一天，就会贬值15%[11]。据英国资料，大型货车的长途运输，驾驶员的食、宿、休息时间以及自己修车的时间，都要计入运输时间和货运成本。另据英国资料，仅2006年，由于道路拥堵而损失的工作时间，折成货币为80亿英磅，如情况得不到改善，到2005年，该项损失将达220亿英磅[23]。

（3）加剧城市空气污染，加大环境保护的难度。在城市道路上行驶的机动车辆，从数量上看，客车，特别是小客车占多数，货车占少数，例如北京市在2004年机动车总量为220.6万辆，其中货车占8.3%，每天约有10万辆左右货车在路上行驶。但是，由于货车的排气量大，能源又多为柴油，其对空气污染仍不容轻视。虽然城市空气的污染源主要来自工业废气、采暖燃煤烟气、汽车尾气和尘土，汽车尾气占多大比例尚难界定，但从北京市的监测资料看，空气中的一氧化碳和氧化氮含量，在早7点和晚8点前后出现高峰，而二氧化硫（主要来自燃煤）则在采暖季节的早8点和晚11点出现高峰。这说明在交通高峰时间内，汽车尾气是空气主要污染源。汽车每消耗1吨燃料，在尾气中要排出50~70千克有害物质；每行驶1公里，排出一氧化碳50克，一氧化氮6.9克，碳气化合物2.5克。以柴油为燃料的货车，除这些外，还有败脂醛（HCHO），也是对人有害的。因此，数以万辆计的货运汽车在路上行驶，其对空气的污染程度是显而易见的，再加上约30%的货车尾气排放标准不合格[25]，情况更为严重。

（4）加大交通事故的发生频率，造成人员和货物的损失。交通事故已成为我国城市灾害中发生最频繁和损失最严重的人为灾害。北京市2004年共发生各类交通事故8536起，直接经济损失约4000万元，其中12.5%是由货车所引发[25]，特别是大型货车由于疲劳驾驶或超载引发的车祸发生率很高，造成的损失也很大。据英国资料，2005年英国道路交通事故共造成486人死亡，3200人重伤，其中63%是由货运车辆引发，与此同时，由管道运输的油品的事故率则为零[33]。同时，交通事故造成的交通中断，也使货运时间延长而增加损失。英国伦敦M25号公路上的一次大货车与小客车之间的事故，使交通中断13小时，由于正值周末，大量乘飞机度假的旅客无法按时到达机场而赶不上航班[33]。

21.2.2 物流系统的地下化

为了寻求地面物流系统上述几方面问题的缓解途径，近几年出现了将物流系统置于地下空间中的设想，在少数国家中开展了研究、试验和少量工程实践。例如荷兰为了保证出口鲜花的质量，设计和修建了一条长13公里的地下物流系统，将花卉市场与铁路中转站和机场连接起来，2004年已建成使用[11]。最早的地下物流系统是英国建于1927年的地下邮政系统，长9公里，已使用了70多年，最近决定进行扩建，延长4公里，并适当增加一些运送商品的功能[33]。从1999年到2008年，国际上已举行了5次关于地下物流系统的研讨会，其中2005年的第四次在中国召开，说明我国地下空间与地下工程界已开始关注这个问题，但尚未引起物流业和交通运输界的重视。

物流系统的地下化问题，恰恰是针对地面上物流系统，特别是运输环节存在的上述问题而提出的，因为地下空间正是在上述几个方面有着明显的优势，主要表现在：

（1）减少公路和城市道路上货运车流量，缓解交通压力，提高行车速度，降低交通事故发生率，2002年意大利的一项研究表明，如果地下物流系统占整个物流系统的30%，则意大利高速公路交通事故将减少7%，事故致死人数减少10%，致伤减少5.5%[33]。

（2）主要以集装箱和货盘为运输的基本单元，便于进行常规的或自动化的装卸作业和仓储作业。

（3）使用两用卡车（DMT）、自动导向车（AGV）等作为运输承载工具，无人驾驶，通过自动导向系统使各种设备和设施的控制和管理具有很高的精确性和自动化水平，可节省人力和运行费用。据英国资料，管道（或隧道）运输的运行费仅为道路运输的10%。

（4）有独立的、封闭的运输环境，不受其他车辆的干扰和恶劣天气的影响，保证货运的稳定性和可靠性。

（5）由于货运交通转入地下而避免了道路的扩建，对节约土地和工程投资都很有利。当前，英国货运道路造价为800万英磅/车道·公里，而用明挖施工的管道式隧道造价仅为125万英磅/车道·公里[33]。

（6）运载工具使用电力等清洁能源，减轻对城市的空气污染，同时，货运在地下空间中运行，避免了道路沿线的噪声污染。

（7）由于货物送达准时，可靠，有利于电子商务、网络购物的发展。

此外，在英国对地下物流的研究中，还特别注意间接的经济效益，例如2006年的一项研究指出，由于道路拥堵所造成的工作时间的损失约80亿英磅，如果情况得不到改善，到2025年的损失将达到220亿英磅[33]。

总之，物流系统的地下化或部分地下化，经济、社会、环境等综合效益十分明显，有些优点甚至是地面货运无法替代的。当然，地下物流系统的一次投资有可能高于地面道路的增建或扩建，这就需要进行认真的可行性分析和综合比较，选择最适合于地下封闭运输的货品，规划最合理的运输路线或网络，采用最先进的信息化自动化技术，建立起快速、便捷、稳定、安全的地下物流系统，是完全可能的，有广阔的发展前景。

21.2.3 地下物流系统的运输环节

运输是地下物流系统中的最重要环节，为了充分发挥地下物流的优势，运输环节必须做到快捷、轻便、节能、环保。为此，需要设计制造专用的运输工具和适应这种工具的地下空间的形式、尺寸、结构。

（1）专用运输工具。

地下物流系统的运输方式一般有自流运输，如液体燃料在管道中流动；气动运输，以压缩空气为动力，如在管道中吹送垃圾；以及常规车辆或特殊车辆运输。现在各国最常用的地下货物运输工具是一种自动导向车（automated guided vehicle，简称AGV），车上放置小型标准集装箱或货盘，以蓄电池为动力，装有电磁或光学自动导引装置，能沿规定的路线自动行驶，同时还有车辆编程和停车选择、安全保护等装置，是可以独立寻址的无人驾驶运输车，直线行驶速度每秒1米。这种车的主要特点是[24]：

- 易于物流系统的集成。AGV可十分方便地与其他物流系统实现连接，如AS/RS（通过出/入库台）、各种缓冲站、自动释放链、升降机和机器人等。
- 提高工作效率。采用AGV由于人工拣取与堆置物料的劳动力减少，操作人员无需为跟踪物料而进行大量的报表工作，因而显著提高劳动生产率。
- 减少货物的损耗。AGV运货时，很少有物品或生产设备的损坏，这是因为AGV按固定路径行驶，不易与其他障碍物碰撞。
- 经济效益高。绝大多数AGV使用者均证明，2~3年从经济上就能收回AGV的成本。
- 线路布置方便。AGV的导引电缆是安装在地面下或其他不构成障碍的地面导引物，其通道必要时可作其他用处。
- 系统具有很高的可靠性。AGV由若干台小车组成，当一台小车需要维修时，其他小车的生产率不受影响并保持高度的系统可利用性。

- 节约能源与保护环境。AGV 的充电和驱动系统耗能少，能源利用率高，噪声低，对环境没有不良影响。

美国、日本以及欧洲一些国家的 AGV 发展史都有几十年，我国 AGV 发展比较晚。20 世纪 70 年代中期，我国有了第一台电磁导引定点通信的 AGV。以后，国内越来越多的工厂、科研机构采用 AGV 为汽车装配、邮政报刊分拣输送、大型军械仓库等服务。

自动导向车（AGV）的构造示意见图 21-1[24]。

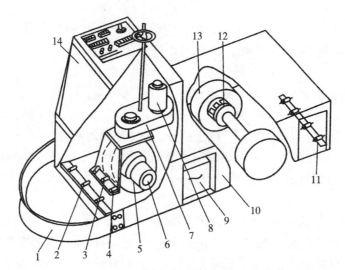

图 21-1　无人驾驶自动导向车主要部件布置示意图

1—安全挡圈；2、11—认址线圈；3—失灵控制线圈；4—导向探测线圈；5—驱动轮；6—驱动电动机；7—转向机构；8—导向伺服电动机；9—蓄电池；10—车架；12—制动用电磁离合器；13—后轮；14—操纵台

（2）地下运输空间的形式、尺寸、结构。

在根据所运送货物的品种、重量、数量的不同而确定运输方式和运输工具后，就需要为之提供与其相适应的地下空间，形成一种结构，使货运在其中运行。现在介绍国外较多使用的几种系统[33]。

- 德国的 CargoCap 系统。在直径 1.6 米的钢筋混凝土管中行驶气动的密封仓（capsule，意为密封容器）。容器长 2.4 米，宽 0.8 米，高 1.05 米，示意图见图 21-2。
- 美国 PCP 系统（Network of penumatic capsule pipelines）。在城市以外，采用宽×高 = 2.75 米×3.35 米，厚 0.3 米的钢筋混凝土箱形结构，有轨货运车在其中行驶；在城市中，例如在纽约市地下为岩层，则用 TBM（隧道挖掘机）开挖直径 15 英尺的隧道，喷射混凝土衬砌后走有轨货运车，示意图见图 21-3。
- 意大利 Pipe & net 系统。适用于重 50 公斤，体积 200~400 升的货物运输，密封仓直径 0.6 米，长 0.8~1.2 米，在管道中电动行驶，管道置于一个矩形断面的钢筋混凝土箱形结构中作为保护层。系统可以由 4 条平行的管道组成，两条常规使用，另两条备用或备修，每 10 公里设转运站。示意图见图 21-4。此系统时速为 300 公里，运距 50 公里时仅需 8 分 48 秒，而常规货车则需 50 分钟。

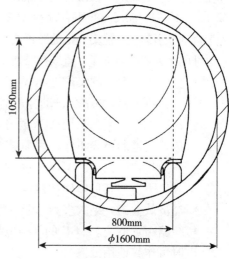

图 21-2　德国 CargoCap 地下物流系统标准断面示意图

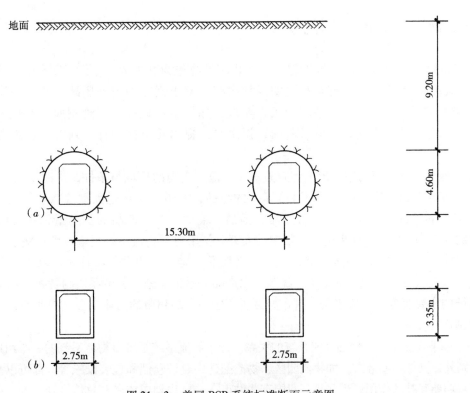

图 21-3 美国 PCP 系统标准断面示意图
(a) 岩层中圆形断面隧道；(b) 土层中矩形断面钢筋混凝土"管道"

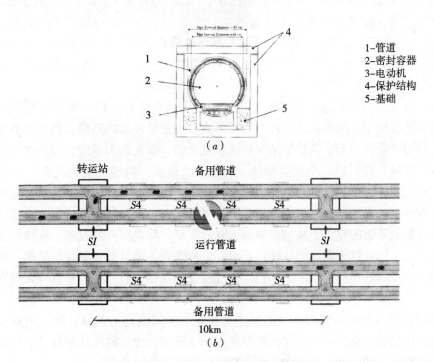

图 21-4 意大利 Pipe & net 系统标准断面和管道组合平面图
(a) 管道标准断面；(b) 4 条管道组合平面

21.3 地下物流系统的规划问题

城市物流系统是一项复杂的系统工程，地下物流系统作为其中的一个组成部分或一个子系统，既要与城市物流系统统筹规划，又有其独立的规划内容。鉴于当前国内外还缺少地下物流系统规划的成熟经验，和本书著者没有在这一领域的工作实践，如果空泛地提一些规划原则和规划内容、规划方法是没有实际意义的。因此，仅就目前的认识水平，提出几个在制订规划时应当思考和研究的问题，供参考。

（1）关于地下物流系统的适用范围和服务对象。地下空间的环境与条件，最适于运送小型、轻便、能采用单元式包装（如木箱、纸箱、塑料箱等）的物品，而不适于运送大型或散装物品，如钢材、砂石等。从北京市的情况看，2004年，日用品、药品、粮食、农副产品的货运量约占公路货运总量的21.4%，重约6000万吨[25]，如果这些货物中的大部分使用地下物流系统运输，则对缓解城市交通压力可以起到重要作用。因此可以初步界定：日用品（服装、鞋、纺织品、小百货、家用电器等）、药品、食品、饮料、袋装粮食、有包装的水果、蔬菜、水产品等是适于地下物流系统的货物。从而也可以明确地下物流系统的主要服务对象应当是：有大型百货商场和食品超市的商业中心或商业街；大型农贸市场和粮食、农副产品交易中心所在地。

（2）关于地下物流系统与地面物流系统的关系。地下物流系统是城市物流系统的一个组成部分，除运输环节的区别外，其他一些环节，如物流园区、物流配送中心、仓储和包装设施等，都可以统筹规划和建设，真正起到功能互补的作用。近几年，我国有些城市在总体规划中或者在总体规划之外，已经进行了地面上的物流系统规划，例如北京市总体规划（2000～2020年）提出了北京公路货运主枢纽的站场布局规划，该系统由11个货运枢纽站组成，其中一级枢纽6个，二级枢纽5个。6个一级枢纽分别服务于几个主要货流方向的货物运输，位于进出北京市的国道主干线上[25]。另外，根据，《北京商业物流发展规划（2002－2010年）》，北京商业物流以大型现代化物流基地为核心，物流基地与综合性及专业物流配送区共同构成高效的物流网络体系。到2010年计划建成3个大型物流基地、17个物流配送区。这些规划都应成为制订地下物流系统规划的重要依托。

（3）关于地下物流系统的形态、规模和位置选择。在两个或两个以上发货与受货点之间，以直线或曲线运输通道相连接而形成的系统，可称为线型系统，也是最简单的系统，例如前面举过的荷兰地下花卉运输系统，运行于花卉市场、铁路车站和机场三点之间，就是这类系统，带有专用的性质。当多条线状系统相连或相交时，则形成一个网状系统，规模就大得多，内容也更为复杂，可以为比较大的区域，例如城市中心区服务。作为起步和试验，建议选择一个市级商业中心进行地下物流系统的规划较为适当，因为这里地面交通最紧张，商品运输量又大，同时可避免夜间货运的扰民。至于有的专家关于在北京试建地下邮政物流系统的建议，从减少地面上邮政车辆，加快邮件的投送，保障邮品的安全等方面考虑是有积极意义的；但是这个系统专业性强，最好单独建立，而且技术要求比较高，网络覆盖面要很大，可能使浅层地下空间的布局复杂化，和发生各种系统的互相干扰，因此建议持慎重态度。并听取邮政部门的意见。

（4）关于地下物流系统的运输方式、运输工具和地下空间结构的选择。在一定条件下，地下物流系统可以用于大型货物的运输，例如上海市正在进行一项研究，为了解决从新建的大型集装箱码头（洋山港）将大量集装箱运出的难题，原有的一条A2高速公路已无法承担年1000万标准箱（2005年）和3400万标准箱（2020年）的运输任务，因此在考虑扩建道路的同时，正在进行地下运输隧道的方案比较[33]。从城市地下物流系统的情况看，系统宜以小型、轻便、灵活为主，不一定都形成复杂的网络。从适于地下运输的货物构成情况看，国内外一般认为，地下物流系统承担总货运量的30%较为适当。至于运输方式和运输工具，建议采用自动导向车拖动的集装箱或货盘，在圆形断面的钢筋混凝土结构中行驶，系统可以按照我国现用的最小型标准集装箱 BJ-1 型（重 1 吨，长×宽×高 = 0.9 米×1.3 米× 1.3 米）的参数，设计相应的自动导向车和隧道结构。此外，为了减少浅层地下空间中各种系统和设施在布局上的矛盾，在城市中心地区，地下物流系统可以在空间上和结构上与地下市政综合廊道、地铁隧道、地下商业街等综合在一起，统一设计，独立经营。本书第 18 章图 18-23 和第 20 章图 20-12 已经介绍过这样的做法。

第22章 城市地下防空防灾系统规划

22.1 城市灾害与城市防灾态势

22.1.1 城市灾害

城市可能遭受的灾害，从成因上看只有两大类，即自然灾害和人为灾害。自然灾害包括气象灾害（又称大气灾害，如干旱、洪涝、风暴、雪暴等），地质灾害（又称大地灾害，如地震、海啸、滑坡、泥石流、地陷、火山喷发等），和生物灾害（瘟疫、虫害）；人为灾害有主动灾害（如战争、恐怖袭击、故意破坏等），和被动灾害，即意外事故，如火灾、爆炸、交通事故、化学泄漏、核泄漏等。

在人类没有完全摆脱各种灾害的威胁之前，城市遭到灾害破坏的可能性是时刻存在的，只是随着灾害类型、严重程度和抗灾能力上的差异，在受灾规模、损失程度、影响范围、恢复难易等方面有所不同。因此在致力于提高城市集约化和现代化水平的同时，不能忽视提高城市的综合防灾能力，把灾害损失降到最低程度。

由于城市的地理位置不同，聚集程度和发达程度也不相同，对各个城市构成主要威胁的灾害类型并不一样，更不可能各种灾害同时发生。因此，在研究城市防灾问题时，必须从本城市的具体情况出发，这里仅归纳城市灾害的几个共同点：

第一，对于高度集约化的城市，不论是发生严重的自然灾害还是人为灾害，都会造成巨大的生命和财产的损失，例如1906年美国旧金山市大地震（里氏8.3级），破坏范围达240平方公里，市区500个街区和2.5万幢房屋全毁；1923年的日本关东大地震（7.9级）使14.3万人死亡，东京市几乎全被烧毁；1976年中国的唐山地震，是迄今为止世界上自然灾害对城市破坏最严重的一次，24万人顷刻丧生，整个唐山市毁于一旦，从地球上消失。但是另一方面，如果一个城市针对可能发生的灾害具有较强抗御能力，则对于同样严重程度的灾害，其后果是完全不同的。例如，1945年日本广岛市遭到原子弹轰击后，因城市完全没有抗御核武器破坏效应的能力，居民伤亡大半。几十年后的今天，如果一个城市已具有完善的民防[①]系统，即使发生大于广岛原子弹破坏力若干倍的核袭击，伤亡人数完全可能降低到总人口的10%以下。同样，如果处于地震危险区的城市中所有建筑物都按照一定的抗震标准进行设计和建造，则只有在灾害强度超过设防能力时，才可能有部分建筑物破坏，像1976年的唐山地震和2008年的汶川地震伤亡主要是由房屋倒塌造成的情况就有可能避免。因此可以认为，灾害对城市的破坏程度与城市对灾害的抗御能力成反比；或者说，灾害虽有巨大的破坏力，但城市面对灾害危胁并不是无能为力的，更不应无所作为。从这里也可以看到建立完善的城市防灾体系的必要性与重要性。

第二，城市灾害的发生，往往不是孤立的，在原生灾害与次生灾害（或称二次灾害）之间，自然灾害与人为灾害之间，轻灾与重灾之间，都存在着某种内在的联系。例如，地震之后引起城市大火，这种次生灾害的破坏程度甚至可能大于原生灾害。广岛在原子弹袭击后半小时，城市大火形成了火暴，仅在半径2公里的火暴区内，5.7万幢房屋被烧毁，烧死7万人。1995年的日本阪神大地震，死亡5000余人，也属于这种情况。又如，1984年印度博帕尔市农药厂的毒剂泄漏事故，如果工厂有良好的安全措施，或城市有完善的民防设施，灾害本可以限制在较小程度，但因不具备这些条件，结果使45吨剧

[①] 对城市居民的防护，在国外统称民防（civil defence），在我国则称为人民防空，简称人防。

毒的甲基异氰酸酯在夜间漏出，造成 2500 人死亡，20 多万人受伤，30 多万人自发逃离，使城市一度陷于瘫痪，造成重灾的后果。此外，由于人类对生态、环境、土地等的无意破坏，可能成为诱发或导致某些自然灾害的原因，或加剧自然灾害发生的频度与强度，例如向大气中大量排放二氧化碳的结果，影响到全球气候，增加了水、旱、风等灾害发生的可能性；人为的对地貌的破坏诱发滑坡；过量抽采地下水导致地面沉陷等。由此可见，城市防灾不能仅针对一种或几种主要灾害，而必须考虑到主要灾害与可能发生的其他灾害的关系，采取综合防治措施，才可以避免更大的损失。

第三，多数城市灾害都有很强的突发性，给城市防灾造成很大困难。例如在现代战争中，对战略核武器袭击的预警时间，在有先进侦测技术的条件下，最多只有三、四十分钟，距离短的只能有几分钟；又如地震、爆炸等灾害，都是突然发生，在几秒钟内就会造成巨大破坏。因此，城市防灾必须对这种突发性的灾害做好准备，要做到这一点，必须建立先进的预测、预警系统；同时，提高城市中各基层单位和各个家庭的防灾和自救能力，对于应付突发性灾害造成的短时间城市瘫痪状态是较为有效的。

第四，灾害对于城市的破坏程度，与城市所在位置，城市结构，城市规划，和城市基础设施状况等有很大关系。一般有较长历史的城市，都是在一定条件下逐步形成的，所在位置并非人为所选择，例如在美国西部发现金矿后，加利福尼亚才在 1850 年成为一个州，大量城市在那里出现和发展，但当时还没有认识到该州处于大陆板块的边缘，是集中的地震发生带，以至现今有 600 万人口的旧金山市正处在两条大的活动断层之间，随时有发生强烈地震的可能。我国唐山市也是在发现煤矿后发展起来的，强烈地震的震中就在城市中心，在震害发生前是没有预料到的。城市结构和城市规划对城市的抗灾抗毁能力有相当大的影响，例如带状城市在发生地震或大火时，破坏程度就低于团状城市；又如在房屋倒塌后如能保留通畅的道路系统和通信系统，对于减少由于救助不及时而造成的伤亡，和加速灾后的恢复都是非常有利的。同样，如果城市供水、供电、供气等系统受到的破坏较轻，修复较快，可以避免由于城市瘫痪而加剧的灾害损失。因此，历史上的和当代的严重城市灾害的教训，应当成为城市规划和城市建设中必须考虑的问题，对于新城市的建设和旧城市的再开发更应如此。

城市防灾（urban disaster prevention）是复杂的系统工程，应针对灾害的复合作用和全面后果，进行综合的防治。也就是说，要提高城市的总体抗灾抗毁能力，建立完善的城市综合防灾系统，这个系统是城市基础设施的主要组成部分之一，同时涉及到城市规划、城市建设和城市战备的许多方面。

在建立城市综合防灾体系的过程中，地下空间以其对多种灾害所具有的较强防护能力而受到普遍的重视，越是城市聚集程度高的地区，这种优势就表现得越为明显。

22.1.2 国内外城市防灾概况

国外对于城市防灾，虽然一般都有一定的组织和措施，但在相当长时间内，与人口、资源、环境、生态等所谓全球性问题相比，不论在对灾害的认识深度上，还是在应采取的防灾措施和应投放的资金问题上，都还没有受到足够的重视，直到近些年才开始有所转变。1987 年联合国大会通过的开展"国际减轻自然灾害十年"活动的第 169 号决议，号召在 20 世纪最后十年中，通过国际上的一致努力，在现有科学技术的最新水平上，将各种自然灾害造成的损失减轻到最低程度。经过十年的努力，人类防灾减灾能力大大增强，防灾意识大大提高，成为人类共同抗拒灾害的良好开端。1989 年在日本横滨召开的"城市防灾国际会议"，对城市防灾问题的各个方面进行了广泛的讨论和国际交流，提出了"让 21 世纪的城市居民生活在安全与安心之中"的口号，在一定程度上反映了人类驾驭自然，战胜灾害的信心和努力方向。进入 21 世纪后，全球继续开展"国际减灾"行动，把减灾十年的工作引向深入，为在 21 世纪世界更加安全而努力。

一些发达国家大城市，都能根据自己城市的特点，制订相应的城市防灾战略和防灾措施，例如西欧和北欧一些国家，特别像几个中立国如瑞士、瑞典，在东西方在欧洲严重对峙的背景下，为了防止全面战争中受到讹诈或波及，都以建立完整的城市民防体系作为城市防灾的主要任务，这一体系不但可使城市在战争中生存下来，而且对于平时可能发生的各种城市灾害同样具有较强的抗御能力。同时，发达国家的许多城市，正在不断用最新科学技术使城市防灾系统现代化，其中普遍的是使用计算机技术。

发达国家的城市防灾正在从孤立地设置消防、救护等系统向综合化发展，大体上包括：对可能发生的主要灾害及其破坏程度进行预测；把工作的重点从"救灾"转向"防灾"，建立各种综合的防灾系统；加强各类建筑物和城市基础设施的抗灾抗毁能力；提高全社会的组织程度，使防灾救灾系统覆盖到城市每一个居民等。

我国地域辽阔，处在多种地形、地质和气象条件下，从整体上属于自然灾害多发国，人类所面临的各种自然灾害，在我国几乎都是频繁发生，并造成很大的危害，而且呈逐年上升的趋势。由旱、涝、风、冻灾害所造成的直接经济损失，在20世纪50年代是362亿元人民币，60年代是458亿元，70年代是423亿元，80年代为560亿元，90年代已超过1000亿元（以上均按1990年价格折算），1998年我国长江、嫩江、松花江、闽江、西江等流域发生了历史上罕见的洪涝灾害，直接经济损失1600亿元，在付出了巨大代价和牺牲后，才保住了沿江的大城市，避免了更大的损失。2003年，全国因各类自然灾害造成2145人死亡，倒塌房屋348万间，直接经济损失达1886亿元。在2000和2001年两年间，国内各种事故发生197万起，死亡24.7万人，直接经济损失每年在1000亿元以上。2007年淮河全流域洪灾和2008年整个中国东部、南部的冰雪灾害，直接经济损失约超过1000亿元，由于灾害严重而抗灾能力薄弱，年均灾害损失约占年均国内生产总值的3%~6%，财政收入的30%左右，高于发达国家几十倍，例如美国的自然灾害损失仅占国内生产总值的0.27%，财政收入的0.78%。

我国城市面临的主要自然灾害是震灾、洪灾和风灾，主要人为灾害是交通事故、火灾、爆炸和化学事故，近年又增加了恐怖袭击的威胁。

我国位于环太平洋地震带与欧亚地震带交界处，是世界内陆地震频率最高，强度最大的国家之一，国内地震带分布广泛，几乎所有省区都有历史上发生强震记录。现在全国基本烈度7度（可造成明显破坏）及以上的地区占国土面积的32.5%，6度以上的占79%，有46%的城市和许多重要矿山、工业设施、水利工程面临地震的严重威胁。1976年的唐山大地震，伤亡数十万人，整个唐山市瞬间从地球上消失，还波及到天津、北京。2008年的四川汶川地震，伤亡也达数十万人。

自古以来，洪灾就在我国频繁发生，成为中华民族的心腹大患，这与所处的自然地理条件密切相关，全国大部分地区属于季风气候区，造成雨量的分配在地域和季节上都很不均匀，使主要河川的径流量在一年内的不同季节差别很大，很容易造成洪灾。

我国的长江、黄河等六大水系的中下游流域面积有100多万平方公里，都是国民经济最发达地带，沿江河集中了27座特大城市和大城市，都在不同程度上受到江河洪水的威胁，其中武汉、南京、上海、郑州等十余座城市的地面高程都在最高洪水位之下，还有200多座城市容易受到水害。水灾成为发生最为频繁，影响范围最广，损失最为严重的自然灾害之一，然而多数城市的防洪抗洪能力却相当薄弱，这种状况如不能逐步改变，将成为国民经济的沉重负担，给人民的生命财产造成巨大损失。

台风及由之引起的暴雨、巨浪、风暴潮等对我国人口最密集、经济最发达的沿海地带造成严重危害，年均直接经济损失在20世纪50年代不足1亿元，到90年代增至100亿元以上，1997年达300多亿元。我国的海岸线长达1万多公里，几乎全部朝台风可能登陆的方向，其中东南沿海一带更为集中，每年都不止一次发生。台风的影响范围虽不及洪水大，但对于正面承受台风袭击的城市来说，因打击过于集中，仍将遭严重的破坏。当前，在灾害预报中，对风灾的预报已经比较准确和及时，但如果城市抗灾能力脆弱，即使有几天准备时间，也难以避免遭受巨大损失。

在没有发生自然灾害的情况下，城市中经常发生的人为灾害，如火灾、爆炸、交通事故、化学泄漏、核事故等，都会在不同程度上造成破坏和生命财产的损失，如果人为灾害与自然灾害复合发生，则破坏将更为严重。

从以上概况可以看出，我国城市灾害的形势十分严峻，但是，在城市总体规划中，除对防洪、防空等有一定要求外，缺少综合防灾的内容，在对城市结构、规模、布局、人口、用地等的宏观控制方面，较少考虑防灾要求；生命线工程和工业设施的防灾措施，则基本上处于空白状态。同时，城市的防灾标准普遍偏低，一些单项城市防灾系统，在数量和质量、人员、设施上达不到现代城市的标准，使城市的救灾能力薄弱。此外，在城市中缺少统一的防灾组织和指挥机构，以及专业的救灾人员，一般都是在遇重灾时由市领导人员组成临时指挥部，调集没有救灾经验和设备的部队紧急救灾。

以上所分析的情况和问题表明，我国的城市安全还没有充分的保障，城市综合防灾的观念还没有完全树立，城市总体抗灾毁能力还相当薄弱，城市灾害造成的生命财产损失十分巨大，对国民经济的顺利发展成为严重的制约因素。因此在当前，探索在我国经济实力尚不够雄厚的条件下的防灾对策，吸取国外有益经验提高城市的综合防灾水平，是非常必要的。

22.1.3 城市的综合防灾与防空防灾功能的统一

城市是一个国家中人口最集中，产值最高，社会、经济、文化最发达的地区，因而其灾害损失在全国年均灾害损失中所占的比重相当大，城市化水平越高，经济越发达，比重就越大。尽管目前我国城市化水平不够高，但城市在整个国民经济中的地位和作用已经十分重要，国民收入的50%，工业总产值的70%，工业税利的80%以及绝大部分科技力量和高等院校都集中在城市。从建国以来的情况看，各类城市灾害损失占全部灾害损失的60%以上。

城市是在战争中遭受空袭的主要目标，损失是十分严重的。在20世纪中发生的两次世界大战和多次局部战争，使数以百计的城市遭到破坏，有的成为废墟，使以百万计的城市居民遭受伤亡，无家可归。在第二次世界大战中，仅英国、德国和日本的大中城市，因空袭造成的居民伤亡就超过200万人，日本的六大工业城市41%的市区面积遭到毁坏。1999年3月开始的北约对南联盟的空袭，不到两个月就使2000多平民丧生，经济损失超过1000亿美元。如果在战争中使用核武器，损失将更为严重。1945年日本广岛遭到第一颗原子弹袭击后，全市24万人口中死7.1万，伤6.8万，全城81%的建筑物被毁，战后整个城市重建。

城市本身是一个复杂的系统，任何严重城市灾害的发生和所造成的后果都不可能是独立或单一的现象，都应当从自然——人——社会——经济这一复合系统的宏观表征和整体效应去理解。城市越大，越现代化，这种特征就表现得越明显。针对这种表征和效应所采取的城市防灾对策和措施，也必然应当从系统学的角度，用系统分析的方法加以分析和评价，使之具有总体和综合的特性，这就是城市的综合防灾。

在现代化世界政治和军事形势下，战争的主要形式已经从全面核战争转变为高技术局部战争。民防的作用已从单纯防御空袭，保护城市居民的生命安全，发展为保存有生力量和经济实力的重要手段。当战争双方在武力上处于均势时，战争潜力的大小成为影响战争形势和力量对比的重要因素。城市防护已从单纯保护居民的生命安全和保证单项工程的防护能力，逐渐发展为把城市防护作为一个系统，从人口到物资、城市设施、经济设施实行全面的防护；从战前准备，战时防护到战后恢复实行统一的组织，这就是所谓的总体防护。

在科学技术高度发达但世界生态环境日益恶化的形势下，城市平时灾害发生的周期趋于缩短，频度有所增加，各种灾害之间的相关性表现日趋明显，依靠城市原有的各单项防灾系统已难以保障城市的安全，建立多功能的综合城市防灾体系已刻不容缓。

由此可见，不论是对战争灾害的防护，还是对平时灾害的抗御，都正在走上整体化和综合化的道路，又具有共同的特征。如果进一步将两者的功能统一起来，将机构加以合并，就可以使城市在平时和战时始终处于有准备状态，才能使城市在防止灾害发生，减轻灾害损失，加快灾后恢复等各个环节上都具备应付自如的能力。

战争作为一种灾害，本属于人为灾害的一种，但是在我国，由于对战争的防御已做了长期的准备，而平时的城市防灾迄今还没有形成完整的综合系统，故比较习惯于把战争和战争以外的其他灾害区别对待，形成一种以时期划分灾害的概念，即战争时期与和平时期两类灾害，同时分别形成了为应付战争的城市人民防空体系，和以平时防灾为主要任务的各种城市防灾系统，如消防、急救、抢险、物资储备等。虽然在国外民防体系已承担了相当一部分平时的防灾救灾工作，但这两种功能还没有完全统一起来，在我国存在的差距就更大，因此有必要认识统一城市防护与城市防灾两种功能的合理性与可能性，使这两种功能统一在城市综合防灾体系之中。首先，灾害对城市的破坏程度与城市对灾害的抵御能力成反比，在这一点上，战争灾害与平时灾害并无任何区别。其次，灾害的伴生和衍生性质，以及相互作用和重叠破坏的效应，都要求城市防灾不仅针对一种或几种主要灾害，还要考虑到主要灾害与可能发生的其他灾害的关系，采取综合防治措施。在这一点上，战争灾害与平时灾害是完全一致的。同时，既要对突发性灾害做好应急准备，防止城市功能在短时间内陷于瘫痪，又应对延续性灾害采取长期的防灾抗灾措施。

因此，把战争作为一种城市人为灾害，与其他平时灾害综合起来加以防治是合理的，这样才能根据灾害发生和发展的共同规律，提高城市的总体抗灾抗毁能力，使城市安全不论在平时还是战争时都能得到充分的保障。近几年，我国已有少数城市将原有的"人防办公室"改为"民防办公室"或"民防局"，开始担负防空以外的某些防灾任务，这种做法是值得提倡的。

22.2 地下空间在城市综合防灾中的重要作用

22.2.1 地下空间的防灾特性

城市的灾害损失要比农村严重得多，因此，在致力于城市发展和现代化建设的同时，不能忽视城市的总体抗灾抗毁能力的增强，以便把灾害损失减到最轻程度。在多种综合防灾措施中，充分调动各种城市空间的防灾潜力，建立以地下空间为主体的城市综合防灾空间体系，为城市居民提供安全的防灾空间和救灾空间，是一项重要的内容。

下面着重从抗爆、抗震、防火、防毒、防风、防洪等几个方面探讨地下空间抗御外部灾害的防灾特性，以便充分发挥地下空间在城市防灾抗灾中的积极作用。

（1）地下空间的抗爆特性

爆炸形成空气冲击波向四周扩散，对接触到的障碍物产生静压和动压，造成破坏；此外还会有伴生及次生灾害，如核爆炸的光辐射、早期核辐射、放射性沾染等是伴生灾害，火灾、建筑物倒塌等为次生灾害。这些破坏效应，对于破坏半径范围内暴露在地面空间中的人和建筑物，很难实行有效的防护，然而地下空间对此却有其独特的防护能力。例如，当核爆炸冲击波的地面超压达到 0.02 兆帕时，多层砖混结构的房屋将严重破坏，成为废墟；超过 0.12 兆帕时，所有暴露人员会由于冲击伤而死。但是，由于冲击波在土层或岩层中受到削弱，成为压缩波，故要使地下建筑结构具备 0.1 兆帕以上的抗力并不困难，其中的人员自然也不会受到伤害。至于其他爆炸，由于爆炸能量较核爆小得多，地下空间的防护能力是不言自明的。

（2）地下空间的抗震特性

地震释放出的能量以垂直和水平两种波的形式向四面传递。垂直波的影响范围较小，但破坏性很大，水平波则可传递到数百公里以外。地震的强度是使建筑物破坏的主要外力，地震的持续时间也是主要破坏因素之一。

在浅层地下空间的建筑结构，与地面上的大型建筑物基础大致在一个层面上，受到的地震力作用基本相同，但两者的区别在于，地面建筑上部为自由端，在水平力作用下越高则振幅越大，越容易破坏；然而处于岩层或土层包围中的地下建筑，岩石或土对结构自振起了阻尼作用，也减小了结构振幅。这个区别现在虽还不能进行量化的比较，但从定性分析看，可以被认为是在同一地点地下建筑破坏轻微，而地面建筑破坏严重的主要原因，也是地下空间良好抗震性能的明显表现。发生在地层深部的地震，其震波在岩石中传递的速度低于在土中的速度，故当震波进入到岩石上部的土层后，加速度发生放大现象，到地表面时达到最大值。据日本的一项测定资料，地震强度在 100 米深度范围内可放大 5 倍。另据对唐山煤矿震害的调查，在 450 米深度处，地震烈度从地表的 11 度降低到 7 度。这种随深度加大地震强度和烈度趋于减弱的特点，使在次深层和深层地下空间中的人和物，即使在强震情况下，只要通向地面的竖井和出入口不被破坏或堵塞，就基本上是安全的，这是地下空间良好抗震性能的又一明显表现。

（3）地下空间对城市大火的防护能力

不论是什么原因引起的城市火灾，都有可能在一定条件下（如天气干燥、有风、建筑密度过大等）延烧成为城市大火，形成火暴，造成生命财产的严重损失。由于热气流的上升，地面上的火灾不容易向地下空间中蔓延，又有土层或岩石相隔，故除在出入口需采取一定的防火措施外，在城市大火中，地下空间比在地面上安全。但是这种安全有一个前提，就是由于燃烧中心的地面温度急剧升高，经覆盖层和顶部结构的热传导，使地下空间中的温度升高，只有当这种升温被控制在人和结构构件所能承受的范围内时，地下空间才是安全的。

据有关研究资料，当火灾中心温度为 1100 摄氏度时，如果顶板厚度大于 300 毫米，则板内表面温度不超过 100 摄氏度，对混凝土强度基本无影响。当结构顶板厚度为 300 毫米，上面覆土厚度 400 毫米时，顶板内表面升温至 40 摄氏度需要 36 小时，这时距内表面 100 毫米处的室温只有 20.5 摄氏度，因而对其中的人员不致构成伤害。

（4）地下空间的防毒性能

在现代战争中，如果发生核袭击或大规模使用化学和生物武器的情况，对于暴露在地面上的和在地面有窗建筑中的人员，防护非常困难，会造成严重伤亡。在平时的城市灾害中，有毒化学物质泄漏及核事故造成的放射性物质的泄漏，由于发生突然，在没有防护措施的情况下，对城市居民的危害十分严重。地下空间的覆盖层和结构层只要具有一定的厚度，对核辐射就有很强的防护能力。地下空间的封闭性特点，在采取必要的措施后，能有效地防止放射物质和各种有毒物质的进入，因而其中的人员是安全的。

（5）地下空间对风灾的减灾作用

风灾对城市地面上的供电系统的破坏性很大，除直接损失外，停电造成的间接损失也很大。当风的强度超过建筑物设计抗风能力时，由风压造成的建筑物倒塌和由负压造成的屋顶被掀走的现象是常见的。由于风一般只是从地面以上水平吹过，对地下建筑物和构筑物不产生荷载，再加上覆盖层的保护作用，因而几乎可能排除风灾对地下空间的破坏性。

（6）地下空间的防洪问题

洪灾是我国相当多城市可能发生的自然灾害之一，由于水流方向是从高向低，故地下空间在自然状态下并不具备防洪能力，如果遭到水淹，就会成为地下空间的一种内部灾害。但是这种状况是否可以通过人为的努力和科学技术的进步得到改变，使地下空间成为一种防洪设施，是个很值得研究的问题。除依靠地下空间的封闭性对洪水实行封堵外，还可以在更高的科技水平上，充分发挥深层地下空间大量贮水的潜力，综合解决城市在丰水期洪涝在枯水期又缺水的问题。如果地下水库的容量超过地面上的洪水量，洪水就会及时得到宣泄，还可以经过处理贮存在地下空间中供枯水期使用。从这个意义上讲，应当认为地下空间同样可以起到防洪的作用。

22.2.2 地下空间的防灾功能

地下空间基本上是一种封闭的建筑空间，从地下空间防灾特性看，与地面空间比较，具有防护力强，能抗御多种灾害，可以坚持较长时间，和机动性较好等优势；另一方面，地下空间也有其局限性，例如密封空间对内部发生的灾害不利，在重灾情况下新鲜空气的供应受到限制等。因此应当区别不同情况和条件，扬长避短，才能充分发挥地下空间在城市综合防灾中的作用。从这个意义上看，应着重发挥地下空间以下三个方面的作用：

（1）对在地面上难以抗御的灾害做好准备。在过去几十年中，我国为了防空而建造的大量地下人防工程，除少部分质量不合格者外，均具备一定防护等级所要求的"三防"能力。这部分地下工程，包括过去已建的和今后计划新建的，能够防御核袭击、大规模常规空袭、城市大火、强烈地震等多种严重灾害，是任何地面防灾空间所不能替代的，因此应当成为地下防灾空间中的核心部分，使之保持随时能用的良好状态，为抗御突发性的重灾做好准备。

（2）在地面上受到严重破坏后保存部分城市功能和灾后恢复潜力。当地面上的城市功能大部丧失，基本上陷于瘫痪时，如果地下空间保持完好，并且能互相连通，则可以保存一部分为救灾所需的城市功能，包括：执行疏散人口、转运伤员和物资供应等任务的交通运输功能；维持避难人员生命所需最低标准的食品、生活物资供应；低标准的空气、水、电保障；各救灾系统之间的通信联络；城市领导机构和救灾指挥机构的正常工作等。这样，就不但可以使部分城市生活在地下空间中得到延续，还可以使大部分专业救灾人员和救灾器材、装备得以保存，对于开展地面上的救灾活动和进行灾后恢复及重建，都是十分必要的。

（3）与地面防灾空间相配合，实现防灾功能的互补。尽管地下空间的防灾抗灾能力强于地面空间，但其容量毕竟有限，不可能负担全部的城市防灾抗灾任务。对于一些仅仅开发少量浅层地下空间的城市来说，在容量上与地面空间相差悬殊，即使充分开发，一般也不可能超过地面空间容量的三分之一。因此，有限的地下空间只能最大限度地承担那些唯有地下空间才能承担的防灾救灾任务，在不断扩大地下空间容量的同时，充分发挥地面空间，如城市广场、公园、绿地、操场等的防灾功能，实现二者的互补，形成一个城市综合防灾空间的整体。

当城市地下空间的开发利用已达到相当规模和速度时，除指挥、通信等重要专业性工程外，大量的地下防灾空间应在平时的城市地下空间开发利用中自然形成，只需对其加以适当的防灾指导，增加不超过投资的1%就可使其具备足够的防空防灾能力。对地下空间的开发应实行鼓励和优惠政策，使人防工程建设从强制性执行计划变成有吸引力的开发城市地下空间的自觉行动，这样不需要很长时间，为每一个城市居民提供一处安全的防灾空间的目标就能实现，一个能掩蔽、能生存、能机动、能自救的大规模地下防灾空间体系就能形成。

22.3 地下防空防灾系统规划

22.3.1 防空防灾系统的组成与防护要求

整个城市综合防空防灾体系由多个系统组成，包括：指挥通信系统；人员掩蔽系统；医疗救护系统；交通运输系统；抢险救援系统；生活保障系统；物资储备系统和生命线防护系统。如果各系统都有健全的组织，精干的人员和充分的物质准备，又有合理的设防标准，那么不论发生战争还是严重灾害，这个体系都可以有效运行，保护生命财产，把空袭或灾害的损失减轻到最低程度，并在战后或灾后使城市迅速恢复正常。

建立防空防灾系统应基于三个原则：一要确定合理的设防标准，防空与防灾统一设防；二是大部分系统应在平时城市地下空间开发利用中形成和使用；三是由统一的机构组织规划、监督建设和依法管理。

目前在我国，只有人民防空工程和抗震工程有明确的设防标准。鉴于空袭后果与多种灾害的破坏情况非常相近，故暂以人民防空的设防标准作为统一的防空防灾标准，同时考虑一些灾害的特殊要求，应当是可行的。

在核战争危险减弱的同时，现代战争的主要形式是核威慑下的高技术信息化局部战争。这一点已有所共识。1991年发生在海湾地区的战争和1999年以美国为首的北约对南联盟发动的战争，以及2003年美英对伊拉克的战争，是第二次世界大战后参战国最多，武器最先进，以大规模空袭为主要打击方式的局部战争，显示出现代常规战争的一些新特点。打击战略的变化引起防御战略的变化，从防御的角度看，可归纳为以下几个值得注意的变化：

（1）在核武器没有彻底销毁和停止制造以前，和在世界多核化的情况下，仍有可能在常规武器进攻不能奏效或不能挽救失败时局部使用核武器。核武器已向多弹头、多功能、高精度、小型化发展，对核武器不能失去警惕。

（2）现代常规战争主要依靠高科技武器实行压制性的打击，因此任何目标都难以避免遭到直接命中的打击；但是另一方面，打击目标的选择比以前更集中，更精确，袭击所波及的范围更小。打击目标通常称为C^3I，即指挥系统（command）、控制系统（control）、通信系统（communication）和情报系统（information）和基础设施（infrastructure），实际上是C^3I^2。

（3）以大规模杀伤平民和破坏城市为主要目的的打击战略已经过时，用准确的空袭代替陆军短兵相接式的进攻，以最大限度地减少士兵和平民的伤亡，成为主要的打击战略，因而防御战略也应与全面防核袭击有所不同。

（4）进行高科技常规战争要付出高昂的代价，一场持续几十天的局部战争就要耗费数百亿美元，是任何一个国家难以单独承受的，因而战争的规模和持续时间只能是有限的。

（5）尽管高科技武器的打击准确性高，重点破坏作用大，但仍然是可以防御的。在军事上处于劣势的情况下，完善的民防组织和充分的物质准备仍能在相当程度上减少损失，保存实力，甚至可以一直坚持到对方消耗殆尽而无力进攻时为止。伊拉克和南联盟两次局部战争的情况都说明了这个问题。

（6）在以多压少，以强凌弱的情况下，发动局部战争在战略上已无保密的必要。由于军事调动和物质准备都在公开进行，因而防御一方有较充分的时间进行应战准备，战争的突发性较前已有所减弱。

在现代高技术局部战争条件下，花费高昂代价对核武器进行全面防护已失去实际意义，城市防护对象以常规武器为主就有了必要。除少数核心工程外，不考虑直接命中，这样的防护标准对于多数平时灾害的防御也是适用的。

我国的人民防空工程建设虽然在数量和规模上取得一定成就，但在防护效率上仍处于较低水平，主要表现在两方面：一是习惯于用完成的数量作为衡量工作的标准，而忽视效费比这样的重要指标；二是只重基本设施的建设，而配套设施严重不足。尽管人民防空工程已有一定的掩蔽率，但人员掩蔽后的生存能力和自救能力很弱，这一点不论是对核袭击还是常规武器袭击都是相同的，应引起足够的重视，在建立各系统时应特别加以注意，在尽可能少用专门投资条件下，建成高效率的城市防空防灾体系。

22.3.2 以平时开发的城市地下空间建立战时人员掩蔽系统

在高技术局部战争情况下，最大程度地保护设防城市的人民生命财产安全，尽最大可能保存有生力量，保存支持战争和战后恢复的潜力，是人民防空的重要任务之一。在整个人民防空系统中，建立起覆盖到每一个城市居民的人员掩蔽系统，进行周密细致的规划配置、工程建设和组织管理，务求使每一个城市居民在收到空袭警报后的第一时间内，就地就近有秩序地到达掩蔽位置，得到有效的防护和生存的必要物质保障。

按照现行的人民防空工程的防护标准和设计规范，要求设防城市按战时留城人口（一般在50%左右）每人1平方米的标准建设符合"三防"要求的人员掩蔽所。结果，经过几十年的建设，至今没有一座城市完成这项任务，能达到60%左右已算先进。在现代高技术局部战争条件下，再坚持这样进行下去，不但还需要几十年时间，更重要的是已失去现实意义。因为，首先，战前大规模疏散居民有很多具体困难，即使勉强实行也会对社会、经济产生很大的负面影响，只有全员就地就近的掩蔽才是可行的措施；其次，居民在城市中的活动多种多样，空袭发生在白天和夜间的情况也有所不同，笼统地按每人1平方米的标准提供掩蔽空间，根本不可能满足各类人群的掩蔽要求；第三，现代战争中空袭的主要目的已不是大量杀伤居民，少量伤亡主要为误炸和波及造成，故分散在城市各处的大量地下空间就成为处于各种状态下的居民最方便有效的掩蔽空间。因此，为了防御常规武器空袭，建议城市居民的防空掩蔽按以下几种情况实行：

（1）为防误炸或波及，在重要目标周围一定距离范围内的居民，应在临战时进行疏散，在附近为每一个家庭准备掩蔽所。

（2）战争发生后，大部分居民应留在自己的家中，夜间更是如此，因此在居住区或居住小区内应有足够数量的人员掩蔽所供家庭使用。比较理想的是，使每一户家庭拥有一间面积不小于6平方米的属于自己的防空地下室或半地下室，与平时的贮存杂物和防灾相结合。这是居民掩蔽所建设的最佳途径。在住房商品化条件下，开发商对于在住宅楼建地下室或半地下室是有兴趣的，因为有利于房屋的销售，只要给予适当的优惠政策，实行起来是不会困难的。

（3）为在空袭警报发布时仍滞留在工作或生产岗位上的人员提供临时掩蔽所，位置宜在所处建筑物或邻近建筑物的地下室，人均面积1平方米，其中不需要在战时坚持工作或生产的人员，应在空袭警报解除后迅速撤离回家。

（4）为空袭警报发布时滞留在各类公共建筑中或在街道上活动（乘车或步行）的人群提供临时掩蔽处，位置宜在公共建筑地下室、地铁车站、腾空后的地下停车场等，按人均面积1平方米计。在这些地下建筑的入口前，应设明显的"公共临时掩蔽处"标志。

（5）为住在医院、养老院、福利院等处不能行动的人员提供能在其中生活的掩蔽所，人均面积3平方米，并具备医疗、救护条件。幼儿园儿童和中、小学生不需专门的掩蔽所，应在临战时停课，由教师护送回家，在家庭防空地下室掩蔽。

（6）为白天在家中活动，夜间在家中居住的人口，包括老年人、与战勤无关的成年人、儿童和学生，安排永久性家庭掩蔽所，人均面积宜为2平方米，位置宜在多层住宅楼的地下室或半地下室，每户一间，不小于6平方米，有通风和防护密闭条件和不少于3天用的饮用水和食品储备。如果多层住宅楼地下室数量不足，可利用居住区内其他地下空间，如地下停车库等，但临战时需将其平时功能加以转换供居民家庭专用。

（7）为暂时仍居住在城市危旧平房中的常住和暂住人口提供人均面积2平方米的掩蔽空间，位置宜在距原住房不远的公共建筑地下室，临战时转换为家庭掩蔽所。

以上（3）至（7）五种类型均按白天情况考虑，如果夜间发生空袭，则白天在外的大部分人已回家居住，故在规划家庭掩蔽所的规模和数量时，应按夜间居住人口总数计算。白天在外活动的人员数量，可用抽样调查法统计出人、车密度不同地区每平方米的人数，然后取节假日高峰人数为其规划临时掩蔽处。

为白天临时掩蔽用的公共建筑地下空间，一般特大城市都拥有数以百万平方米计的规模，比较容易满足需要。为白天及夜间家庭用的掩蔽所需求量很大，应当在每年居住建筑建设计划中安排解决。如果一座城市的常住加暂住人口为500万人，则需要家庭掩蔽所1000万平方米，若每年建多层住宅500万平方米，其中含地下室或半地下室80万平方米，那么，加上已有的地下室，再用10年左右时间即可满足全部居民的掩蔽要求，因而也是解决人员掩蔽问题最经济和有效的途径。

22.3.3 以平时建设的地下交通和公用设施系统满足战时疏散、运输、救援的需要

交通是城市功能中最活跃的因素，当城市交通矛盾严重到一定程度后，单在地面上采取措施已难以解决，因此利用地下空间对城市交通进行改造成为城市地下空间利用开始最早和成效最显著的一项内

容，并由此带动了其他功能的发展，成为城市地下空间利用的主要动因。上海地铁共规划地铁路线11条，轻轨线10条，总长560公里。当几十年后全部地铁和轻轨线建成后，将有地下车站160多座，以每个车站建筑面积1.2万平方米，加上周围开发的地下空间3~4万平方米计，则可共获得地下空间近800万平方米。更重要的是，以纵横交错的地铁隧道为干线，与地下快速道路系统相结合，再与分片形成的地下步行道系统相连接，完全可以组成一个四通八达的地下交通网，对保障战时人员疏散、伤员运送、物资运输都是十分有利的。

城市基础设施特别是市政公用设施系统一旦在战争中受到空袭而被破坏，不但造成直接经济损失，对城市经济和居民生活造成的间接损失也是严重的，甚至使整个城市生活陷于瘫痪，从物质上和心理上对人民防空产生不利影响。这些系统在空袭中受到破坏的程度和抢修的速度，直接影响到处在掩蔽状态下的居民能否维持低标准的正常生活，和消除空袭后果的效率，以及战后恢复的难易。

在城市现代化进程中，市政基础设施的发展趋势是大型化、综合化和地下化。虽然至今大部分市政管、线已经埋在地下，但多为浅层分散直埋，不但在空袭中容易破坏，平时维修要破坏道路，有时还会对浅层地下空间的开发利用造成障碍。因此在次浅层地下空间集中修建综合管线廊道成为今后市政公用设施发展的方向，对生命线系统的战时防护十分有利。此外，在市政公用设施中，最容易受空袭破坏的是系统中在地面上的各种建筑物、构筑物，如变电站、净水厂、泵站、热交换站、煤气调压站。如果在现代化过程中，逐步将这些设施实行地下化，则对于提高各生命线系统的安全程度是非常重要的。

22.3.4 以平时有关业务部门的地下设施满足群众防空组织的战勤需要

《人民防空法》第41条要求："群众防空组织战时担负抢险抢修、医疗救护、防火灭火、防疫消防和消除沾染、保障通信联络、抢救人员和抢运物资、维护社会治安等任务。"这些任务都需要各有关部门在平时做好组织上和物质上的准备，其中最重要的就是要拥有足够规模的地下空间，供战时专业人员掩蔽，抢修机具和零配件贮存，食品、饮用水等生活物资的贮存等。

战时城市医疗救护系统一般由三级机构组成，即救护站、急救医院和中心医院。救护站数量多，分布广，应与平时的企、事业单位医院、医务室、街道门诊部、社区医疗中心等结合，在这些单位开发必要数量的地下空间，既可平时使用，又为战时转入地下做好准备。急救医院和中心医院都可与平时相应级别的综合医院或专科医院结合，在新建的医疗建筑中安排必要规模的地下室，在设计中提出平战两种使用方案。

城建部门的机械施工单位拥有多种抢险用的机械、工具和车辆；公用、电力等部门平时也有抢险抢修组织和装备，这些部门的大型机具战时可经伪装后分散存放在地面，但在平时建设中应适当准备必要规模的地下空间，用于战时人员掩蔽和贮存重要零配件。

在城市地下空间开发利用中，地下停车场和停车库占有一定的比重，数量多，分布广，但多为停小客车使用，临战时腾空后宜做临时公共掩蔽所之用。因此应要求公交和运输部门平时在本单位修建适当规模的大型车地下停车库并在地下贮存一定数量的油料，为战勤做准备，平时也可使用。同时，在平时各级消防部门中，应适当修建地下消防车库以备战时使用。

以上各防空专业组织所需要的防空用地下空间，在平时建设中容易受到忽视，因此必须在地下空间开发利用规划和人民防空工程建设规划中提出明确的要求，要这些单位有计划地逐步完成本单位本系统的地下空间开发利用，为防空、防灾做好准备。

在城市地下空间开发利用中，同时完成防空、防灾体系建设，其经济上和技术上的合理性和可行性已如上述。但是，地下空间的开发，只是为人民防空工程提供了足够的空间，至于这样的空间是否能满足高技术局部战争条件下的防空要求，除了充分利用地下结构自然提供的抗力之外，还需采取必要的措施，使平时使用的地下空间在临战时能顺利地转为战时使用，在短时间内完成使用功能的转换、防护措施的转换和管理体制的转换。这就要求各级人民防空部门和大型企、事业单位在发展规划中提出明确的要求，制定出实施预案，同时兼顾平时城市防灾的需要。只有这样，才能用不到工程投资1%的代价，做到常备不懈，对各种突发事件随时做好应对的准备，把城市置于完善的防空、防灾体系保护之下。

22.4 城市生命线系统的防护

22.4.1 生命线系统与民用经济目标防护的意义与要求

城市交通设施和市政公用设施对保障各种城市活动正常进行至关重要，故常被称为城市的生命线。经济设施是推动城市发展，保障城市生活，支持抗御灾害的重要城市设施。一般情况下，重要的、大型的、关键性的经济设施都不在城市范围之内，应由国防力量实行保卫，但在城市中或城市郊区仍然会有相当数量与国计民生和防灾救灾有直接关系的民用经济设施。这些系统和设施一旦在战争或灾害中受到破坏，不但造成直接经济损失，对城市经济和居民生活造成的间接损失也是严重的，甚至使整个城市生活陷于瘫痪，从物质上和心理上对防空、防灾产生不利影响。

按照现代高技术局部战争的打击战略，当军事目标已基本打击完毕而战争的政治目的尚未达到时，转而打击经济设施和城市基础设施，以继续保持军事压力，使城市生活陷于困境，从而瓦解军民的斗志，是完全可能的。事实上，1991年的海湾战争，1999年的科索沃战争，和2003年的伊拉克战争，都出现过这种情况，其中科索沃战争因前南联盟的军事力量实行了有效的隐蔽，北约的轰炸难以在军事上取得胜利，故转而大规模攻击经济目标和生命线工程。在空袭中，南联盟的1900个重要目标被炸，其中有14座发电厂、63座桥梁、23条铁路线及车站、9条主要公路，还有许多重工业工厂和炼油厂，摧毁炼油能力的100%，库存油料的70%，和发电能力的70%，使南联盟的经济潜力和支持战争的能力损失殆尽，最终导致战争的失败。

鉴于上述情况，城市生命线系统和重要民用经济目标，应按以下要求实行全面的综合防护，务求最大限度地减轻空袭和重灾造成的损失和破坏。

（1）根据高技术局部战争的特点，生命线系统应以防常规武器空袭为主，其中各种设施的建筑物、构筑物应按普通爆破弹直接命中或近距离波及设防，埋置在地下的管、线网按爆破弹非直接命中设防。

（2）在精密侦察和精确制导的技术条件下，暴露在地面上的建、构筑物和管、线，在空袭中不受到破坏是不可能的。因此，一方面应提高建、构物的抗毁强度，使之达到当地抗震烈度标准；另一方面，应做好破坏后在最短时间内修复的准备，包括专业抢修人员和机具、设备的备件、部件、零件。

（3）应当做好系统受到破坏暂停运行后的应急准备，如备用水源、电源，和储备的燃气、燃油等。

（4）应当发挥地下空间防护能力强的优势，在建设时就将有条件转入地下的设施、管线置于地下；必须留在地面上的，应适当采取伪装措施。

（5）在对各系统进行规划时，宜按照适当分散的原则，按一定的负荷半径划分为若干相对独立的较小系统，系统间能互相切换，以避免系统遭大范围破坏。

（6）对于生命线系统受到破坏后所引发的二次灾害，如火灾、爆炸，液体或气体泄漏等，应采取相应的救灾措施。

（7）各系统均应有常设的指挥、通信系统，随时与城市防空、防灾系统保持联系，并拥有自己的人员掩蔽设施和车辆、物资的必要储备。

（8）地面上的经济设施在空袭中或重灾下很难完整保全，因此防护的原则应当是：必须坚持生产的生产线，平时就置于地下空间中；建筑物坚固程度应达到当地抗震标准，即使破坏，也不倒塌；平时备足配件和抢修器材，以在破坏后尽快恢复。

22.4.2 生命线各主要系统的防护措施

城市生命线系统主要由两部分组成，即交通系统，包括道路、桥梁、场站、车库；和市政公用设施系统，包括供电、通信系统，燃气、燃油系统，供水、排水及供热系统。公用设施系统一般由生产、转换、处理设施的建筑物、构筑物和输送、配送的管、线网组成。这些系统在空袭中受到破坏的程度和抢修的速度，直接影响到处在掩蔽状态下的居民能否维持低标准的正常生活，和消除空袭后果的效率，以及战后恢复的难易。同时，各系统之间有较强的相关性，受破坏后互相影响和制约，因此必须加强关键系统的防护，例如供电系统，使之免受严重破坏并在最短时间内修复，这对于其他系统的减灾、救灾都是有利的。

(1) 城市交通系统的防护

城市地面交通防护的任务主要是在持续的空袭过程中保持道路系统的畅通，这对于战争中的救护、消防、抢险、物资运输，都是至关重要的。在常规武器空袭中，道路路面不大可能大面积破坏，局部的破坏也易于修补，因此保证道路畅通的关键是防止路面被堵塞。造成堵塞的主要原因是路侧建筑物的倒塌和路中立交桥、过街桥的破坏。

在城市规划中，道路网的布局就应当考虑到战时救灾的需要，除保持足够的运载能力和通过能力外，行车部分保持一定的宽度是必要的。一般来说，道路宽度（指建筑红线间的宽度）应等于两侧建筑高度之和的一半加上 15 米，前者实际上是建筑物的倒塌范围，15 米是建筑物倒塌后仍能通行所需的宽度。如果在道路修建时没有考虑这个因素，那么对两侧建筑物的高度应加以限制。

道路交叉点处的立交桥和过街人行天桥，虽然可在一定程度上缓解平时的城市交通矛盾，但从战时防护的角度看，是很大的隐患，清除废墟和重建都需要较长时间，对救灾十分不利，因此应尽可能减少，而以地下立交和地下过街道代替。如必须建在地面，应尽可能保留原有道路作为辅路备用。

在人民防空规划中，如果能以城市已有和规划中的地下铁道为骨干，建设一个地下四通八达的道路网，并与地下步行道相连通，则对于战时保障交通运输的运行是绝对有利的。

在道路通畅的前提下，在空袭后仍能保存足够数量的车辆和车用油品用于救护、抢险、救灾物资运输，都是必要的。为了安全，车辆平时就应贮存在地下车库中，油品一部分可分散贮存在各个加油站的地下油罐中，大部分应贮存在城市郊外（最好是山区）的专用地下油库中。

(2) 电力、电信系统的防护

电力、电信系统是防空、救灾所依靠的重要生命线系统，在大规模空袭的情况下，确保与系统相关的主要建筑物、构筑物和干线设施正常运行，和在系统受到严重破坏，供电中断后启动应急措施，使防空、救灾所需要的电力、电信系统继续运行，是电力、电信系统防护的主要任务。同时，做好必要的准备，务使在最短时间内将受破坏的部分修复，也是非常重要的。

防护的要点是：

- 110 千伏及以下变电站是电力系统中的主要设施，变压器和开关多露天置放，较难防护，故应以抢修为主，准备足够的备件、备品，配电设备在建筑物内，除受到直接命中的袭击外，建筑物如能按平时抗震要求设计，则其坚固程度是可以抗御非直接命中空袭的。市区多数变电站为 35 千伏及以下，只要建筑物和架空送电杆及其基础均达到抗震强度，并适当分散布局，防护是不太困难的。

- 电信系统的防护重点是电信枢纽（局）建筑物及天线杆塔。建筑物应有足够的强度，为了防直接命中，宜对建筑物和天线采取适当的伪装措施。电信局不宜过于集中，可分区设几个（其中一个为主管局）可能互相支援和补救，或通过迂回回路使受破坏地区的电力供应和通信得以维持。

- 电力、通信室外布线中，应尽可能埋地敷设，埋地干线应优先采用地下综合管廊。对城市供电而言，10千伏输电线路是电压比较低，量大面广的配电干线。电负荷较大，配电干线较密。用埋地电缆比架空输电的损失要小。故不论在居住区还是工业区，都应采用埋地电缆方式。
- 应加强通信手段的多层次、多系统化建设，如电话网、电报网、互联网（internet）、移动电话网、宽带数据网、卫星通信等，综合使用多种通信手段，以减轻空袭后通信高峰的压力。同时，通信网建设需提高传输网的可靠程度，无论是光缆还是多芯电话缆，应尽量形成环网配线，以增加通信网运行的可靠度。
- 电力、电信两主管业务部门，均应设防空办公室作为指挥机构，平时做好防空、救灾各种准备工作和实施预案，以立即抢修、尽快恢复系统运行为出发点，预先规定应急救灾人员的来源及组织办法。

电力、电信系统局部或全部被破坏后，应急供电通信的措施有：
- 系统局部破坏时，由指挥所从未破坏地区调配一定的电力向破坏区临时送电，指挥、抢险部门、医院、人员掩蔽等应优先保证最低需要。临时供电线路可架空敷设。
- 系统全部破坏时，各重要部门启动备用电源，保证单位最低限度的用电和通信，有条件时可在一定范围内联网，以互相支援。备用电源所需的燃油，平时应做好储备。
- 备用电源宜使用移动式电站，如箱式变电站、柴油发电机、电源车（车载柴油发电机组、车载蓄电池）等，向重要单位应急供电，车载蓄电池用以向重要通信设备提供直流电源。
- 移动通信是对传统有线通信的必要补充，移动通信为无线通信，只要空袭时其基站不受破坏，就能维持正常运行。除已较普及的移动电话外，车载卫星通信设备和便携式移动卫星地面站，是比较先进和不易被破坏的应急通信设备。
- 光缆具有通信容量大、通信距离长、抗电磁干扰、频带宽，且耐火、耐水、耐腐蚀，保密性好等独特优点，故应大力发展光纤通信网建设，干线、支线尽可能采用光缆，进户线也要为光缆接入作好准备，为宽带通信网建设打好基础。

(3) 燃气、燃油系统的防护

燃气系统包括管道天然气、管道煤气、瓶装液化气，是居民在掩蔽条件下维持低标准生活和冬季取暖所必需，应尽最大努力保持不中断供气，并在安全条件下进行必要的储备。

燃油系统的防护是为了保证战时车辆的行驶，和在电力供应中断后作为替代能源，主要靠足够数量的战备贮存以保证供应。

燃气、燃油系统受破坏后，很容易引起二次灾害，如火灾、爆炸、有毒物质泄漏等，故除本系统的防护外，应依靠城市消防系统加强对次生灾害的防护。

燃气、燃油系统防护的要点是：
- 燃气系统的主要设备是球形天然气或液化石油气储罐、汽车槽车和液化石油气的气化、混气和灌装设备。除直接命中外，其本身抗毁能力都较强，但设备与管道的连接部位遇震很易损坏，故平时应贮存足够的连接用零部件，以备急修。
- 主要的配气管道为 *DN*500 或 *DN*400 钢管，抗压强度很高，埋地后更不易损坏，故可以认为，在遇到设防标准以内的袭击时不致严重破坏，仍可继续供气。但是这种分段埋设的管道多采用焊接，遇炸后有可能出现焊缝开裂出现燃气泄漏。故在空袭后，沿线应加强监控，及时抢修以防止意外燃气爆炸事故。同时，由于燃气管网的抗毁能力较强，折断或破裂的可能性较小，遇炸后破坏部位多在连接处和转弯处，故平时应贮存足够的连接用零部件以备急修。
- 为了减小损失，宜将燃气管网划分成几个相对独立的分系统，首先集中力量抢修重要系统，使之尽快恢复供气，再逐步扩大到全系统。当液化气球罐遇炸起火时，应注意防止发生沸腾液体蒸气爆炸的出现。
- 由于天然气在气态下贮存体积大，目标明显，很容易受到袭击，且破坏后二次灾害严重，故战备贮存应以液化天然气为主，与液化石油气和各种成品油料，组成一个民用液体燃料战备贮存系统，实行分散与集中贮存相结合。
- 液体燃料在地下空间中贮存，比在地面上有很多优点，特别是在安全防护方面，更是不可替代的。因此应当完全排除战备民用液体燃料在地面上贮存的可能性，集中的贮库应按照"山、散、隐"的原则，建在各种类型的地下空间中，取得天然的安全屏障。

燃气、燃油系统的应急供应措施有：
- 当管道供气受破坏中断后，对于一些急需供气的公共设施和家庭需要提供适当的替代能源。对于停气地区的医院、学校、幼儿园、敬老院等，为完成炊事、医疗器具消毒等工作，需要提供盒式小火炉、液化石油气罐、移动式燃气发生设备等一些替代设施。对于一般家庭，也应提供相应的替代能源，如煤油炉、盒式小火炉、弹状储气罐等。
- 燃油的应急供应主要依靠分散在市区内未受破坏的加油站，从集中的贮油库用槽车送至加油站的地下贮油罐。为了尽可能多地保存加油站，在临战时宜采取适当的伪装措施。

（4）供水、排水、供热系统的防护

城市供水、排水、供热系统都是维持城市正常运转所必需的生命线系统的重要内容，一旦受到空袭而被破坏，对城市功能的发挥和居民的正常生活都会造成巨大的困难。人在没有食物的情况下，只要有条件饮水，就可以适当延长生命。如果没有水，即使有食物也很难进食，可见给水系统防护的重要性，更勿论消防、救灾对水的需要。

相对于给水而言，排水系统受炸损坏对城市生活造成的困难并不是致命的，但也会带来很大的不便，主要表现为家庭厕所因停水不能冲洗而无法使用，和污水得不到处理，排放后污染地下水及其他水源。

供热系统受破坏后的影响有两个方面，一是高压蒸汽供应中断后使有些工业企业不能继续生产，另一个是在供暖季节不能向建筑物供暖，影响居民的正常生活，特别对老、弱、病、残等弱势群体构成威胁。

供水、排水、供热系统的防护要点是：
- 供水设施包括取水水源（水库和泵站）、调节水池、净水厂（又称水源厂）、加压泵站（附清水池）等，其中净水厂应为防空的重点。供水设施的建筑物、构筑物如具有烈度为7度的抗震能力，则在爆炸中冲击波和弹片作用下，建筑物除玻璃破损外不致倒塌，内部的设备亦不致受损。
- 净水厂的调节水池是防空贮水的重要设施，其结构设计应达到当地抗震烈度标准。为防止炸弹直接命中后水池局部破坏而使存水全部流失，水池应以钢筋混凝土隔墙分成三格，以保证至少存留三分之二的水量供救灾使用。
- 供水主干管一般均采用球墨铸铁管材，抗毁能力较强，不容易直接命中，折断或破裂的可能性较小，遇炸后破坏部位多在连接处和转弯处，故平时应贮存足够的连接用零部件以备急修。水源水输送管道一般为直径超过1000毫米的钢筋混凝土管，抗压强度很高，埋地后更不易损坏。
- 排水设施包括污水和雨水泵站及污水处理厂。泵站和污水处理厂中的建筑物应具有烈度为7度的抗震能力，如果已建设施达不到此标准应采取加固措施。当空袭时，爆炸冲击波和弹片不致对建筑物造成大的破坏，内部的设备亦不致受损。
- 大部分污水和雨水干管及支管都是钢筋混凝土管材，抗毁能力较强。受破坏主要发生在连接部位。入户管多用非金属管材，也有一定的抗震能力。户内排水故障多为因冲洗水不足而使排水管道堵塞，居民应自备工具清通。管网上的化粪池和检查井均应采用钢筋混凝土结构。管道埋入地下越深，受震破坏越轻，故排水管宜埋设在地表8米以下。
- 热力设施包括热源厂和换热站。热力设施的建筑物应具有烈度为7度的抗震能力。当空袭时，普通炸弹的爆炸冲击波和弹片不致对建筑物造成大的破坏，内部的设备亦不致受损。如果多座热源厂中的某一个厂建筑物被炸弹直接命中而破坏，不致对整个供热能力有太大影响。为了热力交换站空袭后仍能运转，除热源不中断外，还需有水源的保障，故应与给水系统的防护措施统一安排。

- 高压蒸汽管道的抗毁能力较强，只需加强连接部位的抗毁能力。露天架空的蒸汽管易破坏，但修复较埋地管方便。热水管道的普通钢管，也有一定的抗毁能力，同样应改善连接部位的抗毁性能。蒸汽和热水管道宜置于通行或半通行管沟中，可提高管网的防护能力和加快修复的速度。

供水、排水、供热系统的应急措施有：

- 对城市居民实行应急供水，是空袭后最紧迫的救灾行动之一。从开始时为维持生存的低标准供水，随着系统的抢修逐步增加供水量，直到全面恢复供水，是一刻也不能中断的。为了做到这一点，首要条件是保证应急水源和送水设备。应急水源一是靠平时分散的贮存，二是靠净水厂的调节水池不完全被破坏，空袭后仍保持一定量的贮水。送水设备以送水车为主，这就需要供水和园林部门在平时就能保有必要数量的送水车和贮存一定数量的车用燃料。

- 空袭后供水中断时，应急供水的最低标准为每人每日供饮用水 3 升，以后随着系统的修复逐步增加。

- 每一轮空袭之后，都会出现消防灭火用水高峰，当供水系统受到破坏，不能保证消防用水量时，可启用消防水池或水箱平时贮存的水；若仍不足时，可用消防车到附近的江、河、湖、海抽水应急灭火。

- 排水系统破坏后应通知居民停止使用户内冲水厕所，待供水量逐步增加，除饮用还有余时，再恢复使用。在污水管网修复期间，可用送水车抽取天然水源的水应急。

- 在居民和职工比较集中的地点，均匀设置移动式临时公共厕所，按排污量每人每日 1.4 升设计厕所容量，大体上每 150 人设一座。厕所粪便可排入附近化粪池，或用专用车辆运走。

- 供热系统破坏后，有些不允许热力供应中断的单位，如医院等，应在平时准备小型的锅炉等设备，供应急使用。如果战争发生在供暖季节，在抢修期间室内供暖中断。居民可平时准备一些电取暖器，在电力供应很快恢复后使用；也可以准备液化气取暖炉，用瓶装液化气取暖。此外，救灾物资储备系统可贮存一些火炉、烟囱和煤，供老、弱、病、残人员较集中的单位应急使用。

综上所述，可以肯定，如果把城市生命线系统的防护纳入城市综合防灾体系之中，实现战时防护与平时防灾的统一，则其安全可靠程度必然会得到很大加强，并随时对灾害的发生处于有准备状态。因此这种事半功倍的做法，是非常应当提倡的。

第 23 章 城市地下能源及物资储备系统规划

23.1 在地下空间贮存能源及物资的特殊优势

人类自古就有利用地下空间贮存物资的传统,例如我国古代在地下贮粮,欧洲在地下贮酒等。但是地下贮库只是在近几十年里才有了大规模的广泛的发展。

在 20 世纪 60 年代以前,地下贮库一般仅用于军用物资与装备的贮存,和石油及石油制品的贮存,类型不多。但是在近二、三十年中,新类型不断增加,使用范围迅速扩大,涉及到了人类生产和生活的许多重要方面。到目前为止,可大体上概括如图 23-1 中所列出的五大类型。

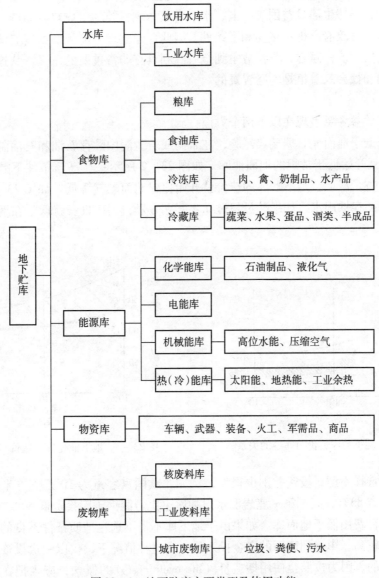

图 23-1 地下贮库主要类型及使用功能

图23-1中的一部分类型，如水库、食物库、石油库、物资库等，按照传统的方法，都可以建在地面上，但如果有条件建在地下，能表现出多方面的优越性，因而受到广泛的重视，有的甚至已基本上取代了地面库。另一部分类型，由于使用功能的特殊要求，建在地面上有很大困难，甚至根本无法实现，如热能、电能、核废料、危险化学品等，在地下建造成惟一可行的途径，这些类型地下贮存库具有更大的发展潜力。

地下贮库之所以得到迅速而广泛的发展，除了一些社会、经济因素，如军备竞赛、能源危机、环境污染、粮食短缺、水源不足、城市现代化等的刺激作用外，地下环境比较容易满足所贮物品要求的各种特殊条件，如恒温、恒湿、耐高温、耐高压、防火、防爆、防泄漏等，是一个重要的原因。与在地面上建造同类贮库相比，只要具备一定的条件，地下贮库往往表现出明显的开发优势和较高的综合效益，主要有以下几个方面。

(1) 战备效益

地下空间对于来自外部的空袭和灾害的防护能力，相对于地面空间具有很强的优势。1999年科索沃战争期间，当时的南联盟大部分国民都掩蔽在较安全的地下空间中，人员损失很少，在战争初期士气高昂，但是由于交通和其他城市基础设施被破坏，城市生活几乎陷入瘫痪，居民虽然人身安全，但由于没有安全的物资储备，维持生活日益困难，电、水、食品、燃料等的供应难以为继，在很大程度上影响到坚持抵抗的士气，最后政府不得不接受和平条件。因此，建立地下能源和物资储备系统，对于维系社会稳定，保持高昂士气和统一意志，坚持战争到最后胜利具有非常重要的意义，从这个角度看，除了战备效益，其政治影响和社会效益也是勿庸置疑的。

(2) 经济效益

地下贮库的经济效益主要表现在以下两个方面：

第一，建设投资低于地面库。据瑞典经验，在岩洞或岩盐洞中贮存石油和石油制品，当库容量超过5万立方米后，造价就开始低于常规的地面油库，如图23-2所示；在高压条件下贮存液化天然气或石油气，贮量在1万立方米以上，地下贮库的造价就开始比建地面贮气罐低，如图23-3所示。又如，据挪威经验，在岩洞中贮存饮用水，如果贮量超过0.8万立方米，一次投资就低于在地面上建的钢筋混凝土水罐。

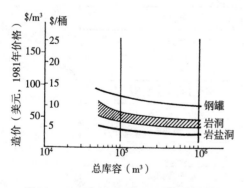

图23-2 地下油库造价与库容的关系

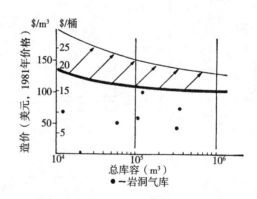

图23-3 地下液化气库造价与库容的关系

此外，如果合理选择库型，投资差别也很大，例如北欧国家容量为10万立方米的岩洞水封油库较岩洞钢罐的投资可节省83%，我国第一座岩洞水封油库也比岩洞钢罐库投资低50%。

第二，管理、运行费用低于地面库。如果由于地下库不得不选在地质条件不良的位置，以岩石掘进为主的施工费用可能较高，影响到建库的资金投入量。在这种情况下，仅以一次投资的多少来衡量经济效益的高低是不全面的，因为按照全使用期造价（life cycle cost）的概念，应当把在整个使用期，例如30年或50年内在运行、管理等方面所节省的费用综合起来考虑，才可能对经济效益做出合理的评价。

例如，大部分石油制品要求在 50~70 摄氏度条件下贮存以保持其流动性，需要一定的加热措施，仅这一项加热费，地下油库就比地面上的钢罐油库节省 60%~80%。此外，由于地下环境比较安全，保险费仅为地面上的 40%~50%。工程维护费也省，一般约为地面工程的 1/3。

(3) 节能效益

岩石和土壤都具有良好的蓄热性能，又有在大范围内整体连续的特点，因此地下贮库在节能方面的效益相当明显。瑞典对两座面积各为 1500 平方米，容积为 8000 立方米的冷藏库和冷冻库的地上与地下两种方案的制冷能耗进行了比较，在经一定时间的预冷期（三年左右）后，地下冷藏库的能耗比地上方案减少 82%，冷冻库减少 25%。

在一些经济发达的国家，由于生活水准较高，用于建筑物供热和供冷的能源消耗在总的能源消费中占有相当大的比重，例如瑞典为 30%~40%，美国则超过 40%。因此在 20 世纪 70 年代发生石油危机的情况下，这些国家纷纷研究建筑节能的措施和方法，以减少对进口能源的依赖程度。研究结果表明，把生产的或多余的热（或冷）能贮存在地下环境中，供需要的季节使用，可取得较好的节能效果，特别是关于在地下季节性交替贮存热能和冷能的设想，是一个具有很大节能潜力的发展方向。瑞典原计划到 2000 年，建筑总能耗中的 60 亿千瓦时要依靠地下贮热来提供。美国提出的使地下建筑供热供冷不再依靠常规能源的所谓"能源独立"（energy independence）目标，也是建立在利用地下环境贮存热能和冷能的基础上。

在地下贮存电能、机械能等高密度能量（high density energy），主要目的是调节发电和供电系统中供需的昼夜性或季节性不平衡，实质上是为了提高能源的利用效率。从这个意义上看，在地下贮能的结果归根结底是发挥了地下贮库的节能效益。例如，如果用地下抽水蓄能电站担负供电系统的高峰负荷，其发电成本仅为烧煤电站的 1/2~2/3，每千瓦容量的投资也比烧煤电站低。又据美国资料，为满足高峰用电需要，用贮存在地下的压缩空气发电代替常规的烧油电站，全美每年可节省石油 1 亿桶。

从以上简略说明可以看出，地下贮库的节能效益已经超出了节省运行费用的狭义概念，而是在更宏观更广泛的意义上起到节约能源的作用。

(4) 节省用地

在人口日益增多而土地相对逐渐减少的情况下，把宝贵的可耕地用于建造仓库是很不合理的，特别是在城市中，土地价值和价格都很高，更应节约使用。在地面上建造常规粮库，每 50 万千克贮量需占地 0.23 公顷（3.5 亩）左右，每一千立方米贮量的地面油品库，要占用 0.13 公顷（2 亩）土地。这些贮库如果改为建在地下，留在地面上的设施很少，大量土地可以恢复耕种，绿化或做其他用途。例如我国一座容量为 7.5 万立方米的地下油库，地面设施仅用地 600 平方米，而一座同规模的地面油库，至少需占用土地 10 公顷。还有一些地下贮库，把在施工过程中挖出的石碴或土用于造地，以补偿建设所占用的部分土地。我国一座大型地下油库，利用排出的石碴造地 2 公顷，另一个中型岩洞冷库利用排碴垫平 1 公顷左右的场地，在上面建起几座与冷库相配套的食品加工厂，生产和运输都很方便。

有一些能源的贮存，由于需要占用土地过多，在地面上建库已很不现实。例如，建设一座发电能力为 50 万千瓦的地下抽水蓄能电站，需要一个容积为 40 亿立方米的水库，如建在地面上，将淹没大量可耕土地，而建造地下水库虽造价较高，但可基本上不占用土地。又如，当以水为介质贮存 600 亿千瓦时热能时，水库的容积相应为 10 亿立方米，只有地下空间才有可能提供如此巨大的容积而不需占用大量的土地。

(5) 减小库存损失

贮存在地面上各种贮库中的物品，由于种种原因，在贮存过程中总会在不同程度上有一些消耗和损失，如粮食的霉变，油品的挥发等。有些损失在地面库中难以避免，也就被公认为"合理损耗"。据联合国经社理事会的一份报告估计，在许多发展中国家，由于贮存设施不足或贮存方法不当，在需要贮存的粮食中，每年平均损失 15%~20%，如能大量推广地下粮库，贮存损失可减到很小程度，甚至完全避免。据我国经验，地面粮库的合理损耗为千分之三，地下库只有万分之三，相差十倍。在地下油库中，油品因温度变化引起的小呼吸现象消失，因此挥发损失仅为地面钢罐油库的百分之一。

以水为介质贮存热能，温度一般在100摄氏度以下。能量密度较低（lowenergy density），因此应尽可能减少贮存过程中的热损失以提高贮热效率。如果将一座容积为5万立方米的地下热水库与地面上有隔热层的钢罐热水库相比较，地上罐的热损失为140千瓦，地下库在使用的前两年中热损失为300~400千瓦，以后就常年稳定在90千瓦。由此可见，地下贮库由于热稳定性和密闭性较好，在杜绝或减少库存损失方面的作用是较明显的。

（6）满足物资贮存的特殊要求

有一些物资的贮存，要求相当低或相当高的温度，容器需要承受很大的压力。例如从图23-4中可以看出，天然气在气体状态下贮存，容器需能承受100~400个大气压力，液化后压力减小到10个大气压，但要求-120摄氏度的低温条件。如果只能在常压下贮存，则温度必须低到-165摄氏度。从图中还可以看到，在常温下贮存压缩空气，容器要承受50~100大气压的压力，而在常压下贮存原油或重油，则不同油品分别需要30摄氏度、60摄氏度和70摄氏度的高温条件。这样一些技术要求，在地面上即使能够实现，也要付出很高的代价；然而在不同深度的岩层中，只要存在完整的岩石和稳定的地下水位，又具备开挖深层地下空间的技术能力，就可以比较容易地创造条件满足这些要求。从图23-4所示的不同贮存条件所要求的埋置深度看，在地下水位以下70~90米，就比较容易保持-165摄氏度的低温，在-400~500米处就可建造起水头为450米的抽水蓄能电站所需的地下水库；在地下500米处，可提供承受100个大气压的条件，到1000米时，则可承受250~400个大气压力。这些都说明岩层中的地下空间在提供特殊贮存条件方面的巨大潜力，也是这些贮库适于建在地下的主要原因。

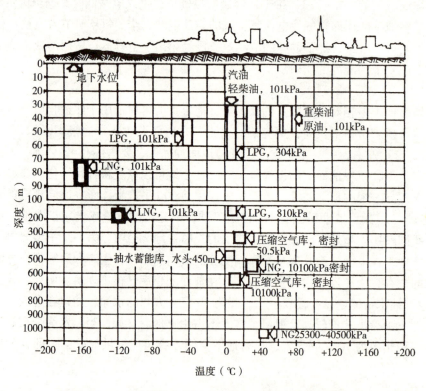

图23-4 一些物资贮存的温度和压力要求与贮库埋深的关系

（7）环境和社会效益

为了贮存有可能对环境造成污染的物品，地下贮存比在地面上贮存有许多有利条件，例如核废料、某些化工废料、城市污水、粪便、垃圾等，如果在地面库中贮存或露天存放，不但占用大量土地，还会对环境造成二次污染。将这些废料、废物贮存在适当深度的地下空间中，可以比较好地解决这个问题。从更积极的意义上说，大量兴建地下贮库，可以为城市留出更多的土地和空间进行绿化和美化，也是一种较高的环境效益。

有一些物品在贮存过程中存在一些不安全因素，如核废料的放射性，油品和高压气体发生爆炸和火灾的可能性，有毒化学品泄漏的可能性等。这些因素在遇到自然或人为灾害时，对城市安全构成很大威胁。我国青岛市的黄岛地面钢罐油库，在油罐间保持一定防火距离的情况下，仍未能避免1989年遭雷击后爆炸起火的灾害，结果造成巨大损失。地下贮库不论在防止外部因素的破坏，还是防止贮存物品对外界造成危害等方面，比地面库都有很大的优势，这实际上是一种重要的社会效益，同时也是间接的经济效益。

需要说明的是，能源及物资储备一般分两个等级，第一是国家级，属于战略储备；第二是地方级，属于应急储备，主要用于城市的防空和防灾。本章所述储备主要为城市应急储备，不涉及国家战略储备。

23.2 民用液体燃料的地下贮存

23.2.1 液体燃料在城市生活中的重要作用

石油和天然气属于一次能源，不可再生。以石油为原料炼制的汽油、煤油、柴油等为石油制品，是液体燃料的主要品种。将天然气和石油炼制过程中伴生的石油气液化，即成为液化天然气（LNG）和液化石油气（LPG），是越来越重要的液体燃料，均为二次能源。当煤、氢等的液化技术趋于成熟并能大量生产后，也将成为液体燃料的一种。鉴于天然气在气体状态下不利于贮存，故本章只涉及液化天然气的贮存问题。

液体燃料在国民经济中主要用于工业生产（炼油及化工）、交通运输和生活消费，这三项都是关系国计民生的重要内容。

在城市生活中，为了控制环境污染，减少煤的消费量，增加油气等清洁燃料的使用量已有很大的进展，效果相当显著。例如北京市在近几年，以天然气和液化石油气代替煤和置换人工煤气的工作发展很快，1999年，使用煤或人工煤气的居民户占总户数（市区）的35%，到2000年，使用天然气和液化石油气的用户已达183万户，占总户数的52%。

在我国使用的液体燃料中，汽油、煤油、柴油所占比重仍较大，说明能源的清洁化还有较大距离；在交通运输业中，清洁燃料使用的更少；在生活能源消费中，北京和天津用天然气和液化石油气的比重较高，上海使用天然气每年只有0.07亿立方米，与前两市反差很大，说明上海亟需发展天然气工业，同时进口液化天然气，或等待西气东送完成后再迅速增加天然气用量。

在城市中贮存必要数量的液体燃料，其目的有三个方面：保障平时的能源供给，免受来源和价格变化的影响；保障在战争和严重灾害情况下的能源供给，维护城市生活在低标准条件下正常运转；在保证前两项贮量的前提下，供平时周转使用，避免重复建库。

在战争和严重灾害情况下，民用液体燃料的安全贮存受到威胁，因此必须对其采取必要的防护措施，以防止贮库被破坏和所贮燃料遭受损失。从这一要求出发，液体燃料均应在地下空间中贮存，平时建在地面上的贮库不得计入，并保证足够的自然防护层厚度，布局应按"山、散、隐"的原则选择库址。

23.2.2 液体燃料的贮存方式

在安全防护的条件下对民用液体燃料进行战备贮存，对于在未来战争中取胜，保存战争潜力，和保持高昂士气，加快战后恢复都是绝对需要的。液体燃料的易燃、易爆特性，使之在地面上贮存很不安全，一遇袭击或灾害、事故，不但燃料迅速损失，而且会给城市造成次生灾害，救护非常困难和危险。因此，液体燃料作为战备物资，应当完全排除在地面贮存的可能性，而代之以100%地下贮存，再根据不同条件采取必要的防护和伪装措施，这样，贮存的安全是有保障的。

23.2.3 成品油地下贮存方法

（1）岩洞贮存。包括天然溶洞中钢罐贮存和人工岩洞中的钢罐或钢筋混凝土罐贮存，以及人工岩洞衬砌防渗后直接贮存。山区人工岩洞钢罐贮存原油和成品油，是发展较早，已较成熟的技术，过去几十年中在我国使用已较普遍，今后在一定条件下仍将使用。图23-5是以立式洞罐为主的地下油库平面布置的较典型形式；图23-6是这类油库的总体布置方案举例。

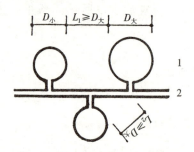

图 23-5 地下油库平面布置形式
1—洞罐；2—通道

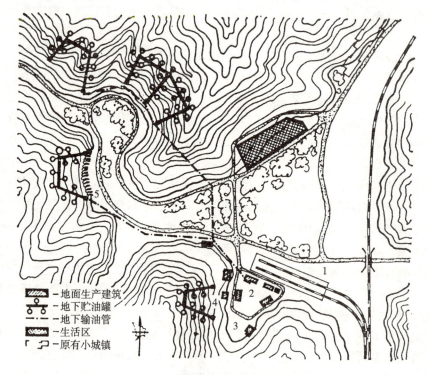

图 23-6 地下油库总体布置方案举例
1—铁路站台及卸油鹤管；2—泵站；3—锅炉房；4—地下润滑油库；5—地下燃油库

（2）含水层岩洞封存。包括岩洞封存和土层中注水封存。岩洞水封贮存就是利用液体燃料的比重小于水，与水不相混合的特性，在稳定的地下水位以下的完整坚硬岩石中开挖洞罐，不衬砌直接贮存，依靠岩石的承载力和地下水的压力将液体燃料封存在洞罐中。

岩洞水封油库的地下贮油区由在岩层中开挖出的洞罐、操作通道、操作间、竖井、泵坑，以及施工通道等组成，必要时还有人工注水廊道。各部分的名称、位置和相互关系示意见图23-7；岩洞水封油库总体布置方案举例见图23-8。

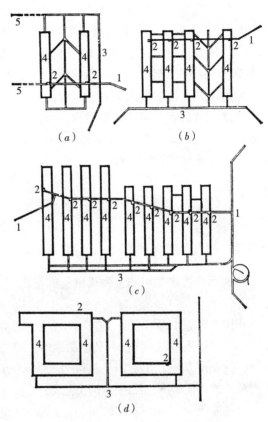

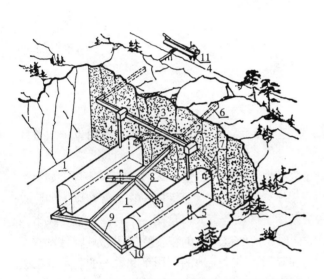

图23-7 岩洞水封油库地下贮油区透视示意图
1—洞罐；2—操作间；3—操作通道；4—竖井；5—泵坑；6—施工通道；7—第一层施工通道；8—第二层施工通道；9—第三层施工通道；10—水封挡墙；11—码头

图23-8 岩洞水封油库总体布置方案举例
(a) 小型库；(b) 中型库；(c) 大型库；(d) 环状洞罐库
1—操作通道；2—操作间；3—施工通道；4—贮油洞罐；5—扩建部分

(3) 土层中贮存。包括土层中钢罐贮存或钢筋混凝土罐贮存，还有沉箱式混凝土罐贮存和利用地形在罐上覆土贮存。土中水封油库需要用钢或钢筋混凝土罐体，埋置于或沉入土层中，利用罐体外的地下水压或在罐体周围人为造成水封帷幕，防止油品透过罐体向外渗透。土中水封油库的规模和布局都较灵活，适于在平原地区城郊分散建设，而且可以埋置较深，上面覆土绿化，建成后不易被发现。

(4) 岩盐层中冲穴贮存。岩盐具有一定强度，又有可塑和可溶的特性，因此向岩盐中注水，将盐溶解后将盐液抽出，就可形成一个封闭的地下空间，用以贮存石油制品或液化气，有容量大、造价低、密封性能好，施工简便等特点，但是要求有足够厚度的岩盐矿或岩盐丘，多数城市不具备这一条件，无法使用这种方法存液体燃料。

23.2.4 液化天然气、石油气的地下贮存方法

为了保障能源安全和调节管道输气的供需不平衡（即"调峰"），世界上许多国家都在建设或正在准备建设各类气态天然气地下贮库，主要类型有：枯竭油气田利用型、多孔性含水层贮气型、岩盐沉积层贮气型、岩洞贮气型和废弃矿井贮气型。第一类用得最多，因为节省了地下空间形成的工程费用，容量又大，故特别经济；其位置多与正在开发的油气田在一起，建库和使用也很方便，只要库内最大容许

压力等于所在地层的岩石侧向压力值的 0.5~0.7 即可用于贮气，更为有利。目前世界上共有各种气态天然气地下库 554 座（1997 年）。其中枯竭气田型 425 座，含水层型 82 座，二者占绝大部分，主要集中在北美和欧洲。

天然气的气态贮存虽然有很多优点，但是在没有枯竭油气田或废矿井的地区，用人工方法开发地下空间贮气，则由于气体体积太大，开发成本过高，一般是不经济的，而液态天然气的体积仅为气态的 1/630，较小容积的地下库就可以贮存大量天然气，特别对于战备贮存，是非常适合的，其前提就是首先要将天然气液化，其次是实现管道运输。天然气液化的临界条件是常压下 -162 摄氏度的低温，或 45.8 兆帕的高压，若在地下贮存，就要创造这两个条件之一种，例如库体埋深应在 -460 米以下的岩层中，而低温则只能通过人工制冷来提供，但代价较高。

因此，从战备贮存的要求出发，首先应排除 LNG 和 LPG 的地面贮存。其次，尽可能不用天然气的气态贮存。这样，LNG 和 LPG 的地下贮存方法有：深层岩洞贮存；含水层岩洞封存；岩盐层中冲穴贮存；人工冻土层中钢罐贮存。

23.3 粮食、食品和饮用水的地下贮存

23.3.1 粮食的地下贮存

在地下环境中贮粮的主要优点是贮量大，占地少，贮存质量高，库存损失小，运行费用省，战备效益高等。

我国有些城市郊区有山，在山体岩层中建造了若干个大型地下粮库，容量 0.5~1.5 万吨不等，如果需要，单库容量还可以扩大。在黄土高原地区建造的土圆仓粮库，容量更大，总库容量在 5 万吨以上的已较普遍。我国南方一个大城市建一座贮量为 1.5 万吨的岩洞粮库，可供全市人口食用一个月。如果要在市内建同规模的地面粮库，需占城市用地 2.3 公顷（35 亩）。同时，地面粮库中的粮食受气候影响容易发霉变质，只能采取少、小、矮、窄的贮存方式，以便随时倒仓和晾晒，因此土地的利用率和贮仓的利用率都较低。地下粮库不需倒垛、晾晒，可以加大贮仓容积，提高其充满度，以提高贮库的利用率。

地面粮库如果在自然状态下贮粮，由于季节温差有 40 摄氏度到 50 摄氏度，昼夜温差可能在 10 摄氏度左右，使粮食的呼吸作用加强，加速粮食的变质和老化，为了减少这种情况的发生，只能经常倒垛和晾晒，耗费大量人力，还很难避免库存损失。如果在地面粮库采取人工降温的方法，当然可以改善贮粮环境，但是要花费很高的代价，大幅度提高贮粮成本。例如，一个贮粮 1.5 万吨的地面粮库，若要改造成仓内空调，则每 1 吨贮粮需投资 150 元，使每千克粮食的贮存成本增加 0.15 元，每年还要增加能耗 63.5 万千瓦时。

我国南方地区地下粮库自然温度为 16 摄氏度到 18 摄氏度，东北地区只有 12 摄氏度左右，温度变化幅度不到 3 摄氏度，很适合于粮食贮存，只要根据季节情况调节粮库的通风与密闭，必要时配备少量除湿机，就可以创造适宜的贮粮环境。在这样的环境中贮存粮食，质量变化缓慢，在相当长时间内仍可保持新鲜，轮换期一般比地面贮库超过 3 倍左右。我国东北地区一座地下粮库，贮存 11 年的玉米、小麦经试种，发芽率仍在 85% 以上。

在地面粮库，每保管 5000 吨粮食需要 50~60 人，地下粮库省去了翻倒晾晒等劳动力，故只需 15~20 人；每吨粮食的保管费，地面粮库为 0.5 元，地下粮库仅为 0.06 元。

通过以上的比较，可以看出，只要具备一定的地质条件和交通运输条件，大规模发展地下贮粮比在地面上有明显的优越性，特别在我国条件下，地下粮库具有很大的发展潜力和重要的战略意义。

粮食贮存的基本要求，就是要使粮食保持一定的新鲜程度，同时防止霉烂变质和发芽，防止虫害和鼠害的发生，把库存损失降到最低限度。地下粮库在满足这些贮存要求方面，比地面粮库具有很多有利条件。

地下粮库有大型的战略储备库，长期贮存，除更新外一般不周转，多建于山区岩层中，贮量较大；也有建在城市地下空间中的中、小型周转库，根据平时使用和战时贮粮要求进行布局。此外，根据粮库的规模和经营性质，可安排必要的粮食加工业务，布置在地下粮库的地面库区内。

地下粮库可以浅埋在土层中，以中、小型周转库为主，兼作城市一定范围内战备粮库，举例见图23-9，图23-10和图23-11。大型地下粮库宜建在山体岩层中，举例见图23-12和图23-13。从粮食的贮存方式看，有袋装贮存和散装贮存两种，图23-14是我国黄土地区地下马蹄形仓（又称土圆仓或喇叭仓）散装粮库示意。

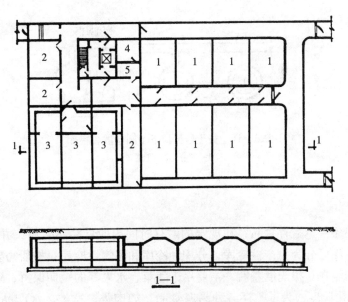

图23-9 土中浅埋粮库例一

1—粮仓；2—副食库；3—冷库；4—风机房；5—值班室

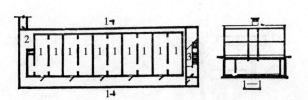 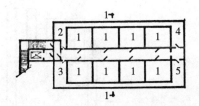

图23-10 土中浅埋粮库例二　　　　　　　　图23-11 土中浅埋粮库例三

1—粮仓；2—风机房；3—皮带运输机　　　　1—粮仓；2—贮藏室；3—办公室；4—风机房；5—食油库

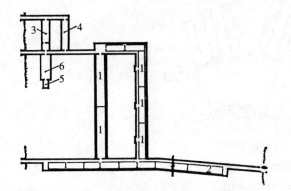 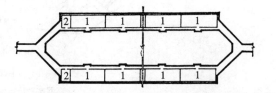

图23-12 岩石中大型地下粮库例一　　　　　图23-13 岩石中大型地下粮库例二

1—粮仓；2—食油库；3—电站；4—碾米间；　　1—粮仓；2—风机房
5—磨面间；6—水库

大量粮食贮存在地下，入库、出仓和库内运输都比较繁重。岩石中地下粮库一般能做到库内外水平出入，土中浅埋库则比在地面上增加了一次垂直运输，以致有些使用单位不愿建这种类型的地下粮库，因此应当从建筑布置上为组织库内外的交通运输创造方便的条件。

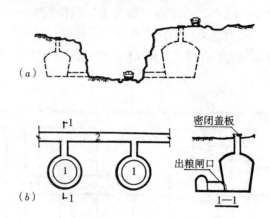

图 23-14 黄土地区地下土圆仓散装粮库
1—粮仓；2—通道

23.3.2 地下贮存食品

冷库是用于在低温条件下贮存食品，在规定的贮存时间内使食品不变质，并保持一定的新鲜程度。按照经营性质，食品冷库可分为生产性冷库，分配性冷库和零售性冷库；按所需要的贮存温度，有高温冷库，又称冷藏库，库温0摄氏度左右，主要用于蔬菜、水果等的短期保鲜；还有低温冷库，又称冷冻库，库温-2~-30摄氏度，为了贮存各种易腐食品，如肉类、禽类、水产品等。从冷库规模上看，可以分为小型（贮量500吨以下），中型（500~3000吨）和大型（3000~10000吨和万吨以上）三类。

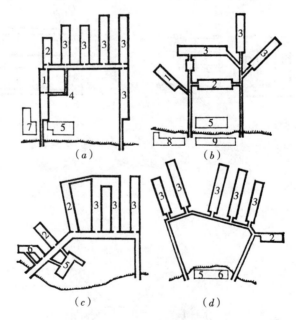

图 23-15 中型岩洞冷库布置举例
(a) 洞室平行布置；(b) 洞室枝状布置；
(c) 机房放在通道内；(d) 机房放在冷库外
1—冷却贮存库；2—冻结间；3—冻结贮存库；4—穿堂；5—冷冻机房；6—制冰间；7—变配电间；8—屠宰加工间；9—办公室

地下冷库建在山体岩层中的比较多，从小型到大型的都有，在城市土层中建造小型地下冷库有一定优点，建大型的则比较困难，造价也较高，但如果在地面多层冷库附建地下室，在地下室部分布置温度最低的库房，是比较有利的。

图 23-15 中的几个中型岩洞冷库，单个洞室跨度 5~8 米，长 30~40 米，总宽比在 7 以上。华北地区一座大型岩洞冷库的跨度为 8 米，洞长达 138 米，长宽比达 17，使散冷面积很大，能耗增加。因此，应当在地质条件允许与结构合理的前提下，加大洞室跨度，缩小长度。挪威一座岩洞冷库，库容积 1.1 万立方米，只有一个大洞室和一条短通道。洞室跨度为 20 米，长 57 米，长宽比仅为 2.8，见图 23-16。瑞典的一座分配性冷库，贮存包装好的冷冻食品，库容积为 1.6 万立方米，扩建后可增一倍。洞室跨度为 20 米，长 100 米，长宽比为 5，平面布置见图 23-17。

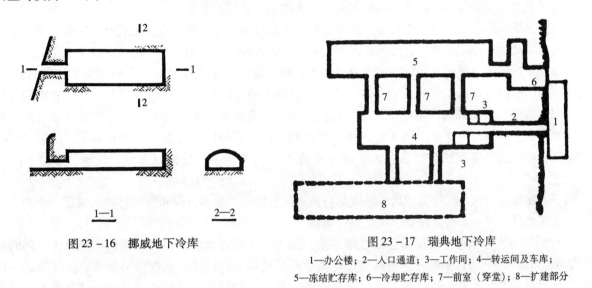

图 23-16 挪威地下冷库　　　　图 23-17 瑞典地下冷库
1—办公楼；2—入口通道；3—工作间；4—转运间及车库；
5—冻结贮存库；6—冷却贮存库；7—前室（穿堂）；8—扩建部分

地下冷库的内外交通运输一般均使用车辆和起重、升降设备，因此应尽可能短、顺，避免交叉和逆行；一般至少应设两个出入口，一个进，一个出，在库内单向运输，可减少通道宽度。图 23-15 中的 a、b 两例，库内交通可能出现了交叉和逆行现象；b 例的通道面积占总面积的 40%，而图 23-16 的挪威岩洞冷库，通道面积只占 5%。

23.3.3 地下贮存饮用水

可供人类直接使用的淡水资源，仅占地球总水量的很小比重，大部分蕴藏在地层中和地面上的江、河、湖和水库之中，分布很不均匀。由于人口的增多和工业耗水的大量增长，淡水资源已处于超量开采的状态，即开发量大于补给量，造成许多城市和地区严重缺水，例如我国有 200 个左右城市缺水，中东某些地区年降水量仅 25~75 毫米，而蒸发量却达 1500~3000 毫米，淡水极度缺乏。但是另一方面，在淡水资源日趋枯竭的情况下，却有大量的江水、河水和使用过的地下水排入海中，变成无法利用的高矿化咸水，无疑是水资源的巨大损失。这个现象已开始引起人们的重视，研究和采取各种措施，开源节流。利用地下空间贮水就是其中之一，包括在丰水期利用已经疏干的地下含水层空间，利用松散岩层的裂隙、空洞，人工开挖大型岩洞等方法贮存淡水，供枯水期使用。

在地下空间中贮存淡水，比在地面上修建水库，可减少占用土地和居民的迁移，蒸发损失要小得多；在技术上，与在地下贮存液体燃料和贮存热能相近，没有很大的困难。挪威（Norway）是水资源比较丰富的国家，但仍在建造地下贮水库，以代替地面上供水系统的蓄水池，还可利用海拔较高的山体，加大水库的水头。

除在地下空间集中贮水外，还应在市区内适当地点，按照一定的供水半径，设置地面或地下贮水池或贮水罐，并提倡家庭贮存适量的饮用水，这种做法在1995年日本阪神大地震后的救灾中，起到了重要的作用，是应当借鉴的。

23.4 地下能源、物资储备系统规划问题

23.4.1 地下储备库的布局与选址

为城市防空防灾建造的地下储备库，应尽可能布置在山体岩层中，因为岩洞贮库防护能力强，容量大，故只要能与城市保持合理的运输距离，就应当这样布局。由于液体燃料库技术上、安全上要求都较高，这里以其为典型论述选址问题，其他物资库、水库均可参照，不另述。

民用液体燃料的战备贮存主要是为了战时需要，故其布局和选址首先应满足战时使用要求和安全要求，同时考虑政治、地理、技术、经济等多方面条件，综合确定贮库的布局与地址。城市地下贮库的主要任务是保证战时城市间公路运输与城市内运输的油料供应，和保证战时城市生活用液体燃料的供应，以及少量战时坚持生产的工业用燃料供应。因此，我国东部省份的3个直辖市、省会城市和大的省级市，沿海大城市（从南部的广州直到北方的大连）以及人民防空重点设防城市，都应部署城市地下民用液体燃料库，同时作为国家二级（地方级）战略储备库。库型应以含水层岩洞封存型、山区岩洞钢罐贮存型，和土层中埋藏贮存型以及人工冻土钢罐贮存型等为主。品种以柴油、汽油、煤油、LPG、LNG为主。

地下贮库所在的区域大体确定后，还应结合该地区的地形、地质条件和所贮燃料的来源、去向、运输、安全等条件，进一步选定库址。这些条件是：

（1）地形条件应尽可能选择山区或丘陵地带，因为山区隐蔽性好，不易侦察和准确投弹，同时岩洞的防护能力强，30米以上的自然覆盖层即可抵御新型的钻地爆破弹。我国沿海省份，除江苏外一般都有山脉，作为沿海大城市的"小三线"十分有利，采用岩洞钢罐贮油的传统技术，建造容易，安全性好。

（2）地质条件应尽可能选择岩石完整，岩性均一，岩层厚度大而节理少，强度大而裂隙少，地质构造简单，区域性基岩稳定和洞室围岩稳定的地区。此外，为了建造岩洞水封油库气库，还需要具备地下水的存在条件，即：在适当的深度存在稳定的地下水位，而水量又不很大；和所贮液体燃料的比重小于1，不溶于水，且不与岩石或水发生化学作用。我国沿海一些大城市建在基岩上，如厦门、青岛、大连等，建水封库很有利。也有一些沿海大城市附近就有较好的山体，可以靠海平面控制稳定地下水位，仍可建水封库。此外，有些沿大江、大河、大湖的城市，也存在适合建水封库的水文条件，如南京、武汉、哈尔滨等。

（3）LNG、LPG地下贮库的选址，除上述地形、地质条件外，还应考虑其产区、产地、进口港口位置等因素。例如，沿西气东输和北气南输管道，为了调节供需的均衡需要建造若干座大型天然气气态地下贮库，在终端城市，如北京、上海等，也将建这类地下库。北京正准备在75公里外的永清县建大型枯竭油田型天然气地下贮库，容量6亿立方米。因此，在这些气态库附近可建一定规模的天然气液化装置和适合LNG贮存的地下库。由于库容小而容量大，故对管道输气的安全运行和城市的战备贮存都是有利的。对于大量进口LPG的地区，如广东、海南、江苏、浙江、福建等省的沿海城市，应在卸货港口附近选择适当的地形、地质条件建LPG或LNG地下贮库。此外，在大型炼厂附近，如北京的燕山石化区等，也有条件建LPG地下贮库，可大大缩短运输距离。

（4）安全条件。地下液体燃料贮库多数是为城市战备用的，在安全程度上已经比在地面上的常规库有很大提高，但在布局和选址上除注意本身的战时安全外，还应进一步考虑平时对所服务城市在安全方面的影响，以及如果战时遭空袭后，防止对城市造成次生灾害。为此，与城市保持必要的距离是必要

的，一般在市区以外20~50公里的下风方向较为适当，因为这样的距离可能已接近山区，容易隐蔽，而且对城市空气和地下水的质量不会发生不良影响，也不致对城市引发次生灾害。至于运输上的远近问题，在常规战争条件下是不严重的，因为两次空袭之间总有几小时的间歇，即使库区离城区50公里，用汽车运输1小时完全可满足供应需求。当然，如果适宜的库址在城市200公里以外，则作为国家级后备库还是可以的，而作为地方级战备库则不合适。此外，如果库址不得不选在离城市较近的地带，例如10公里以内，则应避开主导风向，并采取更严格的管理和防灾措施。

23.4.2 地下储备库的设防标准与防护措施

地下储备库应针对高技术局部战争以常规精确制导武器实行空袭的特点确定设防标准，并针对现代准确侦察手段，高精度命中率和高强度破坏能力，采取相应的防护和伪装措施。

（1）总体布局的设防标准：
- 库址远离市区和乡、镇居民点10公里以上；
- 岩石自然覆盖层厚度在30米以上；覆土层厚度在3米以上，表层设刚性或柔性遮弹层；
- 地表植被率在70%以上。

对第一项设防标准，应采取的防护措施主要是：
- 在地下贮库的布局和选址时，满足与市区和乡、镇居民点的安全距离要求，同时选择适宜的地形。对于岩洞钢罐贮库，沿较隐蔽的峡谷布置较好，不易从空中侦察和瞄准。对于岩洞水封贮库，所选山体不宜面临开阔的地形，不宜布置在山体的向阳坡。
- 在地质勘察阶段，选择优良的地质条件，使主体洞室上方的岩石覆盖层大于30米。覆土型地下贮库宜选择狭窄的山谷，沿沟底布置罐体，覆土后恢复地表植被和原来的泄洪道，可利用排洪沟的混凝土底板做遮弹层。
- 库址宜选在山体的北坡或狭谷两侧，这些位置的植被一般比较茂密。

（2）库区的设防标准：
- 覆盖层按美国空地战术导弹1枚直接命中；或航空制导炸弹1枚直接命中；或侵砌破炸弹1枚直接命中；或普通航空炸弹5枚非直接命中设防。
- 洞口按覆盖层设防的前二种1枚直接命中设防。
- 输送管道、泵站一律埋地，按普通航空炸弹非直接命中设防。

对第二项设防标准，应采取的防护措施是：
- 按设定的弹型破坏效应采取加大岩石自然覆盖层和在覆土上设高强混凝土遮弹层等措施；通道部分的覆盖层厚度不足，应在通道与主体覆盖层厚度相同处设防火防爆墙和门。
- 洞口尽可能放在背阴坡，使之不出现阴影和减小亮度反差；在洞口外一定距离处设一道毛石混凝土挡墙，起遮弹层的作用；库内一般不进汽车，库外道路的进洞段用碎石路面，便于伪装。
- 洞口为防空袭的重点位置，应采取适当的伪装措施，隐真示假，以假乱真。

（3）对次生灾害的设防标准：
- 地下贮库受到空袭后，所贮存的液体燃料不应向库外泄漏，在库内设泄油池；地下输送管道应能自动切断。
- 地下贮库受到空袭后，应防止火灾蔓延，所贮存液体燃料的损失率应在20%以下。
- 在地面上的液体燃料装卸车站、码头，应严格按防火规范设计。

23.4.3 城市地下能源及物资储备系统规划示例

现将我国沿海城市Q市地下空间规划中有关地下储备系统规划的条文录后，供参考。

第52条 2020年以前，储备系统的建立主要是为了满足战争和战后一段时间以及平时发生重大灾

害后的救灾需要,因此储备的内容应当是:

(1) 液体燃料,包括车用汽油、柴油、民用煤油、液化石油气、液化天然气等。

(2) 水,包括饮用水和消防用水。

(3) 粮食,以便于加工的面粉、玉米等为主。

(4) 食品,包括食用油、盐、脱水蔬菜,以及速食食品,如方便面、方便粥、饼干等。

(5) 药品,以救助外伤用的药品、敷料为主。

(6) 车辆,包括运输用的轻型货车、指挥用的越野车、救护车,以及必要工程机械。

(7) 救灾用的其他物资,如固体燃料、帐篷、被服、工具、编织袋等,也需要储备,一般可使用地面仓储设施。

第53条 储量和仓储设施规模

地下储备系统的储量及相应的仓储设施规模,按整个城市和全体居民的消耗量和需求量,根据战时和灾后的供应定额进行预测。根据城市总体规划纲要(2004-2020年),到2020年主城规划居住人口为240万人,计算结果如下:

(1) 液体燃料:城区2003年液体燃料总消耗量2.7万吨,按年增长率4%计,到2020年将达到5.5万吨。按平时消耗量的80%,使用60天进行容量估算,需贮存液体燃料0.73万吨。按此储量,宜在山体岩层中建一座岩洞钢罐油库。为了多品种贮存,单罐容积以500立方米为宜。

(2) 饮用水:按照战时和灾后30天内供水的最低标准(不少于3升/人·日)和人口240万计,每天需供水7200立方米,30天储量为21.6万立方米,饮用水宜分散贮存,贮存方式有:自来水厂中有一定防护能力的清水池;高层和多层建筑物屋顶上的贮水箱;埋在地下每个容积约30立方米左右的钢筋混凝土贮水箱。消防水:按建筑防火设计规范的要求,贮存足够的消防用水,同时做好抽取海水应急的准备。

(3) 粮食、食品:按照战时和灾后30天内全体居民每人每日供粮500克的标准,以居住人口240万人计,每天需供粮120万千克(1200吨),30天需储备粮36000吨,本市现有一座万吨地下粮库,面积8732平方米,故在山体岩层中再建三座万吨地下粮库,即可满足储备要求。方便食品和瓶装饮料可分散贮存在大型生产或经销单位的小规模地下空间中。此外,可在山体中建一座小型冷藏库,贮存药品、食用油和蔬菜等食品。

(4) 车辆:车辆以供运输用的轻型货车为主,储量根据防空防灾专项规划确定。车辆贮存在平时大型运输单位的平战结合地下车库中。

第54条 地下仓储设施选址

地下仓储设施宜布置在主市区内的山体岩层中,出入口注意隐蔽。

第 24 章　城市地下空间发展远景规划

24.1　城市发展远景与未来城市展望

24.1.1　科学技术的发展与未来城市的建设

长久以来，人们对未来城市都有一些美好的憧憬和殷切的期望，不断提出关于未来城市的种种设想。随着时间的推移和社会的进步，应当说，对于未来城市的种种设想，轮廓已逐渐清晰，并开始与现实的城市生活联系起来。但是，"田园"、"生态"、"绿色"、"山水"等等，毕竟更多关注的是城市中人与自然的关系，表达了对生活在舒适优美城市家园中的向往与渴望，还难以全面涵盖未来城市的丰富内容，其中，现代科学技术对城市发展的作用和影响，就是一个重要方面。21 世纪以基因工程、细胞工程为标志的生物技术成为新技术的核心；以光电子技术、人工智能为标志的信息技术将成为新技术的前导；以超导材料、人工定向设计材料为标志的新材料技术将成为新技术的基础；以核聚变能为标志的新能源技术将成为 21 世纪新技术的支柱；以航天飞机永久太空站为标志的空间技术将成为新技术的外向延伸；以深海采掘、海水利用为标志的海洋技术将成为 21 世纪新技术的内向拓展[6]。这些新技术大部分与城市生活和城市发展有关，必将以更快的速度推动城市的现代化发展，在建设未来城市中起着关键性的作用。

如果说，19 世纪下半叶到 20 世纪下半叶的工业化浪潮推动了全球的城市化进程，那么，20 世纪 70 年代开始的信息技术革命，则把世界带入了信息化社会。信息化、网络化、智能化、数字化，正广泛渗透到社会的政治、经济、军事、文化、教育等诸多领域和人们的生活、学习、工作、生产、娱乐等方方面面，同时也对城市产生重大影响，推动城市向智能化、数字化发展。因此，建设"信息城市"（或称网络城市、智能城市），已经不是设想，而是进入实践，例如新加坡在 1996 年首先提出了"智能城市"概念，并开始实施"S-I 工程"，使每个国民都能与宽带网络相连接，为政府、商业、教育和家庭提供宽带多媒体服务，希望在 21 世纪的网络经济中处于领先地位[6]。美国、日本等国都有建设"数字化社区"、"智能化生活小区"的计划。我国的北京、上海、天津、广州等大城市也都提出和制定了"数字城市"的计划和实施方案，深圳市准备用 360 亿元建设信息化示范城市。但是从总体上看，我国城市信息化水平还很低，每万人互联网主机仅为 0.16 台，与世界平均水平 63.1 台还有很大距离。

数字城市建设是以经济信息化为中心，以电子商务为热点，以社区智能化为基础。城市生活的许多方面都将信息化，出现智能交通、电子政府、电子商务、电子银行、电子医院、电子图书馆、网上学校、网上购物、网上社区、网上影院、远程教育、远程医疗等与传统习惯完全不同的工作、学习、生活、娱乐休息方式，使城市中的物质生活和精神生活都发生巨大的变化，城市将更加高效、低耗、便捷、舒适。同时，信息文明将加强人与人的交流和情感交融，促进文化的多元化和多样性，还将使人们能更方便地向社会表达自己的意愿，参与政治活动和公共事务的管理，社会将因此而更为公开化和民主化。

当然，信息社会是否会产生一定的负面效应，例如对儿童和中小学生的智力开发是否有不利影响，传统文化的继承是否会受到冲击等等，都是需要从理论和实践上进一步探讨的。同时，也有的观点认为，"信息城市理论缺乏有关城市物质规划和解决现代城市弊病的独特理念，信息城市本身并不是人们有目地针对城市现实问题而设计的未来城市。"因此建议，"可以把信息化作为未来城市的一个重要的技术特征",和"更具包容性的其他未来城市理论的一个特征"①。

关于未来城市的概念和含义,还有从不同角度提出的一些设想,诸如全球城市（global city）、区域城市（regional cities）、健康城市（healthy cities）、清洁城市（clean cities）、绿色城市（green cities）、步行城市（walking cities）或称无汽车城市（the car-free cities）、可持续发展城市（sustainable cities）等等。设想之多表明了人们对未来美好生活的向往与关心,同时也反映出对现实城市生活的不满。而且,尽管各种设想和主张都有一定的出发点和针对性,但存在一个较普遍的现象,就是缺少达到理想境界的途径和措施,和缺乏全面的综合的分析。如果不从解决城市的现实矛盾出发,不与城市的社会、经济发展联系起来,不提出应对各种危机与挑战的对策,那么,再好的理想也是难以实现的。下面以"无汽车城市"的主张为例加以说明。

1994年,37个欧洲城市在荷兰阿姆斯特丹成立了"无小汽车城市网络组织",认为小汽车窒息了街道的生命,毁坏了社区的社会结构,破坏了城市的景观,产生了空气污染和噪声污染,浪费能源等等,主张从城市中排除小汽车,实行步行化,并提出了无汽车城市的典型方案。这个城市人口100万,面积250平方公里,其中建成区50平方公里,其余200平方公里均为绿地。城市分成100个区,每区人口1.2万人,容积率1.5,建筑高度13.5米,街道宽度7.5米,最长出行时间33分钟。这种无汽车城市的方案,明显地存在几个问题:首先,完全否定了汽车出现一百年来,数以亿计的小汽车给数以亿计的城市居民带来的舒适与方便,因而排除汽车的使用不可能为多数居民所接受;其次,即使没有汽车,城市的交通运输是不可能没有的,只能重新设计交通方式和交通系统,几乎是不现实的;第三,在50平方公里的建成区内容纳100万人口,人口密度相当高,达2万人/平方公里,容积率保持1.5是难以容纳的;第四,每人拥有绿地20平方米固然很好,但人均城市用地250平方米,多数国家和城市的土地资源都是难以承受的;第五,汽车造成的环境污染只是污染的一部分,因此取消汽车仍不能完全解决环境问题。这些问题如不能得到解决,"无汽车城市"是不可能实现的,因而这种带有极端倾向的主张是不可取的。

综上所述,可以认为,只有在下面三个前提下,关于未来城市的构想才是合理的,通向未来的道路才是现实可行的:

（1）对于未来城市要有丰富的想像力和诱人的吸引力,但是必须建立在人与自然、人与社会、人与环境全面协调发展的基础上,并与经济、社会发展目标和科学技术发展方向统一起来。

（2）建设未来城市不能脱离城市的发展阶段和发展水平,必须采取有效措施解决当前和近期一段时间内城市存在的种种矛盾和问题,为今后的顺利发展创造有利条件。

（3）依靠无限的知识资源,应对有限的自然资源危机;通过高新技术提高土地对人口的承载能力,提高对水资源的循环使用水平,降低能源消耗和解决开发新能源的困难,治理环境污染和改善生态平衡。

尽管世界城市的发展很不平衡,但这种不平衡只是表现为发展阶段的不同,不论处在哪一种发展阶段的城市,都存在未来发展的问题,但是问题的性质和内容有很大差别。解决发展中国家城市问题对于许多城市仍然是迫切需要的,但鉴于发达国家城市已经走过的道路和经验教训,应使发展中国家城市不再重复那些已被实践证明的失败的东西,以及吸收那些同样为实践所证明是有益的解决问题的途径。对于已经进入新的稳定发展阶段的城市来说,未来的发展没有现成的道路和经验,因此应把注意力放在更长远的未来,应从"解决问题型"的开发研究转向"目标探索型"的基础研究,以人类本身已经达到的智能水平和所拥有的巨大生产力（包括科学技术）,对城市的未来发展做出应有的贡献。

---

① 括号中的观点引自黄肇义等,未来城市理论比较研究,城市规划汇刊,2001（1）。

24.1.2 自然资源的开放性循环与封闭性再循环

城市的现代化过程,在很大程度上是依靠对大量自然资源的开发、使用,以致许多资源已渐趋枯竭;另一方面,对资源的使用存在很大的浪费,主要表现为利用效率低和重复使用率低,从而更加剧了资源危机。

尽管当代科学技术已相当发达,然而城市生活基本上处于一种开放性的自然循环系统中。太阳的热能多数是被动利用,在夜间或阴天时就因太阳能不能大量贮存而无法使用;水资源主要依靠大气降水,城市从自然取水,使用后排入江、河、湖、海;能源也多为一次性使用,热效率很低、废热未经利用即排放空中,大量城市废弃物不经处理和回收而堆积在城郊,对环境造成二次污染。这种自然循环对于自然资源造成很大的浪费,形成一方面资源短缺而另一方面又大量浪费的不正常现象。一旦自然循环失去平衡,就会出现诸如水资源匮乏,环境污染,能源短缺等城市问题,这种情况应在未来城市中逐步得到根本的改变。

日本学者尾岛俊雄在 20 世纪 80 年代初提出了在城市地下空间中建立封闭性再循环系统 (recycle system) 的构想[27],把开放性的自然循环转化为封闭性再循环,用工程的方法把多种循环系统组织在一定深度的地下空间中,故又称为城市的 "集积回路" (integrated urban circuit)。例如,大面积集中供热、供冷系统对于空气的使用来说就是一个封闭循环;使用后的污水经过处理重复使用,从水的利用来看就形成了封闭系统(现称为"中水道"系统);城市垃圾经过焚烧或气化后回收其中的热能和肥料,也是一种封闭循环;将电力系统和某些生产过程中散发的余热、废热回收,再重复用于发电或供热;将天然的热能、冷能、雨水等贮存起来供需要时使用等等,都可以形成一个封闭循环系统。在资源有限的条件下,建立这样的系统对于城市未来的发展,无疑具有深远的意义。尾岛提出的再循环系统示意图见图 24 – 1[27]。

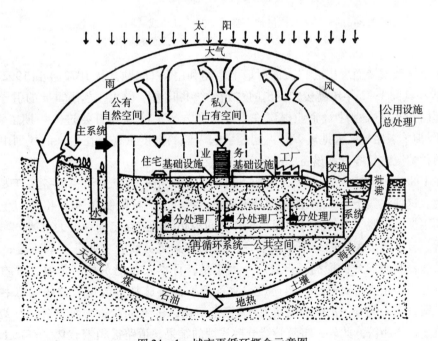

图 24 – 1 城市再循环概念示意图

尾岛在 20 世纪 80 年代初针对东京的情况,提出在 2000 年前后,在地下 50~100 米深的稳定岩层中建造"新干线共同沟"的建议,共同沟为双圆形截面,内径 12.7 米,总长 55 公里,其中布置上述多种封闭循环系统,形成一个地上使用、地下输送、处理、回收、贮存的封闭性再循环系统,示意图见图 24 – 2[28]。

在"新干线共同沟"中,要求综合敷设8类市政公用设施管、线,计有:供电、供热、供气、垃圾运送、上水、中水、下水、电信,后来又增加了集中空调系统和有线电视网络。在一期工程规划中,对这些管、线的容量做了预计,下水道最大管径为1360厘米。在近年研究大深度地下空间利用过程中,以上构想又有新的发展,提出一个覆盖东京23个区的大深度公用设施复合干线网的计划,由干线(大型综合廊道)和相交处的节点(通向地面的多层地下建筑)组成若干个三角形的单元,节点之间的距离2.5~3.5公里(见图24-3[27])。在节点建筑中布置回收、处理、再生、转运设施,在廊道中通行各种管、线,和一对运送邮件和垃圾的轻轨线路。图中粗黑线部分为第一期工程,计划首先覆盖市中心部10个区,干线全长57.8公里,造价9433亿日元[①]。

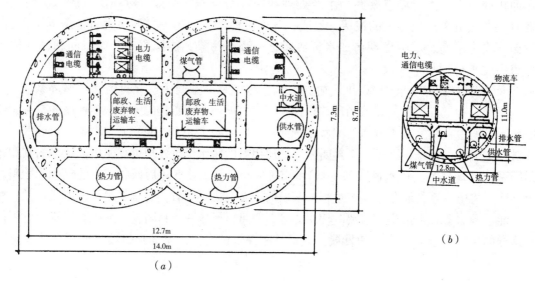

图24-2 日本大深度地下空间中的"新干线共同沟"示意图
(a)用于干线的双圆断面;(b)用于支线的单圆断面

日本围绕东京城市发展而提出的"大深度地下空间利用"[②]问题,从1972年到1992年,大约经过20年的构想阶段,其间1982年尾岛俊雄提出的"新干线共同沟"设想,起了重要的引导作用,一时间从政府各有关部门到知名大型建筑企业提出许多设想和方案,1994年开始进入一期工程的规划阶段。经过1995年的阪神·淡路地区大地震,防灾问题引起人们的高度重视,在后来的规划中,都按平时和大范围受灾时两种情况进行容量和设备的考虑。

日本政府在1988年正式决定开展大深度地下空间利用的相关研究工作和准备制订限制地下空间私人所有权的法规。这项法案于2001年在国会获得通过,把私人产权限制在30~40米以上,这样就使大深度地下空间利用彻底摆脱了土地费用的困扰,和共同沟必须沿道路走向铺设的束缚。

从总体上看,日本提出大深度地下空间利用问题的背景是:商业、业务空间不足;集约化发展不够;土地价格高涨,和防灾意识提高。再有一个因素是,日本人在把东京与伦敦、纽约、巴黎做比较后,总感到在有些方面东京相对落后,想通过"大深度"的实施加以改进。例如城市中在地面上立电杆架明线问题,据日本人调查,伦敦和巴黎100%已地下化,纽约为72%,而东京仅为27%,与现代化城市对景观的要求很不相符。此外,市政管线分散浅埋的结果,道路被频繁破坏,东京150公里长的道路,每年发生两三千次被掘开,面积7~12万平方米,为道路面积的1.7%~2.9%,因此寄希望于大深度地下化,以彻底解决这一难题。

---

① 按目前汇率,约合67.4亿美元。
② 日本地下空间开发深度分为3级:浅深度0~-10米;中深度-10~-30米;大深度-50~-100米。

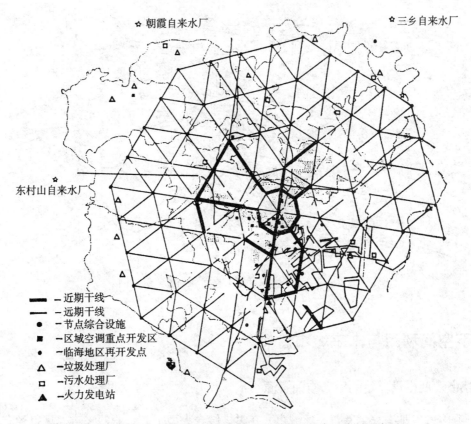

图 24-3 东京市大深度地下空间中公用设施复合干线网示意图

大深度干线共同沟网络的建设需要大量投资,但据日本的估算,比起将这些管、线单独埋设要节约 30% 的施工费,占用的地下空间也比分散埋设小得多,更重要的是,城市生活再循环的程度将大大提高,对在节省资源与合理利用资源的前提下提高城市生活质量目标的实现,是一个带有方向性的尝试。

日本考虑在大深度地下空间实现城市基础设施大型化、综合化、地下化的同时,还与整个城市的未来发展联系起来,在研究大深度地下空间利用过程中,提出了多种关于如何在未来大城市中开发利用地下空间的构想,包括一些建设大深度地下城市的建议。例如,清水建设公司提出的方案是:在东京以皇宫为中心,直径 40 公里的范围内,以方格网的形式组成一座地下城市,深 50~60 米。在网格的每个节点位置建造一个扁球形建筑物,每隔 10 公里建一个大型的,直径 100 米,地下 80 层,其中有车站、办公室、购物中心、停车场、能源供给设施,建筑面积 4 万平方米;在 10 公里之间,每隔 2 公里布置一个小型扁球体,直径 30 米,分 3 层,其中布置会议厅、图书馆、小型体育馆、小游泳池、儿童活动中心等。大小扁球体的顶部均有开向地面的天窗,下面的共享大厅中有阳光和植物,房间则围绕大厅布置。网络的直线部分为综合廊道,布置交通线路和公用设施管、线。又如,大成建设公司提出一个在东京副都心新宿地区建设一座地下新城市的方案,内容大体为:建造三座圆筒形大型地下建筑,直径 160 米,共 40 层,总高度 200 米,周边布置房间,中间是一个天井,露出地面部分为玻璃穹顶,其中共可容纳 10 万人居住和工作。在筒形建筑之间,有一个直径 12~13 米的球形建筑,其中为水、电、气等供给设施;在筒与球之间和筒与筒之间均有环形廊道相连通。清水公司的方案示意图见图 24-4[27]。

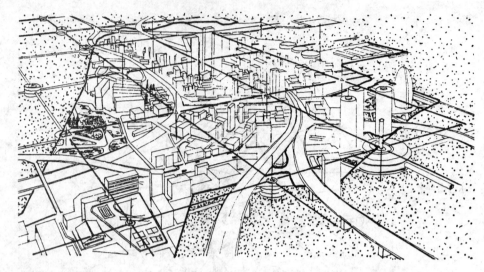

图 24-4 日本大深度地下空间利用方案示意图

24.2 地下空间利用与未来城市建设

24.2.1 为城市发展提供充足的后备空间资源

在中国,在一片空地上完全新建一座城市,在过去结合大型工矿企业的兴建,是曾经有过的,如三门峡市、丹江口市、攀枝花市、大庆市等。但今后城市的发展不可能大量占用耕地,只能在原有城市的基础上扩大,如小城市发展成中等城市,再发展到大城市等。在这一过程中,需要大量以土地为载体的城市后备空间资源。

导致当前许多大城市中出现种种矛盾和问题的一个重要原因,就是城市空间容量不足,于是照传统的做法,不断扩大城市用地,以致城市越来越大,反而增加了新的矛盾(如交通问题等)。本书在前面已多次指出,在中国条件下,旧城市的改造和新城市的建设只能在不扩大或少扩大城市用地的前提下进行,用有限的土地取得合理的最高城市空间容量。地下空间以其巨大的潜力为解决这一难题提供了现实可能性,也只有开发利用城市地下空间,才有可能在扩大空间容量的同时,避免建筑密度和容积率的不合理提高,保持足够的开敞空间,保证有充足的阳光、新鲜的空气、优美的景观以及大面积的绿地和水面。

原有城市的再开发和新城市的建设,包括原有城市的新区开发,通过开发地下空间以扩大城市空间容量的需求,一般需要 10~20 年。在这一阶段中,以开发浅层和次浅层,即地表以下 10~30 米的地下空间为宜,因为这部分地下空间的使用价值最高,开发最容易;距地表较近,人员上下比较方便,也较容易保障内部的安全;同时,将天然光线传输到这样的深度还不太困难。

30 米的深度对于城市地下空间资源来说只是一小部分,但是可以容纳的城市空间已相当可观。据对北京城市中心地区 324 平方公里范围内的地下空间资源调查结果,可供合理开发和有效利用的资源有 5.94 亿立方米,折合建筑面积 1.19 亿平方米,为现有的建筑总量 2.9 亿平方米的 41%。北京市已开发的地下空间总量约 2000 万平方米,为建筑总量的 5.8%。如果把这一比例提高到 20%,则相当于增加建筑面积 5800 万平方米;提高到 30%,可增加 8700 万平方米。也就是说,在保持现有容积率和建筑密度的情况下,不需要扩大城市用地,就可以扩大城市空间容量 20%~30%,即使如此,地下空间总量不过只占资源量的 72.5%,资源仍有很大的潜力。当然,把地下空间容量提高到占建筑面积总量的 20%~

30%，从总体上看是可能的，但并不是轻而易举就能做到的，必须结合不同的功能、不同的需求、不同的位置，分别确定合理的比例。由此可见，为建设未来城市准备充足的空间资源，地下空间有着很大的潜力。

24.2.2 为城市生活质量的提高全面实现城市基础设施的地下化

城市生活质量的提高，一般通过两种途径，一是依靠自然环境的改善，如扩大绿地、水面等；二是通过人工的努力，如改善交通、治理环境、普及上下水、普及集中供热供气、普及集中空气调节、家庭生活电气化网络化等等。第二种途径在许多方面可以通过城市基础设施的地下化实现。本书第 19 章和第 20 章中，已经对交通系统和市政设施系统的地下化问题做了较详细的论述，本章主要从节约资源、贮存资源和循环使用资源三个方面分析介绍地下空间能够起到的作用，也展现出城市地下空间在未来发展的一个重要方面，以期用最小的代价取得生活质量最大的提高。

24.2.3 为节约水资源建立水资源地下贮存及循环使用系统

虽然地球表面的 71% 是海洋，海水量之大可谓取之不尽用之不竭。但是遗憾的是，人类及多种生物赖以生存的城市和赖以发展的淡水，却只占地球总水量的 0.64%。目前，世界上大约有 90 个国家，40% 的人口面临供水紧张，足以引起社会动荡和导致地区冲突，并制约城市的发展。中国的水资源情况在世界上处于很不利的地位，不但人均水资源占有量仅为世界平均水平的 1/4，而且分布很不均衡。可见，水资源的短缺不但现在已严重影响到城市的发展，在建设未来城市中将构成一个难以应对的挑战。虽然自然条件是无法改变的，但是通过人们的努力，如节约用水、水源调剂、提高重复使用率、降低海水淡化成本等，有可能使危机得到一定程度的缓解。

把丰水季节中多余的大气降水贮存起来供枯水季节使用，应成为封闭循环系统的重要内容。由于在岩层中建造大容量水库的代价过高，故除了贮存水能所必需外，应尽可能利用土层中的含水层，特别是已经疏干了的含水层，工程费用要低得多。

日本在大深度干线共同沟系统中，考虑了设置雨水贮水槽，为的是容纳地面上大气降水量超过常规雨水道排水能力时的雨水，不使地面上出现积水，在地下集中后排走。这样的地下雨水贮水槽在东京新宿区安排容量 45.5 万立方米，在丸之内区安排 104.6 万立方米。如果能进一步将只起调节作用的贮水槽改为循环系统，把夏季贮存的雨水供冬季少雨时使用，是不难做到的，对节约水资源会起到重要作用。

24.2.4 为节约能源建立能源地下回收、贮存及循环使用系统

能源对于人类生存与发展的重要性和城市对能源的依赖关系，是显而易见的。到目前为止，多数能源为矿产资源，称为燃料矿产资源，区别于铁、铜、铅、锌、铝等非燃料金属资源。当前世界上使用的燃料资源主要是煤、石油和天然气，其他如核能、水能、风能、地热能、太阳能、潮汐能等，在能源构成中的比重都较小，只有在部分国家和地区，核能和水能利用的比重较大。矿产能源为非再生资源，随着消耗的增加而日益减少，直至枯竭。

现在，全世界每年燃烧煤 40 亿吨，消耗石油 25 亿吨，并以每年 3% 的速度增长着。据联合国 1994 年公布的数字，将 1992 年的开采量和当时已探明和可能增加探明的储量相比较，石油还可开采 75 年，天然气只能维持 56 年，煤较多，为 180 年。也就是说，到 21 世纪中叶，人类将面临传统能源的危机。中国的情况更差，虽然煤的储量和开采量均居世界前列，但因在能源结构中一直处于主导地位（1990 年以前长期在 75% 左右），消耗量较大，故安全期也只有一百多年。我国石油探明储量仅为世界总储量的 3.7%（2000 年），天然气只占 1.96%。虽然今后若干年内探明储量会有所增加，但因能源结构的调整，石油和天然气的消耗量将大幅度增长，因此安全期预计为 30~50 年，只能越来越多地依赖进口。

2000年进口石油7000万吨,10年后石油进口可能增至1.2~1.6亿吨,天然气供需缺口达到500亿立方米。

在传统能源面临枯竭的情况下,出路只有两个,一是节约使用,降低能耗;二是开发利用新能源,这也是在建设未来城市中必须应对和解决的问题。常规能源渐趋枯竭的情况下,利用深层地下空间的大容量、热稳定性,和承受高压、高温和低温的能力大量贮存能源是十分有利的。

在地下贮存能源,一是贮存现有供电、供热系统在低峰负荷时的多余能量,供高峰时使用;二是为了克服一些新能源的间歇性缺陷,在能收集到时将多余的贮存起来,供无法收集时使用;三是大量贮存天然的低密度能源,如夏季的热能,冬季的冷能等,然后交替使用。

在粗放型的生产状态下,不仅生产产品的能耗高,而且大量余热、废热白白排放到空气中,甚至还要花很大代价将设备的冷却水降温,如采用冷却水池、冷却塔等。如果能最大限度地将这些热能收集起来,循环使用,将取得明显的节能效果。在日本,这项工作已经取得显著成效。到1985年,东京23个区废热回收量折合石油1900万吨,相当于需要供热量的83%,其中来自污水处理厂的占42%,来自火力发电厂的占33%,来自垃圾焚烧厂的占14%,来自地下铁道的占5%。按照大深度地下干线共同沟规划,这些余热、废热将通过一定形式的转换,例如通常换成热水,贮存在地下空间中供循环使用。

在今后几十年内开发利用新能源必须达到替代常规能源的规模。除核能和地热能外,一些新能源,如太阳能、风能、潮汐能等,都具有收集的间歇性。将有条件时收集到的多余能源转化成热水,贮存到地下空间中,供无法收集时使用,可有效地克服新能源生产间歇性的缺陷。

当前,在地下空间中直接贮存电能还处于试验过程,今后随着超导材料的出现和使用,将使直接贮电成为可能,比现在通过热转化贮存的效率将大大提高。此外,在输电过程中,电压越高,损耗越小,但仍要排放很高温度的热量,如果在地下廊道中输送高压电能,同时设置热能回收系统,可以成为地下贮热系统的重要热源。

热能、机械能、电能,也是重要的能源,一般属二次能源。如果这些二次能源能够在地下大量贮存,不但对节约常规能源是有利的,而且可以促进新能源的开发。下面介绍几种常用的地下贮存能源的方法。

(1) 热能的地下贮存

热能的来源比较广泛,主要有天然存在的和用人工方法从其他能源转化的两大类。地下贮热就是把用各种方法生产或收集的热能,通过一定的介质(如水、空气、岩石等)进行热交换后贮存在地下空间,在需要时经管道系统输送到用户直接使用,或再转化为其他能源。使用后的热能温度降低,经循环系统再加热后重新注入地下库贮存。由于不同温度介质的密度不同,故高温和低温介质可以分上下层贮存在同一地下库中,循环使用,形成一个完整的供热贮热系统。图24-5是瑞典以水为介质的地下贮热系统简图,当热能生产正在进行时,直接向用户供热,同时将多余的热能转化为热水,贮存在地下库中;当热源中断后,从地下热水库向用户供热。

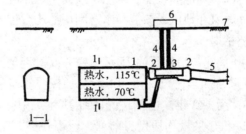

图24-5 瑞典地下贮存热水系统示意图
1—地下贮热库;2—密封墙;3—机房;4—竖井;5—运输通道;6—地面出入口;7—地面

根据不同的地质条件和贮热方式，地下贮热库有多种类型，当前已经建成或正在研究、试验的主要有：岩洞充水贮热库、岩洞充石贮热库、钻孔贮热库、含水层贮热库等多种，不详述。

(2) 机械能地下贮存

压缩空气是一种机械能，在耐压的容器中贮存。利用电网低峰负荷时多余的电力或利用各种新能源转化的电力生产压缩空气（一般为 50～100 个大气压），贮存在地下空间，需要时抽出，经加热后膨胀，释放出机械能，再用于发电，原理图见图 24-6。由于压缩空气是高密度能量，故比由电能转化为热水（低密度）贮存的效率高，所需要的地下空间要小得多，因而比较经济。

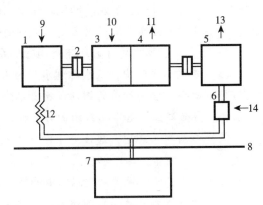

图 24-6　地下贮存压缩空气原理图
1—压缩机；2—离合器；3—电动机；4—发电机；5—涡轮机；6—燃烧室；7—地下压缩空气库；8—地面；9—进气；10—低峰时供电压气；11—高峰时燃气发电；12—冷却管；13—排气；14—燃料

根据不同的地质条件，在以下三种情况下均可在地下贮存压缩空气：

- 坚硬岩石。用常规开挖方法在优质岩石中建岩洞贮气，岩石透水性应小于 10^{-6} 厘米/秒。
- 多孔岩石。在孔隙率大于 10% 的岩石中，利用孔隙和空洞贮气，即把含水层中的水压出后贮气，温度不高于 200 摄氏度，深度 200～1500 米，贮气压力为 18～150 个大气压。
- 岩盐。用水冲击法在厚层岩盐中冲出一定容积的空间用以贮气，深度 800～1200 米，贮气温度不超过 100 摄氏度。

24.3　城市地下空间发展远景规划示例

现将我国东部沿海城市 Q 市地下空间规划文本中有关地下空间发展远景构想录后，供参考。

第 72 条　2020 年以后到 21 世纪中叶，开发利用城市地下空间的主要目的，是全面实现城市基设施地下化，大幅度提高城市的生活质量，为建设循环经济和节约型社会提供有效的支持和有利的条件，在从小康社会向富裕社会过渡的历程中，为城市提供充分的空间、便捷的交通、充足而且廉价的水资源和能源。

第 73 条　在我国土地资源匮乏的宏观背景下，节省城市用地是建设节约型社会的重要内容之一。因此，城市空间的拓展只能不增加或少增加土地的前提下实现。按照本规则提出的发展目标，按比例适度开发利用地下空间，使之在城市空间容量中占有合理的比例，是节约城市用地，提高土地利用效率，实现城市可持续发展的可靠保证。

2020 年这一比例达到 20% 以后，仍应逐步提高，使之到 2050 年达到 30% 左右，局部地区到 50%。

第 74 条　城市交通系统的地下化，需要一个较长的过程，在地下空间发展的第一阶段，交通地下化只能是"人到地下，车在地上"；到第二阶段，应逐步实现"车到地下，人留地上"的理想。为此，除地下轨道交通外，应逐步建立地下快速路系统，可包括客运、货运两部分内容：

(1) 规划建设地下快速路系统，使 80% 以上的汽车在地下空间中行驶、停放以提高行车速度、加强交通安全、节约土地、改善环境。

(2) 规划建设地下物流系统，逐步实现小型商品、设备、材料等运输、配送的地下化，和邮政物资（信件、报刊、包裹等）递送的地下化，担负物流总运量的 30%～50%，以减少地面上货运车辆，节约能源，减轻空气污染。

第75条 建立循环经济是建设节约型社会的重要途径之一。在城市基础设施建设中，建立各类封闭的循环系统代替自然循环系统，是循环经济原则的具体体现。各类循环系统的全面地下化，可以充分发挥地下空间在节地、节能、贮能、运输、环保等方面的特殊优势。本市以岩层为主的地下空间存在介质，为实现封闭循环系统提供了更为有利的条件。

第76条 建立水资源的地下封闭循环系统，包括：

(1) 在供水系统中，从水源到水厂的输水实现管道化、地下化、各类调节池、清水池从露天存放改为封闭贮存（使用加盖的钢筋混凝土水池），以减少蒸发和渗漏损失。同时，提倡大型企事业单位和居住区，分散建立清洁水的封闭贮存系统。

(2) 在排水系统中，建设地下污水处理厂，以节约用地和减轻二次污染，同时建立地下中水循环系统，逐步使城市生活污水、生产污水、雨水的回用率达到城市总体规划要求的目标。污水处理不仅为了无害化，还应使之资源化，以降低处理成本。

(3) 建立雨水的收集和回灌系统，将雨水回灌到天然的地下空间中（已疏干的地下含水层，岩层的破碎带等），以保持地下水的供需平衡。

(4) 在岩层中建设适当规模的地下清洁水库，用于平时调节和战、灾时的备用水库。

第77条 建立能源的地下封闭循环系统，包括：

(1) 建立城市余热、废热的回收系统，将其转换成热水或压缩空气，贮存在地下岩洞中，需要时用于调峰发电或城市供热。城市余热、废热的主要来源是：火力发电的冷却水系统、高能耗的某些生产过程、大型中央空调系统、地下高压输配电系统、城市垃圾的资源化处理系统（直接焚烧或生产沼气用于发电）等。

(2) 建立低密度能源的地下贮存与交换系统，将夏季温度较高的雨水贮存在地下库中，以降低冬季用水时的能耗；将冬季天然或人造的冰块贮存在地下库中，用于降低夏季生产冷冻水的能耗。

(3) 建立新能源的地下贮存与交换系统。在常规能源日渐枯竭的宏观背景下，开发利用新能源在几十年内必须达到替代常规能源的规模。除核能和地热能外，一些新能源，如太阳能、风能、潮汐能等，都具有收集的间歇性。将有条件时收集到多余能源转化成热水，贮存到地下空间中，供无法收集时使用，可有效地克服新能源生产间歇性的缺陷。

(4) 在岩层中建造一定规模的液体燃料贮库，包括原油、成品油、液化天然汽、液化石油气等，对于保障能源安全、节约用地、保护环境、备战防灾，都是十分有利的。

第78条 建立固体废弃物的地下运输、处理和资源回收系统，包括：

(1) 建立生活垃圾的地下管道吹送系统和分类、焚烧设施，将垃圾中的可再生物质回收，和将焚烧后产生的热能用于供热、发电，或转换成热水，贮存在地下库中，循环使用。

(2) 建立工业垃圾和废弃物（如汽车、家用电器等）的地下无害化处理和资源再生系统，以减少占地和减轻污染。

第79条 用高科技手段研究和解决人在地下空间中居住的有关问题，如天然采光、自然通风、防灾、疏散等，让一部分居民在与地面空间同样条件下居住和生活在地下空间中。

第80条 以上各种系统的建立，并不能都在2020年以后开始，而应从本规划实施之日起，就按轻重缓急难易，开始一些系统的规划、建设；对一些建设难度较大的系统，则应提前做好调查、勘测、研究、试验等前期工作，以期到21世纪中叶或更长一些时期，全面实现关于本市地下空间发展远景的构想，对城市的现代化做出应有的贡献。

第 25 章　城市地下空间规划的实施

25.1　地下空间规划的深化与细化

本书所述及的地下空间规划，均属于总体规划范畴，对城市地下空间开发利用的发展主要起指导作用和宏观的控制作用，具有法律效力，但不可能直接付诸实施，还必须使之深化、细化，即进一步完成控制性详细规划和修建性详细规划，在总体规划的框架内，为局部的城市设计和单项工程设计提供必须遵守的依据，把总体规划中原则性和指导性的条款细化为可操作的使用功能、建设规模、空间关系等设计要求，和相关的规则、规定、定额、指标等。

建国初期，我国就开始了城市总体规划的工作，1980 年最初试行编制控制性详细规划，在 1991 年颁布实施的《城市规划编制办法》明确了在总体规划的基础上进一步编制控制性详细规划和修建性详细规划的要求。此后，从 1995 年的"实施细则"到最近的 2006 年版《编制办法》，都保持了这一要求。遗憾的是，所有这些编制要求，除 2006 年版《编制办法》中略有提及外，都没有涉及到地下空间规划，更没有提出符合国家标准的编制规范和编制办法。因此，本书只能参照《城市规划编制办法》，在少量地下空间规划实践的基础上，初步对城市地下空间详细规划（暂不分控制性和修建性）的编制要求和内容提出一些建议，希望在今后实际工作中逐步得到完善。

地下空间详细规划的编制只能在城市总体规划和城市地下空间总体规划的框架内进行，即在路网布局、道路宽度和断面形式、街区的划分和每个地块上地面建筑情况等都已基本确定的条件下进行。因此，如果分别对城市主干道、公共建筑地块（街区）、居住建筑地块、城市广场和绿地、市区级商业中心等处提出地下空间详细规划的要求，基本上可以覆盖整个规划范围。

（1）城市主干道
- 直埋市政管线的位置、间距、标高；
- 综合管线廊道的位置、断面尺寸、埋深；
- 地铁区间隧道的位置、埋深；地铁车站的位置、埋深；地铁车站出入口位置及人流组织；
- 地下车行道和人行道路的位置、走向、断面尺寸、埋深；
- 地下商业街的位置、长度、宽度、层数、面积、出入口位置；
- 地下停车场的容量、面积、层数、埋深、出入口位置及车流组织。

（2）公共建筑地块
- 公共建筑地下室的层数及各层使用功能；
- 高层建筑裙房地下室的范围、面积、层数；
- 地下建筑的出入口位置、通风口位置；
- 地下建筑与周围地块地下建筑的连通要求；
- 地下市政设施的位置、面积、层数、埋深；
- 地下停车库的配建指标、位置、面积、层数、出入口位置。

（3）居住建筑地块
- 高层住宅地下室的层数及各层使用功能；
- 多层住宅地下室（或半地下室）的设置要求，防空防灾地下室的面积指标和防护要求；
- 地下市政设施的位置、面积、埋深、与住宅的安全距离；

- 地下停车库的配建指标、位置、层数、面积、出入口位置及车流组织。

(4) 市、区级商业中心
- 地下综合体的位置、功能、各组成部分的比例、面积、层数、出入口位置、形式；
- 道路、广场下的地下综合体与道路两侧建筑物及其地下室的功能联系和空间关系，总体的城市设计要求；
- 地下综合体内部水平与垂直交通的组织，与地铁车站及地面公交车站的换乘要求；
- 地下停车场的容量、位置、面积、层数、车辆出入口位置及出入车流的组织；
- 地下停车场的排风口设置要求和排放空气的环保标准；
- 地下建筑采光天窗的设置要求及地面以上部分的处理方法。

(5) 城市广场、绿地
- 地下空间开发范围、位置及与广场、绿地面积的比例关系；
- 地下空间利用的功能、内容、面积、层数、出入口位置与形式；
- 地下建筑顶部有绿地或喷泉时的处理方法；
- 地下停车场的位置、容量、层数、出入口交通组织、排风的环保要求。

25.2 地下空间开发投融资体制的确立

城市地下空间规划的实施，需要投入大量的资金。在过去地下空间利用主要以人民防空工程为主体的年代，地下空间开发都由政府投资，由人民防空主管部门从人防经费中拨款。上世纪 80 年代以后，随着计划经济向市场经济的转化，和人民防空工程与城市建设相结合政策的实行，以及城市地下空间开发利用规模的扩大与类型的增多，地下工程建设的投资体制逐渐从单一向多元化转变。首先，表现为投资主体的变化，从政府投资发展为政府与境内外企业的合资，甚至由企业独资；其次，投资方式的变化，例如从外部向工程建设注入资金改为提前出让使用权以取得资金，或以使用权入股投资等；第三，投资对象由政府指定，由投资主体自主选择。投资回报率的高低，资金回收期的长短，投资风险的大小成为选择的标准。不同类型的地下空间开发，在资金数额、回收期、开发难度等方面差异较大，故不可能采取同样的投融资体制。

在北京地下空间规划编制过程中，曾对地下空间开发投资体制问题进行了专题研究。由于与地面建筑同时开发的地下空间所需资金与地面建筑的投资统一考虑，不存在单独投资的问题，故该专题研究选择了地下商业街、地下车库和地下市政综合廊道等三项与地面建筑没有联系的工程项目作为研究的对象，分别提出了投融资体制的建议①。

(1) 地下商业街。

地下商业街的经济效益较高，投资回级期相对较短，建议采用下列投融资体制：
- 地下空间使用权有偿出让。地下空间的所有权与土地所有权是一致的，属国家所有，如果将地下空间的所有权与使用权互相分离，对使用权实行有权出让，并由受让方严格按照规划要求，独立开发建设地下商业街。
- 地下空间使用权入股投资。政府将地下空间的使用权折算成一定的股本，由政府或由政府控制的开发企业与其他企业联合进行投资。建成后的地下商业街，其产权归投资联合体所有。
- 政府（社会）与开发商互利建设。政府先将地下空间使用权无偿地出让给企业，由企业按规划要求独资开发建设地下商业街，建成后使用权归投资者所有，政府则通过税收和地下商业街产

---

① 资料来源：王璇，北京地下空间开发利用投融资体制研究，2006[10]。

生的综合效益获得相应的回报，使投资者与政府（社会）互利双赢。

（2）地下车库。

地下停车是在地面上土地价格过高，城市用地有限的情况下，不得已采用的一种停车方式，在工程造价和投资回收期等方面，比地面停车并没有优势，因此难以吸引开发商的投资愿望，以致改革开放后的前一、二十年地下车库的建设发展较慢，阻力较大。近年来，由于车辆急剧增多，停车难问题日益严重，开发商利用私家车主想拥有自己专用停车位的心理，抬高停车位的售价，有的高达每车位 10 万元以上，使对地下车库的投资有利可图，从而促使地下停车库，特别是适于出售停车位的配建停车库，有了比较大的发展，而社会（公共）停车库则因只靠收取计时停车费难以收回资金，投融资仍有一定困难。针对这些情况，建议采用以下投融资体制：

- 政府投资。对于开发商不愿投资的社会（公共）地下停车库，应由政府投资，作为社会公益事业的投资，或作为市政公用设施的投资。
- 政府与企业合资。对于收益较低的地下车库，政府投资相当于对私人投资的鼓励和补偿。
- 地下空间使用权有偿出让。对于以出售停车位为主的地下车库，政府保留土地所有权，而将地下空间使用权提前出让给开发商或地下车库经营者，以集资建设。
- 地下空间使用权联合入股。由政府和已经取得使用权的企业，将地下空间使用权折算成一定的股份，与其他企业联合开发地下车库，建成后产权属投资联合体。据日本经验，把地下车库的建设与地下商业街的建设统一起来招商引资，建成后由经济效益高的地下商业对收益低的地下停车给予一定补偿，取得收益上的适当平衡，这也是解决地下停车库投融资问题的一种经验，值得借鉴。

（3）地下市政综合廊道。

发展地下市政综合廊道的必要性与可行性，已基本取得社会共识，但由于使用单位多，又自成系统，工程费用较高，故投融资难度较大，至今还没有统一的政策。在这种情况下，提出以下一些建议：

- 政府投资，管线所属单位使用。政府负责主体结构和附属设备的投资，内部管线则由各系统自行铺设，建成后的运行管理费亦由政府承担。
- 政府投资，使用单位租用。政府负责主体结构和附属设施的投资，使用单位租赁管廊内所需空间，租赁费用于政府投资的回报和使用后的运营管理。
- 政府与企业联合投资，联合维护管理。这是国外地下市政综合管廊建设的一种常用投资方式，较适合于结合道路拓宽改造时具有较大规模的综合廊道建设，但需要各方协商确定出资比例，包括运行管理费的分担比例。

25.3 地下空间规划实施的法律保障

经过当地市政府或人大常委会批准的城市地下空间规划，本身已具有了法律效力，而且不经过原来的审批程序，不得任意修改。但是在实施过程中，仍有一些重要问题需要得到相关法律、法规和政策的保障，需要从法律上加以界定和规定。

地下空间的开发价值，只有在引入土地价值因素以后才有可能体现出其优势，才可能获得与地面空间开发相当的竞争力，因此这个问题与土地的所有权和使用权以及地下建筑物、构筑物的产权都有直接的联系。在地下空间的潜在价值没有被认识之前，土地的所有权范围延伸到与其面积相对应的地面空间和地下空间，似乎是天经地义的，而且受到法律的保护，在土地私有制的国家中，这一点在过去并不存在任何疑问。日本《民法》第 207 条规定，土地所有权包括土地的上部和下部，可以理解为上至成层圈，下到地球中心；前西德①的《民法》第905条和瑞士《民法》第667条也有类似的规定。这种情况大大限制了城市地下空间的开发利用，迫使一些城市的地下空间开发只能在有限的"公有地"下面进行，这种公有地为市政当局所有，可用于城市和市政建设而不需付出土地费用，例如英国伦敦市的公有地占城市用地的22%，日本东京为19%。这也是为什么日本的地下商业街多建在城市广场和重要街道下面的主要原因，因为只有这些位置（还有公园）是"公地"，而街区内均为"民地"，即私有土地，在私有地下面开发地下空间，除高层建筑地下室外，很难实现较高的开发价值。

土地的私有制与开发城市地下空间的客观需求之间的矛盾日益尖锐，因而冲破土地所有权对地下空间的控制和呼声日趋高涨，以致有些国家的政府和议会已开始研究这一问题，制订了一些过渡性措施，为在法律上彻底解决这个问题做准备。主要有两方面的措施：一种是规定土地所有权所达到的地下空间深度，例如芬兰、丹麦、挪威，规定私人土地在6米以下即为公有；另一种是要求地下空间的开发者向土地的所有者付一部分低于土地价格的补偿，例如日本的补偿费为20%左右，由双方协商确定。

如果不能彻底消除土地所有权对地下空间的权限，则对于城市地下空间的开发仍然很不利，特别对于修建大型地下公共工程，仍受到很大的限制。例如，日本的深埋地下铁道，为了缩短线路，走向不限于沿城市干道，这样私有地通过率达到80%，即使土地被补偿费为10%，也会使造价提高3.3~3.6倍。因此，日本近年开展的关于开发大深度（100米左右）城市地下空间的研究，首先遇到的障碍就是土地所有权和使用权问题，因此舆论界和与大深度开发直接有关的政府部门，如建设省、运输省等，纷纷要求国会制订法律，对地下空间的所有权和使用权做出明确的限定，有的要求把"大深度"定为地下50~70米，在这以下的空间为公有；有的建议市区20~30米以下，郊区60米以下的空间应为公有。据悉，日本国会已于2001年通过法案，确定在私有土地地表以下视不同情况30~40米内地下空间为私有，40米以下的公有。

国际隧道协会执委会于1987年委托协会的"地下空间规划工作组"研究地下空间开发在法律和行政方面的问题，由当时的美国明尼苏达大学地下空间中心承担了研究任务，向国际隧协35个会员国发出了调查问卷，其中19个国家的有关组织做出了反应，经过整理后于1990年提出了调查报告。报告对各国的地下空间及其他地下自然资源所有权问题进行了六项问卷式调查，对于所提出的"对于土地的私有者或公有者，使用权是否一直达到地球中心？"这一问题，在19份问答中，有14份是肯定的，其余的5份分三种情况：3份是私有土地的6米以下为公有；1份是权限达到有价值的深度（捷克），概念不很清楚；还有1份是地下空间和土地一样均为公有，即中国。

以上情况说明，城市地下空间的所有权和使用权问题，对于充分开发利用地下空间以扩大城市空间容量至关重要，已经引起不少国家的重视。事实上，土地的私人所有者对地下空间的开发能力是有限的，一般限于建筑物的地下室，因此把所有权限定在地表以下30~40米范围内，并不过分损害土地所有者的利益，反而有可能通过大型地下公共工程的开发得到意外的补偿。因此问题虽然复杂，但从法律上或行政上适当加以解决还是可能的。

我国的城市地下空间与土地一样，虽然均为全民所有，但长期以来同样是无偿使用，对于合理地进行统筹开发是不利的，因此亟需在解决土地有偿使用问题的过程中，同时解决土地上部和下部空间使用权限问题。土地的公有制使我国可以比较容易地解决这一问题，因为避免了土地所有者的各种阻力。

当前，在我国城市地下空间开发利用中，有许多法律问题尚待解决，其中最突出的是地下空间开发所形成的地下建筑物、构筑物，其产权的界定在全国还没有明确的规定。由于城市地下建筑，特别是地面上没有建筑物的单建式地下建筑，产权模糊不清，主体不明确，引起了不必要的纠纷，使地下空间开发的投资不畅。因此，在与现行法规不相抵触的前提下，明确界定地下建筑产权，对推动城市地下空间

---

① 这里是指德国统一前的情况。

开发利用有重要的现实意义。对于这个问题，已经有少数城市的有关部门正在研究解决之中。在北京地下空间规划专题研究中，提供了以下一些情况①。

21世纪以来随着北京、上海、广州、深圳等城市轨道交通的建设，站域地区地下空间资源的系统开发利用呈现出巨大的投资价值（如深圳就有企业投资站域地区的地下空间开发利用），同时我国社会主义市场经济体系也逐步建立和完善，此时企业对地下空间开发利用的投资，产生了地下空间使用权与其所有权相互分离的需求；另一方面，城市的高速发展要求地下空间开发利用的规模不断扩大，而以往在土地使用权出让过程中，对地下空间的使用权未加界定，从而使地下空间的后续开发利用产生了困难（如高层建筑的桩基严重阻碍了地铁的建设），由此需要对地下空间使用权的范围进行界定和限制；近年来的经济高速发展，使小汽车迅速进入家庭，许多地下车库的投资者要求相应的产权，也需要对地下空间的使用权、地下空间设施的产权进行明确的界定。在这样的背景下，这一阶段我国的地下空间开发利用趋于更加成熟和完善，也更需要有法律的保证，为此深圳率先在国内制定了关于地下空间使用权的相关规定，目前北京、上海、广州等地下空间开发利用规模较大的城市，也开始研究制定相应的法规。

深圳市几年前起草了地下空间开发利用条例（草案），但由于理论和法律方面的有关问题无法突破，最后没能出台。后来，在起草《深圳市土地条例》时，把涉及地下空间的有关规定融入其中，对土地使用范围作了技术性规定："地表使用范围以地表使用权人所有的建筑物、构筑物和附着物的最深基础平面深度和其合法种植的根系的最深合理营养层平面深度为下限，以地表建筑物、构筑物或种植物体积所占空间及所需自然通风、采光等合理环境空间的高度为上限。地表使用范围，由主管部门依据相关技术规定确定。"这实际上明确了地下空间的范围，也就是取得土地使用权后，同时取得了建筑物、构筑物和附着物的最深基础平面深度和以其合法种植的根系的最深合理营养层平面深度为下限的地下空间使用权。在此土地使用范围之外的地下空间，就不归属于土地使用者，而属于国家所有的公共资源，国家也可以通过有偿使用的方式出让给其他使用者。

北京在全国率先解决了地下空间使用权的问题。地下建筑物、构筑物按地上建筑的地价款30%交纳地价款后，发给使用权证。尽管目前还只是实践中探索的一种处理办法，没有出台正式的法规、规章或规范性文件，但对地下空间开发利用的推动作用是应充分肯定的。北京在立法和政策制定上，可以考虑以下几点。

（1）参考《深圳市土地条例》（草稿）等有关规定，确定土地使用范围。也就是取得土地使用权后，就取得了建筑物、构筑物和附着物的最深基础平面深度和以其合法种植的根系的最深合理营养层平面深度为下限的地下空间使用权。同时，在此平面深度以下的地下空间，又不受土地使用权的限制，是另外的公共资源，由政府以有偿使用方式另行出让给新的使用者。

（2）与地上土地使用权分离的经批准独立使用的地下空间，由使用者申请地下空间的土地使用权登记，发放土地使用权证，允许地下商铺、地下车库等经营性单位有偿使用。

（3）今后要在完善法规和实施细则的基础上，对居民通过有偿使用后取得的地下空间场所，陆续发放产权证，并制定相应的配套技术标准。承认地下空间的土地使用权和投资的合法性，明确其产权归属，保护投资人的合法权益。

（4）过去已经开发利用且属于小区配套必备的车位、车库、设备用房等，不能上市交易。但通过开发商充分挖潜超出的部分，只要通过完善手续，也应逐步发放产权证，并允许上市交易。这一点的关键，是要通过完善法规和严格管理，对"挖潜超出部分"进行严格界定，当出现争议和纠纷时，能够运用严格的法规和程序予以处置，防止以各种不正当的方式侵犯业主的权益。

（5）在建设项目规划红线以外，投资人建设地下通道等设施，包括通道两侧的商铺等，经过规划

---

① 资料来源：周立云，北京城市地下空间开发利用的政策问题研究，2006[10]。

行政主管部门审批同意，政府可以出让地下空间开发权，并发给相应的使用权证和相关设施产权证。

为了鼓励和支持城市地下空间的开发利用，政府应制定多种优惠政策，从土地出让金、补偿费，到各种税费，都应全部或部分予以减免。工程的建设费用一般包括前期费用，如征地、拆迁、补偿、勘察设计等；第二项是各种税费，多达几十种到上百种；第三项是基础设施增容费；第四项是工程直接费，内容有土建、安装、装修、配套等。到1997年止，国内除少数城市外，尚未对地下建筑物开征有关土地使用的税、费，只付拆迁费或赔偿费。另外，对于一些地下公有设施和人民防空工程，由于属非盈利性项目，可减免绝大部分税费。这样才使我国地下工程的造价得以维持在较低水平上，从而激发地下空间开发利用的积极性。尽管如此，政府仍应进一步统一制定各项优惠政策，特别应制定统一的减免标准。

除有关建设投资和各种费用的法律及政策外，为了推动地下空间的开发利用科学合理地进行，还需要制定各项技术性法规和政策。当前除地下人民防空工程和防水工程有设计规范外，有许多设计规范、设计标准、设计定额等仍是空白，是需要及时组织研究和编制的。

第二部分参考文献

[1] 童林旭. 地下建筑学. 山东科学技术出版社, 1994.
[2] 童林旭. 地下空间与城市现代化发展. 中国建筑工业出版社, 2005.
[3] 童林旭. 地下建筑图说100例. 中国建筑工业出版社, 2007.
[4] 童林旭. 地下空间概论. 地下空间 2004（1）–（4）.
[5] 邹德慈主编. 城市规划导论. 中国建筑工业出版社, 2002.
[6] 朱铁臻. 城市现代化研究. 红旗出版社, 2002.
[7] 唐恢一. 城市学. 哈尔滨工业大学出版社, 2004.
[8] 张永强. 城市空间发展自组织与城市规划. 东南大学出版社, 2006.
[9] 边经卫. 大城市空间发展与轨道交通. 中国建筑工业出版社, 2006.
[10] 北京市规划委员会等. 北京地下空间规划. 清华大学出版社, 2006.
[11] 陈志龙等. 城市地下空间规划. 东南大学出版社, 2005.
[12] 王文卿. 城市地下空间规划与设计. 东南大学出版社, 2000.
[13] 关肇邺. 关肇邺选集. 清华大学出版社, 2002.
[14] 吴焕加. 20世纪西方建筑名作. 河南科学技术出版社, 1996.
[15] 卢济威. 城市设计机制与创作实践. 东南大学出版社, 2005.
[16] 张锦秋. 优化城市环境，提高生活质量——西安钟鼓楼广场城市设计. 陕西建筑专刊, 1998.
[17] 黄强主编. 城市地下空间开发利用关键技术指南. 中国建筑工业出版社, 2006.
[18] 朱家瑾. 居住区规划设计. 中国建筑工业出版社, 2005.
[19] 段汉明. 城市详细规划设计. 科学出版社, 2007.
[20] 胡辉等. 现代城市环境保护. 科学出版社, 2007.
[21] 翟宝辉等. 城市综合防灾. 中国发展出版社, 2007.
[22] 金磊. 城市减灾之道——城市防灾减灾知识十六讲. 机械工业出版社, 2007.
[23] 濮小金等. 现代物流. 机械工业出版社, 2005.
[24] 宋伟刚. 物流工程概论. 机械工业出版社, 2006.
[25] 郭占金等. 北京市发展地下物流系统的前景. 北京规划建设, 2007（1）.
[26] 钱七虎. 中国城市地下空间开发利用的现状评价和前景展望. 上海市地下空间综合管理学术研讨会材料汇编, 2006.
[27] 杨林德等. 城市生态地下空间开发总量研究. 上海市地下空间综合管理学术研讨会材料汇编. 2006.
[28] 尾岛俊雄. 日本のインフブストブチャへ. 日刊工业新闻社, 1983.
[29] 尾岛俊雄、高桥信之. 东京の大深度地下. 早稻田大学出版部, 1998.
[30] Carmody J., Sterling R.. Underground Space Design. UNB, New York, 1993.
[31] Carmody, S, Sterling R. Underground Building Design. UNB, New York, 1983.
[32] D. Kaliampakos A. Benardos. Proceedings of the 11th ACUUS International Conference, 2007. Athens, GREECE.
[33] Proceedings of the 5th International symposium on Freight Transportation. Arlington, U.S.A, 2008.
[34] 郭建民. 城市地下空间资源评估模型指标体系研究. 清华大学硕士学位论文, 2005.
[35] 王辉. 基于GIS的城市地下空间资源调查评估系统研究. 清华大学硕士学位论文, 2007.
[36] 毛静编译. 莫斯科加加林广场区地下空间的综合利用. 现代城市轨道交通, 2005（5）.

尊敬的读者：

感谢您选购我社图书！建工版图书按图书销售分类在卖场上架，共设22个一级分类及43个二级分类，根据图书销售分类选购建筑类图书会节省您的大量时间。现将建工版图书销售分类及与我社联系方式介绍给您，欢迎随时与我们联系。

★ 建工版图书销售分类表（见下表）。

★ 欢迎登陆中国建筑工业出版社网站www.cabp.com.cn，本网站为您提供建工版图书信息查询、网上留言、购书服务，并邀请您加入网上读者俱乐部。

★ 中国建筑工业出版社总编室　　电　话：010—58934845　　传　真：010—68321361

★ 中国建筑工业出版社发行部　　电　话：010—58933865　　传　真：010—68325420
　　　　　　　　　　　　　　　　E-mail：hbw@cabp.com.cn

建工版图书销售分类表

一级分类名称（代码）	二级分类名称（代码）	一级分类名称（代码）	二级分类名称（代码）
建筑学（A）	建筑历史与理论（A10）	园林景观（G）	园林史与园林景观理论（G10）
	建筑设计（A20）		园林景观规划与设计（G20）
	建筑技术（A30）		环境艺术设计（G30）
	建筑表现・建筑制图（A40）		园林景观施工（G40）
	建筑艺术（A50）		园林植物与应用（G50）
建筑设备・建筑材料（F）	暖通空调（F10）	城乡建设・市政工程・环境工程（B）	城镇与乡（村）建设（B10）
	建筑给水排水（F20）		道路桥梁工程（B20）
	建筑电气与建筑智能化技术（F30）		市政给水排水工程（B30）
	建筑节能・建筑防火（F40）		市政供热、供燃气工程（B40）
	建筑材料（F50）		环境工程（B50）
城市规划・城市设计（P）	城市史与城市规划理论（P10）	建筑结构与岩土工程（S）	建筑结构（S10）
	城市规划与城市设计（P20）		岩土工程（S20）
室内设计・装饰装修（D）	室内设计与表现（D10）	建筑施工・设备安装技术（C）	施工技术（C10）
	家具与装饰（D20）		设备安装技术（C20）
	装修材料与施工（D30）		工程质量与安全（C30）
建筑工程经济与管理（M）	施工管理（M10）	房地产开发管理（E）	房地产开发与经营（E10）
	工程管理（M20）		物业管理（E20）
	工程监理（M30）	辞典・连续出版物（Z）	辞典（Z10）
	工程经济与造价（M40）		连续出版物（Z20）
艺术・设计（K）	艺术（K10）	旅游・其他（Q）	旅游（Q10）
	工业设计（K20）		其他（Q20）
	平面设计（K30）	土木建筑计算机应用系列（J）	
执业资格考试用书（R）		法律法规与标准规范单行本（T）	
高校教材（V）		法律法规与标准规范汇编/大全（U）	
高职高专教材（X）		培训教材（Y）	
中职中专教材（W）		电子出版物（H）	

注：建工版图书销售分类已标注于图书封底。